陆相断陷盆地泥页岩油气地震预测技术

谭明友　张营革　张云银　高秋菊　潘兴祥　李红梅　王冠民　等　著

科学出版社
北　京

内 容 简 介

本书立足于我国东部陆相含油气断陷盆地独特的地质条件，以济阳坳陷为例，对泥页岩油气藏的地震预测技术进行详细的阐述。包括对济阳坳陷泥页岩的岩相特征及沉积模式、岩石物理差异性及地震响应特征，以及泥页岩非均质性的正、反演技术进行系统性研究；提出岩相预测技术、甜点预测技术、缓倾角裂缝地震预测技术、TOC 地震预测技术、脆性地震表征方法、泥页岩非均质反演方法、泥页岩延展性地震预测方法、泥页岩地应力地震预测技术等泥页岩地震预测关键技术；并利用这些技术对渤南、利津、博兴、牛庄等洼陷进行实践预测，形成了一套针对济阳坳陷泥页岩油气富集区的地震预测和综合评价方法。

本书主要供从事泥页岩油气藏勘探开发的地质工作者、地震预测技术的研究人员及工程技术人员参考使用。

图书在版编目(CIP)数据

陆相断陷盆地泥页岩油气地震预测技术 / 谭明友等著. —北京：科学出版社，2015. 9

ISBN 978-7-03-045685-4

Ⅰ. ①陆… Ⅱ. ①谭… Ⅲ. ①陆相-断陷盆地-油页岩-地震预测-预测技术 Ⅳ. ①P618. 130. 2

中国版本图书馆 CIP 数据核字(2015)第 218628 号

责任编辑：万群霞　陈姣姣 / 责任校对：赵桂芬

责任印制：张　倩 / 封面设计：耕者设计工作室

科学出版社 出版

北京东黄城根北街 16 号

邮政编码：100717

http://www.sciencep.com

北京利丰雅高长城印刷有限公司 印刷

科学出版社发行　各地新华书店经销

*

2015 年 9 月第　一　版　开本：720×1000　1/16

2015 年 9 月第一次印刷　印张：22 1/2

字数：515 000

定价：178.00 元

自　序

随着世界经济的高速发展和世界人口的逐步增长，人类对能源的需求量屡创新高，我国已成为第一大石油进口国和第二大石油消费国，常规能源供不应求，能源危机将是当今世界人类所面临的巨大难题。因此，能源结构调整是当前社会的形势所迫，非常规能源的开发是补充现今能源缺乏的重要渠道。页岩油气是一种潜在资源量巨大的非常规油气资源，其主要是以吸附、游离或溶解状态赋存于暗色泥页岩、粉砂质泥岩地层及其夹层中的天然气，一般具有自生自储、大面积成藏、局部富集等特点，地质储量非常丰富，可以作为下一步解决能源短缺问题的重要补充资源。因此，对泥页岩油气藏的研究将是当今国内外许多油气地质工作者所关注的热点。

泥页岩是页岩油气的源泉，对泥页岩开展研究是寻找泥页岩油气藏的关键。我国以往油气勘探的对象主要为砂岩，习惯把泥页岩视为生油层和盖层来研究，把一套泥页岩作为一个整体来考虑，而将其作为储层的研究较少。一般对泥页岩油气藏的勘探主要是以“碰”为主，其发现主要是在钻探其他油气藏时的偶遇，专门针对泥页岩地球物理预测、地震识别等方面的研究非常少。另外，我国泥页岩油气藏的资源分布和发育条件与国外不相同，国外页岩油气藏勘探开发的理论和技术一般不适于我国独特的地质条件。我国东部泥页岩油气资源分布区主要以陆相为主、海相为辅，泥页岩的非均质性强，而国外泥页岩油气藏主要以海相为主，非均质性较弱。因此，他们对变化较快的湖相泥页岩研究较少涉及，且裂缝预测较多，地质规律分析较多，物探技术研究较少，特别是针对泥页岩非均质性预测的研究更少，更没有泥页岩油气藏检测的理论和应用实例。

从我国独特的地质条件出发，我们认为国外泥页岩油气藏的勘探理论技术仅可作为参考，不可照搬照抄。国内的理论技术尚未成熟，尤其在泥页岩油气藏的地震预测方面还处于起步阶段，需要开展系统的泥页岩油气藏研究工作。因此，对济阳拗陷开展的泥页岩油气富集区地震预测研究工作意义深远，不仅可以为济阳拗陷泥页岩油气藏的勘探开发指明方向，还为我国其他泥页岩油气区的勘探开发提供重要的指导。

作　者
2015 年 7 月 16 日

前　言

随着能源需求量的增大和能源短缺问题的进一步加剧，油气地质工作者们面对丰富的泥页岩油气资源，逐渐把目光从常规油气勘探开发转移到非常规油气勘探开发上来。近年来，以美国页岩气大规模开发为引导，很多国家陆续加入页岩气勘探开发的行列中，掀起了全球轰轰烈烈的“页岩气绿色革命”。

在国外，最早对泥页岩油气投入工业开发的国家是美国，自1821年在肯特州东部阿巴拉契亚(Appalachian)盆地钻了第一口工业性页岩气井之后，长期以来，美国政府对页岩气一直高度重视，并对泥页岩的研究和勘探投入了大量资金。近二十年来，他们通过对美国几个大盆地的泥页岩进行攻关，获得了可观的页岩气资源，使美国近年来页岩气年产量在天然气总产量中所占比例大幅提高。同时，在页岩油勘探开发过程中也成绩斐然，页岩油产量连年攀升，2014年年产量已达2.45亿t。在该过程中也形成了一系列的页岩油气勘探开发理论和技术：在微孔隙成藏理论及钻井工程方面，形成了海相页岩储层系列评价技术，并成功开发了水平井压裂技术；在泥页岩评价方面，深入到了多参数的综合评价，如含烃潜力、岩石可压裂性、断层裂缝、地应力及各向异性、剪切模量、体积模量、杨氏模量、破碎压力、速度各向异性等。加拿大是继美国之后较早发现页岩气具有可观资源量的国家，通过勘探评估，加拿大的页岩气资源量不低于$4\times10^{13}m^3$，近年来也进行了一定规模的工业性开采，页岩气即将成为加拿大重要的天然气资源。此外，法国、德国、澳大利亚、英国、印度等国家也正在进行页岩气的勘探研究，且都已发现了相当规模的页岩气储量。

我国地域辽阔，矿产资源丰富，泥页岩油气资源量非常可观，但国内泥页岩油气的勘探开发依然处在起步探索阶段。我国对泥页岩油气勘探开发的热潮始于2005年，借鉴美国页岩气勘探的经验，油气地质工作者们开始对国内泥页岩油气的地质条件进行评价，并在勘探开发方面进行了一系列先导性试验。直至2009年，国土资源部油气资源战略研究中心与中国地质大学联合在西南油气田钻探了中国第一口页岩气勘探评价井——威201井。随后，国内很多油气地质工作者逐渐加入到泥页岩油气勘探开发的研究行列中，极大地推动了页岩油气的发展。历经几年的努力，我国对四川、鄂尔多斯、渤海湾等盆地及南方海相泥页岩油气的总体认识上升到一个崭新的高度，技术上也开始由页岩岩性和储集性评价转向利用岩石物理、测井、地震等参数对泥页岩进行综合评价和预测。目前已经在四川、重庆等地获得了突破，形成大规模的页岩气工业性开采。但在页岩油方面，如何在短期内取得勘探开发技术上的重大突破，获得商业性开采，是我国石油工作者们面临的紧迫任务。

济阳坳陷属于中国东部渤海湾盆地内的一个次级构造单元，发育有巨厚的泥页岩，具有优越的泥页岩油气藏发育条件，勘探较为成熟，可以作为湖相泥页岩油气富集区地震预测方法研究的典型盆地。从层位上看，济阳坳陷的泥页岩主要发育在沙河街组的沙一、沙三、沙四上亚段，泥岩累计厚度为100～654m，油页岩厚度可达10～127m，分布范围广，有利泥页岩油气勘探面积达5000km^2，R_o为0.35～1.20，具有形成泥页岩油气的良好地质条件。同时，济阳坳陷亦具有优越的泥页岩油气地震预测条件，沙河街组富油泥页岩脆性强，有利泥页岩段在常规测井曲线上特征明显，具有电阻率高、声波时差高、自然电位负异常明显等特征；层速度从石灰岩、灰钙质泥岩、泥岩、油泥岩到油页岩依次减小，其中裂缝段速度一般为2800～3500m/s，围岩速度一般为3200～4300m/s，具备较好的地球物理预测条件。

本书以济阳坳陷为例，详细阐述泥页岩油气的地震预测技术。全书共五章，第1章为泥页岩的岩相特征及沉积模式，介绍济阳坳陷基本地质特征、泥页岩岩相类型和控制因素；第2章为泥页岩的岩石物理差异性及地震响应特征，主要介绍泥页岩不同岩相的测井响应差异、典型岩相地震反射特征和泥页岩的地震正演模拟；第3章为基于泥页岩非均质性的正、反演技术，重点介绍横向非均质模型的建立和正演、横纵向非均质性的裂缝正演和泥页岩非均质性的反演技术；第4章为泥页岩“甜点”地球物理识别预测方法，着重介绍泥页岩的岩相地震预测技术、TOC分布的地震预测、裂缝发育区的地震表征、含油气性预测、脆性地震预测、地应力地震预测和可压性评价；第5章为泥页岩油气富集区综合评价，主要介绍泥页岩“甜点”识别模版的建立和综合评价关键技术。

本书所涉及的研究工作历时三年，是集体智慧的结晶。先后参加本项研究工作的有中国石化胜利油田分公司物探研究院（简称胜利物探院）的谭明友、张营革、张云银、高秋菊、李红梅、潘兴祥、于景强、孙淑艳、宋亮、张鹏、张秀娟、王树刚、罗平平、魏欣伟、刘建伟、陈香朋、朱定蓉、张明秀、王宗家、余红、阎丽艳、巴素玉、刘双、曲志鹏、雷蕾、刘宗彦、李晓晨、江洁、张磊、谢刚、王楠、王鸿升、师涛等，以及中国石油大学（华东）的吴国忱、王冠民、宋维琪、陈世悦等教授。编写工作由谭明友、张营革、张云银、高秋菊、王冠民、潘兴祥、李红梅、于景强、宋亮、张鹏等完成。在项目研究和书稿编写过程中，得到中国石化胜利油分公司的宋国奇首席专家、胜利物探院王兴谋院长的大力指导，在此一并致谢！

笔者水平有限，本书在许多方面存在不足，敬请读者批评指正。

作　者

2015年7月

目　　录

第 1 章　泥页岩的岩相特征及沉积模式

济阳拗陷属于渤海湾盆地内的次级构造单元,泥页岩主要发育于古近系的沙河街组,岩相类型可以划分为五种,即块状灰质泥岩、块状泥质灰岩、纹层状灰质泥岩、纹层状泥质灰岩和层状页岩。泥页岩岩相主要受古气候、古物源、古地形、古水深和古盐度等因素的共同作用,不同控制因素条件下形成不同的泥页岩沉积模式,进而发育不同的泥页岩岩相。

1.1　济阳拗陷地质背景及泥页岩发育层位特征

济阳拗陷是一个发育于中生代—新生代的箕状断陷型盆地,泥页岩具有层系多、分布广、有机质含量高、油气丰富等特点,曾属于国内仅次于大庆油田的第二大油气产区。

1.1.1　济阳拗陷地质背景

济阳拗陷位于我国东部渤海湾盆地东南,分布面积为 $26000km^2$,包括了东营、沾化、车镇、惠民四个以北断南超为特征的单断式箕状凹陷(图 1.1)。

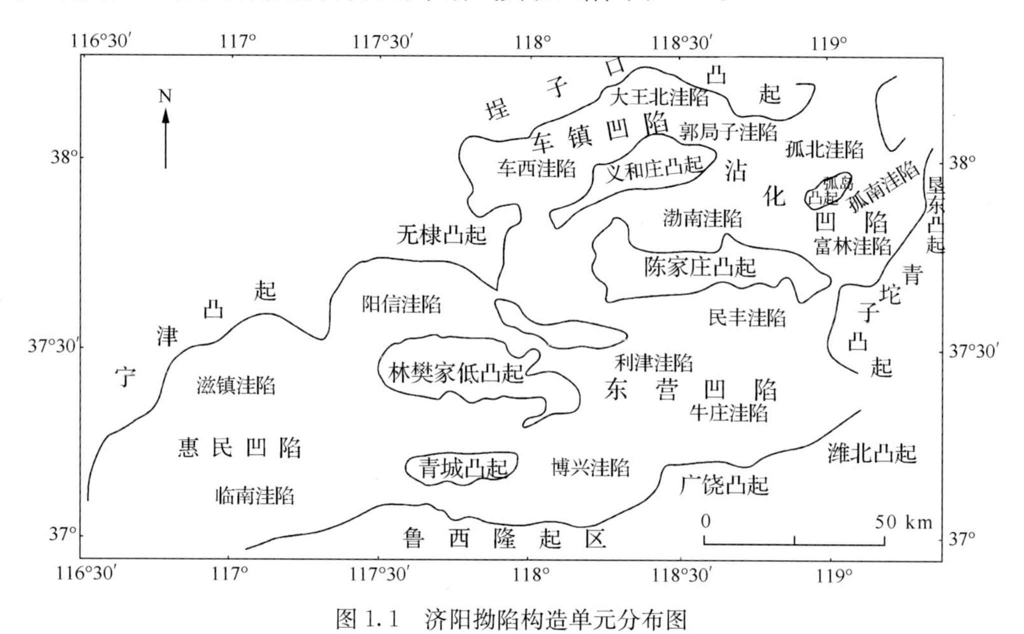

图 1.1　济阳拗陷构造单元分布图

1.1.2　泥页岩发育层位特征

济阳拗陷发育巨厚的古近系和新近系地层。古近系地层序列包括孔店组、沙河街组、东营组，是盆地最主要的勘探层系，其中泥页岩层段主要发育在古近系的沙河街组中。

沙河街组沙四段(Es_4)与下伏孔店组(Ek)呈不整合接触，厚度可达1500m，按岩性和生物特征可分为上下两个亚段。下亚段岩性以紫红色、灰绿色泥岩为主，夹砂岩、粉砂岩、含砾砂岩及薄层碳酸盐岩和膏岩等，沉积环境为河流-盐湖相。上亚段岩性以灰色、深灰色、褐灰色泥岩为主，夹灰岩、砂岩、膏岩和油页岩，属于咸水半深-深湖相沉积。

沙三段(Es_3)假整合于Es_4之上，岩性主要为灰色、深灰色泥岩夹砂岩、油页岩及碳质泥岩，该段厚700～1500m，可进一步分为三个亚段。下亚段为深灰色泥岩、褐色油页岩，夹少量薄层灰色灰岩、砂岩、白云岩和浊积砂岩，厚度一般为100～750m，属于半深湖-深湖相沉积。中亚段以灰色及深灰色厚层泥岩、砂岩、粉砂岩为主，夹多期浊积砂岩或薄层碳酸盐岩，厚度一般为300～600m，为半深湖-浊流沉积。上亚段为厚层块状砂岩、含砾砂岩及粉砂岩和灰绿色泥岩夹薄层白云岩、碳质页岩，厚度一般为100～550m，为河流-三角洲-滨浅湖沉积。

沙二段(Es_2)的湖盆处于萎缩阶段，盆地逐渐缩小，湖水变浅，充填了以紫红色泥岩夹砂岩、含砾砂岩为主的河流-三角洲沉积。下亚段岩性为绿色和灰色泥岩与砂岩、含砾砂岩互层，夹碳质泥岩，上半部见少量紫红色泥岩，沉积环境为河流-三角洲-滨浅湖；沙二段上亚段岩性为灰绿色、紫红色泥岩与灰色砂岩互层，夹钙质砂岩、含鲕砂岩及含砾砂岩，属于滨浅湖-河流相沉积。

沙一段(Es_1)与沙二段呈连续沉积，厚100～550m，分布广泛，下部岩性为灰色、深灰色、灰绿色泥岩，页岩夹砂质灰岩，白云岩及钙质砂岩；中部为灰色、深灰色泥页夹生物灰岩，鲕状灰岩，针孔状藻白云岩及白云岩等；上部为灰色、灰绿色、灰褐色泥岩，页岩夹钙质砂岩，粉细砂岩，属于咸水-半咸水半深湖-浅湖相沉积环境。

渐新世末期的东营运动二幕使包括研究区在内的整个渤海湾盆地抬升，形成大范围的沉积间断，导致了古近系与新近系之间的区域不整合面的形成。

济阳拗陷在整个渐新世沉积期，湖泊的沉积环境不断发生改变。在气候条件上既有温暖潮湿的时期，也经历过相对干热的气候变化；盐度上既有高盐度条件下的盐类沉积，也有淡水条件下的湖相沉积；有近物源的湖相泥质快速沉积，也有远物源的湖相泥质缓慢沉积；有深水条件下的泥质沉积，也有浅水条件下的泥质、泥云质沉积。

总的来说，泥页岩主要发育于古气候相对干燥、水体偏咸、远离物源的深水条件下，层位上一般为沙四上亚段—沙三下亚段、沙一段。

1.2　泥页岩的基本地质特征

泥页岩的矿物成分、有机质类型及含量、孔隙度、裂缝、脆性及在层序中的发育位置都影响着油气藏的发育，因此，弄清泥页岩的基本地质特征具有重要的意义。

本书中的泥页岩并不仅仅是以黏土沉积为主，包含了灰质、白云质和粉砂质等成分，故准确含义应该是细粒沉积岩。但为了叙述的方便，全书仍暂用泥页岩一词来代替。

1.2.1　泥页岩在层序中的发育位置

济阳拗陷沙河街组—东营组的层序地层划分基本上比较统一，大体上可划分为沙四段、沙三下亚段、沙三中亚段、沙三上亚段—沙二下亚段、沙二上亚段—沙一段、东三段、东二段—东一段共七个三级层序(图1.2)。泥页岩的发育与层序有明显的对应关系。其中，渤南洼陷沙三下亚段层序可分为10、11、12、13层组(图1.3)，泥页岩的发育与层序有明显的对应关系：富有机质的泥页岩主要出现在湖侵域时期，此阶段古气候相对温暖潮湿，水体变深，碎屑物质供应不足，有利于深湖-半深湖相的泥页岩发育。

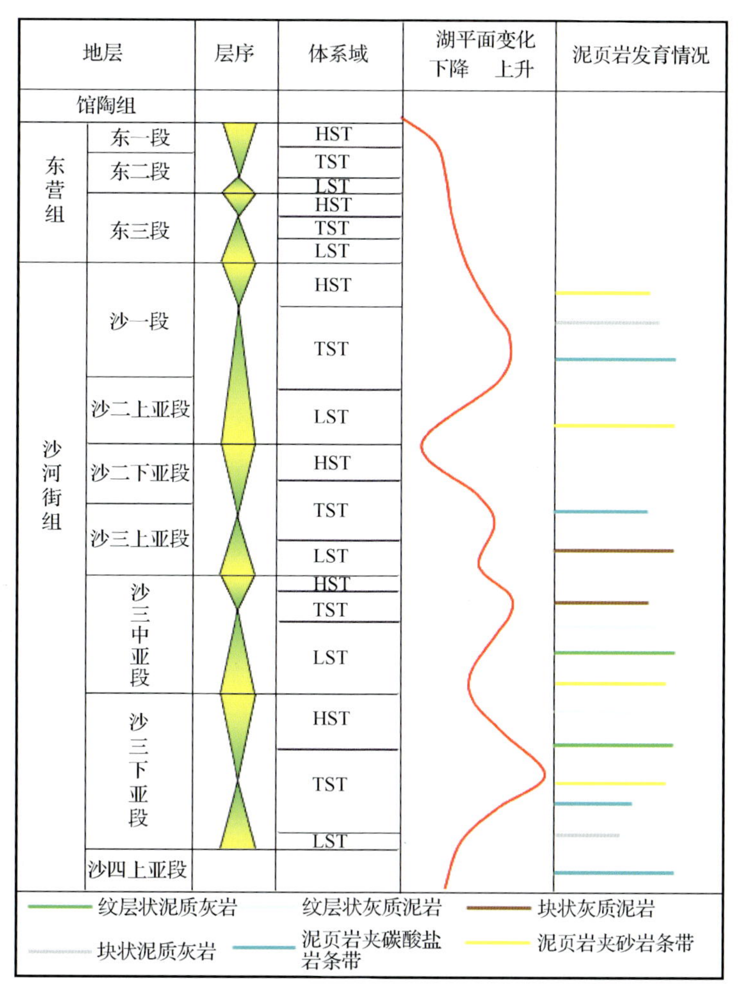

图1.2　渤南洼陷层序划分及湖盆演化模式图

HST. 高水位体系域；TST. 湖侵体系域；LST. 低水位体系域

沙三段底至12层组形成于基准面旋回从上升拐点至最高点时期，可容空间迅速增加，属于快速加深的深水湖型，主要发育纹层状泥页岩，洼陷带发育泥页岩夹砂岩条带，仅底部发育少量块状泥页岩；11层组至10层组形成于基准面旋回从最高点下降至下降拐

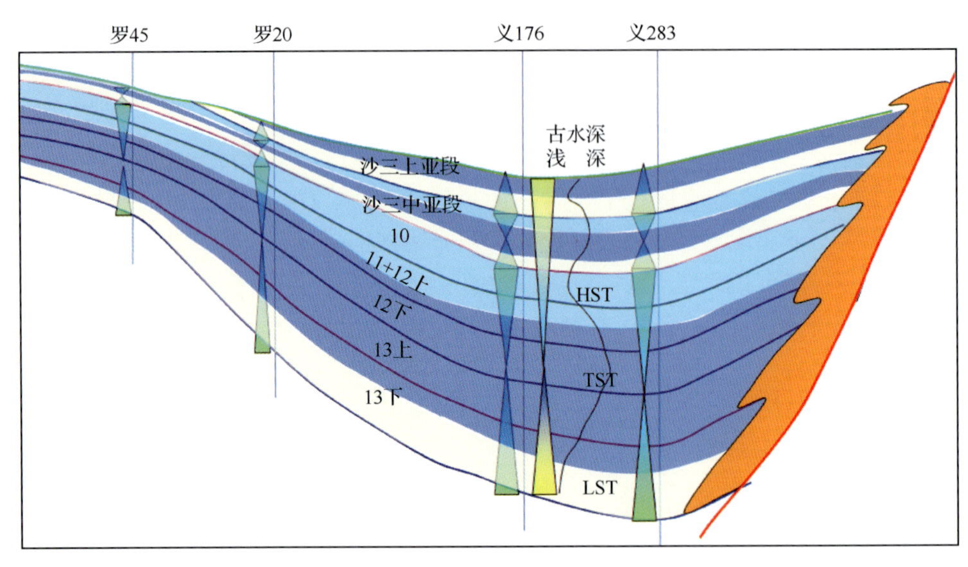

图 1.3 渤南洼陷沙三段近南北向剖面层序划分方案

点时期，表现为进积地层结构，纹层状灰质泥岩、块状泥页岩、泥页岩夹砂岩条带和泥页岩夹碳酸盐岩条带；沙三段中上时期，层序构型特征为古水深逐渐减小深-浅水湖型，碎屑物质供应增加，洼陷带泥页岩夹砂岩条带广泛发育，斜坡带以发育块状泥页岩为主。沙二段时期，水体相对较浅，碎屑物质充沛，主要发育砂砾岩、砂岩。沙一段沉积时期，渤南洼陷又处于断陷湖盆发育的鼎盛阶段，沉积基准面不断上升，水体缓慢加深，沙一段底界为薄层白云岩、灰岩或灰色生物灰岩；这些碳酸盐岩的自然电位曲线较平直，底部可见不规则的低幅鼓包负异常，视电阻率曲线由上往下逐步抬高，俗称“步步高”电阻，底部电阻为高阻尖峰的“剪刀电阻”，该层序底界就对应于“剪刀电阻”的最高峰处。该层序以上升半旋回为主，下降半旋回不太发育。沙一段底部岩性为薄—中厚层灰黄色白云岩、灰色灰岩、生物灰岩与油页岩互层，向上过渡为深灰色泥岩与深灰色、褐灰色泥岩互层(图 1.3)。

1.2.2 泥页岩的矿物成分特征

泥页岩的类型较多，但不同岩相主要表现在矿物成分含量的变化上。方解石(白云石)、黏土矿物及粉砂质的石英和长石等的陆源碎屑是泥页岩的主要矿物成分，此外，还含有少量的黄铁矿(图 1.4、表 1.1)。

表 1.1 部分取心井泥页岩主要矿物含量 (单位：%)

井	黏土矿物	石英	方解石	白云石	钾长石	斜长石	黄铁矿	菱铁矿
罗 67	17.01	17.85	52.81	6.03	1.2	1.26	3.83	
罗 69	18.16	18.01	52.37	4.85	1.12	1.42	3.82	0.22
新义深 9	18.01	22.02	46.85	5.09	1.63	2.01	4.02	

在渤南洼陷沙三段泥页岩中，方解石含量普遍较高，平均含量在 62.83%，最高可达 93%，白云石平均含量为 6.31%，最高为 18%。方解石常以泥晶状纹层或透镜体存在，也会

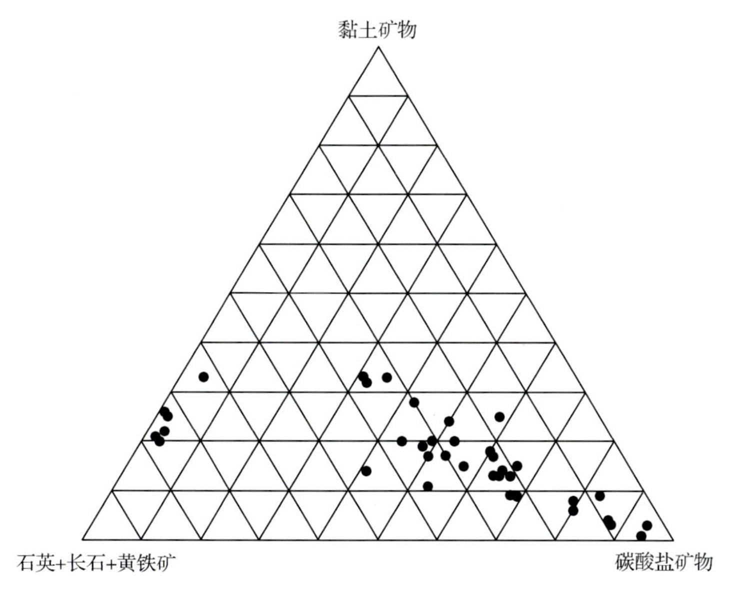

图 1.4　部分泥页岩全岩矿物成分的三端元图

与黏土矿物、有机质均匀混杂，部分层段会出现方解石的重结晶。白云石大多呈微小的自形晶体，且大多存在于黏土层内，或两层层间，白云石晶间孔也可作为储集空间(图 1.5)。

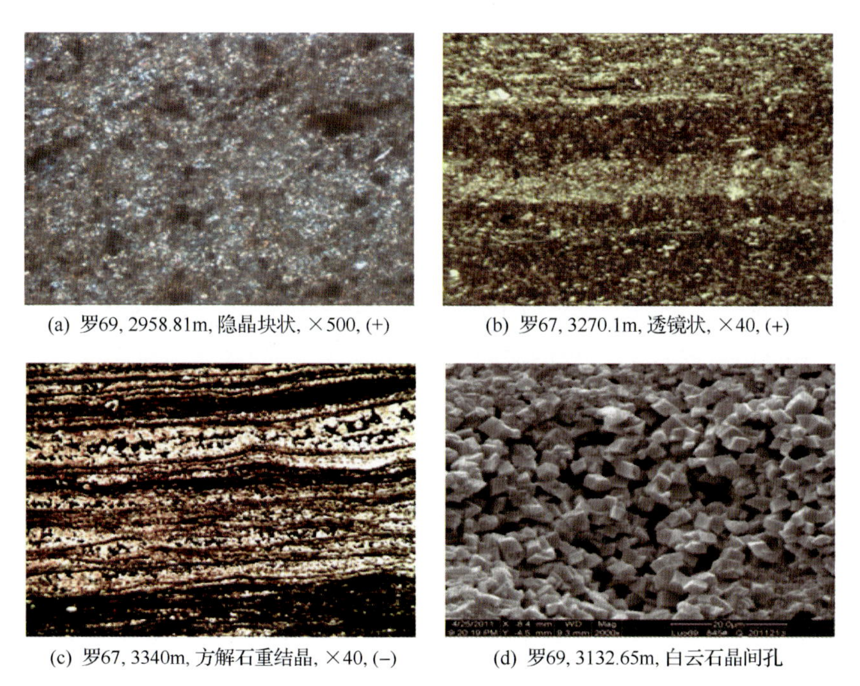

(a) 罗69, 2958.81m, 隐晶块状, ×500, (+)　(b) 罗67, 3270.1m, 透镜状, ×40, (+)

(c) 罗67, 3340m, 方解石重结晶, ×40, (−)　(d) 罗69, 3132.65m, 白云石晶间孔

图 1.5　泥页岩碳酸盐矿物赋存状态

碎屑矿物主要是石英和长石，分析测试数据表明，石英为主要碎屑矿物，一般含量在 17%～20%，部分层段的值稍高，在 30%～40%，但该类层段不多。石英颗粒粒径大多在 0.01～0.1mm，磨圆度变化较大，有的磨圆较好，有的磨圆较差，棱角明显。其中长石含

量较少，主要为钾长石和斜长石。

黏土矿物以伊利石和伊利石/蒙脱石（简称伊/蒙）混层为主，高岭石和绿泥石含量相对较少。其中罗 67 井沙三段伊利石、伊/蒙混层、高岭石含量平均为 48.1%、45%、5.69%，绿泥石含量仅为 2.44%；罗 69 井以伊/蒙混层为主，含量平均为 61.48%，其次为伊利石，含量平均为 29.79%，高岭石和绿泥石含量仅为 6.18%、2.92%；新义深 9 井沙三段伊/蒙混层、伊利石平均含量为 55.92%、41.92%，高岭石和绿泥石含量分别为 1%、1.17%（图 1.6）。

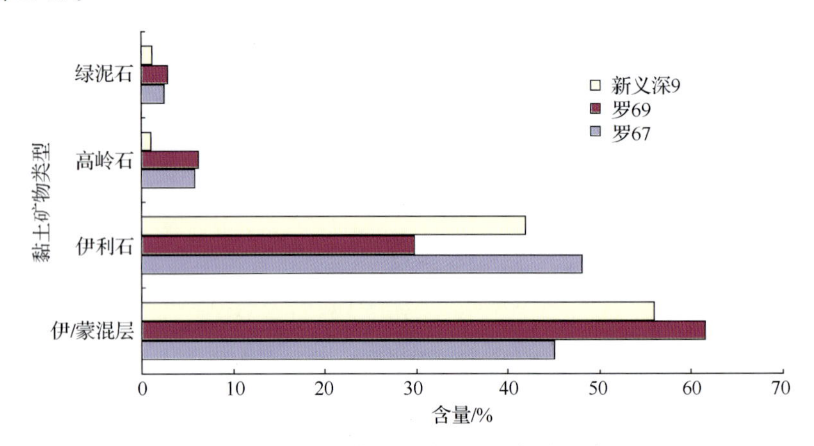

图 1.6　部分取心井泥页岩黏土矿物含量条形图

1.2.3　泥页岩的有机质特征

总有机碳含量（TOC）不仅是泥页岩重要的组分类型之一，更重要的是，由于泥页岩的油气属于自生自储，TOC 类型和成熟度的不同，决定了泥页岩含油气性的差异。

泥页岩岩石成分由岩石骨架和孔隙流体组成。其中灰质、砂质和泥质含量占岩石骨架的主体，约在 80%以上，其余部分为固态有机质和束缚水[图 1.7(a)]。根据有机质含量的多少及岩石内是否已经生烃两个条件，可将泥页岩划分为三种类型[图 1.7(b)]：①不含有机质泥页岩，即岩石本身不含有机质，不具备生烃能力；②含有机质、不含烃泥页岩，岩石含有机质，但还没有达到生烃门限或不含烃；③含有机质含烃泥页岩，即岩石成分中含有机质并且已经有烃类生成。

渤南地区沙三段 TOC 分布为 2%～8%，主体为 2%～4%（图 1.8），南部斜坡带 13～12 层组 TOC 增高；北部洼陷带 13～12 层组 TOC 总体变化不大，集中在 2%～2.5%（图 1.9）。

TOC 是反映干酪根含量最直观、最有效的指标，氯仿沥青“A”含量和热解烃量（S_1）是直接反映泥页岩含油量的地化指标。当烃源岩埋藏较浅、成熟度较低时，S_1 随 TOC 的增大呈线性关系增加。当烃源岩埋藏较深、成熟度较高时，S_1随 TOC 的增大表现出明显的三段性特征（图 1.10）：当 TOC 较高（大于 2.4%）时，S_1为相对稳定的高值；当 TOC 较低（小于 0.75%）时，S_1保持稳定低值；当 TOC 为 0.75%～2.4%时，S_1呈现明显的上升

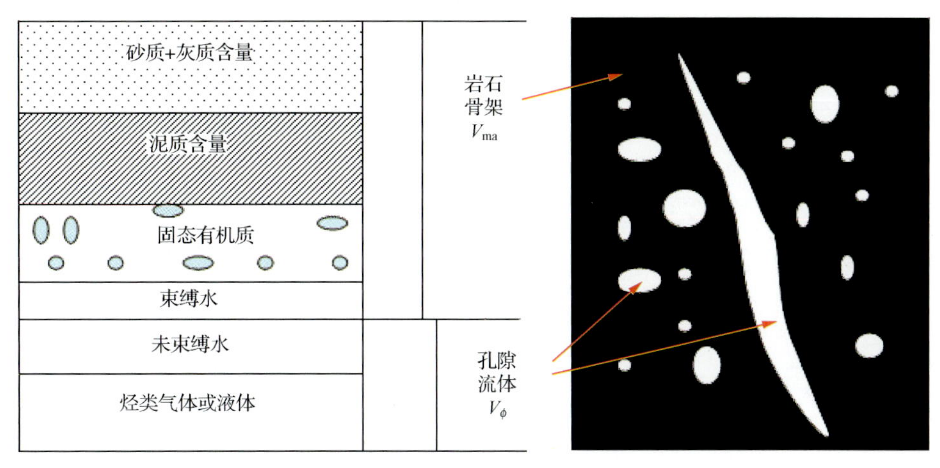

(a) 泥页岩岩石成分示意图

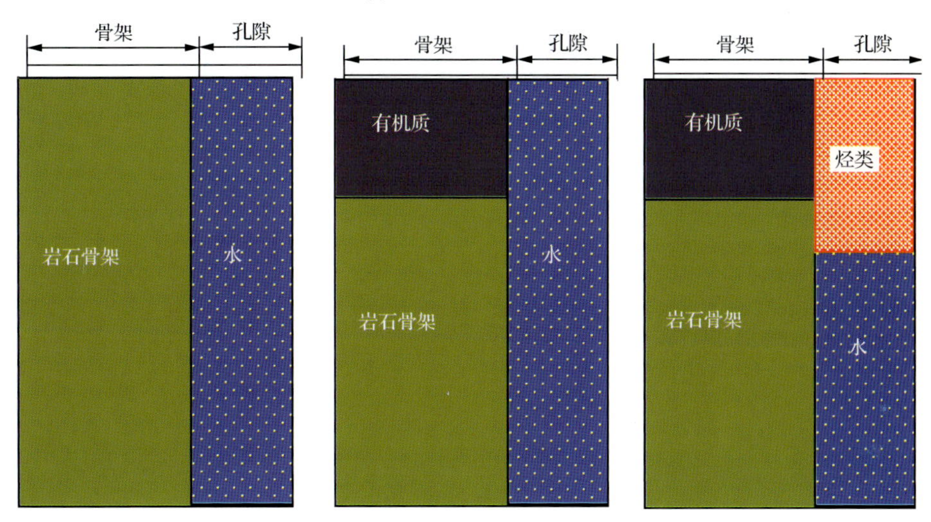

(b) 泥页岩有机质及烃类组分示意图

图 1.7　泥页岩岩石组分类型

V_{ma}. 岩石骨架体积；V_{ϕ}. 孔隙流体体积

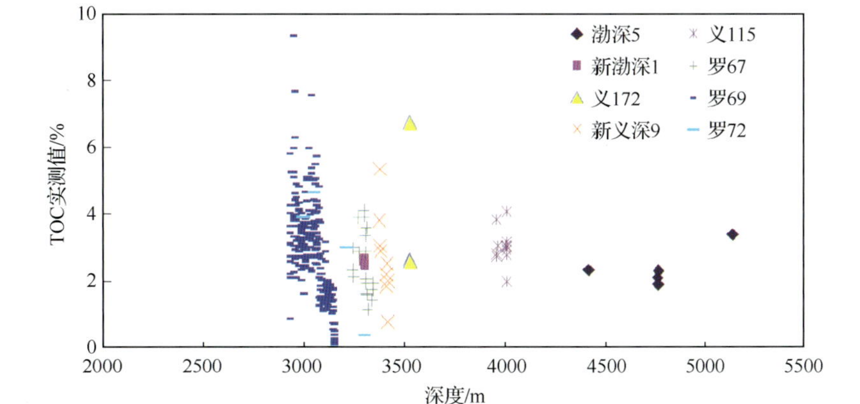

图 1.8　渤南地区 TOC 与深度关系图

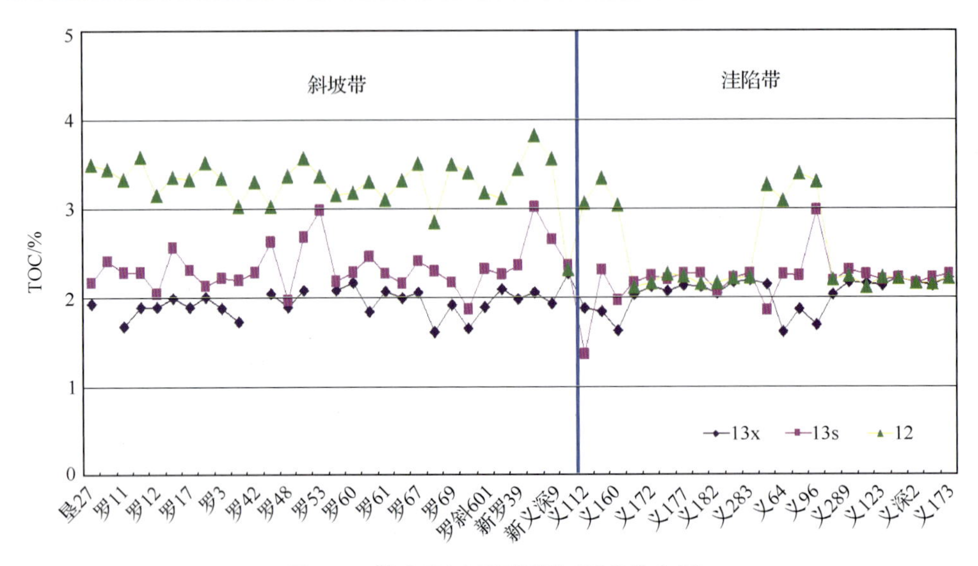

图 1.9　渤南地区不同层组 TOC 分布图

趋势。一般认为，S_1 稳定高值段表明当有机质的丰度达到一定的临界值(2.4%)时，所生成的油量总体上已能够满足泥页岩各种形式的残留需要，丰度更高时泥页岩含油量达到饱和，多余的油被排出，这类泥页岩的含油量最为丰富；S_1 在稳定低值段，由于有机质丰度低，生成的油量还难以满足泥页岩自身残留的需要，因此含油量还很低，认为是无效资源；介于其间的上升段的泥页岩含油量居中，技术发展后有望成为开发对象，为低效资源。

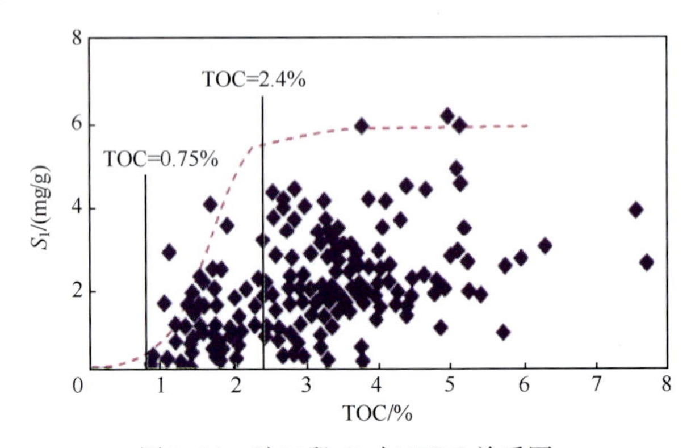

图 1.10　沙三段 S_1 与 TOC 关系图

在氯仿沥青“A”含量与 TOC 关系图(图 1.11)上，同样有上述三段性特征，所确定的分界点与上述值也基本一致，进一步说明了这种规律的存在。

根据不同含油性的 TOC 分布值，泥页岩的含油气性与 TOC 有明显的关系，油流和油气显示井段 TOC 值明显高于无油气显示井段(图 1.12)，出油和显示井点的 TOC 值一般大于 2.1%。

TOC 与各组分交会分析可以看到(图 1.13、图 1.14)，TOC 与脆性矿物含量呈负相关，与黏土矿物含量呈正相关。结合之前的分析发现，随着脆性矿物含量增加，沉积古水深变浅，TOC 下降；随着黏土矿物含量增加，沉积古水深加大，TOC 增大。

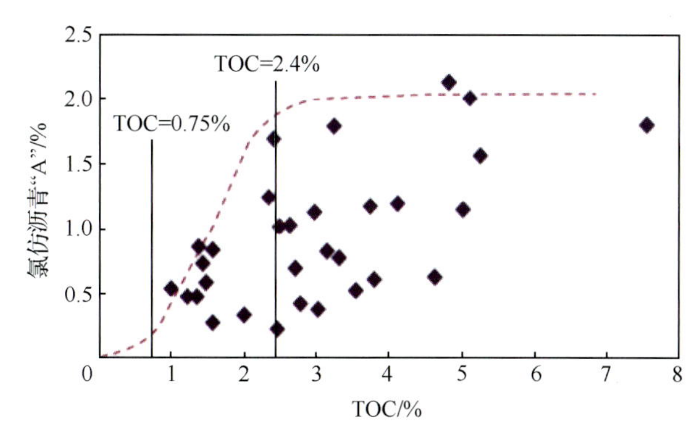

图1.11　沙三段氯仿沥青"A"含量与TOC关系图

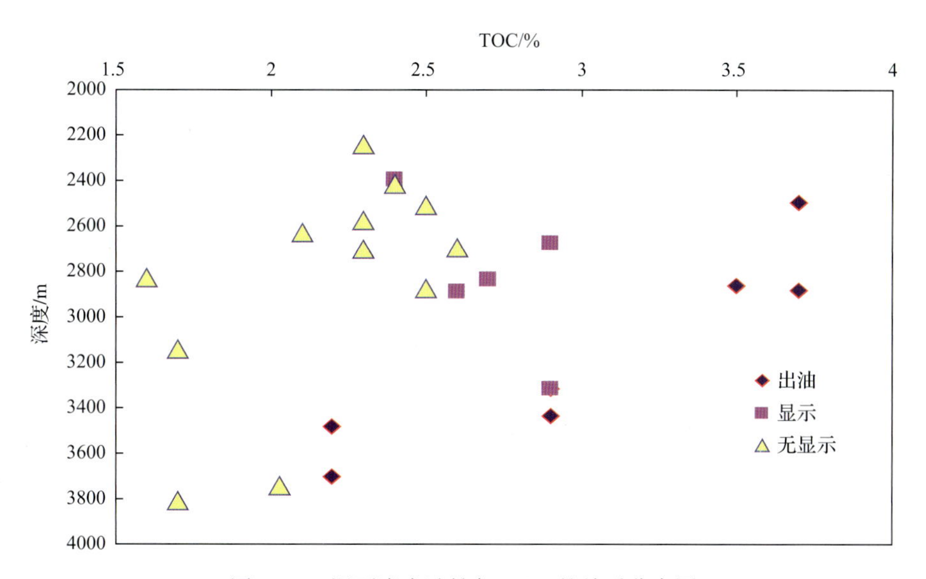

图1.12　泥页岩含油性与TOC的关系分布图

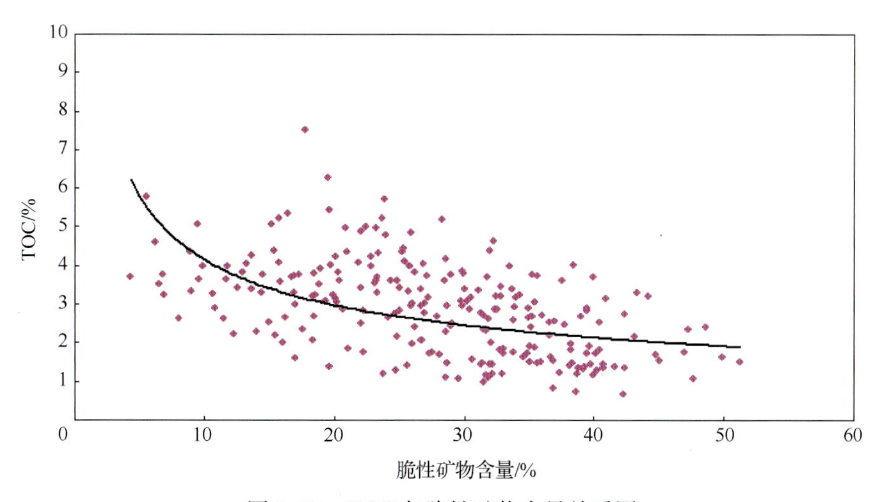

图1.13　TOC与脆性矿物含量关系图

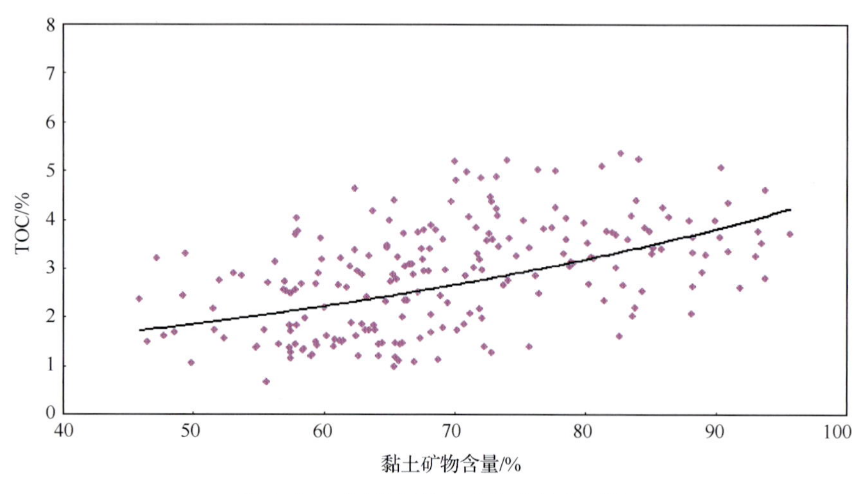

图 1.14　TOC 与黏土矿物含量关系图

1.2.4　泥页岩的孔隙度特征

由孔隙度与矿物含量关系图(图 1.15)可以看到,在脆性矿物含量小于 70%时,孔隙度随着脆性矿物含量的增大而增大,同时随黏土矿物含量增大而减小,说明岩石矿物组分对孔隙度的影响很大。在测井解释上,泥页岩物性好的层段多解释为油层或见油流,代表泥页岩储层,岩石组分上表现为含灰质、砂质成分或含灰质砂质条带。

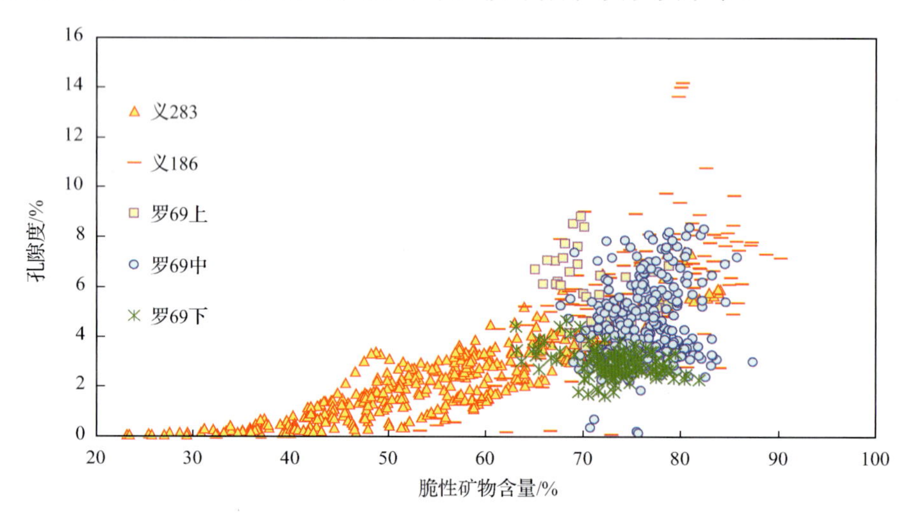

图 1.15　孔隙度与矿物含量关系图

根据对储层和非储层的定义,对砂质、灰质含量统计可以确定泥页岩成藏的物性下限为砂质和灰质含量大于 50%,孔隙度大于 2%(图 1.16)。

1.2.5　泥页岩的裂缝特征

一般地,泥页岩裂缝本身不仅是油气运移的重要通道,还可以作为油气的储集空间。岩心观察表明,泥页岩中的裂缝分为构造缝、矿物收缩缝、层间缝、异常压力缝(图 1.17)等。

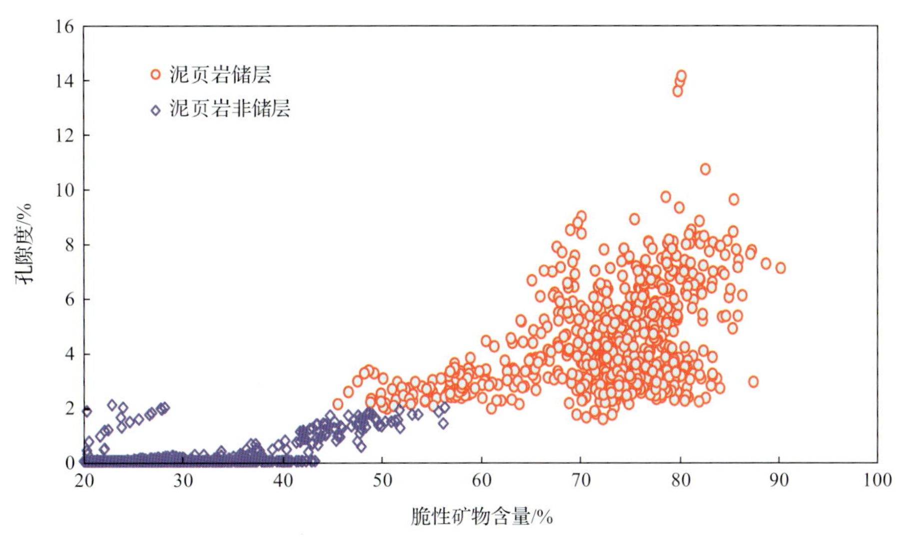

图1.16　储层和非储层孔隙度与脆性矿物含量关系图

图1.17　泥页岩裂缝类型

构造缝是指由于构造应力变化引起岩石破裂形成的裂缝;矿物收缩缝多分布于黏土矿物较发育的层段,黏土矿物多为伊/蒙混层,页岩纹层的成层性好,伴随黏土矿物脱水及有机质排烃,在黏土矿物层间产生微裂缝;层间缝是在钙质纹层和泥质纹层的接触处产生的裂缝;异常压力缝指在有机质演化过程中产生局部异常高压使岩石破裂而形成的裂缝。

构造作用对裂缝的形成往往起到至关重要的作用,构造裂缝是泥页岩中重要的储层空间类型。由罗 67、罗 69、新义深 9 等取心井的岩心裂缝长度、倾角、密度统计图可以看出,构造裂缝长度一般小于 20cm,取心井的裂缝长度主频都在 2~8cm(图 1.18),高角度裂缝占 50%左右。裂缝倾角有两个主频率,分别为 10°~30°、80°~90°(图 1.19)。构造裂缝密度(FVDC)主峰区间在 3~15 条/m(图 1.20)。

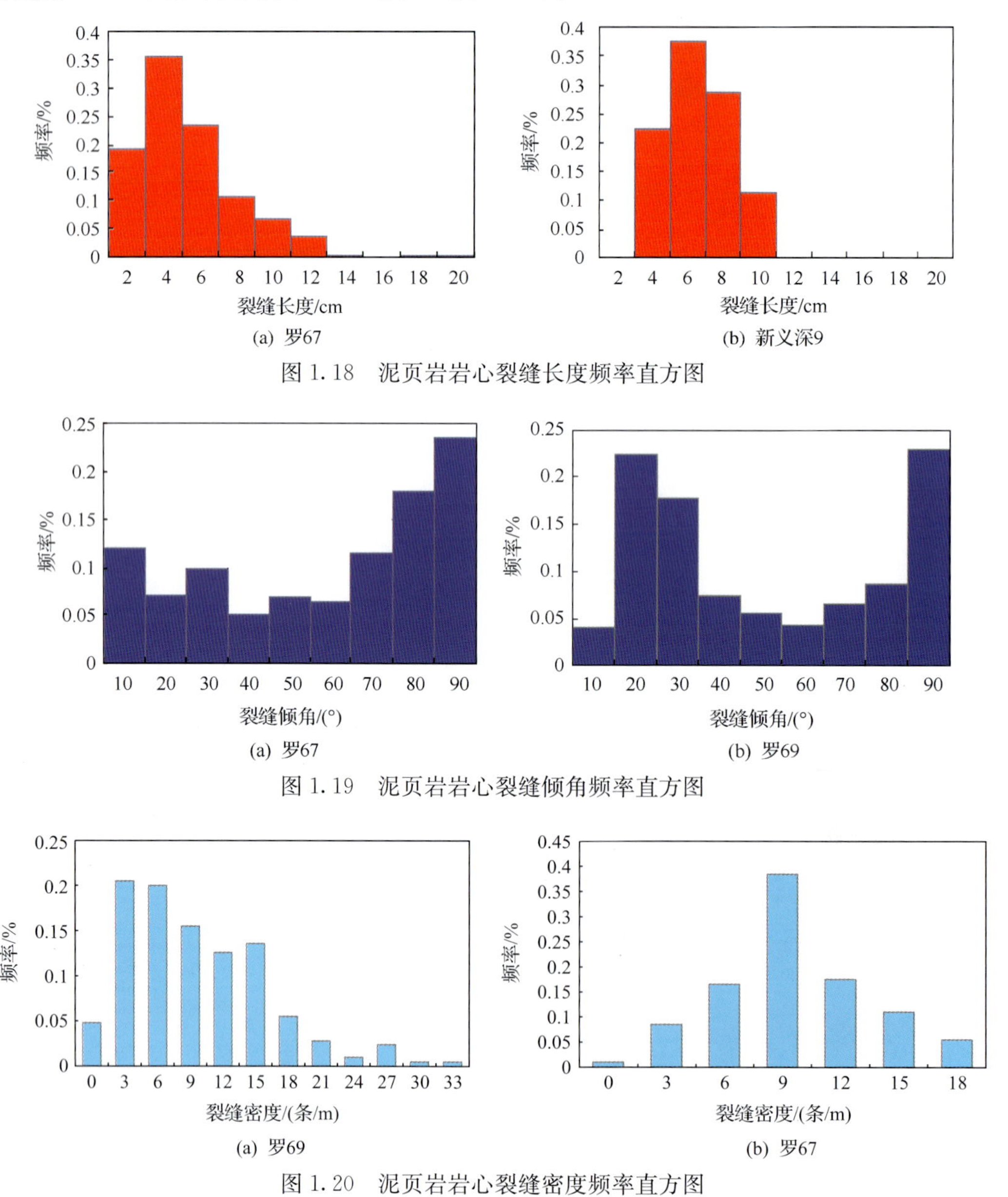

图 1.18　泥页岩岩心裂缝长度频率直方图

图 1.19　泥页岩岩心裂缝倾角频率直方图

图 1.20　泥页岩岩心裂缝密度频率直方图

从有效孔隙度与裂缝条数和裂缝密度的关系图可以看出，有效孔隙度与裂缝条数和密度均呈正相关。裂缝发育有利于储层物性的改善（图 1.21、图 1.22），从而影响储层的含油气性。根据罗 69 井测井解释成果，解释油层段裂缝均较发育（表 1.2）。

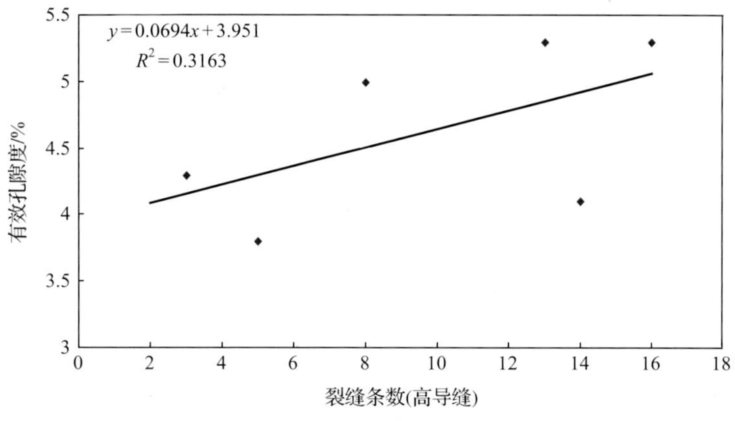

图 1.21　有效孔隙度与裂缝条数关系图

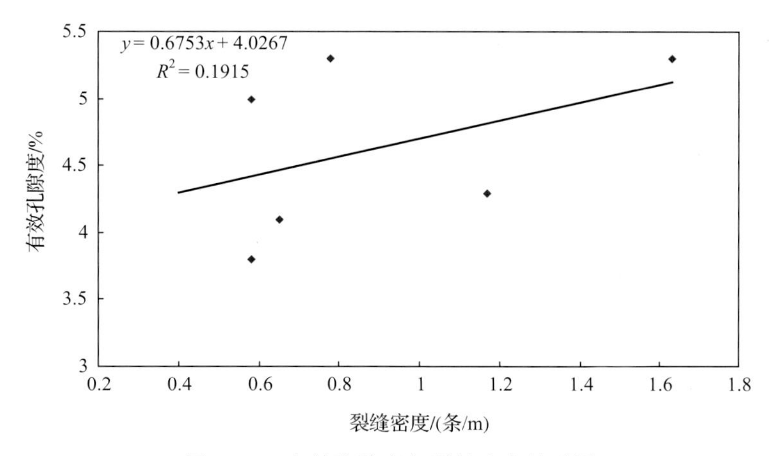

图 1.22　有效孔隙度与裂缝密度关系图

表 1.2　罗 69 井测井解释成果表

层号	FMI 处理结果						综合评价
	裂缝条数（高导缝）	裂缝角度	裂缝走向	裂缝密度/（条/m）	裂缝宽度（FVAH）/μm	裂缝孔隙度（FVPA）/%	
1	13	低—中	优	0.78	82.15	0.021	差油层
2	8	低—中	优	0.58	105.90	0.022	油干层
3	16	低—中	优	1.63	40.08	0.010	差油层
4	2	中—高	优	0.40	66.98	0.012	差油层
5	3	高	优	1.17	92.36	0.057	差油层
6	14	中—高	优	0.65	118.86	0.024	油干层
7	5	中	优	0.58	275.32	0.078	差油层

1.2.6 泥页岩的脆性特征

岩石是脆性在应力加载条件下，达到破裂前有较大范围的弹性行为(可逆变形)，只有很小范围的柔性行为(不可逆变形)。岩石柔性是指岩石有相对小范围的弹性行为，有相对较大范围的柔性行为(图 1.23)。

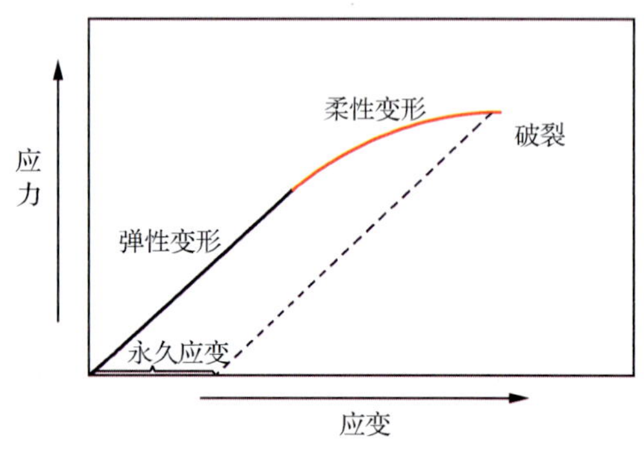

图 1.23　岩石应力-应变曲线

岩石的脆性受到岩性、成分、有机碳含量、有效应力、温度、成岩作用、成熟度和孔隙度等多种因素影响。例如，高温下材料具延展性，低温下材料具脆性；高围压下，能够阻碍裂纹的形成，低围压下，易产生裂纹，材料更脆；高应变率材料易破裂，低应变率材料中对于单个原子移动而言有更多的运移空间，具有柔性；石英、橄榄石和长石等矿物具有脆性，而黏土矿物和云母等更具有柔性；由于水的存在能够弱化化学键，在矿物颗粒周围形成膜，导致滑移的产生，湿岩石表现出柔性行为，而干岩石表现出脆性行为。

一般来说，应力与储层脆性关系密切，应力-应变曲线可反映泥页岩的脆性特征。岩石的脆性特征主要体现在两个方面：以峰值应变表示的脆性参数，应变值越小，脆性表现越容易；以峰后曲线形态表示脆性参数，差值越小，脆性越显著(图 1.24)。

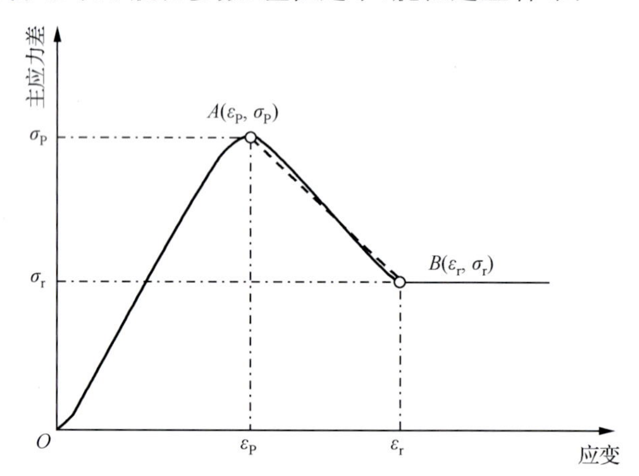

图 1.24　综合脆性指数参数取值示意图

ε_P、σ_P 为 A 点的应力差和应变；ε_r、σ_r 分别为 B 点的应力差和应变

从罗 69 井四块岩样的脆性测试表可以看出，脆性矿物含量为 68%和 75%的样品评价结果为脆性矿物含量高，脆性系数中等，抗弯模量中高，可压性较好；脆性矿物含量为 86%的样品测试结果为脆性系数中下，抗弯模量中下，可压性较差(表 1.3)。

上述特征，在应力应变曲线上也得到了较好的反映：当钙质含量小于 85%时，弹性变形段较长，柔性变形段较短，且随钙质含量的增加，弹性变形段增长，可压性相对较好；当钙质含量大于或等于 85%时，应变明显增加，弹性变形段变小，柔性变形段大幅增加，延

表 1.3　罗 69 井脆性测试统计表

项目		深度/m	围压/MPa												抗弯模量平均值/MPa	脆性矿物含量/%	评价
			0	17	21	34	35	49	51	51	56	63	68	68			
	E/GPa			37.6	37.9	33.8			32	19.9			31.1	19.2			
罗 69-298	ν	2995		0.279	0.189	0.275			0.187	0.242			0.302	0.288	25.84	68	脆性矿物含量高，脆性系数中，抗弯模量中，当前埋深（3230m）浅于临界深度，因此，可压性较好
	Brit			43.9	62.1	42			58.3	38.7			34.7	29			
	E/GPa		41.4		39.7		35.5	39.60									
罗 69-416	ν	3024～3025	0.258		0.286		0.232	0.268							50.78	75	脆性矿物含量高，脆性系数中，抗弯模量高，脆性性质显著，可压性较好
	Brit		50.8		44		51.8	47.5									
	E/GPa										36.9	41.6					
罗 69-528	ν	3054									0.159	0.238					脆性系数中上，脆性性质较好，可压性较好
	Brit										67.4	55.0					
	E/GPa				38.1		32.2	30									
罗 69-570	ν	3063			0.362		0.285	0.311							16.73	86	脆性系数中下，抗弯模量中下，当前埋深已进入高延性范围，可压性较差
	Brit				27.7		38.9	32.1									

注：E 为杨氏模量；ν 为泊松比；Brit 为脆性指数。

性增强，可压性变差(图 1.25)。

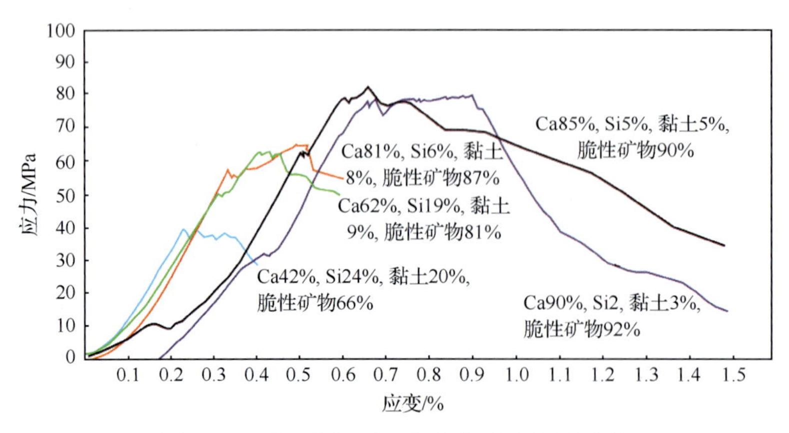

图 1.25　沙三段泥页岩的应力-应变测试曲线

Ca 表示钙质含量；Si 表示硅质含量

根据以峰值应变反映的脆性特征，应变值越小，脆性表现越容易。图 1.26 表明，总脆性矿物含量大于 60%时，破裂点应变值随其增加而增大，说明总脆性矿物含量太高，岩石脆性反而变差。结合脆性测试结果，脆性矿物含量高于 85%，岩石脆性降低。钙质含量在 40%～90%时，破裂点应变与钙质含量呈正相关(图 1.27)，与硅质含量呈负相关(图 1.28)。

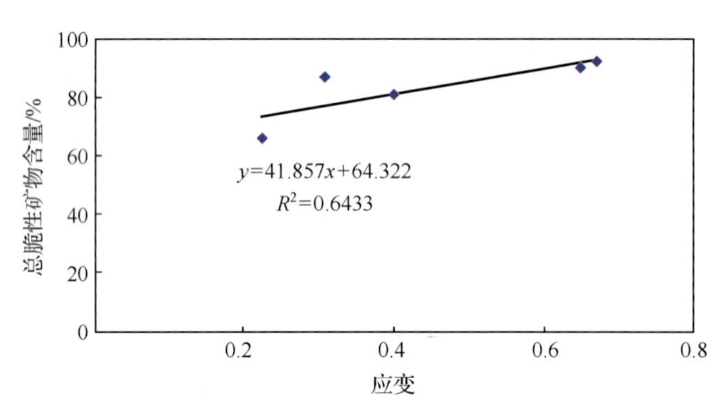

图 1.26　破裂点应变与脆性矿物含量交汇图

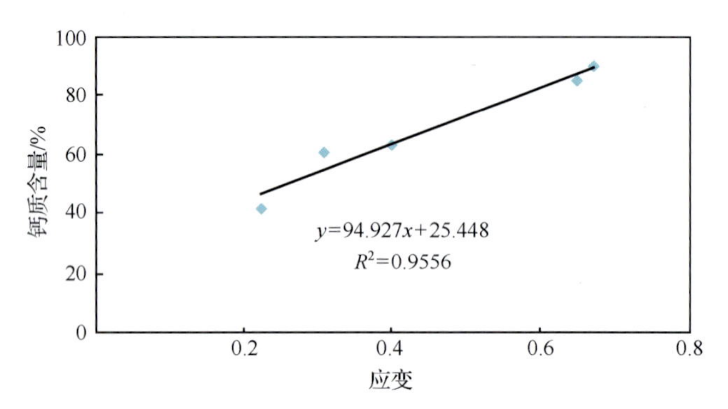

图 1.27　破裂点应变与钙质含量交汇图

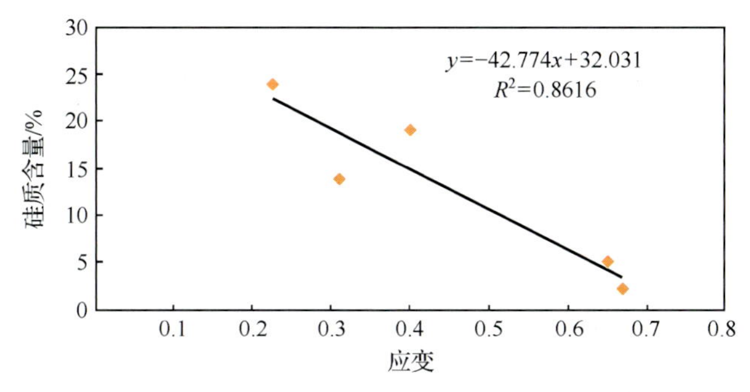

图 1.28　破裂点应变与硅质含量交汇图

以峰后曲线形态表示脆性参数，则数据越小，脆性越显著，该指数与钙质含量呈正相关，与硅质含量呈负相关（图 1.29、图 1.30）。

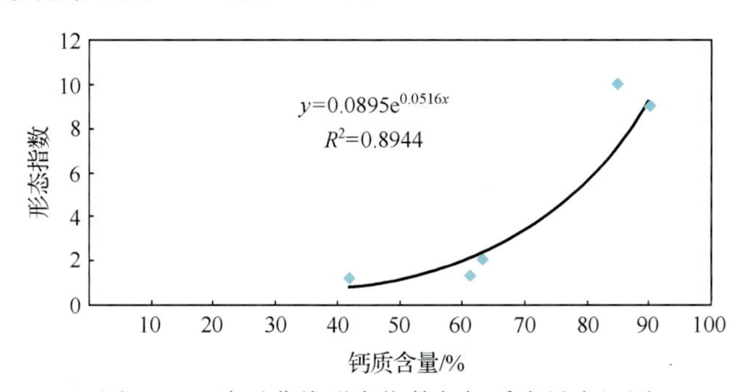

图 1.29　峰后曲线形态指数与钙质含量交汇图

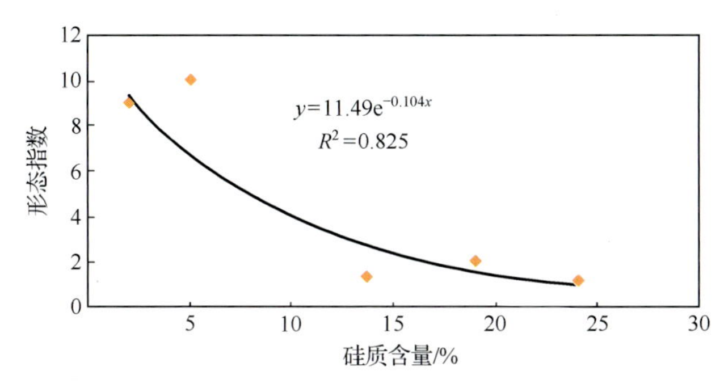

图 1.30　峰后曲线形态指数与硅质含量交汇图

综上所述，高脆性矿物含量的泥页岩一般脆性好，可压性好。但当脆性矿物含量高于85％时，泥页岩地层脆性变差，可压性开始变差。硅质含量也是影响页岩储层改造的重要因素：硅质含量越高，钙质含量越低，脆性越好。究其原因，硅质主要矿物成分是石英，硬度大，具有较高的脆性，在外力下容易破碎产生裂缝，而钙质主要是碳酸盐矿物，硬度小，在应力作用下更多地显示出柔性。

1.3　泥页岩的岩相类型划分及分布特征

岩相是一定沉积环境中形成的岩石或岩石组合，它是沉积相的主要组成部分。湖相泥岩表面看起来单一,都为暗色细粒沉积,但实际上是由许多不同类型的岩相组成,主要岩性为泥灰岩、显晶-隐晶泥灰岩、灰质泥岩、含泥质灰岩、泥质灰岩、泥岩及含灰质泥岩等,岩性分类复杂多样。目前,一些学者将其统称为细粒沉积岩,本书考虑人们的使用习惯,仍将其统称为泥页岩,但其主要矿物成分已不仅仅限于黏土矿物。

组成矿物的成分、粒度及相互排列关系决定了岩相类型,而沉积岩形成后所经历的成岩改造也会影响岩石内部的一些排列变化,不仅决定岩石的类型,而且影响岩相。岩相的不同在一定程度上表示形成环境的差异,或者经历了不同的物理、化学、生物的改造作用。

1.3.1 岩相类型划分及其特征

一般来说,泥页岩岩石定名的时候应该考虑颜色、构造、矿物含量、岩石纹层中是否含有砂质条带,是否含有白色钙质纹层、页理是否发育等多种因素,因为岩石颜色能在一定程度上反映氧化或还原环境;构造类型可以反映岩石沉积时水动力情况及沉积速度;有机质能够反映古气候条件及水体营养度;矿物组成是陆源输入-沉积作用及(生物)化学沉积作用共同作用的结果,矿物结构可提供离岸远近及成岩环境等信息。更重要的是,这些因素往往与泥页岩的脆性、可压裂性、延展性等各方面有关,直接关系到泥页岩油气藏的开发效果。

按照含量分类将碳酸盐矿物含量大于50%的泥页岩定义为泥质灰岩岩相,碳酸盐矿物含量小于50%的泥页岩定义为灰质泥岩岩相。

泥页岩沉积构造与其成因有密切的关系,受沉积过程的控制。本区泥页岩常见纹层状及块状两种。在斜坡带及洼陷带,泥页岩与砂岩或灰岩(白云岩)互层发育,总体上仍以泥页岩为主,可将该种类型定义为层状泥页岩。

综合考虑泥页岩的成分及结构、构造特征,结合其宏观结构的变化和各组分的分布状态及组合样式,以简洁直接反映不同岩相间差别为原则,本书将泥页岩划分为五种岩相:块状泥质灰岩、块状灰质泥岩、纹层状泥质灰岩、纹层状灰质泥岩、层状泥页岩,与原录井岩性有表1.4的对应关系。

表1.4 泥页岩岩相分类

本次分类	原录井岩性	岩相基本特征
块状灰质泥岩	泥岩	块状,无纹层构造,泥质含量较高,钙质含量相对较低
块状泥质灰岩	灰质泥岩	块状结构,钙质含量较高,泥质含量较低,有机质含量低
纹层状灰质泥岩	油泥岩、油页岩	方解石含量在35%~50%,含丰富的有机质,岩心上具有明暗相间的水平状纹层
纹层状泥质灰岩	灰质油泥岩、油页岩	碳酸盐矿物含量较高,可达70%以上,有机质含量较高,岩心和薄片上具有明暗相间的水平或波状纹层
层状泥页岩	灰质油泥岩、泥岩、砂岩、灰岩、白云岩	层状,受物理化学因素变化的影响不显著,条纹致密

1. *块状灰质泥岩*

块状灰质泥岩岩相常呈灰色、深灰色,岩心上无明显纹层结构。泥质含量较高,钙质含量相对较低，含有一定的陆源粉砂，有机质含量中等—较高，平均为3.5%。岩心上有时可见白色纯方解石部分呈断续状、叶片状及水平透镜状层理分布于灰黑色页岩中，白色部分与灰黑色部分界限分明。镜下薄片中特征可以看到，明暗层的成分均相对纯净，偶尔可见极少量的石英颗粒散布在有机质层内。白色方解石层中，方解石呈重结晶状态，晶间孔发育；暗色有机质层则主要夹于浅色方解石层之间，其中，层与层之间的界限清晰、易分辨。主要沉积于古湖水不具有明显分层的环境中(图1.31)。

(a) 利页1井，3660.47m　　(b) 利页1井，3817.80m (荧光)

图1.31　块状灰质泥岩岩心与荧光照片

2. 块状泥质灰岩

块状泥质灰岩岩相呈浅灰色、灰色，其中钙质含量较高，块状结构，有机质含量低，含较少量的陆源粉砂。显微镜下观察，黄铁矿、炭屑均略呈定向分布。该岩相形成于相对浅、且稍具有一定动荡的古水体环境中(图1.32)。

(a) 利页1井，3585.60m

(b) 利页1井，3585.60m，×5，+

图1.32　块状泥质灰岩岩心与薄片照片

3. 纹层状灰质泥岩

纹层状灰质泥岩岩相呈灰色、深灰色，方解石含量在35%～50%，含丰富的有机质，平均为3.6%。从岩心上看，常以明暗相间的水平状纹层为特征，浅色层主要为黏土矿物与隐晶方解石的混合层，有时方解石常以大小不一的灰泥透镜体散布于黏土层内，局部可见连续性较好的方解石层暗色纹层。暗色层则主要为富含有机质的黏土矿物层，有机质赋存方式有两种:有机质较均匀地与黏土层混杂,偶见黄铁矿;有机质呈纹层状分布,纹层延伸性中等,连续性较差。该岩相通常形成于古水动力微弱、水流闭塞的深水环境中(图 1.33)。

(a) 利页1井, 3738.60m

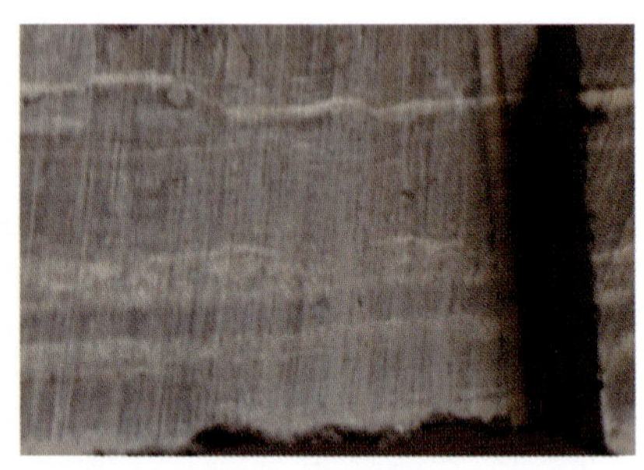

(b) 利页1井, 3587.10m

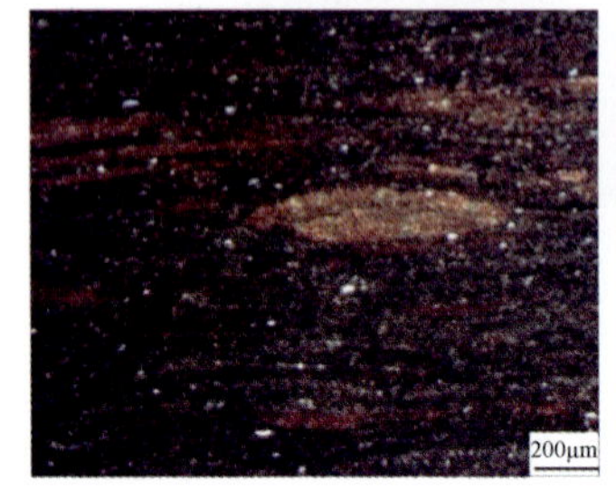

(c) 利页1井, 3738.60, ×5, +

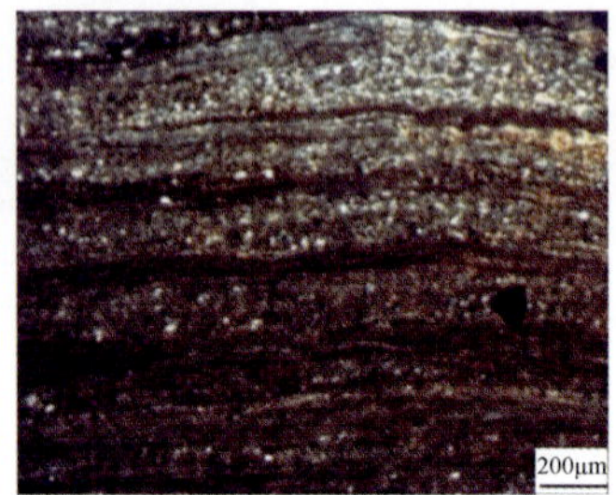

(d) 利页1井, 3587.10m, ×5, +

(e) 罗69井, 3028.8m

图 1.33 纹层状灰质泥岩岩心与薄片照片

4. *纹层状泥质灰岩*

纹层状泥质灰岩岩相以灰色为主。碳酸盐矿物含量较高,最高可达 70%以上,陆源碎屑含量一般大于 20%,以石英为主,顺暗色纹层较均匀分布,有机质含量也较高。岩心和薄片上均可见明暗相间的纹层分布,浅色纹层为富碳酸盐纹层,以方解石为主,纹层密集,单个纹层厚度多介于 0.01~1mm,镜下观察主要为隐晶结构,次为微晶-显晶结构。暗色纹层为富有机质纹层。纹层状灰质泥岩与纹层状泥质灰岩沉积环境相似,二者碳酸盐矿物含量稍有差异(图 1.34)。

5. *层状泥页岩*

层状泥页岩岩相总体呈层状产出,以浅灰—深灰色及深灰—灰黑色层的碳酸盐条带、粉砂质条带、黏土层、有机质层交互出现的显层状构造为主,少量隐层状结构。岩心可见浅色层厚度整体上略大于暗色层,为 5~10mm,最厚处可达 1.5cm,层界线平直,多数较为清晰(图 1.35),水平层的成分主要为泥质、灰质、泥灰质或灰泥质,碳酸盐部分与黏土部分混合较为均匀。镜下可见水平层理发育,或由炭屑、介形虫碎片、有机质条带顺层定向显示层理。

(a) 利页1井，3738.50m　(b) 樊页1井，3370.5m　(c) 罗69井，3041.15m

(d) 利页1井，3738.50m，×5，+　(e) 樊页1井，3435.44m，×5，+　(f) 樊页1，3629.35m (荧光)

图 1.34　纹层状泥质灰岩岩心与镜下照片

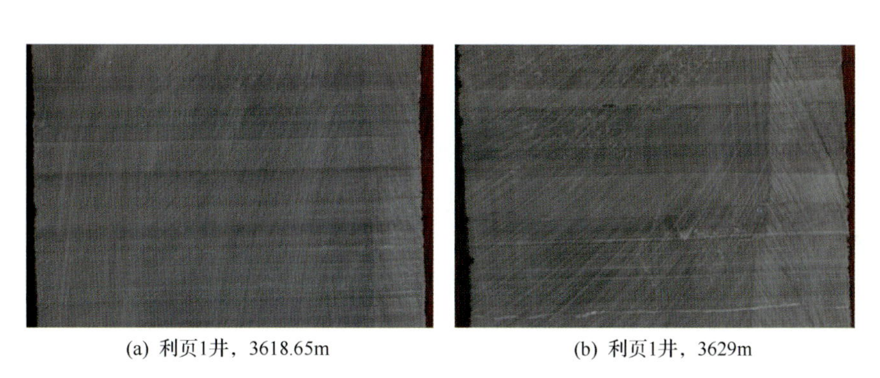

(a) 利页1井，3618.65m　(b) 利页1井，3629m

图 1.35　层状泥页岩中有机质层状黏土岩岩心照片

1.3.2　不同岩相类型的地质差异

1. 不同岩相类型的矿物成分差异

碳酸盐矿物、黏土矿物、石英、黄铁矿是组成泥页岩的主要矿物成分。不同类型的岩相，其矿物成分各不同。

(1) 碳酸盐含量：块状及纹层状泥质灰岩的碳酸盐矿物含量平均在65%，块状及纹层状灰质泥岩含量在30%～40%。

(2) 黏土矿物含量：块状灰质泥岩、纹层状灰质泥岩为30%左右，块状泥质灰岩与纹层状泥质灰岩中含量小于20%。

(3) 石英含量：块状灰质泥岩最高，可达25%以上，其次是纹层状灰质泥岩，泥质灰岩的石英含量相对较低(图1.36)。

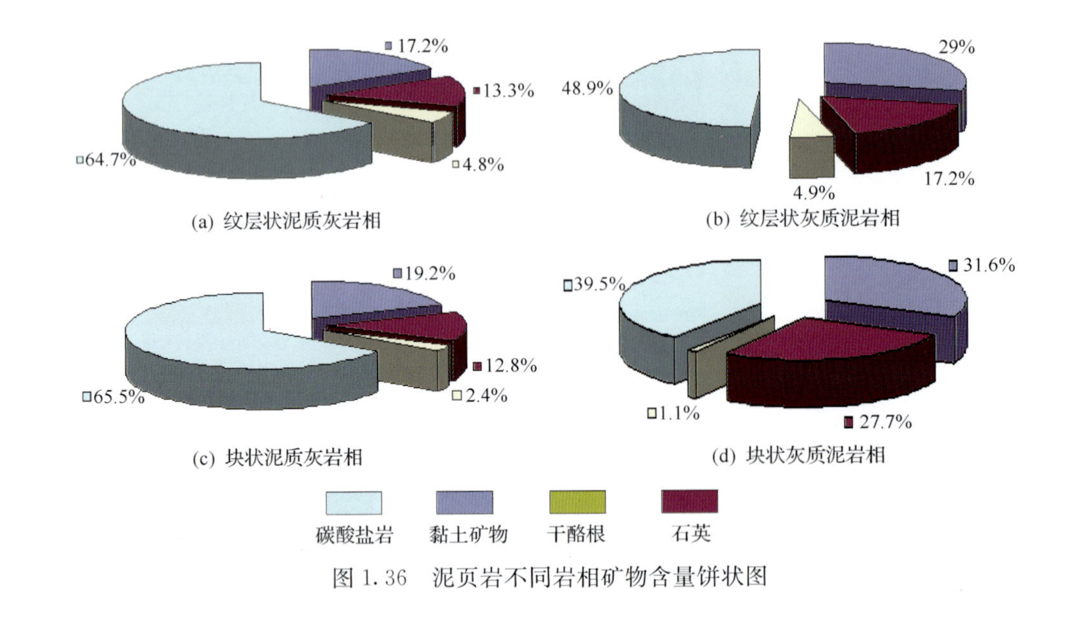

图 1.36　泥页岩不同岩相矿物含量饼状图

2. 不同岩相类型的物性差异

以罗 69 井为例，沙三段各类泥页岩岩相的物性差异特征明显：纹层状泥质灰岩的物性最好，孔隙度分布在 3%～7%，平均值约 5%，储集空间类型多样，构造缝、层间缝、晶间孔、有机质演化孔均有发育；其次是纹层状灰质泥岩，孔隙度分布在 3%～6%，平均值为 4.5%，发育构造缝、矿物收缩缝、有机质演化孔；块状泥质灰岩以构造缝和异常压力缝为主，孔隙度集中在 2%～4%，平均值为 2.7%；块状灰质泥岩物性最低，孔隙度平均值仅 1.6%，发育构造缝和矿物收缩缝；层状泥页岩相由于脆性高，易受改造形成裂缝，物性较好。

综合考虑岩相的矿物成分、储集空间、物性及含油气性等特征，层状泥页岩相储集性能的评价最好，纹层状灰质泥岩和纹层状泥质灰岩相的评价较好，块状泥质灰岩的评价一般，块状灰质泥岩的评价较差。

根据不同岩相的矿物成分、储集物性和含油气性，可建立不同岩相地质特征量版（图 1.37）。纹层状泥质灰岩孔隙度主要分布在 3%～7%，平均值约 5%；纹层状灰质泥岩孔隙度主要分布在 3%～6%，平均值为 4.5%；块状泥质灰岩孔隙度主要分布在 2%～4%，平均值为 2.7%；块状灰质泥岩孔隙度主要分布在 1%～3%，平均值为 1.6%；层状泥页岩受岩性影响，变化范围大，砂（灰）岩条带孔隙度可达 10%以上，平均值为 6.7%。

1.3.3　不同岩相类型的分布特征

1. 岩相分布特征

1）岩相的空间分布特征

在岩心、薄片资料和电性特征综合分析基础上，进行岩相的识别。以罗 69 井为例，该井的 11 层组以上，泥页岩以块状为主，碳酸盐矿物含量小于 50%，自然电位（SP）无异常，自然伽马（GR）为高值，发育块状灰质泥岩相；12～13 上层组泥页岩纹层发育，SP 明显异常，

剖面	岩相	发育部位	矿物成分/%（碳酸盐岩、黏土、石英、干酪根）	储集空间	孔隙度/%	有机碳含量/%	储集性能
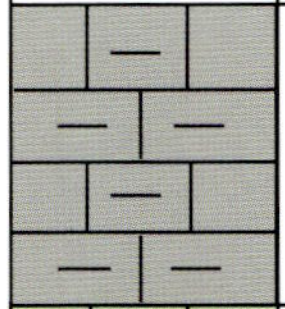	块状灰质泥岩	沙三中上亚段	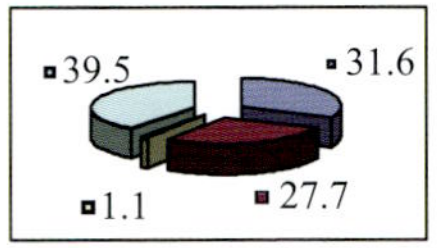 39.5　31.6　27.7　1.1	构造缝 矿物收缩缝	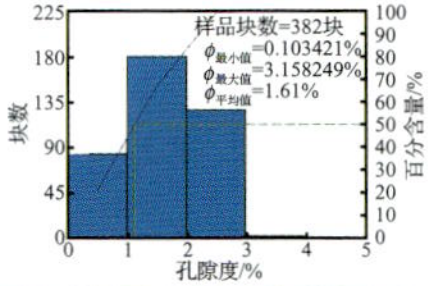 样品块数=382块 $\phi_{最小值}$=0.103421% $\phi_{最大值}$=3.158249% $\phi_{平均值}$=1.61% 块数：0, 45, 90, 135, 180, 225；百分含量/%：0–100；孔隙度/%：0, 1, 2, 3, 4, 5 1~3，平均值为1.6	0.8~9.3，平均值为3.5	较差
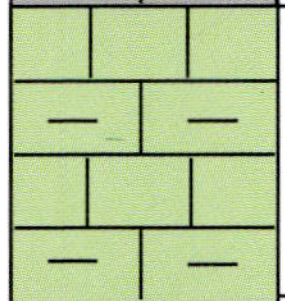	块状泥质灰岩	沙三下亚段低位体系域	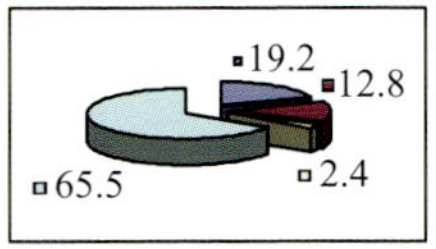 65.5　19.2　12.8　2.4	构造缝 异常高压缝	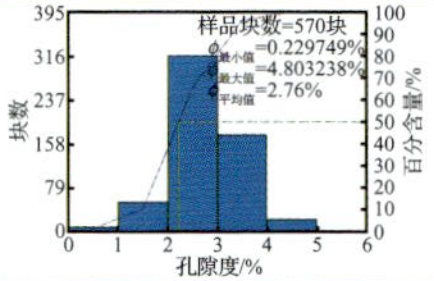 样品块数=570块 $\phi_{最小值}$=0.229749% $\phi_{最大值}$=4.803238% $\phi_{平均值}$=2.76% 块数：0, 79, 158, 237, 316, 395；百分含量/%：0–100；孔隙度/%：0, 1, 2, 3, 4, 5, 6 2~4，平均值为2.7	0.7~3.5，平均值为1.6	一般
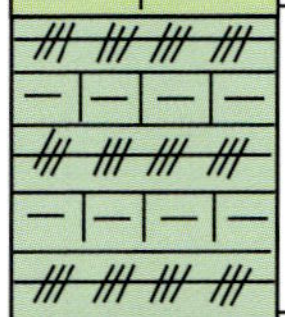	纹层状灰质泥岩	沙三中下亚段	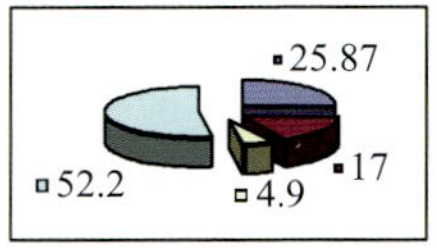 52.2　25.87　17　4.9	构造缝 矿物收缩缝	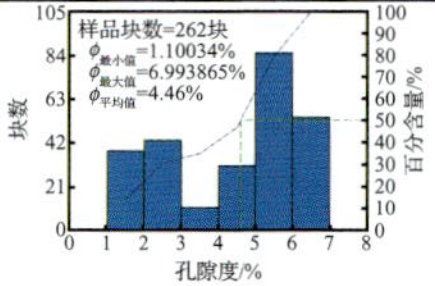 样品块数=262块 $\phi_{最小值}$=1.10034% $\phi_{最大值}$=6.993865% $\phi_{平均值}$=4.46% 块数：0, 21, 42, 63, 84, 105；百分含量/%：0–100；孔隙度/%：0, 1, 2, 3, 4, 5, 6, 7, 8 3~6，平均值为4.5	2.3~7.5，平均值为3.7	较好
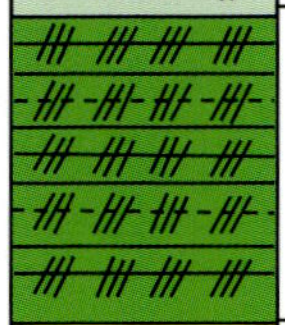	纹层状泥质灰岩	沙三下亚段湖侵及高位体系域	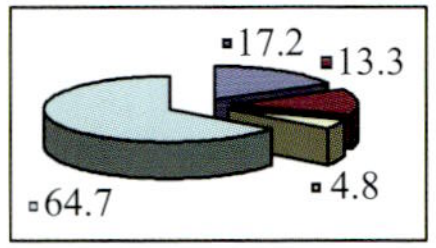 64.7　17.2　13.3　4.8	构造缝 层间缝 有机质演化孔 晶间孔	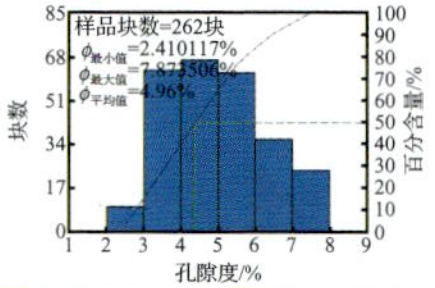 样品块数=262块 $\phi_{最小值}$=2.410117% $\phi_{最大值}$=7.87[illegible]506% $\phi_{平均值}$=4.96% 块数：0, 17, 34, 51, 68, 85；百分含量/%：0–100；孔隙度/%：1, 2, 3, 4, 5, 6, 7, 8, 9 3~7，平均值为约5	1.2~5.7，平均值为3.1	较好
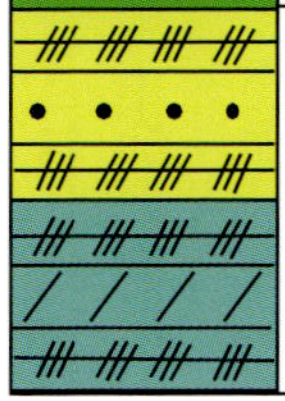	层状泥页岩	沙三段斜坡带及洼陷带	夹砂岩或灰岩(白云岩)条带	孔隙、构造缝	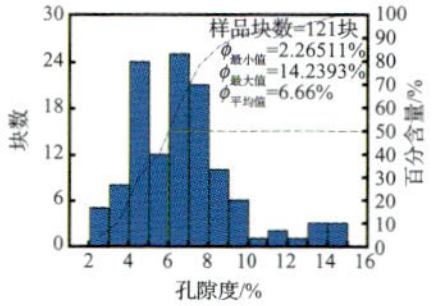 样品块数=121块 $\phi_{最小值}$=2.26511% $\phi_{最大值}$=14.2393% $\phi_{平均值}$=6.66% 块数：0, 6, 12, 18, 24, 30；百分含量/%：0–100；孔隙度/%：2, 4, 6, 8, 10, 12, 14, 16 受岩性影响，变化范围大。平均值约6.7	1.2~5.7，平均值为3.1	好

图 1.37　罗 69 井泥页岩地质特征量版

高声波时差(AC)、中子孔隙度(CNL)、地层电阻率(RT),主要发育纹层状灰质泥岩(泥质灰岩)相;13 下层组泥页岩中碳酸盐矿物含量最高,岩石成层性较差,自然电位无明显异常,为块状泥质灰岩相。

在多口井的地层划分与岩相识别基础上,可以明确泥页岩各类岩相的垂向分布特征。以渤南洼陷为例,LST 时期主要发育块状泥页岩、层状泥页岩,TST 时期以发育纹层状泥页岩为主,HST 时期发育块状、纹层状、层状泥页岩(图 1.38)。

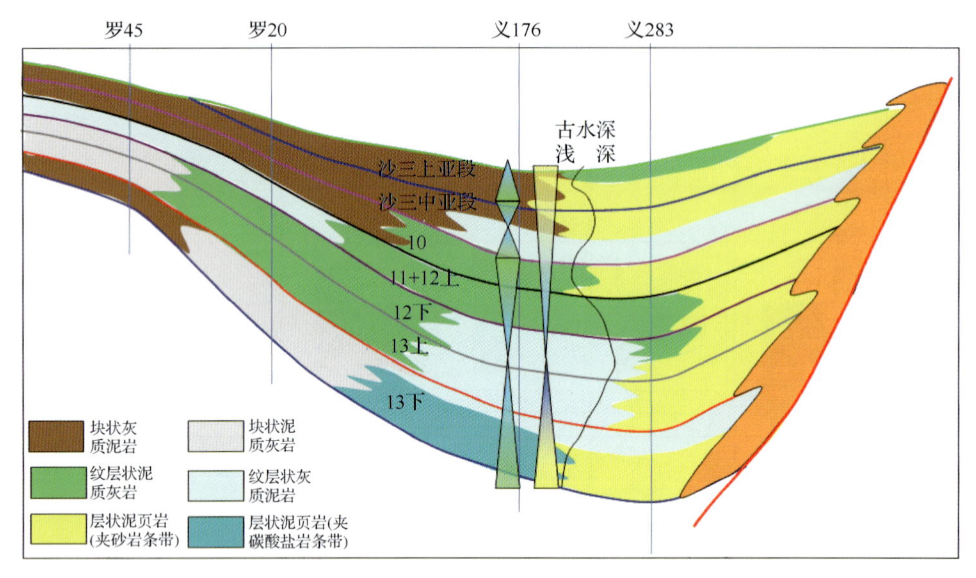

图 1.38　渤南地区沙三段近南北向剖面岩相分布特征

2) 连井剖面的岩相分析

仍以渤南洼陷为例,在罗 42—罗 7—罗 69—罗 67—新义深 9—义 182—义 176—义 283 连井剖面上,沙三段下除底部发育块状泥质灰岩相,以纹层状泥质灰岩相及纹层状灰质泥岩相为主;沙三段中上以块状灰质泥岩相为主,局部发育纹层状灰质泥岩相。由南向北有纹层状泥页岩相发育增加的特征,至义 283 处层状泥页岩相(夹砂岩条带)明显发育(图 1.39)。

在多剖面对比基础上,可总结出横向上的岩相变化关系,南缓坡带主要发育块状泥页岩,斜坡带-洼陷带发育纹层状泥页岩,洼陷以发育层状泥页岩为主(图 1.38)。

3) 平面岩相分析

以渤南洼陷沙三下亚段 13 下层组为例,在南部缓坡带主要发育块状灰质泥岩,罗家西部以发育块状泥质灰岩为主,罗东地区发育块状泥岩,中部缓坡带发育纹层状泥质灰岩,北部斜坡带及洼陷带发育层状泥页岩相(图 1.40)。

2. 泥页岩 TOC 分布特征

垂向上,渤南洼陷斜坡带由 13 下—12 层组,TOC 值增高;而在洼陷带的 TOC 总体变化不大,局部有高值。横向上,南部斜坡带 TOC 含量最高,其次为缓坡带,洼陷带 TOC 值最低(图 1.41)。

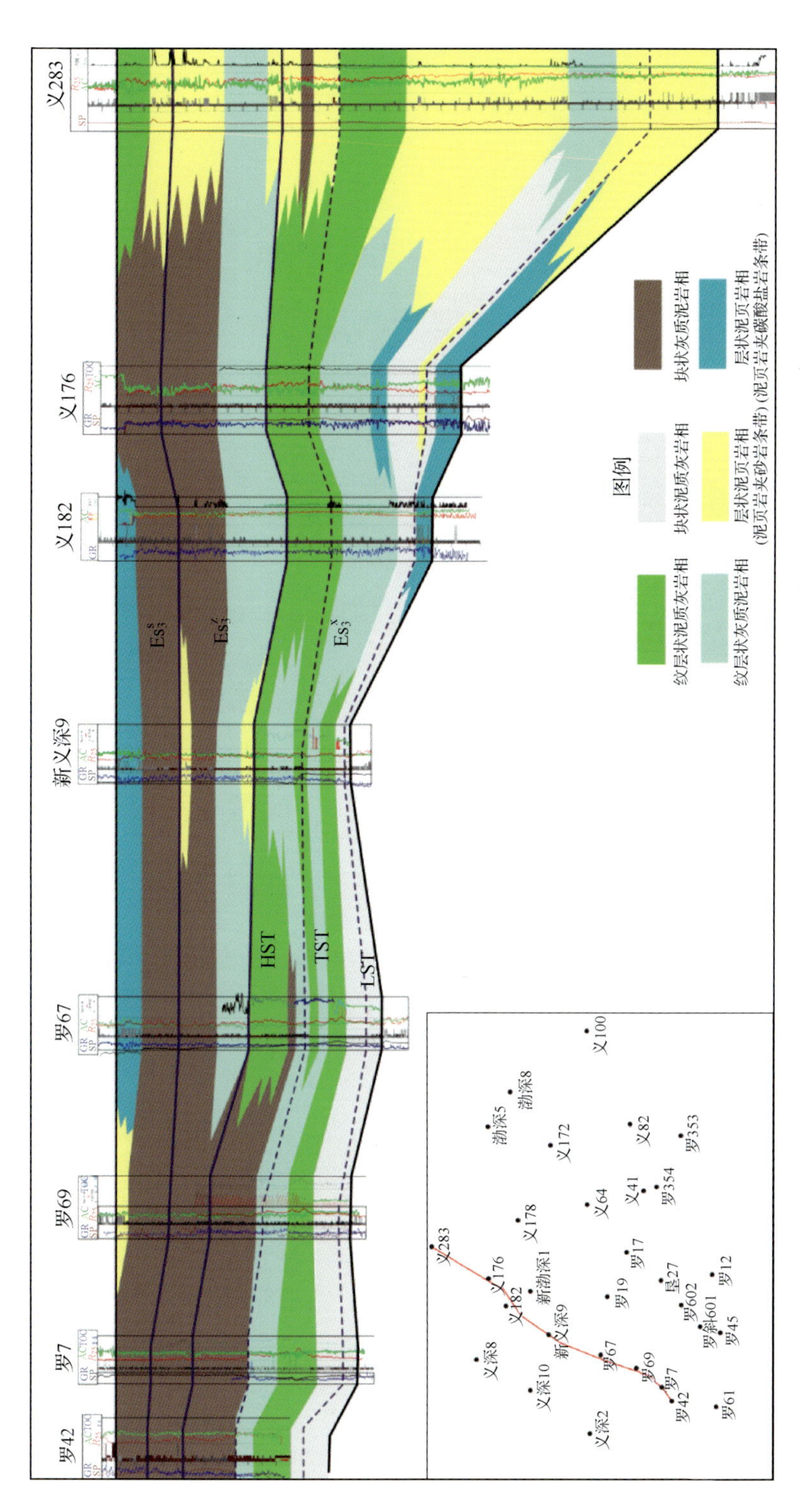

图 1.39　罗 42—罗 69—新义深 9—义 283 井沙三段岩相对比图

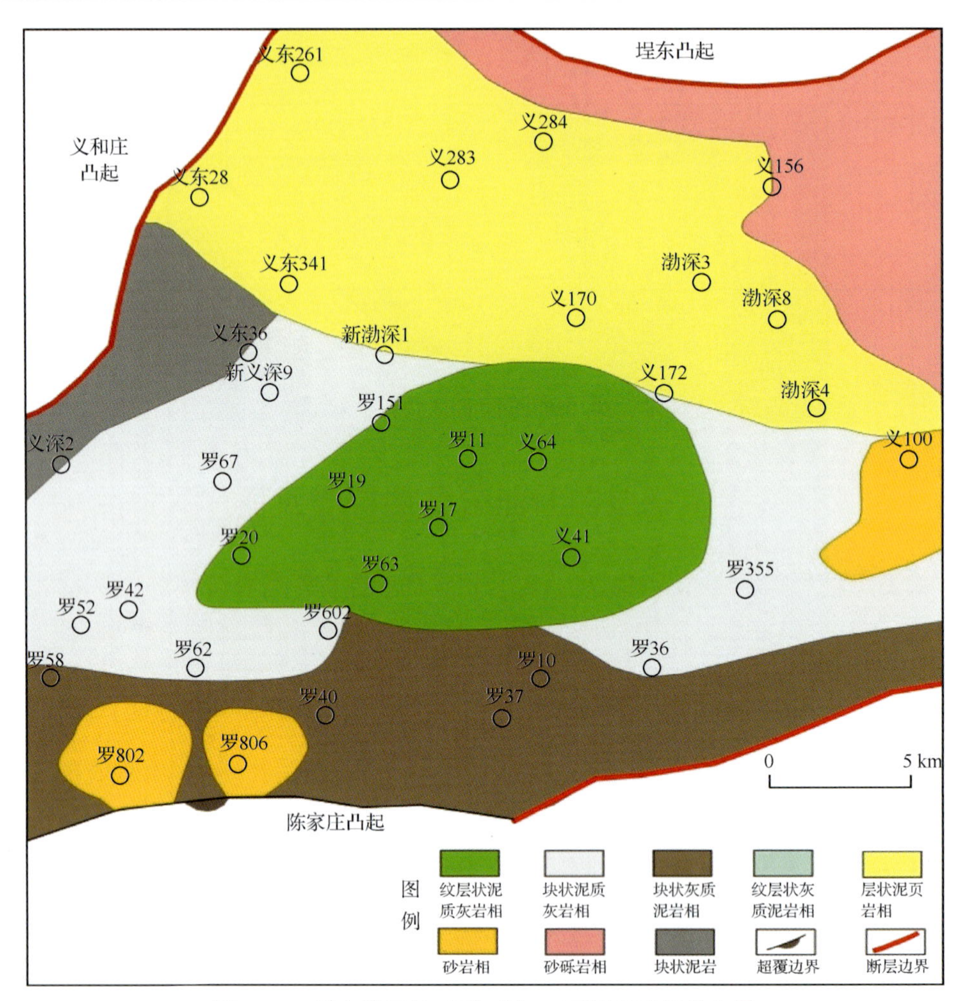

图 1.40　渤南地区沙三下亚段 13 下层组岩相分布图

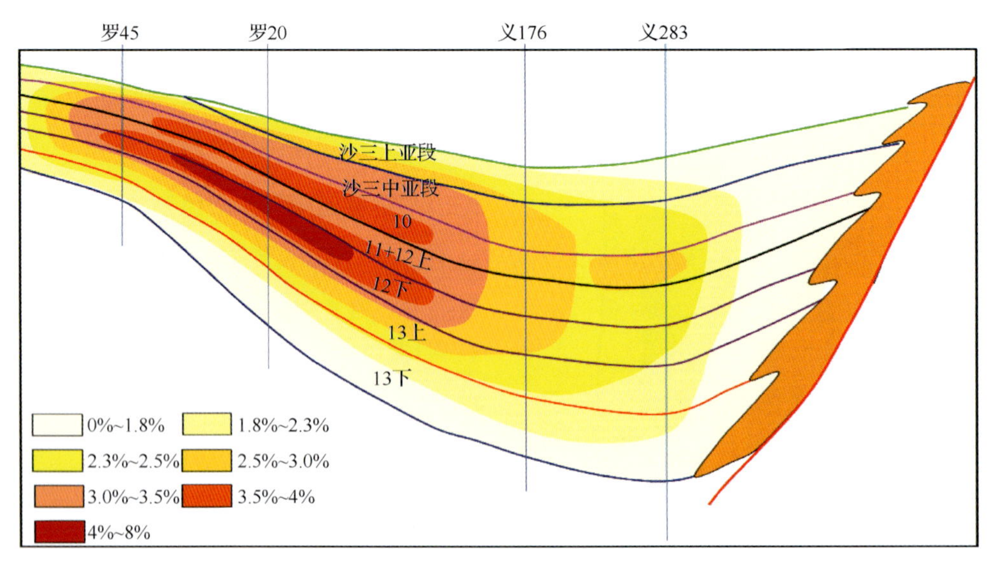

图 1.41　沙三段近南北向剖面 TOC 分布特征

3. 泥页岩脆性矿物分布特征

整体上，渤南洼陷南部斜坡带的脆性矿物含量明显高于北部洼陷带。南部斜坡带的脆性矿物含量变化范围大，在35%～80%，自下而上含量降低；北部洼陷带变化范围相对小，局部层段含量较高(图1.42)。

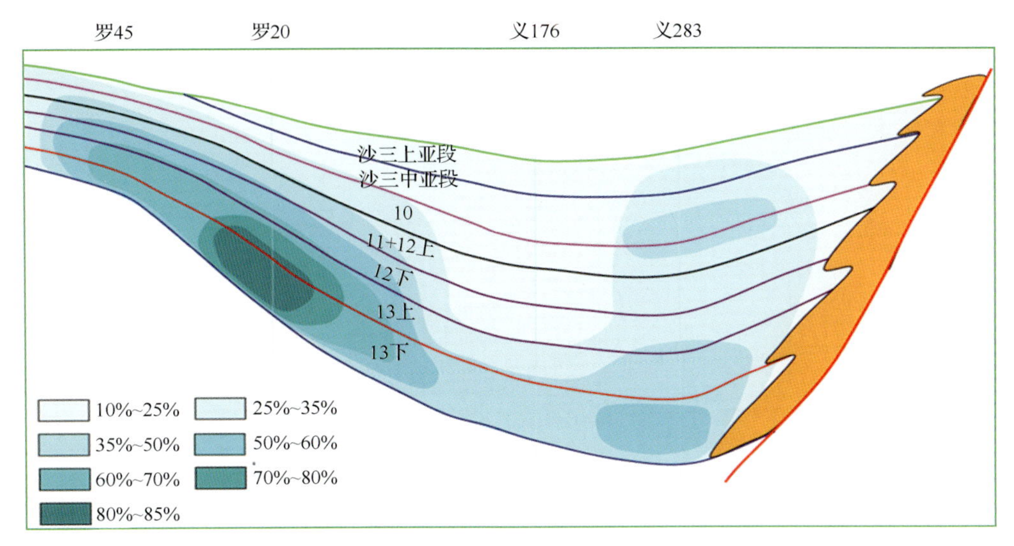

图1.42　沙三段近南北向剖面脆性矿物分布特征

1.4　泥页岩岩相的控制因素及沉积模式

泥页岩岩相一般受古气候、古水深、古盐度、古湖水分层性、古湖水还原程度、古物源等因素的控制，不同控制因素的组合构成不同的沉积模式，进而导致各岩相的沉积组合有所差异。

1.4.1　泥页岩岩相控制因素分析

1. 泥页岩的沉积机理

济阳坳陷古近系的不同湖相泥岩及页岩之间的主要差别表现在是否发育页理，有机质纹层、碳酸盐纹层、黏土纹层是否清晰及彼此之间的比例，而页理形成的前提是湖泊具有明显的分层。大量研究表明，影响湖泊分层稳定性和物质成分变化的最主要因素为古气候，其他因素还包括古水深、古盐度、古湖水分层性、古湖水还原程度、古物源等，不过这些因素在很大程度上或部分程度上都受控于古气候的变化。

从车23井沙一段的部分取心段可以看出(图1.43)。该取心段从1563m左右，向上从灰色、深灰色的富有机质页岩逐渐变为浅灰色、灰白色、浅红褐色的块状泥云岩。在1543m左右，岩性突变，重新变成灰色、深灰色的富有机质页岩。所以该泥页岩旋回具有明显的沉积水体单一向上变浅的趋势，该趋势蕴含着大量泥页岩的发育信息，即富有机质的纹层状泥页岩明显较块状构造或水平层理的泥云岩沉积水体要浅得多。

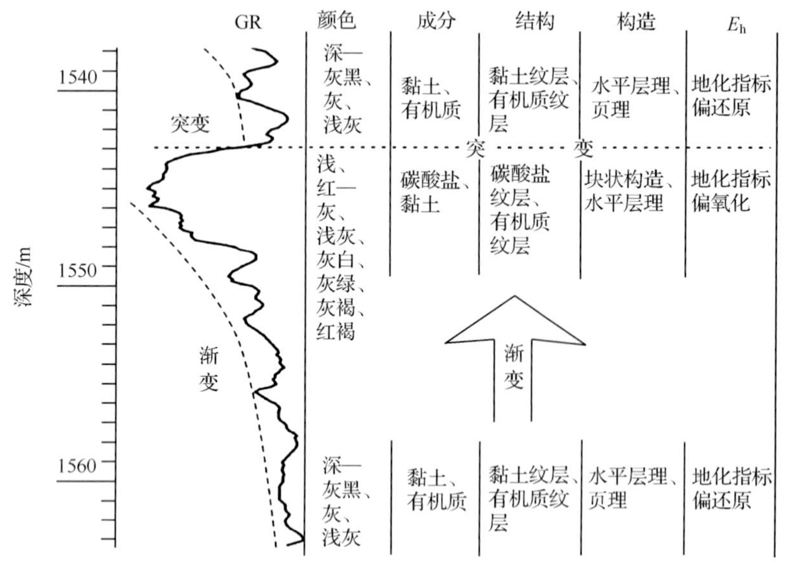

图 1.43 车 23 井取心段泥页岩的岩性特征综合柱状图(单位:m)

E_h 为氧化还原电位

以不同凹陷的湖相泥页岩取心段来进一步阐述古水深、古盐度、古湖水分层性、古湖水还原程度、古物源、古气候等对泥页岩的控制作用。从图 1.44 中可知,取心段中部的灰黑色纹层状灰质泥岩的古气候指标(δ^{18}O 值)和古盐度指标、古水深指标、古水体氧化还原程度指标一般都处于低值,表明古气候处于相对潮湿阶段,古湖水上升,湖水分层性加

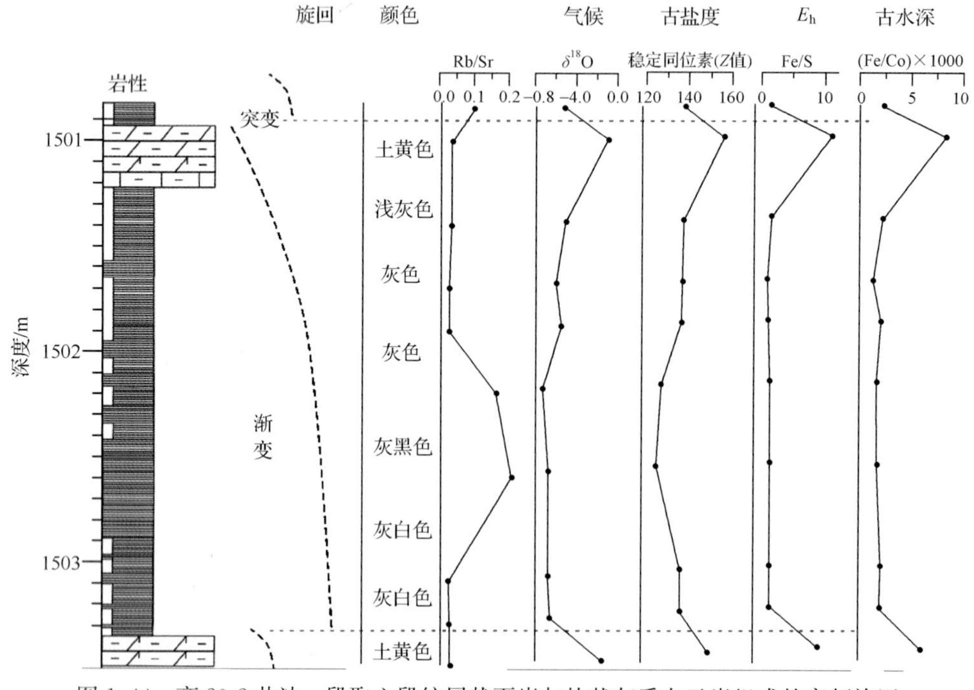

图 1.44 商 20-2 井沙一段取心段纹层状页岩与块状灰质白云岩组成的高频旋回

大，湖底还原性加强；灰色、灰白色纹层状泥质灰岩的古气候指标、古盐度指标都略有所上升，表明沉积泥质灰岩的时候气候开始偏干旱、盐度有所上升；至旋回顶部的土黄色灰质云岩，古气候、古盐度、古氧化还原电位、古水深都达到最大值，表明古气候干燥、古盐度因蒸发量变大而加大、氧化性减弱，古水深减小。

2. 泥页岩岩相的控制因素

一般来说，泥页岩岩相的发育同样受古气候及古物源、古地形、古水深、古盐度等的共同控制。

1) 古气候及古物源

沙三下亚段为淡水-微咸水湖相沉积，该时期断陷活动加强，气候由半干旱向温暖潮湿转化，降水充沛。以渤南洼陷为例，可划分为中央分层半深湖-深湖相、陡坡带混层深湖相和缓坡带混层浅湖相(图 1.45)。中央分层半深湖-深湖相的古湖水分层特征明显，纹层状泥页岩相发育；陡坡带混层深湖相主要受物源供给影响，破坏了古湖水分层，发育层状泥页岩相环带；缓坡带混层浅湖相主要发育块状泥页岩相。

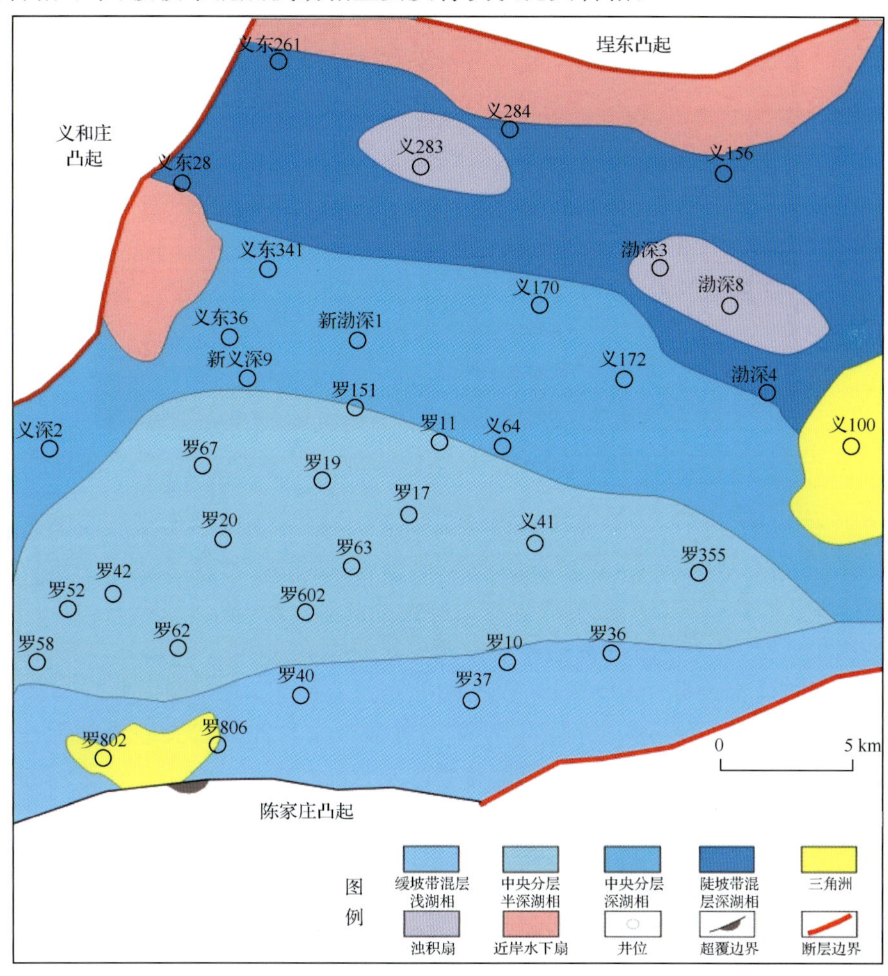

图 1.45　渤南地区沙三下亚段沉积相图

沙一段沉积时期，渤南洼陷又处于断陷湖盆发育的鼎盛时期，整体处于基准面上升旋回中，水体缓慢加深，为咸水-半咸水湖相沉积。该时期气候暖湿，碎屑物源供给较少，水体碳酸盐岩含量高，主要为白云岩、灰岩与层状、纹层状泥页岩的组合特征，砂砾岩体发育较少。在南部缓坡带，水体相对较浅，水动力相对强，沉积了生物灰岩、生物碎屑灰岩，形成了生物灰岩浅滩；湖盆内以半深湖-深湖相为主，水动力较弱，以发育泥页岩夹白云岩为主。

2）古地形

泥页岩的形成与沉积时期的古地貌有关。由于泥岩沉积相对于砂岩来说比较稳定，区域上易追踪识别，大多与沉积等时界面相一致，可以追踪某一沉积时期顶底界面，然后做出残留厚度图，近似反映泥页岩沉积时的古地貌形态。一般来说，不同的泥页岩岩相与沉积前古地貌有着明显的对应关系。

由渤南洼陷古地貌图可以看出，沙三下亚段沉积时期，自南向北可划分为南部缓坡带、斜坡带、北部洼陷带（图 1.46）。

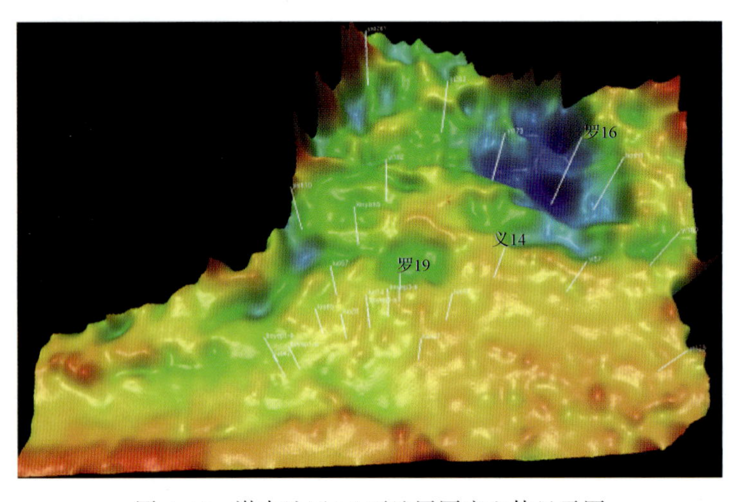

图 1.46　渤南地区 13 下地层厚度立体显示图

图 1.47 为渤南洼陷沙三下亚段南北向沉积模式，南部缓坡带处于滨浅湖区，泥页岩纹层不发育，岩石以块状为主，发育块状泥质灰岩、块状灰质泥岩；斜坡带主要处于半深湖-深湖相带，有机质丰富，纹层发育，以纹层状泥质灰岩、纹层状灰质泥岩为主；北部洼陷带发育层状泥页岩，其中靠近物源的区带发育层状泥页岩夹砂岩条带，远离物源的区带发育泥页岩夹碳酸盐岩条带（图 1.47）。在洼陷的东西方向上，义东断阶带发育砂砾岩体，物源来自义和庄凸起。该区向西部四扣洼陷的过渡带发育泥页岩夹砂岩条带，四扣洼陷带以发育纹层状泥页岩为主，渤南洼陷近物源区发育层状泥页岩夹砂岩条带，四扣洼陷与渤南洼陷间的古隆起区主要发育层状泥页岩夹碳酸盐岩条带（图 1.48）。

沙一段除南部缓坡带发育生物灰岩外，整体以发育泥页岩夹碳酸盐岩条带岩相组合为主。北部近物源区发育泥页岩夹砂岩条带，规模较小（图 1.49）义东断阶带发育小规模的纹层状泥页岩，湖盆内泥页岩夹碳酸盐岩条带广泛发育，东部近孤岛凸起物源区发育小规模的砂岩沉积（图 1.50）。

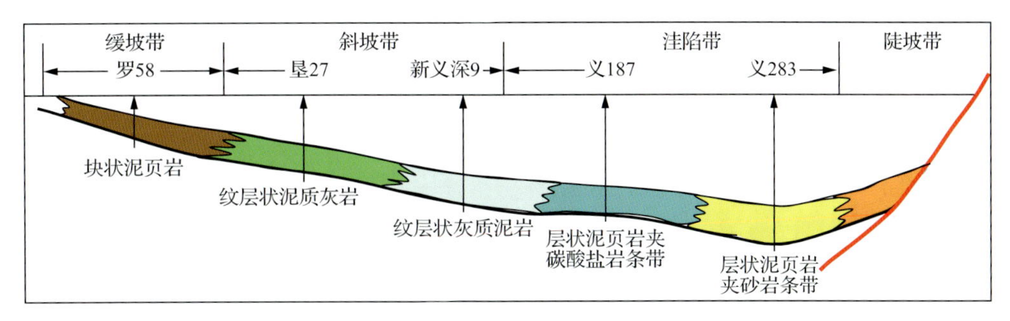

图1.47　渤南地区沙三下亚段南北向沉积模式图

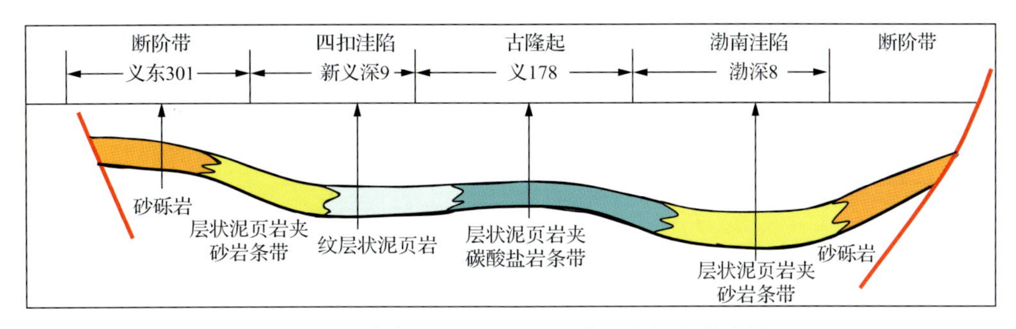

图1.48　渤南地区沙三下亚段东西向沉积模式图

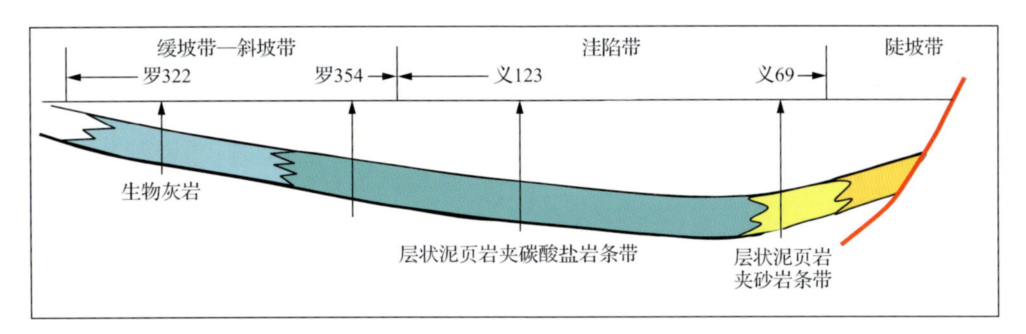

图1.49　渤南地区沙一段南北向沉积模式图

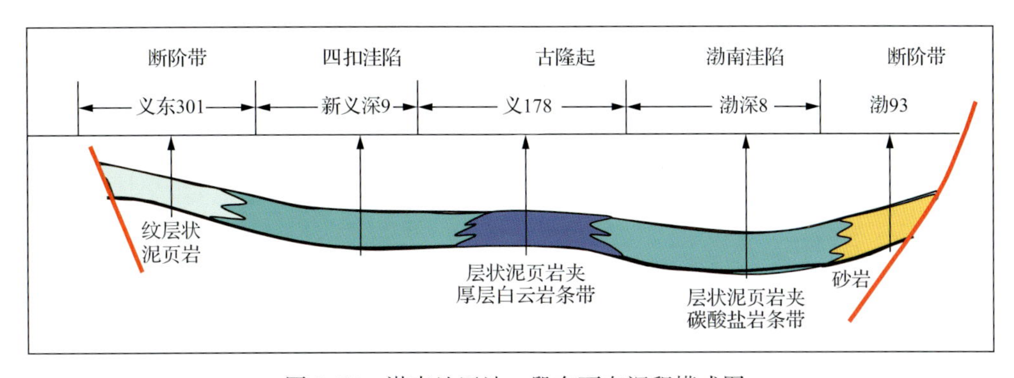

图1.50　渤南地区沙一段东西向沉积模式图

以上特征表明，泥页岩岩相发育明显受古地貌控制，同时也受周围物源供应影响。层状泥页岩夹砂岩条带相发育在近物源的洼陷带，受物源供应的影响明显；层状泥页岩夹碳酸盐岩条带岩相组合发育受古地形控制较为明显，一般发育在水下古地形高处。

3）古水深

湖平面上升导致可容空间增大，沉积物供给速率小于可容空间的增大速率，湖盆处于欠补偿状态，陆源粗碎屑物质难以到达盆地深处。只有细粒的泥质沉积物才可以搬运并沉积在湖盆较深处，加上湖盆内部的细粒类碎屑物质最终形成了暗色的泥页岩沉积。

以渤南地区沙三下亚段泥页岩沉积为例。在13下层组下部沉积早期，继承了沙四段晚期的沉积特征，水体相对浅，碳酸盐岩矿物含量高、北部洼陷带层状泥页岩广泛发育。靠近凸起边缘发育一定规模的三角洲砂体，缓坡带发育块状灰质泥岩，斜坡带发育纹层状泥质灰岩，有机质含量相对较低。在13下层组上部沉积期至12下层组沉积时，水体加深且具分层，古湖盆整体处于欠补偿沉积状态，湖盆内纹层状泥页岩发育，岩石黏土含量增加，有机质含量高，纹层状泥页岩中有机质纹层明显；在12上—10层组时，湖盆局部仍具分层特征，纹层状、块状及层状泥页岩均有发育。

4）古盐度

在济阳拗陷中，沙四段中—沙三下亚段、沙一段是两个古湖水盐度较大的时期，同时也是气候相对干旱的时期。济阳拗陷在沙四段上为各种泥岩夹碳酸盐岩、砂岩、油页岩；沙三下亚段为深灰色泥岩与灰褐色油页岩不等厚互层，夹少量灰色灰岩及白云岩，沙三段的油页岩主要集中于沙三下亚段；沙一下亚段和沙一中亚段为灰色泥岩、油页岩夹白云岩、泥灰岩、生物灰岩；沙一上亚段为灰色泥岩夹钙质砂岩、粉细砂岩。

在沙河街组的岩性分布上，页岩主要集中于盐度较高、水体较深的沙三下亚段、沙一段中下两个层段，说明盐度对水体分层的控制作用是存在的，古盐度还是控制了白云岩和灰岩的形成。

1.4.2　泥页岩沉积模式

古气候对济阳拗陷古湖泊的物理化学性质和碳酸盐的沉淀都有着密切的关系。在古湖泊的物理化学性质方面，除了控制古水体的分层性、古水体的深度以外，还影响着古湖水的还原程度。在炎热潮湿条件下，半深湖相、深湖相的还原性增加，这就为有机质的保存创造了更好的条件，进一步影响泥岩和页岩中有机质的含量。气候同样明显地影响碳酸盐的沉淀，尤其是在矿化度较高、碳酸盐接近饱和的半咸水条件下，蒸发程度是影响济阳拗陷古湖泊碳酸盐沉积的主要因素。在气候湿热时，降雨量大，蒸发量少，碳酸盐沉积缓慢；但到了相对干旱的时候，降雨量减少，蒸发量则增大，碳酸盐沉积速率加快，在浅水地带甚至形成大量白云石沉积(图1.51)。

古湖水深度对水体分层性质的影响非常直接，即湖水出现分层的前提是湖水必须有一定的深度。当处于半深湖环境下时，沉积物所受湖泊表层物理化学因素的影响相对显著，形成的沉积物纹层比较发育，纹层组合比较多，一般发育纹层状沉积物；而在深湖环境下，水体深度大，湖泊沉积物所受湖泊的物理化学因素的影响较小，沉积环境较半深湖稳定，易发育层状沉积物。

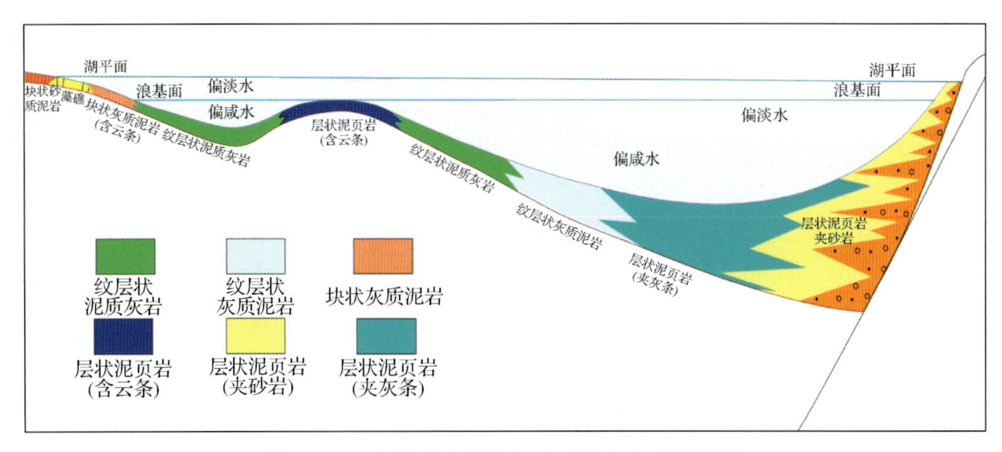

图 1.51　济阳拗陷断陷盆地泥页岩沉积模式图

古湖水盐度对于泥页岩纹层的形成也有影响。在一定湖水深度下，当湖水盐度升高时，如果湖水不出现分层，则发育灰岩；如果出现盐度分层，则可形成灰质条纹。

古水体的还原性与古水体深度和盐度也是密切相关的。在湖水深度较大的情况下，湖泊沉积水体会相对加深，湖水的分层性会加强，自然也影响着湖泊水底的氧化还原条件。在湖水偏还原条件下，有机质的保存程度会更好；如果湖水的盐度加大，则对湖水的分层起加强的作用，泥页岩（甚至泥灰岩）中的有机质含量会更高。

综上所述，古气候明显控制着古湖泊泥页岩（含碳酸盐岩）的展布。在水体盐度增高的同时，如果分层性变好，则纹层相对发育；如果分层性变差，纹层发育程度也就变差。较高的盐度更容易造成湖水的分层，水底还原性增强，促使有机质富集，古湖水的分层性与纹层的发育状况密切相关。

综合以上济阳拗陷泥页岩的岩相类型及形成机理、泥页岩的典型岩相组合展布及沉积特征，可以建立济阳拗陷和“五古控相”的泥页岩岩相组合发育模式：古气候、古物源、古地形、古水深、古盐度共同控制了济阳拗陷泥页岩岩相的发育（图 1.51）。

古气候是影响泥页岩发育的主要因素，古气候的变化同时影响古水深和古盐度的变化：气候变化的周期短，容易导致泥页岩纹层形成；一般情况下水体越深，还原性越强，越有利于层状页岩的形成，而且水体加深，灰质页岩的产生会受到影响；当蒸发作用强烈导致水体变浅时，容易产生白云岩条带，且白云岩条带在盆地突起地带更为富集；当处于半深水环境时，页岩的沉积受到湖盆物理化学因素的影响比较显著，容易产生纹层状的泥页岩；当盐度升高时，富含钙质的泥岩或页岩容易生成；滨浅湖地带一般大量发育生物灰岩；在盆地的陡坡带，受到河流所携带砂岩进积的作用，一般形成的泥页岩中夹块状砂岩；缺氧环境是泥页岩中高有机质含量的决定性因素，靠近陡坡带的深湖环境中，水体的扰动比较剧烈，泥页岩中的有机质含量并不一定高。

以上“五古控相”的特征，可以用以下一句话来概括：气候盐度是主线，水深地形是关键；高盐干旱主层状，微咸湿润高纹层，淡水湿润多块状；水深灰减少，浅水晒云条；突起云更厚，近源夹砂条；半深纹层富，远岸有机高。

第 2 章 泥页岩的岩石物理差异性及地震响应特征

受物源、沉积体系、古地形等多种因素控制，泥页岩岩相复杂，不同岩相矿物成分及有机质含量变化大，各向异性特征、含油性及脆性特征差别大，导致地震反射特征也相应的不同。

在岩石物理特征分析的基础上，利用叠前、叠后地震资料，通过合成记录标定，结合地震正演模拟，研究泥页岩岩相、TOC 变化及各向异性等特征变化的地震反射特征，分析地质参数（岩相、TOC、裂缝）变化对应的地震属性变化规律，为地震参数优选及属性预测奠定基础，为泥页岩有效勘探提供指导。

2.1 泥页岩不同岩相的测井响应差异

测井是采用先进的电子传感器、计算机信息论、层析成像和数据处理技术，借助专门的探测仪器设备，沿钻井剖面观测岩层的物理性质以研究和解决地质问题。不同岩相的泥页岩的岩石物理性质有所差异，进而在自然电位、伽马、声波等测井曲线上呈现出不同的响应特征。

2.1.1 不同岩相类型的常规测井差异性

济阳拗陷的五种泥页岩类型岩相在常规测井曲线特征上呈现出不同的响应特征，以重点井岩电特征为基础，建立不同岩相的测井相模式（图 2.1）。

块状灰质泥岩相，电性曲线齿化不明显，表现为三低一高一平直，即低电阻率、低声波时差、低 SP 异常、低密度（DEN）、高伽马；块状泥质灰岩相，电性曲线齿化不明显，表现为三低一高一平直，中低电阻率、低声波时差、低 SP 异常、高密度、低伽马；纹层状灰质泥岩相，电性曲线齿化中等，表现为四高一低，高电阻率、较高声波时差、高 SP 异常、低密度、高伽马；纹层状泥质灰岩相，电性曲线齿化中等，表现为三高两低，高电阻率、高声波时差、高 SP 异常、低密度、低伽马；层状泥页岩（夹砂岩条带）相，三高两低或四低一高；层状泥页岩（夹碳酸盐岩）条带层段，GR、AC、DEN 等各曲线的齿化较为明显，层状泥页岩电阻率（RT）较高，具有明显的 SP 异常。

2.1.2 不同岩相类型的成像测井差异性

块状灰质泥岩相：碳酸盐矿物含量小于 50%，块状为主，成像图上显示为块状的黑色—棕色宽条纹，电性特征为高 GR、中子孔隙度（CNL），中等 AC、DEN，低 RT，SP 无异常；块状泥质灰岩相：碳酸盐矿物含量大于 50%，块状为主，成像图上显示为棕黄色块状明暗变化的图像，在碳酸盐矿物含量较高处，呈亮色块状，电性特征为高 DEN，中等 GR、RT、CNL，低 AC，SP 无异常；纹层状灰质泥岩相：碳酸盐矿物含量小于 50%，层（纹层）

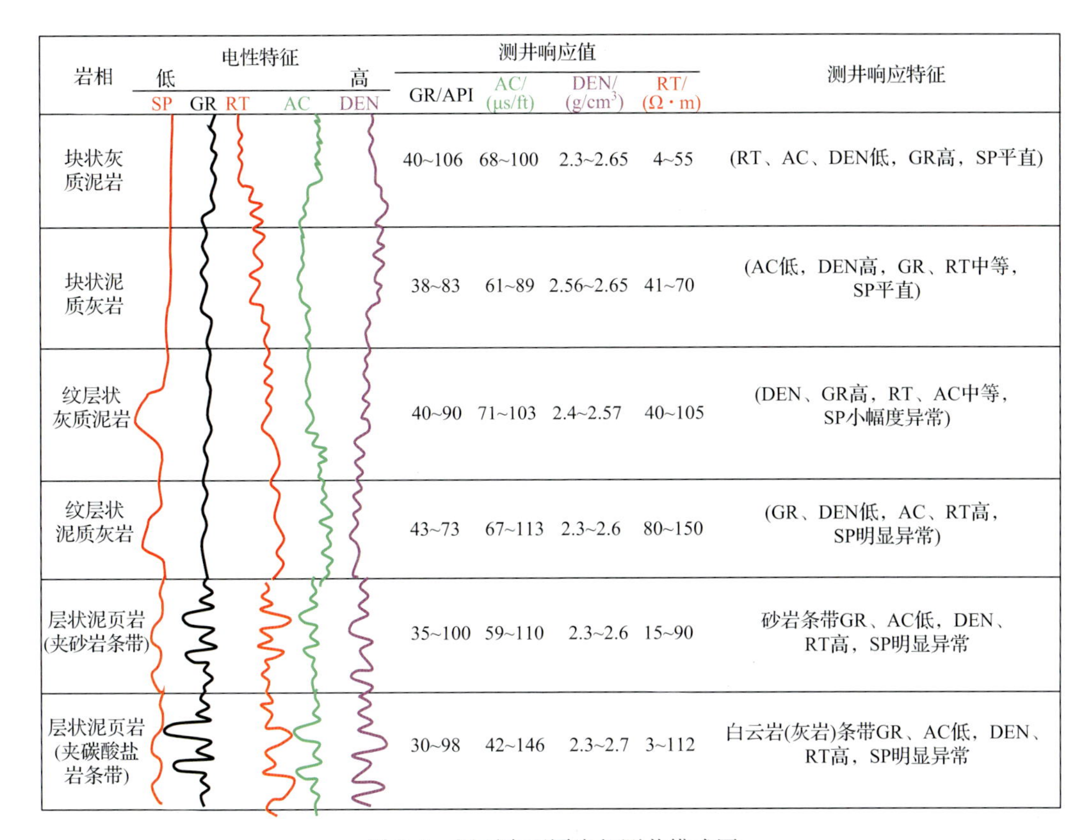

图 2.1　泥页岩不同岩相测井模式图

状，成像图上显示为纹层状的明暗递变条纹，颜色以黄色、亮黄色为主，高 GR、DEN，中等 AC、CNL、RT，SP 幅度异常；纹层状泥质灰岩相：碳酸盐矿物含量大于 50%，层（纹层）状，成像图上显示为纹层状高阻亮黄色条纹，在静态图上为浅亮黄色，高 AC、CNL、RT，中或高 GR，低 DEN，SP 明显异常（图 2.2）。

2.1.3　测井差异性的主控因素分析

造成泥页岩不同岩相测井响应差异性的因素众多，归纳起来主要有岩石矿物含量、孔渗性能和流体性质等。从不同岩相的碳酸盐矿物含量与自然电位幅度差的含量关系图（图 2.3）可以看出，自然电位幅度差与碳酸盐岩矿物含量有一定关系，总体上随脆性矿物含量增加而增大。由于纹层状泥页岩孔渗性好于块状泥页岩，普遍含油性好，自然电位幅度差表现为纹层状泥质灰岩最高，其次是纹层状灰质泥岩，块状泥质灰岩、块状灰质泥岩较低。

根据不同岩相的碳酸盐矿物含量与电阻率 R_{25} 的关系图（图 2.4）可知，电阻率 R_{25} 随脆性矿物含量增加而增大。由于脆性矿物含量高的层段往往含油性较好、TOC 含量高等原因，因此，电阻率 R_{25} 表现为纹层状泥质灰岩最高，其次是纹层状灰质泥岩，块状泥质灰岩、块状灰质泥岩较低。

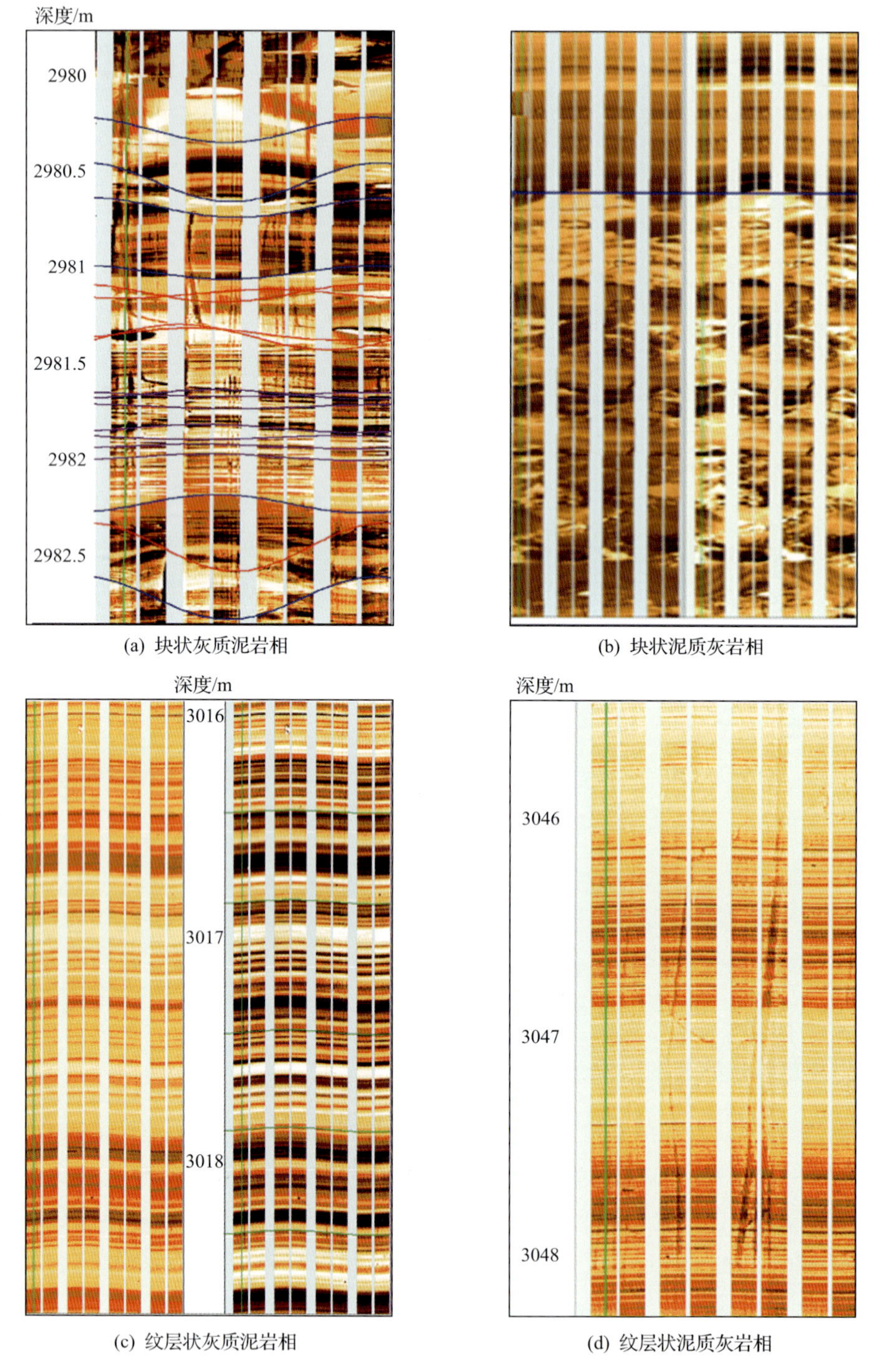

(a) 块状灰质泥岩相 (b) 块状泥质灰岩相

(c) 纹层状灰质泥岩相 (d) 纹层状泥质灰岩相

图 2.2 不同泥页岩岩相成像特征

同时,泥页岩不同岩相中碳酸盐矿物含量的变化导致了声波时差 AC 的改变。通过不同岩相的声波时差 AC 和碳酸盐矿物含量关系图(图 2.5)表明,两者呈近似的反比关系。块状泥质灰岩中碳酸盐矿物含量最高,相应的声波时差 AC 最小;块状灰质泥岩碳酸

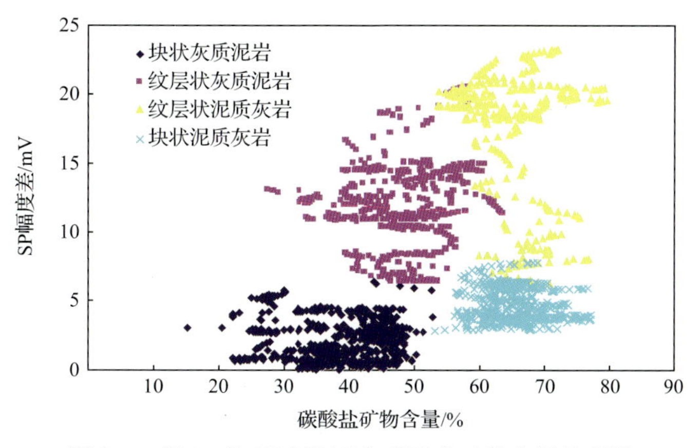

图 2.3　罗 69 井 SP 幅度差与碳酸盐矿物含量关系图

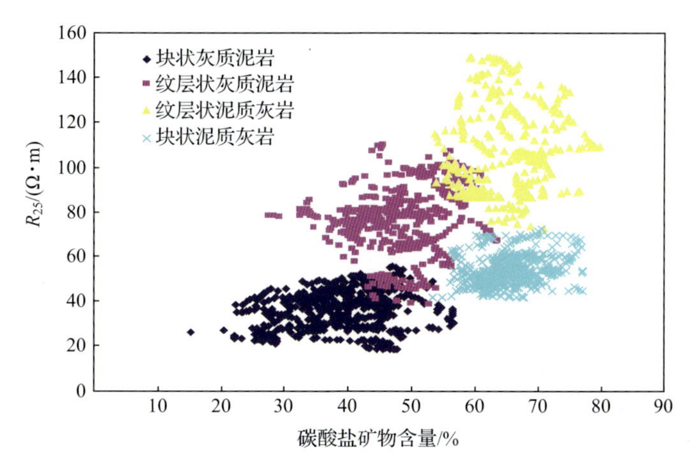

图 2.4　罗 69 井 R_{25} 与碳酸盐矿物含量关系图

盐矿物含量最低，相应的声波时差 AC 最大；纹层状泥页岩的碳酸盐含量和声波时差 AC 介于上述两种岩相之间，均为中等。

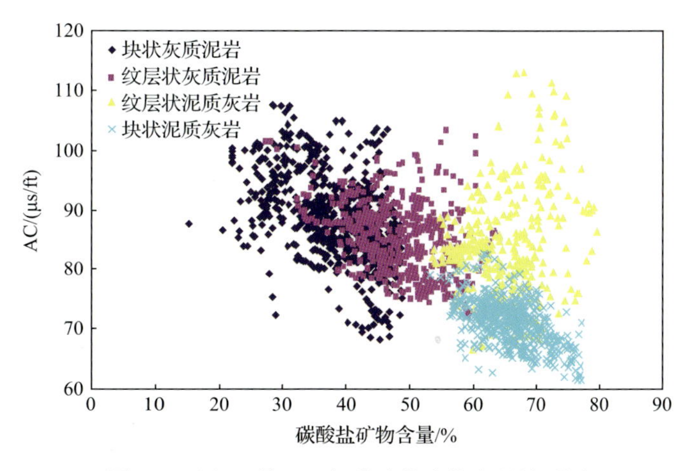

图 2.5　罗 69 井 AC 与碳酸盐矿物含量关系图

2.2　单一因素下泥页岩弹性参数差异性

地震波的传播速度与泥页岩的岩性类型、裂缝发育度、TOC、脆性矿物含量等因素有密切的联系。由于这些因素的变化会影响到岩石物理弹性的变化，进而导致地震波传播速度的差异性。一般情况下，总有机质含量越高、油页岩和裂缝越发育的地层，地震波传播的速度越慢。

2.2.1　岩性导致的弹性参数差异

在实验室条件下模拟地下的压力和温度，对义 51、罗 63、义 21 等井的九块岩心进行纵横波速度和纵横波速度比的测量(表 2.1)。研究表明，泥页岩中的不同矿物成分导致纵横波速度和纵横波速度比的差异。其中，泥灰岩的纵横波速度最大，泥云岩次之，杂砂岩最小；纵横波速度比集中在 1.85～2.08，整体上泥灰岩和杂砂岩的纵横波速度比较高，泥云岩较小。

表 2.1　实验室条件下岩心的纵横波速度和纵横波速比测量结果

井号	岩性	压力/MPa	温度/℃	纵波速度/(m/s)	横波速度/(m/s)	纵横波速度比
义 51	绿灰色块状杂砂岩	35.0	113	3252	1673	1.94
义 51	土黄色泥云岩	35.0	115	3805	2014	1.89
罗 63	纹层状泥云岩	31.6	104	4597	2270	2.03
义 21	褐色泥云岩	37.2	116	4629	2505	1.85
义 21	纹层状泥质灰岩	37.7	118	4833	2488	1.94
义 60	泥灰岩	38.0	123	4903	2523	1.94
义 60	褐色泥云岩	38.0	123	5127	2641	1.94
义东 38	致密螺灰岩	37.0	119	5416	2605	2.08
罗 62	块状泥灰岩	30.3	99	6001	3019	1.99

同时，碳酸盐岩、砂岩及泥页岩的杨氏模量和泊松比分布图(图 2.6)表明：杨氏模量集中在 20～40GPa，白云岩最高，其次是灰岩，砂岩及泥页岩相差不大；对于泊松比，灰岩最高，其次是白云岩、泥岩，砂岩稍低于泥岩。

从泥页岩弹性参数分布来看，密度基本分布在 2.3～2.7g/cm^3，泊松比分布在 0.15～0.4，杨氏模量主要分布在 20～40GPa。相对于以往利用弹性参数区分泥岩与砂岩储层而言，在泥岩中寻找有利储层难度更大。

根据罗 69 实测弹性参数分析表明，相对于块状灰质泥岩，纹层状灰质泥岩和纹层状泥质灰岩纵波速度、横波速度减小，纵横波速度比、不可压缩性因子($\lambda\rho$)增大；块状泥质灰岩表现出纵波速度、横波速度增大，纵横波速度比减小的特征。横波阻抗由纹层状泥质灰岩、纹层状灰质泥岩、块状泥质灰岩依次增大；块状泥质灰岩的杨氏模量明显高于其他岩相。

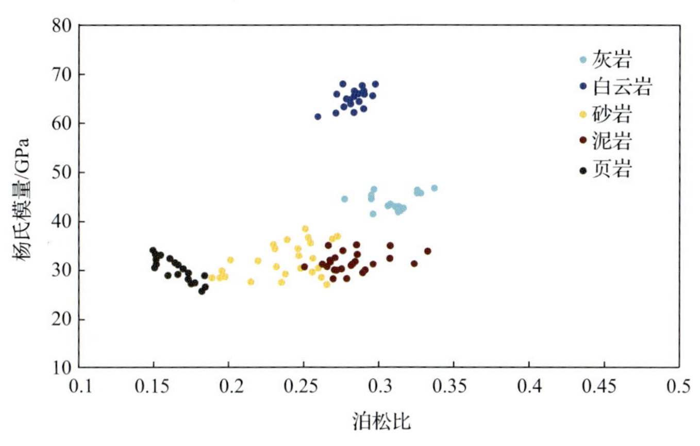

图 2.6　不同岩性杨氏模量、泊松比分布图

渤南洼陷南部斜坡带 Es_3 下 12 下—13 上层组为有机质丰富、纹层发育的高电阻纹层状泥页岩(以罗 69 井为代表),矿物成分主要表现为硅灰质含量适中,层理缝比较发育,残余有机质含量高,表现在电阻率上为高阻特征。其弹性参数主要表现为纵横波速度、密度、杨氏模量减小,纵横波速度比及泊松比增大的特征。其中纵横波速度比及泊松比增大,这主要是由于异常压力高,岩石自身纹层又较发育,有机质丰富,这种骨架基质的变化导致了横波速度衰减得比纵波速度要快,致使纵横波速度比高。

北部洼陷带 Es_3 下 13 下层组发育低电阻层状泥页岩(以义 186 井为代表),矿物成分特征主要表现为顶底泥质含量高,中间硅灰质含量高,硅灰质呈条带状间续夹在中间的特征。由于 13 下层组整体灰质含量高,岩石物理参数主要表现为纵横波速度、密度、杨氏模量、拉梅系数增大的特点,而纵横波速度比及泊松比基本变化不大。同时由于灰质成分高,中间夹杂硅质等条带,对物性有较好的改善,易形成高角度裂缝,是油气高产的有利区域。如义 283 井、义 182 井、义 187 井都是此类特征的油气成藏。

通过以上分析,建立泥页岩不同岩相的岩石物理参数特征量版(表 2.2)。

表 2.2　泥页岩岩石物理参数特征量版

岩相	岩石物理参数					典型井段 AC DEN SP GR RT CNL
	纵波时差 /(μs/ft*)	横波时差 /(μs/ft)	纵横波速度比	泊松比	杨氏模量 /GPa	
块状灰质泥岩	72～111 平均 91	130～200 平均 162	1.59～1.95 平均 1.78	0.173～0.322 平均 0.27	13.9～36.5 平均 22.6	
块状泥质灰岩	67～83 平均 75	119～150 平均 134	1.7～1.94 平均 1.8	0.237～0.317 平均 0.278	27～42 平均 34.3	

续表

岩相	岩石物理参数					典型井段 AC DEN SP GR RT CNL
	纵波时差/(μs/ft*)	横波时差/(μs/ft)	纵横波速度比	泊松比	杨氏模量/GPa	
纹层状灰质泥岩	80～101 平均 89	138～181 平均 155	1.68～1.9 平均 1.75	0.223～0.311 平均 0.256	17.3～30.8 平均 24.2	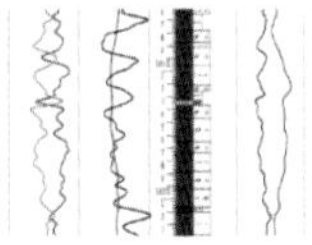
纹层状泥质灰岩	70～106 平均 88	127～188 平均 161	1.66～2.11 平均 1.84	0.211～0.356 平均 0.285	16.3～37.8 平均 23.5	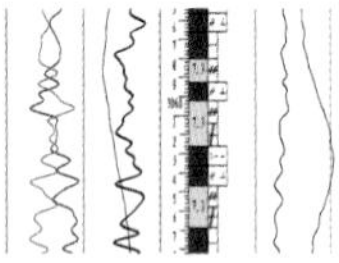
层状泥页岩	减小	减小	变化不明显	变化不明显	增大	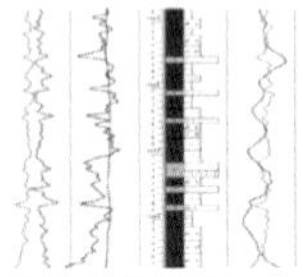

* 1ft=3.048×10⁻¹m。

2.2.2 裂缝导致的弹性参数差异

沾车地区泥页岩纵向上裂缝多发育在2200m以下的中深层、沙三段下部泥页岩的内部。其中斜坡带及缓坡带的井中裂缝发育层段速度、密度明显低于上下部围岩，差异较大：裂缝段速度在2500～3500m/s，密度在2.3～2.6g/cm^3，围岩速度[①]在3200～4900m/s(图2.7)，密度在2.5～2.8g/cm^3。洼陷带裂缝形成机制不同于斜坡带，速度、密度稍高于上下部围岩(表2.3)。

表2.3　裂缝段与上下围岩速度、密度统计表

井号	裂缝段岩相	参数	裂缝段	上围岩	下围岩
罗53	块状泥质灰岩	速度/(m/s)	2595	3922	4587
		密度/(g/cm^3)	2.36	2.5	2.61
罗48	纹层状泥质灰岩	速度/(m/s)	2777	3367	3875
罗19	纹层状泥质灰岩	速度/(m/s)	3521	3850	4900
		密度/(g/cm^3)	2.61	2.56	2.71
新义深9	纹层状灰质泥岩	速度/(m/s)	3050	3225	5048
		密度/(g/cm^3)	2.52	2.61	2.87
渤深8	层状泥页岩	速度/(m/s)	4518	4354	4464
		密度/(g/cm^3)	2.58	2.52	2.54

① 纵波速度，余同。

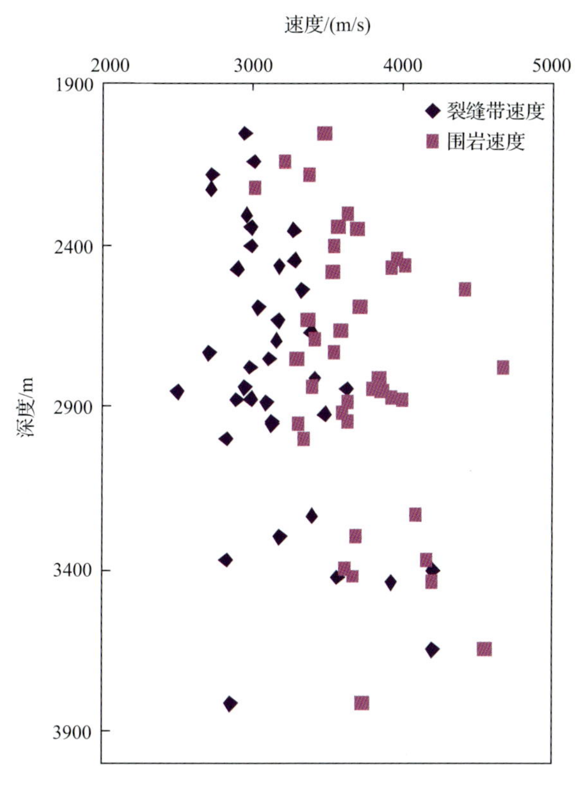

图 2.7　沾车地区裂缝段速度与深度关系图

2.2.3　TOC 导致的弹性参数差异

利用罗 69 井、罗 67 井、新义深 9 井等实测 TOC 值与声波及波阻抗进行交会分析，结果表明，TOC 与声波时差呈正相关，与波阻抗呈对数负相关关系（图 2.8、图 2.9）。其原因是 TOC 值的高低与黏土矿物含量有明显的关系，TOC 值随黏土矿物含量增加而增大，速度及密度值随黏土矿物含量增加而减小。

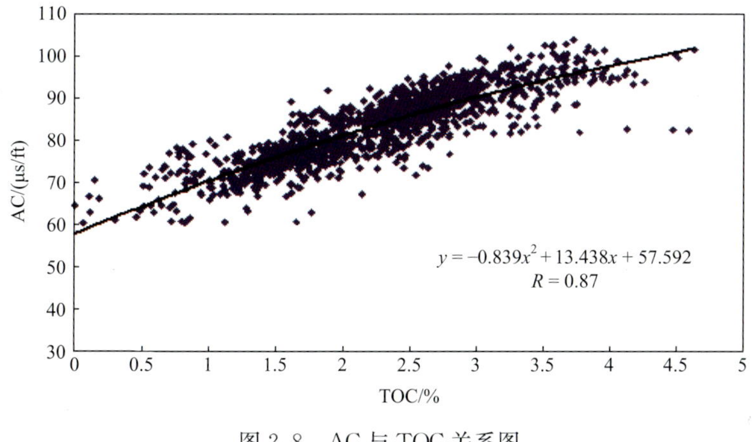

图 2.8　AC 与 TOC 关系图

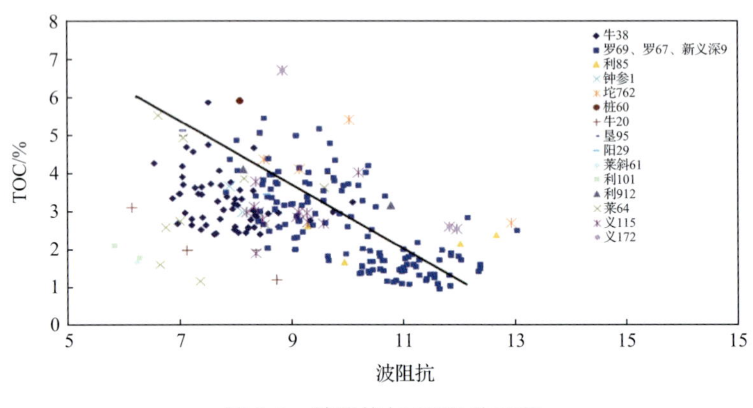

图 2.9　波阻抗与 TOC 关系图

2.2.4　脆性矿物导致的弹性参数差异

泥页岩中脆性矿物含量的多少直接影响到纵横波速度的大小。通过纵横波速度分别与碳酸盐矿物含量、石英长石含量进行交会分析(图 2.10、图 2.11)表明,纵横波速度与碳酸盐矿物含量、石英长石含量呈较好的线性正相关性。

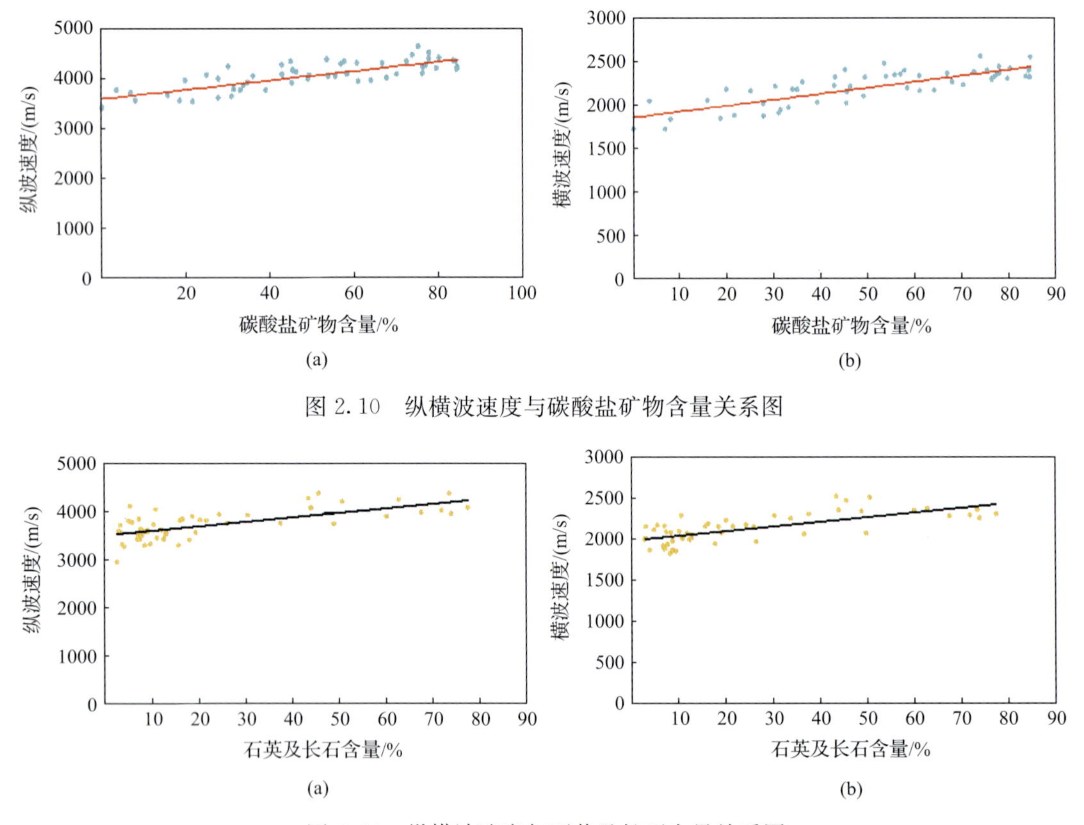

图 2.10　纵横波速度与碳酸盐矿物含量关系图

图 2.11　纵横波速度与石英及长石含量关系图

同时,泥页岩中脆性矿物含量对弹性参数亦有显著影响。杨氏模量、泊松比分别与碳酸盐矿物含量、石英及长石含量的交会图(图 2.12、图 2.13)表明，杨氏模量随碳酸盐矿物含量、石英长石含量增加而增大，近似呈线性正比关系；泊松比随石英长石含量增加而减小，呈较好的线性反比关系，泊松比对碳酸盐矿物含量变化不敏感。

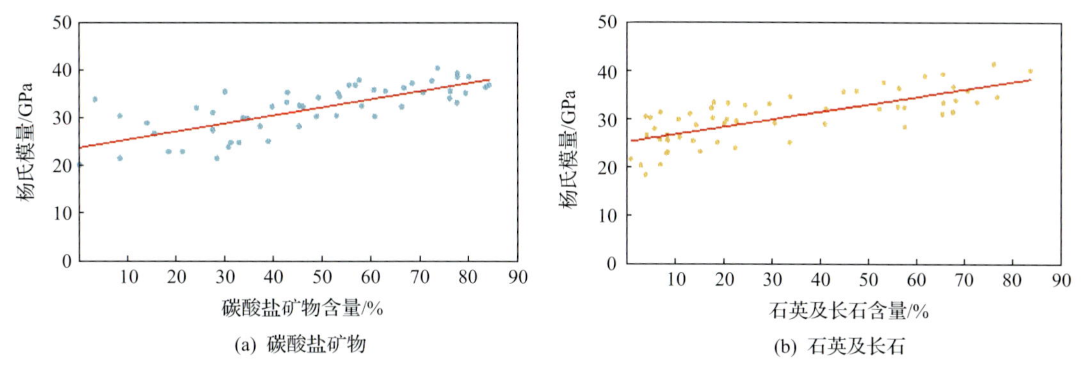

图 2.12　杨氏模量与碳酸盐矿物含量、石英长石含量交会图

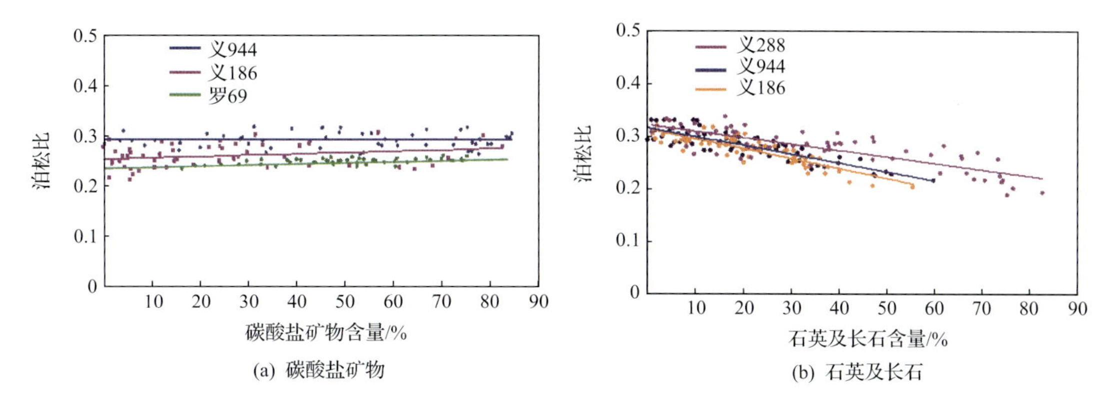

图 2.13　泊松比与碳酸盐矿物含量、石英及长石含量关系图

矿物含量-杨氏模量-$\lambda\rho$ 交会图(图 2.14)表明，随灰质(碳酸盐矿物)含量、砂质(石英长石)含量增加，杨氏模量增大，$\lambda\rho$ 增大。

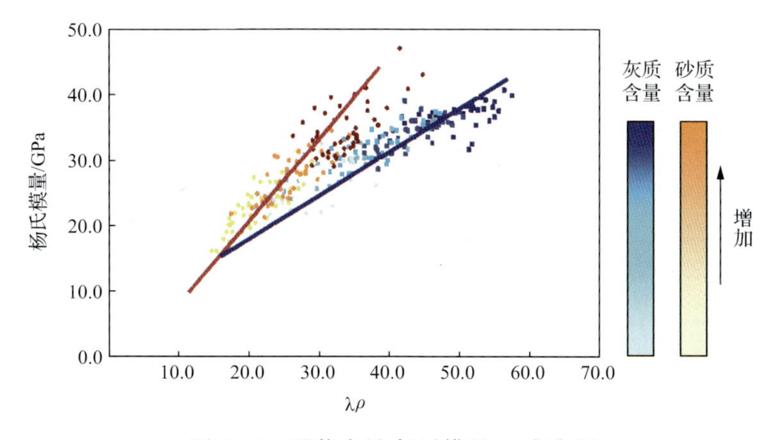

图 2.14　矿物含量-杨氏模量-$\lambda\rho$ 交会图

2.3　典型岩相地震反射特征分析

大量钻井、测井、录井及试采等资料为济阳坳陷建立精细地质模型提供了良好的条件。沾化凹陷罗家地区的油气显示及出油段主要集中在沙三段 12 下、13 上、13 下层组。获得试油成功的岩性主要有纹层状泥质灰岩、纹层状灰质泥岩、块状灰质泥岩、块状泥质灰岩、油页岩夹薄砂条、夹白云岩条等几种优势岩相组合。不同的岩性组合具有不同的速度特征，由石灰岩、块状泥质灰岩、块状灰质泥岩、层状灰质泥岩到层状泥质灰岩的速度依次减小。本小节根据不同岩性的速度特征建立岩相模型，以研究不同岩相模型的地震反射特征。

2.3.1　典型岩相模型设计

通过渤南地区已钻井的泥岩速度统计发现，石灰岩速度为 5000～6000m/s，块状泥质灰岩速度为 3400～4100m/s，块状灰质泥岩速度为 3000～3700m/s，纹层状灰质泥岩速度为 2900～3500m/s，纹层状泥质灰岩速度为 2600～3300m/s。

由于地震反射取决于目标层与顶部盖层、底部围岩的相关性，通过研究将储层段与上下围岩的速度特征总结为三种速度模式。

（1）箱型模式：其储层段多发育纹层状灰质泥岩、纹层状泥质灰岩，速度明显小于顶底围岩，对应的目的层段为 12 下—13 上层组。

（2）上升型模式：顶部围岩为块状灰钙质泥岩，由于灰钙质成分较高，其等效速度较高。而底部围岩为储层较为发育的低速体，整体上表现为储层段的速度低于顶部围岩高于底部围岩，主要发育在 12 上层组。

（3）下降型模式：主要表现为储层段的速度高于顶部围岩低于底部围岩，呈下降型，对应的目的层段为 13 下层组。

2.3.2　典型岩相正演模拟

根据储层发育段上下围岩的岩性、围岩与储层段速度差异，建立三种速度结构反射模式下不同岩性变化模型。模型Ⅰ为箱型模式正演模型(图 2.15)：三层介质，水平界面，顶层为块状灰质泥岩，速度为 3900m/s，密度为 2440kg/m^3，厚度为 60m。底层为块状泥质灰岩，速度为 3700m/s，密度为 2408kg/m^3，厚度为 60m。中间层厚度为 40m，分别被不同

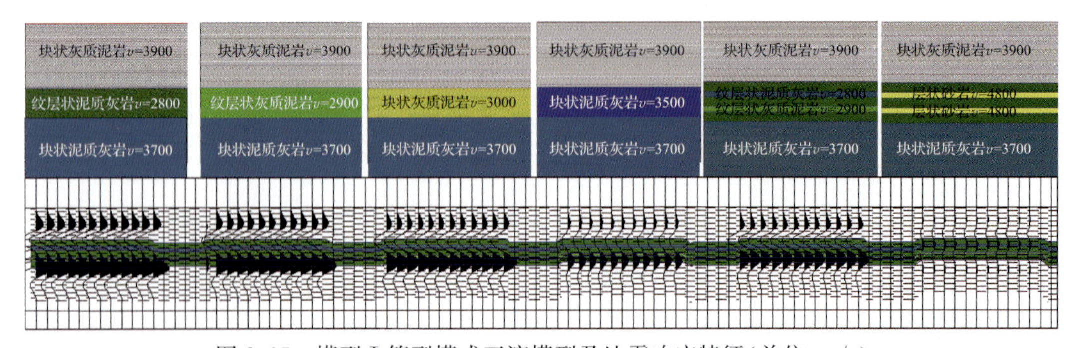

图 2.15　模型Ⅰ箱型模式正演模型及地震响应特征(单位：m/s)

储集能力的不同岩相充填，其中纹层状泥质灰岩的速度为2800m/s，密度为2246kg/m^3；纹层状灰质泥岩的速度为2900m/s，密度为2266kg/m^3；块状灰质泥岩的速度为3000m/s，密度为2285kg/m^3；块状泥质灰岩的速度为3500m/s，密度为2375kg/m^3。

从正演模拟结果可以看出(图2.16)，箱型组合正极性剖面目的层的顶面对应于波谷，有利储层表现为中强波谷拖长尾反射。波谷的变化反映岩性的变化规律。储层较为发育的纹层状灰质泥岩、纹层状泥质灰岩表现为中强波谷反射，其厚度越大，储层越发育，波谷越强、弧长越长、正波形面积越大、频率越低。而块状灰质泥岩、泥岩则表现为高频、无反射或正的弱波峰，其弧长及正波形面积较小。储层发育段为油页岩夹薄层灰岩条带时，波谷的弧长属性变大，正半周波形面积比块状灰质泥岩大，而频率有所降低。当储层发育段为油页岩夹薄层粉砂岩条带时，振幅明显减弱，波长及波形类属性减小，频率却变高。为进一步准确地对比响应强度与优势岩相发育层段厚度的关系，以5m、10m、15m、20m、30m、40m、50m厚度为例进行对比分析，其速度为2800m/s，顶底围岩速度为3900m/s。从泥岩储层发育厚度从5m变化到50m的正演模型上可以看出：在正极性剖面上，泥岩储层发育层段在不同频率下其底面都对应波谷的反射。为了直观地描述泥页岩储层程度对地震响应特征的影响，对理论模型中提取的地震属性参数与模型地震响应进行了相关对比分析。可以得出以下结论：当地层厚度为$\lambda/4$(λ为地震波波长)，等于31.25m(即调谐厚度，$v=3500$m/s，$f=28$Hz)时，振幅值最大；当地层厚度小于$\lambda/4$时，振

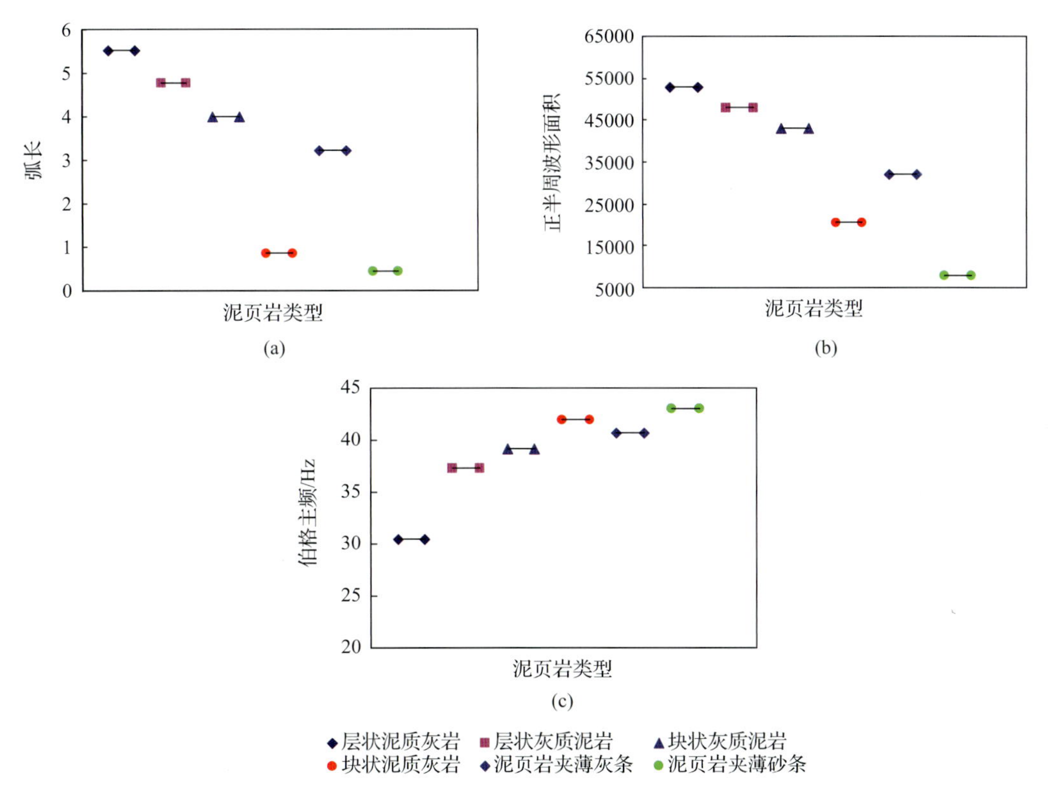

图2.16　模型Ⅰ箱型模式正演模型敏感属性分析结果

幅类参数(均方根振幅)与岩相发育程度具有明显的正相关关系;地层厚度为 $\lambda/4 \sim \lambda/2$ 时振幅随厚度增大而减小。

模型Ⅱ为上升型模式正演模型(图 2.17 所示):$v_{上围岩} > v_{储层} > v_{下围岩}$。上升型组合正极性剖面目的层的顶面对应于波谷,为无尾式波形,波谷的变化反映岩相的变化规律。储层较为发育的纹层状灰质泥岩、纹层状泥质灰岩表现为中强波谷反射,其厚度越大,储层越发育,波谷越强,正波形面积、弧长越大,频率越低;而块状泥质灰岩、块状灰质泥岩则表现为高频、无反射或弱波峰,其正半周面积、弧长均较小。

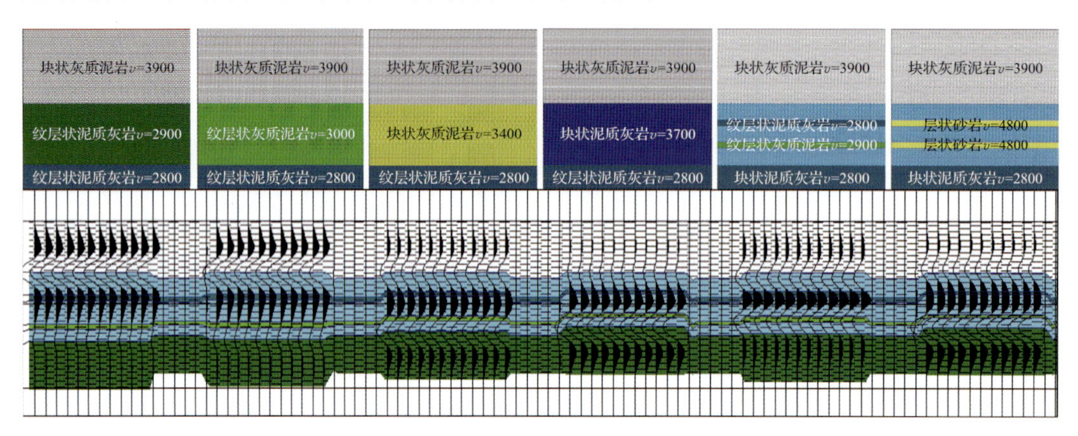

图 2.17　模型Ⅱ上升型模式正演模型及地震响应特征(单位:m/s)

模型Ⅲ为下降型模式正演模型(图 2.18):其上部围岩为低速的纹层状泥质灰岩,而底部围岩为高速的石灰岩,储层段被不同岩相组合充填,该模型主要针对 Es^3 下 13 下砂层组。下降型阶梯组合正极性剖面目的层的顶面对应于波峰,波峰的变化反映目的层岩性的变化规律。储层较为发育的纹层状灰质泥岩、纹层状泥质灰岩表现为中弱波峰反射,频率较高。振幅从小到大顺序是纹层状泥质灰岩、纹层状灰质泥岩、块状灰质泥岩、块状泥质灰岩。储层越发育,顶面的波峰振幅越弱,底面的波峰越强,时间过半能量属性越大。

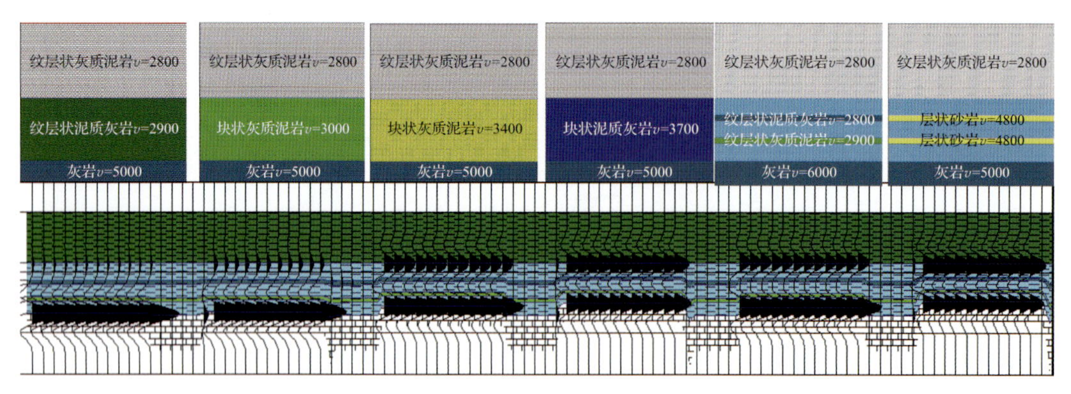

图 2.18　模型Ⅲ下降型模式正演模型及地震响应特征(单位:m/s)

以上三个模型分析可以看出,不同的岩性组合其地震反射特征差异大,利用地震属性预测泥页岩有利储层,首先要搞清楚其岩相组合特征,进而选取不同的敏感地震属性进行预测。

2.3.3　实际情况下的岩相地震响应特征

实际情况下地震反射特征是多种因素的综合，根据渤南地区实际的井震相关分析(图 2.19)表明在 12 下—13 上层组南部垦 27 井主要发育纹层状泥质灰岩相，表现为中强波谷反射，其整波形面积、弧长较大、频率较低；北部义 171 井区岩性主要为块状灰质泥岩发育区，在地震上则表现为中弱波谷反射，其弧长、整波形面积较小，北部洼陷带受物源供给影响，以泥页岩夹薄砂条的岩性组合为主，在地震上表现为多个中弱振幅、中高频率。13 下层组的实际井模型在义 64 井区多发育块状泥质灰岩相，储层顶面为中弱波峰反射，底面波峰较强，频率较低；南部缓坡带的罗 10 井区，主要为块状灰质泥岩发育区，在地震上表现为中弱的、高频的地震响应特征；北部洼陷带的义 283 井区主要发育泥页岩夹薄砂条岩相，地震响应多具有中弱、中等频率特征，总体上与上述模型正演结论吻合。通过以上正演模拟研究，结合实际地震资料，建立泥岩不同岩相的地震响应特征识别模版。对 12 下—13 上层组，纹层状泥质灰岩发育区在地震上表现为波谷反射，其波谷反射越强，正波形面积、弧长越大，频率越低，储层越发育；而 13 下层组由于底部多发育高速的石灰岩、膏岩，其顶面振幅越弱，底面振幅越强，时间过半能量越大，有效储层越发育。整体上地震波形特征的总体变化信息，可以有效地进行泥页岩优势岩相的识别和描述。

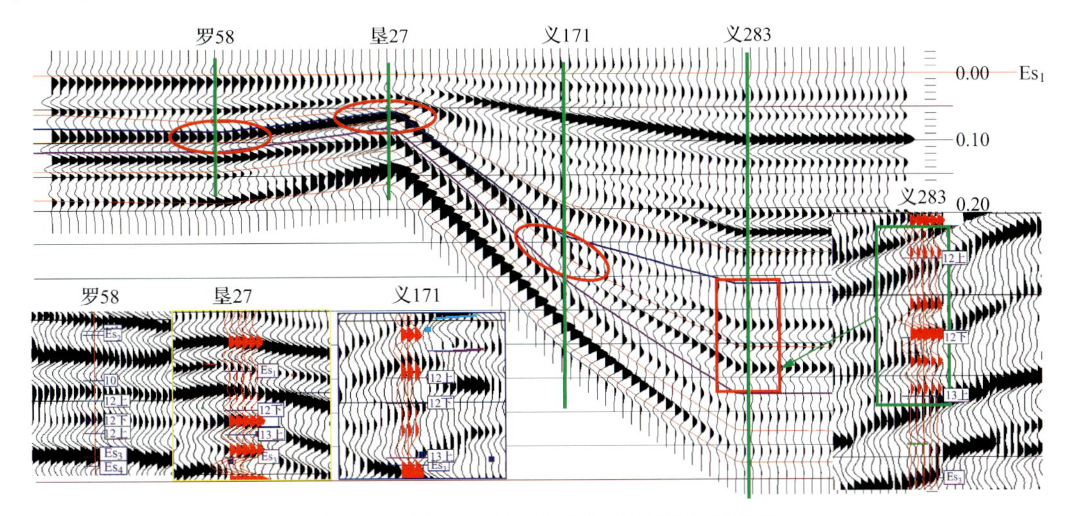

图 2.19　罗 58—义 283 实际井地震响应特征

2.4　泥页岩 TOC 变化地震正演分析

泥页岩有机质含量的变化影响着地震波波速、振幅、频率等属性，相同有机质含量的泥页岩一般也随着地震波波源发射频率的变化而响应特征不同。因此，进行泥页岩有机质含量的地震正演分析对预测泥页岩的有机质含量有着重要意义。

2.4.1　理想情况下的泥页岩 TOC 正演模型分析

通过统计渤南地区多口实钻井 TOC，拟合了 TOC 与地震波速度的关系曲线(图 2.20)。

在此基础上，建立了不同 TOC 导致速度变化的三种反射模型。

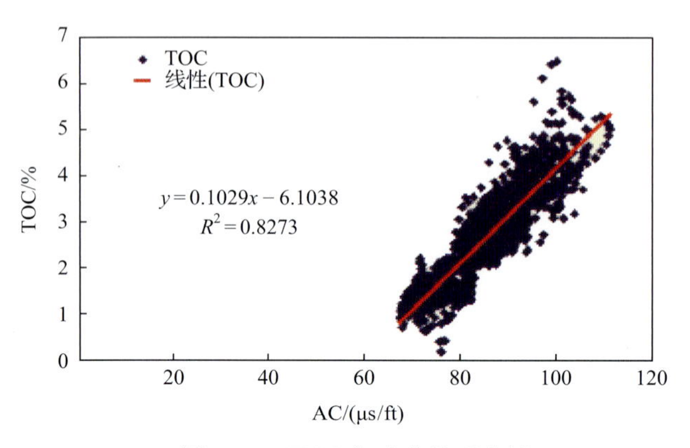

图 2.20　TOC 与速度关系曲线

模型Ⅰ为箱型模式(图 2.21)：三层水平介质，上部围岩速度为 3800m/s，厚度为 60m；中间储层为不同 TOC 所对应的相应的速度，厚度为 40m，当 TOC 为 5.5%、4.5%、3.5%、2.5%时，其速度分别为 2700m/s、2950m/s、3250m/s、3650m/s；下部围岩速度为 4000m/s，厚度为 60m。

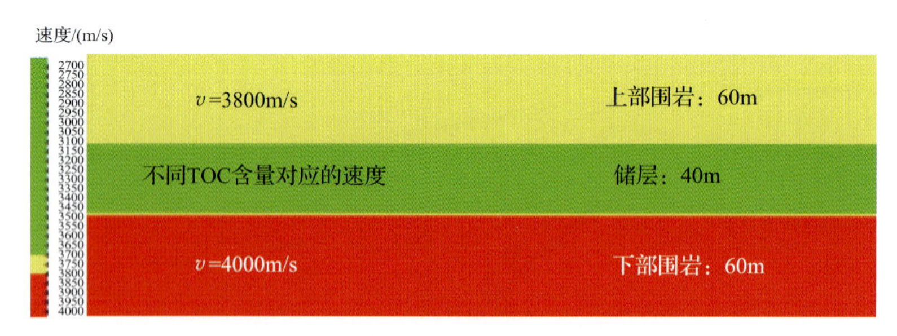

图 2.21　模型Ⅰ箱型模式正演模型

在正演模拟的过程中，分别选择 20Hz、25Hz、30Hz、35Hz 作为优势频率进行模拟，得到了如下正演模拟结果(图 2.22～图 2.25)。

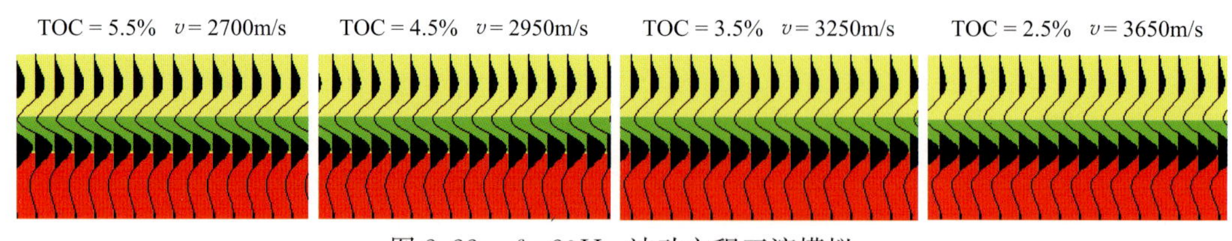

图 2.22　f=20Hz，波动方程正演模拟

TOC = 5.5%　v = 2700m/s　　TOC = 4.5%　v = 2950m/s　　TOC = 3.5%　v = 3250m/s　　TOC = 2.5%　v = 3650m/s

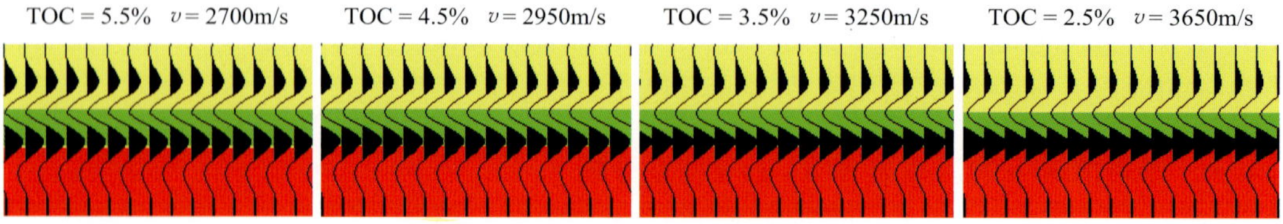

图 2.23　f=25Hz，波动方程正演模拟

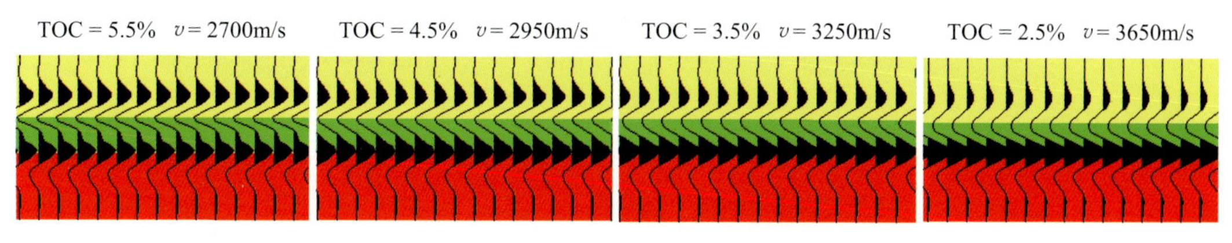

图 2.24 f=30Hz,波动方程正演模拟

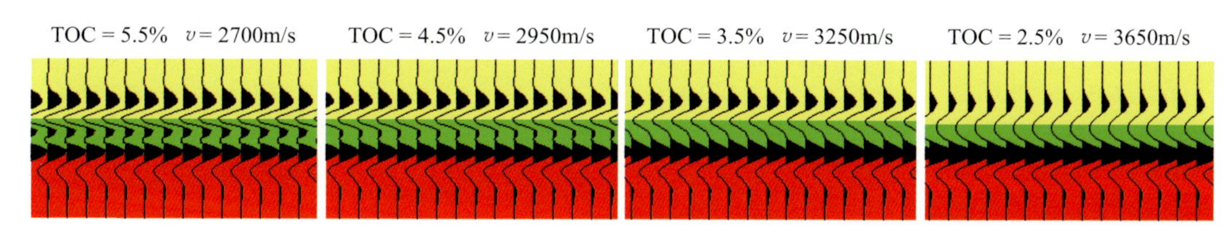

图 2.25 f=35Hz,波动方正程演模拟

从正演模拟结果可以看出,箱型模式储层上界面对应于波谷,为中强波谷拖长尾反射。TOC的变化引起了地震反射特征的变化。频率及TOC较高时(f=35Hz、TOC=5.5%、TOC=4.5%),在储层内部出现旁瓣反射。在此基础上对正演结果进行多种波形类属性的提取,根据所统计的属性值,并进行数值分析,分别得到了瞬时振幅/瞬时频率(简称幅频比)、瞬时频率与TOC的散点关系图(图2.26)。

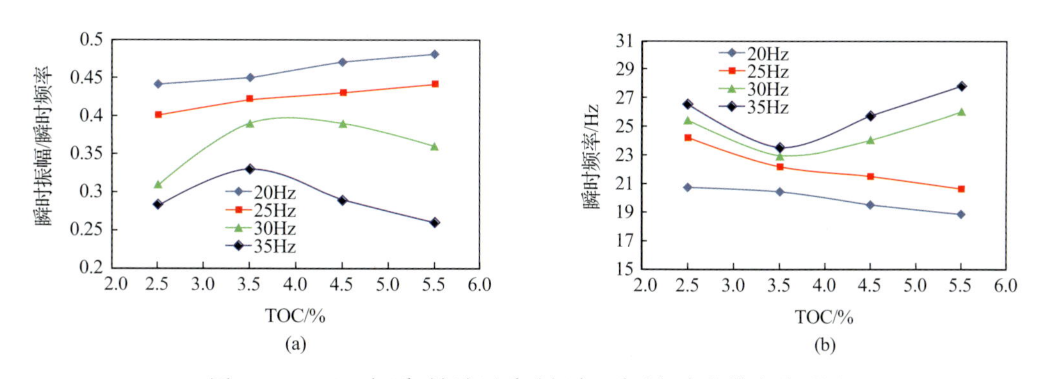

图 2.26 TOC与瞬时振幅/瞬时频率、瞬时频率的散点关系图

从图2.26中可以看出,在低频条件下,即频率分别为20Hz、25Hz时,随着TOC的增大,瞬时振幅属性逐渐增大,而瞬时频率逐渐减小,则瞬时振幅/瞬时频率变化幅度较大,而在高频条件下,随着频率的增大,单一强地震反射轴变为两组中等强度的地震反射轴,振幅属性有所减弱,瞬时振幅/瞬时频率随着TOC的增大呈先增大后减小的趋势。

模型Ⅱ为下降型模式(图2.27):三层水平介质,上部围岩速度为3400m/s,厚度为60m,中间储层为不同TOC所对应的速度值,厚度为40m,当TOC分别为2.5%、2%、1.5%、1%时,其速度分别为3650m/s、3850m/s、4100m/s、4400m/s,下部围岩速度为4500m/s,厚度为60m。

在正演模拟的过程中,分别选择20Hz、25Hz、30Hz、35Hz作为优势频率进行模拟,得到了如下正演模拟结果(图2.28~图2.31)。

图 2.27　模型Ⅱ下降型模式正演模型

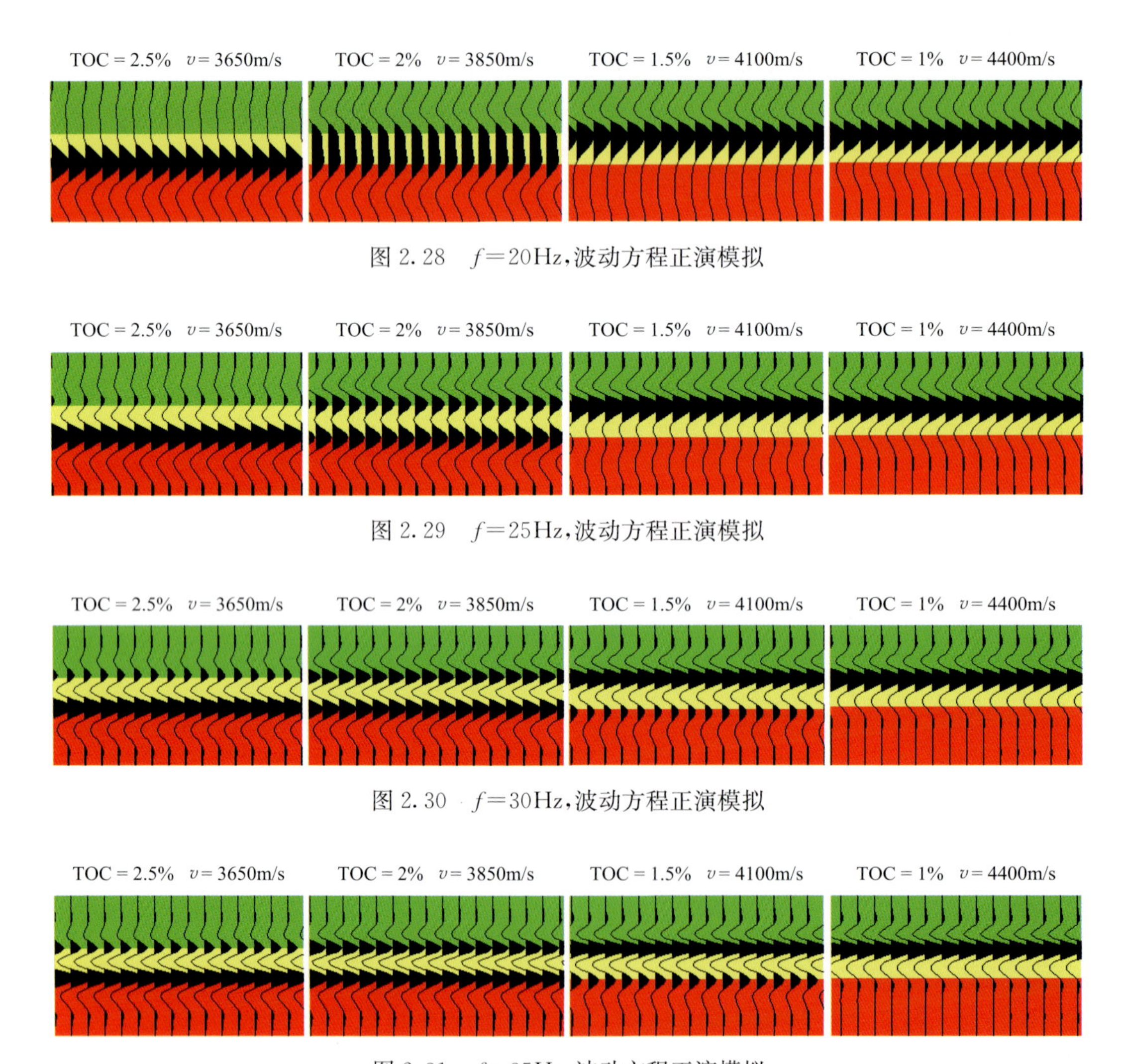

图 2.28　f=20Hz，波动方程正演模拟

图 2.29　f=25Hz，波动方程正演模拟

图 2.30　f=30Hz，波动方程正演模拟

图 2.31　f=35Hz，波动方程正演模拟

从正演模拟结果可以发现，下降型模式在储层上界面对应于波峰，在低频（f=20Hz）高 TOC（TOC=2.5%）含量时，由于储层与上界面的波阻抗差远小于储层与下界面的波阻抗差，导致储层上界面受下界面的屏蔽影响，因而只在下界面出现中强波峰。同样，在低频（f=20Hz）低 TOC（TOC=1.5%、TOC=1%）含量时，储层与上界面的波阻抗差远

远大于储层与下界面的波阻抗差，因此，在上界面出现中强波峰。随着频率的增加，分辨率逐渐升高，在储层上下界面均出现界面反射。对模拟之后的水平叠加剖面进行波形类属性提取，绘制了瞬时振幅/瞬时频率、均方根振幅与 TOC 关系散点图(图 2.32)，从散点图中可以看出，对于同一频率，随着 TOC 的增大，振幅逐渐减小，而对于相同 TOC，随着频率的增加，振幅逐渐增大，瞬时振幅/瞬时频率则逐渐减小，也就是说在实际地震资料的主频在 20～25Hz 时，瞬时振幅/瞬时频率属性较为敏感，在实际地震资料的主频达到 30Hz 以上时，均方根属性较为敏感。

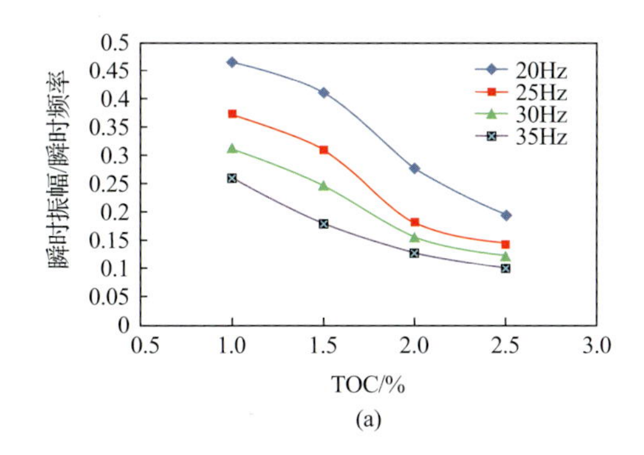

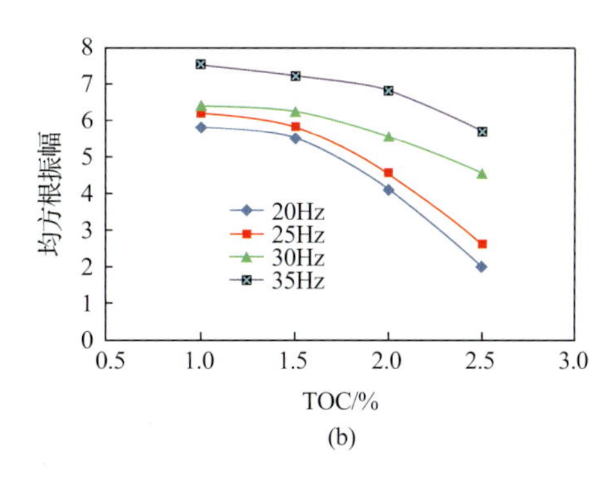

图 2.32　TOC 与瞬时振幅/瞬时频率、均方根振幅的散点关系图

模型Ⅲ为上升型模式(图 2.33)：三层介质，水平层，上部围岩速度为 3700m/s，厚度为 60m，中间储层为不同 TOC 所对应的速度值，厚度为 40m，当 TOC 分别为 4%、3.5%、3%、2.5%时，其速度分别对应为 3100m/s、3250m/s、3400m/s、3650m/s，下部围岩速度为 3000m/s，厚度为 60m。

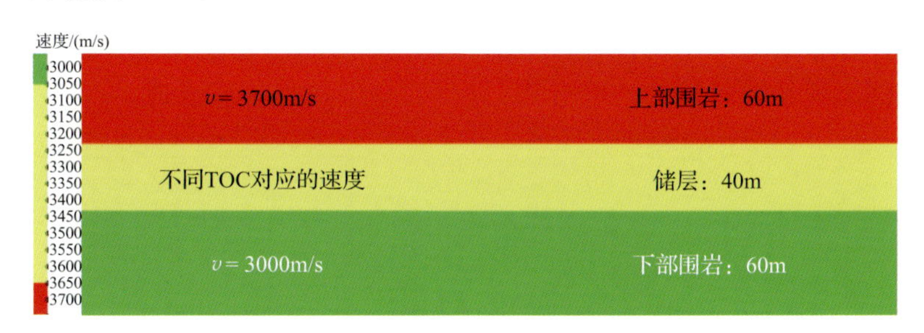

图 2.33　模型Ⅲ上升型模式正演模型

在正演模拟的过程中，分别选择 20Hz、25Hz、30Hz、35Hz 作为优势频率进行模拟，得到了如下正演模拟结果(图 2.34～图 2.37)。

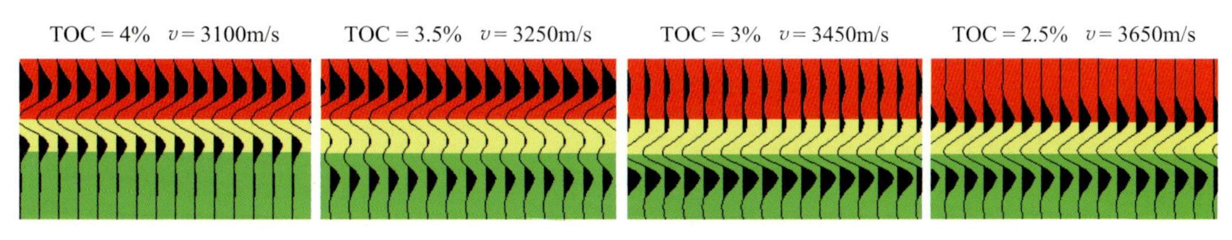

图 2.34　f=20Hz，波动方程正演模拟

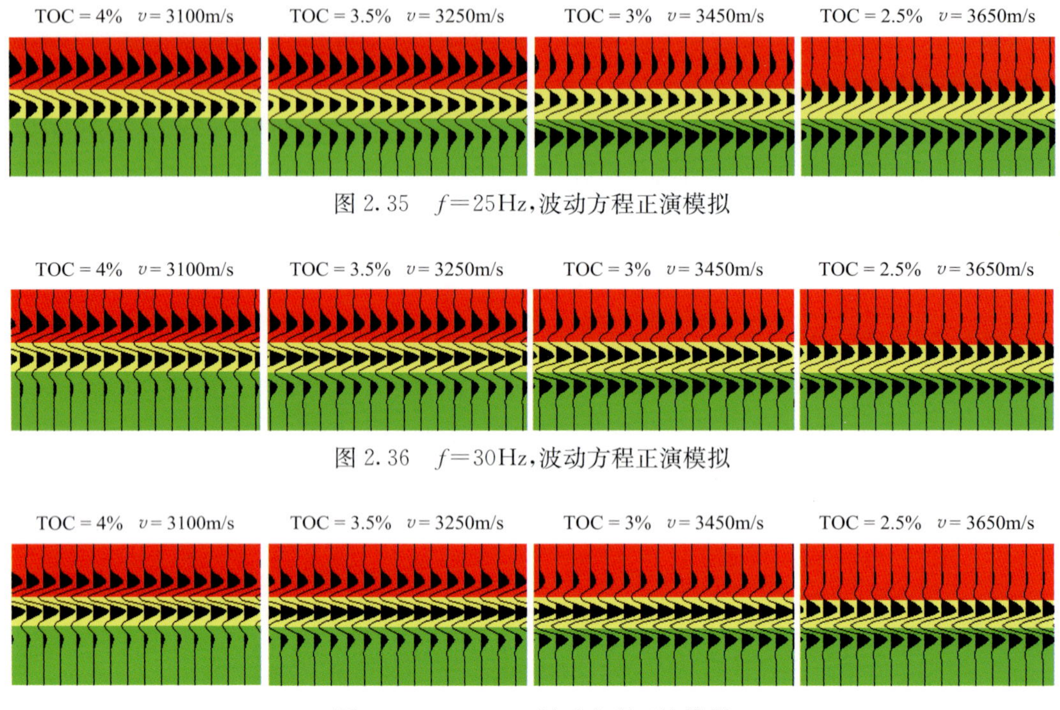

图 2.35　f=25Hz,波动方程正演模拟

图 2.36　f=30Hz,波动方程正演模拟

图 2.37　f=35Hz,波动方程正演模拟

上升型模式储层对应于波谷,从正演模拟结果可以看出,TOC 分别为 3.5%、3%时,随着频率的升高在储层内部出现能量比较强的旁瓣。为此对结果进行波形类属性的提取,得到不同属性值与 TOC 关系图(图 2.38)。散点图表明,在 TOC 为 3%时,瞬时振幅/瞬时频率、均方根振幅这两个属性值都处于低值。分析低值出现的原因是由于在这种情况下,储层内部出现了能量强的波峰旁瓣,进而影响了波谷的能量值。

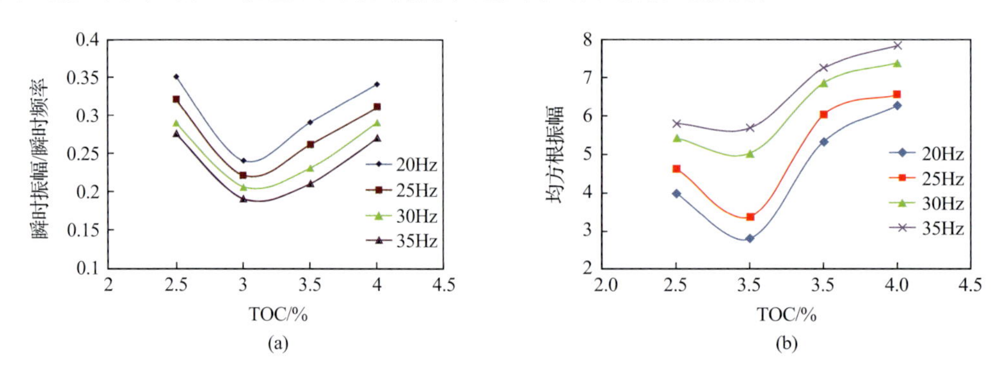

图 2.38　TOC 与瞬时振幅/瞬时频率、均方根振幅的散点关系图

2.4.2　实际情况下的泥页岩 TOC 地震响应特征

对于渤南洼陷,统计分析表明 TOC 的大小与泥页岩的速度、密度关系密切。随着 TOC 的增加,声波时差增大、速度降低,密度减小;黏土岩含量越高,TOC 越高,速度越

低。不同区带TOC的含量不同，不同体系域不同层组TOC的差别也不同。在渤南地区TOC变化导致的速度结构与岩相基本一致，因此地震反射的变化规律具有相似性。

在渤南洼陷南部缓坡带，在12下—13上层沉积时期均为纹层状泥质灰岩的储层发育区，在地震响应特征上却有较大的差异。如罗53井富含有机质，其TOC较高，其等效速度较低，在地震上表现为强波谷的地震响应特征；而罗7井TOC较低，小于2%，在地震上表现为中弱拖尾的复波反射特征(图2.39)。北部洼陷带在12下—13上层沉积时期主要为纹层状泥质灰岩发育区，在地震上均表现为波谷的地震反射特征，只是其波形内部特征有差异；TOC高的义177井其波谷的绝对值较大，整波形面积大，波形尖度较强，弧长、甜点属性值均较高；TOC低的义182井其波谷的绝对值较小，整波形面积小，波形尖度也小(图2.40)。在13下层组沉积时期，该区带主要为块状泥质灰岩相，底部围岩多为泥灰岩，在地震上主要表现为中强振幅反射，其TOC的高低决定地震波形的强弱：TOC越高，其地震反射特征越强。

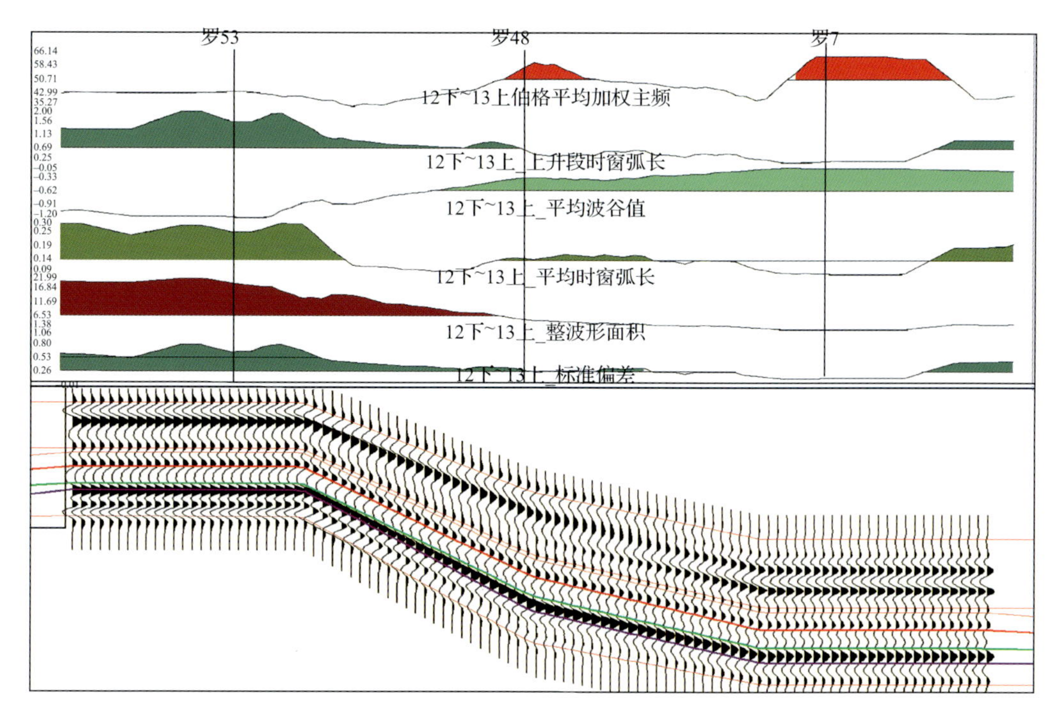

图2.39　缓坡带13上层TOC地震响应

通过对以上正演剖面中TOC与波谷最大值进行交会分析(图2.41)认为，针对12下—13上泥页岩地层，在地震上主要表现为波谷的地震反射特征。相同岩相时，其TOC越高，其波形的尖度越大，峰值越高，正波形面积越大；对13下泥页岩地层，则表现为TOC越高，其波峰振幅越强，波形面积越大。

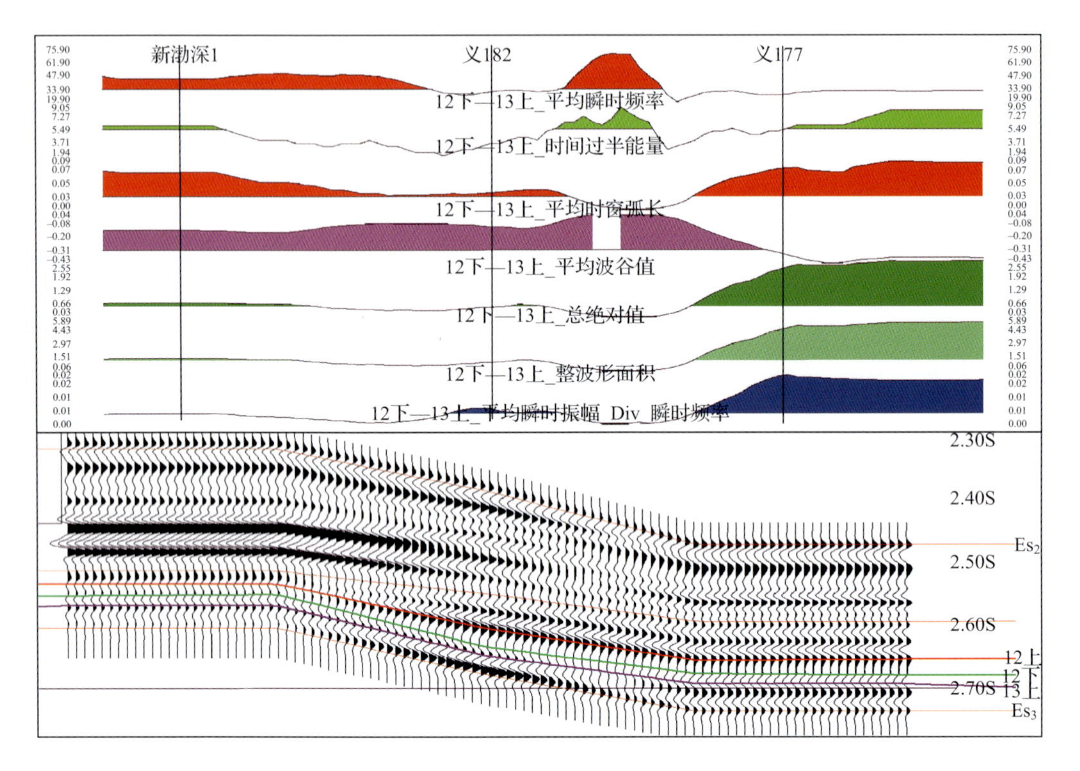

图 2.40　洼陷带 13 上层 TOC 地震响应

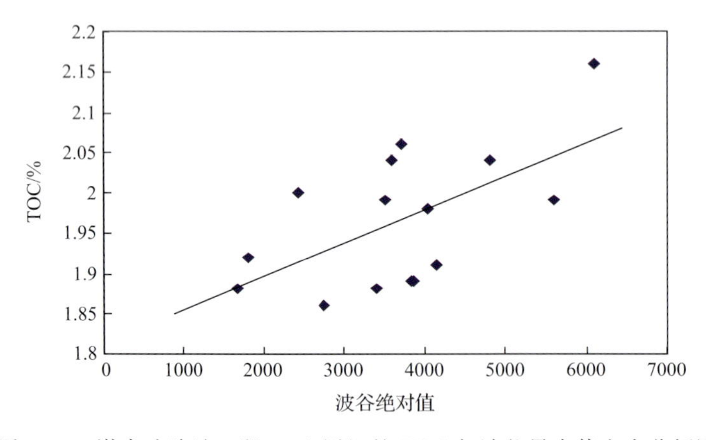

图 2.41　渤南洼陷沙三段 13 上层组的 TOC 与波谷最大值交会分析图

2.5　泥页岩不同脆性矿物含量下的地震正演模拟

泥页岩脆性矿物的含量一般也会引起不同的地震反射特征，地震波波速一般随着脆性矿物含量的增高而增大。通过对渤南地区多口实钻井进行脆性矿物含量的统计，可以得出不同脆性矿物含量及相对应的速度关系，见表 2.4。

表 2.4　脆性矿物含量及速度统计表

	脆性矿物含量/%			
	20	40	60	80
速度/(m/s)	3600	3900	4100	4300

与以上分析类似，分别建立箱型及下降型地球物理模型。模型 1 为箱型模式正演模型(图 2.42)，三层介质，水平层，上部围岩速度为 3300m/s，厚度为 60m，中间储层为不同脆性矿物含量所对应的速度值，厚度为 40m，当脆性矿物含量分别为 20%、40%、60%、80%时，其速度分别为 3600m/s、3900m/s、4100m/s、4300m/s，下部围岩速度为 3100m/s，厚度为 60m。

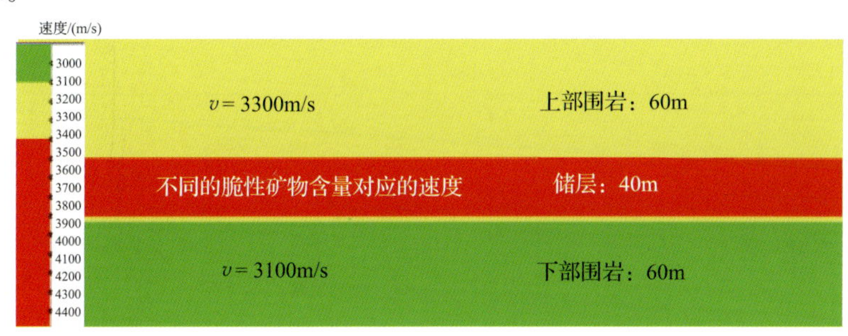

图 2.42　模型 1 箱型模式正演模型

在正演模拟的过程中，分别选择 20Hz、25Hz、30Hz、35Hz 作为优势频率进行模拟，得到了如下正演模拟结果(图 2.43～图 2.46)。

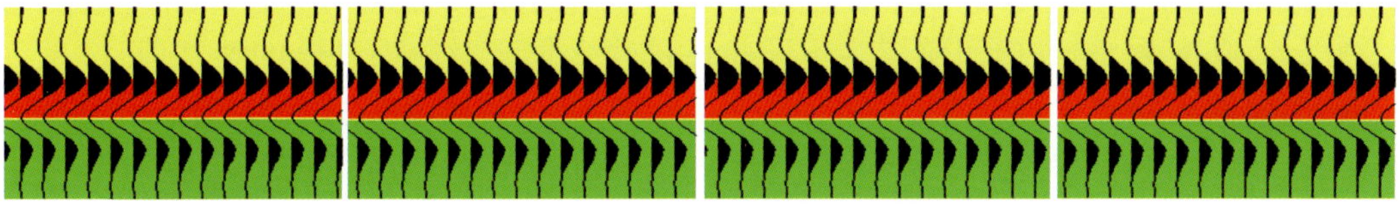

脆性矿物含量20% v=3600m/s　脆性矿物含量40% v=3900m/s　脆性矿物含量60% v=4100m/s　脆性矿物含量80% v=4300m/s

图 2.43　f=20Hz，波动方程正演模拟

脆性矿物含量20% v=3600m/s　脆性矿物含量40% v=3900m/s　脆性矿物含量60% v=4100m/s　脆性矿物含量80% v=4300m/s

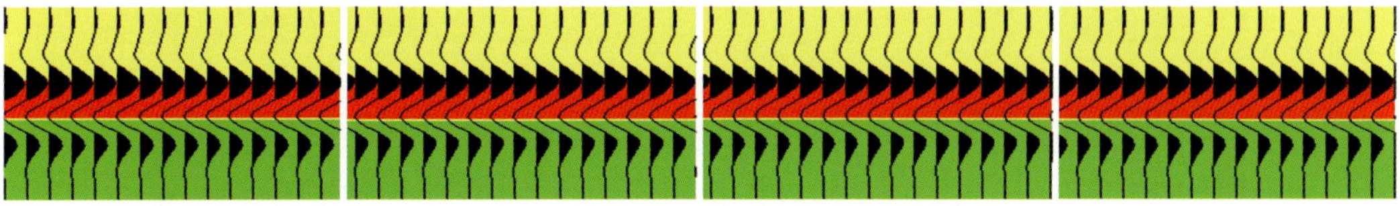

图 2.44　f=25Hz，波动方程正演模拟

脆性矿物含量20% v=3600m/s　脆性矿物含量40% v=3900m/s　脆性矿物含量60% v=4100m/s　脆性矿物含量80% v=4300m/s

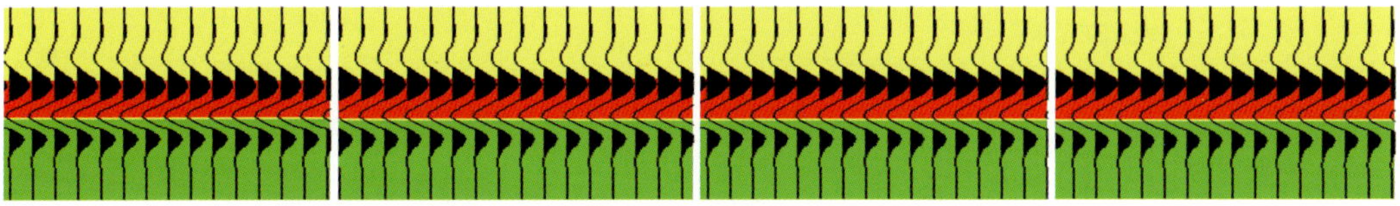

图 2.45　f=30Hz，波动方程正演模拟

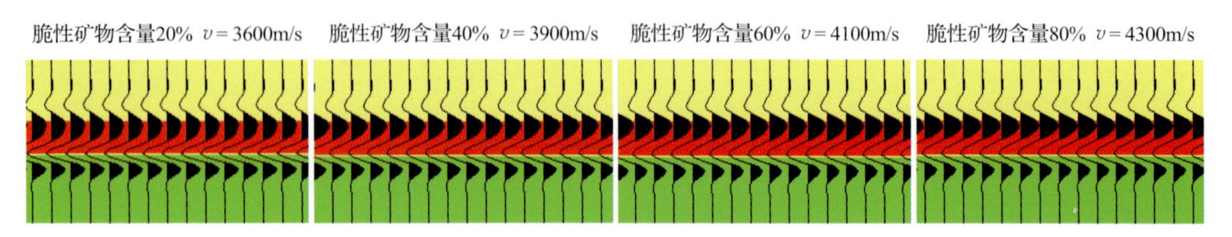

图 2.46　$f=35$Hz，波动方程正演模拟

对正演结果进行波形类属性提取，将统计的属性值与脆性矿物含量做散点图（图 2.47）。从散点图中可以看出，随着矿物含量的增加，瞬时振幅、瞬时振幅/瞬时频率增加，呈正相关关系。无论在低频还是在高频，瞬时振幅随着脆性矿物含量的增加变化很明显，而瞬时振幅/瞬时频率在低频尤其是 $f=20$Hz 时变化幅度较小。

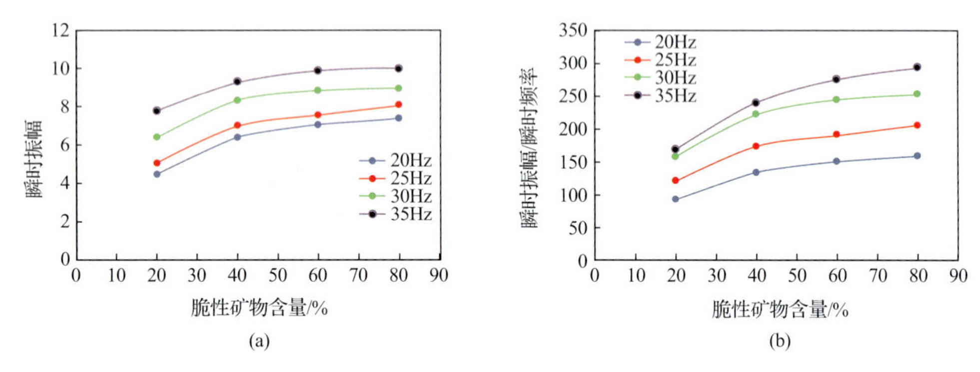

图 2.47　脆性矿物含量与瞬时振幅、瞬时振幅/瞬时频率的散点关系图

模型 2 为下降型模式正演模型（图 2.48），三层介质，水平层，上部围岩速度为 3300m/s，厚度为 60m；中间储层为不同脆性矿物含量所对应的相应的速度值，厚度为 40m，当脆性矿物含量分别为 20%、40%、60%、80%时，其速度分别为 3600m/s、3900m/s、4100m/s、4300m/s；下部围岩速度为 5000m/s，厚度为 60m。

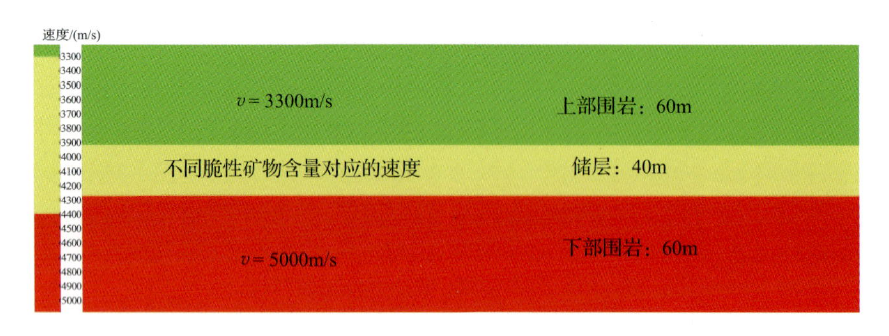

图 2.48　模型 2 下降型模式正演模型

在正演模拟的过程中，分别选择 20Hz、25Hz、30Hz、35Hz 作为优势频率进行模拟，得到了如下正演模拟结果（图 2.49～图 2.52）。

从正演模拟结果可以看出，在该模式下，当脆性矿物含量较低（为 20%）时，上部围岩与储层的波阻抗差远小于下部围岩与储层的波阻抗差，导致储层上界面受下界面的屏蔽，

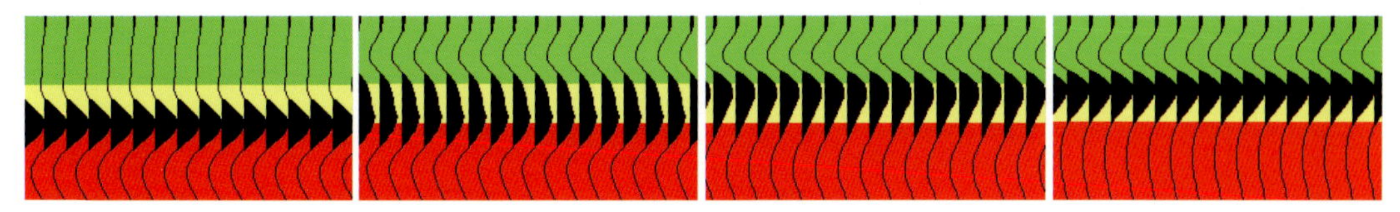

图 2.49　f=20Hz,波动方程正演模拟

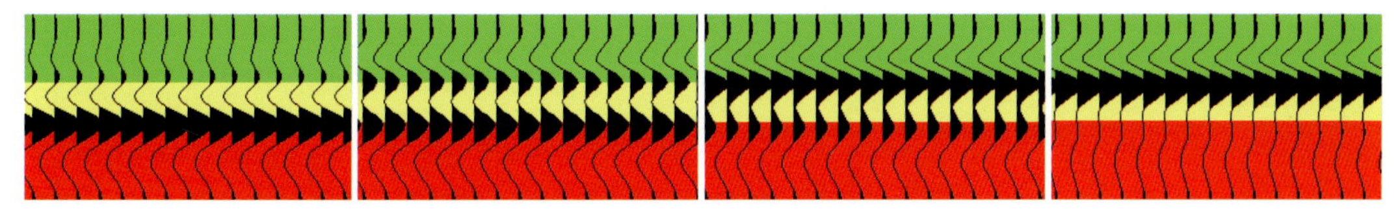

图 2.50　f=25Hz,波动方程正演模拟

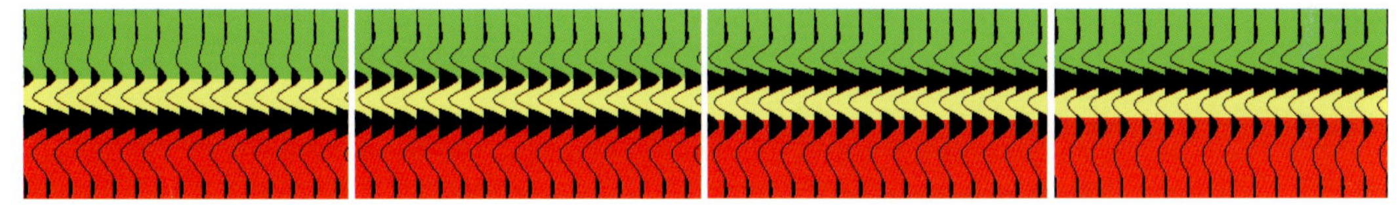

图 2.51　f=30Hz,波动方程正演模拟

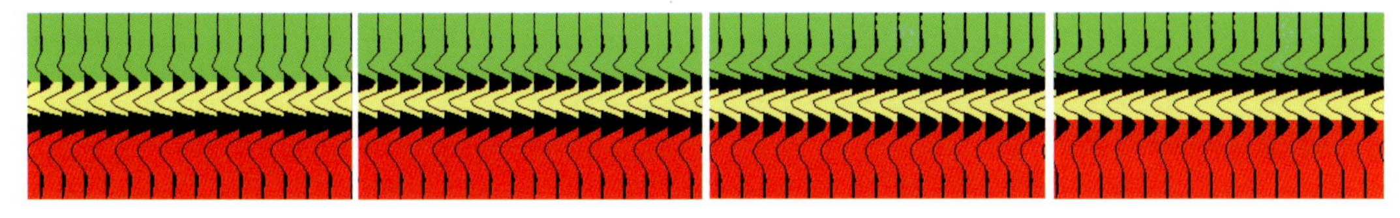

图 2.52　f=35Hz,波动方程正演模拟

从而在储层下界面出现中强波峰。同理,当上部围岩与储层的波阻抗差远大于下部围岩与储层的波阻抗差时,在储层上界面出现中强波峰。对正演结果进行波形类属性的提取,在此基础上将瞬时振幅/瞬时频率、均方根振幅分别与脆性矿物含量做散点图(图 2.53)。从散点图可以看出,瞬时振幅/瞬时频率、均方根振幅两个属性值均具有良好的线性关系。对于相同脆性矿物含量,随着频率的增加,均方根振幅逐渐增大;对于相同频率下,脆性矿物含量的不同,地震波形特征变化很大,当脆性矿物含量较小时,地震上表现为空白—弱反射,随着脆性矿物含量的增大,地震反射轴逐渐增强,在低频的情况下,脆性含量由40%变为60%时,地震波形由下旋变为上旋,此时,上半周波形面积、时间过半能量属性能较好地反映脆性含量的变化;整体上,随着脆性矿物含量的增大,均方根振幅属性、瞬时振幅/瞬时频率属性均呈增大的趋势,在地震资料主频不是很高的情况下,瞬时振幅/瞬时频率属性更能反映脆性矿物含量的变化。

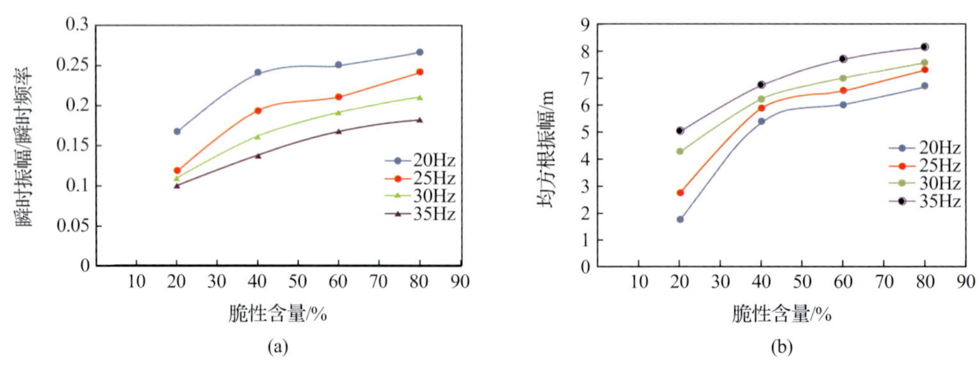

图 2.53 脆性矿物含量与瞬时振幅/瞬时频率、均方根振幅的散点关系图

2.6 泥页岩裂缝及含油性的地震响应特征

当储层中含不同流体及发育裂缝时会引起岩石、物理性质的空间变化，进而影响地震波属性参数（振幅、衰减、速度、频率）的变化。一般在含油气的泥页岩中，泥页岩裂缝的发育程度与油气含量存在正相关的关系。因此，研究泥页岩裂缝及含油性的地震响应特征对泥页岩油气的勘探起指导意义。

2.6.1 泥页岩裂缝的地震响应特征

通过对比泥页岩在有无裂缝时的地震响应特征（图 2.54）发现：当泥页岩储层裂缝发育时，在地震上为弧状波形的地震响应特征；越远离断裂带，裂缝越不发育，地震响应特征越弱；随着裂隙密度的增大，能观测到地震波的能量增强，主频降低。裂缝的发育程度与构造有关。一般来讲，地层受力变形越严重，破裂程度越大，裂缝越发育。构造曲率值的大小反映了岩层弯曲程度，主曲率绝对值较大的部位发生在地层弯曲变化最快的地方，也就是在背斜两翼、靠近断层附近等。通过罗家地区沙三段 13 上层组泥页岩主曲率分析表明（图 2.55），渤页平 1 井位于鼻状构造带翼部，曲率值较大，该井在 3600～3760m 油气显示丰富，应是裂缝发育相对较好的区域。而东部渤页平 2 井附近曲率值较小，说明该区地层弯曲变化小，裂缝相对不发育。

2.6.2 泥页岩含油性地震响应特征

地震道中不仅含有岩性信息，而且还包含油气的信息。当储层中含有油气时，地震波的频谱特征会发生变化，在某个频段的能量会得到压制，从而形成某种衰减特征，能量会向着某个频段压缩或发散。从单频属性剖面可以看出，义 182 井 13 上层组含油层从近角度向远角度的道集上变化时表现为同向轴逐渐变粗，低频响应越来越强，形成强振幅亮点反射。从 20Hz 频率的远近中角度叠加道集来看（图 2.56），在中角度叠加剖面上的反射振幅明显强于近角度叠加剖面，在近角度剖面上油层的反射并不强，而在远角度的叠加剖面上表现为明显的亮点反射。钻探成果表明，含油气的罗 42、新义深 9、罗 182 等井均处在 20Hz 中角度叠加剖面上的亮点上，说明 20Hz 中角度叠加剖面上的亮点特征可以

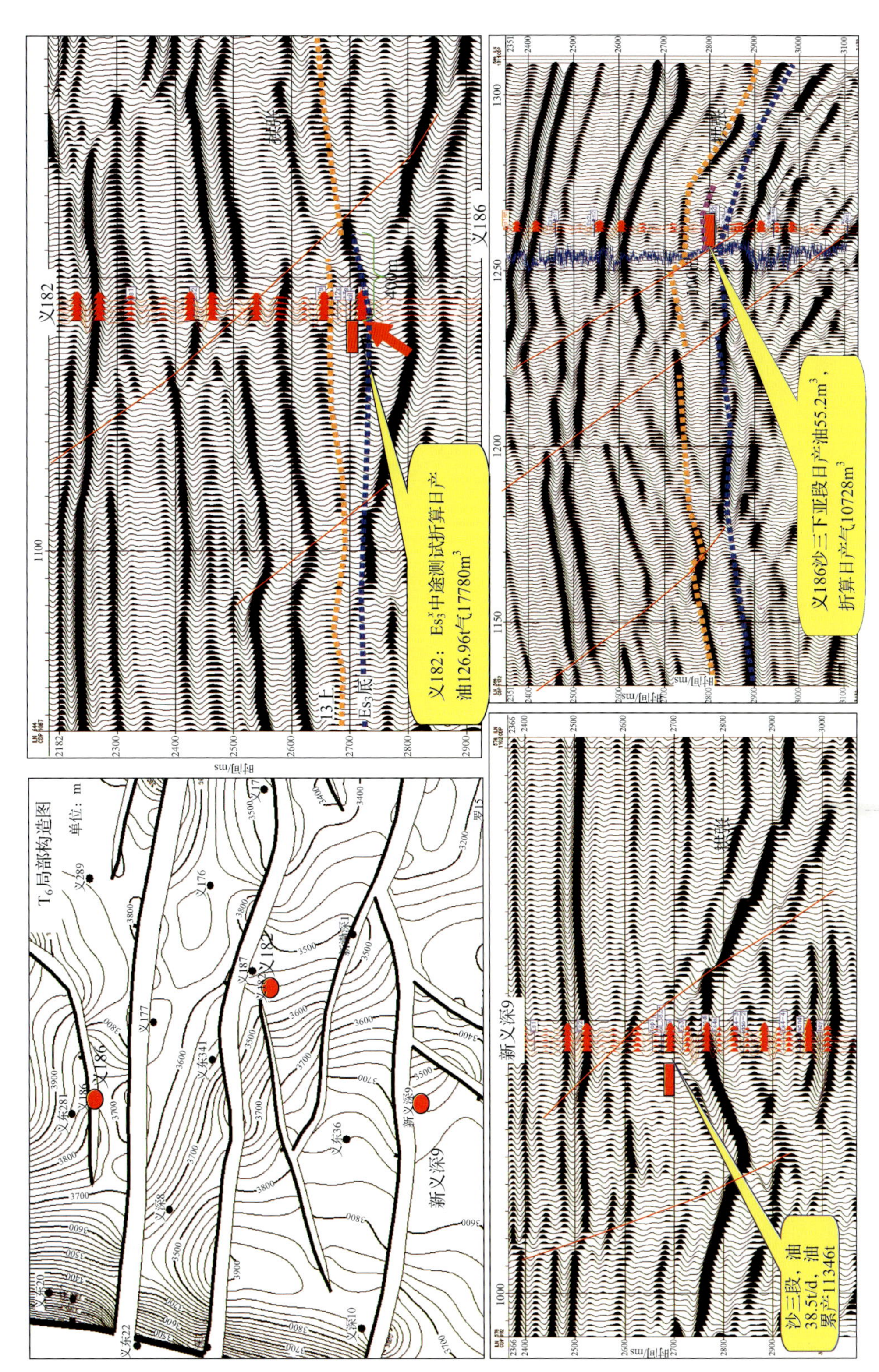

图 2.54　泥页岩含裂缝段的地震响应特征

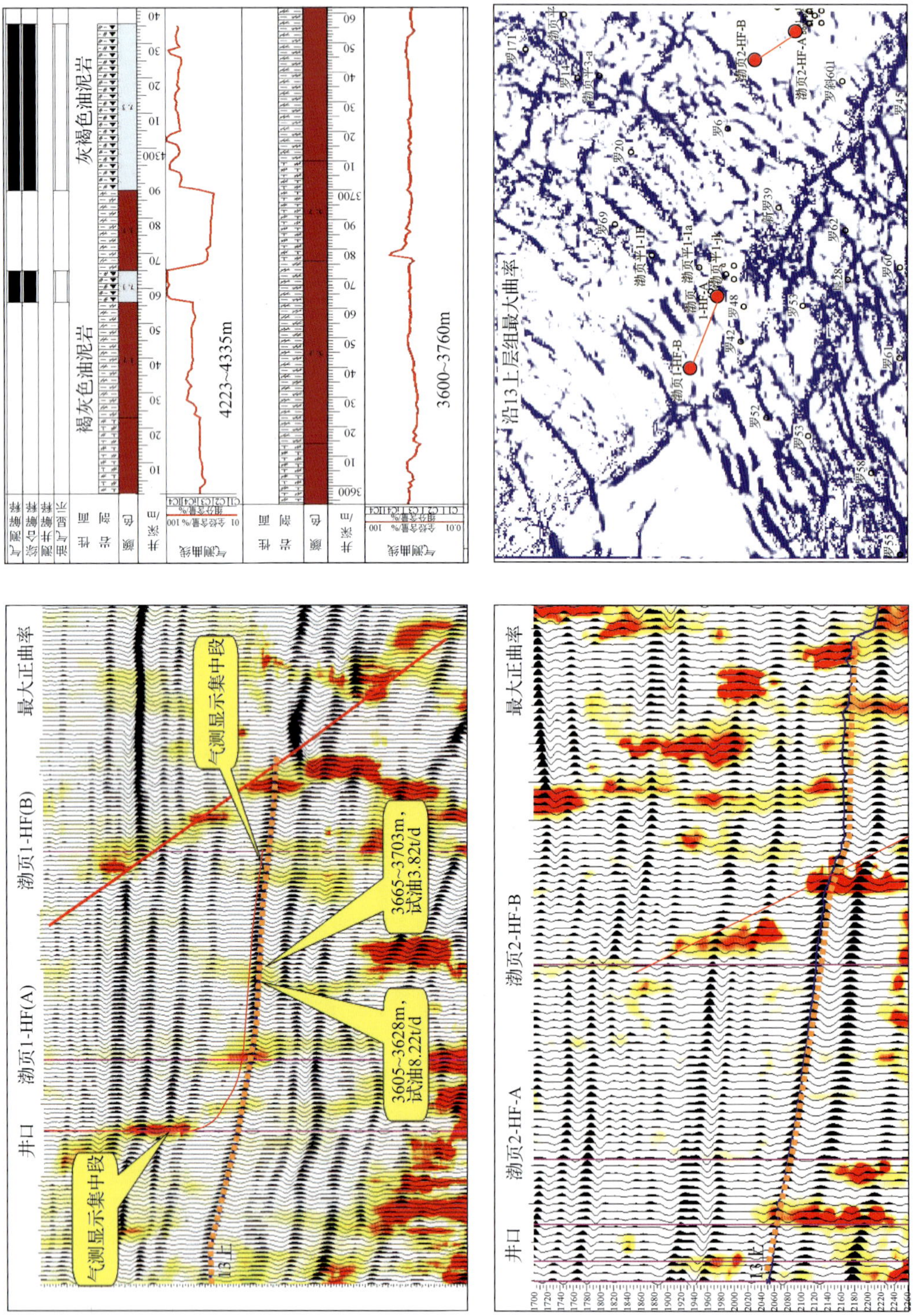

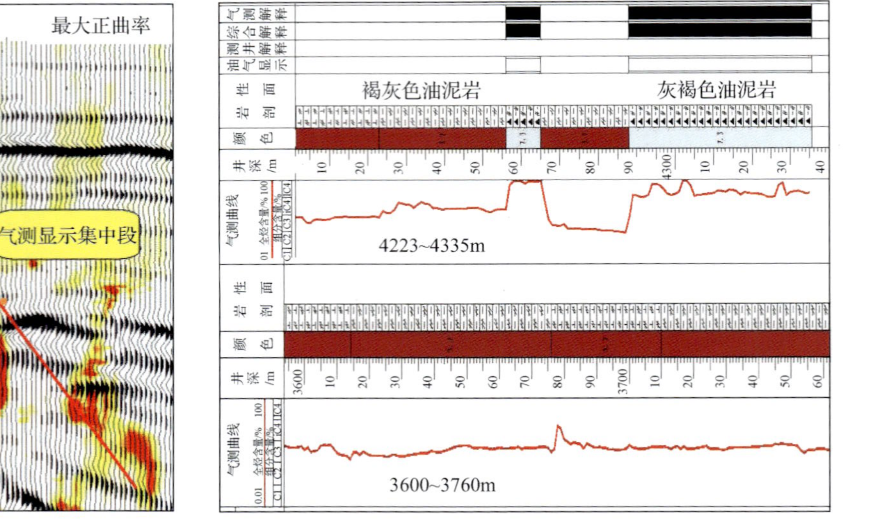

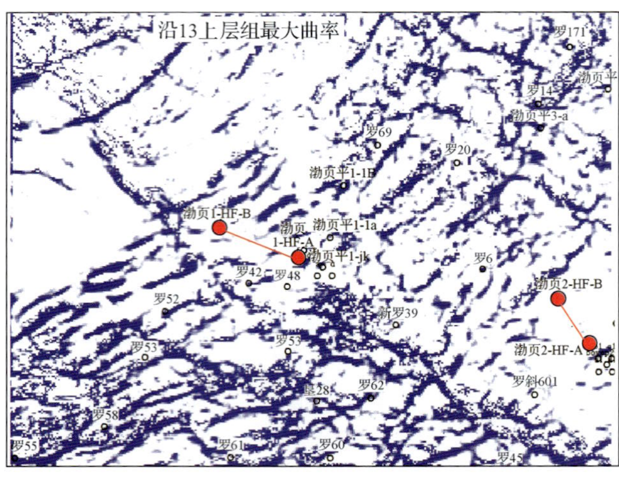

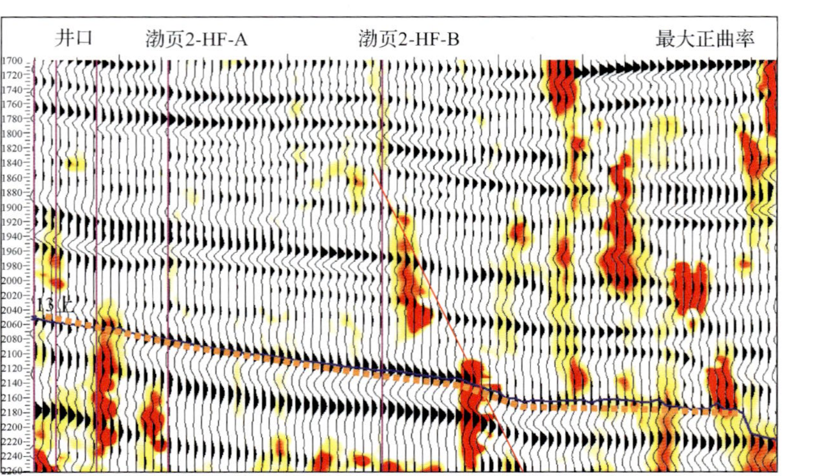

图 2.55　罗家地区沙三段 13 上层组泥页岩的曲率特征

作为该区含油砂体的重要识别标志之一，可以有效地得到甜点的展布区域。

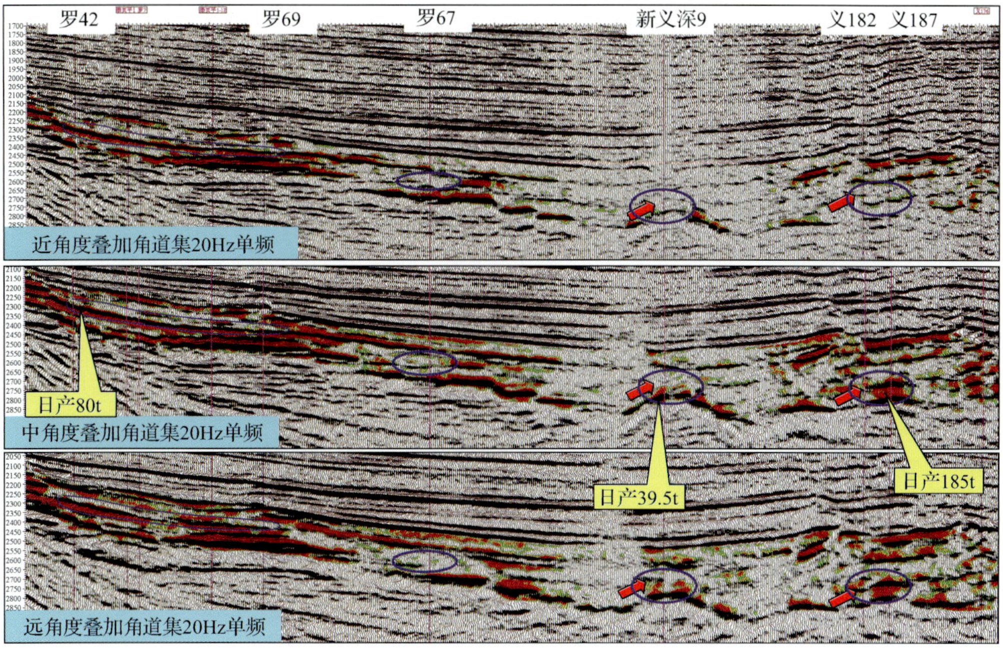

图 2.56　20Hz 频率的远近中角度叠加剖面

2.7　泥页岩各向异性分析

泥页岩储层的储集空间主要以晶间微孔、溶孔、裂缝为主，非均质性强，在地震波传播过程中表现出明显的各向异性特征。在实钻井的纵横波速度和已知岩石密度等岩石物理数据的基础上，利用叠前各向异性正演模拟技术来研究泥页岩储层在岩相、裂缝发育程度和所含流体变化下的各向异性特征，为预测泥页岩有效储层奠定了理论依据。

2.7.1　基于岩相的各向异性分析

根据不同构造部位、不同岩相的实钻井各向异性强度统计分析结果（表 2.5），纹层状、层状泥页岩的各向异性特征明显，块状泥页岩的各向异性特征较弱。缓坡带、洼陷带

表 2.5　不同构造带不同岩相各向异性强度统计表

构造部位	岩性	各向异性强度
缓坡带	纹层状泥页岩	1.8
	纹层状泥页岩	1.686
斜坡带	块状泥页岩	1.008
	块状泥页岩	1.007
洼陷带	层状泥页岩	1.69
	层状泥页岩	1.71

各向异性特征强，斜坡带各向异性特征弱。这说明对于泥页岩而言，除裂缝之外，纹理、结构的差异也是导致各向异性的重要原因。

2.7.2　基于裂缝的各向异性振幅方位椭圆分析

依据罗69井的纵波、横波、密度等测井曲线，深度范围取3022～3092m。考虑研究储层的岩性主要为纹层状泥质灰岩、纹层状灰质泥岩，将纵波速度/横波速度（V_p/V_s）值取为1.82，并充填油，建立裂缝段岩石方位各向异性正演模拟图。在此之上，对同一入射角上不同方位角的振幅变化关系进行方位椭圆分析。椭圆上的任意一点对应方位角上的振幅值。此椭圆称之为振幅方位椭圆，定义此椭圆长短轴之比为各向异性强度。当介质为各向同性时，各个方位角的振幅值相同，椭圆变为圆，其各向异性强度为1。

根据罗69裂缝发育程度的各向异性正演结果得出：含有裂缝段情况下，储层裂缝段对应中低频率、反射能量中等的地震反射特征；各个方位角上的地震振幅都随着入射角的增加而递减，呈典型的AVO现象。裂缝发育的层段椭圆扁率（长轴/短轴的值）为1.411，各向异性较强，裂缝较为发育。在裂缝不发育时，椭圆扁率为1，椭圆变为圆，各个方位角的振幅值相同，说明各向同性，验证了应用各向异性强度可以有效地检测裂缝的发育情况。

在建立泥页岩含油岩石物理模型基础之上，设计不同裂缝密度下的含油模型，对研究区泥页岩储层不同裂缝密度对应的各向异性强度进行分析。其裂缝体密度依次为0%、3%、5%、10%、20%、40%，正演不同裂缝密度下的叠前道集结果发现，各个方位角上归一化后的反射振幅都随着入射的增加而递减，呈典型的AVO现象。统计不同裂缝密度下的地震各向异性强度（图2.57），当裂缝体密度小于3%时，裂缝的地震各向异性强度较小；当裂缝体密度大于5%后，裂缝的地震各向异性强度迅速增大，归一化后的振幅反射系数也增大。也就是说裂缝越发育，地震响应特征越强。裂缝体密度为5%～20%时变化剧烈，各向异性变化强度最大。

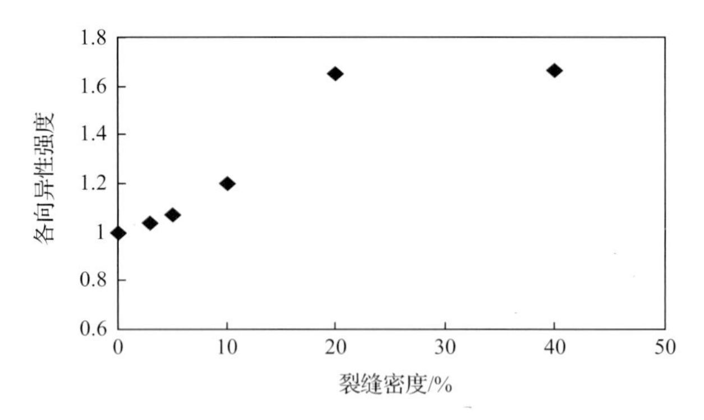

图2.57　裂缝密度对地震各向异性强度影响分析统计表

2.7.3　基于不同流体的振幅方位椭圆分析

为进一步研究储集层流体变化在地震剖面上的响应特征，应用各向异性正演模型对该区目的层段泥页岩储层进行流体替换正演模拟。从正演结果分析，泥页岩所含流体不同，各向异性特征有微弱的变化，但不同构造带差别较大。在缓坡构造带，含油的各向异性最大，含水次之，含气最小(表 2.6)。

表 2.6　流体对地震各向异性强度影响统计表

井名	构造位置	油	水	气
罗 39	缓坡带	1.802	1.757	1.397
	缓坡带	1.686	1.68	1.456
义 176	斜坡带	1.033	1.031	1.049
义 173	洼陷带	1.698	1.69	1.787

罗 39 井在充填油时引起的地震各向异性相对最强(即在充填油的情况下，不同方位角的 AVO 曲线相对最分散)，其次是在充填水引起的地震各向异性，地震各向异性强度相对最小是充填气的情况。在斜坡构造带，含气的各向异性最大，含油和含水相近。在洼陷带，含气的各向异性最大，含油的各向异性次之，含水的各向异性最小。如义 173 井的各向异性正演模型符合上述规律。导致流体各向异性规律复杂的主要原因是流体对泥页岩的影响远远小于岩相、裂缝等的变化，其变化淹没在岩相、裂缝的影响之下，受岩相裂缝发育特征控制。

2.8　泥页岩叠前—叠后地震正演分析

实际的地质条件比较复杂，地震响应特征一般受多因素的综合控制。本节针对济阳拗陷泥页岩的典型岩相模型、有机质含量变化模型和脆性矿物含量变化导致的各向异性进行地震正演模拟，研究单一因素条件下的地震响应特征，对进一步研究复杂的现实地质情况是非常有必要的。

通过分析建立渤南地区沙三段近南北向地质剖面示意图，各层依据声波测井资料充填相关速度，如图 2.58 所示。

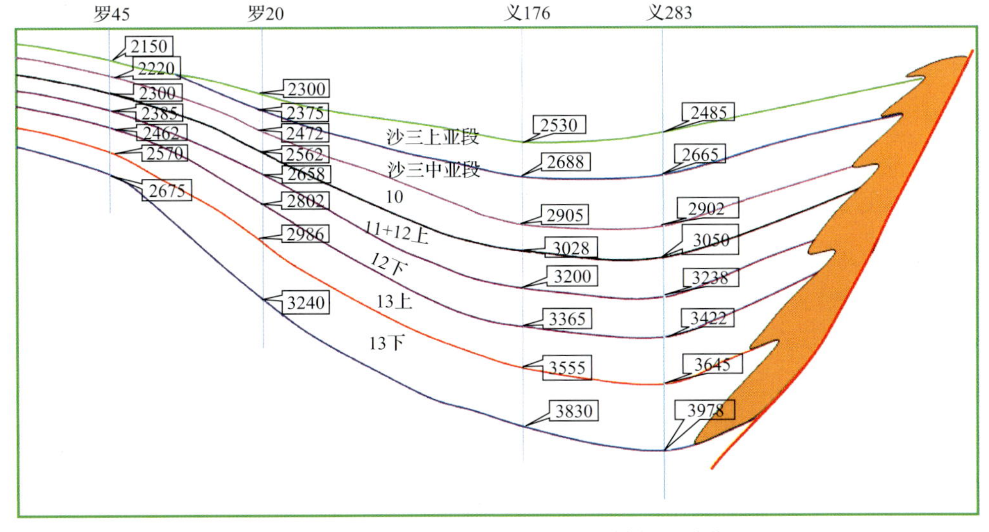

图 2.58　渤南地区沙三段近南北向地质剖面(单位：m/s)

2.8.1 典型岩相模型设计及正演

在钻井、测井、录井及试采等资料的基础上,设计了精细的泥页岩岩相地质模型,如图 2.59 所示。

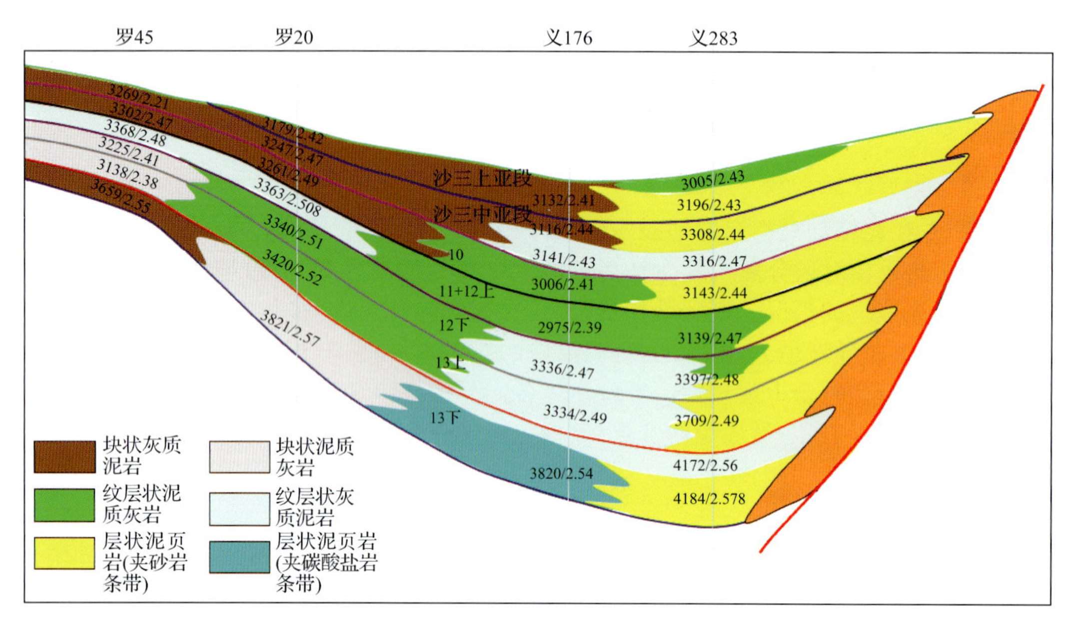

图 2.59 岩相纵波速度(m/s)/密度(g/cm^3)

根据图 2.59 设计了地震正演模型,如图 2.60 所示。本书采用波动方程正演模拟方法得到单炮记录,并利用叠前时间偏移和波动方程叠后偏移两种方法得到最终的偏移剖

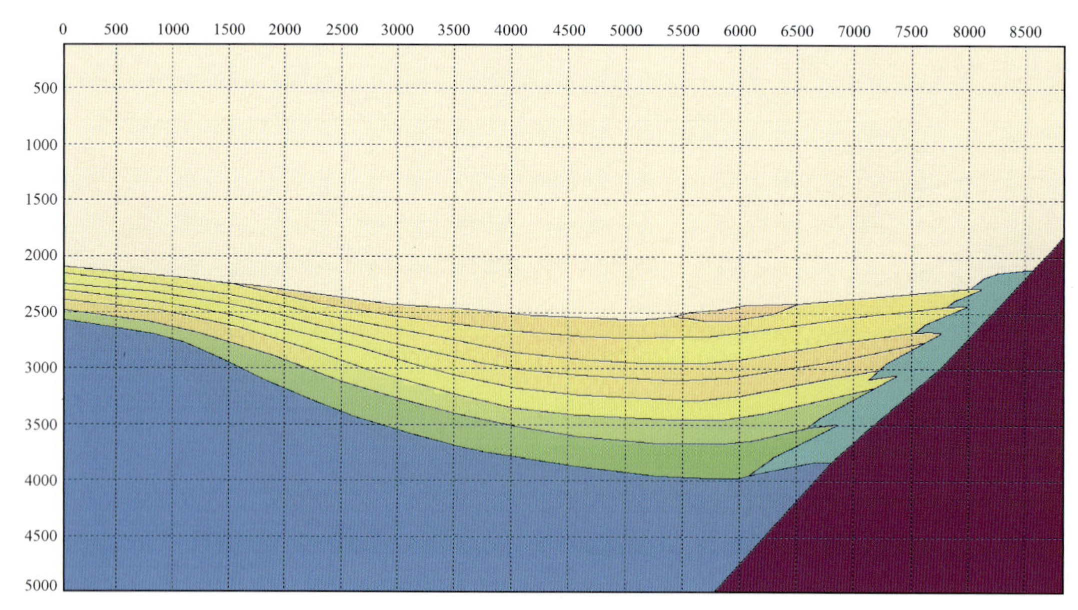

图 2.60 岩相地震模型

面。两种正演的结果如图 2.61 和图 2.62 所示。分析正演的结果可以看到,正极性地震剖面上,纹层状泥页岩主要发育在缓坡坡折处,对应较强的低频、波谷反射;层状泥页岩位于砂砾岩扇体的前缘,对应一组中强反射,频率较高。不同岩相组合的速度和密度差异小时,表现为空白弱反射,速度、密度差异大的界面反射较强,差异小的界面反射较弱。

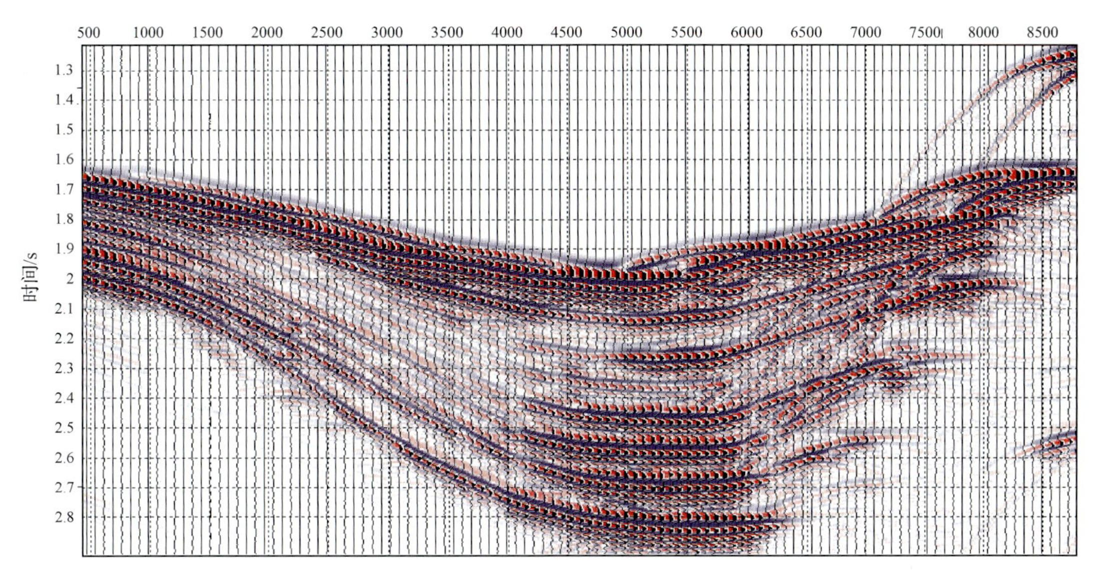

图 2.61　叠前时间偏移剖面

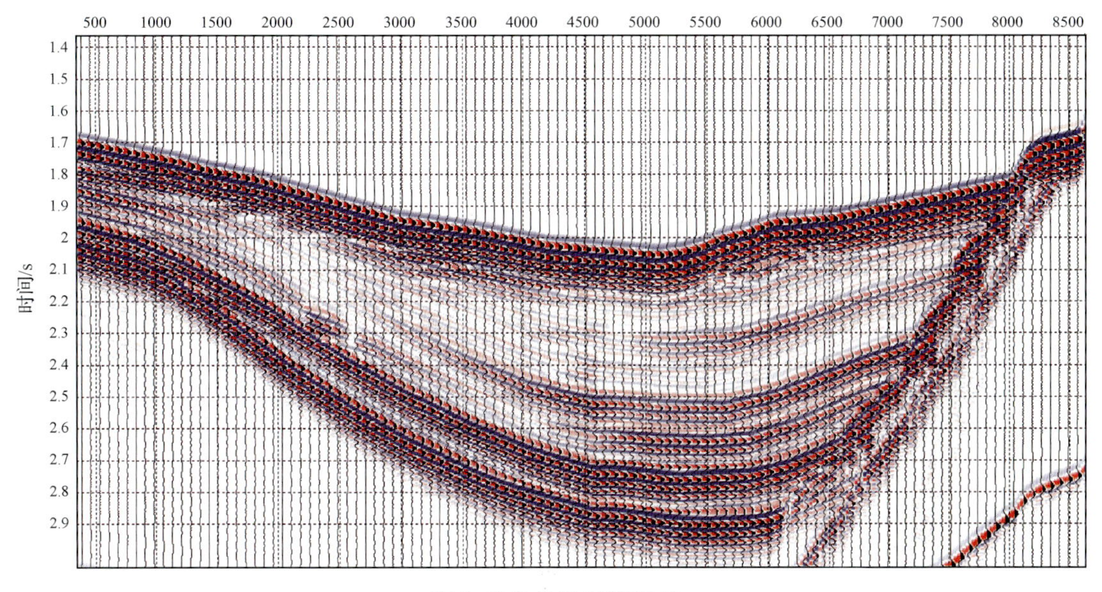

图 2.62　叠后正演剖面

2.8.2　泥页岩 TOC 变化模型建立及正演

通过建立 TOC 地质模型(图 2.63)和地震正演模型(图 2.64)可以找出地震反射特征

随着泥页岩 TOC 的变化规律。通过模型可以看出不同 TOC 对应不同的纵波速度，TOC 越高纵波速度相对越低。对比图 2.65、图 2.66 的正演结果可以看出，缓坡带的高 TOC 发育区带对应着强反射，频率相对较低，连续性好；北部洼陷带 TOC 降低，对应的地震反射频率增高，为连续性较好的中弱反射。

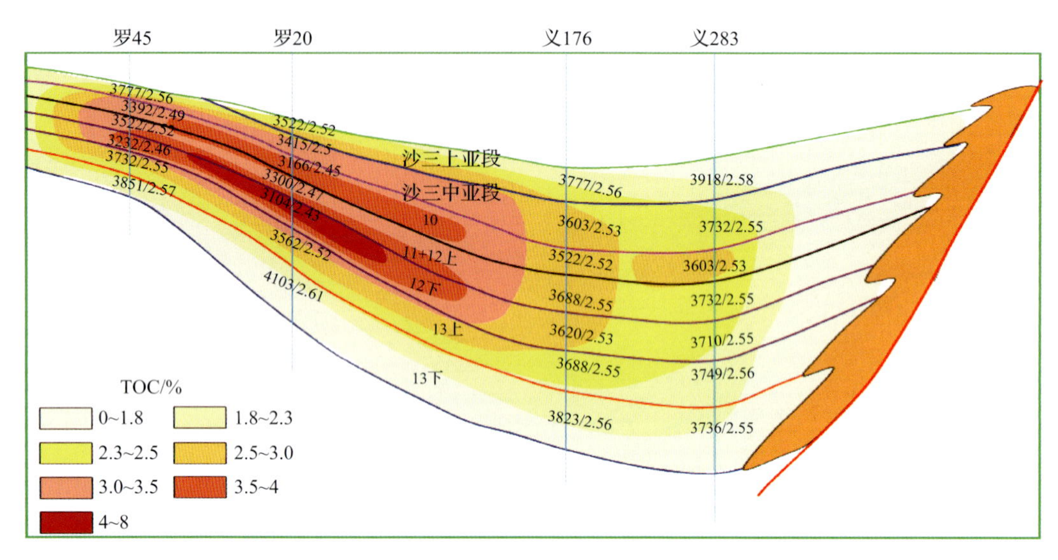

图 2.63　TOC(%)、纵波速度(m/s)/密度(g/cm^3)模型

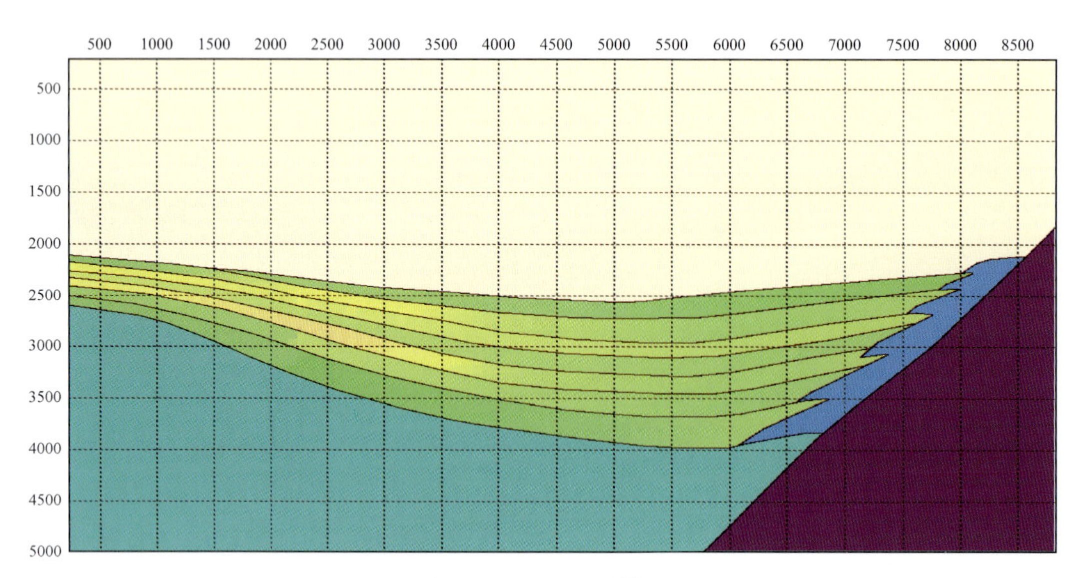

图 2.64　TOC 地震模型

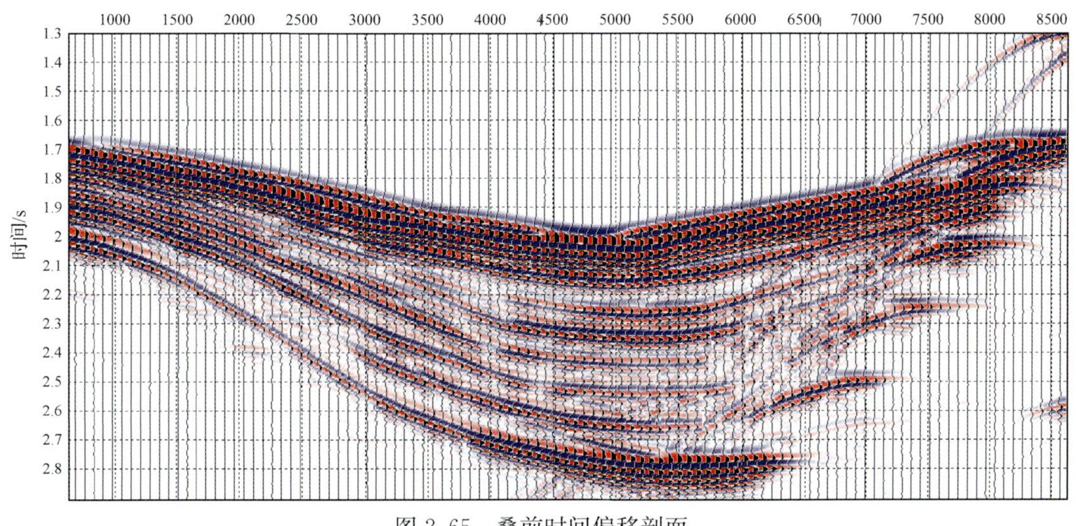

图 2.65　叠前时间偏移剖面

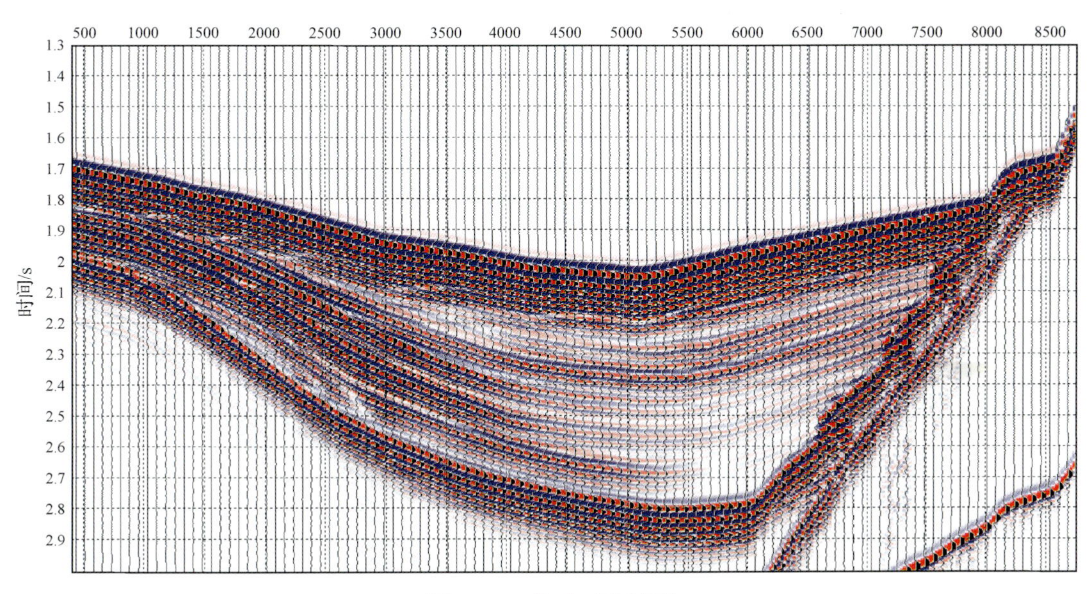

图 2.66　叠后正演剖面

2.8.3　泥页岩脆性矿物含量模型及叠前—叠后正演

泥页岩脆性矿物的含量多少会引起不同的地震反射特征，为研究脆性矿物含量对地震反射特征的影响，建立脆性矿物地质模型（图 2.67），并设计相应的地震正演模型（图 2.68）。从模型可以看出脆性矿物的含量与速度有对应关系：脆性矿物含量高、速度大；脆性矿物含量降低、速度纵波减小。图 2.69 和图 2.70 的正演结果表明，脆性矿物含量高的南部缓坡带表现为低频的强波谷反射；北部陡坡带扇体前缘的脆性矿物高值区则对应着一组频率较高的中强反射，而处于两个高值区之间的低脆性矿物发育区则表现为空白反射或弱反射。

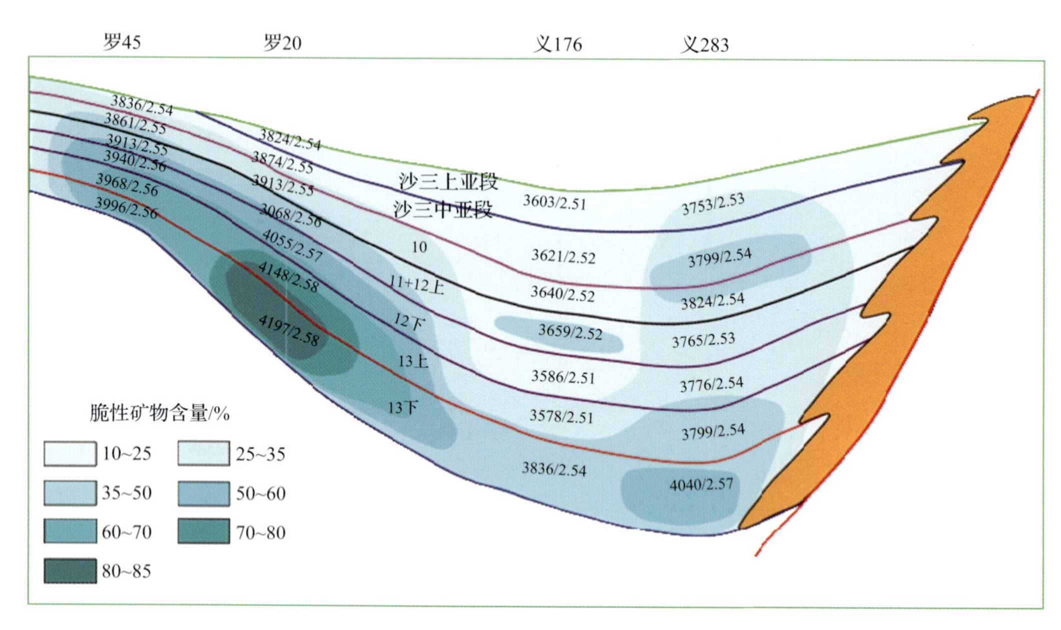

图 2.67　脆性矿物含量(%)、纵波速度(m/s)/密度(g/cm³)模型

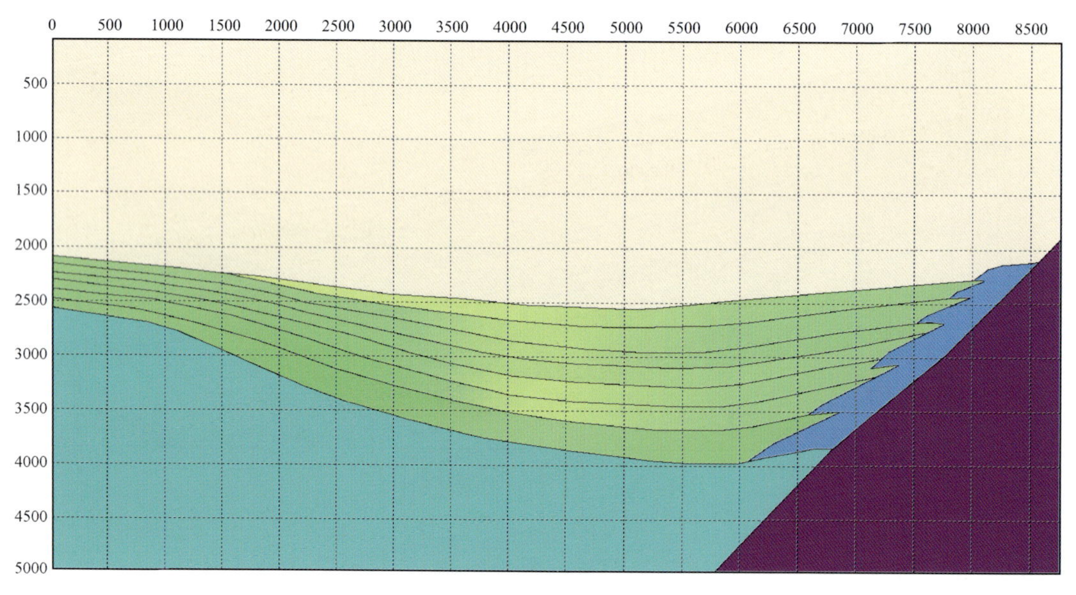

图 2.68　脆性矿物地震模型(单位:m)

泥页岩的地震响应特征受多种因素控制,由于岩相复杂、各向异性特征复杂、含油性及脆性特征差别大,导致地震反射特征也相应不同。上面只是分析了单个因素可变的情况下泥页岩的地震响应特征,实际的地震响应是多种因素的综合效应。图 2.71 是渤南洼陷实际地震剖面,利用正演模拟可以很好的分析地质参数(岩相、TOC、裂缝)变化对应的地震属性变化规律:南部缓坡带纹层状泥页岩发育区表现为明显的低频、强波谷反射;北部近洼陷带层状泥页岩发育区总体表现为高频、中强反射特征(图 2.72、图 2.73)。这些

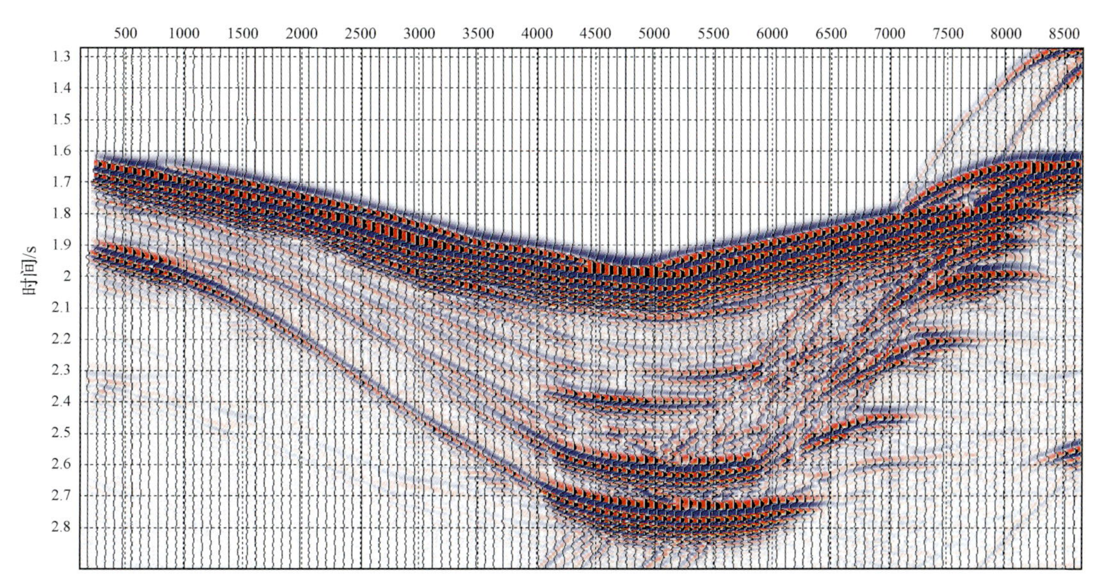

图 2.69　叠前时间偏移剖面

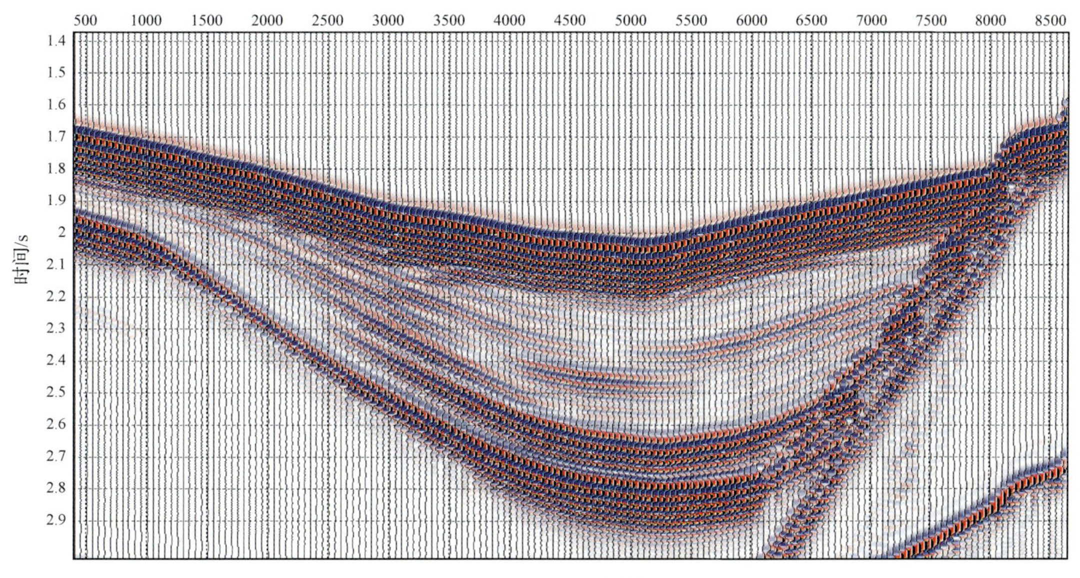

图 2.70　叠后正演剖面

反射特征的明确为地震参数优选及属性预测奠定了基础，为泥页岩有效勘探提供了指导。

渤南洼陷沙一下亚段南部缓坡带发育生物灰岩、对应强反射，洼陷主体以发育层状泥页岩为主，而在洼中隆和缓坡低坡折带泥页岩脆性矿物含量高，表现为明显的频率增高、中强反射特征；北部陡坡带局部发育砂砾岩体，扇体顶面表现为强反射特征（图 2.74）。

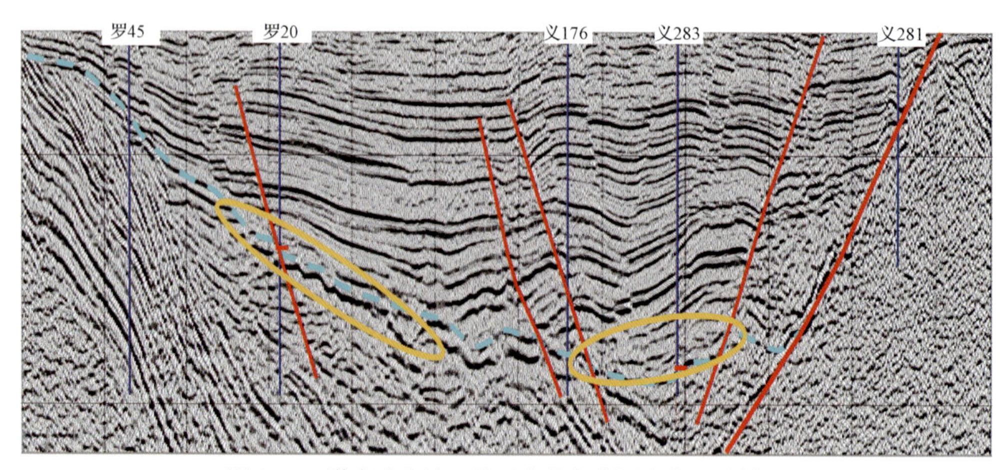

图 2.71　渤南洼陷沙三段近南北向实际连井地震剖面

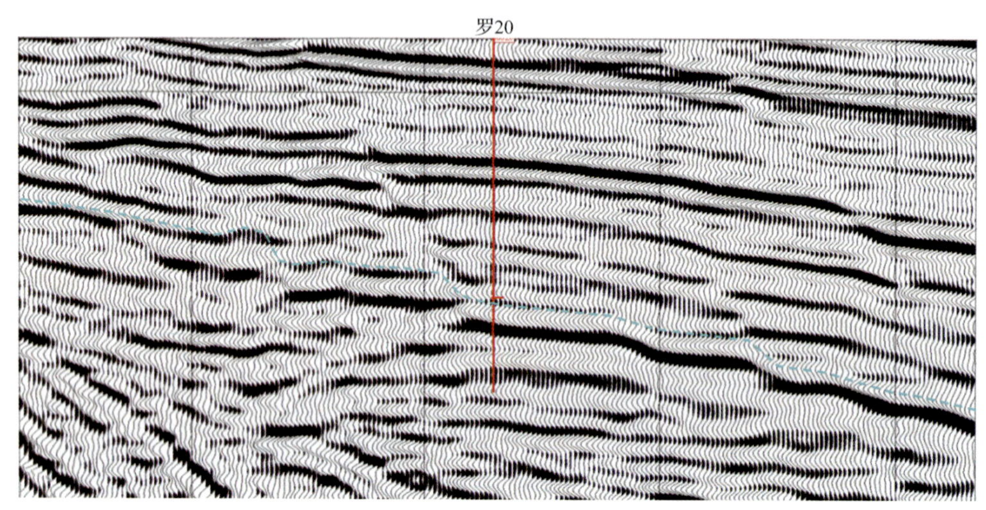

图 2.72　渤南洼陷沙三段过罗 20 井近南北向实际连井局部放大地震剖面

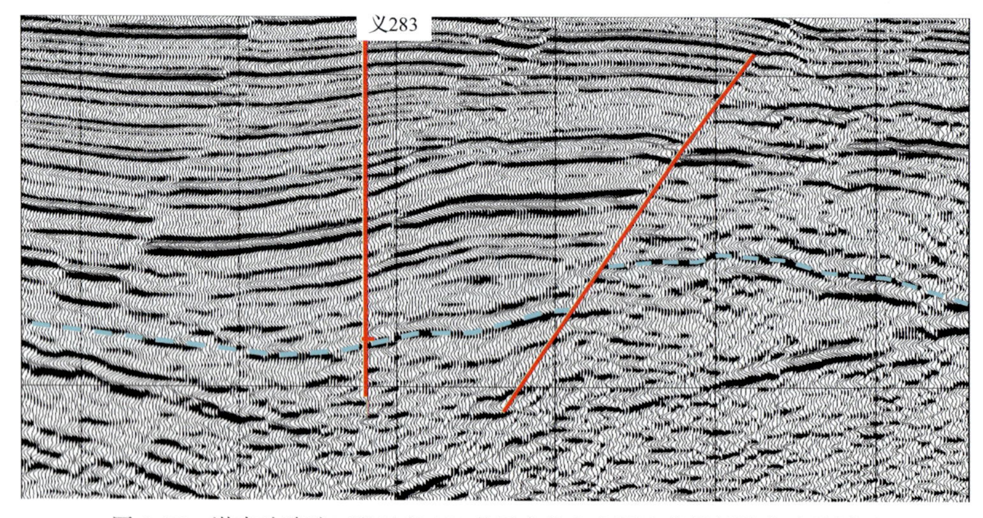

图 2.73　渤南洼陷沙三段过义 283 井近南北向实际连井局部放大地震剖面

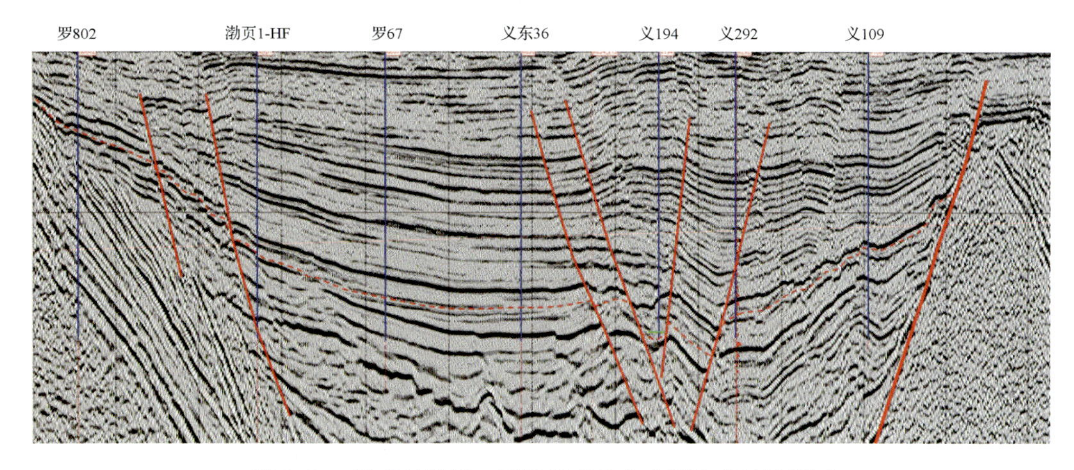

图 2.74　渤南洼陷沙一下段近南北向实际连井地震剖面

东营凹陷南部缓坡带至北部的陡坡带随沉积时期古地貌的变化，其岩相、TOC 等特征也呈现出有规律的变化，同时引起地震反射的明显差异。在南部缓坡带，随着水体加深，岩相由灰岩相过渡为泥岩相，而 TOC 则呈现逐步增大又减小的趋势。受其影响形成了块状灰岩—纹层状灰岩—纹层状泥岩—层状泥页岩的变化，地震反射也由较杂乱的空白反射逐渐过渡为稳定的强振幅平行反射；在中央隆起区，由于水体变浅，灰质含量和 TOC 重新增大，出现纹层状的泥岩及灰岩相，地震上以中强振幅的亚平行反射为主；在北部的陡坡带，岩相以大范围的层状泥页岩为主；深洼区同样以强反射的平行反射为主，而在凸起的边缘岩相过渡为块状砂质泥岩相，同时受 TOC 增大的影响，地震上变为杂乱地震反射。

第3章　基于泥页岩非均质性的正、反演技术研究

地震正演技术是通过对地质模型进行波场正演计算来模拟地震波在地下介质中的传播规律，以明确地质体地震记录特征。反演技术是以测井、地震参数为基础，用已知地质信息和测井资料作为约束条件反演得到高分辨率的地层波阻抗资料，以了解地下波阻抗或速度场分布，获得储层参数，并进行储层预测和油藏描述，为油气勘探提供可靠的基础资料。基于泥页岩非均质性进行正演和反演技术的研究，对进一步寻找泥页岩甜点具有重要的意义。

3.1　基于泥页岩非均质性的正演技术研究

多尺度裂缝储层的正演模拟是利用速度场、反演波阻抗等数据建立面向优势储层的横向非均质模型，以及利用不同尺度的曲率或相干数据，对得到的横向非均质模型进行约束，建立横纵向非均质的多尺度裂缝储层模型。本书介绍了一套成熟的多尺度裂缝储层正演方法，该方法建立的裂缝储层模型，充分利用井震数据，能真实地反映裂缝发育规律和分布特征。

3.1.1　泥页岩非均质性正演模拟的基本流程

利用地震曲率或地震相干数据对得到的面向优势储层的横向非均质正演模型进行裂缝描述，并对裂缝赋予测井曲线插值速度数据来建立多尺度裂缝储层正演模型。各数据含义及具体建立方法如下所述。

各数据含义：地震曲率数据是基于地震同相轴空间二阶导数计算所得的对裂缝和断层有着较好响应特征的地震属性数据。地震相干数据是通过计算地震数据相邻地震道之间的相关性，得到可反映由构造分割、地层岩性变化所引起的地震响应在横向变化的地震属性数据。

测井曲线插值速度数据是利用声波测井资料计算得到的层速度，以地质模型作为横向约束条件，通过反距离加权插值计算而得到的反映地层层速度的数据；由于测井曲线的纵向高分辨率，测井曲线插值速度可以包含裂缝速度信息。在测井曲线插值速度的计算过程中，还可以使用伪井曲线（即以先验性的测井特征和地质认识为基础，通过在未钻井的部位虚拟构建出能够反映裂缝储层特征的井曲线），使用伪井曲线可以加入虚构的裂缝速度信息，这样最终得到的多尺度裂缝储层正演模型就加入了地质观点。

具体建立流程如图3.1所示：采用适当的网格参数将地震曲率或地震相干数据（两种数据得到的最终结果等同，根据实际情况自行选择）进行网格化，得到曲率或相干网格数据。然后对地震曲率或地震相干网格数据进行逐点扫描，若该网格点为裂缝储层（根据不同的地质情况、地震曲率或地震相干数据自行制订标准规定裂缝储层，可建立多个标准代

表多尺度裂缝储层），则对该网格赋予测井曲线插值速度；若不为裂缝储层，则赋予面向优势储层的横向非均质正演模型速度。所有网格点都扫描并赋予速度数据后，得到一个新的网格数据体，该数据体即为横纵向非均质裂缝正演模型。

通过该方法建立的横纵向非均质裂缝正演模型，充分利用了井震数据，正反演的融合方式，较真实反映了裂缝的发育规律和分布特征。该正演模型的建立，对下一步进行裂缝储层正演模拟，认识裂缝储层的波场响应特征及地球物理属性特征，为提高储层预测的精度奠定了基础。

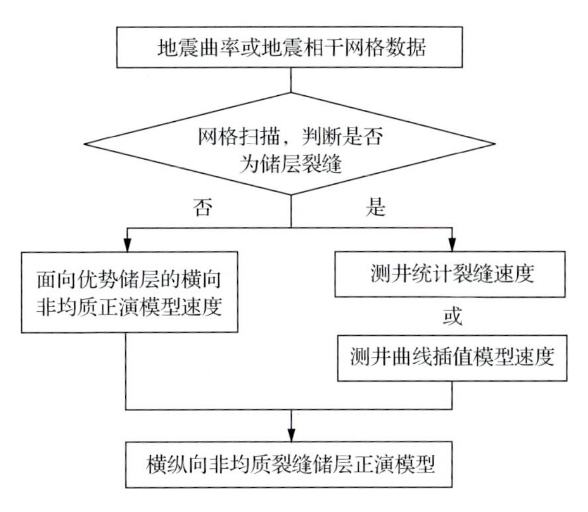

图 3.1　横纵向非均质裂缝正演模型建立的流程图

3.1.2　基于实际地震资料的横向非均质正演模拟

1. 横向非均质模型的建立

选取樊页 1 井区约 120km² 作为研究区（图 3.2），该区处于东营凹陷南部缓坡带，沙三下亚段、沙四上纯上亚段广泛发育泥页岩裂缝储层。

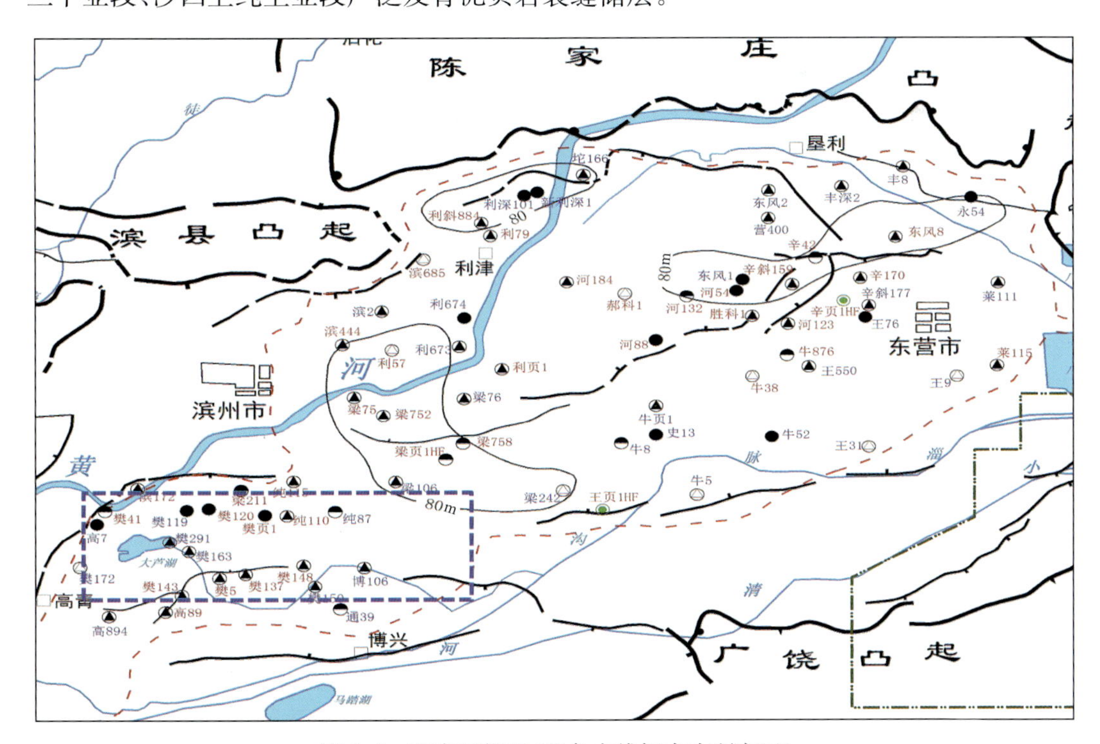

图 3.2　研究区概况（蓝色虚线框内为研究区）

通过统计东营凹陷 50 余口井沙三段、沙四段泥页岩储层段的岩性组合与显示情况，认为该区主要存在 5 种不同的岩性，分别为块状泥质灰岩、块状灰质泥岩、纹层状灰质泥岩、纹层状泥质灰岩和层状泥页岩。其中油气富集的优势储层的岩性主要为富含灰质、砂质条带。根据此岩性划分结果对研究区进行岩性反演，得到岩性反演结果[图 3.3(a)]，并进行测井曲线插值及波阻抗反演，由此得到了低频测井插值速度结果[图 3.3(b)]及波阻抗反演速度结果[图 3.3(c)]。

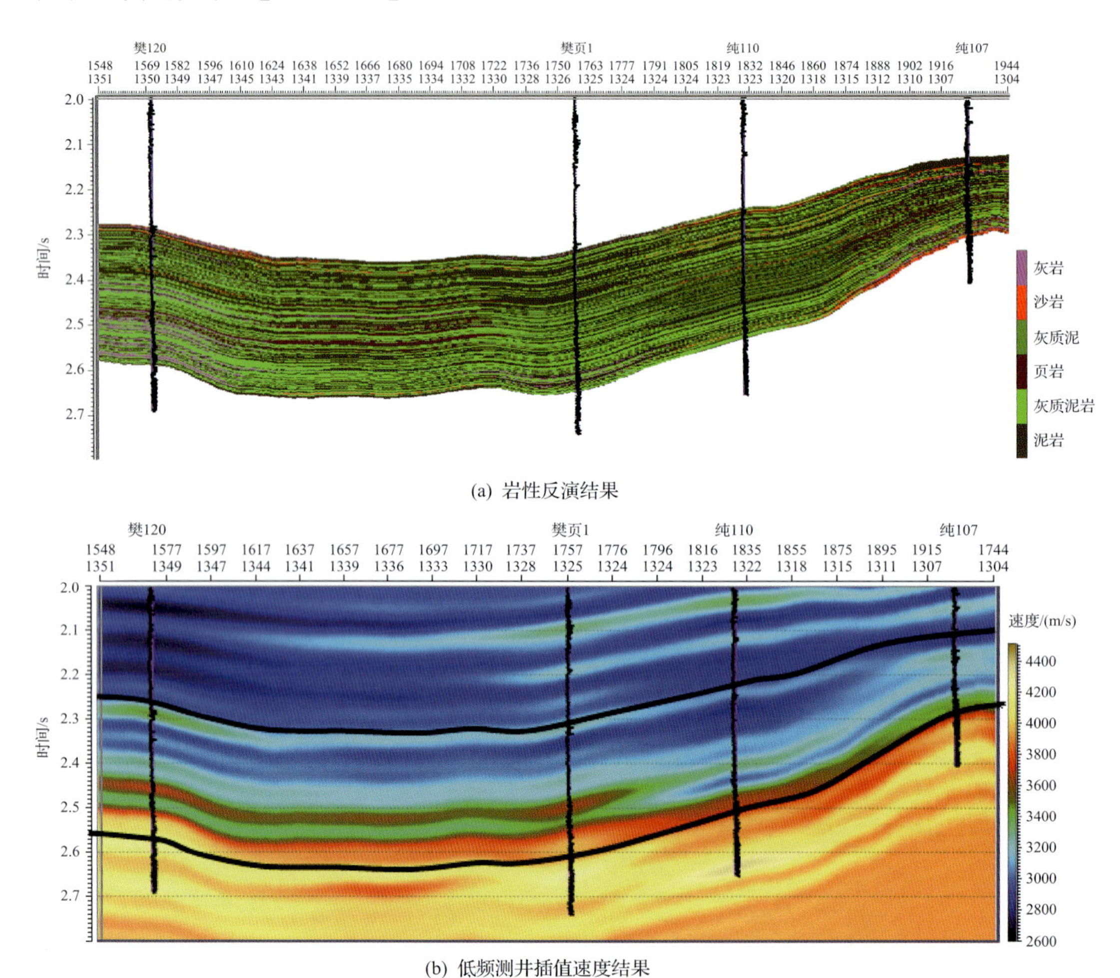

(a) 岩性反演结果

(b) 低频测井插值速度结果

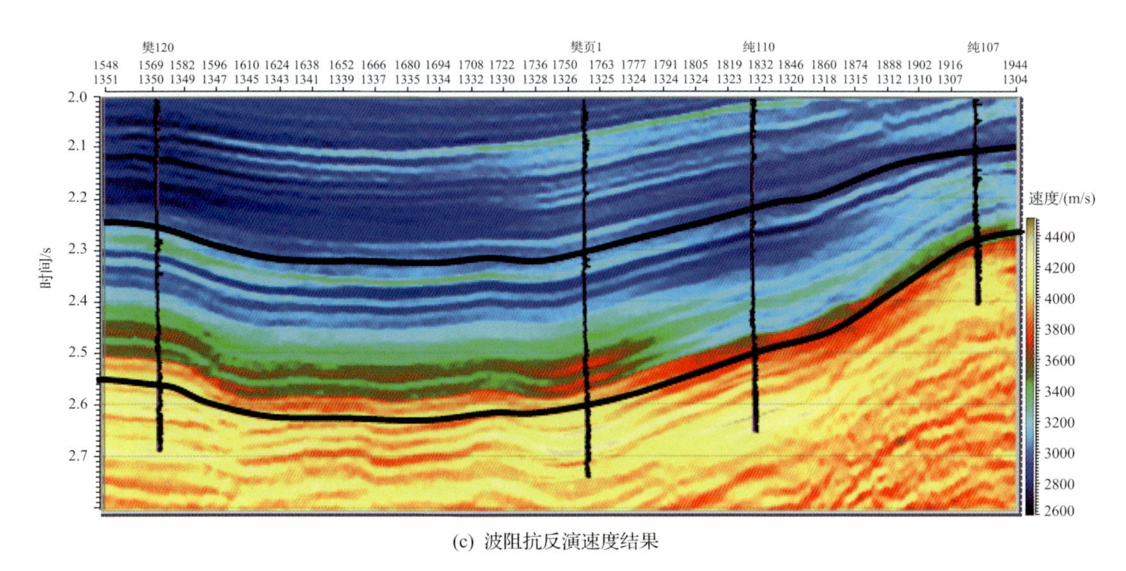

(c) 波阻抗反演速度结果

图 3.3　横向非均质模型建立所需各类数据(两条黑色线内为目的层段)

利用岩性反演结果作为约束条件,对目的层段内的优势储层赋予波阻抗反演速度,非优势储层赋予低频测井插值速度,得到一个时间域面向优势储层的横向非均质速度体(图 3.4)。对该速度体进行时深转换,即得到面向优势储层的横向非均质正演模型(图 3.5)。本书建立的三维模型,受制于目前的正演软件,正演模拟主要是从三维模型中抽取二维剖面来进行。

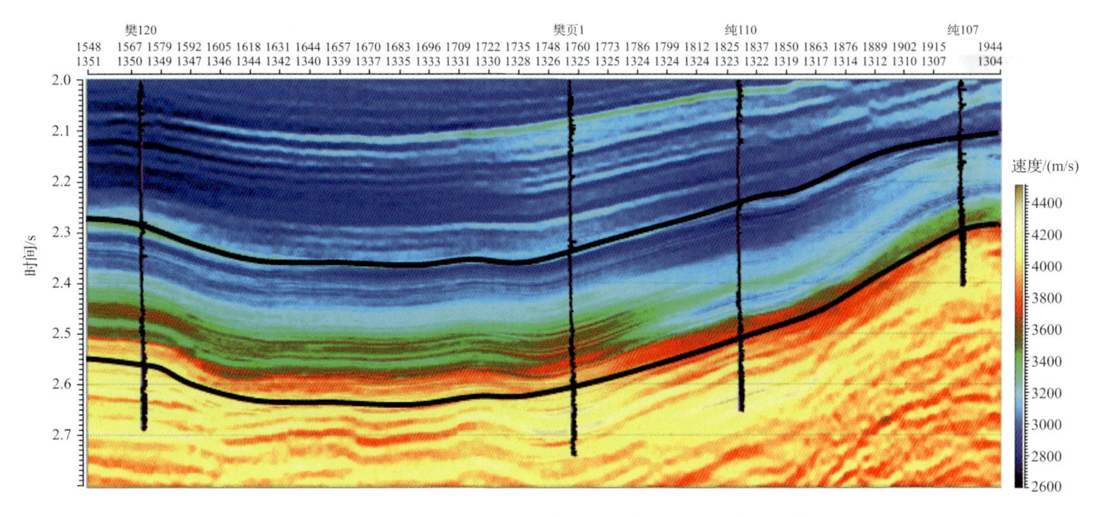

图 3.4　时间域面向优势储层的横向非均质速度体

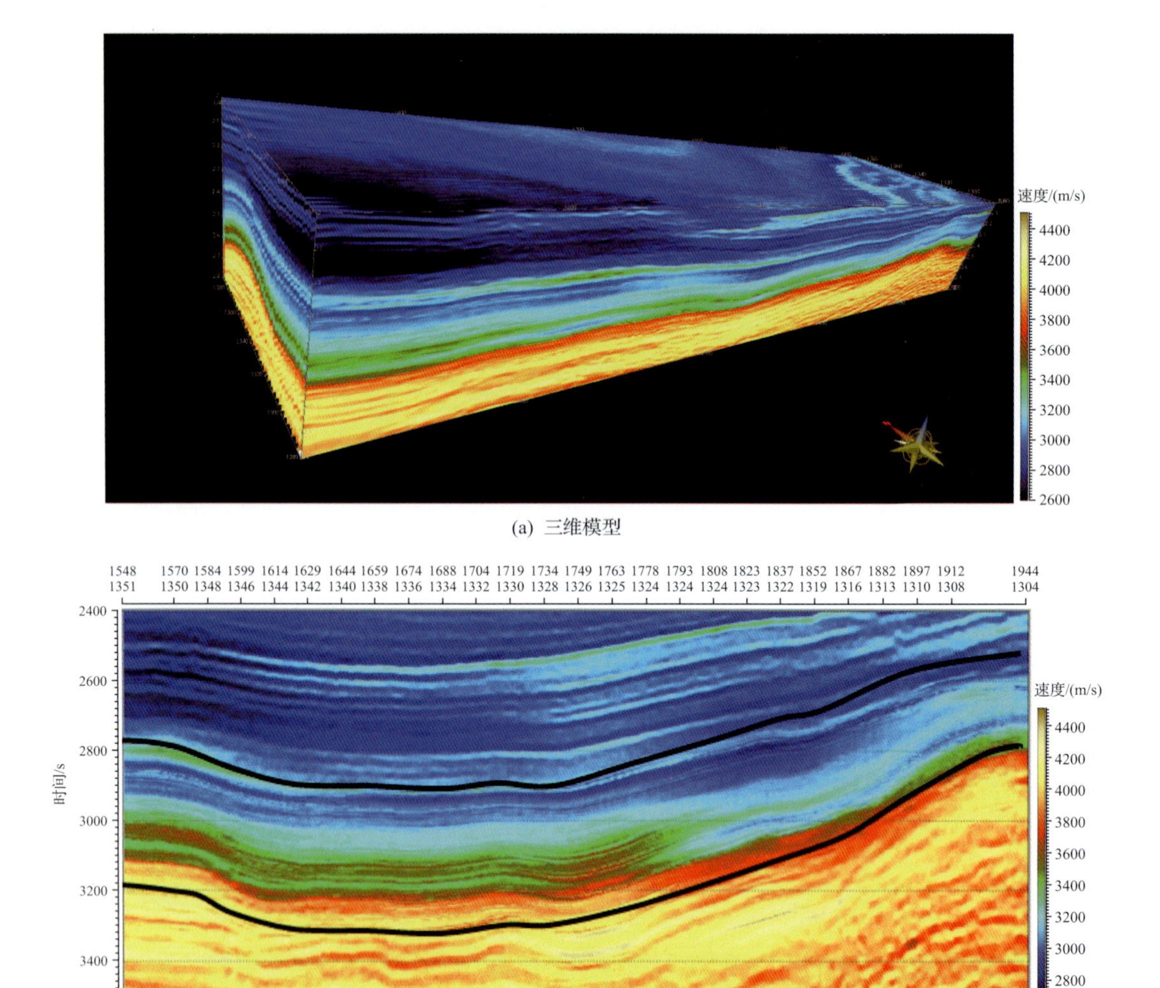

(a) 三维模型

(b) 二维剖面

图 3.5　面向优势储层的横向非均质正演模型

2. 横向非均质模型的正演

正演方法的选取：地球物理正演模拟包含了以射线理论为基础的射线追踪法和以波动方程理论为基础的波动方程法两种。其中波动方程法波场信息丰富，能够反映波的动力学特征，如地震波在传播过程中的能量、振幅、波形等。另外波动方程正演模拟对于非常复杂的地质结构也具有很好的适应性，因此，是进行波场研究的有效手段。本书选用波动方程法进行正演模拟。

本书波动方程正演模拟采用的计算方法是谱方法，谱方法是利用傅里叶变换技术来求解波动方程的地震波场正演模拟方法，它通过傅里叶变换的性质来改善空间导数计算的精度，是目前模拟精度最高的算法。

地震子波的选取：Ricker 子波是被广泛用于地震模型计算和解释的一种地震子波，

在本书中采用的震源即为零相位雷克子波，其时间域的数学表达式为

$$r(t) = [1 - 2(\pi f_0 t)^2] e^{(-\pi f_0 t)^2} \tag{3.1}$$

根据该研究区 20 口井在目的层段的井旁道地震子波，统计得到地震子波主频为26～32Hz。本次正演选取的主频为 30Hz。

正演模拟结果：为了使正演结果与实际地震资料更加匹配，采取设计观测系统→得到单炮记录→切除初至→叠加→偏移的流程进行正演模拟，得到的偏移剖面即为最终的正演结果(图 3.6)。

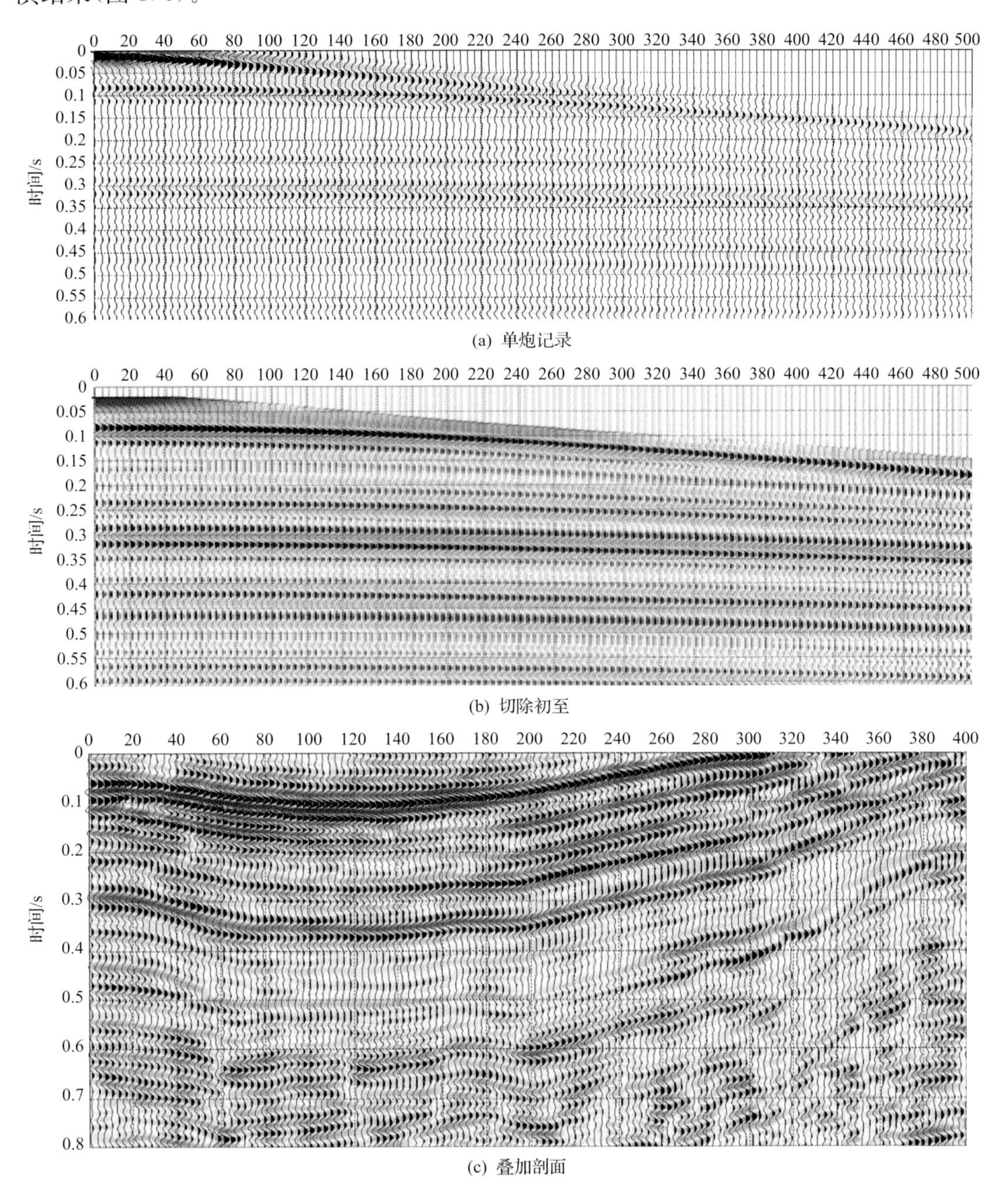

(a) 单炮记录

(b) 切除初至

(c) 叠加剖面

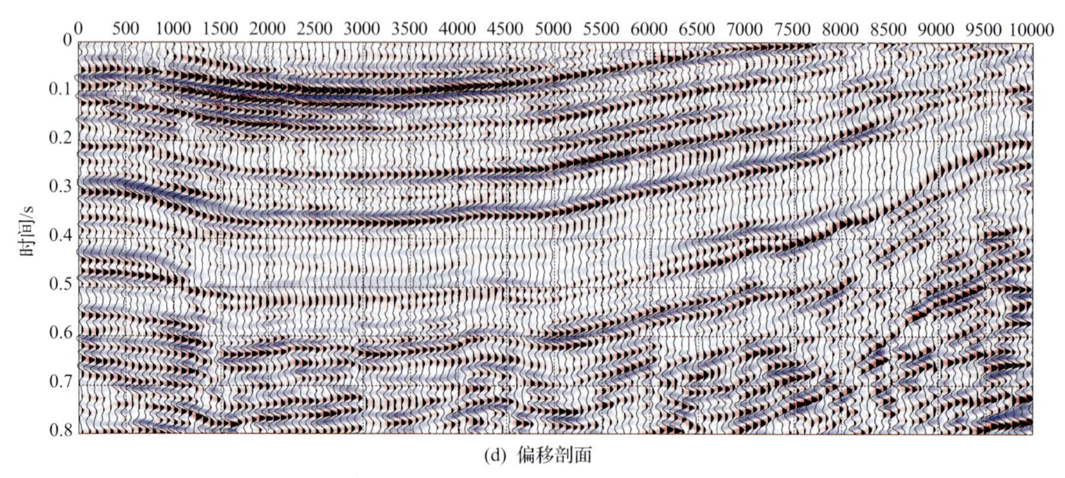

(d) 偏移剖面

图 3.6 正演模拟流程及各步骤结果

将正演模拟结果与实际地震资料进行比对(图 3.7),发现具有较高的相似性,证明了此正演模型建立方法的可行性与正确性。

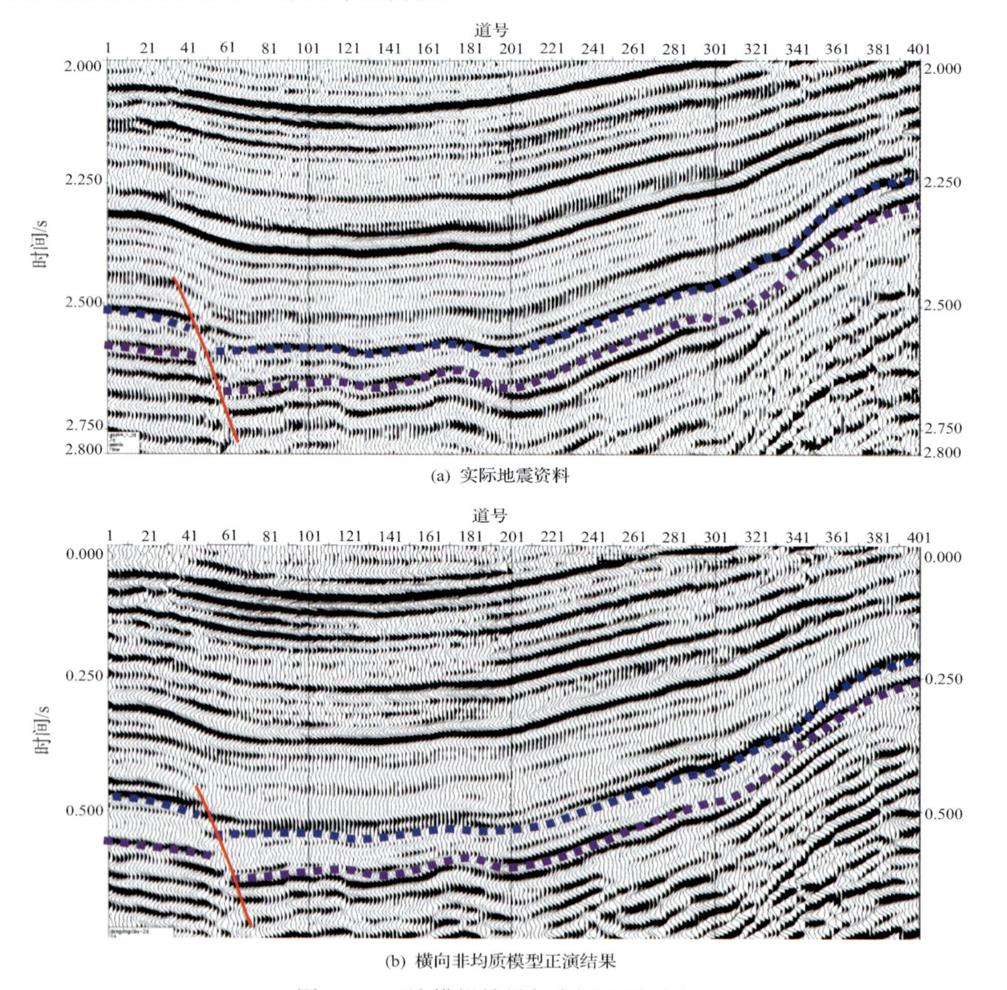

(a) 实际地震资料

(b) 横向非均质模型正演结果

图 3.7 正演模拟结果与实际地震对比

进一步分析正演模拟结果，发现优势储层的添加使波场信息变得丰富。但由于优势储层多呈条带状展布，受纵向分辨率的影响，地震响应上多为综合响应。某些优势储层纵向发育较为集中的层段，可能会出现不连续的同相轴。

对正演模拟结果与实际地震资料进行直观对比二者差异不大。但是通过分别提取目的层段的频谱，发现正演模拟结果的频段明显得到了拓宽，证明分辨率得到了提高(图3.8)。

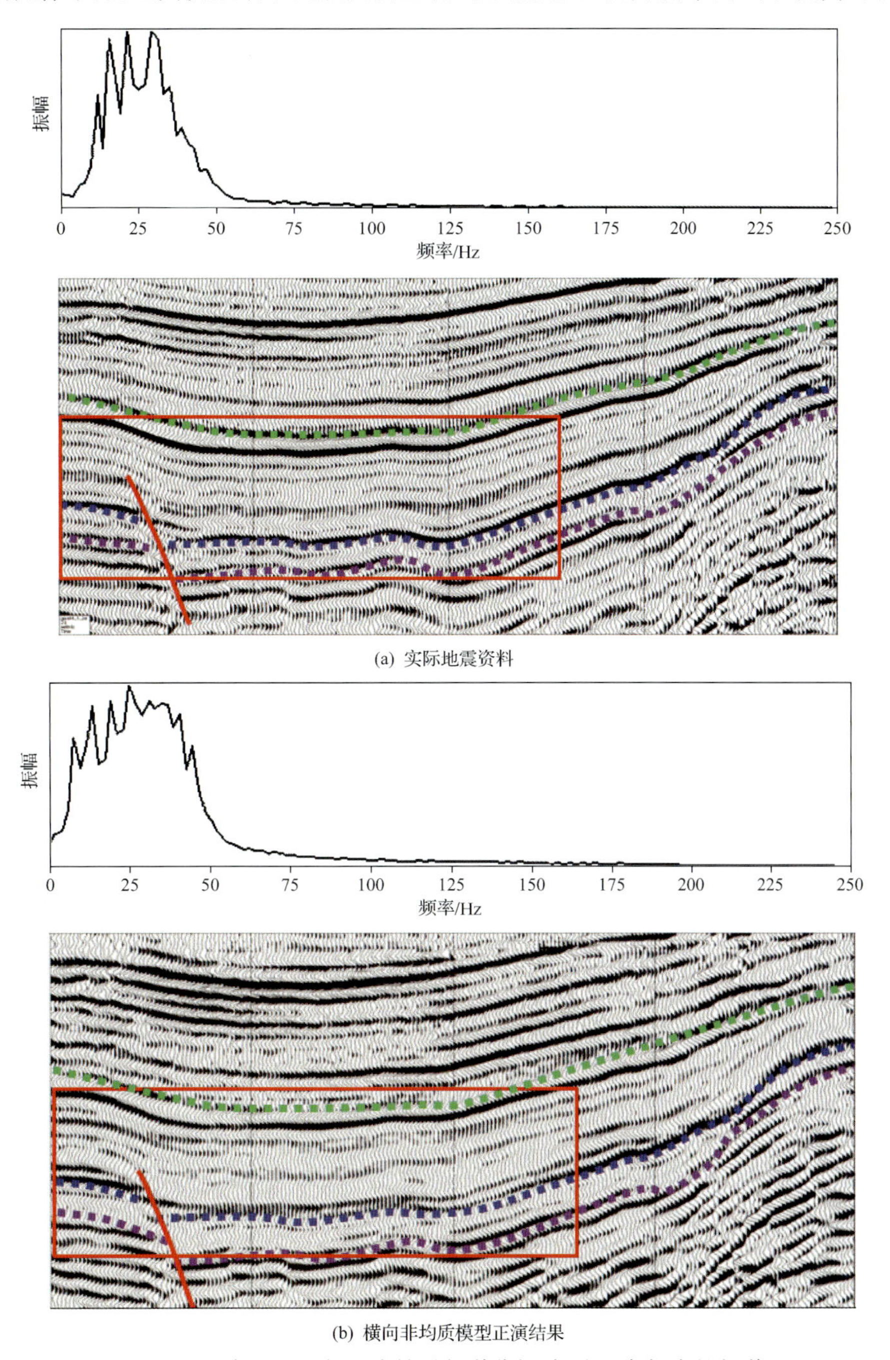

图3.8　实际地震与正演结果频谱分析(提取红色框内的频谱)

对该区不同层组提取属性，根据岩相划分结果来分析不同岩相的识别属性，为进一步的岩相预测提供基础。结果如图 3.9 所示。通过对比分析，发现含灰质时表现为强振幅，含砂质后振幅也得到明显增强，为下步利用地震属性预测泥页岩脆性奠定了基础。

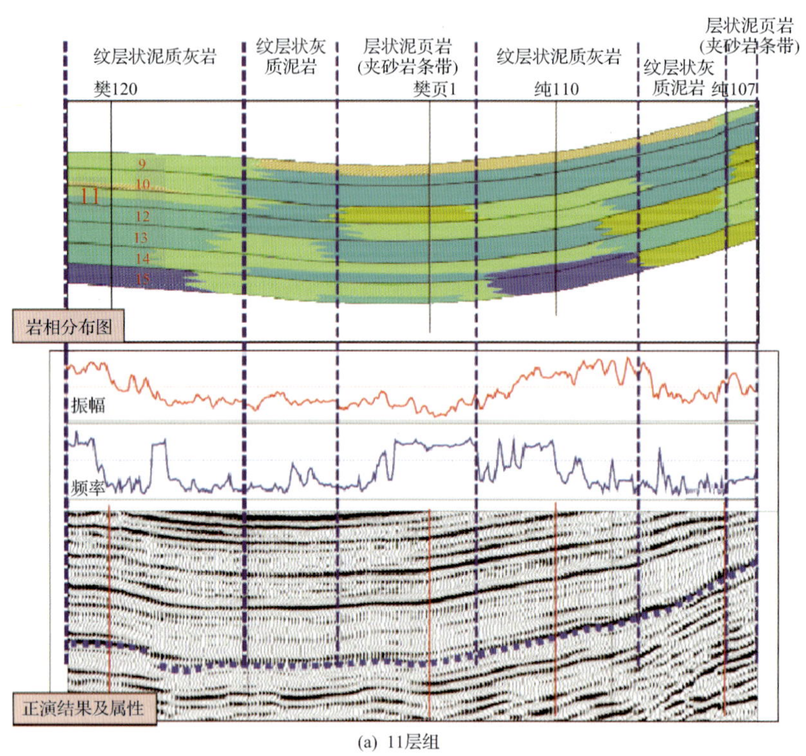

(a) 11层组

(b) 13层组

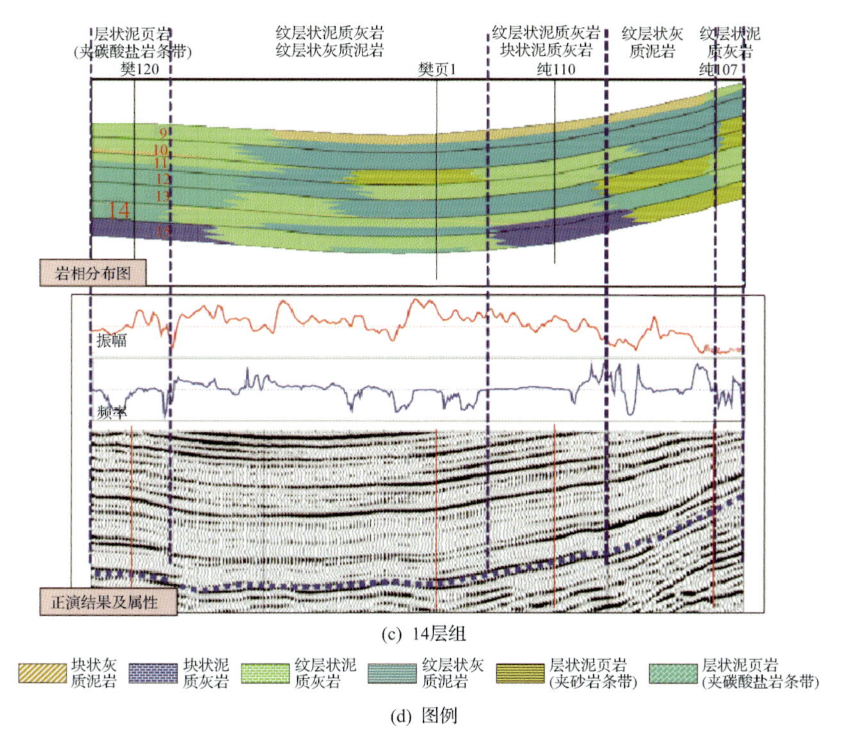

图 3.9　不同层组的属性提取与岩相对比分析图

3.1.3　横纵向非均质性的裂缝正演模拟

1. 分岩性建立横纵向非均质裂缝正演模型

页岩的脆性对裂缝的发育模式有非常重要的影响，页岩的脆性越高，越容易产生裂缝。不同的岩性其脆性不同，裂缝的发育能力也不同，产生裂缝时对应的曲率大小也就不同。一般说来脆性越高的岩石越容易发生形变，其产生裂缝时对应的曲率值也就越小。针对不同的岩性利用不同的曲率值进行裂缝约束，分岩性建立裂缝储层模型。

2. 基于实际地震资料的横纵向非均质裂缝正演模型

在建立横向非均质实际模型的基础上，分岩性添加裂缝，最终建立横纵向非均质多尺度裂缝正演模型。首先，对研究区利用瞬时振幅级联曲率属性进行裂缝储层预测，保证最终得到的曲率属性体在识别断层及裂缝方面有效可信(图 3.10)。本书利用该结果对横向非均质模型进行裂缝描述。

对于裂缝速度的给予本书采取两种方法：一是通过测井和岩石物理统计分析直接得到一个定值。通过统计该区多口探井，发现裂缝发育处，尤其是被油气充填后，储层速度会有所下降，略低于围岩速度，该区目的层段的裂缝储层速度平均约为 3300m/s；另一种方法是利用全频测井曲线插值速度。由于测井曲线具有纵向高分辨率，全频测井曲线插值速度可以包含裂缝速度信息。

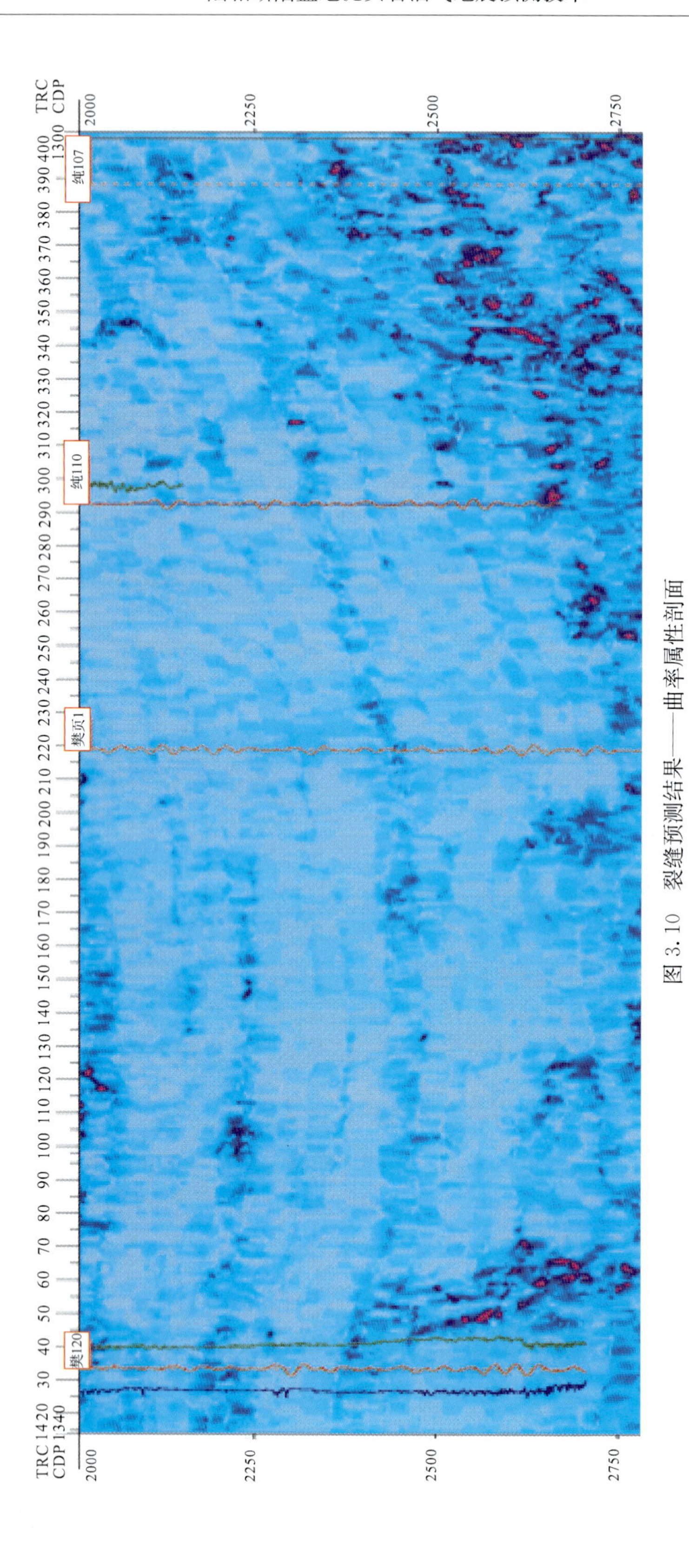

图 3.10　裂缝预测结果——曲率属性剖面

横纵向非均质裂缝正演模型一:裂缝速度为定值。根据裂缝模型建立方法流程,利用图 3.10 所表示的曲率属性结果及图 3.3(a)所表示的岩性反演结果对图 3.4 所示的横向非均质速度体进行约束,分别对不同岩性的裂缝发育处赋予裂缝速度值 3300m/s,得到不同岩性的横纵向非均质裂缝速度体。如图 3.11 所示。

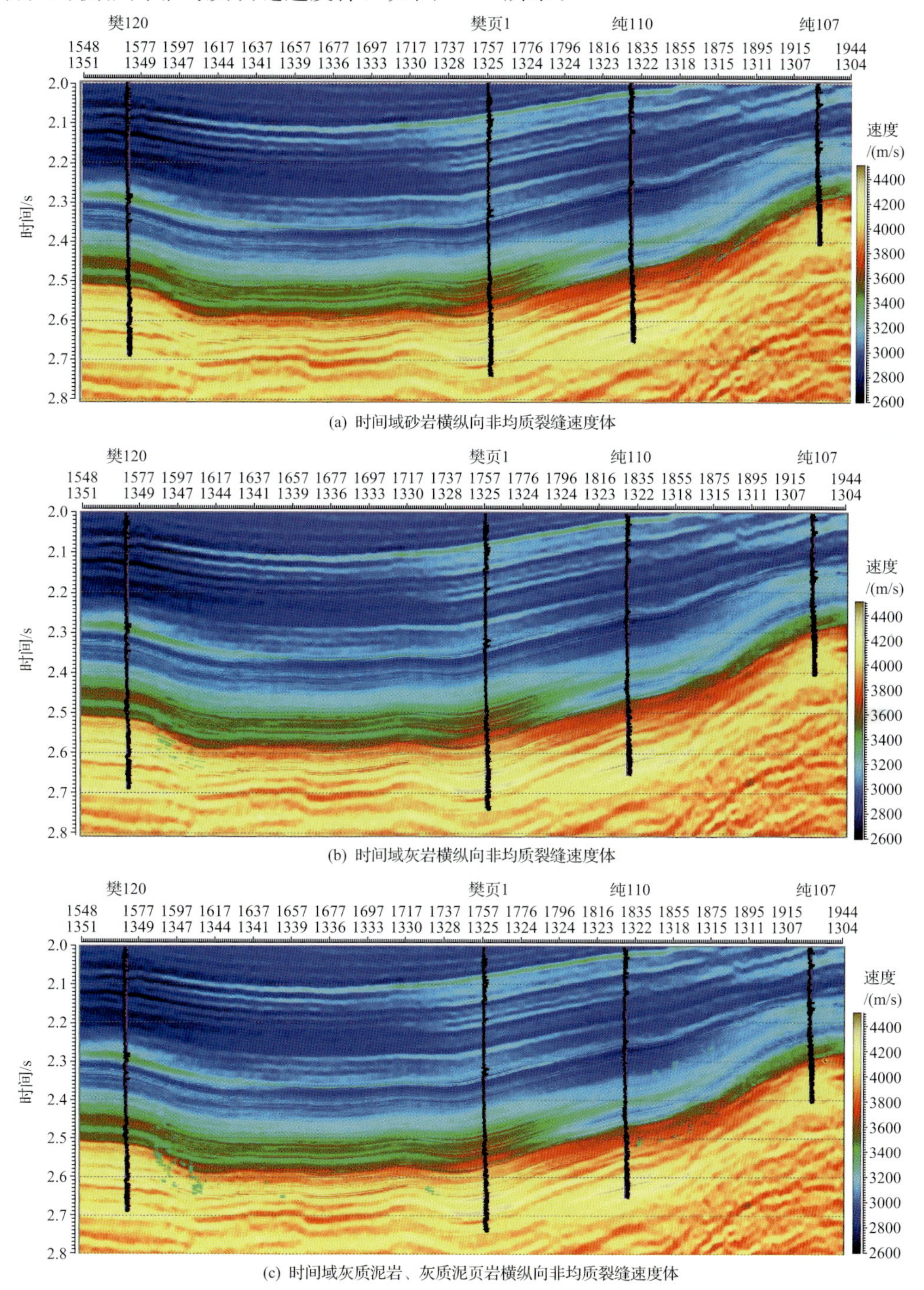

(a) 时间域砂岩横纵向非均质裂缝速度体

(b) 时间域灰岩横纵向非均质裂缝速度体

(c) 时间域灰质泥岩、灰质泥页岩横纵向非均质裂缝速度体

图 3.11　不同岩性的横纵向非均质裂缝速度体

将建立的不同岩性横纵向非均质裂缝速度体进行融合，得到最终的裂缝速度体。并进行时深转换，即得到横纵向非均质裂缝正演模型，如图 3.12 所示。本书建立的为三维模型，受制于目前的正演软件，正演模拟主要从三维模型中抽取二维剖面来进行。

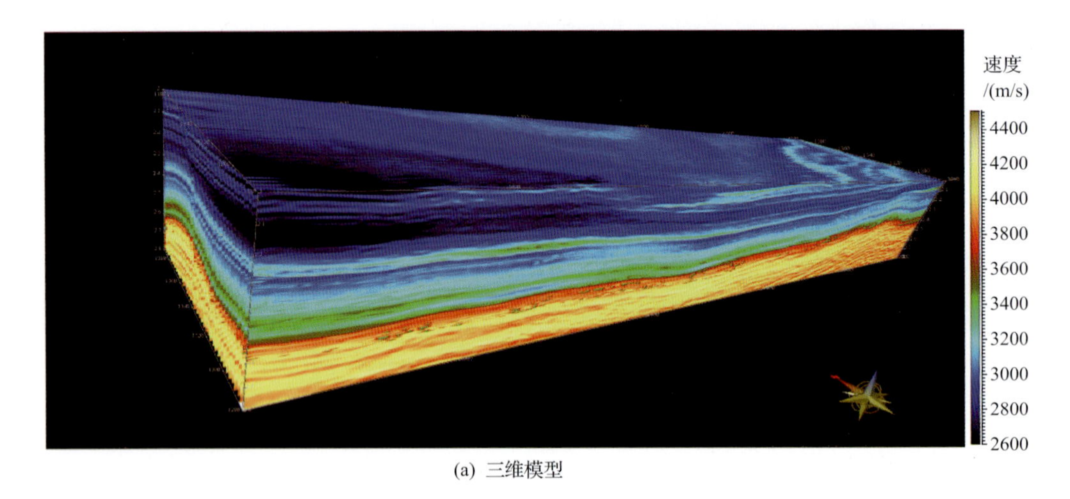

(a) 三维模型

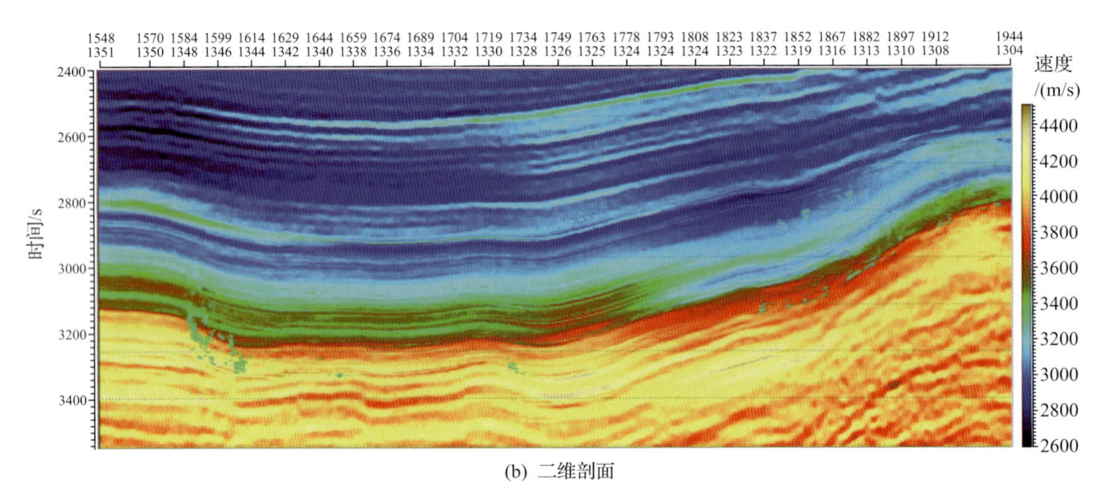

(b) 二维剖面

图 3.12 裂缝速度为定值的横纵向非均质裂缝正演模型

建立裂缝模型二：裂缝速度为全频测井曲线插值速度。按照与裂缝模型一同样的流程建立模型二，即利用图 3.10 所表示的曲率属性结果及图 3.3(a)所表示的岩性反演结果对图 3.4 所示的横向非均质速度体进行约束，分别对不同岩性的裂缝发育处赋予图 3.13 所示的全频测井曲线插值速度，得到不同岩性的横纵向非均质裂缝速度体。然后对不同岩性的横纵向非均质裂缝速度体进行融合并进行时深转换，就得到了最终的横纵向非均质裂缝正演模型，如图 3.14 所示。

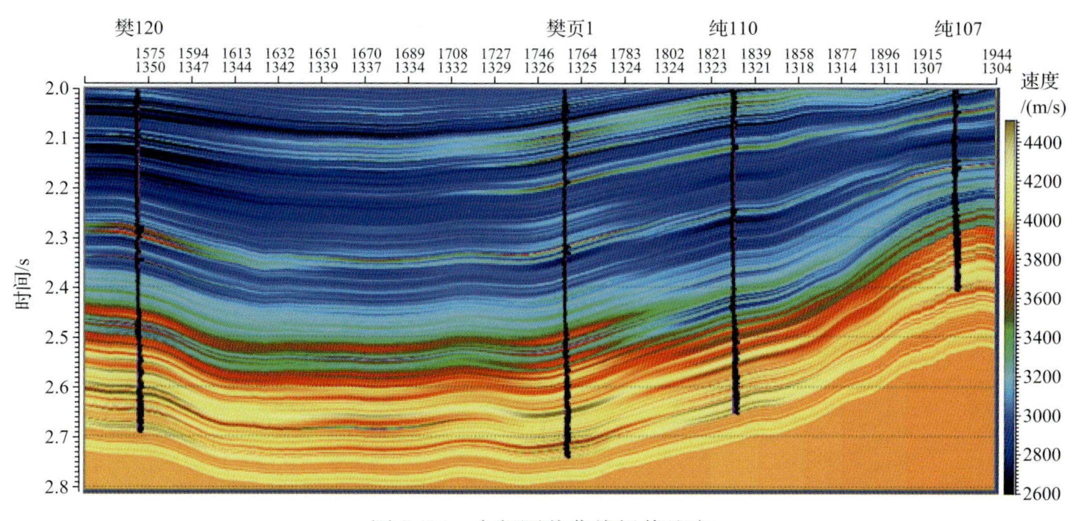

图 3.13　全频测井曲线插值速度

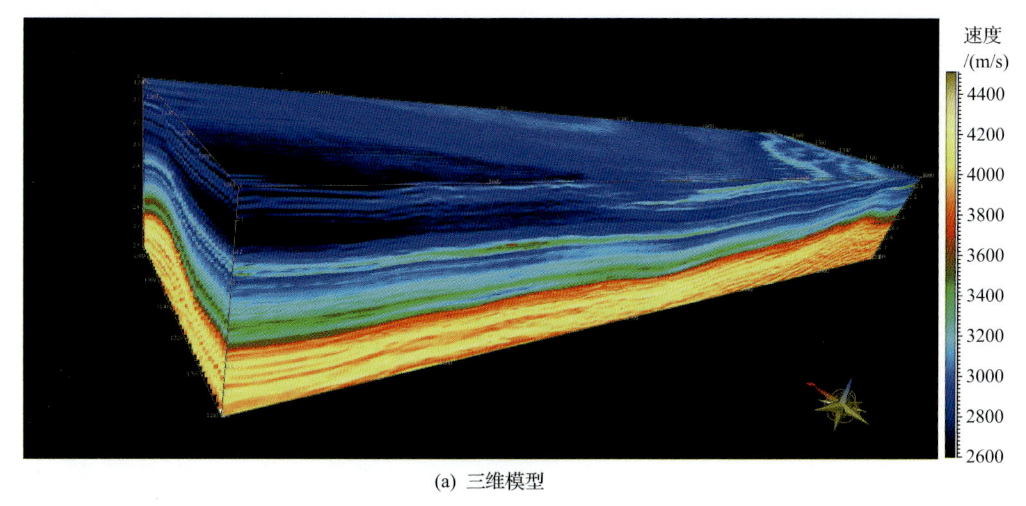

(a) 三维模型

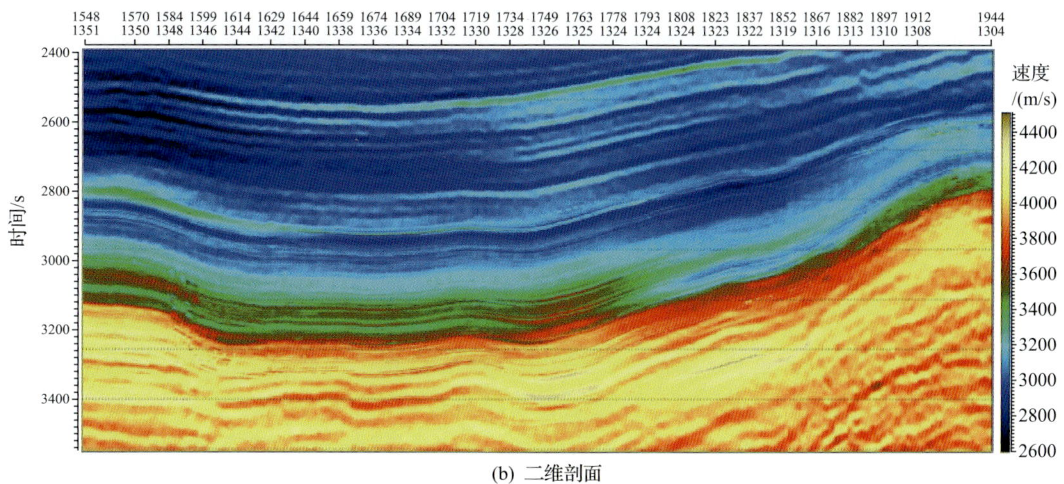

(b) 二维剖面

图 3.14　裂缝速度为全频测井曲线插值速度的横纵向非均质裂缝正演模型

3. 横纵向非均质裂缝模型的正演模拟

利用同样的正演模拟方法及子波对横纵向非均质裂缝模型进行正演模拟，分别得到对应的正演模拟结果，如图 3.15 所示。

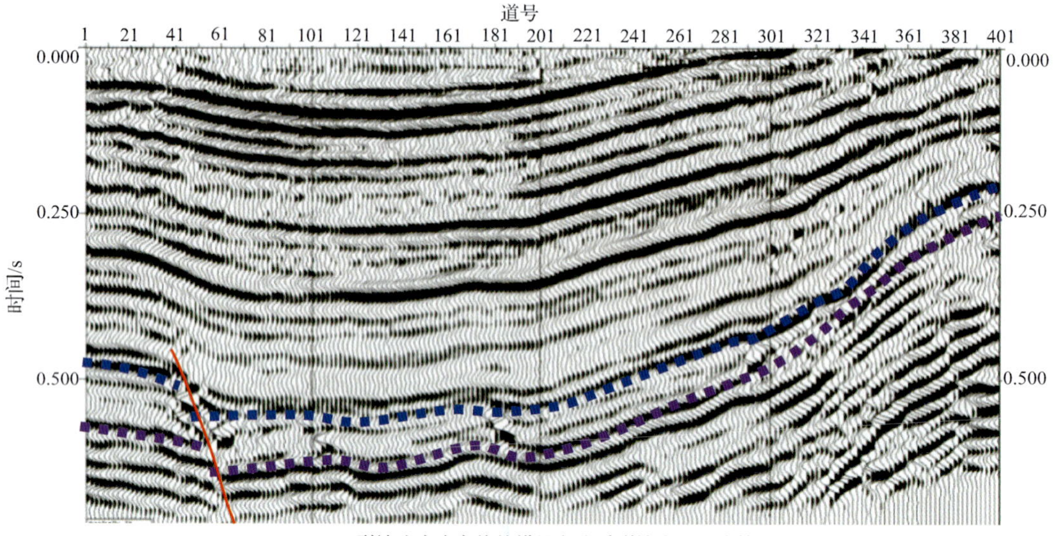

(a) 裂缝速度为定值的横纵向非质裂缝模型正演结果

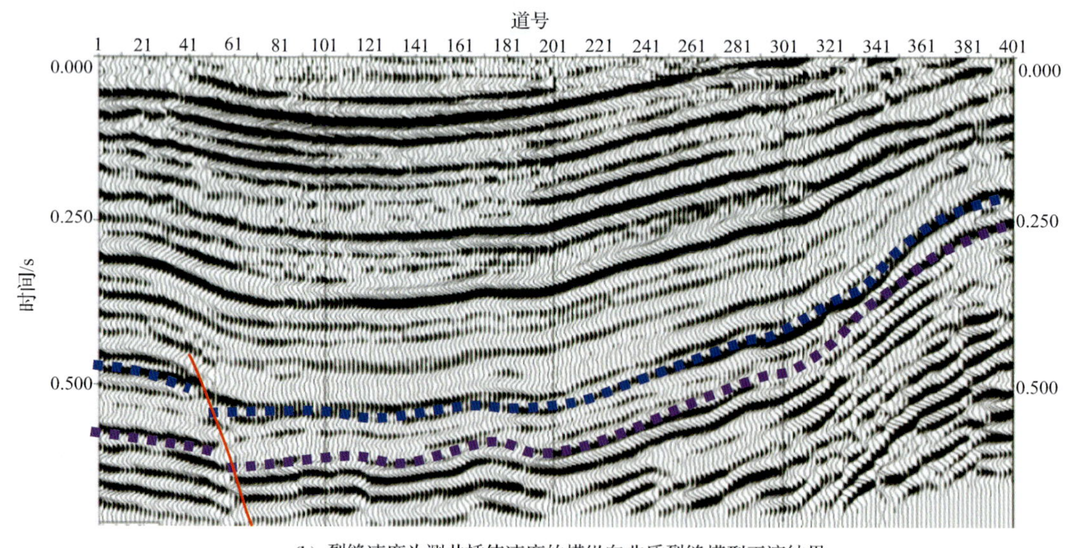

(b) 裂缝速度为测井插值速度的横纵向非质裂缝模型正演结果

图 3.15 横纵向非均质裂缝模型正演结果

通过正演结果，可以看到尺度较大的裂缝或断层表现出短轴状、不连续的响应特征，或使同相轴发生弯曲抖动。大部分裂缝储层难以直接识别。

为了更好地验证裂缝模型建立的可行性和正确性，分别提取了实际地震资料、横向非均质模型、两种裂缝模型的道相关属性，如图 3.16 所示。

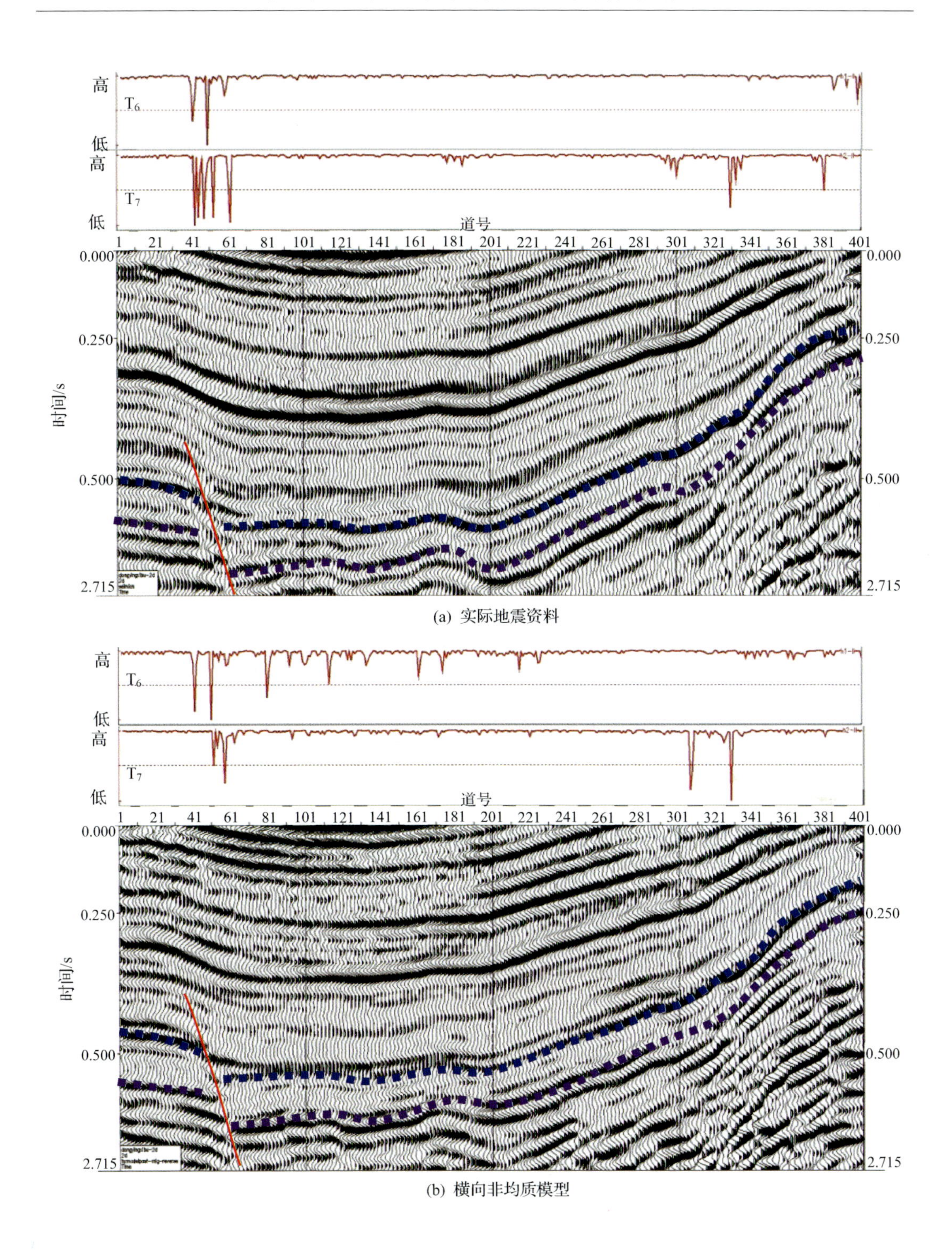

(a) 实际地震资料

(b) 横向非均质模型

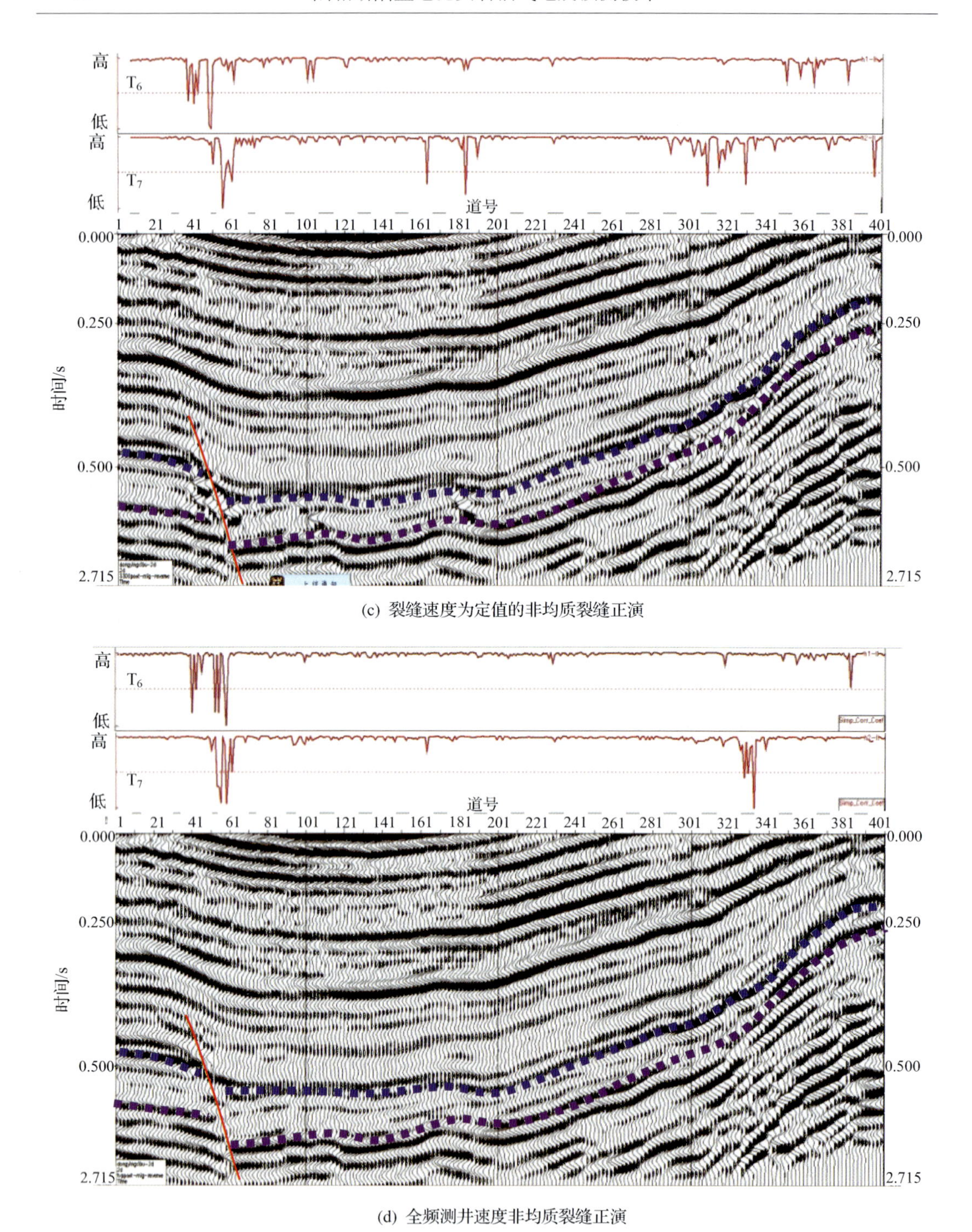

(c) 裂缝速度为定值的非均质裂缝正演

(d) 全频测井速度非均质裂缝正演

图 3.16　各类模型的正演模拟结果及相干属性对比

通过属性分析，发现添加裂缝以后的模型提取的相干属性与实际地震资料有更好的可比性，尤其是裂缝速度选取全频测井曲线插值速度更符合实际地震资料。

本书提供的新的井震结合建立泥页岩裂缝储层正演模型的方法，从实际资料出发，采用多体融合，能够反映实际储层的发育模式和分布特征。该方法所建立的三维模型，从空间上反映了储层及裂缝的发育特征。但受制于目前的正演软件，正演模拟主要是从三维模型中抽取二维剖面来进行。基于正演模拟结果提取属性进行分析，为进一步的优势岩相及裂缝储层预测奠定了基础。

3.2　基于泥页岩非均质性的反演技术研究

泥页岩的非均质性可以充分考虑到矿物成分、储层孔隙空间和流体性质的复杂性，它们共同构成了一个泥页岩非均质体系。在该技术中，泥页岩的各向异性的强度可由Thomsen参数来表征，并考虑包含、不包含裂缝两种情况，进而分别使用各向同性与各向异性两种岩石物理模型进行地震反演，最终较好地反映泥页岩的非均质性特征。

3.2.1　双相介质理论概述

影响地震反射特征的主要因素是介质的速度和密度，当孔隙中含有流体时，介质变为双相介质。双相介质理论主要研究组成骨架及流体等各个成分的物性对岩石整体物性的作用，该理论认为实际的地下介质是由固相、液相组成的，固相的多孔隙骨架是均匀的、各向同性的弹性固体；液相的充满孔隙空间的物质是具有黏弹性的、不可压缩的流体。特别是含油储层具有较大的孔隙度，表现出明显的双相介质性质。

纯弹性介质理论只是将岩石简化成单相弹性介质，将固体和流体、固体和气体、流体和气体及它们之间的相互综合对波的影响用一些综合岩石参数来描述，在岩石孔隙度很小或孔隙中流体的体压缩模量和密度很小时是成立的，而当岩石孔隙度较大、孔隙中流体的弹性模量及密度均较大时，弹性理论简化就会有偏差，不能详尽地描述岩石对波传播过程的影响。而双相介质理论与单相介质理论不同，该理论充分考虑介质的结构、流体与气体的特殊性质、局部特性与整体效应的关系，较传统的单相弹性介质假设能更准确地描述实际地层结构和地层性质，具有可能反映地震信息与地下岩石的力学性质之间的关系，能适应越来越复杂的油气藏勘探的实际需要，从而引起了国内外地震学家和勘探地震学家们的高度重视，由此而发展起来的正演和反演研究具有更好的应用前景。

关于双相介质的研究自Voigt-Reuss模型出现以来，至今已有近20种理论，最常使用的是1951年的Gassmann方程、1956年的Biot双相介质理论和Wyllie时间平均方程。双相介质理论大致可分为三类：①有效介质理论，认为岩石总体的物性参数是由各成分的物性参数综合而来的，称为有效物性参数，如Hashin-Shtrikman模型、Voigt-Reuss-Hill模型、Wood公式、Wyllie时间平均方程等；②自适应理论，是对波动方程作了自适应假设后导出的，如Kuster-Toksöz模型、Biot-Gassmann模型、Xu-White模型；③接触理论，主要研究颗粒物质有效弹性，适用于非固结储层，用于估计孔隙度和深度对速度的影响，如Hertz理论、Mindlin理论、Digby模型等。以下简单介绍有效介质理论模型和自适应理论模型。

1. 有效介质理论模型

1) Hashin-Shtrikman 模型

对任意岩石,给定各成分体积含量后,其等效模量将处于界限之间(如图 3.17 所示体积模量的竖直虚线上的某一点处),但其精确值依赖于几何的细节。

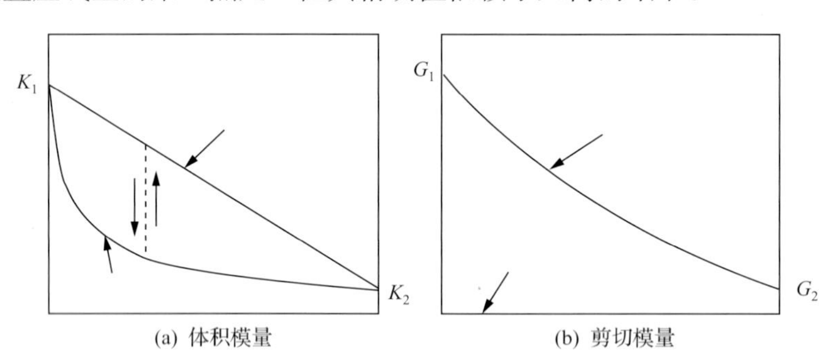

图 3.17 弹性体体积模量和剪切模量的上下限示意图

K_1,K_2 为各成分的体积模量;G_1、G_2 为各成分的剪切模量

常用的术语如“坚硬孔隙形状”和“柔韧孔隙形状”分别指:坚硬的形状使得精确值位于可容许范围内较大的一端;柔韧的形状使得精确值位于可容许范围内较小的一端。最好的界限定义为当几何的细节未知时最窄的可容许上下界限,即 Hashin-Shtrikman 界限,其值为

$$K^{\mathrm{HS}\pm} = K_1 + \frac{f_2}{(K_2 - K_1)^{-1} + f_1\left(K_1 + \frac{4}{3}G_1\right)^{-1}} \tag{3.2}$$

$$\mu^{\mathrm{HS}\pm} = G_1 + \frac{f_2}{(G_2 - G_1)^{-1} + 2f_1(K_1 + 2G_1)/[5G_1(K_1 + 4G_1/3)]} \tag{3.3}$$

式中,K_1、K_2 为各构成成分的体积模量;G_1、G_2 为各构成成分的剪切模量;f_1、f_2 为各构成成分的体积含量。

2) Voigt-Reuss-Hill 模型

最简单且最常用的等效介质模型是 Voigt 和 Reuss 模型。Voigt 模型给出了 N 种矿物组成的复合介质的有效弹性模量 M_{V}:

$$M_{\mathrm{V}} = \sum_{i=1}^{N} f_i M_i \tag{3.4}$$

式中,M_{v} 为 Voigt 有效弹性模量;f_i 为第 i 种组分的体积分量;M_i 为第 i 种组分的弹性模量。Voigt 有效弹性模量是一个代数平均,它代表上边界。

Reuss 模型给出了有效弹性模量的下边界 M_{R}:

$$\frac{1}{M_{\mathrm{R}}} = \sum_{i=1}^{N} \frac{f_i}{M_i} \tag{3.5}$$

在数学上,Voigt 和 Reuss 公式中的 M 可以表示任何模量,如体积模量 K、剪切模量 μ、杨氏模量 E 等。但它仅用来计算剪切模量和体积模量的 Voigt 和 Reuss 平均,然后由这两个量来计算其他模量,这使 Voigt 和 Reuss 平均更有意义。

Voigt-Reuss-Hill 平均是 Voigt 上限和 Reuss 下限的算术平均：

$$M_{\mathrm{VRH}}=\frac{M_{\mathrm{V}}+M_{\mathrm{R}}}{2} \tag{3.6}$$

Voigt-Reuss-Hill 模型对于含有不同矿物成分的岩石骨架的弹性模量的计算十分有效。该模型还可以用来计算含水饱和岩石的体积模量。但它不能用来计算含气饱和岩石的有效模量，也不能为饱和流体（液体和气体）岩石的有效剪切模量提供可靠评价。

3）Wood 公式

在一个流体悬浮或流体混合物中，若其非均匀性比波长小，则声波速度（V）是由 Wood 公式精确给定：

$$V=\sqrt{\frac{K_{\mathrm{R}}}{\rho}} \tag{3.7}$$

式中，K_{R} 为混合物的 Reuss（等应力）平均：

$$\frac{1}{K_{\mathrm{R}}}=\sum_{i=1}^{N}\frac{f_i}{K_i} \tag{3.8}$$

ρ 为平均密度，定义为

$$\rho=\sum_{i=1}^{N}f_i\rho_i \tag{3.9}$$

式中，f_i、K_i 和 ρ_i 分别为各组成成分的体积分量、体积模量和密度。

Wood 公式可用于估算含悬浮物流体中的声波速度，其局限性在于 Wood 公式假设混合物岩石和其各组成成分都是各向同性、线性和弹性的。

4）Wyllie 公式

假设岩石各向同性，只有一种均匀的矿物类型，并且孔隙中有两种饱和流体（水和烃），则双相介质的密度和速度可以通过 Wyllie 公式确定。对密度而言，有

$$\rho_{\mathrm{b}}=\rho_{\mathrm{m}}(1-\phi)+\rho_{\mathrm{w}}S_{\mathrm{w}}\phi+\rho_{\mathrm{hc}}(1-S_{\mathrm{w}})\phi \tag{3.10}$$

式中，ρ_{b} 为岩石的体积密度；ρ_{m} 为岩石的基质密度；ϕ 为岩石的孔隙度；S_{w} 为水饱和度；ρ_{w} 为水的密度（近似于 $1\mathrm{g/cm^3}$）；ρ_{hc} 为烃的密度。

对速度而言，有 Wyllie 的时间平均公式：

$$1/V_{\mathrm{b}}=(1-\phi)/V_{\mathrm{m}}+S_{\mathrm{w}}\phi/V_{w}+(1-S_{\mathrm{w}})\phi/V_{\mathrm{hc}} \tag{3.11}$$

式中，V_{b} 为体积速度；V_{hc} 为烃速度；V_{m} 为基质速度；V_{w} 为水速度。

Wyllie 时间平均公式主要有两方面的应用：①若在给定岩石矿物成分及孔隙流体条件下，可估算地震波速度；②若已知地震波速度、岩石类型及孔隙流体，可估算岩石孔隙度。

2. 自适应理论模型

1）Gassmann 方程

Gassmann 于 1951 年提出了预测岩石体积压缩模量的公式，即著名的 Gassmann 方程。该模型考虑了岩石中孔隙流体的随机分布特点和固体颗粒组成结构及形状，给出了

岩石的干燥骨架、固体基质和孔隙流体的体积模量，与不同组分孔隙流体饱和岩石体积模量之间的平均关系，被普遍应用于解释孔隙流体对岩石弹性性质的影响。

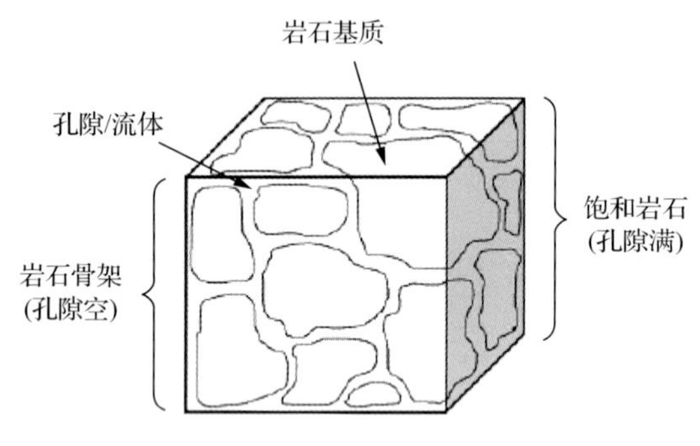

图 3.18 Gassmann 方程中理想的孔隙岩石体组成

根据 Gassmann 方程，理想的孔隙岩石体由四部分组成(图 3.18)：岩石基质、孔隙流体系统、干岩石框架(岩石骨架)和饱和岩石本身。岩石的干燥骨架涉及岩石构架的取样，固体基质是指组成岩石的矿物颗粒，而孔隙流体可能是气体、原油、水或三者的混合物。在诸多文献中，常用抽空岩石骨架和湿润岩石两项替换了上述的干岩石框架(岩石骨架)和饱和岩石两项。

在干岩石(不等同于空气饱和岩石，定义为孔隙压缩只导致骨架体积形变而不诱发孔隙压力的变化)的体积模量和孔隙度之间存在一个一般和严格的关系：

$$\frac{1}{K_{\mathrm{dry}}}=\frac{1}{K_{\mathrm{ma}}}+\frac{\phi}{K_{\phi}} \tag{3.12}$$

式中，K_{ϕ} 为孔隙空间刚度，这是量化孔隙形态刚度的一个新概念。由 Bettie 功能互等定理可得饱和岩石体积模量和孔隙度之间的类似关系：

$$\frac{1}{K_{\mathrm{sat}}}=\frac{1}{K_{\mathrm{ma}}}+\frac{\phi}{K_{\phi}} \tag{3.13}$$

式中，$K_{\phi}=K_{\phi}+\frac{K_{\mathrm{ma}}K_{\mathrm{fl}}}{K_{\mathrm{ma}}-K_{\mathrm{fl}}}\approx K_{\phi}+K_{\mathrm{fl}}$。从式(3.12)和式(3.13)中消去 K_{ϕ}，即得

$$\frac{K_{\mathrm{sat}}}{K_{\mathrm{ma}}-K_{\mathrm{sat}}}=\frac{K_{\mathrm{dry}}}{K_{\mathrm{ma}}-K_{\mathrm{dry}}}+\frac{K_{\mathrm{fl}}}{\phi(K_{\mathrm{ma}}-K_{\mathrm{fl}})} \tag{3.14}$$

这就是著名的 Gassmann 方程，式中，K_{sat} 为以有效体积模量为 K_{fl} 的孔隙流体所饱和岩石的有效体积模量；K_{ma} 为矿物基质(颗粒)的体积模量；K_{dry} 为干岩石(骨架)的体积模量；ϕ 为孔隙度。对于剪切模量 Gassmann 曾指出 $G_{\mathrm{sat}}=G_{\mathrm{dry}}$，即饱和岩石的剪切模量不受流体饱和的影响。需要强调的是干岩石的正确定义是在开放条件下气体饱和表面湿润岩石的体积压缩模量，而不是岩石干燥条件下的体积压缩模量。

而饱和岩石的密度 ρ_{sat} 简化为

$$\rho_{\mathrm{sat}}=\rho_{\mathrm{dry}}+\phi\rho_{\mathrm{fl}} \tag{3.15}$$

式中，ρ_{dry} 和 ρ_{fl} 分别为干岩石和孔隙流体的密度。需要注意的是，$\rho_{\mathrm{dry}}=(1+\phi)\rho_{\mathrm{ma}}$，$\rho_{\mathrm{ma}}$ 为基质矿物的密度。

Gassmann 方程的其他常用形式有

$$K_{\mathrm{sat}}=K_{\mathrm{dry}}+\left(1-\frac{K_{\mathrm{dry}}}{K_{\mathrm{ma}}}\right)^2\Big/\left(\frac{\phi}{K_{\mathrm{fl}}}+\frac{1-\phi}{K_{\mathrm{ma}}}-\frac{K_{\mathrm{dry}}}{K_{\mathrm{ma}}^2}\right) \tag{3.16}$$

$$\frac{1}{K_{\mathrm{sat}}}=\frac{1}{K_{\mathrm{ma}}}+\frac{\phi}{\phi K_{\mathrm{m}}K_{\mathrm{d}}/(K_{\mathrm{m}}-K_{\mathrm{d}})+K_{\mathrm{ma}}K_{\mathrm{fl}}/(K_{\mathrm{ma}}-K_{\mathrm{fl}})} \tag{3.17}$$

Gassmann 方程不仅适用于单一的孔隙流体，且对于有多种孔隙流体的岩石，可以利用 Wood 方程计算出混合流体的体积模量 K_{fl}：

$$\frac{1}{K_{fl}} = \frac{S_w}{K_w} + \frac{S_o}{K_o} + \frac{S_g}{K_g} \tag{3.18}$$

式中，K_w、K_o 和 K_g 分别为水、原油和气体的体积模量；S_w、S_o 和 S_g 分别为水、原油和气体的饱和度，且要求 $S_w + S_o + S_g = 1$，意味着孔隙流体在孔隙中是均匀分布的。

混合流体的体积密度由式(3.19)给出：

$$\rho_f = S_w\rho_w + S_o\rho_o + S_g\rho_g \tag{3.19}$$

式中，ρ_w、ρ_o 和 ρ_g 分别为水、原油和气体的体积密度。

Gassmann 方程的基本假定条件是：①岩石(基质和骨架)宏观上是均质的；②所有孔隙都是连通或相通的；③所有孔隙都充满流体(液体、气体或混合物)；④研究中的岩石-流体系统是封闭的(不排液)；⑤孔隙流体不对固体骨架产生软化或硬化的相互作用。

2) Kuster-Toksöz 模型

Kuster 和 Toksöz 在 1974 年利用散射理论建立了一个应用广泛的两相介质模型。该模型把孔隙度和孔隙纵横比与岩石的体积模量和剪切模量联系起来，建立了孔隙度和孔隙纵横比与纵横波波速的联系，经常用来计算干岩石模量。其局限性在于孔隙纵横比必须已知且仅适用于各向同性岩石。

该模型有如下假设：①有效媒介由具有不同性质的两相组成；②介质中一相(骨架)是连续的统一体而另一相是随机嵌入的内含物；③忽略多重散射效应，即要求孔隙非常稀疏，它们彼此间无相互联系、不重叠；④波长远大于内含物即散射体的尺寸。根据这一模型，孔隙性岩石用整体各向同性固体骨架及具有随机分布的孔隙和孔隙流体来表征。假设孔隙的形状为椭球体，可以由孔隙纵横比 α (定义为椭球体短轴与长轴之比)来描述。

(1) 若孔隙岩石中的孔隙具有相同的形状，即孔隙的纵横比为常数。根据 Kuster-Toksöz 理论，岩石的有效弹性模量与岩石中固体、流体的弹性模量及孔隙的纵横比的关系由式(3.20)和式(3.21)表示。

$$K_{dry} = \frac{K_m + 4AG_m}{1 - 3A} \tag{3.20}$$

$$G_{dry} = G_m \frac{1 + B(9K_m + 8G_m)}{1 - 6B(K_m + 2G_m)} \tag{3.21}$$

式中，K_{dry} 和 K_m 分别为干岩石骨架和混合物的体积模量；G_{dry} 和 G_m 为对应的剪切模量；A 与 B 为孔隙纵横比(孔隙空间的短轴和长轴之比)的函数。

Kuster-Toksöz(KT)模型计算有效体积模量时，如果所有孔隙是球形的(纵横比是 1)，则变为 Gassmann 方程，有效剪切模量不受饱和流体影响。但用纵横比小的孔隙求得的干岩石的有效剪切模量远小于饱含水情况下的模量。

(2) 若岩石中孔隙有两种或两种以上的孔隙结构，即纵横比不同，Kuster-Toksöz 模型如式(3.22)和式(3.23)所示：

$$(K-K_{\mathrm{m}})\frac{\left(K_{\mathrm{m}}+\frac{4}{3}G_{\mathrm{m}}\right)}{\left(K+\frac{4}{3}G_{\mathrm{m}}\right)}=\sum_{i=1}^{N}x_i(K_{\mathrm{i}}-K_{\mathrm{m}})P^{mi} \tag{3.22}$$

$$(G-K_{\mathrm{m}})\frac{(G_{\mathrm{m}}+\zeta_{\mathrm{m}})}{(G+\zeta_{\mathrm{m}})}=\sum_{i=1}^{N}x_i(G_{\mathrm{i}}-G_{\mathrm{m}})Q^{mi} \tag{3.23}$$

式中，x_i 为第 i 种孔隙的体积含量；K_{i} 为孔隙内含物的体积模量；G_{i} 为孔隙内含物的剪切模量；K 为有效体积模量；G 为有效剪切模量；K_{m} 和 G_{m} 分别为骨架体积模量和剪切模量；参数 ζ 定义为 $\zeta=\frac{G(9K+8G)}{6(K+2G)}$；系数 P^{mi} 和 Q^{mi} 反映第 i 种孔隙对基质 m 的影响。

3）Biot-Gassmann 模型

一般来说，Biot-Gassmann 理论要解决的基本问题可以表述为：根据已知孔隙度和含水饱和度的岩石的纵波（P 波）速度（密度可选），计算出不同孔隙度和流体饱和度的 P 波速度、横波（S 波）速度，并计算岩石的泊松比。计算过程所需的参数还有密度、水、烃、固体基质的模量，以及纯岩石的泊松比。

假定 ϕ_0 为已知孔隙度，S_{w0} 为已知水饱和度，V_0 为相对于 ϕ_0 和 S_{w0} 的 P 波速度，ν 为纯岩石的泊松比（假设为 0.12），ρ_{w} 为水密度，ρ_{s} 为固体基质密度，ρ_{hc} 为烃密度（气或油），K_{s} 为固体的体积模量，K_{w} 为水的体积模量，K_{hc} 为烃的体积模量。应用下列方程，可以计算流体充填的岩石的密度模量和体积模量（注意：若密度已知，则变成求解岩石的基质密度）：

$$\rho_{\mathrm{f}}=\rho_{\mathrm{w}}S_{\mathrm{w0}}+\rho_{\mathrm{hc}}(1-S_{\mathrm{w0}}) \tag{3.24}$$

$$\rho_0=\rho_{\mathrm{fl}}\phi_0+\rho_{\mathrm{s}}(1-\phi_0) \tag{3.25}$$

$$K_{\mathrm{fl}}=1/[S_{\mathrm{w0}}/K_{\mathrm{w}}+(1-S_{\mathrm{w0}})/K_{\mathrm{hc}}] \tag{3.26}$$

式中，ρ_{fl} 为流体密度；ρ_0 为含有流体的岩石密度；K_{fl} 为流体的体积模量。

计算岩石的 P 波、S 波速度需要的参数还有干燥岩石的初始体积模量 K_{b0} 和干燥岩石的初始剪切模量 $G_{\mathrm{b_0}}$。

K_{b0} 可以由二次方程 $ay^2+by+c=0$ 解出。其中，$y=1-(K_{\mathrm{b0}}/K_{\mathrm{s}})$；$a=S-1$；$b=\phi_0 S[(K_{\mathrm{s}}/K_{\mathrm{fl}})-1]-S+(M/K_{\mathrm{s}})$；$c=-\phi_0[S-(M/K_{\mathrm{s}})][(K_{\mathrm{s}}/K_{\mathrm{fl}})-1]$；$M=V_0^2\rho_0$；$S=3(1-\nu)/(1+\nu)$。

将方程转换为

$$y=[-b+(b^2-4ac)^{1/2}]/2a \tag{3.27}$$

$$K_{\mathrm{b0}}=(1-y)K_{\mathrm{s}} \tag{3.28}$$

需要对实际孔隙度值计算体积模量，因此引入孔隙度体积模量 K_{p}，其中：

$$K_{\mathrm{p}}=\phi/[1/K_{\mathrm{b0}}-(1/K_{\mathrm{s}})] \tag{3.29}$$

应用下列公式可以求出实际孔隙度和水饱和度的密度（ρ）、流体体积模量（K_{fl}）和纯岩石体积模量（K_{b}）的值：

$$\rho=\rho_{\mathrm{w}}S_{\mathrm{w}}\phi+\rho_{\mathrm{h}}(1-S_{\mathrm{w}})\phi+\rho_{\mathrm{s}}(1-\phi) \tag{3.30}$$

$$K_{\mathrm{fl}}=1/[S_{\mathrm{w}}/K_{\mathrm{w}}+(1-S_{\mathrm{w}})/K_{\mathrm{hc}}] \tag{3.31}$$

$$K_b = 1/(\phi/K_p + 1/K_s) \tag{3.32}$$

$$G_b = \frac{3(1-2\nu)}{2(1+\nu^2)}K_b \tag{3.33}$$

式中，ϕ 为实际孔隙度值；S_w 为实际饱和度值。

最后，用式(3.34)和式(3.35)计算流体饱和度和岩石的 P 波速度和 S 波速度：

$$V_P^2 = \left[(K_b + 4/3M_b) + \frac{(1-K_b/K_s)^2}{(1-\phi-K_b/K_s)/K_s+\phi/K_{fl}}\right]/\rho \tag{3.34}$$

$$V_S^2 = G_b/\rho \tag{3.35}$$

4）微分有效介质模型

Cleary 等(1980)年、Norris(1985)年、Zimmerman(1991)年建立了双相介质的微分有效介质模型(differential effective medium, DEM)。该模型首先假设有一体积为 V_0 的均匀基质材料，从该均匀介质中取出体积为 ΔV 的材料。同时在该介质中嵌入相同体积 ΔV 的另一相(内含物)，这时所形成的复合材料的等效弹性模量发生了变化。用这一等效弹性模量形成的均匀介质代替原先的基质，重复以上过程，直到满足双相介质的体积比率。

微分有效介质模型中，双相介质中的各相关系并不对等，必须首先选择双相介质中的一相作为基质，另一相作为内含物分步加入其中。双相介质中的两相分别用 1 和 2 来表示，若选用 1 为基质，2 为内含物，应用 DEM 理论计算得到的有效弹性模量为 M_{12}；设 2 为基质，1 为内含物，得到的有效弹性模量为 M_{21}。一般情况下，$M_{12} \neq M_{21}$。若岩石中内含物的形状有多种或岩石中有多种矿物成分，内含物加入的顺序会影响由 DEM 计算得到的有效弹性模量。

Berryman 在 1992 年建立了关于体积模量和剪切模量耦合的微分方程，如下式所示：

$$(1-y)\frac{d}{dy}[K^*(y)] = (K_2 - K^*)P^{(*2)}(y) \tag{3.36}$$

$$(1-y)\frac{d}{dy}[G^*(y)] = (G_2 - G^*)Q^{(*2)}(y) \tag{3.37}$$

$$K^*(0) = K_1, \quad G^*(0) = G_1 \tag{3.38}$$

式中，K_1、G_1 分别为初始主相材料的体积模量和剪切模量(相 1)；K_2、G_2 分别为逐渐加入的包含物的体积模量和剪切模量(相 2)；y 为相 2 的体积含量，对于流体包含物和空包含物，y 等于孔隙度 ϕ；P 和 Q 为形状因子；上标 $*2$ 表示内含物相 2 在基质 K^* 和 G^* 中的影响因子。Norris 于 1985 证明应用 DEM 模型计算得到的有效弹性模量始终处在 Hashin-Shtrikman 上下边界范围内。

5）Xu-White 模型

Han 等(1986)年的研究表明砂岩的声波速度受孔隙度和泥质含量的影响很大。Xu 和 White 于 1995 年提出了一种利用孔隙度、泥质含量计算声波速度的方法。Xu-White 模型将声波速度随着黏土含量变化归因于泥岩和砂岩孔隙中孔隙几何形状和孔隙扁率的区别。孔隙扁率指的是椭圆形孔隙中其短轴和长轴长度的比值。因为泥岩通常由一些薄片状颗粒组成，孔隙形状受声波速度的影响很大，故泥岩孔隙的孔隙扁率远远小于砂岩孔隙的孔隙扁率。考虑孔隙几何形状的影响，Xu 和 White 将孔隙空间分为易改变的泥岩

孔隙(孔隙扁率小)和刚度较好的砂岩孔隙(孔隙扁率大)。如果用 ϕ 表示孔隙度,则可以写成:

$$\phi = \phi_s + \phi_c \tag{3.39}$$

式中,ϕ_s 为刚度较好的砂岩所占的百分比;ϕ_c 为泥质孔隙所占的百分比。ϕ_s 和 ϕ_c 的分配比例按照砂泥岩体积各自所占的百分比 W_s 和 W_c 计算,$W_s + W_c = 1$。即:$\phi_s = W_s\phi, \phi_c = W_c\phi$。

Kuster-Toksôz(KT)方程是在假设孔隙度足够小的情况下推导出来的,Xu 和 White 应用差分有效介质(DEM)方法克服了这种限制。该方法首先把孔隙空间分为很多套,每套孔隙均满足 Kuster-Toksôz 方程的条件。从坚固岩石开始,运用 Kuster-Toksôz 方程计算在基质上加一小套孔隙的有效介质,然后把结果作为下次计算的基质。如此重复,直到总的孔隙体积都加到岩石上。

Keys 和 Xu 将基于 DEM 理论的 Kuster-Toksôz 方程转化为求解一线性常微分方程组问题,得到泥质砂岩干岩石体积模量和剪切模量的简单解析表达式:

$$K(\phi) = K_m(1-\phi)^p \tag{3.40}$$

$$G(\phi) = G_m(1-\phi)^q \tag{3.41}$$

式中,$p = \frac{1}{3}\sum_{l=s,c} C_l T_{iijj}(a_l)$;$q = \frac{1}{5}\sum_{l=s,c} C_l F(a_l)$;$T_{iijj}$、$F$ 分别为孔隙扁率的函数;s 和 c 分别为砂岩和页岩;$K(\phi)$ 和 $G(\phi)$ 分别是孔隙度为 ϕ 时的干岩石体积和剪切模量;C_l 为砂岩和页岩占岩石基质的体积百分比;$T_{iijj}(a_l)$ 和 $F(a_l)$ 可由 Kuster-Toksôz 方程求得。

在缺乏岩心的实验室测量数据时,已知砂、泥的基质纵横波速度和密度等参数,用这种方法计算泥质砂岩的干岩石模量是可行的。通过求取岩石骨架弹性模量,再结合 Gassmann 方程估算纵波和横波速度。该模型计算流程如图 3.19 所示。

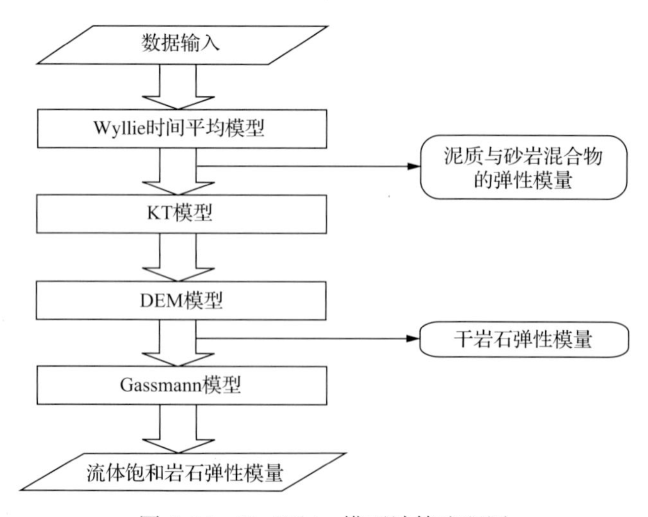

图 3.19　Xu-White 模型计算流程图

3.2.2　泥页岩地震岩石物理模型

岩石力学分析表明，泥页岩中裂缝多垂直于最小主应力，因此，页岩中的裂缝一般与岩层成直角方向发育，也就是说，大多数裂缝是垂直方向发展的。这与电测解释的结果一致，在取出的岩心中也观察到垂直于地层的裂缝分布。根据各向异性理论，发育垂直裂缝的地层可等效为具有水平对称轴的横向各向同性(HTI)介质(具有水平对称轴的横向各向同性介质)，发育横向裂缝的地层可等效为垂直横向各向同性(VTI)介质。页岩气的开发主要以水平井分段压裂技术为主，其增产机理在于通过水平井分段压裂，在水平段形成横切缝。如果地层中无裂缝，则该类地层可等效为各向同性孔隙介质。

泥页岩岩石矿物成分复杂，储层孔隙空间多样。某些条件下，裂缝会储存油和气，形成油气藏。为了描述泥页岩的岩石物理性质，根据泥页岩的岩性、孔隙和流体特征，并综合考虑裂缝的各向异性，建立了泥页岩的等效岩石物理模型(图3.20)。

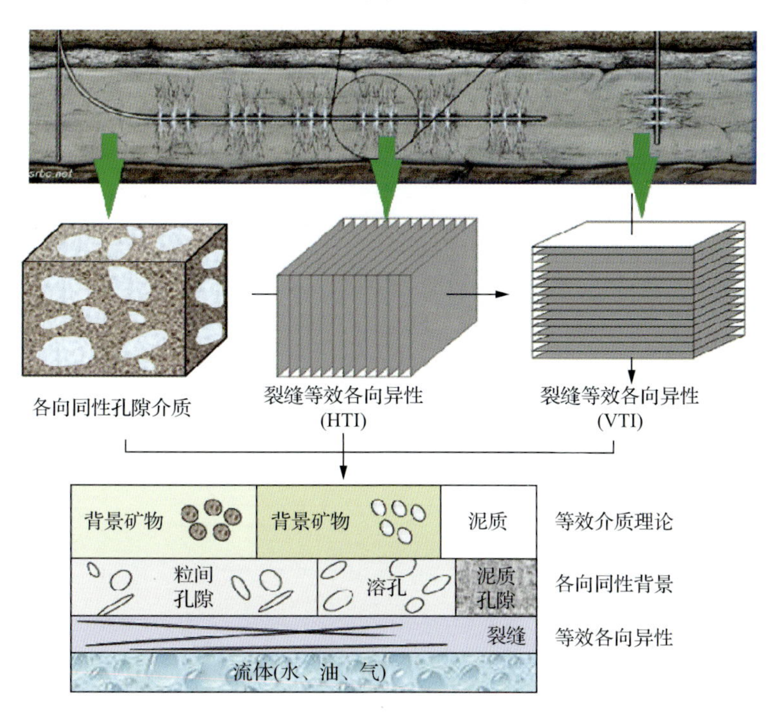

图3.20　泥页岩等效岩石物理模型

首先，考虑到矿物成分的复杂性，将岩石基质等效为不同矿物组分的混合物。其次，考虑储层孔隙空间的复杂性，将孔隙系统划分为粒间孔隙、溶洞、泥质孔隙，将其加入到基质中作为各向同性背景介质；若岩石中发育裂缝，使用等效各向异性理论将裂缝加入到各向同性背景介质中，得到各向异性岩石骨架的弹性模量。再次，考虑储层流体的性质，将流体等效为水、油、气的混合物，并将流体加入到岩石骨架中，最后得到各向异性饱和岩石。

各向异性的强度可由Thomsen参数来表征。其中，V_{P0}、V_{S0}分别为纵波和横波沿介质对称轴方向的相速度；ε、δ 和 γ 为介质各向异性强度的三个无量纲因子。其中，ε 越大，介质的纵波各向异性越大，$\varepsilon=0$，纵波无各向异性；δ 是连接 V_{P0} 和 V_{P90} 之间的一种过渡性参数；γ 可以看成是度量横波各向异性强度或横波分裂强度的参数，γ 越大，介质的横波各向异性越大，$\gamma=0$ 时，横波无各向异性。一般情况下，ε 和 γ 的单调性是一致的，即同时增减或同时为零。

3.2.3 基于泥页岩非均质性反演技术

1. 基本原理与流程

根据建立的泥页岩地震岩石物理等效模型，考虑包含、不包含裂缝两种情况，分别使用各向同性与各向异性两种岩石物理模型，利用已知测井数据反演非均质下的泥页岩岩石模量。基于泥页岩非均质性反演技术的流程如图 3.21 所示。

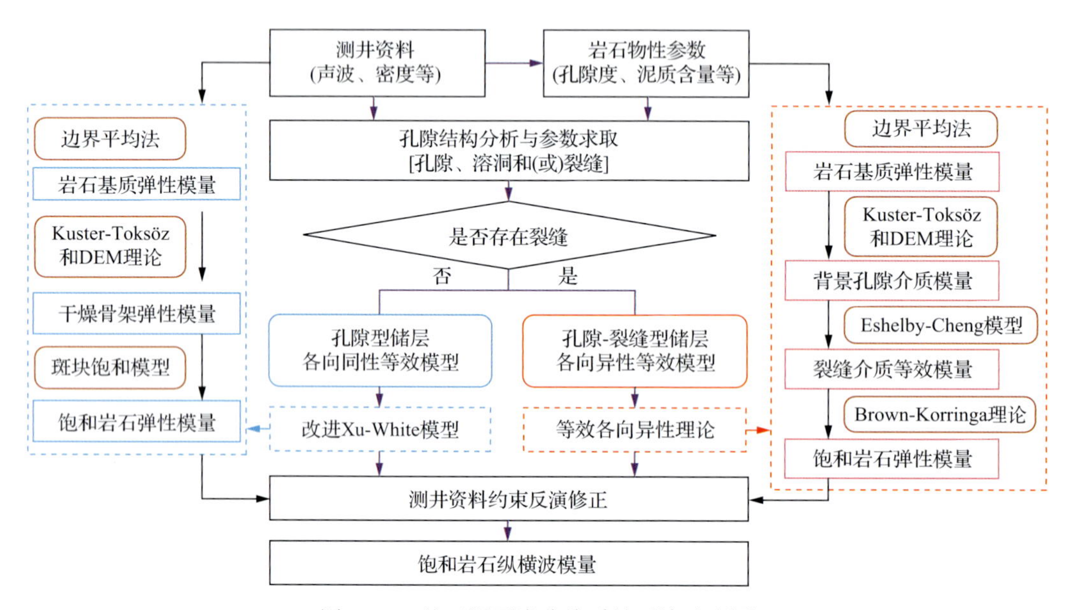

图 3.21　基于泥页岩非均质性反演流程图

根据测井资料(声波、密度等曲线)计算岩石物性参数(如孔隙度、泥质含量等)；然后根据 Kumar 和 Han 于 2005 年提出的方法进行孔隙结构分析与参数求取，计算粒间孔隙、溶洞、泥质孔隙或者裂缝的纵横比和孔隙度。根据求取的裂缝孔隙度是否为零，判断岩石中是否存在裂缝。如果不存在裂缝，则为孔洞型储层，根据各向同性等效模型，使用改进的 Xu-White 模型计算饱和岩石的纵横波模量；如果存在裂缝，则为孔洞缝型储层，根据各向异性等效模型，使用等效各向异性理论计算饱和岩石的纵横波模量。

对于各向同性等效模型，根据泥页岩的特征，对 Xu-White 模型进行改进。首先使用边界平均模型来估算岩石基质弹性模量；考虑到孔隙系统中粒间孔隙、溶洞、泥质孔隙共存，使用 Kuster-Toksöz 和 DEM 模型结合得到干岩石骨架模量；考虑流体分布的非均匀性，假设孔隙中的流体是呈斑块状分布的，利用斑块饱和模型计算饱和岩石的弹性模量。

对于各向异性等效模型，首先使用边界平均模型来估算岩石基质弹性模量；对于孔隙系统中的粒间孔隙、溶洞、泥质孔隙，将其加入到岩石基质中，形成背景孔隙介质，这个过程中使用 Kuster-Toksöz 和 DEM 模型计算背景孔隙介质的弹性模量。对于孔隙系统中的裂缝，采用 Eshelby-Cheng 模型计算各向异性干岩石骨架的等效弹性模量，然后利用 Brown-Korringa 理论各向异性流体替换公式，将干岩石骨架的弹性参数与流体弹性模量结合，得到饱和岩石的弹性模量。

2. 反演效果检验

将上述泥页岩弹性模量的计算方法应用于实际井数据，用弹性模量计算横波速度，检验方法的实用性。图 3.22 是对 A 井数据应用两种模型（适用于孔洞储层的各向同性等效模型、适用于孔洞缝储层的各向异性等效模型）后得到的横波速度估算结果对比。图 3.22(a)是纵波速度曲线，图 3.22(b)是横波速度曲线，其中黑色曲线表示实测结果，蓝色曲线表示各向同性的模型应用效果，红色曲线表示各向异性模型的应用效果。由图中可见，两种模型都可以得到较为准确的横波速度，而各向异性等效岩石物理模型得到的横波速度准确度更高。图 3.23 是对 B 井数据应用各向异性等效岩石物理模型后得到的结果，图 3.23(a)～图 3.23(f)分别是 V_p、V_s、纵波各向异性 ($\varepsilon^{(V)}$)、横波各向异性($\gamma^{(V)}$)、纵波变异系数($\delta^{(V)}$) 和裂缝密度，其中速度曲线中蓝色表示实测速度，红色表示估算结果，图中所得到的裂缝密度与实际资料基本相符。

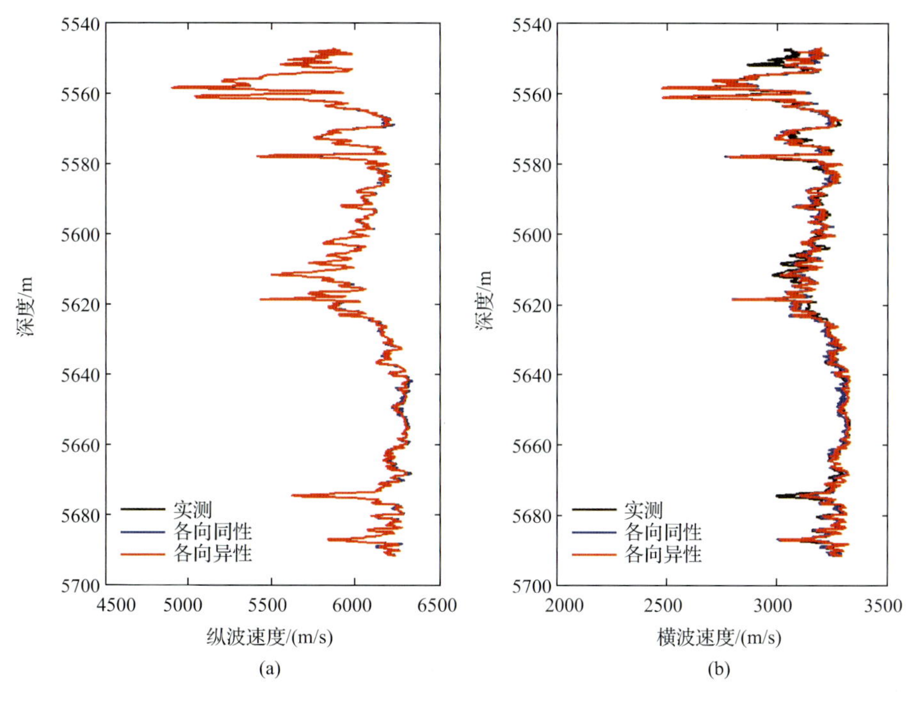

图 3.22 横波速度估算结果

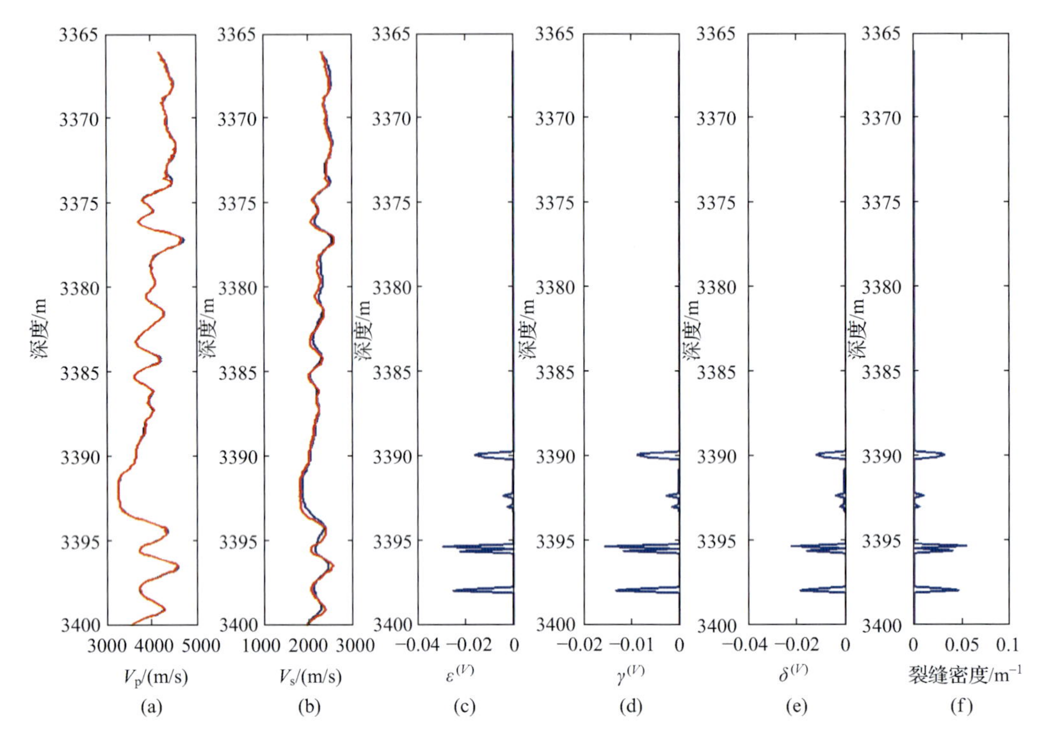

图 3.23　横波速度估算及各向异性参数和裂缝密度求取结果

将上述研究的基于泥页岩非均质性反演技术应用于渤南三维等实际地震资料中发现，该反演技术可较好地反映泥页岩的非均质性特征。以过罗 69—罗 67 井的连井反演剖面为例(图 3.24)，成像测井表明两口井在沙三下亚段均发育不同程度的裂缝，在常规反演剖面上，两口井的波阻抗在纵横向上有一定的变化，但较为粗略；而在基于泥页岩非均质性的反演剖面上，两口井的波阻抗在纵横向上变化更为精细，有效地反映了两口井中泥页岩的非均质特征。

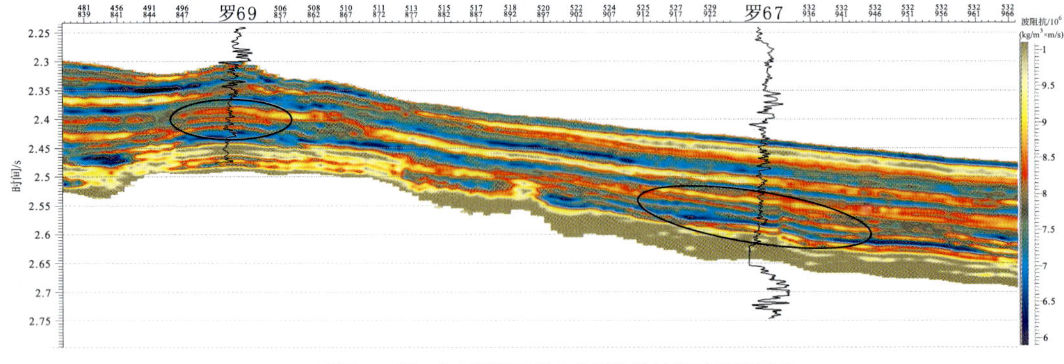

(a) 过罗69—罗67井基于泥页岩非均质性的波阻抗反演剖面

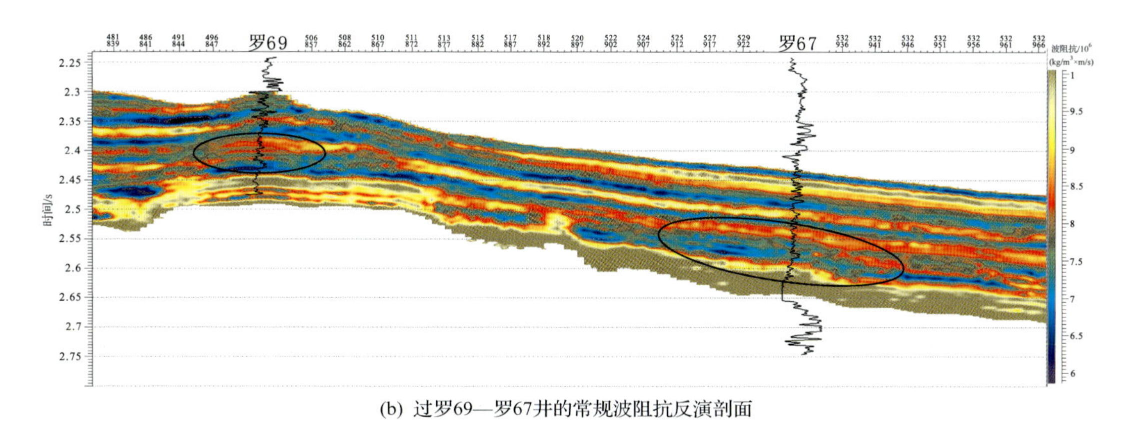

(b) 过罗69—罗67井的常规波阻抗反演剖面

图 3.24　非均质性反演剖面和常规反演剖面的对比

第 4 章 泥页岩甜点地球物理识别预测方法研究

页岩油气勘探开发中的“甜点”是指那些“生烃能力强、岩石可破裂性高、裂缝发育、地应力非均质性弱”的页岩发育区。与国外海相页岩气、页岩油相比，湖相页岩油具有相变快、密度大、黏度高的特点，甜点以游离的页岩油为主，具有高 TOC、高脆性等特征，泥页岩储集物性、含油性、可压性和可动性是判定页岩油甜点的重要因素。其中储集物性与泥页岩岩相、裂缝密切相关，含油性与 TOC 含量密切相关，可压性主要受控于泥页岩脆性、可压裂性和延展性，可动性与泥页岩应力、黏度和密度等密切相关。本章以沙河街组为目标层段，进行泥页岩岩相地震预测、TOC 分布地震预测、裂缝地震预测、含油气性预测、脆性地震预测、地应力地震预测、可压性预测和延展性地震预测方法的研究。

4.1 泥页岩岩相地震预测技术

本节主要介绍两种泥页岩岩相的地震预测方法，即基于沉积参数的泥页岩岩相预测和去压实波阻抗优势岩相预测。基于沉积参数的泥页岩岩相预测技术利用神经网络聚类分析进行岩相划分，直接融合并反映了各种沉积参数的变化特征，应用在济阳拗陷渤南洼陷的 12 上—13 下层组和 13 上层组的岩相划分获得很好的效果；泥页岩去压实波阻抗优势岩相预测方法依靠弹性信息来放大各类岩相之间的速度差异，并在基线速度回归时，合理的考虑了沉积环境的影响，使处理得到的速度/波阻抗曲线与原始地震资料之间具有良好的匹配性，利用该方法对樊页 1 井区泥页岩储层开展了预测，也取得了很好的效果。

4.1.1 层控地震相波形表征法

地震相是在一个区域内圈定的由地震反射层组成的三维单元，其地震反射结构、连续性、振幅、频率和层速度等与近邻单元不同。它是特定沉积相或者地质体的地震响应，其通过地震波形横向变化表现出来。沉积相是沉积环境及在该环境中形成的沉积岩特征的综合。根据地震相分析划分沉积相，主要根据地震子波波形的变化，将该区目的层的地震波波形进行统计分类。

层控的概念是以追踪的两个等时沉积面为顶、底界面，在顶界和底界之间等比例内插出一系列层位，再沿这些内插出的层位逐一生成切片。地层切片技术考虑了沉积速率在平面上的变化，比时间切片（水平切片）和沿层切片更加合理，也更接近等时沉积界面。所以基于地层切片的属性分析所获得的地质信息更能反映出在同一沉积时期的沉积物特征。在平面岩相解释过程中所采用的地层切片法是渐进旋回内插切片提取法，该方法是在等时地层格架内以目的层顶界面和底界面为约束，平行顶、平行底内插均分获得。

与传统的地震相分析相比，该方法具有以下几个特点：①在地震相分类时不需要井资料，只用地震资料就可以完成波形及地震相分类，但将地震相转为沉积相时需要利用已知点的沉积相对地震相进行地质含义的标定；②可以快速地对不同时窗进行分析，快速扫描整个数据，快速确定目标区，并对其进行详细的地震相研究；③具有客观性，保证了等时性。

时窗选取、模型道创建、地震相数据量的选择、波形分类数目确定和迭代次数确定等是地震波形分类技术获得良好效果的关键因素。

(1) 时窗选取：利用波形特征进行分类时要选用较稳定的层段，层段选取需大于半个相位并小于150ms，太大的层段会包含太多的模型，给解释带来困难，地质意义也不明确。而对于非等厚时窗的选择，可以选择主要目的层段或者顶底界面建立层间段。

(2) 创建模型道：在创建模型道过程中，首先划分出几种典型形态，然后每一实际道会被赋予一个基于相似性的典型形态。神经网络在地震层段内对实际地震道进行训练，然后与实际地震数据进行对比。通过自适应试验和误差处理，合成道在每次迭代后改变，在模型道和实际地震道间寻找更好的相关性。

(3) 波形分类数目确定：波形分类数目是指整个目的层段内地震道的种类数。较为理想的分类数不易确定，粗略且实用的方法有三种：一是把层段厚度除以6作为第一次计算的分类数；二是把上次计算分类数的50%作为第二次计算的分类数；三是把第一次计算分类数的150%作为第三次计算的分类数。正确的分类数应取决于所要研究的目标和对数据的了解程度，分类数大，结果过于详细，分类数小，结果过于粗糙。一般建议分类数在7～20，分类数不能超过层段样点数的1倍。

(4) 迭代次数确定：一般而言，神经网络大约10次迭代后就能收敛到实际结果的80%。为保证神经网络收敛的最佳性，建议选用迭代次数25～35。

(5) 地震相成图：经过运算，按照分类数及迭代次数，得出平面波形分类图。

通过利用层控地震相波形分类技术，对渤南地区沙三下亚段10～13层组的泥页岩进行了波形分类，取得了较好效果。该区在地震上能够追踪识别的有沙三下亚段10、12、13上及沙三段底四套反射轴。为此，通过连续追踪四套反射轴，利用等时地层切片技术得到同一沉积时期地震相的相同面积平面展布，并结合测井和钻井资料分析，定义等时地层切片，获得的解释成果就是整个勘探区域的平面岩相分布图。

选取10—12上、12—13上、13上至沙三段底三个层段，选取7种分类波形，迭代次数选择30次。从最终得出的12上和12下—13上地震相图(图4.1)来看，纹层状泥质灰岩、泥质灰岩等岩相能够较好区分开来。其中，紫色代表纹层状泥质灰岩发育区，红色和黄色代表纹层状灰质泥岩发育区，浅蓝色基本代表块状灰质泥岩发育区，能够较好的区分岩相的分布。

4.1.2 基于沉积参数的泥页岩岩相预测

由于泥页岩各类岩相的地球物理特征差异较小(表4.1)，地震属性难以与岩相建立较为匹配的关系，根据地震属性差异直接预测岩相的空间变化会存在较强的多解性。针对该问题，根据泥页岩储层地震地质特征，提出了基于沉积参数的泥页岩岩相预测方法基本原理是综合运用地震数据与钻井资料信息，以地震属性表征沉积参数为基础，通过沉积参数组合的神经网络融合来表征岩相，其数学模型为

$$\begin{bmatrix} y_1 \\ y_2 \\ \vdots \\ y_n \end{bmatrix} = \begin{bmatrix} w_{11} & w_{12} & \cdots & w_{1m} \\ w_{21} & w_{22} & \cdots & w_{2m} \\ \vdots & \vdots & & \vdots \\ w_{n1} & w_{n2} & \cdots & w_{nm} \end{bmatrix} \begin{bmatrix} x_1 \\ x_2 \\ \vdots \\ x_m \end{bmatrix} + \begin{bmatrix} c_1 \\ c_2 \\ \vdots \\ c_n \end{bmatrix} \tag{4.1}$$

式中，y_i 为重点井的沉积参数，$i=1,2,\cdots,n$；n 为沉积参数个数；x_j 为重点井的地震属性，$j=1,2,\cdots,m$；m 为地震属性个数；w_{ij} 为沉积参数 $y_i(i=1,2,\cdots,n)$ 相对于地震属性 $x_j(j=1,2,\cdots,m)$ 的权系数；c_k 为常数，$k=1,2,\cdots,n$。

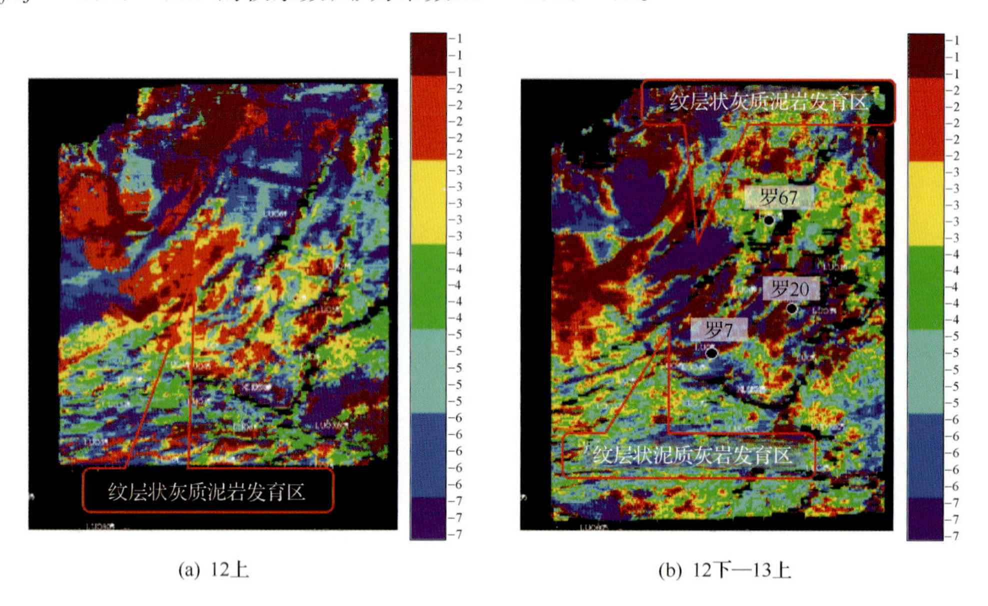

图 4.1 渤南地区沙三段 12 上、12 下—13 上波形分类岩相预测图

表 4.1 泥页岩不同岩相岩石、测井、地震特征表

岩相类型	X 衍射全岩矿物组成/%			TOC/%	孔隙度/%		速度/(m/s)	密度/(kg/m³)	地震响应特征
	黏土矿物	石英与长石	方解石		范围	均值			
纹层状泥质灰岩	17	14.8	61.6	3.2	3～7	5.1	2800～3300	2246	中强振幅/低频
纹层状灰质泥岩	28.1	19.2	48.8	3.8	3～6	4.5	2900～3500	2266	中强振幅/中低频
块状泥质灰岩	23.8	20.8	51.8	1.7	2～5	4.1	3400～4100	2408	中等振幅/低频
块状灰质泥岩	25.6	22.3	47.3	3.6	1～3	1.7	3000～3700	2440	中弱振幅/高频
泥页岩夹砂岩条带	20.3	22.1	52.5	2.4	2.5～7.5	6.3	2800～4200	2542	中强或中弱振幅/中频
泥页岩夹碳酸盐岩条带	19.6	17.9	58.3	2.2	3.2～8	6.7	2800～4400	2581	中弱振幅/中高频

1. 沉积参数选取与统计

有利岩相指具有较好生烃能力和储集能力的泥页岩，TOC 和 R_o是反映生烃能力的重要参数，储集物性是反映储集性能的重要参数，岩石矿物成分决定岩石的脆性，从而影响可压裂性。通过分析不同岩相的各种沉积参数的数值范围(表 4.1)，表明各种沉积参数及其组合能较好地反映岩相的变化。因此，选取了 TOC、碳酸盐矿物含量、石英与长石含量、孔隙度等沉积参数来表征泥页岩岩相。根据已钻井资料，统计重点井在 12 下—13 上和 13 下两个层组的沉积参数值(表 4.2、表 4.3)。

表 4.2　12 下—13 上层组重点井沉积参数统计表　(单位:%)

井名	TOC	碳酸盐矿物含量	石英与长石含量	黏土含量	孔隙度
垦 27	2.96	54.5	17.5	24.5	5.56
罗 19	2.94	51.43	16.12	25.54	4.87
罗 602	3.16	54.82	16.24	24.1	7.54
罗 69	3.35	56.5	15.09	24.56	5.82
义 172	2.2	48.3	19.1	26.5	6.3
义 178	2.21	56.9	14.6	26.34	7.37
义 96	3.15	55	17.5	24.5	4
义 S8	2.22	48.29	17.57	28.23	6.18
渤深 4	2.01	46.83	20	28	4.5

表 4.3　13 下层组重点井沉积参数统计表　(单位:%)

井名	TOC	碳酸盐矿物含量	石英与长石含量	黏土含量	孔隙度
罗 19	3.01	57.26	10.62	20.63	4.13
罗 602	2.46	61.6	16.35	19.71	4.36
罗 67	3.19	66.5	10.42	18.21	5.02
罗 69	2.91	65.64	13.29	18.89	4.65
义 172	3.02	60.75	13.21	22.2	5.98
义 176	2.91	52.17	13.09	24.32	5.61
义 186	2.96	56.46	12.97	25.02	5.82
义深 8	2.87	59.11	13.29	22.94	4.46
渤深 3	3.25	58.4	13.48	21.97	5.91
渤深 8	3.06	60.3	14.06	24.32	5.84

2. 沉积参数的地震预测

1) 井震相关分析确定敏感属性

在精细解释沙三下亚段 12 上层组底面、12 下—13 上层组底面及 13 下层组底面反射的基础上，合理拾取时窗，提取了振幅/能量、分频、波形、曲面和频率/能谱等多种地震属性。通过井震相关分析优选敏感属性(图 4.2)，建立沉积参数与地震属性的关系式。在沉积参数与地震属性相关分析时，应遵循拟合误差尽量小的原则，同时注意剔除个别异常井点的干扰。实测中拟合的相关系数均在 60%以上，保证相关分析的可靠性。

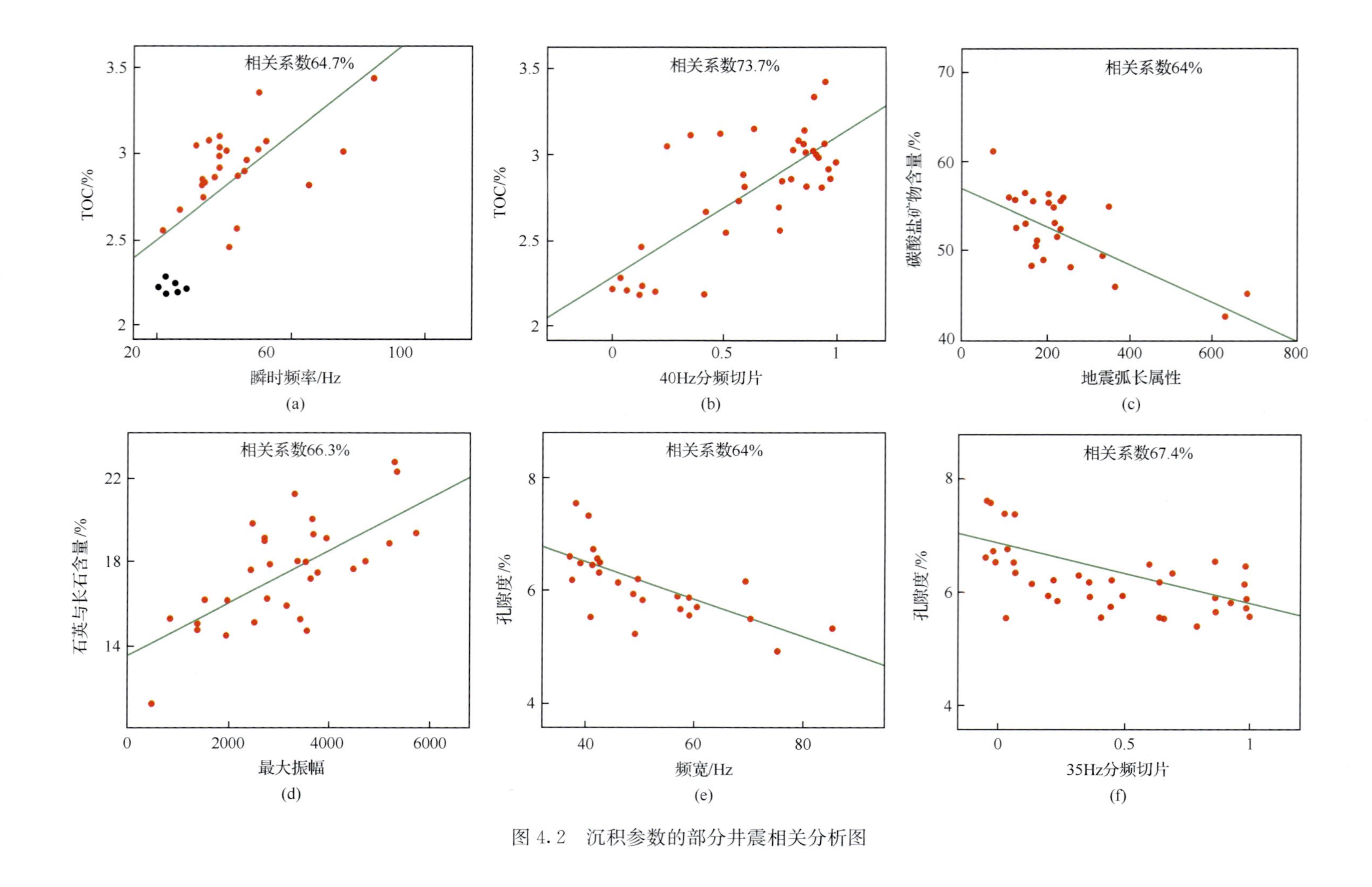

图 4.2 沉积参数的部分井震相关分析图

根据井震相关分析优选出敏感属性，建立了沉积参数与地震属性之间的拟合关系式。12下—13上层组优选40Hz分频沿层切片（40Hz_ CCT_freq_slice，40CF）、瞬时频率（instantaneous_frequency，IF）、能量和（sum_magnitude，SM）属性表征TOC：

$$\text{TOC} = 2.33518 + 0.486754 \times (40\text{CF}) + 0.00495839\text{IF} - 3.1301 \times 10^{-6}\text{SM} \tag{4.2}$$

用最大能量（max_magnitude，MM）、弧长（seismic_arc_length，SAL）、均方根振幅（RMS_amplitude，RA）属性表征碳酸盐矿物含量：

$$\text{碳酸盐矿物含量} = 59.0796 - 0.00067981\text{MM} - 0.00486582\text{SAL} - 0.0021853\text{RA} \tag{4.3}$$

用最大能量、均方根振幅属性表征石英与长石含量：

$$\text{石英与长石含量} = 13.5014 + 0.000781922\text{MM} + 0.000781922\text{RA} \tag{4.4}$$

用平均峰值振幅（avg_peak_amplitude，APA）、35Hz分频沿层切片（35Hz_ CCT_freq_slice，35CF）、带宽（bandwidth，BW）属性表征孔隙度：

$$\text{孔隙度} = 6.91303 + 0.000175814\text{APA} - 0.675132(35\text{CF}) - 0.0119849\text{BW} \tag{4.5}$$

13下层组，优选平均能量（avg_ magnitude，AM）属性表征TOC：

$$\text{TOC} = 2.1794 - 0.000109566\text{AM} \tag{4.6}$$

用频宽比（spectral_band_ratio，SBR）、30Hz分频（30Hz_ CCT_freq_slice，30CF）、瞬时频率、能量和属性表征碳酸盐矿物含量：

$$\begin{aligned}\text{碳酸盐矿物含量} = {} & 66.2453 + 1.15672\text{SBR} - 0.171784 \times (30\text{CF}) \\ & - 0.0683776\text{IF} + 2.79419 \times 10^{-5}\text{SM}\end{aligned} \tag{4.7}$$

用弧长、平均振幅（avg_ amplitude，AA）属性表征石英与长石含量：

$$\text{石英与长石含量} = 11.5045 + 0.00720113\text{AL} - 0.000770731\text{AA} \tag{4.8}$$

用40Hz分频及累加正振幅（sum_ positive_amplitude，SPA）属性表征孔隙度：

$$\text{孔隙度} = 5.33381 + 0.940579(40\text{CF}) - 2.05818 \times 10^{-5}\text{SPA} \tag{4.9}$$

2）各沉积参数的平面展布特征预测

分别利用各沉积参数与地震属性拟合得到的关系式进行了各沉积参数的平面预测，预测结果符合地质规律。

12下—13上层组沉积时期处于湖侵体系域，有机质丰富，TOC总体较高，南部相对北部物源较少，黏土矿物含量高，有机质含量高，因此TOC总体高于北部。从石英与长石含量分布图看，全区分布相差不大，盆地南坡及北部洼陷带局部地区受盆缘碎屑物源影响，含量稍高于盆地内部；碳酸盐矿物含量分布总体与石英长石分布特征相反，在南部斜坡带和洼陷带局部地区含量较高；北部洼陷带由于少量陆源碎屑物质的注入，增加了泥页岩的脆性，易于被改造形成裂缝和孔隙，表现为孔隙度高于南部（图4.3）。

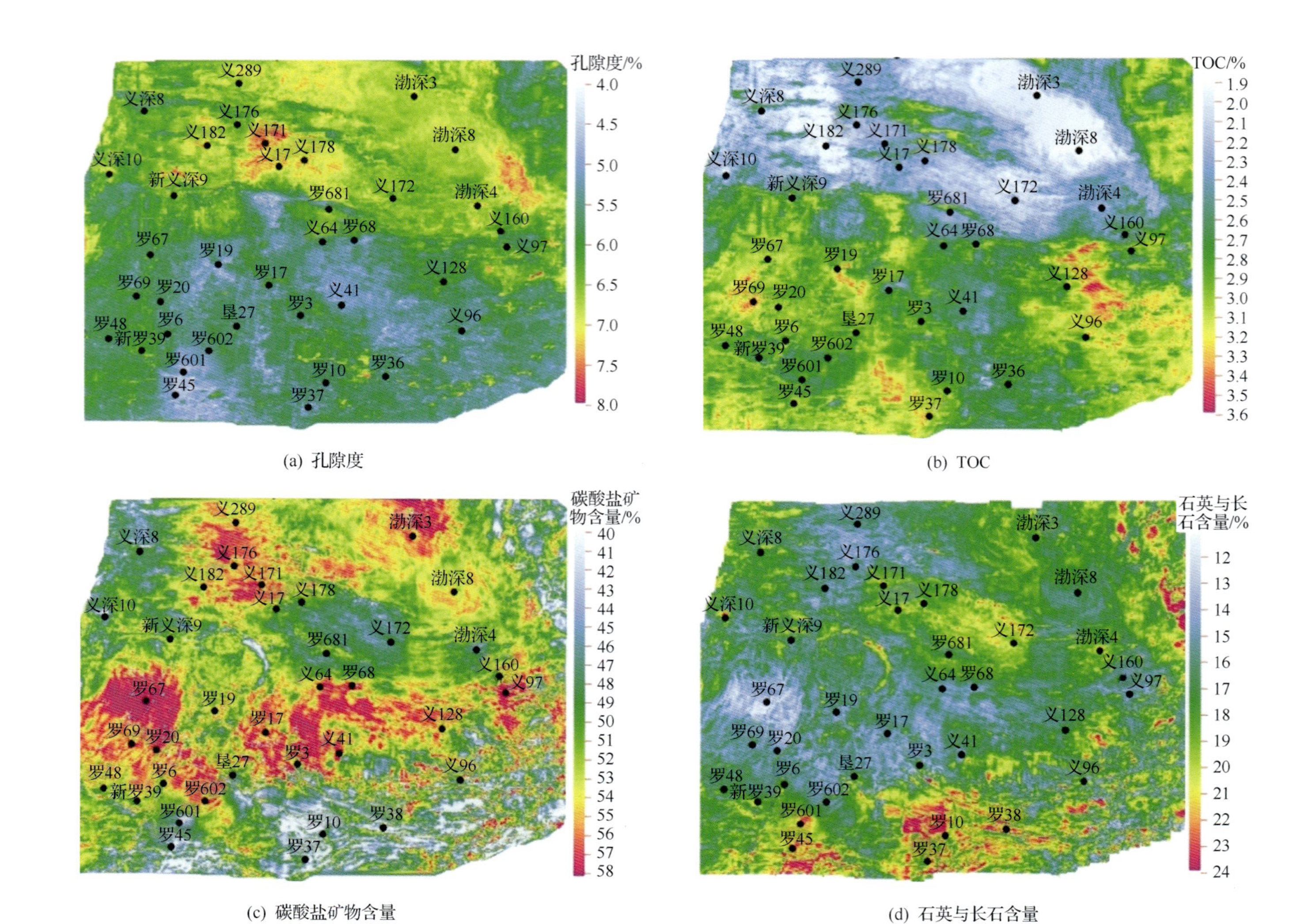

(a) 孔隙度　　(b) TOC

(c) 碳酸盐矿物含量　　(d) 石英与长石含量

图 4.3　渤南地区沙三下亚段 12 下—13 上层组沉积参数平面分布图

从13下层组的TOC分布图看，北部洼陷带总体高于南部，由于北部洼陷带水体较深，有机质丰富，有机碳含量高于南部。从石英与长石含量分布图看，全区分布相差不大，盆地南坡及北部洼陷带局部地区受盆缘碎屑物源影响，含量稍高于盆地内部；碳酸盐矿物含量分布总体与石英长石分布特征相反，在南部斜坡带和洼陷带局部地区含量较高；由于少量陆源碎屑物质的注入，北部洼陷带发育泥页岩夹砂岩条带，或局部高部位碳酸盐岩发育，发育泥页岩夹碳酸盐岩条带，砂岩条带或碳酸盐岩条带的发育增加了泥页岩的脆性，易于被改造形成裂缝和孔隙，其孔隙度总体高于南部(图4.4)。

3. *岩相划分结果及效果分析*

将上述得到的沉积参数预测结果作为输入，依据实测钻井岩相作为约束，利用神经网络聚类分析进行岩相划分。该方法得到的分类结果是针对沉积参数的聚类，直接融合并反映了各种沉积参数的变化特征，划分结果较为可靠。

12下—13上层组(图4.5)：南部缓坡带处于滨浅湖区，主要发育块状泥质灰岩相(区域Ⅰ)，该区带岩石较少发育纹层。斜坡带处于半深湖区，水体较深且具分层，湖盆整体处于欠补偿沉积状态，岩石黏土含量增加，TOC高，泥页岩中有机质纹层明显，以发育纹层状泥页岩相为主。如罗42、罗19等井发育纹层状灰质泥岩相(区域Ⅱ)，试油获高产工业油流，罗69、罗67等井发育纹层状泥质灰岩相(区域Ⅲ)，见良好油气显示。向北部洼陷带发育泥页岩夹砂岩(碳酸盐岩)条带相，渤深4、义172、义深8等井为泥页岩夹砂岩条带相(区域Ⅳ)，渤深4井区靠近孤岛凸起，义深8井区靠近义和庄凸起。由于陆源碎屑物质注入而表现为泥页岩夹砂岩条带，泥页岩夹碳酸盐岩条带和泥页岩夹砂岩条带在渤深3、义182等井区均有发育，以夹碳酸盐岩条带为主(区域Ⅴ)，义97井区发育近物源区的三角洲砂体(区域Ⅵ)。岩相发育受古地形控制明显，层状泥页岩主要发育在南部缓坡带，纹层状泥页岩主要发育在斜坡带，层状泥页岩夹碳酸盐岩条带及层状泥页岩夹砂岩条带相发育在北部洼陷带。

13下层组(图4.6)：南部缓坡带处于滨浅湖区，主要发育块状灰质泥岩相(区域Ⅰ)。斜坡带罗家西部地区为块状泥质灰岩(区域Ⅱ)，东部为纹层状泥质灰岩(区域Ⅲ)，北部洼陷带主要发育泥页岩夹砂岩条带或泥页岩夹碳酸盐岩条带相。义172井区靠近孤岛凸起，义深10井区靠近义和庄凸起，受陆源碎屑物质注入影响，以发育泥页岩夹砂岩条带相为主(区域Ⅴ)。距物源稍远的区带以发育泥页岩夹碳酸盐岩条带相为主(区域Ⅵ)，该类岩相岩石脆性高，裂缝发育，且碳酸盐岩重结晶作用利于晶间孔及溶孔的发育，表现为较好的储集性，该带义182、义186井获高产工业油气流。

两个层组的岩相预测结果与实钻结果对比表明，该方法在渤南地区沙三下亚段泥页岩岩相预测中具有较好的应用效果。

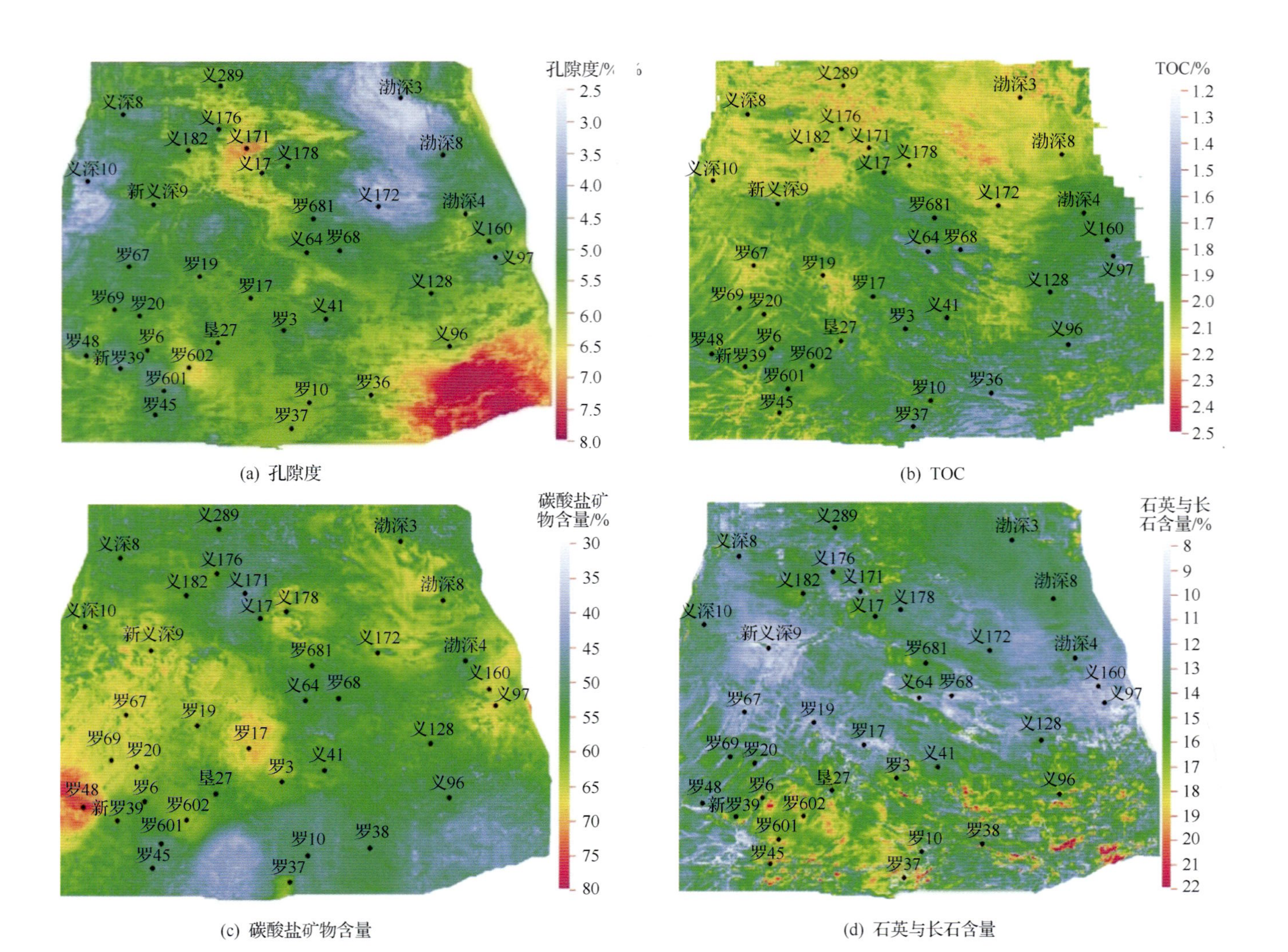

(a) 孔隙度　(b) TOC

(c) 碳酸盐矿物含量　(d) 石英与长石含量

图 4.4 渤南地区沙三段下亚段 13 下层组沉积参数平面分布图

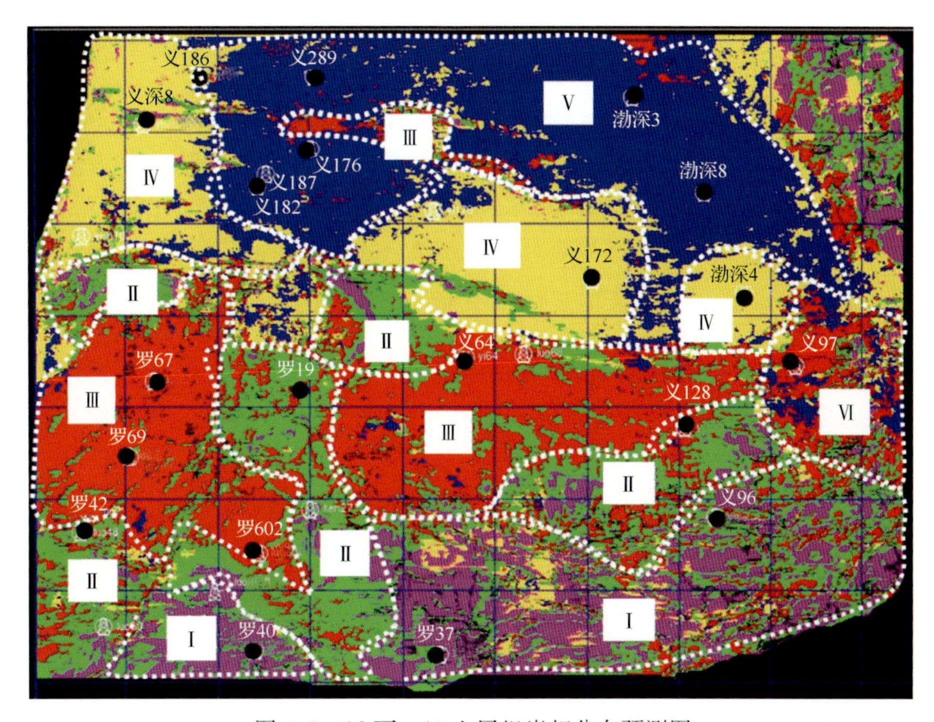

图 4.5　12 下—13 上层组岩相分布预测图

Ⅰ. 块状泥质灰岩相；Ⅱ. 纹层状灰质泥岩相；Ⅲ. 纹层状泥质灰岩相；Ⅳ. 层状泥页岩夹砂岩条带相；Ⅴ. 层状泥页岩夹碳酸盐岩条带相；Ⅵ. 砂岩相

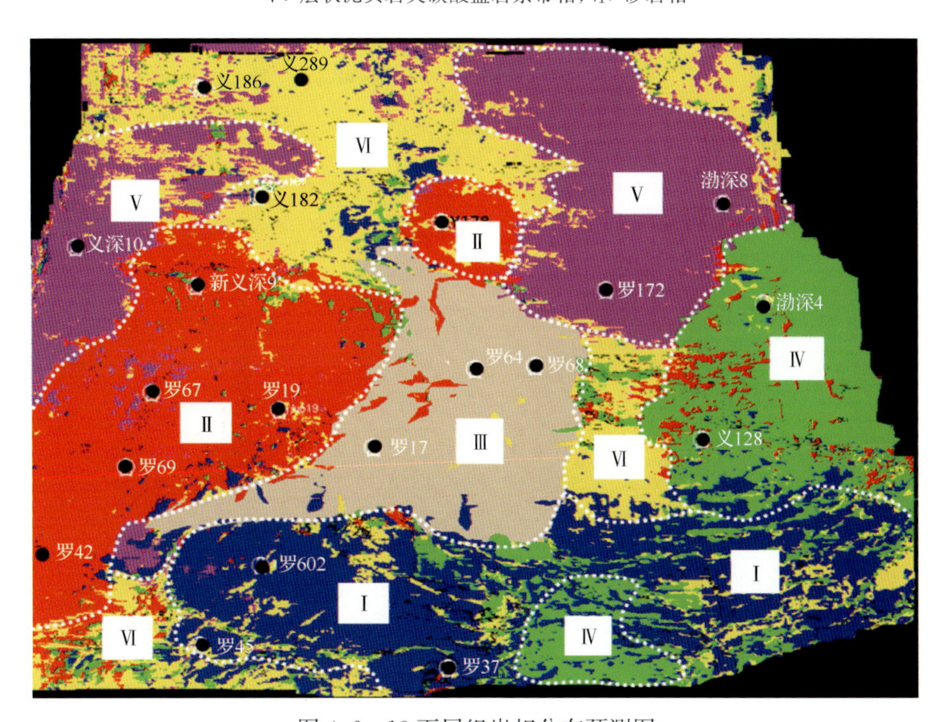

图 4.6　13 下层组岩相分布预测图

Ⅰ. 块状灰质泥岩相；Ⅱ. 块状泥质灰岩相；Ⅲ. 纹层状泥质灰岩相；Ⅳ. 砂岩夹泥页岩相；Ⅴ. 层状泥页岩夹砂岩条带相；Ⅵ. 层状泥页岩夹砂岩条带及碳酸盐岩条带

4.1.3　去压实波阻抗优势岩相预测方法

针对常规声波曲线重构所存在的弊端，在实际工作中，重点研究依靠测井弹性信息来放大泥页岩各类岩相之间的速度差异，形成了去压实波阻抗优势岩相预测方法。该方法主要探讨了压实趋势对速度带来的影响，并对其进行了合理的剔除。为简化说明，接下来仅以砂岩、泥岩两种岩性为理论模型进行原理阐述。

1. 岩性速度变化影响因素分析

不同岩性，其速度变化的影响因素并不相同。以砂岩和泥岩为例，泥岩速度变化主要受压实趋势的影响，而砂岩速度除了受压实趋势的影响外，还受所含流体性质等非压实因素的影响。

碎屑岩速度受埋深的影响变化较大(图 4.7)，随着埋深的增加，各岩性速度会显著

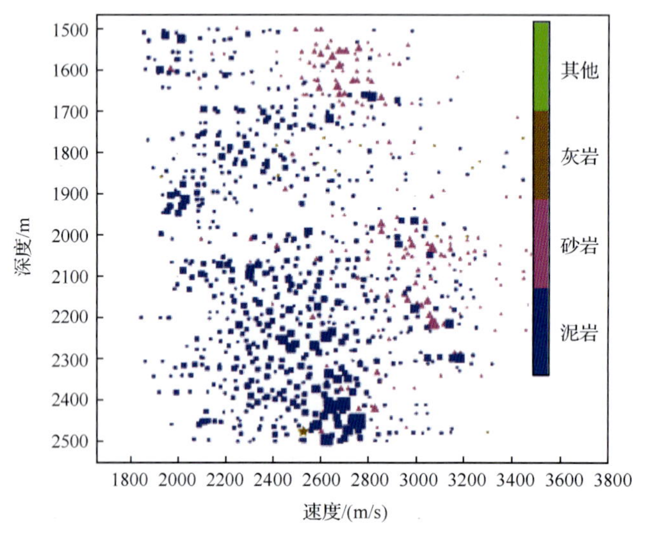

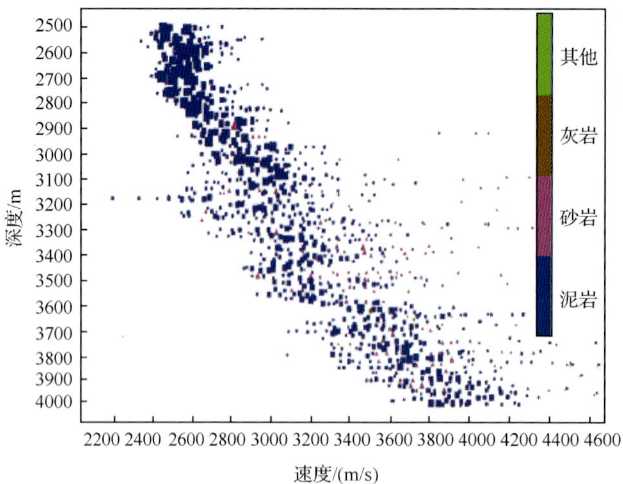

图 4.7　利津洼陷中浅、中深层埋深段岩性速度交会分析

增加。在中浅层，压实作用对速度的影响相对较小，砂岩与泥岩速度存在着较大的区分空间；在中深层，压实作用所带来的速度影响更为明显，砂岩、泥岩速度重叠较大，难以区分。

通过上述分析，得到一点重要启示是如果能将中浅层的速度差异合理引入中深层中，那么整个井段各种岩性速度差异都将得到放大，而实现这个过程的关键在于分岩性进行压实趋势的计算。

2. 分岩性进行压实趋势计算方法研究

分岩性进行压实趋势计算的整个过程主要分为四步，以下原理阐述均以砂岩和泥岩两种岩性为例。

1）分岩性剔除非压实趋势速度分量

由于泥岩的速度主要受压实趋势的影响，非压实趋势的速度分量可以忽略，泥岩的压实趋势可以直接计算出来。而砂岩速度变化的影响因素较多，只有先将非压实趋势的速度分量计算并剔除掉后，才能开展接下来的砂岩压实趋势的计算（图 4.8）。

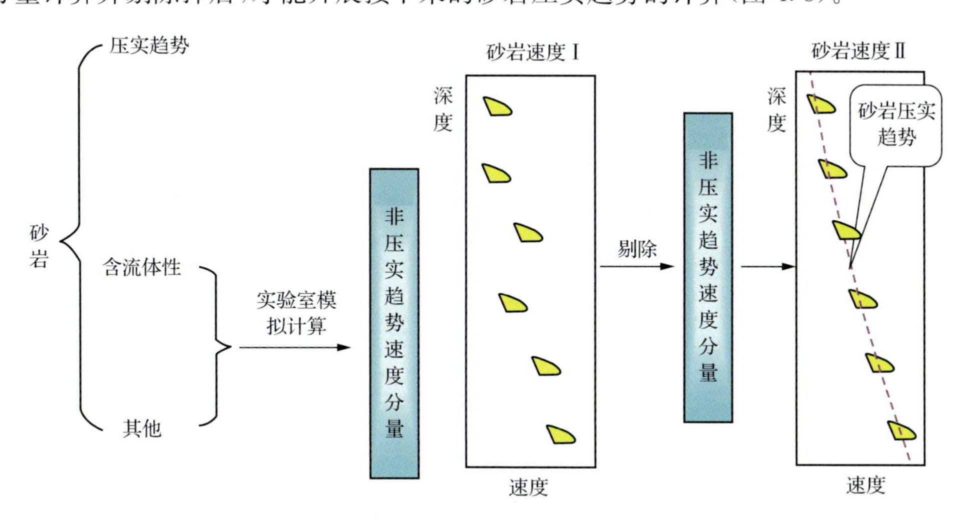

图 4.8　分岩性剔除非压实趋势速度分量流程图

2）分岩性剔除压实趋势速度分量

在剔除砂岩非压实趋势速度分量后，接下来可分岩性剔除压实趋势速度分量的计算。通过钻井的埋深与速度交会，可分别计算出砂岩和泥岩各自的压实趋势速度分量，并进行剔除。在剔除了压实趋势速度分量后，砂岩、泥岩会得到各自的基值速度（图 4.9）。此时计算所得到的基值速度具有以下重要特征：相同的岩性速度分布区间较为集中，在浅、中、深层各埋深段的速度都比较接近。这一特征是将浅层的各岩性基线速度的差异引入到中、深层部分的关键之一。

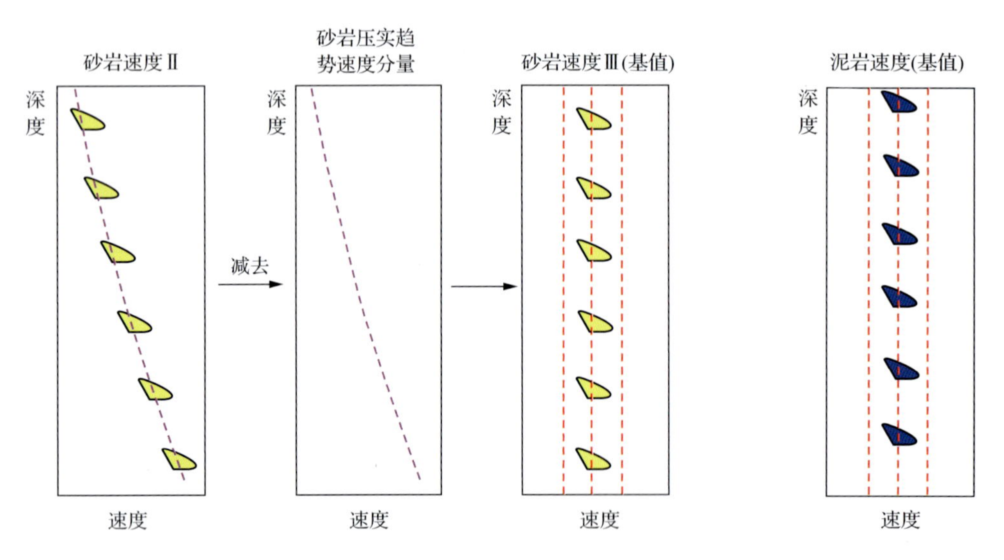

图 4.9　分岩性剔除压实趋势速度分量流程

3）非压实趋势速度分量的回归

由于泥岩是直接进行压实趋势速度分量的计算并剔除掉的，为了与泥岩对应，最终处理得到的砂岩速度也只能是仅剔除掉其压实趋势速度分量的，而必须包含非压实趋势速度分量，需要对砂岩的非压实趋势速度分量进行回归计算（图 4.10）。一般而言，非压实趋势速度分量相对较小，回归后不影响砂岩基值速度的基本特征。

4）各类岩性的基线速度（速度基线）回归计算

最后一步是分岩性进行各类岩性的基线速度回归计算。该步骤的目的有两个：①将各类岩性的基值速度回归到正常的值域范围；②借助于浅层砂岩、泥岩速度基线存在较大差异的特征，来放大目的层段的（中深层）砂岩、泥岩速度差异。

基于之前的速度随埋深变化特征分析，在中浅层中，通常会有多个层段的砂岩、泥岩存在较大的速度差异，也会提供多组对应的基线回归速度（图 4.10）。基线速度的选取需要把握一个大的原则：回归后的测井曲线与原始地震之间具有良好的匹配性。

匹配性分析可由反射系数序列组合和反射强度两个方面进行比较。为确保得到一个好的匹配性，在实际工作中可以灵活把握两个要点：①取目的层段埋深相对浅层部分，如果沉积相带差异太大，效果可能不好，可以考虑取目的层段之上的相对浅层层段；②相对浅层层段的选取中，取与目的层段具有相似沉积背景的层段，这样有利于回归后的测井曲线与原始地震之间具有较好的匹配性。

以上是以速度曲线处理为例，在实际工作中，可以直接对探井的纵波波阻抗曲线进行类似的处理，利用最终处理得到的纵波波阻抗曲线参与到地震反演中，从而实现去压实波阻抗优势岩相的预测。

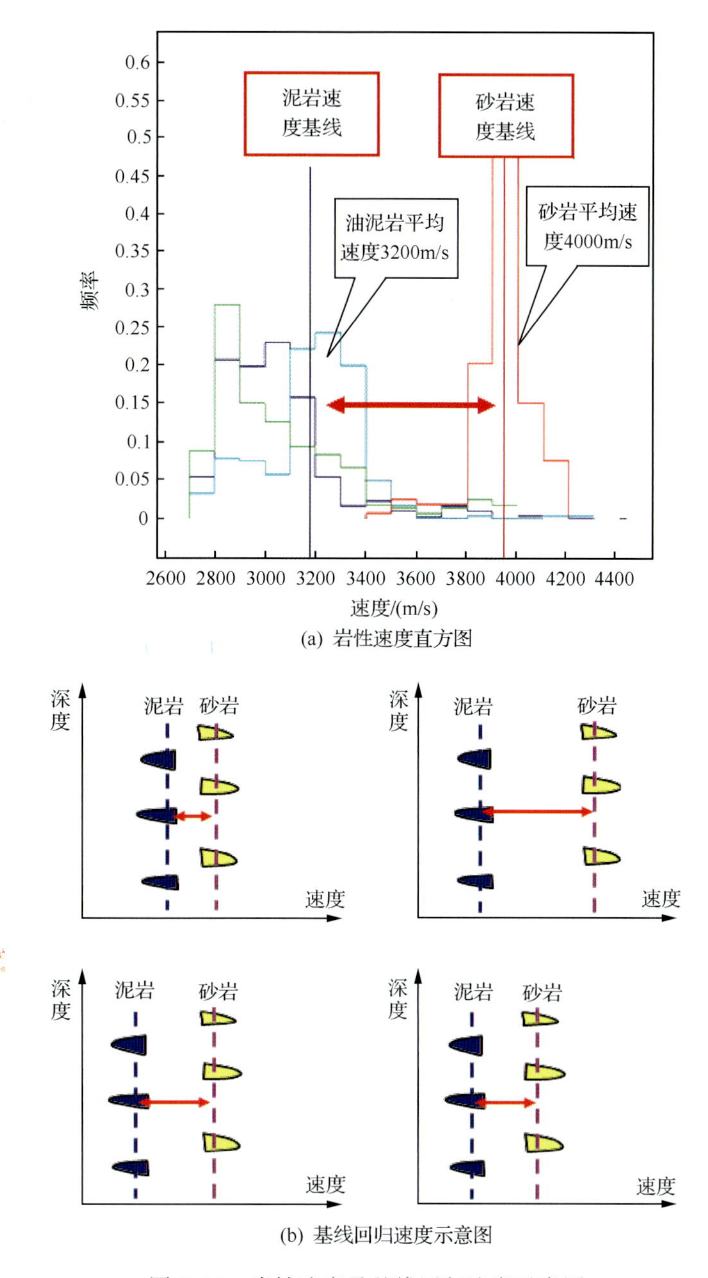

(a) 岩性速度直方图

(b) 基线回归速度示意图

图 4.10　岩性速度及基线回归速度示意图

3. 实际应用效果

在实际工作中，应用去压实波阻抗优势岩相预测方法对樊页 1 井区开展了预测。樊页 1 井区面积约 120km²，位于东营凹陷南部缓坡带，灰岩较为发育。从本研究区泥页岩各类岩相的速度统计来看(表 4.4)，泥页岩五种岩相之间的速度分布区间比较接近，难以区分，但平均速度存在着一定的差异性。层状泥页岩平均速度最高，为 3650m/s；纹层状灰质泥岩和纹层状泥质灰岩速度次之，分别为 3400m/s 和 3500m/s，这两类岩相的速度较为接近；块状灰质泥岩和块状泥质灰岩平均速度分别为 3250m/s 和 3300m/s，这两类岩相平均速度也比较接近。根据泥页岩优势岩相的划分及泥页岩五种岩相之间的平均速度的差异性，将樊页 1 井区泥页岩储层划分为三类，其中平均速度最高的层状泥页岩岩相为Ⅰ类储层；平均速度较为接近的纹层状灰质泥岩和纹层状泥质灰岩整体归为Ⅱ类储层；平均速度较为接近的块状灰质泥岩和块状泥质灰岩整体归为Ⅲ类储层。其中Ⅰ类、Ⅱ类储层为本研究区的有利储层。

表 4.4　樊页 1 井区泥页岩岩相速度统计

泥页岩岩相	速度分布区间/(m/s)	平均速度/(m/s)	储层类别
层状泥页岩	2350～5400	3650	Ⅰ类储层
纹层状灰质泥岩	2250～5000	3400	Ⅱ类储层
纹层状泥质灰岩	2400～5050	3500	
块状灰质泥岩	2150～4500	3250	Ⅲ类储层
块状泥质灰岩	2300～4900	3300	

在去压实波阻抗优势岩相预测方法原理阐述中，主要借用岩性组成为砂岩、泥岩两种岩性的模型进行说明。接下来简要介绍实际测井曲线的处理过程，以层状泥页岩岩相速度处理为例，整个过程分为四步。

(1) 从测井曲线上将层状泥页岩岩相的速度曲线单独剥离出来，拟合计算并剔除掉其非压实趋势速度，得到层状泥页岩速度Ⅱ(图 4.11)。

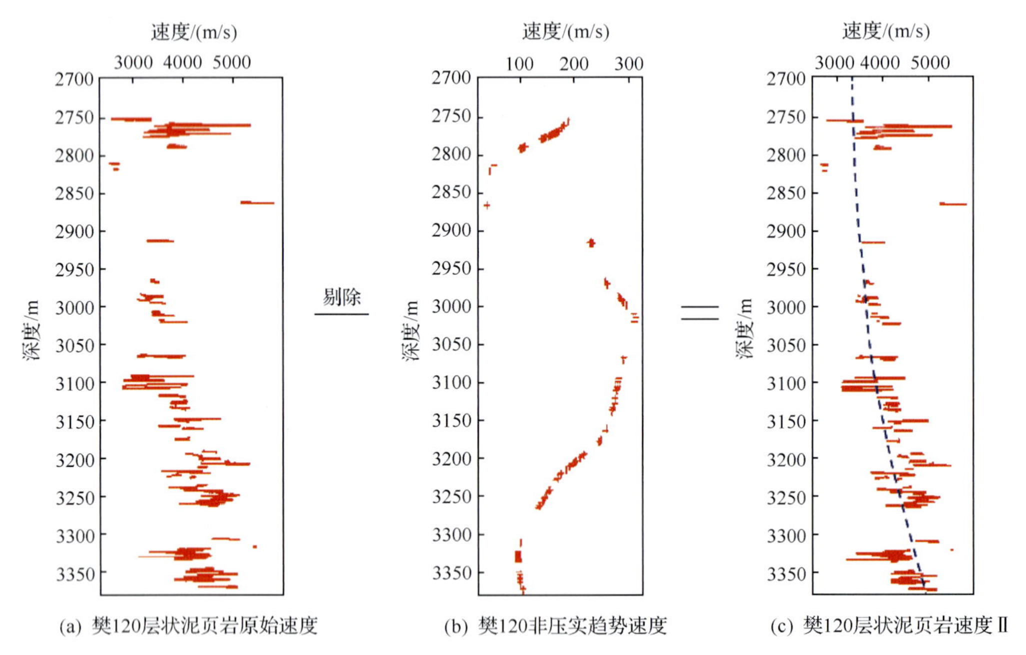

图 4.11　层状泥页岩岩相的非压实趋势速度剔除

(2) 在层状泥页岩岩相的非压实速度剔除后，对层状泥页岩压实趋势速度分量的拟合计算并剔除，从而得到层状泥页岩的基值速度Ⅲ(图 4.12)。

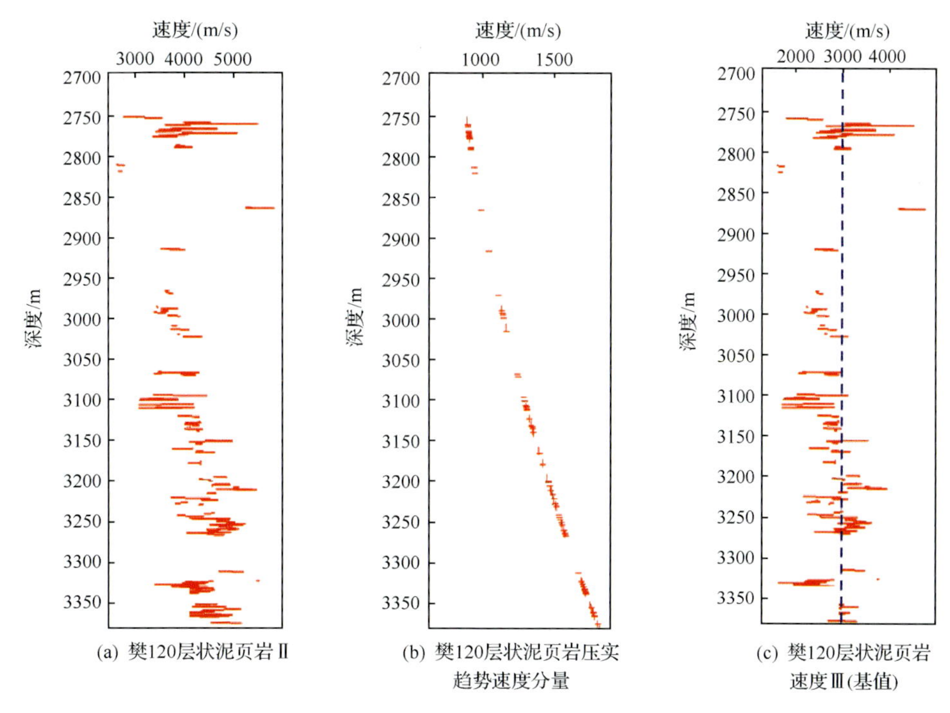

(a) 樊120层状泥页岩Ⅱ　(b) 樊120层状泥页岩压实趋势速度分量　(c) 樊120层状泥页岩速度Ⅲ(基值)

图 4.12　层状泥页岩岩相的压实趋势速度分量计算

(3) 在得到层状泥页岩的基值速度Ⅲ后,对层状泥页岩的非压实趋势速度分量进行回归(图 4.13),得到层状泥页岩速度Ⅳ。

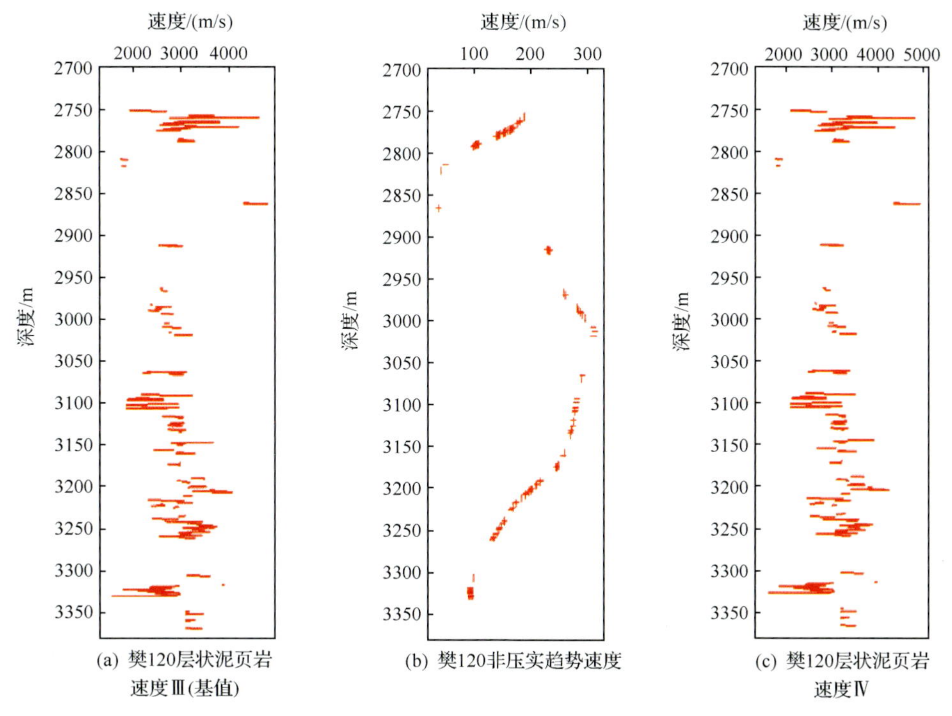

(a) 樊120层状泥页岩速度Ⅲ(基值)　(b) 樊120非压实趋势速度　(c) 樊120层状泥页岩速度Ⅳ

图 4.13　层状泥页岩非压实趋势速度回归

(4) 最后对层状泥页岩的基线速度进行回归(图 4.14)。考虑到本区泥页岩的主力层组集中在沙四上亚段和沙三下亚段,从沉积环境看,沙一段为深湖—半深湖相沉积,与沙四段、沙三段沉积环境整体相似。因此,在层状泥页岩岩相的基线速度选取中,取沙一段的层状泥页岩平均速度作为本区层状泥页岩岩相的基线回归速度。

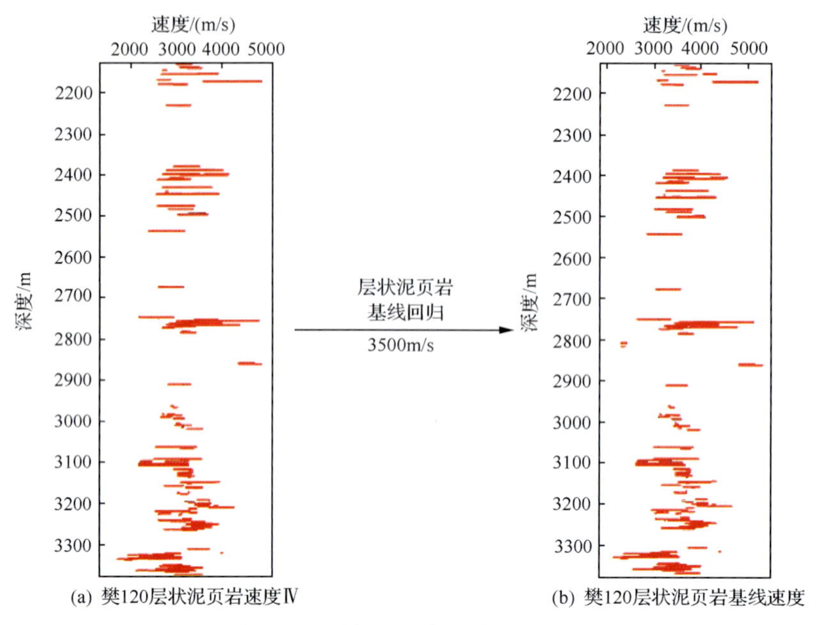

图 4.14　层状泥页岩基线速度回归

以上是对层状泥页岩岩相的速度曲线进行处理,其他四种泥页岩岩相的速度处理过程与此类似。但在实际工作中,并不需要对速度曲线进行单独处理,而是直接处理探井的纵波波阻抗曲线(图 4.15)。

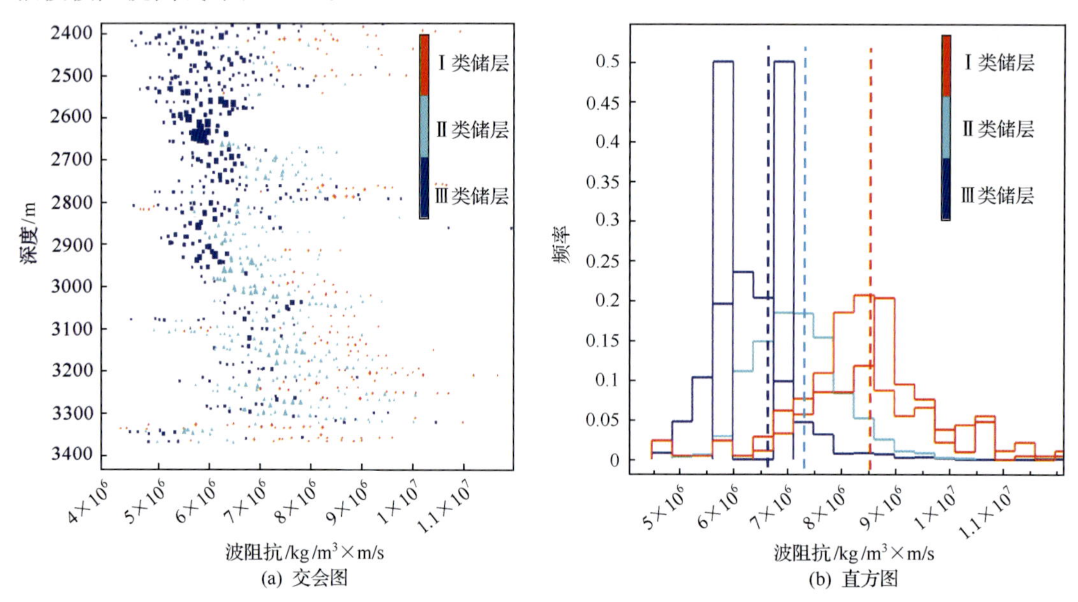

图 4.15　樊页 1 井区泥页岩储层去压实波阻抗交会图和直方图

从樊页 1 井区泥页岩三类储层去压实波阻抗交会图与直方图分析看，三类储层的波阻抗分布区间重叠较小，存在较大的区分空间，这为后续的反演奠定了坚实的基础。

依据处理得到的去压实波阻抗，建立了樊页 1 井区的泥页岩储层去压实波阻抗解释量版(表 4.5)。

表 4.5　樊页 1 井区泥页岩储层去压实波阻抗解释量版

储层类别	岩相	纵波阻抗分布区间 /10^6(kg/m^3×m/s)	纵波阻抗平均值 /10^6(kg/m^3×m/s)
Ⅰ	层状泥页岩	6.0～11	8.5
Ⅱ	纹层状灰质泥岩、纹层状泥质灰岩	5～9.5	7.3
Ⅲ	块状灰质泥岩、块状泥质灰岩	4.9～9	6.5

应用去压实波阻抗优势岩相预测方法，对樊页 1 井区泥页岩储层开展了预测。从过樊 119—樊 120—樊页 1—纯 110—纯 87—纯 83—通 88 的反演剖面(图 4.16)看，本区沙三下亚段Ⅱ层组泥页岩的Ⅰ、Ⅱ类储层极为发育，Ⅰ类储层与Ⅱ类储层之间的波阻抗差值较大，各岩相的变化点较为清晰。反演剖面显示樊 119 井、樊 120、纯 83 和通 88 井在沙三下亚段Ⅱ层组为Ⅰ类储层，樊页 1、纯 110 为Ⅱ类储层，纯 87 为Ⅲ类储层，预测结果与实际钻井情况一致，反演结果准确可靠。

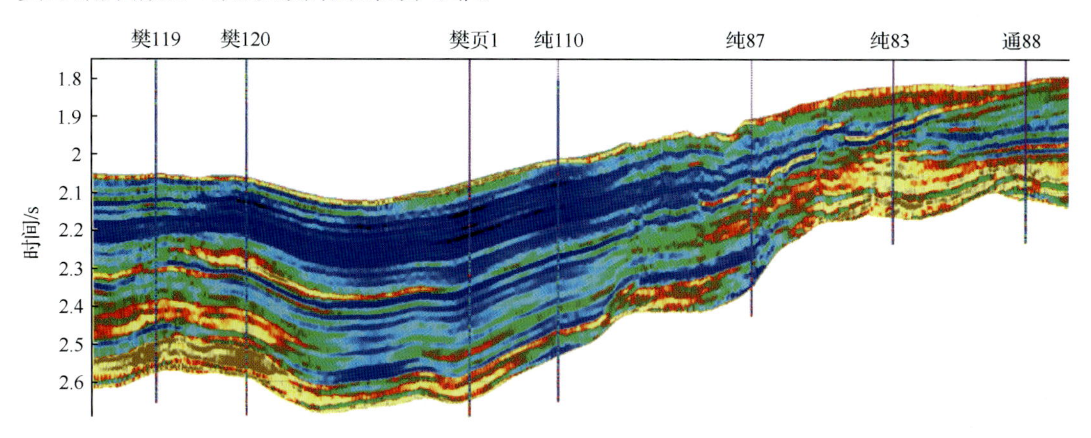

图 4.16　樊 119—樊 120—樊页 1—纯 110—纯 87—纯 83—通 88 的岩相预测剖面

泥页岩储层发育主要受古地形的控制。从古地形恢复图看(图 4.17)，沙四上纯上亚段沉积时期，樊页 1 井区整体位于水下高地，东侧为以继承性的纯化构造鼻梁，有利于层状泥页岩的发育；而沙三下亚段沉积时期，樊页 1 井区位于低洼区，东侧仍为纯化构造鼻梁，该时期水体加深，除发育层状泥页岩外，纹层状灰质泥岩、纹状泥质灰岩Ⅱ类储层也比较发育；另外还在局部地区发育块状灰质泥岩、块状泥质灰岩的Ⅲ类储层。

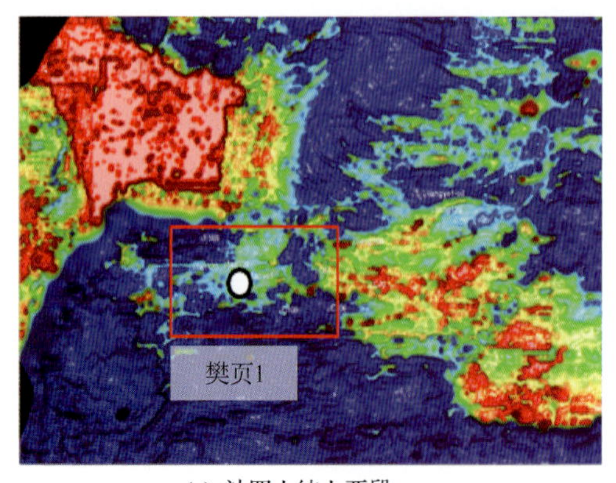

(a) 沙四上纯上亚段

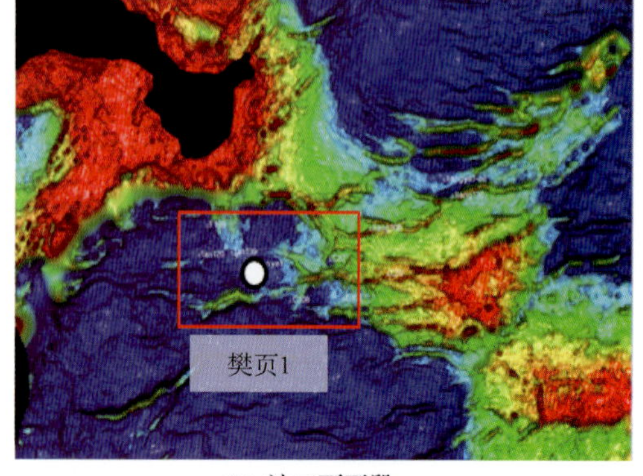

(b) 沙三下亚段

图 4.17　樊页 1 井区沙四上纯上亚段和沙三下亚段古地形恢复图

本研究区泥页岩主力层组有三个，分别为沙三下亚段Ⅱ层组（10 层组）、沙三下亚段Ⅲ层组（11 层组）和沙四上亚段Ⅱ层组（14 层组）。从沙四上亚段Ⅱ层组预测结果看（图 4.18），该区Ⅰ类储层普遍发育，层状泥页岩相广泛分布于全区。说明沉积时水体较浅，仅在局部发育Ⅱ类储层（纹层状灰质泥岩、纹层状泥质灰岩），预测结果与古地形较为匹配，与实际钻井的吻合程度也极高。

从沙三下亚段Ⅲ层组（11 层组）预测结果看（图 4.19），Ⅰ类储层（层状泥页岩相）和Ⅱ类储层（纹层状灰质泥岩和纹层状泥质灰岩）都比较发育。其中Ⅰ类储层主要发育于西侧的樊 120 水下高地和东侧的纯化鼻状构造；Ⅱ类储层的发育范围相较于 14 层组，其发育范围也更广；Ⅲ类储层（块状泥质灰岩和块状灰质泥岩）仅在局部发育。

从沙三下亚段Ⅱ层组（10 层组）预测结果看（图 4.20），Ⅰ类储层在研究区东侧的纯 83 块纯化构造鼻梁较为发育，在樊 120、纯 112 块零星分布，与 11 层组比，Ⅰ类储层发育范围明显变小；Ⅱ类储层在 10 层组较为发育，主要分布在梁 211—樊 169—樊 13—樊 7—樊页 1—樊 51—纯 106—纯 104 环带；Ⅲ类储层与 11 层组比，发育范围明显扩大。整个预测结果与钻井吻合程度极高，与古地形也较为匹配。

通过泥页岩优势岩相带的预测，主要取得了以下几点认识：①泥页岩去压实波阻抗优势岩相预测方法在针对速度曲线/波阻抗曲线的处理过程中，依靠弹性信息来放大各类岩相之间的速度差异，并且在基线速度回归时，合理考虑沉积环境，使处理得到的速度/波阻抗曲线与原始地震资料之间具有良好的匹配性；②从预测结果看，本区泥页岩储层的沉积具有明显的继承性，随着水体的变深，构造鼻梁和水下高地处储层由Ⅰ类储层逐渐向Ⅱ类储层过渡；而在局部“小洼”Ⅲ类储层发育范围随着水体的变深而持续扩大。第三，11～15 层组（沙三下亚段Ⅲ层组至沙四上纯上亚段Ⅲ层组）Ⅰ、Ⅱ类储层普遍发育；7～10 层组，以Ⅲ类储层为主，仅纯化构造鼻梁Ⅰ类储层发育，水下古隆起处发育Ⅱ类储层；5～6 层组，以Ⅲ类储层为主，基本不发育Ⅰ类储层。

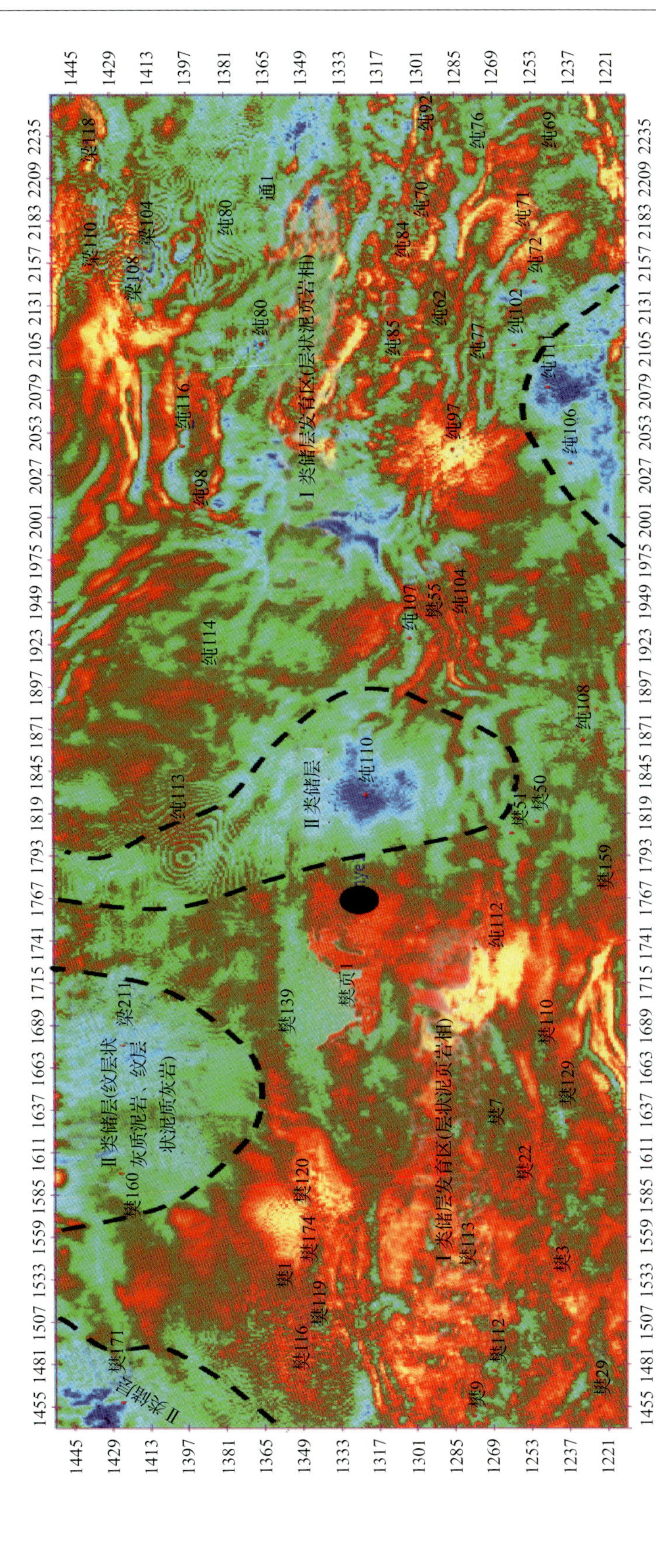

图4.18 沙四上纯上亚段Ⅱ层组(14层组)优势岩相地震亮化平面预测图

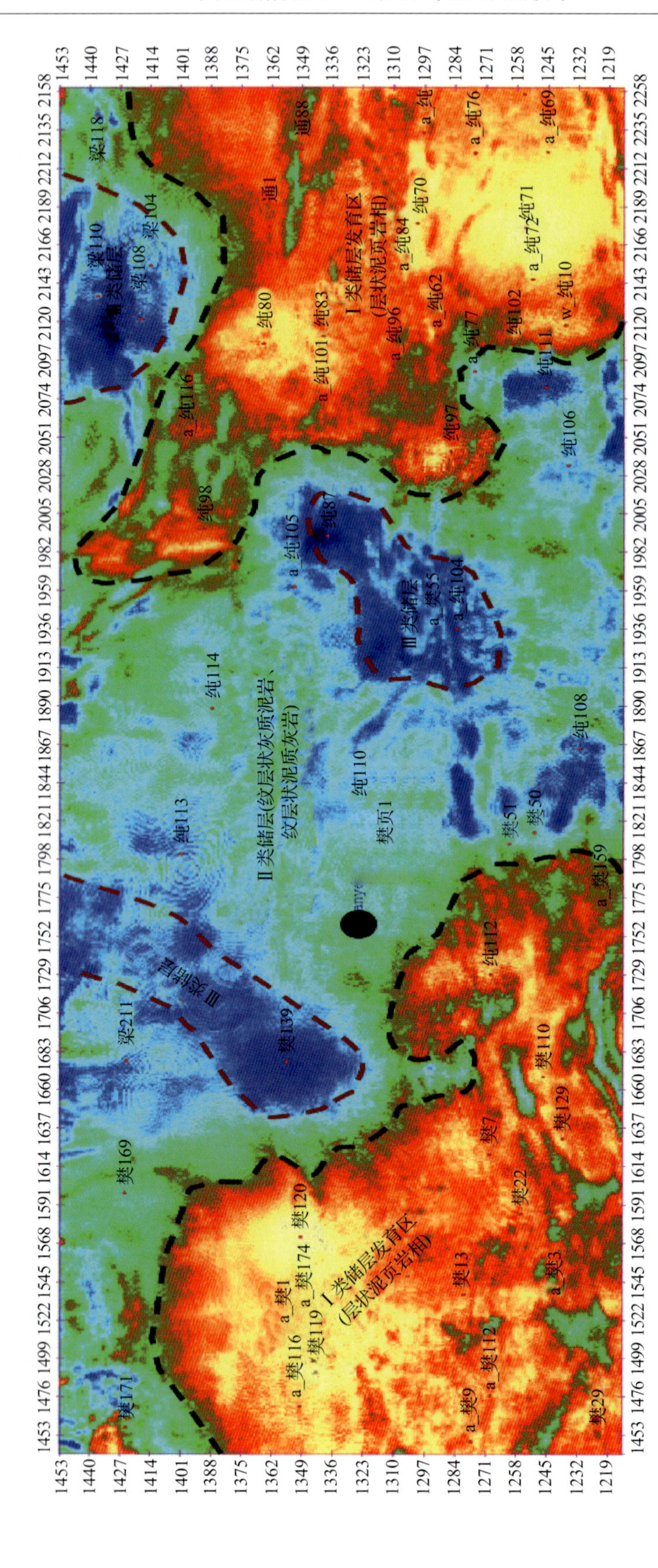

图 4.19 沙三下亚段Ⅲ层组(11 层组)优势岩相地震亮化平面预测图

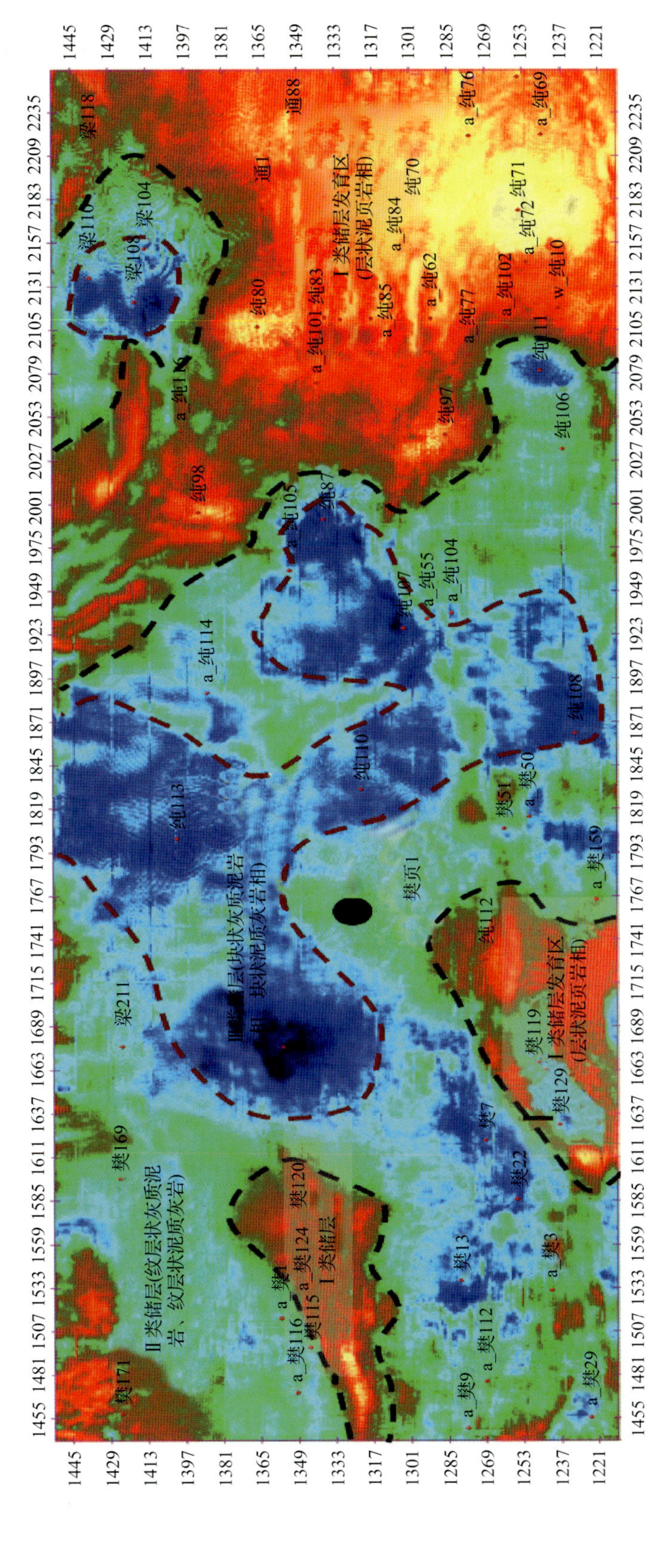

图 4.20　沙三下亚段Ⅱ层组(10层组)优势岩相地震亮化平面预测图

4.2 泥页岩 TOC 分布地震预测

TOC 地球物理预测方法是建立在分析实测 TOC 数据与测井、地震等地球物理参数之间关系的基础上，结合数据资料丰富的地球物理参数，对泥页岩层段进行大范围的 TOC 预测。

4.2.1 泥页岩 TOC 的测井响应特征

识别泥页岩储层及 TOC 发育段所需的常规测井方法主要有：自然伽马、自然电位、井径测井、中子测井、声波时差、电阻率测井。

自然伽马：泥页岩油层段自然伽马显示为高值，多大于 30API，储层段与围岩变化不大，有时因烃类形成而略有减小。自然伽马高值有两方面原因，一是泥页岩泥质含量高，容易吸附放射性元素；二是泥页岩中富含有机质，有些有机质中含高放射性物质。

自然电位：暗色泥岩组合型裂缝发育段因具有较好的渗透性形成扩散、吸附电动势，从而引起自然电位负（正）异常。其中地层水和钻井液滤液的含盐浓度比（C_w/C_{mf}，C_w 为地层水含盐浓度，C_{mf} 为钻井液含盐浓度）影响着异常值的大小和正负。C_w 大于 C_{mf} 时为负电位异常，C_w 小于 C_{mf} 时为正电位异常，C_w 等于 C_{mf} 时无异常。

井径测井：砂岩显示缩径；泥页岩一般为扩径。

中子测井：中子测井值反映岩层中的含氢量，含氢物质一般为水、石油、结晶水和含水砂，中子密度测井实际反映的是地层孔隙度，因此储层段中子测井值为高值。

声波时差：声波时差曲线呈锯齿状高值，遇到裂缝气层有时有周波跳跃反应，或者曲线突然拔高的现象。泥页岩有机质含量增加时，其声波时差增大；声波值偏小，则反映了有机质丰度低。

电阻率测井：储层段因含有油气而电阻率高于围岩值。有时受泥浆滤液侵入影响大小规律不一，所以深、浅侧向电阻率有时有差异，有时无差异。

利用测井曲线形态和测井曲线相对大小可以快速而直观地识别页岩油气储集层、TOC 层段。上述几种岩性组合类型的电性特征与岩石的基本结构、含有机质差异及裂缝的发育特征相关。

4.2.2 单井预测 TOC 的方法与优选

针对目前拟合 TOC 的方法（模糊神经网络方法、图版分类-模糊排队-BP 神经网络联合方法、体积模型计算 TOC 参数模型、三孔隙度和电阻率拟合 TOC 方法、$\Delta\lg R$ 单井层控 TOC 预测方法、波阻抗预测方法）进行分析研究，确定其在研究区的适用性及其效果。

1. 模糊神经网络方法

该方法整合了模糊逻辑和神经网络两种方法。其中，模糊逻辑善于表达界限不清晰的定性知识与经验，它借助于隶属度函数概念，区分模糊集合，处理模糊关系，模拟人脑实施规则型推理，解决因“排中律”的逻辑残缺产生的种种不确定问题；神经网络是模拟人思维的一种算法，是大量的简单基本元件——神经元相互连接而成的自适应一个非线性动力学系统，其特色在于信息的分布式存储和并行协同处理。

模糊神经网络分为五层，第一层接受输入，第二层使用“与”规则，第三层输出最大输入值，第四层得到模糊隶属度，第五层得到分类结果(图4.21)。

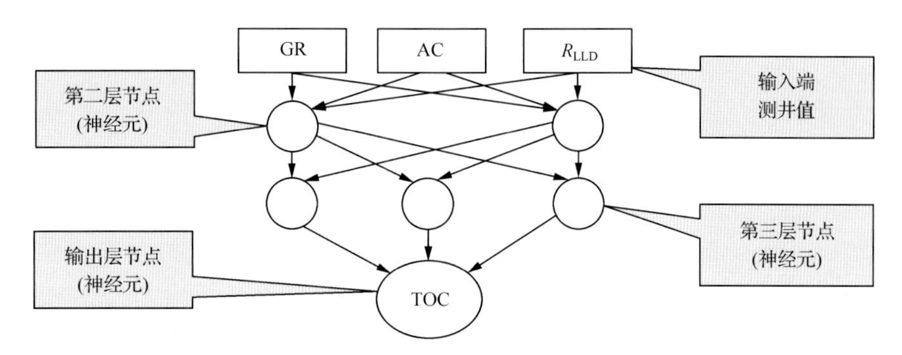

图4.21 模糊神经网络示意图

R_{LLD}为深侧向电阻率

在富含碳酸盐矿物的地层中，泥质含量在很大程度上与TOC相关，模糊分类方法没有充分利用这一特性，导致此方法相关性不好。渤南洼陷罗家地区泥页岩碳酸盐含量最高可达70%以上，因此，该方法在本区存在局限性。

2. 图版分类-模糊排队-BP神经网络联合方法

首先进行图版分类，划分为好烃源岩、差烃源岩，建立烃源岩的测井解释模型。按岩石由岩石骨架、固体有机质和孔隙流体三部分组成的观点，非烃源岩由岩石骨架和水组成；未成熟烃源岩由岩石骨架、有机质和水组成；成熟烃源岩由有机质、岩石骨架、烃、水组成；过成熟的烃源岩即烃类碳化成岩石骨架由有机质、岩石骨架和水组成。对于过成熟的烃源岩又划分为好烃源岩和差烃源岩，两者在泥质含量上有明显区别，因此，可以用与泥质含量相关的测井方法进行区分。利用支持向量机技术，将与泥质含量相关的测井曲线(GR、井径测井(CAL)、SP、中子测井(CNL))归一化，做主成分分析，将好烃源岩、差烃源岩划分开来。

其次进行模糊排队找出具最大影响的测井参数。模糊排队算法从全局出发对训练数据进行裁减，从众多变量值中提取强影响力的自变量。

模糊隶属函数：

$$F_i(x) = \exp\{-[(x_i - x)/B^2]\} y_i \tag{4.10}$$

式中，x_i为测井数据值；y_i为x_i对应的TOC实测值；B为影响半径，取0～1的值。对于相应的数据集，将模糊隶属函数累加进行模糊化。

模糊曲线函数主要是对数据进行去模糊化，模糊曲线范围大小作为判断变量影响的依据。同时，将测井曲线归一至0～1，可用百分数表示。

$$\mathrm{FC}(x) = \frac{\sum_{i=1}^{n} F_i(x)}{\sum_{i=1}^{n} [F_i(x)/y_i]} \tag{4.11}$$

最后进行 BP 神经网络计算，采取随机顺序训练，得出 TOC 结果。BP 神经网络是一种具有自我学习、误差反向传播的算法，该算法可对网络中各层的权系数进行修正，适用于多层网络的学习，可以更准确的模拟出 TOC 与测井数据之间的隐含联系（图 4.22）。整体思路概述为：利用归一化的测井数据做主成分分析进行图版分类，划分好烃源岩、差烃源岩；通过模糊排队方法找出具有最大影响的测井参数；通过 BP 神经网络训练最终得出结果（图 4.23）。

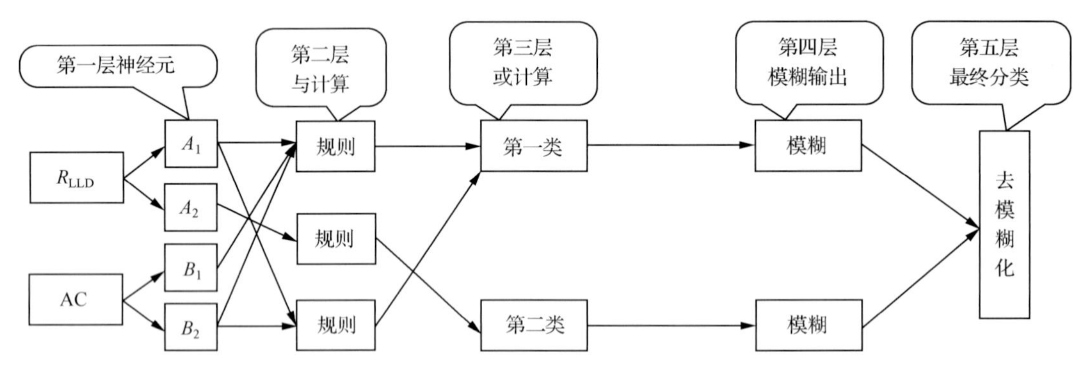

图 4.22　多层 BP 神经网络示意图

A_1、A_2 为 R_{LLD} 输入值；B_1、B_2 为 AC 输入值

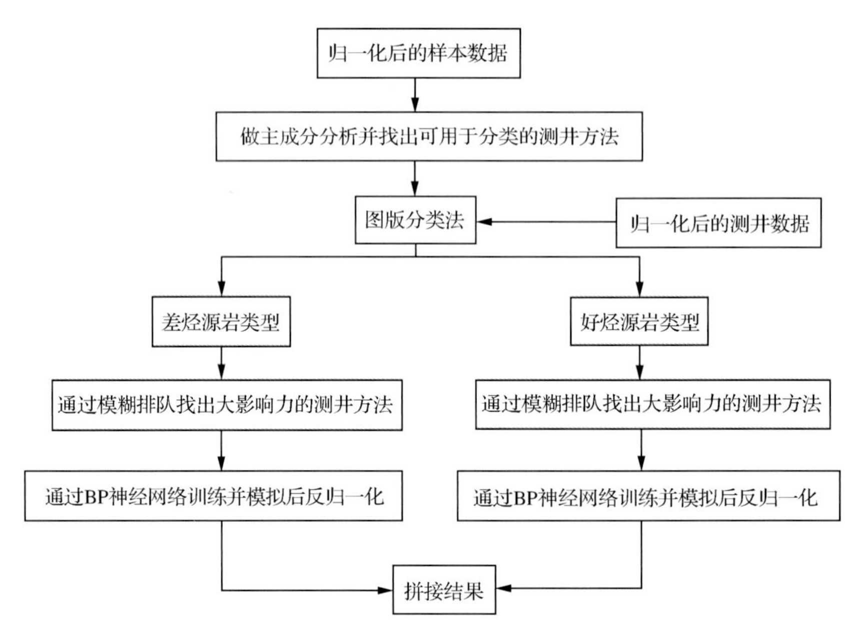

图 4.23　图版分类-模糊排队-BP 神经网络联合方法的基本流程图

该方法在高成熟、过成熟的烃源岩发育区预测方面效果较好。其优点是模糊排队算法减少了噪声信息，提高了模型可信度；BP 神经网络训练避免函数陷入局部最小值。济阳拗陷生油门限 R_o 为 0.5，生气门限为 1.3，沙一段时期为低熟—成熟度阶段，沙三段、沙四段上段时期烃源岩 R_o 为 0.5～1.3，为成熟阶段（图 4.24），因此该方法对本区不适用。

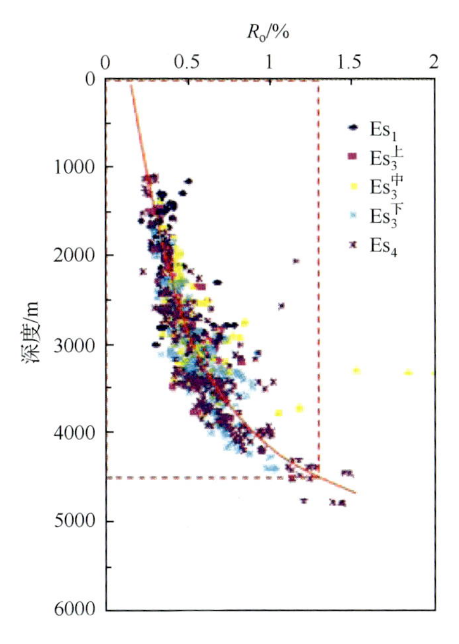

图 4.24　济阳坳陷烃源岩 R_o-深度关系图

3. 三孔隙度和电阻率拟合 TOC 方法

首先制作各测井参数与岩心分析数据的交会图，通过两者的相关性，为建立 TOC 定量模型奠定基础。渤南地区 CNL、AC、DEN、RT 和 TOC 相关性较好，采用单井数据拟合和多井数据拟合两种方法。单井数据拟合分别采用两条、三条、四条曲线（图 4.25），结果发现，采用曲线越多，与实测相关性越好；多井拟合时，若曲线数量相同，与单井拟合相差不大。因此，在一个地区实测井曲线越全，控制因素越多，拟合公式越接近实测。

对渤南地区部分探井测井曲线进行统计，共统计 38 口井，其中具备 AC、RT 两条曲线的井共 24 口，占 63%，AC、RT、CNL、DEN 四条曲线完整井 13 口，占 34%。三孔隙度和电阻率拟合方法，具有曲线越多、拟合精度越高的特点。渤南地区实测曲线不多，对公式拟合存在着影响，与实际相比误差较大，因此，本方法在该地区的实用性存在着局限。

4. $\Delta\lg R$ 单井层控 TOC 预测方法

相对于灰质、砂质、泥质等岩石骨架，有机质具有低速度（高声波时差）的特征，而烃类具有高电阻率的特征。根据岩石组分的差异，利用声波时差和电阻率之间的差异性可识别高有机质丰度层段。Passey（1990 年）将 $\Delta\lg R$ 定义为电阻率与声波曲线的幅度差，形成了测井资料评价生油岩的方法，即声波时差/电阻率曲线重叠法。

该方法的基本流程为：将声波测井曲线和电阻率曲线进行重叠（图 4.26），利用自然伽马曲线或自然电位曲线首先辨别常规储集层段（层段 B、D、G）。对于非常规泥页岩层段，可根据前面划分的三种组分类型进行识别。

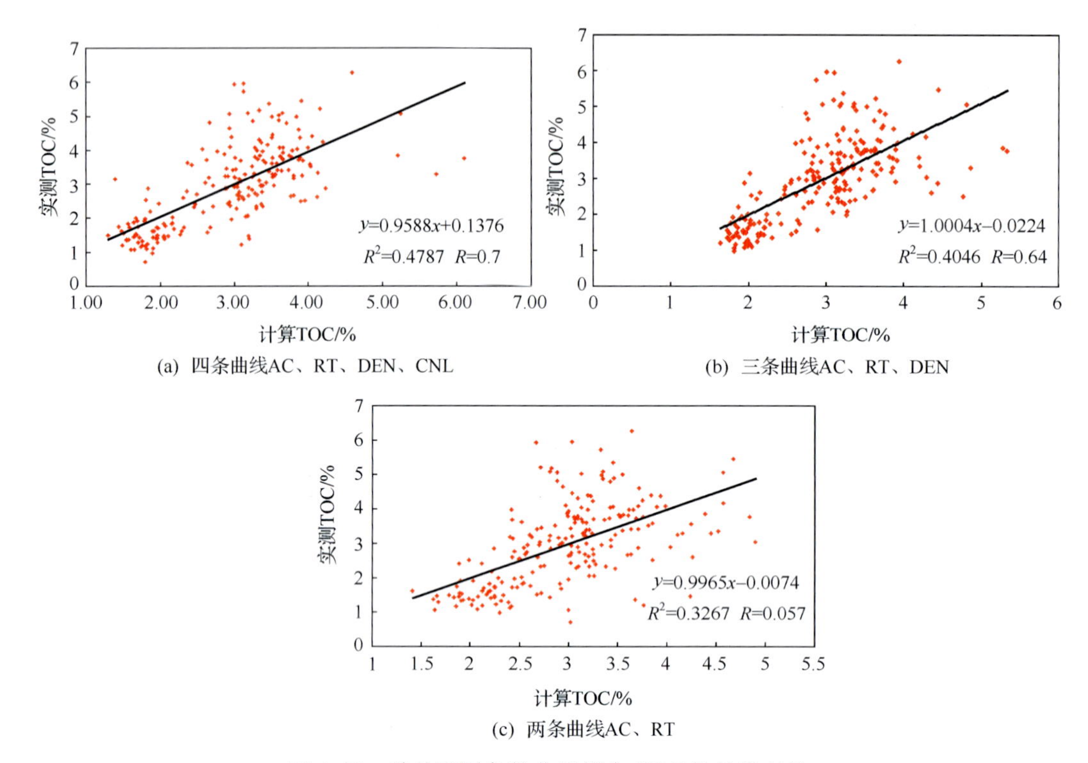

图 4.25　单井不同条数曲线拟合 TOC 的效果对比

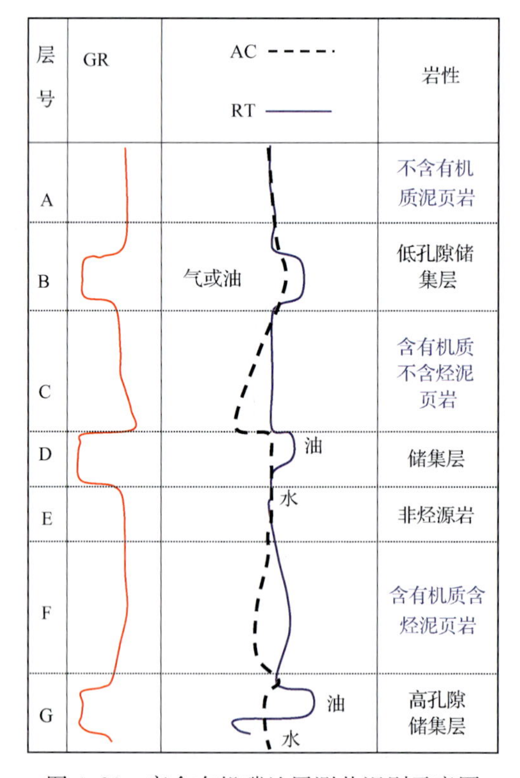

图 4.26　高含有机碳地层测井识别示意图

对于类型 1，即不含有机质的泥页岩，这两条曲线彼此重合在一起（层段 A、E）；对于类型 2，即含有机质、不含烃的泥页岩，由于富含有机质的岩石中还没有油气生成，所以仅声波时差存在异常响应，电阻率变化不大，两条曲线存在一定差异（层段 C）；对于类型 3，即含有机质、含烃的泥页岩，除了声波时差曲线对于有机质的响应之外，由于烃类的存在，电阻率增加，使得两条曲线产生了更大的幅度差异（层段 F）。利用该方法对研究区内的罗 69、罗 67 井沙三段进行分析（图 4.27、图 4.28），可以看到两条曲线产生幅度差的层段，实测的 TOC 数据明显增大，测井解释为油、干层，说明该方法在该区具有较好的应用效果。

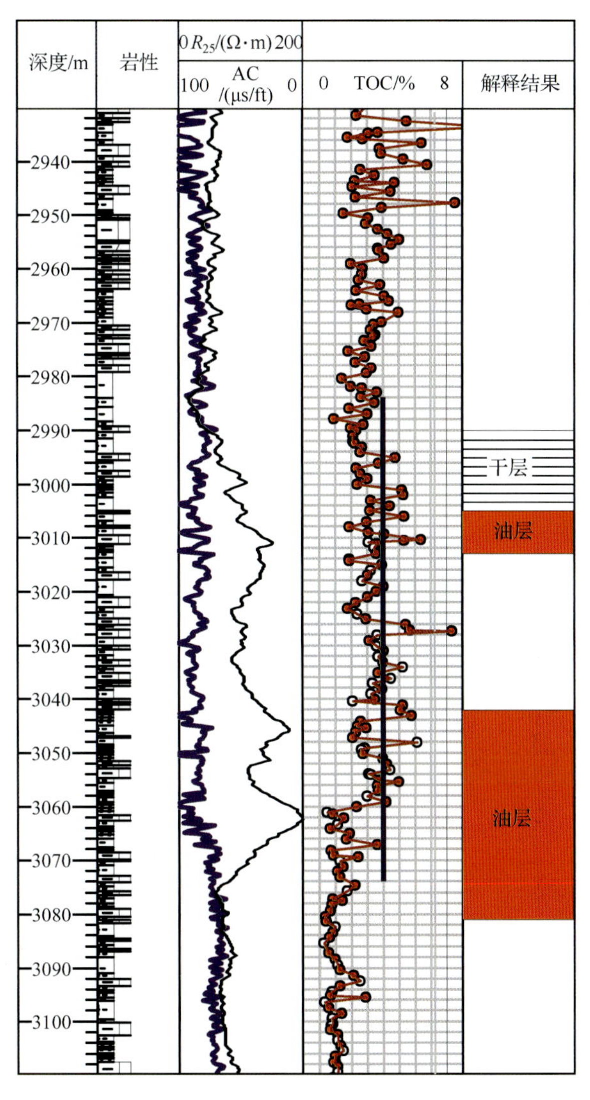

图 4.27　罗 69 井高含有机碳地层测井识别示意图

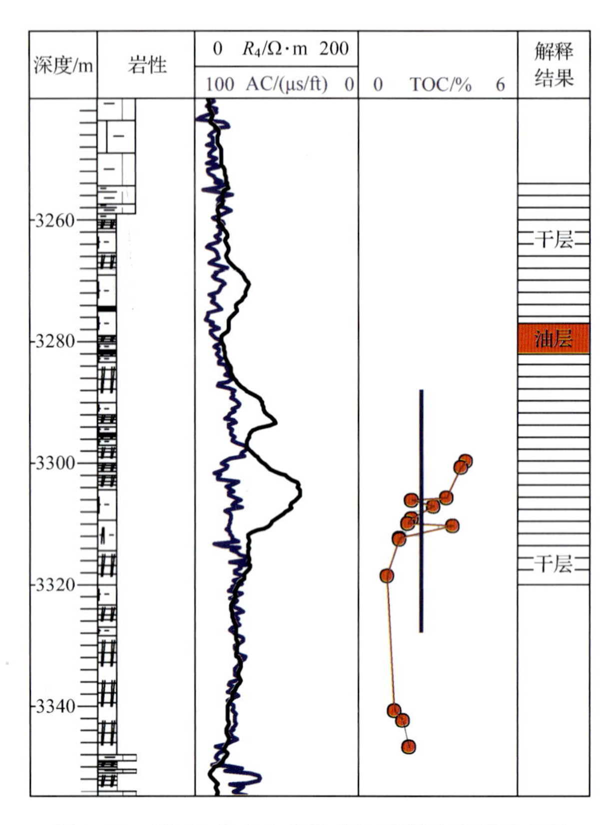

图 4.28 罗 67 井高含有机碳地层测井识别示意图

$\Delta \lg R$ 的计算原理是在同一坐标下应用不同的坐标刻度，将声波时差曲线叠加在电阻率曲线上，电阻率与声波时差间的幅度差为 $\Delta \lg R$。具体操作是把刻度合适的孔隙度曲线（通常是声波时差曲线）叠加在电阻率曲线（最好是深电阻率曲线）上；声波时差曲线和电阻率曲线刻度为每 2 个对数电阻率刻度对应的声波时差为 328μs/m。两条曲线在一定深度范围内“一致”或完全重叠时为基线；确定基线之后，用两条曲线之间的间距来识别富含有机质的层段。

$\Delta \lg R$ 能够反映高 TOC 层段电阻率与声波时差之间的幅度差，TOC 越高，该幅度差异越大。利用该方法估算 TOC 的关系式可表示为

$$\Delta \lg R = \lg(R/R_{基线}) + b(\Delta t - \Delta t_{基线}) \tag{4.12}$$

$$\mathrm{TOC} = a\,\Delta \lg R + \Delta \mathrm{TOC} \tag{4.13}$$

式中，R 为实测电阻率（Ω · m）；Δt 为声波时差（μs/m）；$R_{基线}$ 为不含有机质泥页岩对应 $\Delta t_{基线}$ 值时的电阻率（Ω · m）；ΔTOC 为基础 TOC 参数，与研究区地质特征有关。

由于电阻率与声波曲线两者量纲的差别，避免曲线对幅度差值的贡献差别过大，影响两条曲线的对比，对两条曲线的取值做简单的归一化处理：

$$\lg R' = \lg(R/R_{基线})/\lg(R_{\max}/R_{基线}) \tag{4.14}$$

$$\Delta t' = (\Delta t - \Delta t_{基线})/(\Delta t_{\max} - \Delta t_{基线}) \tag{4.15}$$

$$\Delta\lg R' = \lg R' + \Delta t' \tag{4.16}$$

简化和改进后，公式可表达为

$$\mathrm{TOC} = m\,\Delta\lg R' + n \quad (m、n\ 为常数) \tag{4.17}$$

由于 TOC 受岩性差异及泥页岩有机质成熟度的影响较大，不同层段差别也较大(图 4.29)，对同一研究区不同层段泥页岩用同一公式误差较大，在实际应用中分层组建立模型、分段求取的效果相对较好。根据地质录井、测井资料、地震资料综合分析，进行合成记录标定、曲线特征划分，对沙三段下亚段进行地层格架划分，沙三下亚段共分为 9～13 层组。根据已钻井资料显示油气主要富集在 12、13 层组，同时 12、13 层组又可划分为 12 上、12 下及 13 上、13 下两段。在岩性上表现为沙三段底界面之上为泥岩、油页岩，界面之下为碳酸盐岩或膏岩。在测井曲线上表现为 GR 明显减小，声波时差及电阻都为突变；13 下层组表现为锯齿状低 GR，SP 幅度较小，低电阻率，低声波时差；13 上层组 GR 较 13 下层组变低，SP 幅度异常，高声波时差、低电阻率，形成较大幅度差；12 下层组低 GR，SP 幅度异常，但较 13 上层组变小，高声波时差，高电阻率，幅度较 13 上层组变小；12 上层组 GR 变高，SP 幅度低，中低声波时差，中高电阻率，幅度较 12 下层组变小。

根据已有的实测 TOC 数据与 $\Delta\lg R'$ 做交会图分析(图 4.29)，得到 12 上、12 下—13 上、13 下层组的回归公式。从回归结果来看，相关系数都在 0.6 以上，认为利用该公式估算 TOC 具有一定的参考意义。

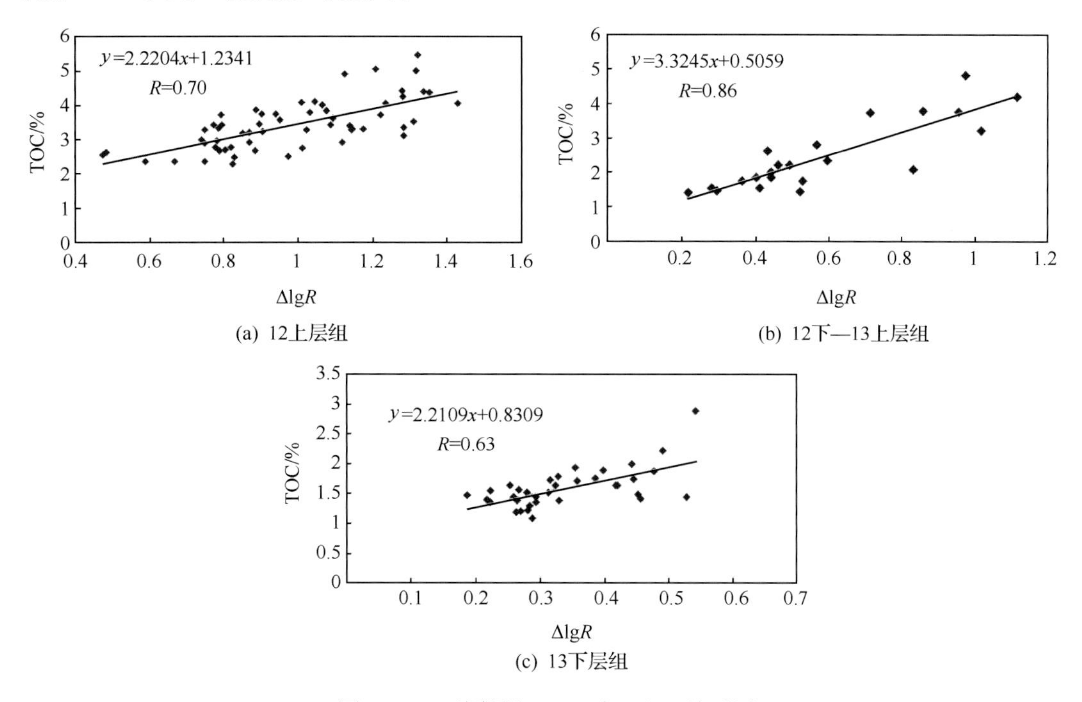

图 4.29　不同层组 TOC 与 $\Delta\lg R$ 关系图

以罗 69、罗 67 为例，通过回归公式计算 TOC 结果，所得值与实测数据具有很好的一致性(图 4.30)，认为利用该方法可较好地进行单井 TOC 估算。

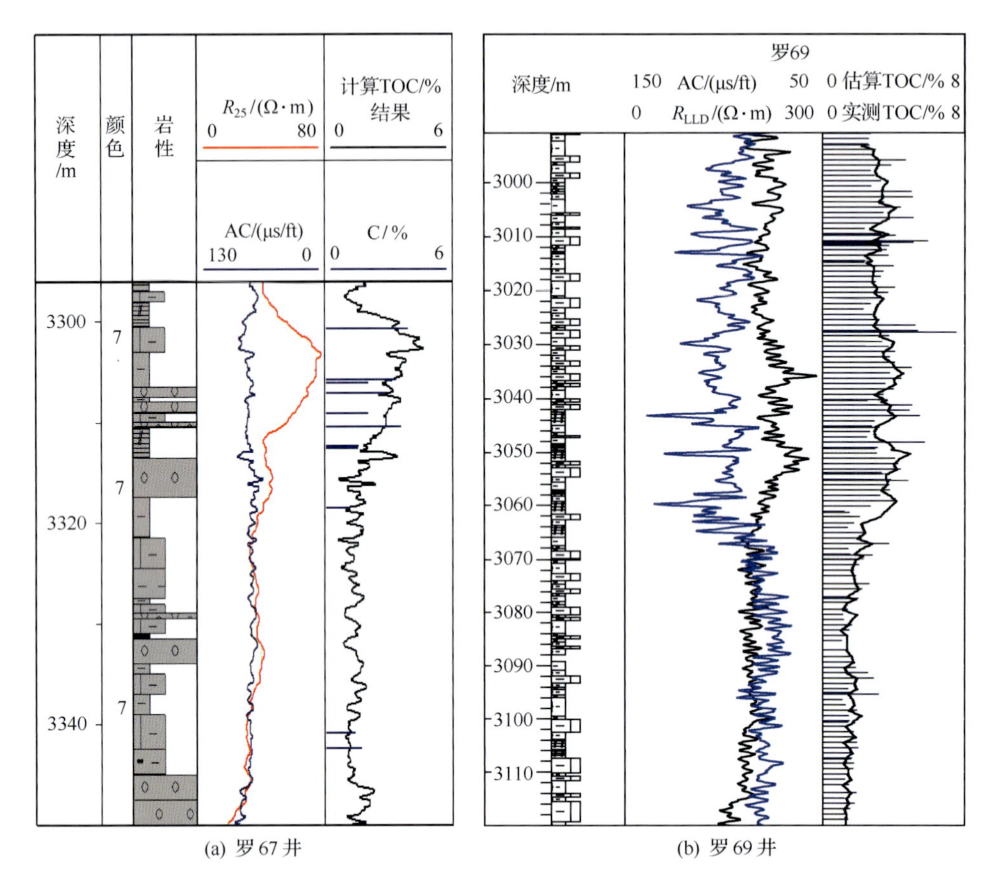

图 4.30　罗 67 井、罗 69 井计算结果与实际数值对比图

4.2.3　泥页岩 TOC 的地震预测方法

1. 多曲线联合约束下的 TOC 反演预测方法

目前对于 TOC 平面预测，还没有形成较好的理论方法。在实际生产过程中，如能较好地预测 TOC 的平面分布情况，将会极大地提高勘探认识，提升勘探成功率。结合前面的研究可知，根据实际地质认识，利用 $\Delta\lg R$ 法进行单井 TOC 估算，可以进行平面 TOC 分布规律的预测。但该方法得到的结果具有较大的主观因素，增大了预测误差，在地质复杂区往往难以满足勘探需求。本次提出一种多曲线联合约束 TOC 反演预测方法，主要特点是构建多曲线联合约束条件，建立基于约束条件下的 TOC 解释模型，使约束后的拟波阻抗曲线能够更加精细地反映 TOC 的变化趋势，从而有效地利用反演方法进行 TOC 平面预测。

1）多曲线联合约束下的 TOC 解释模型

结合上述的岩石组分特征分析，认为 TOC 增加会使岩石总体密度下降，即 TOC 与岩石密度呈负相关关系。因此，结合体积模型算法，将式(4.12)和式(4.13)添加密度信息做进一步改进，得

$$\mathrm{TOC}=(a_1+b_1\Delta t+c_1\lg R)/\rho \tag{4.18}$$

式中，Δt 为声波时差，可表示为速度的倒数，即 $\Delta t=1/v$。将该式代入式(4.17)中，可得

$$\mathrm{TOC}=(a_1+c_1\lg R)/\rho+b_1/\rho_{\mathrm{v}} \tag{4.19}$$

式中，$\rho_{\mathrm{v}}=P_{\mathrm{im}}$，$P_{\mathrm{im}}$ 为纵波阻抗，从而得到：

$$\mathrm{TOC}=(a_1+c_1\lg R)/\rho+b_1/P_{\mathrm{im}} \tag{4.20}$$

因此，从理论上分析 TOC 与波阻抗之间应呈负相关关系。为进一步验证此观点，结合研究区 6 口具有实测 TOC 数据的井进行线性回归[图 4.31(a)]，得到 TOC 与波阻抗之间的关系公式：

$$\mathrm{TOC}=-5.9178\ln P_{\mathrm{im}}+16.238 \tag{4.21}$$

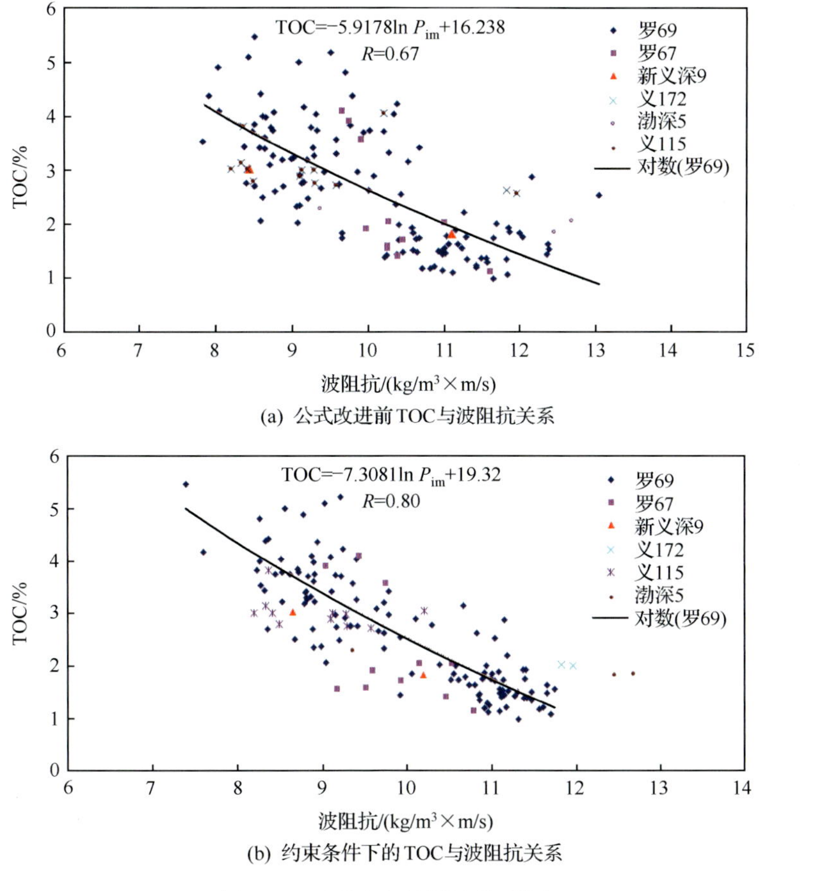

(a) 公式改进前TOC与波阻抗关系

(b) 约束条件下的TOC与波阻抗关系

图 4.31　TOC 与波阻抗关系图

结合公式(4.19)可以看到，TOC 与波阻抗之间呈对数的负相关关系，相关性达 0.67。这一关系为利用反演方法进行平面 TOC 预测提供了理论基础，使利用地球物理方法进行平面 TOC 预测成为可能。

为进一步提高预测精度，采用多曲线联合条件约束构建的拟波阻抗来作为预测基础。结合实测 TOC 数据与声波时差线性回归，得到以下关系公式：

$$\Delta t = -0.839\text{TOC}^2 + 13.438\text{TOC} + 57.592 \tag{4.22}$$

结合式(4.19)和式(4.20)可知，TOC是电阻率、密度、声波时差、波阻抗等的函数。以电阻率、密度、声波时差作为约束条件分别进行伪声波反演和声波反演，建立电阻率反演数据体、密度反演数据体、速度反演数据体、波阻抗数据体；然后结合实钻井分析，统计拟合具有电阻率、密度、速度、声波阻抗等信息的拟波阻抗表达式，通过数学方式进行多体运算，建立一个含有电阻率、密度、速度等信息的新的波阻抗体。该拟波阻抗体加入电阻率、密度等多方面的信息，能进一步反映岩石中TOC的组分特征，从而与TOC之间具有更好的相关性。最后利用实测TOC数据与拟波阻抗线性回归得到多曲线约束条件下的TOC公式关系[图4.31(b)]：

$$\text{TOC} = -7.3081\ln P_{\text{im}} + 19.32 \tag{4.23}$$

该公式的相关性达0.80，相对于式(4.21)，相关性有了较大提高，能够满足勘探过程中对预测精度的需求。同时，约束改进后的拟波阻抗仍保留了原有的量纲，从而在提高精度的基础上保留了反演结果的意义。

2）多曲线联合约束反演算法优选

TOC反演方法选取的原则是考虑反演方法的应用条件、适用性、应用数据等方面的因素，通过对目前几种常规的反演方法对比分析(表4.6)，认为约束稀疏脉冲反演适用于勘探阶段。在基于地震资料的情况下，以测井资料为约束能够反映岩相、岩性的空间变化，在岩性相对稳定的条件下，能较好地反映岩性内部组分的变化。

表4.6　不同反演方法适用性比较

反演方法	应用条件	应用数据	适用性	
			勘探阶段	开发阶段
约束稀疏脉冲反演	工区内至少有1口井	地震数据为主，测井约束	可靠性好、分辨率低	
基于模型的测井反演	工区内至少有10口井	测井数据为主，井间变化用地震数据来约束	距井较远的地区可靠性降低	分辨率高
地质统计的随机模拟	工区内至少有6～7口井	测井数据为主，井间变化用地质统计规律和地震数据约束		分辨率高

该方法首先根据最大似然反褶积，计算得到反射系数。结合初始模型，采用递推算法，反演得到初始的波阻抗剖面：

$$P(i) = P(i-1)\frac{1+R(i)}{1-R(i)} \tag{4.24}$$

式中，$P(i)$为第i层的波阻抗值；$R(i)$为第i层的反射系数。

在此基础上,对每一道依据目标函数对计算出的初始波阻抗进行调整,包括反射系数的调整。目标优化函数为

$$F = L_p(r) + \lambda L_q(s-d) + \alpha^{-1} L_1 \Delta Z \tag{4.25}$$

式中,r 为反射系数序列;ΔP 为与阻抗趋势的差序列;d 为地震道序列;s 为合成地震道序列;λ 为残差权重因子;α 为趋势权重因子;p、q 为 L 模因子。

式(4.25)中第一项反映了反射系数的绝对值和,第二项反映了合成声波记录与原始地震数据的差值,第三项为趋势约束项。三项之和主要反映在阻抗趋势的约束下,用最少数目的反射系数脉冲达到合成记录与地震道的最佳匹配,最终能够充分利用现有的地震、测井数据,得到理想的波阻抗结果。结合式(4.23)可得到相应的 TOC 结果数据。

3) 实际应用效果

结合式(4.22)的关系式,首先对研究区内 24 口井进行条件约束,得出各井拟合声波,如图 4.32 所示。图中第一列为 TOC 值,第三列为原声波时差,第四列为拟合后的声波,相对于原声波,拟合后的声波时差与 TOC 变化趋势更为相符,相关性更好。结合图 4.33 可以看出,利用拟合后的声波时差计算的 TOC 与实测数据吻合性更好,表明利用拟合声波进行计算能够提高计算精度,为下一步反演预测做好准备。

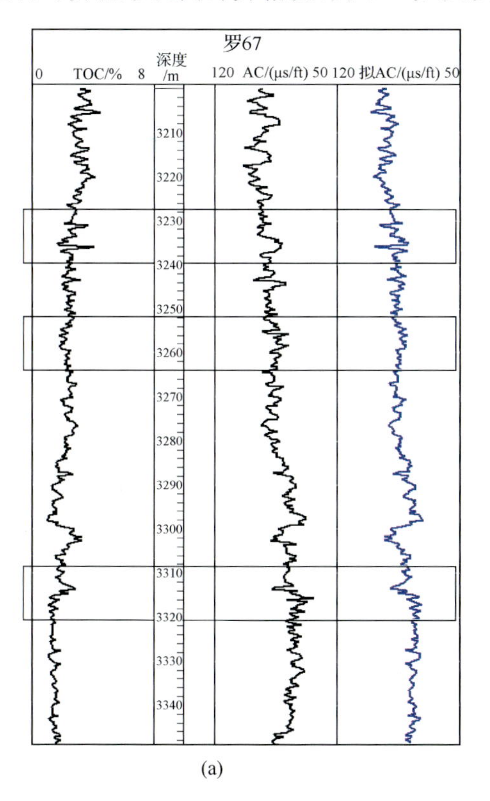

(a)

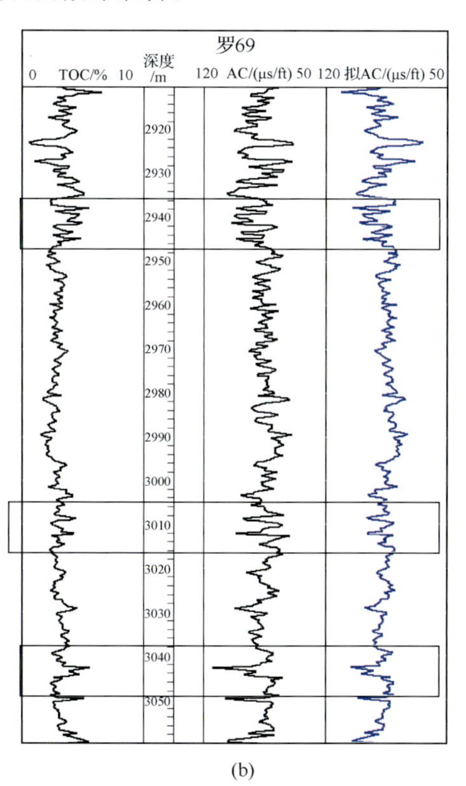

(b)

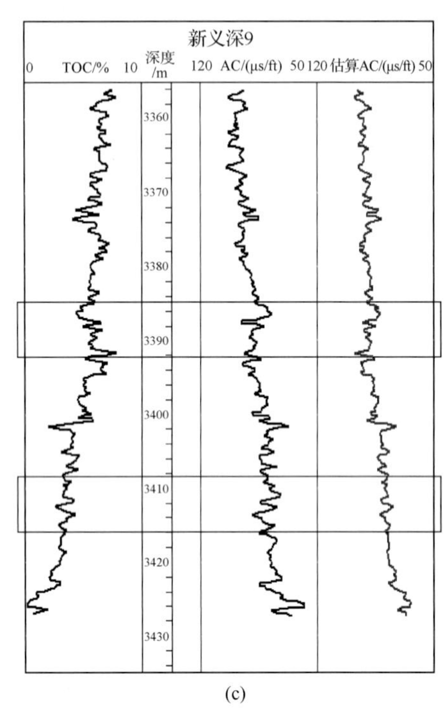

(c)

图 4.32　罗 67 井、罗 69 井、新义深 9 井拟合声波与原声波对比图

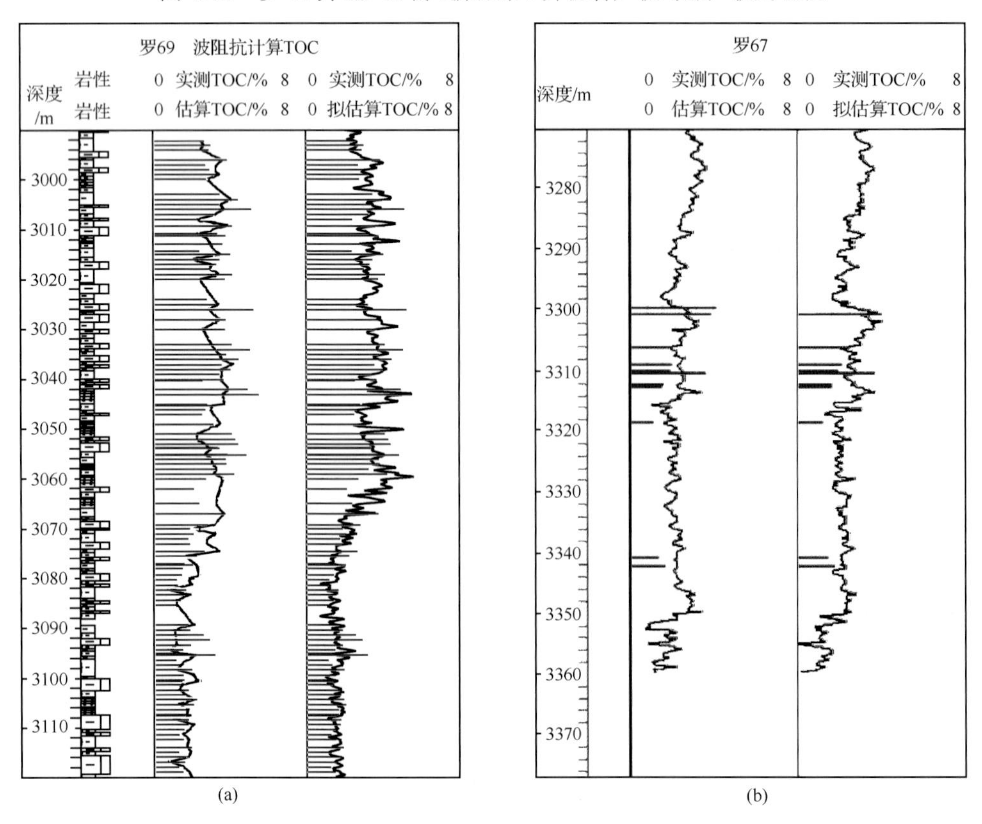

(a)　　　　(b)

图 4.33　拟合前后计算 TOC 与实测值对比图

结合实际 TOC 与波阻抗之间的公式关系(图 4.34)可以建立反演解释标准(表 4.7)。随着波阻抗的增大,TOC 具有逐步减小的趋势,在高阻抗区段,灰质、砂质含量增大,往往有利于泥页岩储层的发育。结合该解释模板,对反演体进行滤波,去除低阻抗信息,刻画出砂质、灰质成分层段,预测有利储层。

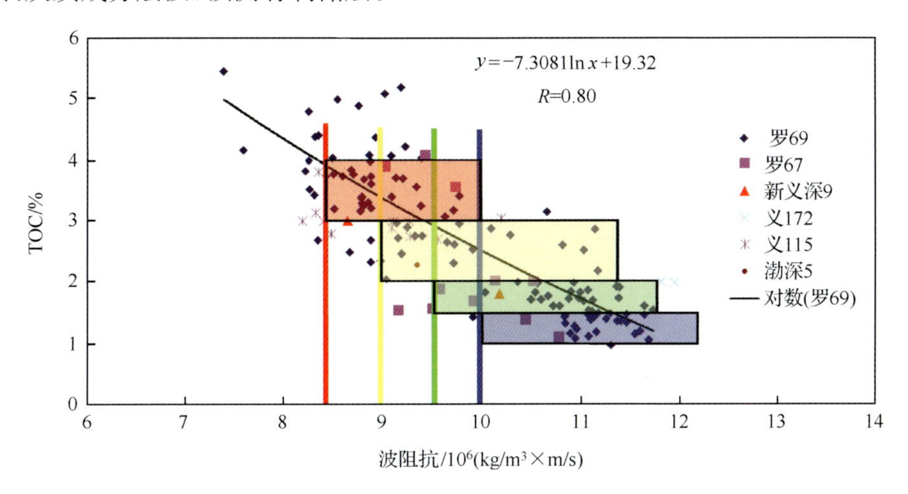

图 4.34 TOC 反演预测解释模板

表 4.7 TOC 反演预测解释数据表

TOC/%	波阻抗$_{min}$/(10^6kg/m^3×m/s)	波阻抗$_{max}$/(10^6kg/m^3×m/s)
TOC=3	8.5	10
2<TOC<3	9	11.5
1.5<TOC<2	9.5	11.7
TOC=1.5	10	12

利用以上解释方法对渤南三维地震数据体展开反演预测,结合解释模板分析了 TOC 与储层间的匹配关系。图 4.35 是过渤南三维西部的一条南北向剖面,从剖面上看在北部区带 TOC 在 3%以上呈团状分布,同时在 12 下—13 上层组上储层比较发育,分析认为在北部区带有利于油藏的形成。该带目前有新义深 9、义 182 井都在沙三下亚段获得了工业油流,与分析结果较为吻合。图 4.36 为过北部地区的东西向 TOC、储层对比图,从该图上来看,在义 283 井以西 TOC 整体比较发育,同时在义 283—义 186 的 12 下—13 上层组储层比较发育,为有利区带。目前义 186、义 283 均见工业油流,证明预测结果有一定的准确性。

结合 TOC 与波阻抗之间的关系将反演体转化为 TOC 数据体,对该数据体提取平面属性,完成了各层组 TOC 的平面预测,对于沙三段下各层组平面预测结果进行了分析。从图 4.37 和图 4.38 预测结果来看:对 13 下层组,丰度高值区与砂质、灰质区临近接触,有利于形成近源运移型油藏;对于 12 下—13 上层组,丰度较高,分布较为连续,有利于形成自生自储型油藏;对于 12 上层组,丰度相对下降,较为连续。

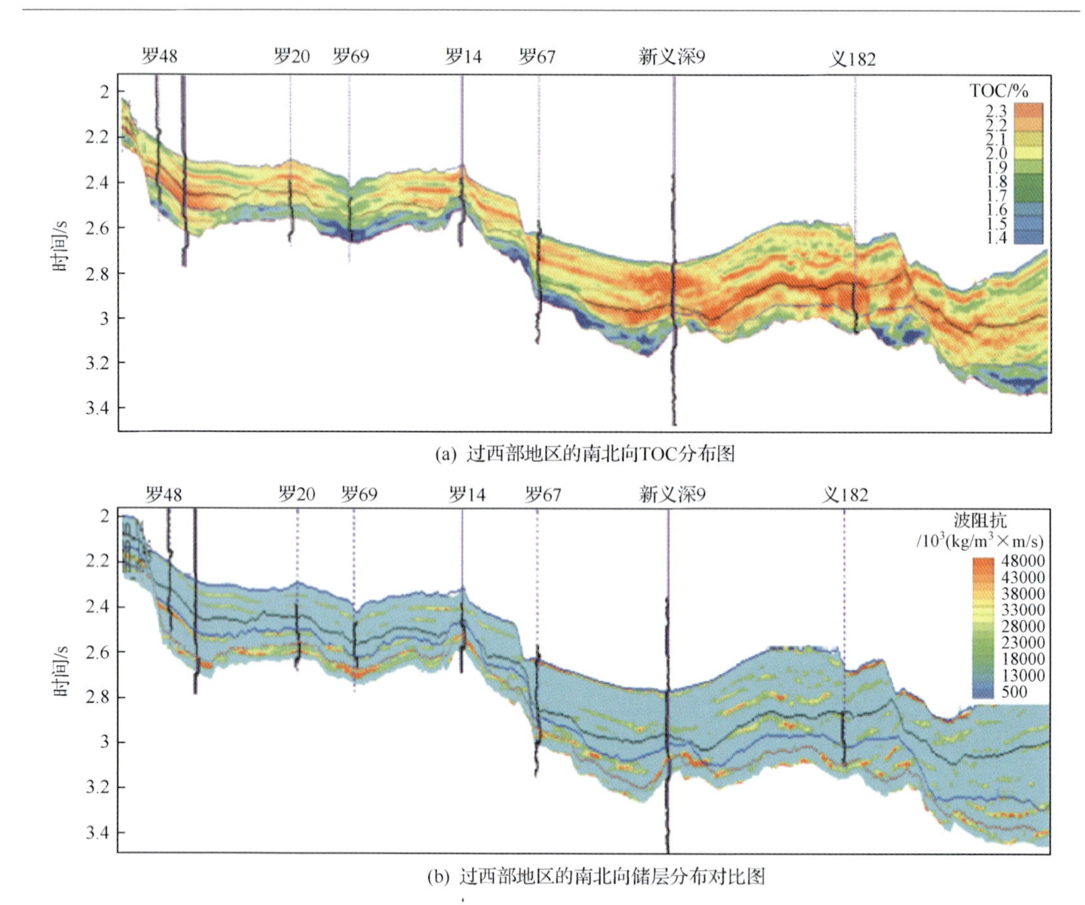

(a) 过西部地区的南北向TOC分布图

(b) 过西部地区的南北向储层分布对比图

图 4.35　过西部地区的南北向 TOC、储层对比图

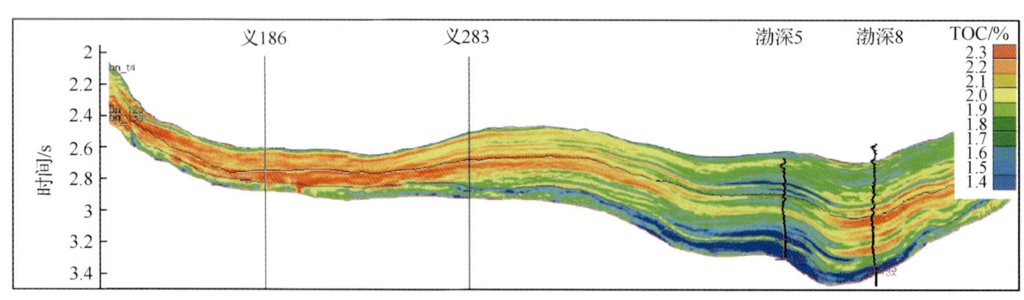

(a) 过北部地区的南北向TOC分布图

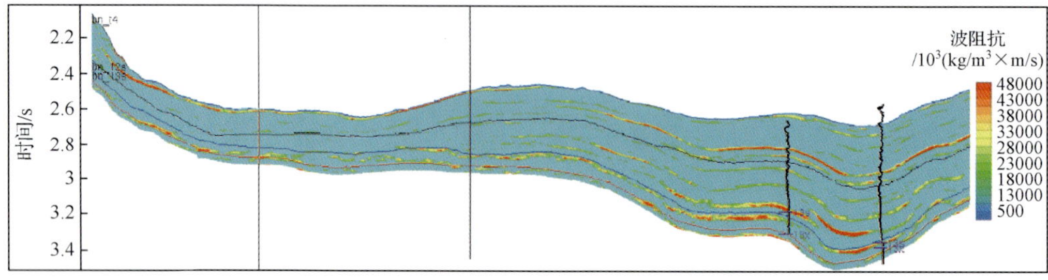

(b) 过北部地区的南北向储层分布对比图

图 4.36　过北部地区的东西向 TOC、储层对比图

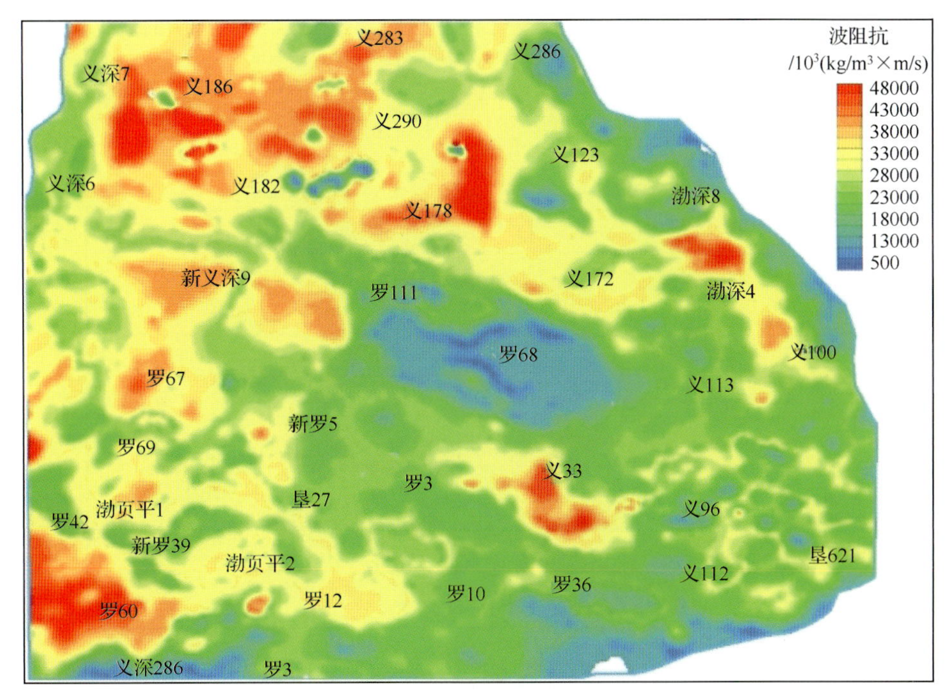

(a) 反演波阻抗平面分布

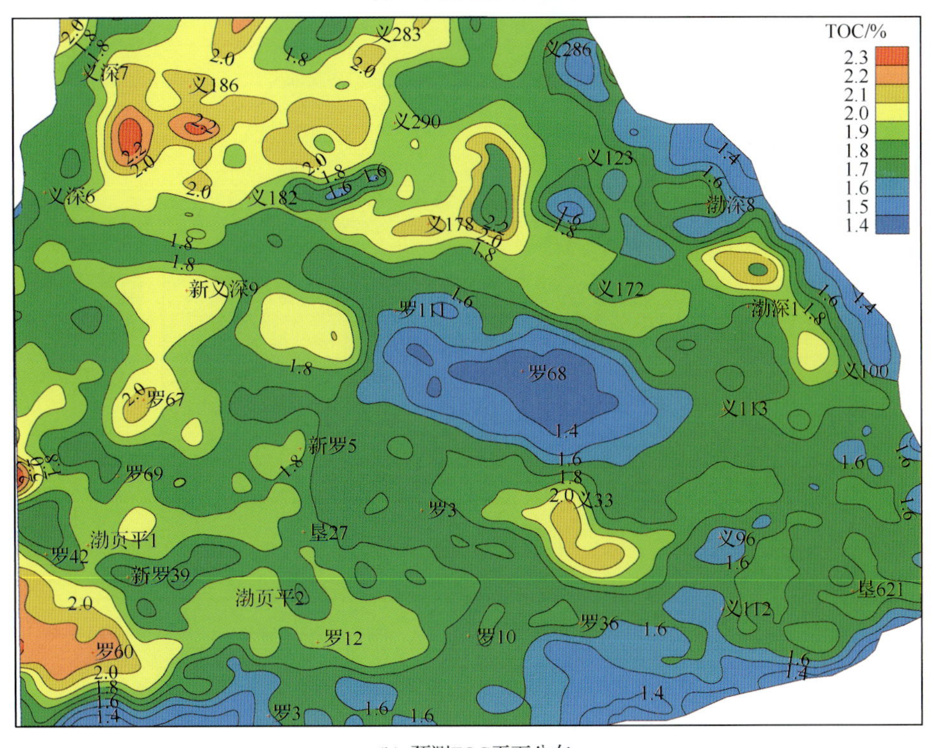

(b) 预测TOC平面分布

图 4.37　罗家地区沙三下亚段 13 下层组 TOC 平面预测图

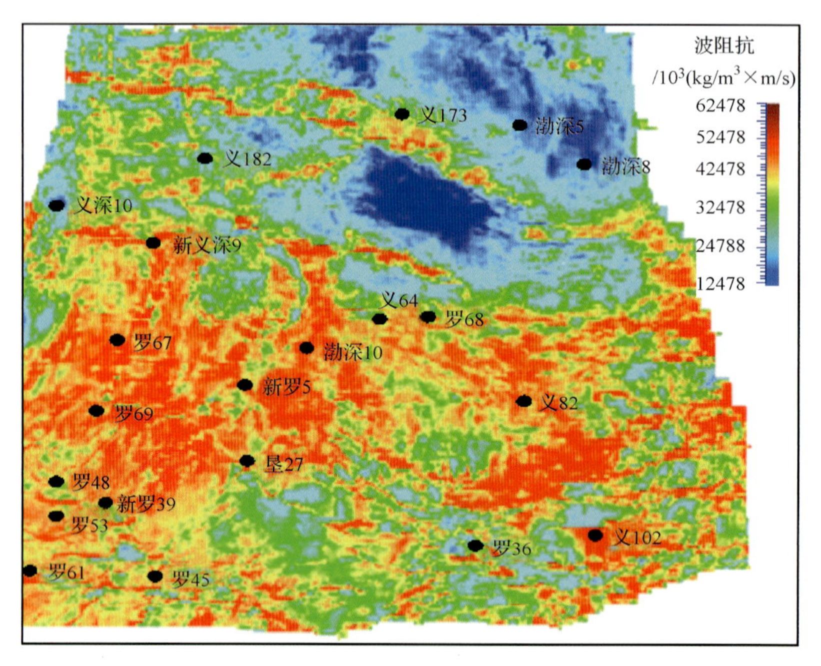

(a) 反演波阻抗平面分布

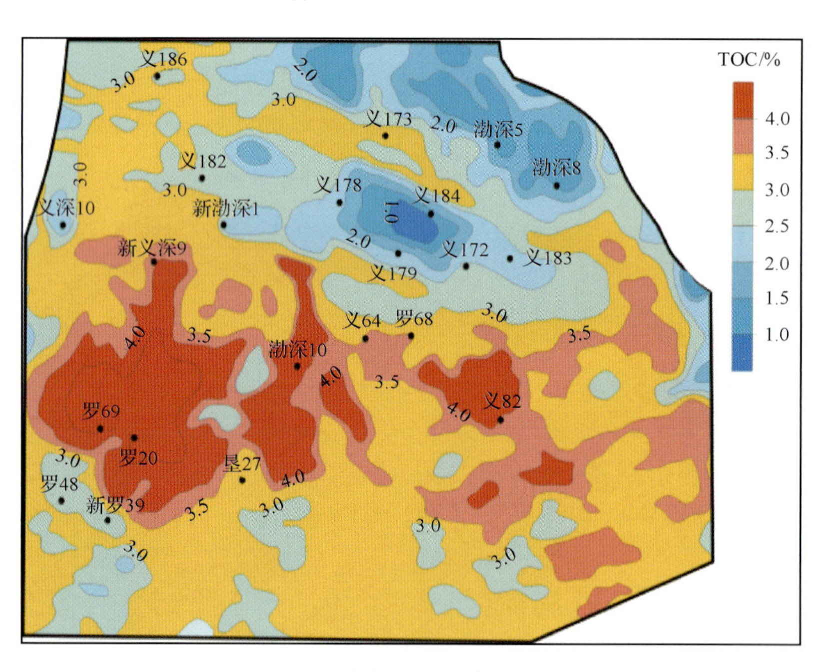

(b) 预测TOC平面分布

图 4.38　罗家地区沙三下亚段 12 下—13 上层组 TOC 平面预测

对预测结果采用以下解释标准：蓝色区域表示 TOC 小于 1.5%；绿色区域表示 TOC 为 1.5%～2%；黄色区域表示 TOC 为 2%～3%；红色区域表示 TOC 大于 3%。以罗家地区沙三下亚段 12 下—13 上层组为例，对 8 口验证井的误差分析表明，预测的 TOC 相对误差最大为 5.45%,最小为 2.07%,平均为 2.79%,具有较高的准确性(表 4.8)。

表 4.8 罗家地区沙三下亚段 12 下—13 上层组 TOC 平面预测的相对误差统计表

井名	12 下—13 上层组	实测值/%	预测值/%	相对误差/%
罗 69	3031.15m	4.07	4.15	1.93
罗 69	3033.15m	4.04		2.65
罗 69	3036.15m	4.41		6.27
罗 69	3038.1m	3.99		3.86
罗 69	3051.1m	4.04		2.65
罗 69	3052.1m	4.23		1.93
罗 69	3053.1m	4.37		5.30
罗 69	3059.1m	4.17		0.48
罗 67	3299.73m	4.09	3.92	3.54
罗 67	3300.73m	3.9		0.26
罗 67	3310.5m	3.57		8.46
新义深 9	3376.1m	3.8	3.9	2.56
义 172	3525.46m	2.62	2.6	0.77
义 172	3528m	2.57		1.15
义 101	1.65m	1.59	1.65	3.64
罗 35	2.25m	2.87	2.9	1.03

2. 基于精细速度场的井震联合 TOC 预测方法

1) 基本技术流程

单井计算有机碳含量需要的测井参数为速度和电阻率,分别建立速度、电阻率与地震参数之间的关系,就可以通过体运算建立 TOC 体。主要技术流程如图 4.39 所示。其核心是层速度体、电阻率体(RT 体)的建立,以及通过体融合获得 TOC 三维表征体。

速度体的建立:首先使用叠加速度、钻井分层等数据,结合地震解释等 T0 数据建立原始速度场。在此基础上,使用模型层析法计算层速度,并对层速度野值剔除及散点平滑之后,使用等 T0 基准面控制,建立精细平均速度场,进而提取层速度,建立速度体。

电阻率体的建立:在建立速度体的基础上,利用速度与电阻率之间的关系,通过经验公式转换计算得到电阻率体。根据地面的埋藏深度和电阻率计算地层速度的经验公式为

$$V = 2 \times 10^3 zR \times 1/6 \tag{4.26}$$

式中,V 为速度(m/s);z 为深度(m);R 为电阻率(Ω·m)。

依据这个经验公式就可用来实现速度资料与电阻率资料的换算,使用速度资料反算电阻率资料,从而建立了由速度体转换为电阻率体的关系式为

$$R = 6 \times 10^{-18} V/(64z) \tag{4.27}$$

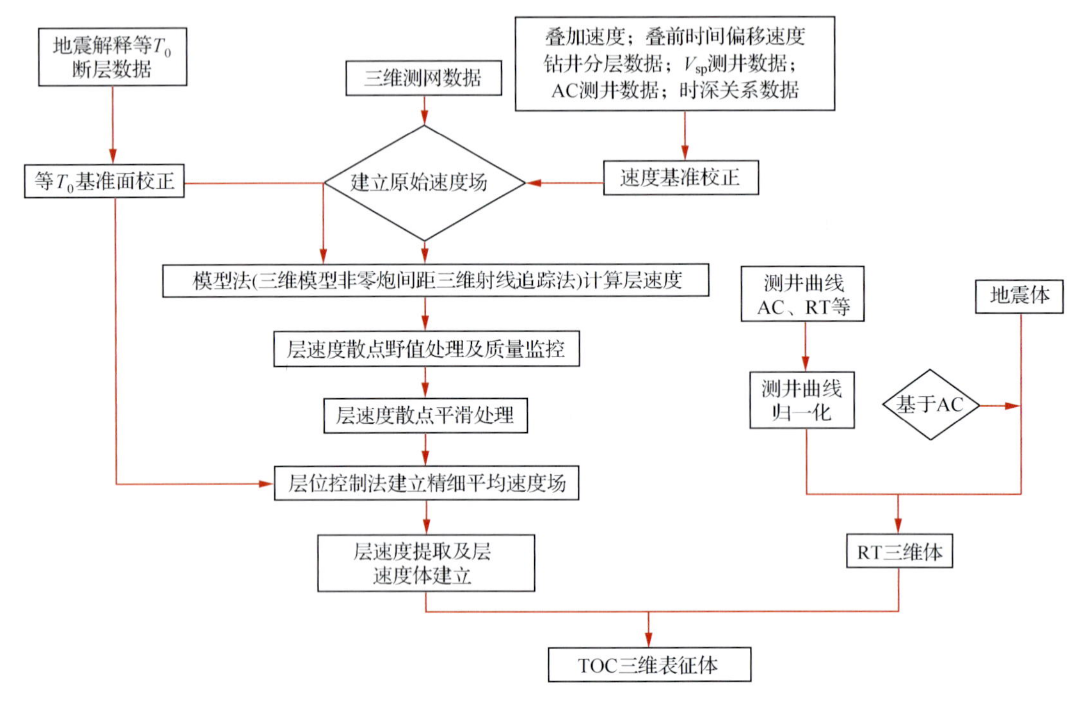

图 4.39　TOC 体计算的技术路线图

2）实现过程及效果检验

按照速度体建立流程计算，最终得到三维层速度体数据，从速度剖面来看（图 4.40）：纵向上声波高低变化，在岩性组合为互层的井段，声波也出现高低交替变化。以樊 7 井为例，岩性为灰质泥岩和泥岩的互层。在灰质泥岩段，声波速度为高值，在泥岩段声波速度为低值。横向上沿 T_6 轴，灰质泥岩、油页岩、油泥岩比较发育，声波值整体呈现高值。

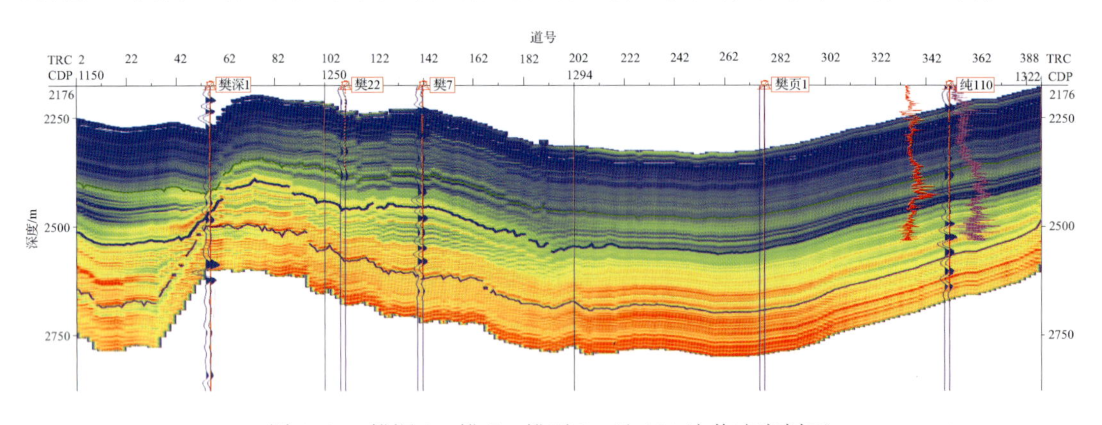

图 4.40　樊深 1—樊 7—樊页 1—纯 110 连井速度剖面

从通度速度体转换得到的电阻率剖面看（图 4.41），纵向上表现为上下低，中间高的特征，横向上表现为沿 T_6 轴上下电阻率为高值。从测井资料看，在出油段及灰质泥岩段，电阻率为高值，且油层段电阻率在平面上呈条带状的展布规律。

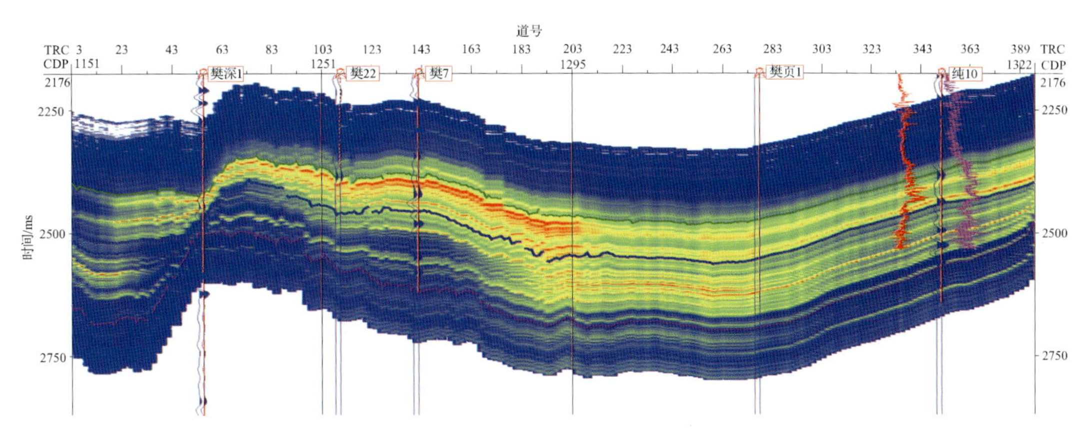

图4.41　樊深1—樊7—樊页1—纯110连井电阻率剖面

通过速度体和电阻率体的融合运算得到TOC体，根据前面分析的声波和电阻率的纵横向变化，可以定性地从剖面上评价 $T_5 \sim T_6$ 层段为烃源岩的有利发育区。而通过计算的TOC剖面(图4.42)，可以定量评价烃源岩有机质的高低，红色条带代表了有机质高的层段。以纯110井为例，红色条带对应着油泥岩的油层段，说明TOC体可以用于定性、定量评价烃源岩。

在反演成TOC预测结果的基础上，对研究区烃源岩进行分类评价。根据研究，初步拟定依据声波时差大小与幅度、电阻率、TOC、SP曲线异常等4个参数评价储集段类别。在研究区将泥页岩有利储集段划分为三类(见表4.9)：Ⅰ类(好)、Ⅱ类(中)、Ⅲ类(差)。

结合单井TOC剖面(图4.42)及压力剖面(图4.43)，选择高压区带从平面上进行TOC的预测。以较厚的11层组为例，预测结果如图4.44所示。整体上可划分三个储集类别(表4.9)，樊页1井在3199～3210m，11层组试油，日产油8.88t。从分类结果看，樊页1井处于Ⅰ类区，证明了平面预测结果的可靠性。

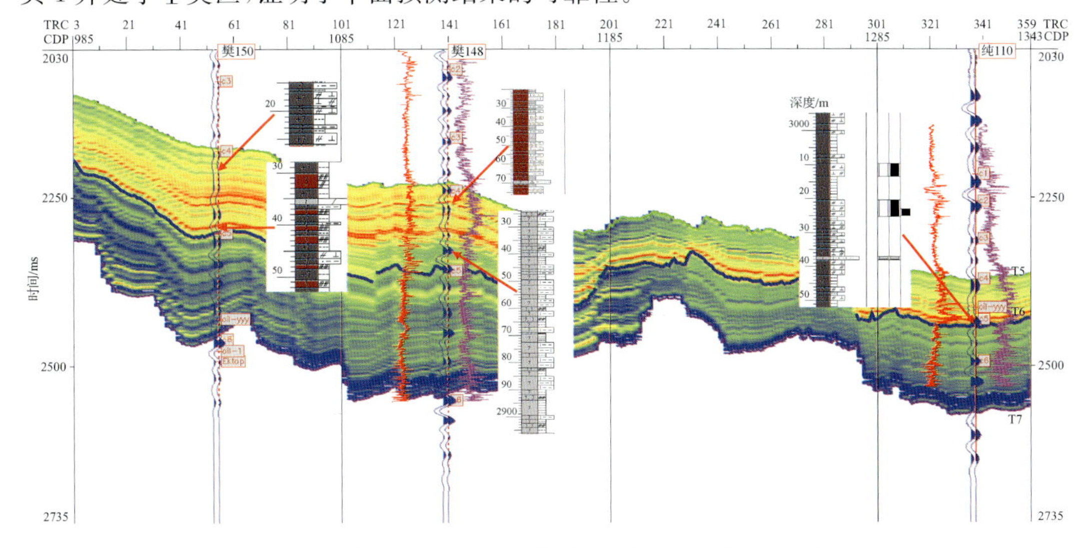

图4.42　樊150—樊148—樊页1—纯110连井TOC剖面

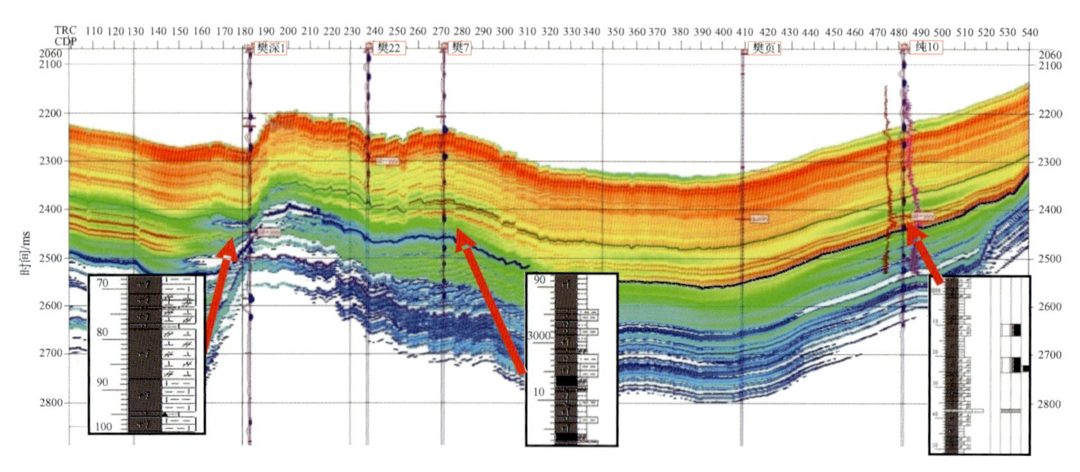

图 4.43 樊深 1—樊 7—樊页 1—纯 110 的连井压力剖面

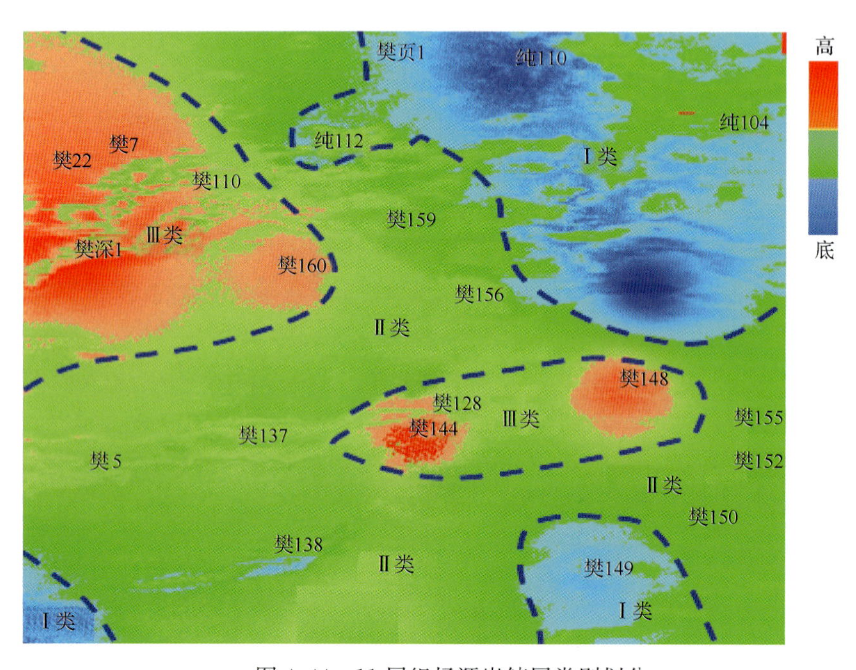

图 4.44 11 层组烃源岩储层类别划分

表 4.9 沙三下亚段页岩油类别划分标准

分类	声波时差	电阻率/(Ω·m)	TOC/%	SP	备注
Ⅰ类(好)	增大明显，呈幅度明显的锯齿状(91～131.5μs/m)	>2.5	>3	SP 有明显显示	录井显示好，气测、槽面显示活跃
Ⅱ类(中)	增大幅度变小，锯齿状幅度不明显(80～103.6μs/m)	>2	>2	SP 有异常	录井显示好
Ⅲ类(差)	略有增大(62.5～90.5μs/m)	<3	1～2	SP 异常不明显或无异常	录井一般无显示

4.3 裂缝发育区地震表征研究

寻找裂缝是目前泥页岩油气勘探取得突破的主要方向之一，但如何对泥页岩发育的裂缝进行大尺度定量化刻画是一个必须面对的难题。裂缝的定量描述研究主要涉及裂缝发育方向、裂缝倾角和裂缝密度等几个对裂缝性油气藏勘探具有直接关系的定量参数。

目前，裂缝地震预测技术按资料可分叠前预测和叠后预测。叠前裂缝预测技术具有较好的理论优势，理论上可直接实现定量预测。但实际操作中受地震资料品质、数据量大、实现过程复杂等因素影响，不同资料预测结果差异性较大，具体操作难度大。叠后地震预测技术多以通过多种相关地震属性的叠加、融合或测井约束反演宏观定性预测裂缝发育的平面规律为主。大多裂缝定量研究还集中在小尺度的测井数据裂缝定量判定上，大尺度裂缝定量预测的实现受井数据约束性大，井信息的多少直接影响预测结果精度，可借鉴性差，这是近年来叠后裂缝预测方法进展缓慢的原因之一。

本节通过确定研究区储层裂缝特征，分析不同角度裂缝的地质成因及分布特征，梳理应用基于高精度地震相干分析技术、方位角分析技术、构造曲率预测技术，开展微断层成像加强处理、纹理属性分析预测的研究与应用，进一步明确各技术参数对裂缝角度、方位、密度的敏感性，并建立适用于泥页岩裂缝发育区的有效识别与表征技术，进而预测裂缝的倾角、密度及走向。

4.3.1 泥页岩裂缝的测井响应特征

由于受裂缝的不均一性、泥浆的侵入及含油气性等因素的影响，罗家地区泥页岩不同岩相中裂缝在常规测井曲线上普遍具有“三高一低一负”特征，即高电阻率、高声波时差、高中子孔隙度、低密度、自然电位负异常。此外，深浅侧向差异和次生孔隙的大小与裂缝的发育程度成正比。

1. 双侧向电阻率和深浅侧向差异

在泥页岩裂缝发育段，由于岩石中蕴含的油气和裂缝的影响，造成双侧向(R_{LLD}、R_{LLS})电阻率曲线均表现为高值，为高电阻率特征(图4.45)。

双侧向电阻率的差异可以定性判断裂缝的发育和空间形态。当无裂缝，且地层中无径向电阻率变化时，深、浅侧向电阻率基本重合。在裂缝发育段，当裂缝为斜交或水平缝时，表现为“负差异”($R_{LLS}>R_{LLD}$)；当裂缝为垂直缝时，表现为“正差异”($R_{LLD}>R_{LLS}$)。这是由于裂缝的倾角较小时，深侧向的径向探测深度大，受泥浆侵入影响大，而泥浆电阻率远小于基岩的背景电阻率，深侧向电阻率小于浅侧向电阻率；随着裂缝倾角的增加，深浅侧向电阻率响应值都增加，但深侧向电阻率的增加速度大于浅侧向电阻率的增加速度。在裂缝倾角达到临界角(定义深、浅侧向曲线相交时的角度为临界角)后，此时靠近井壁的裂缝近直立，为浅侧向的电流提供了良好的通路，使得泥浆对浅侧向的影响大于深侧向，即浅侧向的视电阻率小于深侧向的视电阻率。

为定量表征上述现象，定义深、浅侧向电阻率差异曲线R_{ds}为深浅侧向电阻率之差的

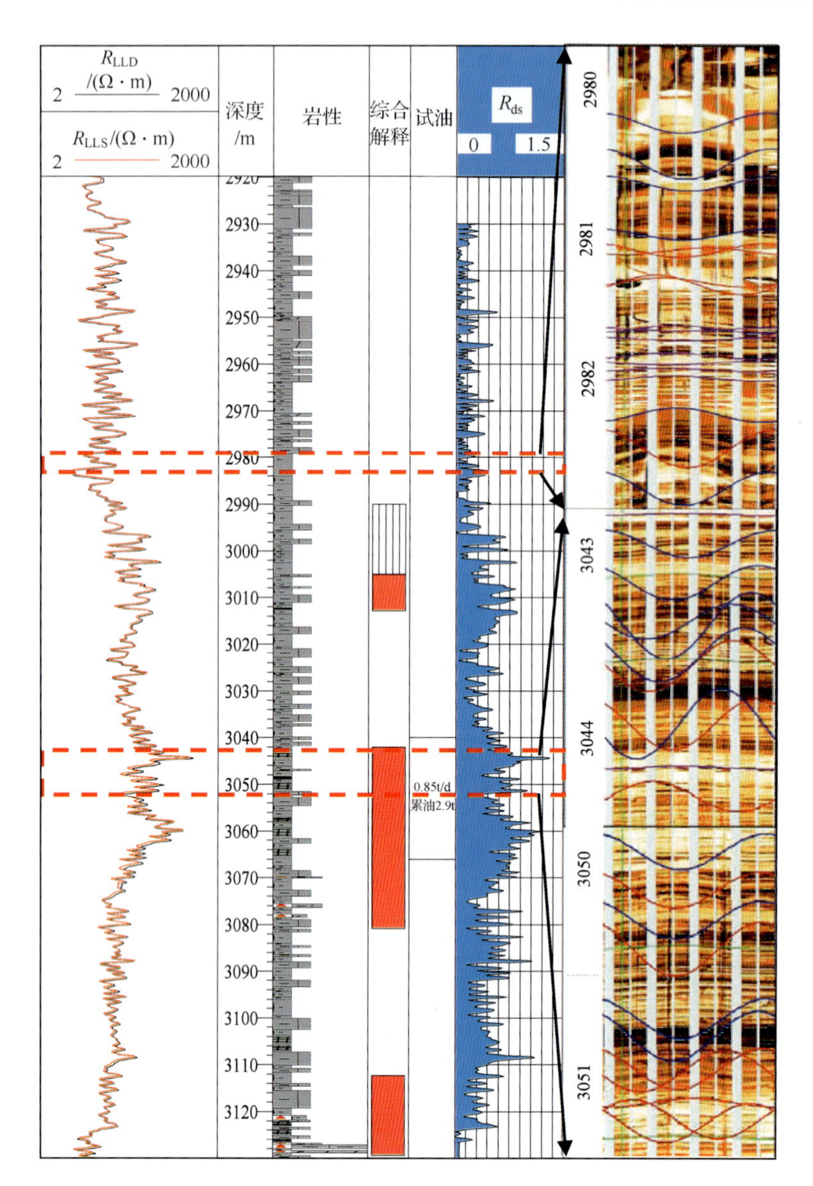

图 4.45　罗 69 井双侧向电阻率和深浅侧向差异特征

绝对值与深侧向电阻率的比值，即

$$R_{ds}=|R_{LLD}-R_{LLD}|/R_{LLD} \tag{4.28}$$

式中，R_{ds}为深、浅侧向的电阻率差异值；R_{LLS}为浅侧向电阻率；R_{LLD}为深侧向电阻率。R_{ds}越大，代表裂缝越发育。统计表明，罗家地区多发育中高角度的裂缝。如根据罗 69 井双侧向差异曲线 R_{ds}与成像资料对比，3000m 以上未见油气显示井段：微断层、微裂缝发育以低角度为主，$R_{ds}<0.3$；3000～3080m 的油气发育段：微裂缝发育以中高角度为主，$0.3<R_{ds}<1.2$（图 4.45）。

2. 三孔隙度和次生孔隙

泥页岩甜点中裂缝的发育、含油气的多少、脆性矿物的变化，会引起三孔隙度（声波时差、中子密度和补偿中子）测井曲线出现异常，主要表现为（图 4.46）：声波时差增大，中子密度减小，补偿中子增大。

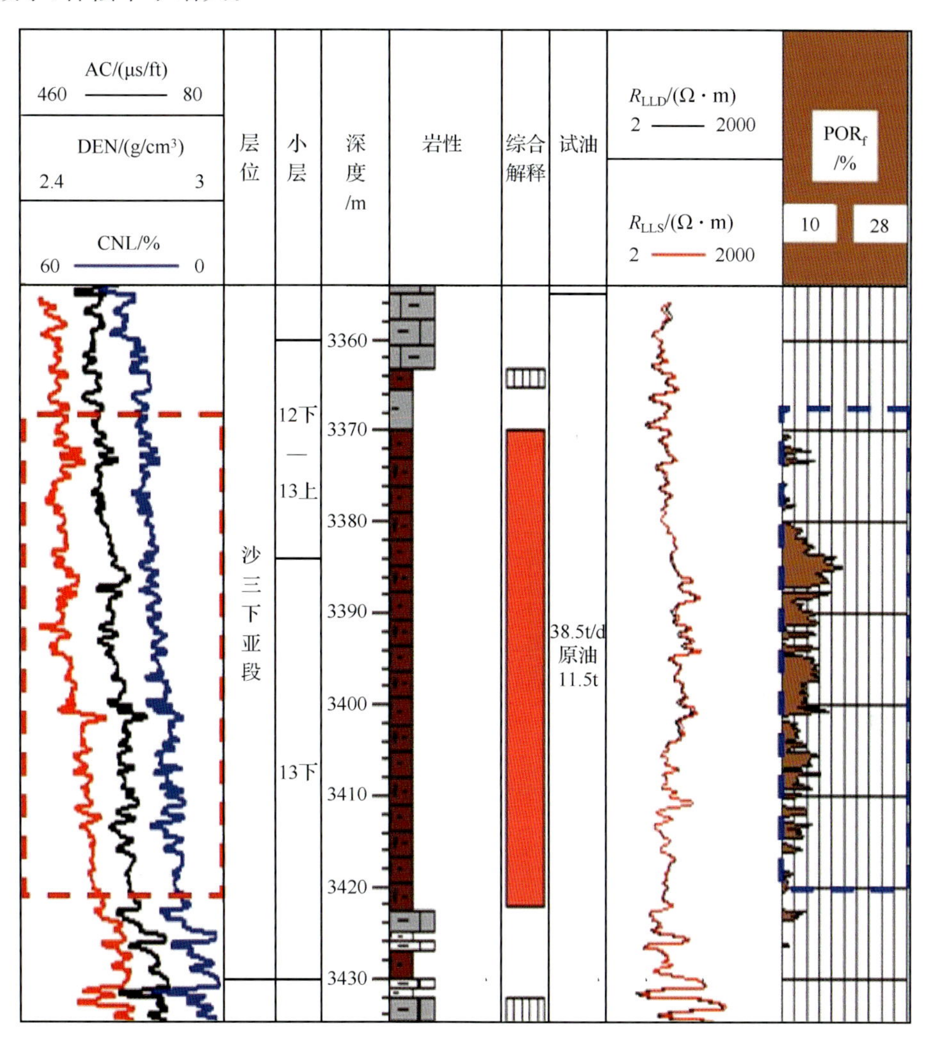

图 4.46　新义深 9 井三孔隙度和次生孔隙特征

同时，由三孔隙度测井的测量原理可知，声波时差不反映次生孔隙度，只反映原生孔隙度；而中子密度和补偿中子孔隙度反映了包括次生孔隙度在内的总孔隙度。由此可以定义次生孔隙度 POR_f 为总孔隙度 $POR_{DEN,CNL}$ 与原生孔隙度 POR_{AC} 的差值，即

$$POR_{DEN,CNL} = \sqrt{\frac{POR_{DEN}^2 + POR_{CNL}^2}{2}} \tag{4.29}$$

$$POR_f = POR_{DEN,CNL} - POR_{AC} \tag{4.30}$$

式中，POR_f 为次生孔隙度；$POR_{DEN,CNL}$ 为总孔隙度；POR_{AC} 为声波时差孔隙度；POR_{DEN} 为

中子密度孔隙度；POR_{CNL}为补偿中子孔隙度。次生孔隙 POR_f 与次生孔隙的发育程度成正比，即当 POR_f 越大时，说明次生孔隙越发育，泥页岩裂缝发育程度越高。如图 4.46 所示。

3. 自然电位异常幅度

在泥浆滤液与地层矿化度不同的条件下，自然电位 SP 主要由离子的扩散吸附作用产生的。在泥页岩裂缝发育段，地层的渗透性好，离子的扩散吸附作用强烈，往往造成自然电位异常（正或负）。因此，可以用自然电位的异常幅度刻画有效裂缝的发育程度。

定义自然电位的异常幅度 SSP 为

$$SSP = \frac{SP_{max} - SP_{log}}{SP_{max} - SP_{min}} \tag{4.31}$$

式中，SSP 为自然电位的异常幅度；SP_{log}为实际测量的自然电位测井值；SP_{max}为沙三下亚段自然电位的最大值；SP_{min}为沙三下亚段自然电位的最小值。自然电位的异常幅度 SSP 越大，储集空间的渗透性越好，泥页岩裂缝越发育（图 4.47）。

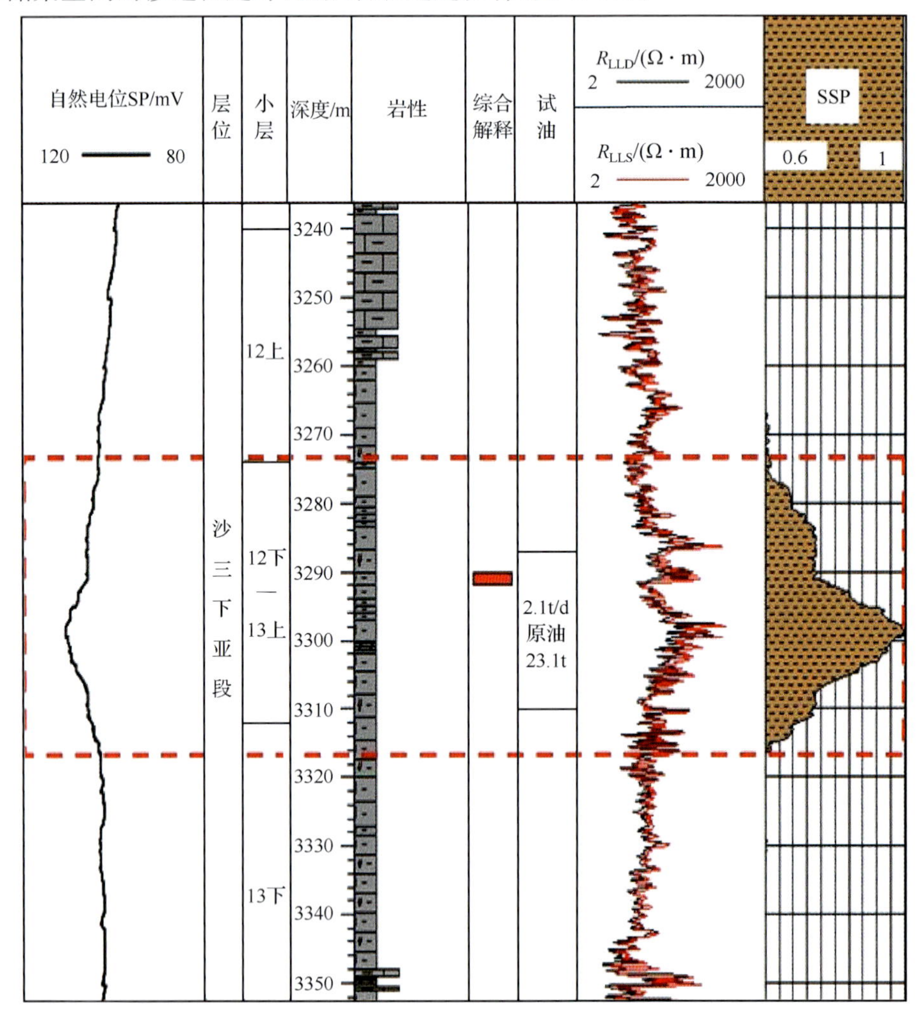

图 4.47 罗 67 井自然电位异常幅度特征

罗家地区泥页岩裂缝的测井响应特征见表 4.10。根据泥页岩裂缝的上述响应特征和反映的可靠程度，认为双侧向（R_{LLD}、R_{LLS}）电阻率、深浅侧向差异（R_{ds}）电阻率、自然电位幅度（SSP）、声波时差（AC）孔隙度、中子密度（DEN）孔隙度、补偿中子孔隙度（CNL）及次生孔隙度（POR_f）7 个参数对识别裂缝发育段较为可靠。

表 4.10　罗家地区泥页岩裂缝测井响应特征汇总表

测井参数	符合表示	裂缝测井响应特征	反映可靠程度
双侧向	R_{LLD}、R_{LLS}	有机质及油气的存在，使电阻率增大	可靠
深浅侧向差异	R_{ds}	对于水平和低角度缝：$R_{LLD}<R_{LLS}$呈负差异；高角度缝：$R_{LLD}>R_{LLS}$呈正差异	可靠
自然电位幅度	SSP	自然电位呈正或负异常	可靠
声波时差	AC	低角度和水平缝，声波时差增大或出现周波跳跃现象；高角度缝，无响应或响应不明显	较可靠
中子密度	DEN	裂缝发育段中子密度孔隙度值可能减少	较可靠
补偿中子	CNL	裂缝发育段补偿中子值孔隙度可能减少	较可靠
次生孔隙	POR_f	裂缝发育程度与次生孔隙度大小成正比	较可靠
井径	CAL	井径或缩径或扩径，反映不明显	不明显
自然伽马	GR	时高时低，与泥页岩的放射性含量有关	不明显

4.3.2　缓倾角裂缝叠后概率定量表征技术

利用属性剥分检测技术，选取裂缝敏感属性剥分检测处理突出缓倾角裂缝特征；通过数据归一化处理，利用各敏感属性对缓倾角裂缝特征差异表征提取裂缝发育概率，实现裂缝密度的定量化表征，同时结合裂缝密度梯度变化预测裂缝的走向。

1. 裂缝信息剥分检测技术

裂缝信息剥分检测技术是建立在目前国内外在断层（裂缝）检测应用较多的地震波相干、振幅、曲率等基础技术之上的属性剥分检测技术。由于地震数据在采集过程中不可避免地受各种因素的影响，导致地震图像的信噪比较低，利用常规属性技术对微幅断裂（裂缝）识别难度较大。通过属性剥分技术可以增强地震数据中的断裂（裂缝）信息，在不降低地震资料分辨率的基础上提高数据的信噪比。该技术突出图像中的有用信息（裂缝），加强图像的直接视觉效果，将原来不清晰的图像变得清晰或突出强调某些感兴趣的部分特征。以下详细介绍相干属性技术的应用。

相干数据体是对地震道之间相似性的数学描述，是一种新的地震属性体。它通过对相邻道间地震波形的相似性进行比较，进行求异去同、突出那些不相干的地震数据，揭示地层的不连续性。相干体技术利用多道相似性将三维数据体经计算转化为相关系数数据体，在显示上通过强调不相关异常，突出不连续性。它的前提假设是地层是连续的，地震波有变化也是渐变的，因此，相邻道、线之间是相似的。当地层连续性遭到破坏或发生变化时，如断层、尖灭、侵入、变形等，导致地震道之间的波形特征发生变化，进而导致局部道与道之间的相关性表现边缘相似性的突变，由于地层边界、特殊岩性体的不连续性得到低相关值的轮廓。通过相干处理和解释，辨别出断裂、裂缝发育区、指导断裂的解释。

自 1995 年 Bahorich 和 Farmer 首次提出该技术以来，相干算法已经经历了三代革新，分别为：第一代 Cross Correlation 相干技术（C_1算法），第二代 Semblance 技术（C_2算法）和第三代 Eigen-stucture 相干技术（C_3算法）。本次应用 C_3算法。

为了更好地进行空间特征描述及消除由地层倾角带来的误差，1999 年，Gersztenkorn 和 Marfur 将矩阵引入相干计算，即 C_3算法，利用矩阵的特征结构优势来计算相似性。先假设在一个分析窗口内存在 N 道地震数据，K 个采样点，然后利用矩阵 $\boldsymbol{D}$ 来表示三维数据体：

$$\boldsymbol{D}=\begin{vmatrix} d_{11} & d_{12} & \cdots & d_{1n} \\ d_{21} & d_{22} & \cdots & d_{2n} \\ \vdots & \vdots & \vdots & \vdots \\ d_{k1} & d_{k2} & \cdots & d_{kn} \end{vmatrix} \tag{4.32}$$

式中，d_{kn} 为第 n 道的第 k 个样点值；矩阵 $\boldsymbol{D}$ 中的第 n 行向量 $\boldsymbol{d}_k^T=[d_{k1},k_{k2},\cdots,d_{kn}]$（$1\leqslant k\leqslant K$），表示数据体的第 k 个采样点的集合。

假设每个计算窗口中数据平均值为零，则第 k 个采样点的协方差矩阵为公式：

$$\boldsymbol{d}_k\boldsymbol{d}_k^T=\begin{bmatrix} d_{k1} \\ d_{k2} \\ \vdots \\ d_{kn} \end{bmatrix}[d_{k1},d_{k2},\cdots,d_{kn}] \tag{4.33}$$

如果 $\boldsymbol{d}_k$ 是非零向量，则协方差矩阵 $\boldsymbol{d}_k\boldsymbol{d}_k^T$ 是一个秩的半定对阵矩阵，有一个不为零的特征值。这样整个数据体的协方差矩阵为

$$\boldsymbol{C}=\boldsymbol{D}^T\boldsymbol{D}=\sum_{k=1}^{K}d_kd_k^T \tag{4.34}$$

协方差矩阵 $\boldsymbol{C}$ 的秩可以表示分析窗口中地震数据的自由度，而特征值的大小可以定量描述数据体的变化程度。在目前的本征值计算中尚只使用第一个本征值 $E_k=\lambda_1/\sum_{k=1}^{K}\lambda_k$。该算法通过各道之间的倾角和方位角值，拟合成一个光滑的曲面，消除地层倾角的影响，提高计算精度和运算效率，抗噪能力和分辨率都相应提高。

地震数据经过相干性处理后可生成不同于地震信号的新型数据体。某种程度上可以认为其为图像数据体，可对相应的地震相干数据体进行一些必要的图像增强处理。目前常用方法主要是二维中值滤波、高频去噪处理等技术。滤波处理后，可以将高频噪声和低频背景去掉，这样断层及其裂缝带发育成像更清晰。该裂缝信息剥分技术主要由两个部分组成，一是利用基于导数的二次加强处理突出缓倾角裂缝信息特征，二是通过基于微分裂缝信息雕刻技术勾绘裂缝信息边界。

基于导数的二次加强处理技术主要是选用 Butterworth 类滤波函数：

$$|H(\omega,k_x,k_y)|=\frac{\alpha}{\alpha+\dfrac{k_x^2+k_y^2}{-i\omega}} \tag{4.35}$$

建立频率域三维倾角滤波方程：

$$H(\omega,k_x,k_y)P(\omega,k_x,k_y)=Q(\omega,k_x,k_y) \tag{4.36}$$

式中，$P(\omega,k_x,k_y)$ 为输入 $p(t,x,y)$ 的三维 Fourier 变换；$Q(\omega,k_x,k_y)$ 为输入 $q(t,x,y)$ 的三维 Fourier 变换。

式(4.35)代入式(4.36)变换到时空域，即

$$-a(t,x,y)=\frac{\partial q}{\partial t}+\left(\frac{\partial^2}{\partial x^2}+\frac{\partial^2}{\partial y^2}\right)q=\left(\frac{\partial^2}{\partial x^2}+\frac{\partial^2}{\partial y^2}\right)p \tag{4.37}$$

在如下定义基础上：

$$Q_{i,j}^n=q(i\Delta x,i\Delta y,n\Delta t)$$

$$P_{i,j}^n=p(i\Delta x,\Delta y,\Delta t)$$

$$\frac{\partial^2}{\partial x^2}\approx\frac{\Delta_x^+\Delta_x^-}{\Delta x}\ \frac{\partial^2}{\partial y^2}\approx\frac{\Delta_y^+\Delta_y^-}{\Delta y}\ \frac{\partial^2}{\partial t}\approx\frac{\Delta_t^+}{\Delta t}$$

$$\frac{\partial^2}{\partial x^2}+\frac{\partial^2}{\partial y^2}\approx\left(\frac{\delta^2}{\delta x^2}+\frac{\delta^2}{\delta y^2}\right)\Big/\left(1+\Delta x^2\beta_x\frac{\delta^2}{\delta x^2}+\Delta y^2\beta_y\frac{\delta^2}{\delta y^2}\right)$$

式中，Δ_x^+、Δ_y^+、Δ_t^+ 分别代表 x、y 和 t 的向前一步的差商；Δ_x^-、Δ_y^- 分别代表关于 x、y 的向后一步差商；$\lim\limits_{\Delta x\to 0}\frac{\delta^2}{\delta x^2}=\frac{\delta^2}{\delta x^2}$，$\lim\limits_{\Delta x\to 0}\frac{\delta^2}{\delta y^2}=\frac{\delta^2}{\delta y^2}$。根据 Clearbout 思想，控制数值频散，令 $\beta_x=\beta_y=1/6$。

通过进一步的差分处理，式(4.37)变为

$$\begin{aligned}[I+(\eta_x-\beta_x)T_x][I+(\eta_y-\beta_y)T_y]\vec{Q}_{i,j}^{n+1}&=[I-(\eta_x+\beta_x)T_x][I-(\eta_y+\beta_y)T_y]\vec{Q}_{i,j}^n\\&\quad+[I-\beta_xT_x][I-\beta_yT_y](\vec{P}_{j,j}^{n+1}-\vec{P}_{j,j}^n)\end{aligned} \tag{4.38}$$

式中，$\eta_x=\frac{\Delta t}{2\Delta x^2\alpha}$；$\eta_y=\frac{\Delta t}{2\Delta y^2\alpha}$；$T_x=(-1,2,-1)$；$T_y=(-1,2,-1)$；$I=(0,1,0)$；$\vec{Q}_{i,j}^n$ 为差分中心附近 3 个点 $Q_{i-1,j}^n,Q_{i,j}^n,Q_{i+1,j}^n$；$\vec{P}_{i,j}^n$ 为差分中心附近 3 个点 $P_{i-1,j}^n,P_{i,j}^n,P_{i+1,j}^n$。

该方法最大限度地保留有效信息，从正、反两个方向进行滤波滤除相干噪声的同时也可以压制其他噪声，加强图像数据的横向连续性。

基于微分的裂缝信息雕刻技术主要是利用凯尼(Canny)边缘检测算子。该算子研究图像最优边缘检测器所需特性，给出评价边缘检测性能优劣的三个指标：高的准确性指在检测的结果里应尽量多地包含真正的边缘，而尽量少地包含假边缘；高的精确度指检测到的边缘应该在真正的边界上；单像素宽指要有很高的选择性，对每个边缘有唯一的响应。

针对这三个指标，Canny 提出了用于边缘检测的一阶微分滤波器的三个最优化标准准则，即最大信噪比准则、最优过零点定位准则和单边缘响应准则。

1）信噪比准则

$$\text{信噪比(SNR)}=\frac{\left|\int_{-w}^{w}G(-x)h(x)\mathrm{d}x\right|}{\sigma\sqrt{\int_{-w}^{w}h^2(x)\mathrm{d}x}} \tag{4.39}$$

式中，$G(x)$为边缘函数；$h(x)$为带宽为 W 的低通滤波器的脉冲响应；σ 为高斯噪声的均方差。

2）定位精确度准则

L 为边缘的定位精度，定义如下：

$$L=\frac{\left|\int_{-w}^{w}G'(-x)h'(x)\mathrm{d}x\right|}{\sigma\sqrt{\int_{-w}^{w}h'^{2}(x)\mathrm{d}x}} \tag{4.40}$$

式中，$G'(x)$ 和 $h'(x)$ 分别为 $G(x)$ 和 $h(x)$ 的一阶导数；L 为对边缘定位精确程度的度量，L 越大定位精度越高。

3）单边缘响应准则

要保证准确性，在边缘只有一个响应时，检测算子的脉冲响应导数的零交叉点平均距离应该满足：

$$D_{\mathrm{zca}}(f')=\pi\sqrt{\frac{\int_{-\infty}^{\infty}h'^{2}(x)\mathrm{d}x}{\int_{-w}^{w}h''(x)\mathrm{d}x}} \tag{4.41}$$

式中，$h''(x)$ 为 $h(x)$ 的二阶导数；f' 为进行边缘检测后的图像。

这三个准则是对前述边缘检测指标的定量描述。实际操作中抑制噪声和边缘精确定位是无法同时得到满足的。

设二维高斯函数为

$$G(x,y)=\frac{1}{2\pi\sigma^{2}}\exp\left(-\frac{x^{2}+y^{2}}{2\sigma^{2}}\right) \tag{4.42}$$

式中，σ 为高斯函数的分布参数，可以控制图像的平滑程度。最优阶跃边缘检测算子是以卷积 $\nabla G\cdot f(x,y)$ 为基础的，边缘强度为 $|\nabla G\cdot f(x,y)|$。

利用高斯函数的可分性，将 ∇G 的两个滤波卷积模板分解为两个一维的行列滤波器：

$$\frac{\partial G(x,y)}{\partial x}=kx\exp\left(-\frac{x^{2}}{2\sigma^{2}}\right)\exp\left(-\frac{y^{2}}{2\sigma^{2}}\right)=h_{1}(x)h_{2}(y) \tag{4.43}$$

$$\frac{\partial G(x,y)}{\partial y}=ky\exp\left(-\frac{y^{2}}{2\sigma^{2}}\right)\exp\left(-\frac{x^{2}}{2\sigma^{2}}\right)=h_{1}(y)h_{2}(x) \tag{4.44}$$

式中，$h_{1}(x)=\sqrt{k}x\exp\left(-\frac{x^{2}}{2\sigma^{2}}\right)$；$h_{1}(y)=\sqrt{k}y\exp\left(-\frac{y^{2}}{2\sigma^{2}}\right)$；$h_{2}(x)=\sqrt{k}\exp\left(-\frac{x^{2}}{2\sigma^{2}}\right)$；$h_{2}(y)=\sqrt{k}\exp\left(-\frac{y^{2}}{2\sigma^{2}}\right)$。可见，$h_{1}(x)=xh_{2}(x)$，$h_{1}(y)=yh_{2}(y)$，$k$ 为常数。

然后把这两个模板分别与 $f(x,y)$ 进行卷积，得到

$$E_{x}=\frac{\partial G(x,y)}{\partial x}f;E_{y}=\frac{\partial G(x,y)}{\partial y}f \tag{4.45}$$

令 $A(i,j)=\sqrt{E_{x}^{2}+E_{y}^{2}}$，则 $A(i,j)$ 反映边缘强度。

信息雕刻主要是针对相干体的每个时间切片增强那些线性轮廓（断层或裂缝），使断层、裂缝在时间切片上得到增强，从而相对原属性能够清楚的定性预测裂缝发育区带的边

界，既反映了断裂的变化，又表征出了横向上岩石的应变特征，对裂缝的刻画更加细致、准确。

通过该技术的应用，可以清晰的识别研究区二、三级断层的发育情况，勾绘裂缝发育区带。罗家地区断层发育整体以北西(NW)向展布为主。在罗家鼻状构造带发育北北东(NNE)向断裂组合，该断裂组合同 NW 向组合相交在罗 69 井以东、新渤深 1 井以南，构成网状断裂发育带。次级小断裂(裂缝)发育则主要受控于这些大的断裂(图 4.48)。

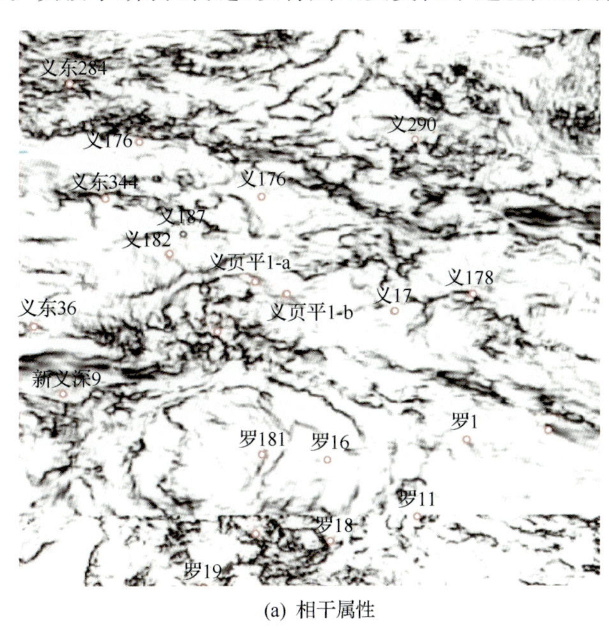

(a) 相干属性

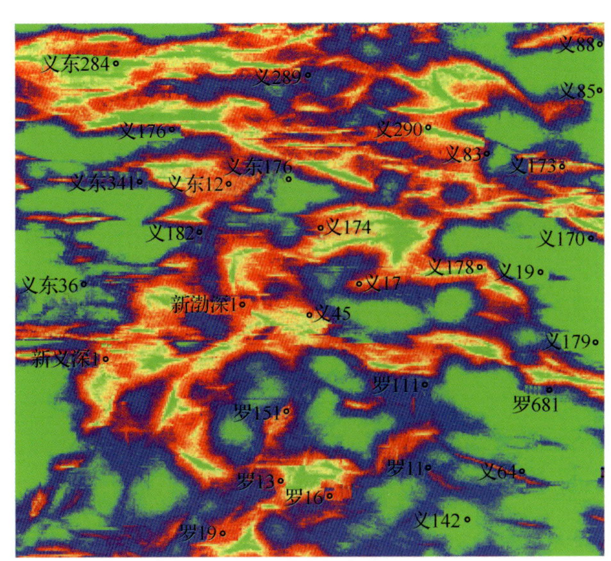

(b) 相干信息剥分处理

图 4.48　罗家地区沙三下亚段相干属性与相干裂缝信息剥分处理平面图

2. 裂缝概率定量表征技术

从裂缝参数来看,裂缝密度是描述裂缝发育程度的一个重要参数,裂缝密度通常指单位长度或单位面积内裂缝的条数或宽度。一般用单位长度内裂缝的条数来表示,又称裂缝频率或视密度,可以看作裂缝发育程度的一个概念值。通常情况下裂缝密度大,裂缝密集,容易形成高渗透带,改善油气的流动,形成良好的油气储层,因此裂缝发育程度的定量化研究即为裂缝密度的定量研究。

在以往认识的基础上,特别是经过剥分检测技术处理的相干、曲率等多类几何学、动力学地震属性可更好地在横向、纵向上定性描述泥页岩裂缝发育区带。在实际应用中平面定性描述吻合率均在80%以上。

总体来看各类属性均对裂缝具有较好的表征,但表征程度不可避免地存在局部或细微异同。在此着重研究各类属性(定性描述裂缝发育程度较好)对裂缝信息的表征差异,并针对这种差异性提出了裂缝概率定量表征技术。

对多类定性描述裂缝发育的地震属性来说,多属性的叠加可以综合裂缝发育信息具有理论、技术的双重可行性。在具备获取裂缝发育信息的基础上,如何判定这些信息的可靠性(概率)是重点。上面提到属性表征差异性可以提供可靠性验证:各类属性之间差异越大,说明裂缝发育的概率越低,各类属性裂缝表征可靠性越小;属性之间差异越小,说明各类属性表征可靠性越大,也就是裂缝发育概率确定性越大。通过裂缝发育信息和裂缝发育概率定量化裂缝发育程度(裂缝密度)。

选取具有成像测井裂缝表征数据的罗69井,通过井旁道数据提取(图4.49),分析裂缝密度和地震数据及各属性关系提取裂缝发育概率。将各属性同裂缝密度统一数据尺度对比发现,在裂缝发育区相干、曲率属性差异较小,将差异倒数化,可以发现(图4.50)任意一点差异值越小,$\frac{1}{差异}\to\infty$,该点的裂缝发育概率确定性就越大;相反$\frac{1}{差异}\to 0$,该点裂缝发育概率确定性就越小。将这种属性之间的差异转化为裂缝发育概率,通过裂缝发育信息和裂缝发育概率,可以初步实现定量化裂缝密度(图4.51)。再经过已知测井裂缝密度的量纲标定,式(4.46)实现裂缝密度定量化预测。通过层控约束,提取层组最大裂缝密度,实现层组裂缝平面预测(条/m^2)。

$$\mathrm{FVDC}_{预测}=m\sqrt{\frac{相干\cup 曲率}{相干\cap 曲率}}+n=m\sqrt{\frac{相干+b\,曲率}{相干-a\,曲率}}+n \tag{4.46}$$

式中,FVDC为裂缝密度(条/m^2);a、b分别为归一化处理相干曲率属性的最佳、最小相关系数;m、n分别为量纲校正参数。

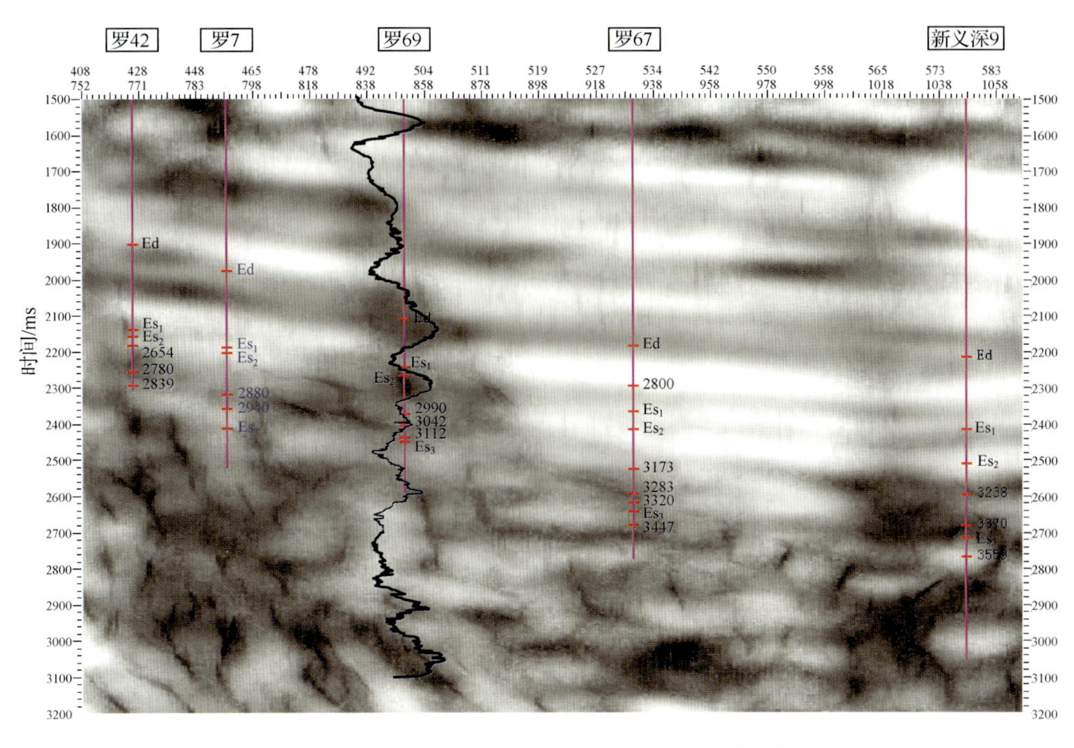

图 4.49　罗 69 井剥分检测相干剖面即井旁道数据提取

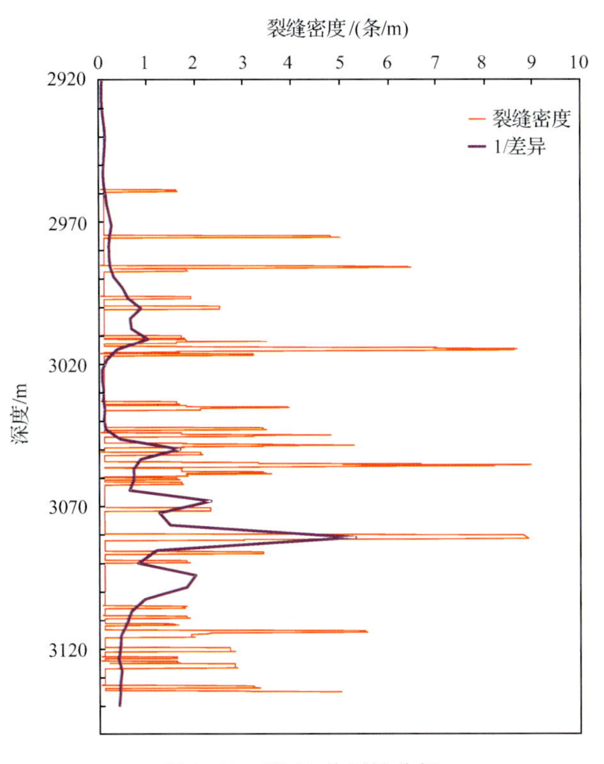

图 4.50　罗 69 井属性分析

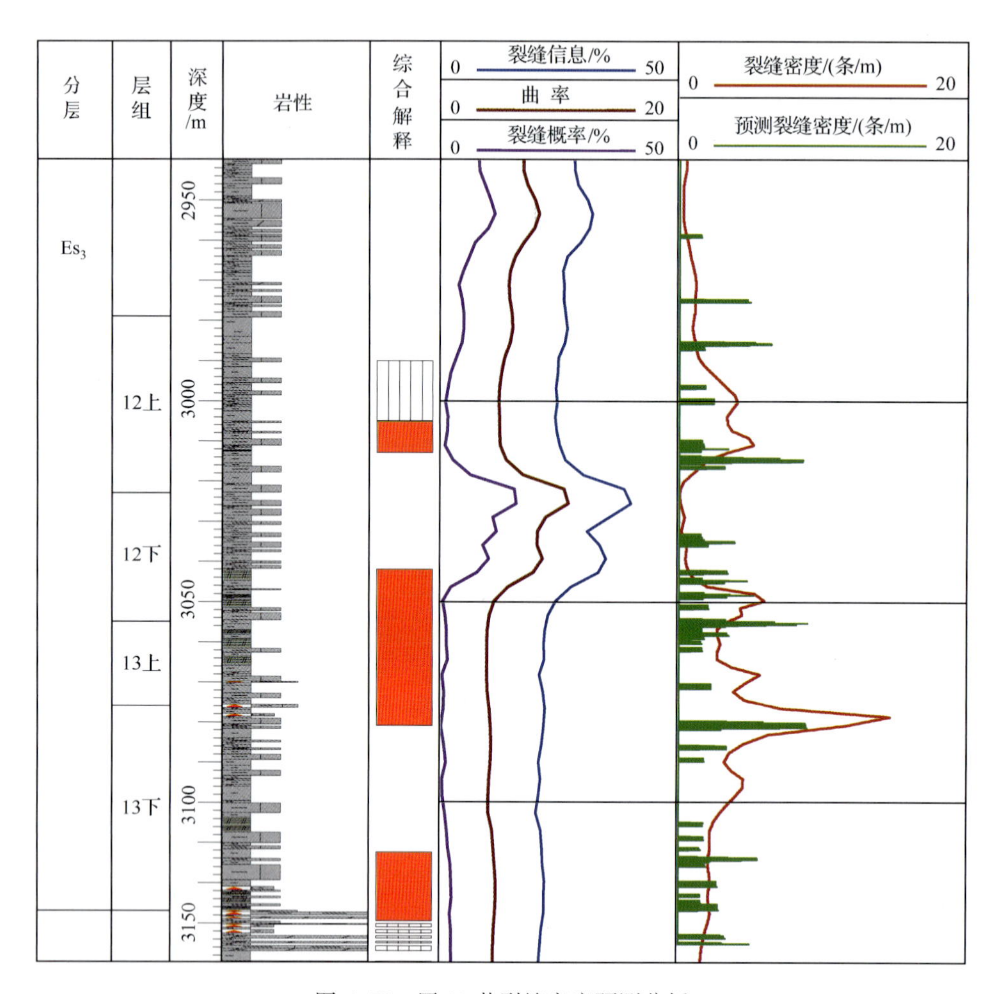

图 4.51　罗 69 井裂缝密度预测分析

将多属性分析推广到整个工区来看，井预测对应效果较好[图 4.52(a)]，同测井解释对应性较好[图 4.52(b)]，多种裂缝发育的相关属性参与预测后细节处理更好。整个工区平面规律吻合性高(图 4.53)，页岩油高产井的裂缝密度大，西部裂缝发育程度明显高于东部，北部高于南部。

总之，裂缝发育定量化预测，尤其是叠后地震属性的裂缝发育定量预测，目前可借鉴技术与方法较少，上述方法是对裂缝定量预测方法的探索。在裂缝倾角预测方面主要针对测井资料开展的小尺度裂缝倾角判定的区带划分，有待下一步开展针对地震资料的预测。裂缝密度和走向预测需要在细节上加强处理，提高预测精度。

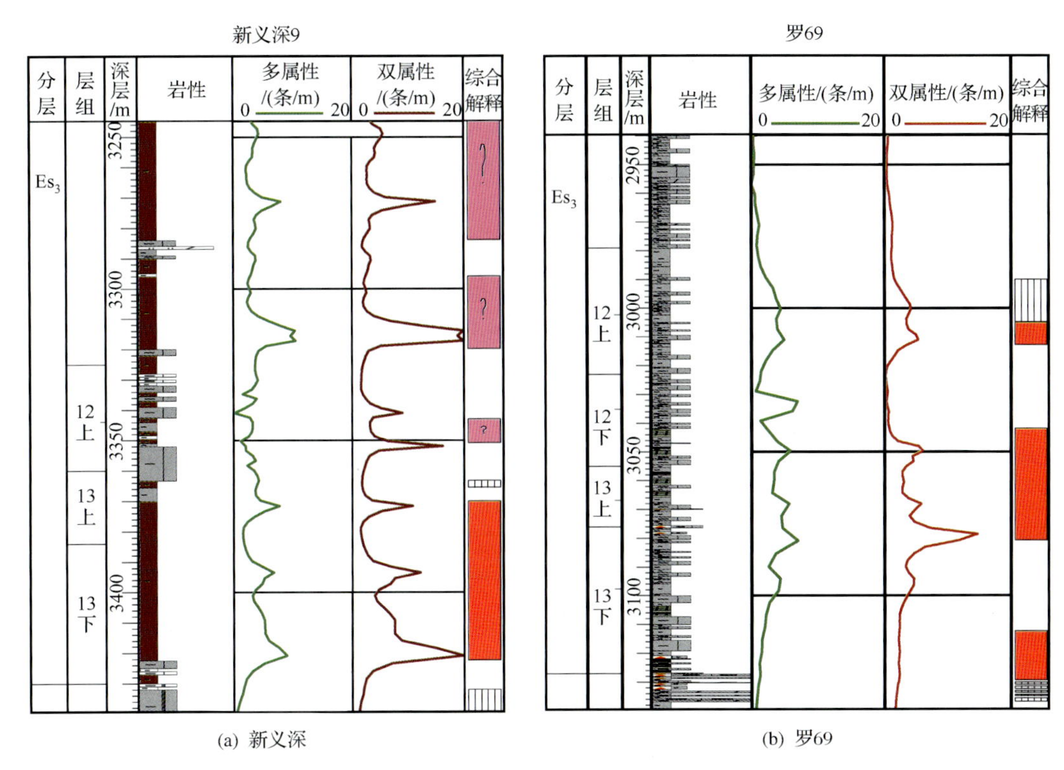

(a) 新义深　　(b) 罗69

图 4.52　新义深井、罗 69 井裂缝密度预测分析

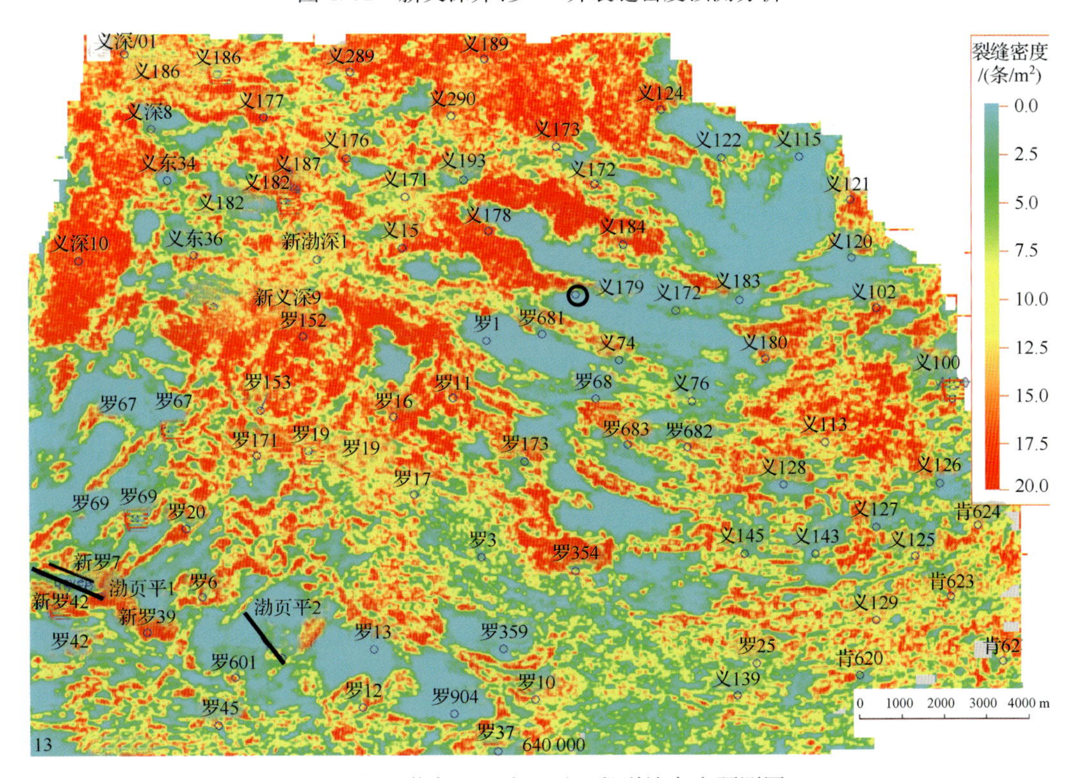

图 4.53　渤南地区沙三下亚段裂缝密度预测图

4.3.3 基于方位杨氏模量的裂缝预测技术

地层裂缝特征描述是泥页岩油气藏的一项重要研究内容，因此，地层裂缝参数的求取一直是裂缝性油气藏勘探中的重点研究的内容，且难度较大。目前主要靠测井才能获取钻井井位处裂缝的可靠参数，对于大面积无钻井地区的地层裂缝研究，仅用现有的常规地震勘探方法还无法得到可靠且详细的资料。选择合适的反演参数有利于对裂缝进行合理描述，对于勘探开发裂缝型油气藏有明显效果。本书通过对方位杨氏模量椭圆拟合（椭圆长轴指示裂缝走向，椭圆率指示裂缝密度），并将拟合结果在实际资料上进行应用和解释，在泥页岩裂缝预测中取得了较好的效果。

1. 方位AVO法预测裂缝的基本原理

由理论模拟可知，平行于裂缝的测线观测到的含气裂缝储层的AVO响应随炮检距加大而增强；垂直于裂缝的测线所得到的含气裂缝储层的AVO响应相应降低；而储层裂缝含水时无上述性质。实例研究表明，不同炮检方位的AVO响应可能包含有关地下内部结构的信息。利用这种特性，可预测裂缝发育带。

如果岩石介质中的各向异性是由一组定向垂直的裂缝引起，那么根据地震波的传播理论，当P波在各向异性介质中平行或垂直于裂缝方向传播时具有不同的旅行速度，从而导致P波振幅相应的变化。方位AVO又称AVAZ (amplitude variation with azimuth)，这种方法预测裂缝是利用方位地震数据来研究P波振幅随方位角的周期变化，估算裂缝的方位和密度。反射P波通过裂缝介质时，对于固定炮检距，P波反射振幅R与炮检方向和裂缝走向之间的夹角θ有如下关系：

$$R(\theta) = A + B\cos 2\theta \tag{4.47}$$

式中，A为与炮检距有关的偏置因子；B为与炮检距和裂缝特征相关的调制因子；$\theta = \varphi - \alpha$为炮检方向和裂缝走向的夹角，$\varphi$为裂缝走向与北方向的夹角，$\alpha$为炮检方向与北方向的夹角。

仿照简谐震荡特征，A可以看成均匀介质下的反射强度，反映了岩性变化引起的振幅变化；B可以看成定偏移距下随方位而变化的振幅调制因子，其大小决定了储层裂缝的发育程度。当B值大，A值小时，裂缝发育好。当B值小，A值大时，裂缝不发育，因此B/A是裂缝发育密度的函数，这种关系可近似用椭圆状图形表示。

当炮检方向平行于裂缝走向时(θ=0°)，振幅 ($R = A + B$) 最大；当炮检方向垂直于裂缝走向时(θ=90°)，振幅 ($R = A - B$) 最小。理论上只要知道三个方位或三个以上方位的反射振幅数据就可利用式(4.47)求解A、裂缝方位角θ及与裂缝密度相关的B；从而得到储层任一点的裂缝发育方位和密度情况。

当入射方位角为0°时，反射振幅最大，当入射方位角为90°时，反射振幅最小。某一特定入射方位角的地震反射振幅可由式(4.47)近似计算得到。通常认为裂缝方位角θ为稳定的，A、B值很高的地方被认为是具有经济价值的裂缝带。

在三维地震资料保真、保幅和地表一致性处理的基础上，对动校正三维CMP面元道集地震数据体进行P波方位各向异性（AVA ）属性处理，主要处理步骤为：①扩大面元

(又称宏面元组合);②对道集内的地震道进行方位角定义;③方位角道集选排(按一定角度大小进行方位角划分,形成方位角道集);④方位角道集叠加处理(对方位角道集内的地震道进行叠加或部分叠加,形成多个三维方位角叠加数据体)和方位偏移处理;⑤储层标定和层位拾取;⑥AVA 处理(对目的层提取 AVA 属性)。在上述处理的基础上再对目的层的 AVA 属性进行分析和沿层裂缝方位 (φ)、裂缝强(密)度 (B/A) 计算及裂缝预测。

关于沿层裂缝方位 (θ) 和裂缝强(密)度 (B/A) 计算有以下几种方法。

(1) 通过式(4.47)做椭圆拟合,求出背景趋势 A 和各向异性因子 B;利用最大振幅包络方位和对应 θ,求出裂缝发育优势方向;利用 B/A 求解相对各向异性因子,对应裂缝发育的相对密度和幅度。

(2) 使用三个方位叠后数据,利用式(4.47)计算裂缝方向 φ,再用式(4.48)求取 A、B、θ,计算出沿层裂缝方位和裂缝强(密)度 (B/A)。

如果在每一个 CMP 道集中,对于每一个固定的偏移距有来自三个方位角入射 (φ、$\varphi+\alpha$、$\varphi+\beta$) 的数据 (R_ϕ、$R_{\phi+\alpha}$、$R_{\phi+\beta}$),裂缝方位角的计算可变成一个定解问题,可利用式(4.48)计算:

$$\phi = n\pi + \frac{1}{2}\arctan\left[\frac{(R_\phi - R_{\phi+\beta})\sin^2\alpha - (R_\phi - R_{\phi+\alpha})\sin^2\beta}{(R_\phi - R_{\phi+\alpha})\sin\beta\cos\beta - (R_\phi - R_{\phi+\alpha})\sin\alpha\cos\alpha}\right] \tag{4.48}$$

式中,$n=0,1,2,\cdots,N$。使用每个 CMP 点的三方位叠加数据,式(4.47)给出了裂缝方向的唯一解。

(3) 对于叠前地震资料,可以对每个偏移距都使用式(4.47),求得所有偏移距的裂缝走向,再加权平均,即得到总裂缝走向。

(4) 对于三维宽方位角地震资料,在给定的每个 CMP 道集有多个入射方位角地震反射数据时,裂缝发育方向和密度的确定变成一个超定问题。计算方法有两种:LS 法(最小平方拟合法)和 MES(多重确定解法)。

对于超定方程可采用对 CMP 振幅包络的方位角道集做最小平方误差拟合,使目标函数 F 最小化。如式(4.49):

$$F = \sum_{i=1}^{n}[A + B\cos 2(\alpha_i - \phi) - R_i]^2 \rightarrow \min \tag{4.49}$$

得到的 A、B、ϕ 及 B/A。

2. 基于方位杨氏模量的裂缝预测技术

1) 椭圆拟合的基本理论

(1) 最小二乘椭圆拟合。

近垂直分布的裂缝性地层体现方位各向异性特征,通过对方位弹性参数椭圆拟合可以预测裂缝密度、走向和发育带等参数,因此,稳定的椭圆拟合方法对研究裂缝地层至关重要。Fitzgibbon(1999 年)和 Courtney(2004 年)给出了最小二乘椭圆拟合方法,该方法能够得到一般椭圆方程系数。

椭圆是一种二次曲线,其他二次曲线还包括双曲线、抛物线、圆等,它具有式(4.50)表示的一般形式：

$$f(a,x) = a_0x^2 + a_1xy + a_2y^2 + a_3x + a_4y + a_5 = ax$$
$$a = (a_0 \quad a_1 \quad a_2 \quad a_3 \quad a_4 \quad a_5)$$
$$x = (x^2 \quad xy \quad y^2 \quad x \quad y \quad 1)^T \tag{4.50}$$

$f(a,x)=0$ 表示二次曲线方程，$f(a,x_i)$ 表示点 $p_i=(x_i,y_i)$ 到二次曲线的距离。如果已知 N 个点的坐标，通过最小二乘拟合方法可以得到二次曲线方程的系数。

当系数满足式(4.51)时，二次曲线方程表示椭圆：

$$4a_0a_2 - a_1^2 > 0 \tag{4.51}$$

Fitzgibbon(1999 年)假设 $4a_0a_2 - a_1^2 = 1$ 进行椭圆拟合。对于一系列的已知点集，将目标函数写成矩阵形式如下：

$$\boldsymbol{d}(\boldsymbol{a}) = \boldsymbol{a}^T\boldsymbol{D}^T\boldsymbol{D}\boldsymbol{a} = \boldsymbol{a}^T\boldsymbol{S}\boldsymbol{a} \tag{4.52}$$

$$\boldsymbol{D} = \begin{bmatrix} x_1^2 & x_1y_1 & y_1^2 & x_1 & y_1 & 1 \\ x_2^2 & x_2y_2 & y_2^2 & x_2 & y_2 & 1 \\ x_3^2 & x_3y_3 & y_3^2 & x_3 & y_3 & 1 \\ \vdots & \vdots & \vdots & \vdots & \vdots & \vdots \\ x_N^2 & x_Ny_N & y_N^2 & x_N & y_N & 1 \end{bmatrix} \tag{4.53}$$

式中，$\boldsymbol{S} = \boldsymbol{D}^T\boldsymbol{D}$，式(4.52)也可以写成如下形式：

$$\boldsymbol{a}^T\boldsymbol{C}\boldsymbol{a} = 1 \tag{4.54}$$

$$\boldsymbol{C} = \begin{bmatrix} 0 & 0 & 2 & 0 & 0 & 0 \\ 0 & -1 & 0 & 0 & 0 & 0 \\ 2 & 0 & 0 & 0 & 0 & 0 \\ 0 & 0 & 0 & 0 & 0 & 0 \\ 0 & 0 & 0 & 0 & 0 & 0 \\ 0 & 0 & 0 & 0 & 0 & 0 \end{bmatrix} \tag{4.55}$$

$\boldsymbol{C}$ 是约束矩阵，结合式(4.52)和式(4.54)并且根据拉格朗日乘法器和除法器，得到式(4.56)和式(4.57)所示的广义特征系统：

$$\boldsymbol{S}\boldsymbol{a} = \lambda\boldsymbol{C}\boldsymbol{a} \tag{4.56}$$

$$\boldsymbol{a}^T\boldsymbol{C}\boldsymbol{a} = 1 \tag{4.57}$$

$\boldsymbol{S}$ 是正定的并且只有唯一的实数解，因此根据式(4.56)和式(4.57)可以获得稳定的椭圆拟合结果。可以将式(4.56)和式(4.57)分解成式(4.58)所示的 3×3 矩阵形式，得到更加简单的形式：

$$\begin{bmatrix} S_{11} & S_{12} \\ S_{21} & S_{22} \end{bmatrix}\begin{bmatrix} a_1 \\ a_2 \end{bmatrix} = \lambda\begin{bmatrix} C_{11} & 0 \\ 0 & 0 \end{bmatrix}\begin{bmatrix} a_1 \\ a_2 \end{bmatrix} \tag{4.58}$$

$$a_1 = (a_0 \quad a_1 \quad a_2)^T \tag{4.59}$$

$$a_2 = (a_3 \quad a_4 \quad a_5)^T \tag{4.60}$$

对式(4.58)进行求解，得到式(4.60)所示的 a_2 表达式，只要将 $\boldsymbol{a}_1$ 求解出来就可得到椭圆方程的系数：

$$\boldsymbol{a}_2 = -\boldsymbol{S}_{22}^{-1}\boldsymbol{S}_{12}^T\boldsymbol{a}_1 \tag{4.61}$$

考虑到 $\boldsymbol{S}$ 是正定的，则 S_{22} 是非奇异的并且也是正定的。又由于 $\boldsymbol{S}$ 是对称阵，则 $\boldsymbol{S}_{21} = \boldsymbol{S}_{12}^T$。所以求解 $\boldsymbol{a}_1$ 等于求解式(4.62)和式(4.63)所示的方程：

$$[\lambda\boldsymbol{I} - \boldsymbol{E}]\boldsymbol{a}_1 = 0 \tag{4.62}$$

$$\boldsymbol{E} = {}_{11}^{-1}[\boldsymbol{S}_{11} - \boldsymbol{S}_{12}\boldsymbol{S}_{22}^{-1}\boldsymbol{S}_{12}^T] \tag{4.63}$$

式中，$\boldsymbol{I}$ 是 3×3 的单位矩阵；λ 是 $\boldsymbol{E}$ 的特征值。将式(4.56)左边乘以 $\boldsymbol{a}^T$ 得到式(4.64)：

$$\boldsymbol{a}^T\boldsymbol{S}\boldsymbol{a} = \lambda\boldsymbol{a}^T\boldsymbol{C}\boldsymbol{a} \tag{4.64}$$

式(4.64)左边是正定的并且 $\boldsymbol{a}^T\boldsymbol{C}\boldsymbol{a} = 1$，所以必有 $\lambda>0$。因此只有一个 $\boldsymbol{E}$ 正的实特征值，另外两个是负的实特征值。假设 $\boldsymbol{v}$ 是 $\boldsymbol{E}$ 正特征值对应的一个特征向量，$\boldsymbol{a}_1 = k\boldsymbol{v}$ 也是 $\boldsymbol{E}$ 正特征值对应的一个特征向量，k 是常数。式(4.57)可以分解成式(4.65)的形式：

$$\boldsymbol{a}_1^T\boldsymbol{C}\boldsymbol{a}_1 = 1 \tag{4.65}$$

根据式(4.65)可以将 k 解出：

$$k = \sqrt{\frac{1}{v^T\boldsymbol{C}_{11}v}} \tag{4.66}$$

得到 $\boldsymbol{a}_1$ 再结合式(4.61)可以得到 $\boldsymbol{a}_2$。

如何求解式(4.62)和式(4.63)所示方程的特征值和特征向量。观察式(4.62)和式(4.63)发现 $\boldsymbol{E}$ 是 3×3 矩阵，因此，系数行列式是关于 λ 的一元三次方程，根据盛金公式可以将 λ 解出。

假设

$$\boldsymbol{E} = \begin{bmatrix} E_{11} & E_{12} & E_{13} \\ E_{21} & E_{22} & E_{23} \\ E_{31} & E_{32} & E_{33} \end{bmatrix} \tag{4.67}$$

则式(4.57)的系数行列式可以写成：

$$\begin{aligned} & a\lambda^3 + b\lambda^2 + c\lambda + d = 0 \\ & a = 1 \\ & b = E_{11} + E_{22} + E_{33} \\ & c = E_{11}E_{22} + E_{11}E_{33} + E_{22}E_{33} - E_{12}E_{21} - E_{13}E_{31} - E_{23}E_{32} \\ & d = E_{11}E_{23}E_{32} + E_{22}E_{13}E_{31} + E_{33}E_{12}E_{21} + E_{21}E_{13}E_{32} + E_{31}E_{12}E_{23} - E_{11}E_{22}E_{33} \end{aligned} \tag{4.68}$$

根据盛金公式，重根判别式：

$$A = b^2 - 3ac, B = bc - 9ad, C = c^2 - 3bd \tag{4.69}$$

$$\Delta = B^2 - 4AC \tag{4.70}$$

当满足 $A=B=0$ 时：

$$\lambda_1 = \lambda_2 = \lambda_3 = -\frac{b}{3a} = -\frac{c}{b} = -\frac{3d}{c} \tag{4.71}$$

当满足 $\Delta = B^2 - 4AC > 0$ 时：

$$\lambda_1 = \frac{-b-\sqrt[3]{Y_1}-\sqrt[3]{Y_2}}{3a} \tag{4.72}$$

$$\lambda_{2,3} = \frac{-2b+\sqrt[3]{Y_1}+\sqrt[3]{Y_2}\pm\sqrt{3}(\sqrt[3]{Y_1}-\sqrt[3]{Y_2})i}{3a} \tag{4.73}$$

$$Y_{1,2} = Ab+3a\frac{-B\pm\sqrt{B^2-4AC}}{3a}, i^2=-1 \tag{4.74}$$

当满足 $\Delta = B^2-4AC>0, A\neq 0$ 时：

$$\lambda_1 = -\frac{b}{a}+\frac{B}{A} \tag{4.75}$$

$$\lambda_2 = \lambda_3 = -\frac{B}{2A} \tag{4.76}$$

当满足 $\Delta = B^2-4AC<0, A>0$ 时：

$$\lambda_1 = \frac{-b-2\sqrt{A}\cos\dfrac{\theta}{3}}{3a} \tag{4.77}$$

$$\lambda_{2,3} = \frac{-b+\sqrt{A}\left(\cos\dfrac{\theta}{3}+\sqrt{3}\sin\dfrac{\theta}{3}\right)}{3a} \tag{4.78}$$

$$\theta = \arccos T, T = \frac{2Ab-3aB}{2\sqrt{A^3}} \tag{4.79}$$

从中甄别出正的实特征值，代入式(4.55)并且假设：

$$[\lambda \boldsymbol{I}-\boldsymbol{E}] = \begin{bmatrix} e_{11} & e_{12} & e_{13} \\ e_{21} & e_{22} & e_{23} \\ e_{31} & e_{32} & e_{33} \end{bmatrix} \tag{4.80}$$

则可得

$$a_1 = \begin{bmatrix} a_0 \\ a_1 \\ a_2 \end{bmatrix} = k\begin{bmatrix} \dfrac{e_{33}e_{22}-e_{32}e_{23}}{e_{32}e_{21}-e_{31}e_{22}} \\ \dfrac{e_{23}e_{11}-e_{21}e_{13}}{e_{21}e_{12}-e_{22}e_{11}} \\ 1 \end{bmatrix} \tag{4.81}$$

(2) 椭圆方程标准化。

椭圆有 5 个基本参数，即椭圆中心点坐标 (x_0, y_0)，椭圆两个半轴 a、b 及椭圆走向 θ。已知以上 5 个椭圆基本参数可以构建式(4.82)所示的椭圆参数方程。

$$\begin{aligned} x &= a\cos\varphi\cos\theta - b\sin\varphi\sin\theta \\ y &= a\cos\varphi\sin\theta + b\sin\varphi\cos\theta \end{aligned} \tag{4.82}$$

式中，(x, y) 是椭圆轨迹坐标；φ 是方位角。式(4.82)表示的为椭圆一般方程，需要通过坐标平移和旋转转化为式(4.83)表示的标准椭圆方程：

$$\frac{[(x-x_0)\cos\theta+(y-y_0)\sin\theta]^2}{a^2}+\frac{[-(x-x_0)\sin\theta+(y-y_0)\cos\theta]^2}{b^2}=1 \tag{4.83}$$

将式(4.82)的椭圆方程改造成式(4.84)的椭圆一般方程，张泽湘(1981 年)、闫蓓等

(2008 年)根据式(4.84)给出了椭圆 5 个基本参数与一般方程之间的关系：

$$
\begin{aligned}
& Ax^2+Bxy+Cy^2+Dx+Ey+1=0 \\
& x_0=\frac{BE-2CD}{4AC-B^2},\ y_0=\frac{BD-2AE}{4AC-B^2} \\
& \theta=\frac{1}{2}\arctan\left(\frac{B}{A-C}\right) \\
& a^2=2\,\frac{Ax_0^2+Cy_0^2+Bx_0y_0-1}{A+C-\sqrt{(A-C)^2+B^2}} \\
& b^2=2\,\frac{Ax_0^2+Cy_0^2+Bx_0y_0-1}{A+C+\sqrt{(A-C)^2+B^2}}
\end{aligned}
\tag{4.84}
$$

根据式(4.82)～式(4.84)可以得到椭圆 5 个基本参数，但是实际应用中会出现如下两个问题。

问题 1:实际待拟合点中可能存在奇异点，影响拟合效果。

解决办法如下。

(1) 根据最小二乘椭圆拟合方法对 N 个待拟合点进行椭圆拟合，得到椭圆一般方程系数。

(2) 根据式(4.84)计算椭圆中心点位置 (x_0, y_0)、长半轴 $\max(a,b)$ 和短半轴 $\min(a,b)$，并且计算待拟合点到椭圆中心的距离：

$$
\text{distance}=\sqrt{(x-x_0)^2+(y-y_0)^2} \tag{4.85}
$$

(3) 选择 $\text{distance}\in[0.5\min(a,b), 1.5\max(a,b)]$ 的点作为新的拟合点，如果新拟合点数 $N_0=N$ 且 $N_0>5$，则退出循环取出本次计算结果；否则 $N=N_0$ 并且转到(1)。

图 4.54 是移除坏点椭圆拟合结果和未移除坏点椭圆拟合结果比较，从图中可以看出通过移除坏点得到了较好的结果。

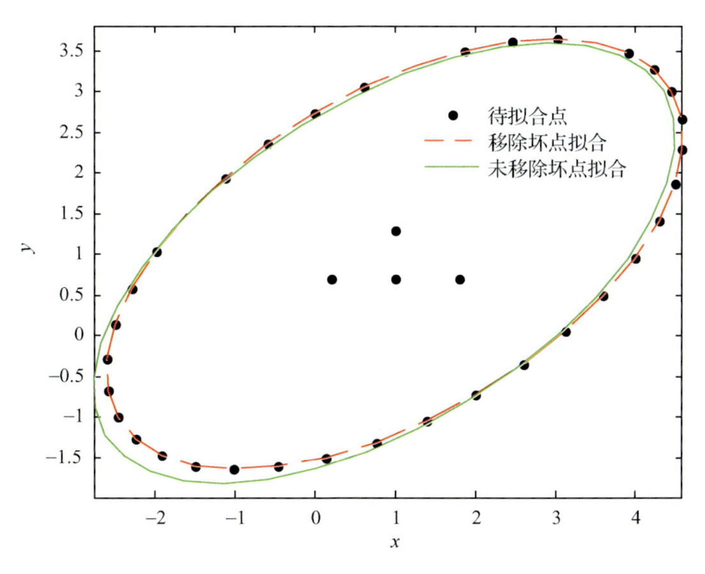

图 4.54　移除坏点前后椭圆拟合结果对比图

问题 2:实际情况中需要知道椭圆长轴或短轴的方向,但根据图 4.55 椭圆“2”既可能由椭圆“1”旋转得到,也可能由椭圆“3”旋转得到。因此式(4.84)确定的旋转角无法判定真正的椭圆长轴或短轴方向。

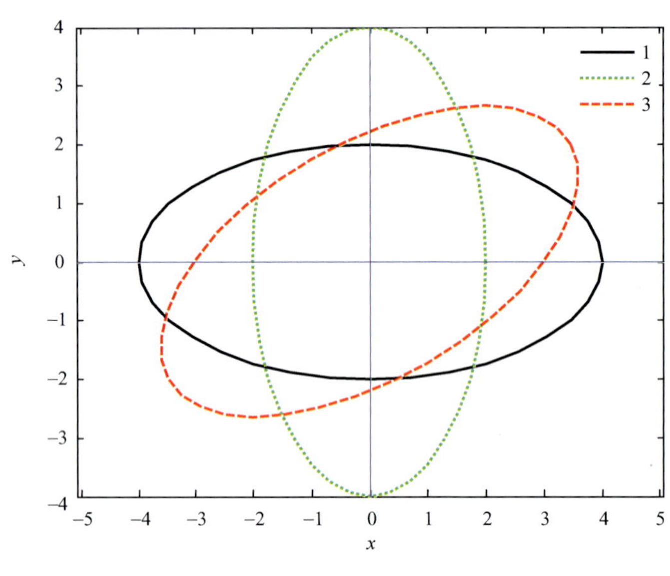

图 4.55　两种椭圆旋转方式

解决办法如下。

(1) 假定所有椭圆都是通过椭圆“1”旋转得到的,即长轴在 x 方向。根据式(4.84)会得到两个旋转角,即 θ 和 $\theta-\text{sign}(\theta)\times\frac{\pi}{2}$。

(2) 将问题 1 中得到的最终新待拟合点代入下式:

$$f(x,y)=\frac{[(x-x_0)\cos\theta+(y-y_0)\sin\theta]^2}{[\max(a,b)]^2}+\frac{[-(x-x_0)\sin\theta+(y-y_0)\cos\theta]^2}{[\min(a,b)]^2} \tag{4.86}$$

分别计算 θ 和 $\theta-\text{sign}(\theta)\times\frac{\pi}{2}$ 对应的 L_2 模。选择使 L_2 模最小的旋转角,该角度即为椭圆长轴对应的角度。

2) 杨氏模量椭圆拟合

采用图 4.56 所示的 HTI 介质观测系统,将观测数据得到的杨氏模量进行椭圆拟合可得到杨氏模量与裂缝参数关系(图 4.57)。

具体可描述为:当裂缝密度为 0 时,无论入射角和方位角取值如何,杨氏模量是一个定值,说明各向同性介质的杨氏模量为定值;裂缝密度不为 0 时,随着方位角和入射角的变化,HTI 介质的杨氏模量也随之而变化;还可得到,随着裂缝密度增大,HTI 介质杨氏模量高低起伏程度也在增大。

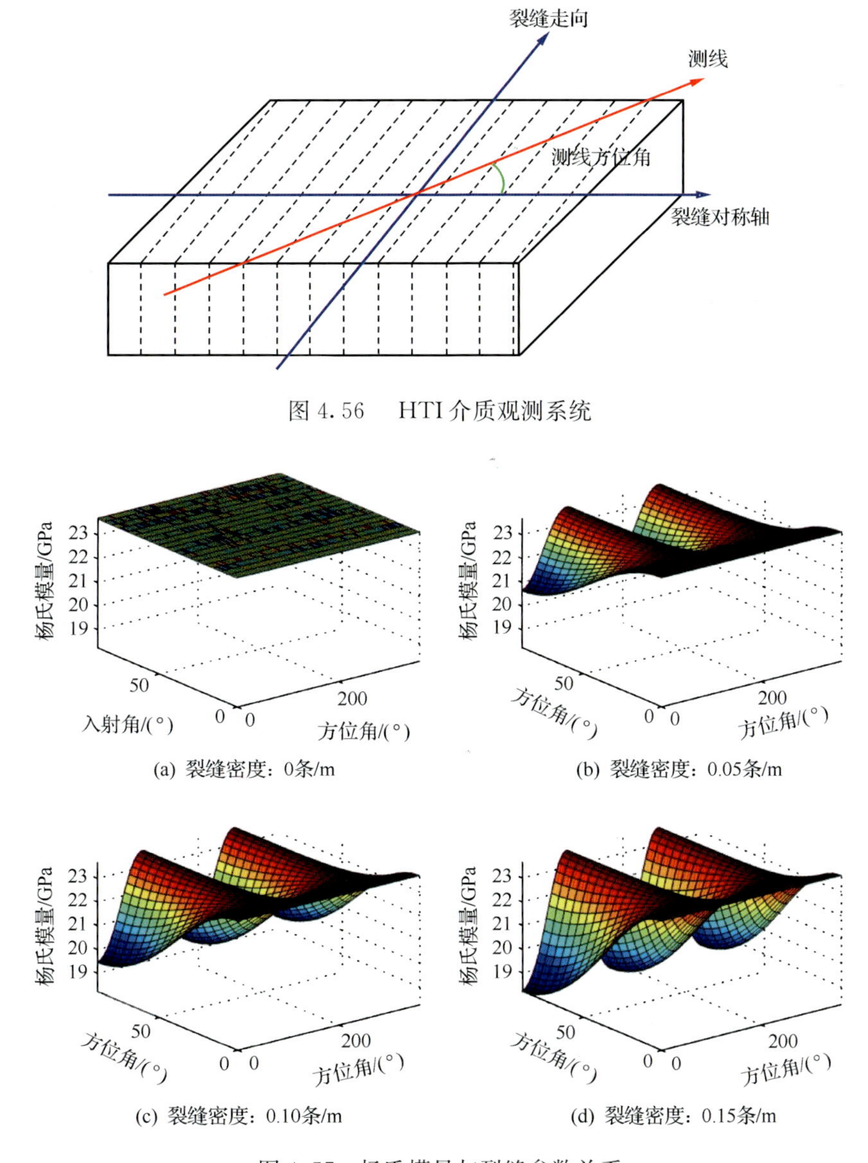

图 4.56　HTI 介质观测系统

图 4.57　杨氏模量与裂缝参数关系

将图 4.57 进行方位角方向投影，可以得出如图 4.58 所示的关系。

地层含有裂缝后，杨氏模量会降低且杨氏模量近似为一条余弦曲线；裂缝走向（方位角 90°或 270°）的杨氏模量最大，裂缝对称轴方向（方位角 0°或 180°）杨氏模量最小；入射角越大，杨氏模量变化范围也越大。

通过不同参数模型，拟合出不同的椭圆曲线，如图 4.59 所示。杨氏模量 X 分量和 Y 分量拟合成椭圆，随着裂缝密度增加椭圆率也在增加，且在密度为 0（各向同性）时椭圆率为 0，椭圆长轴方向与裂缝走向一致，指示性较好。

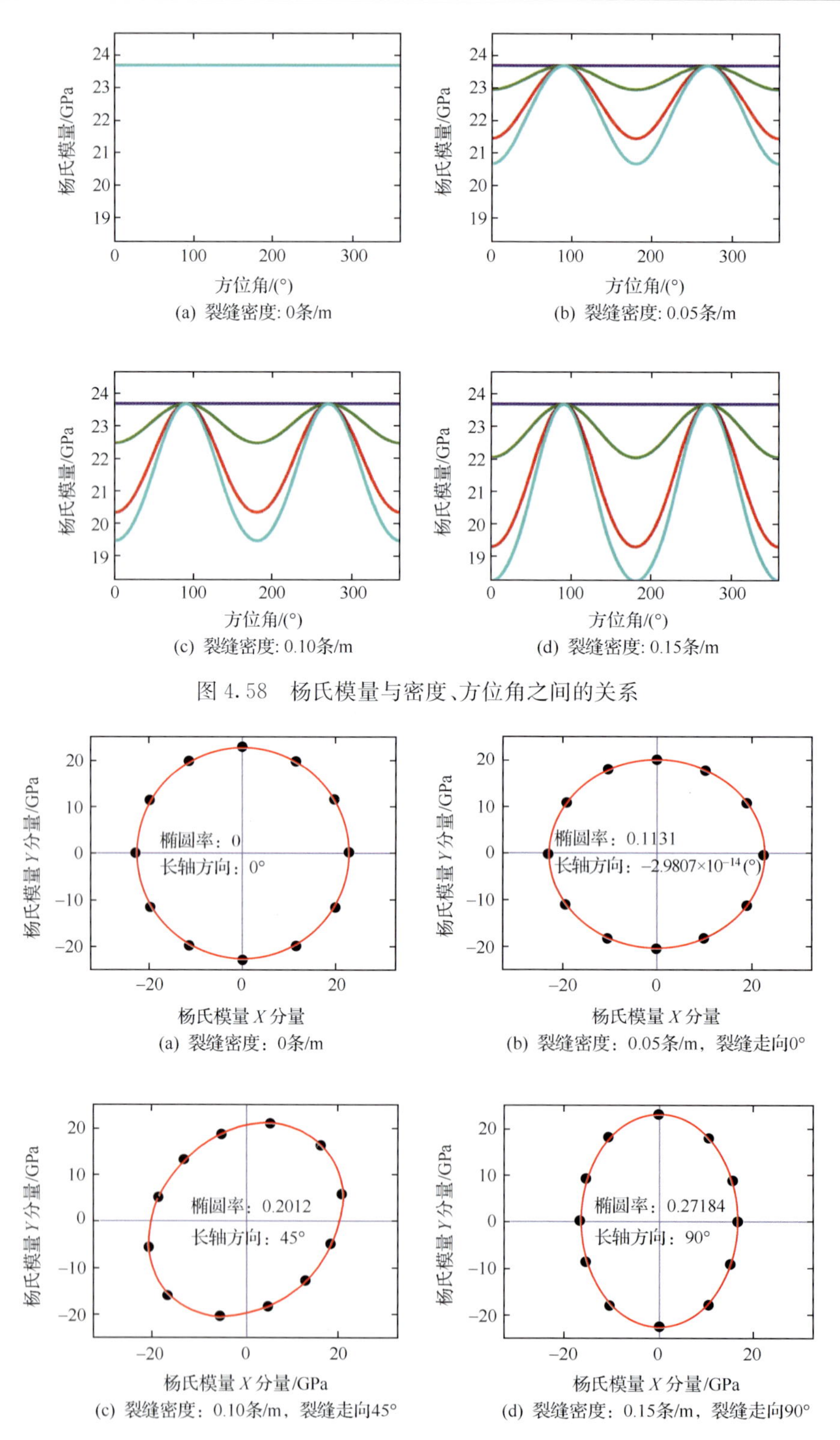

图 4.58　杨氏模量与密度、方位角之间的关系

图 4.59　裂缝走向和密度与椭圆长轴方向和椭圆率的关系

3. 实际应用效果分析

将杨氏模量的椭圆拟合应用于罗69井中，椭圆率反映的密度资料基本与测井解释结果一致；同时应用于罗家地区沙三下13s地层中，得到杨氏模量椭圆率分布。从图4.60和图4.61中可以看出，拟合预测的裂缝密度和裂缝走向与实际资料基本吻合，这也间接的证明了杨氏模量椭圆拟合的正确性和有效性。

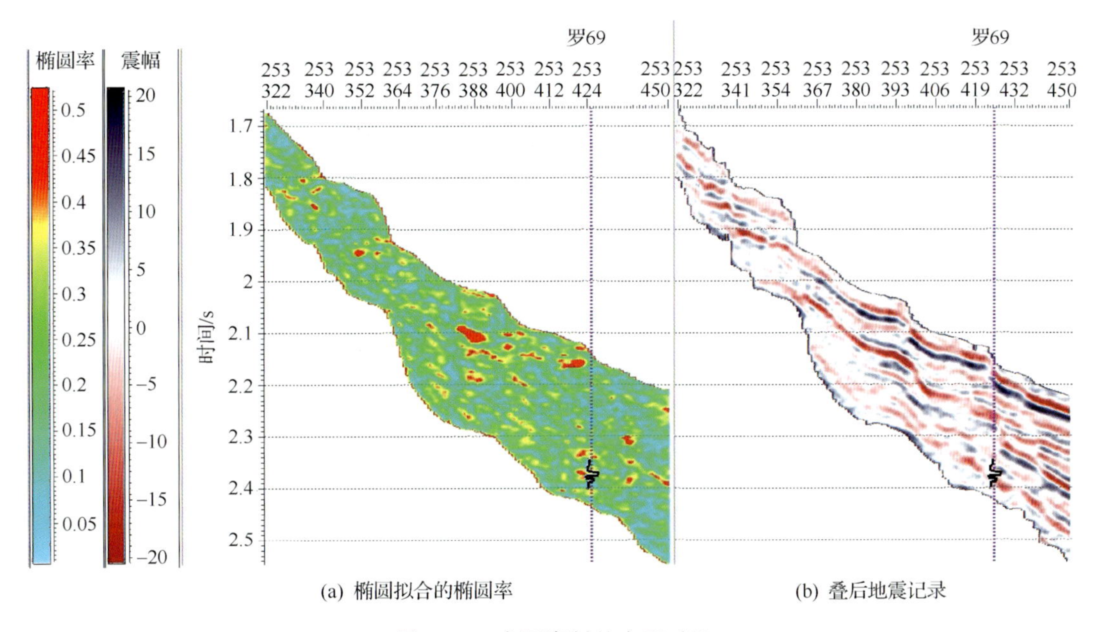

(a) 椭圆拟合的椭圆率　　(b) 叠后地震记录

图4.60　实际资料的应用对比

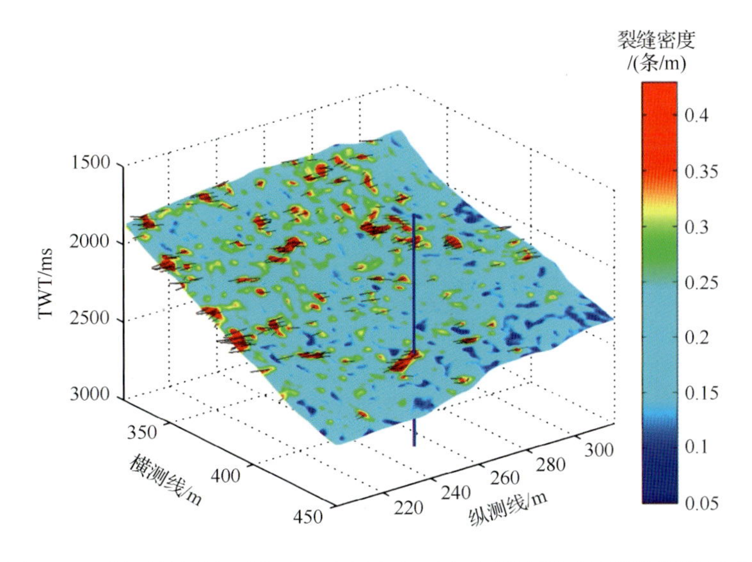

图4.61　罗家地区沙三段13s地层中基于方位杨氏模量的裂缝预测结果

4.4　泥页岩含油性预测

油气富集指数是用来描述泥页岩油气含量的参数。一般要从平面及数据体上获取泥页岩的油气富集指数，需要进行弹性波阻抗反演，以得到能够指示油气富集规律的弹性参数体，从而实现岩性识别和含油气性检测。

4.4.1　泥页岩含油层段的岩石物理特征

1. 泥页岩含油层段的测井响应特征

以罗 69 井为典型代表，渤南地区南部缓坡高部位油层段测井响应特征表现为高电阻率、低速、自然电位明显异常，高侧向电阻率(图 4.62)。

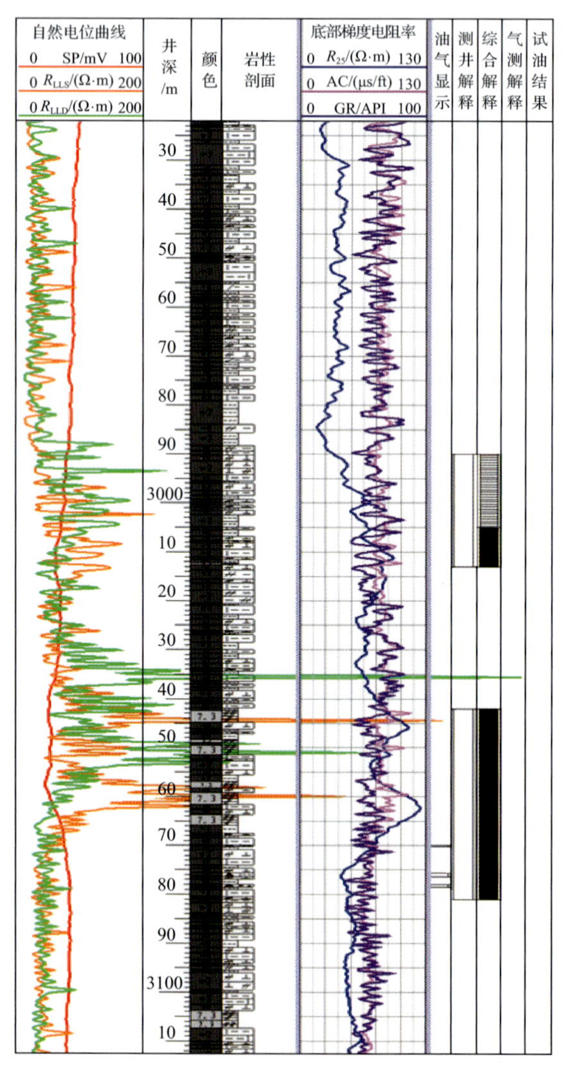

图 4.62　渤南地区南部缓坡高部位油层段测井响应特征——以罗 69 井为例单井剖面

以义 186 井为例，渤南地区北部洼陷带油层段测井响应特征表现为高速度、微幅电位异常、高 GR、高侧向电阻率的特征；相对于南坡油层段，电阻率明显降低，但仍表现为高电阻率特征(图 4.63)。

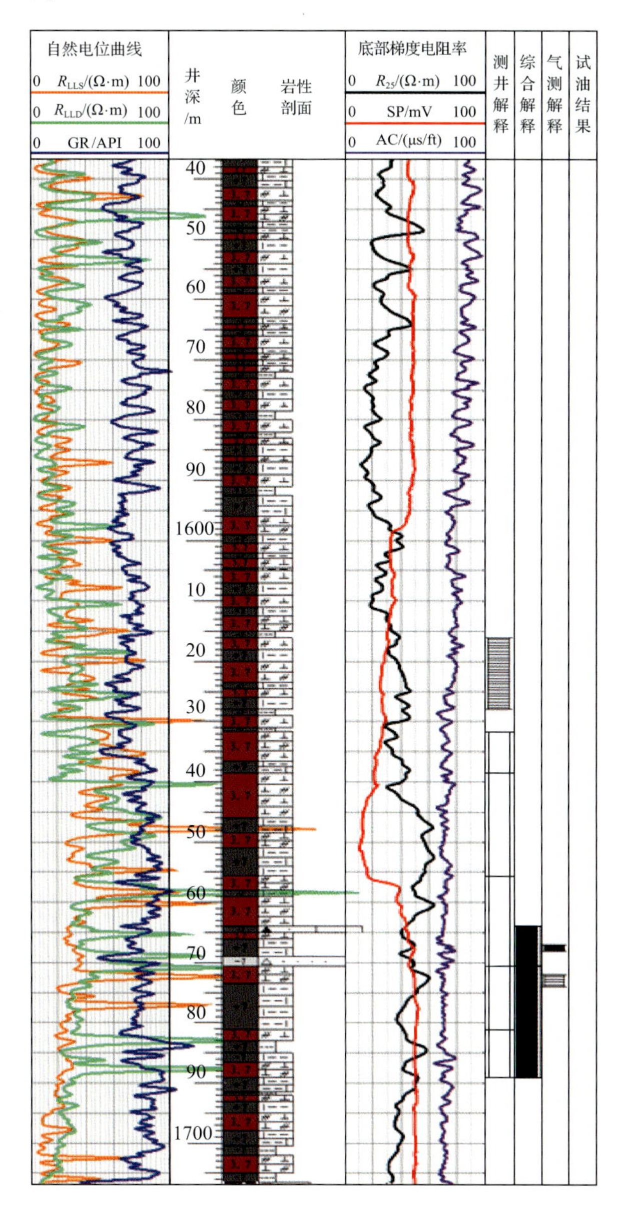

图 4.63　渤南地区北部洼陷带油层段测井响应特征——以义 186 井单井剖面为例

不同含油性的 SP 幅度差与深度关系图(图 4.64)表明，富油和油层段 SP 幅度差最大，其次是油层、干层间互层段，干层和无显示层段最低。SP 幅度差越大，表明储层孔渗性越好，因此，含油性越好。

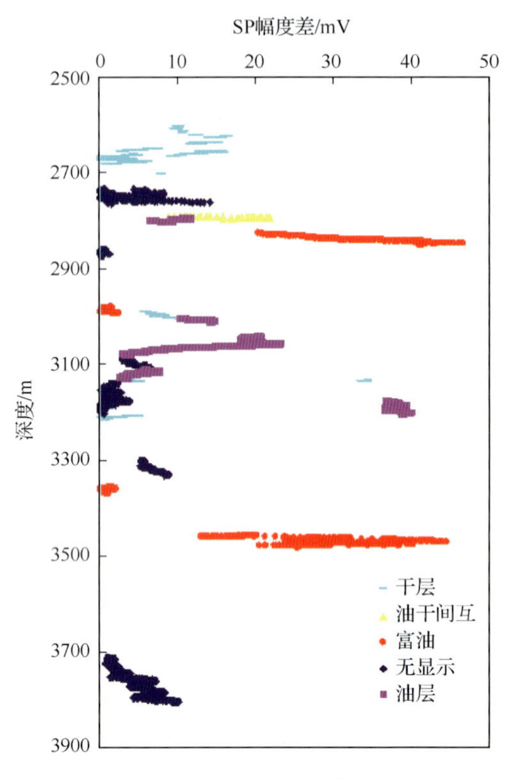

图 4.64　不同含油性的 SP 与深度关系图

根据不同含油性的声波时差与密度关系图(图 4.65),声波时差与密度呈负相关,不同含油性泥页岩的速度、密度无明显差异,其分布均有重叠区。总体上,油层段和富油段声波时差高于干层段。

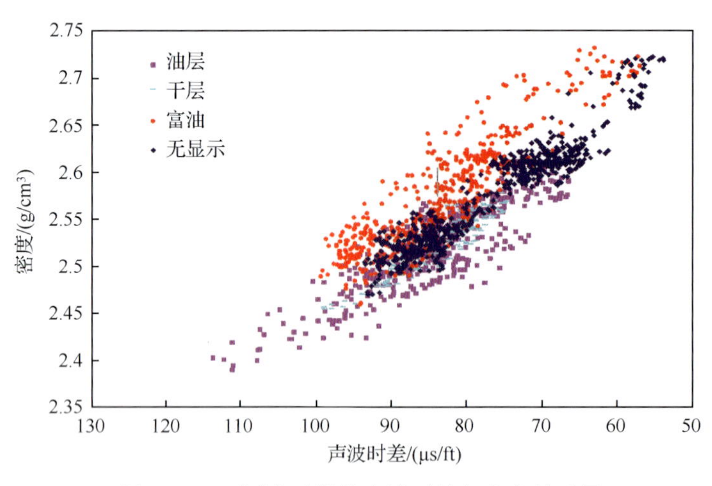

图 4.65　不同含油性的声波时差与密度关系图

不同含油性的电阻率与深度关系图(图 4.66)表明,油层段和富油段电阻明显高于干层和无显示层段。

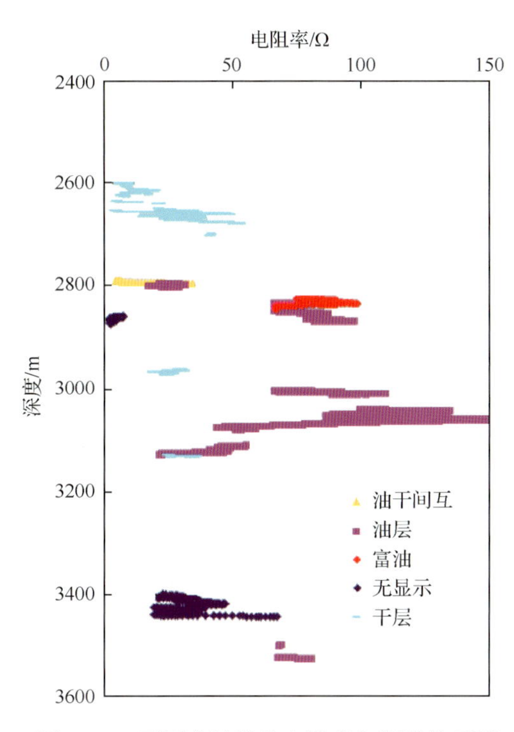

图 4.66　不同含油性的电阻率与深度关系图

2. 泥页岩含油层段的弹性参数特征

1) 南部缓坡带

南部缓坡带主要以高电阻率油层为主。以罗 69 井为代表，南部斜坡带的罗 69 井沙三段泥页岩含油层段为纹层状泥质灰岩，为高电阻率油藏，综合解释油层，日产油 0.85t。含油层段具有低速、低密度的特点(图 4.67)。

同时，罗 69 井含油层段的灰质泥页岩具有低杨氏模量、高泊松比的特征(图 4.68)。通过统计分析，沙三段泥页岩含油层段的杨氏模量一般在 15～25GPa，而非含油层段一般在 20～38GPa，明显低于非含油层段；罗 69 井沙三段泥页岩非含油层段泊松比在 0.2～0.32，而含油层段一般高于 0.3，明显高于非含油层段。

罗 69 井含油层段具有高 $\lambda\rho$、高纵横波速度比，即低纵横波时差比 (T_p/T_s) 的特点。从图 4.72 可以看到，$\lambda\rho$ 值一般在 15～60，含油层段一般在 35～47，具有明显的高值特征；T_p/T_s 值一般在 0.46～0.7，含油层段一般在 0.4～0.52，具有明显的低值特征；含油层段的 $\lambda\rho$ 与 T_p/T_s 一高一低，相互对应(图 4.69)。

渤南洼陷南坡的另一口泥页岩典型井罗 67 井含油层段 3287～3310m，日产油 2.1t，为纹层状泥质灰岩。通过统计分析该井的弹性参数特征(图 4.70、图 4.71)，含油层段具有中低密度、中低速度、杨氏模量较高的特点，但泊松比没有明显的特征。

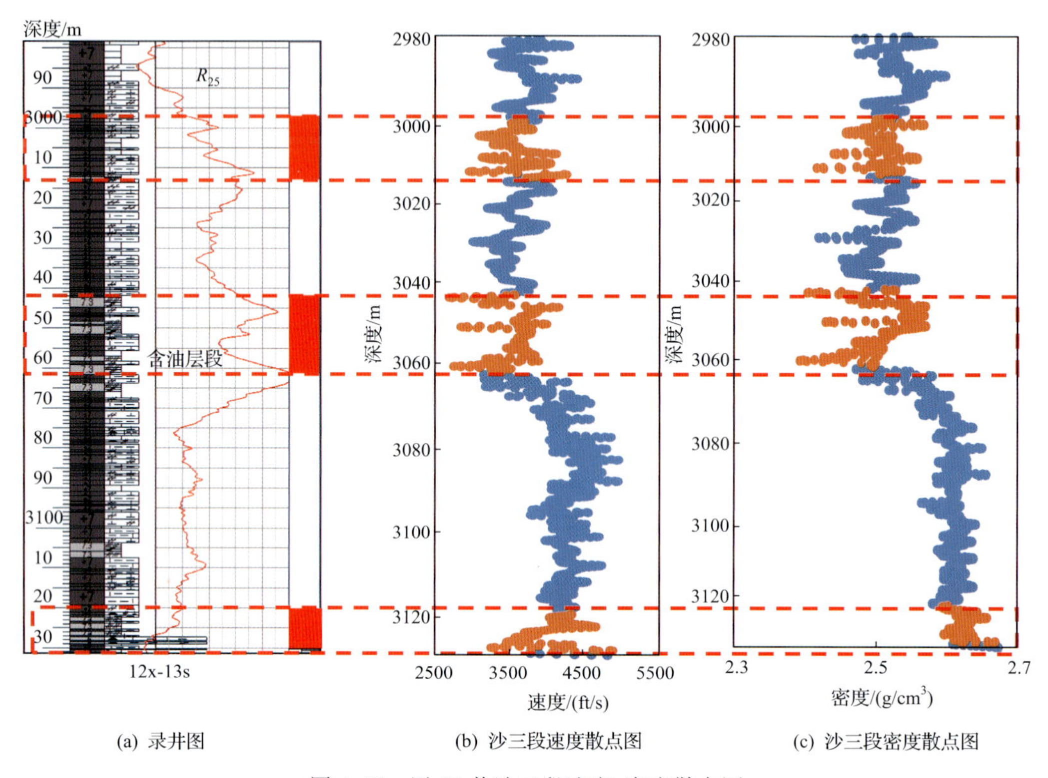

(a) 录井图　(b) 沙三段速度散点图　(c) 沙三段密度散点图

图 4.67　罗 69 井沙三段速度、密度散点图

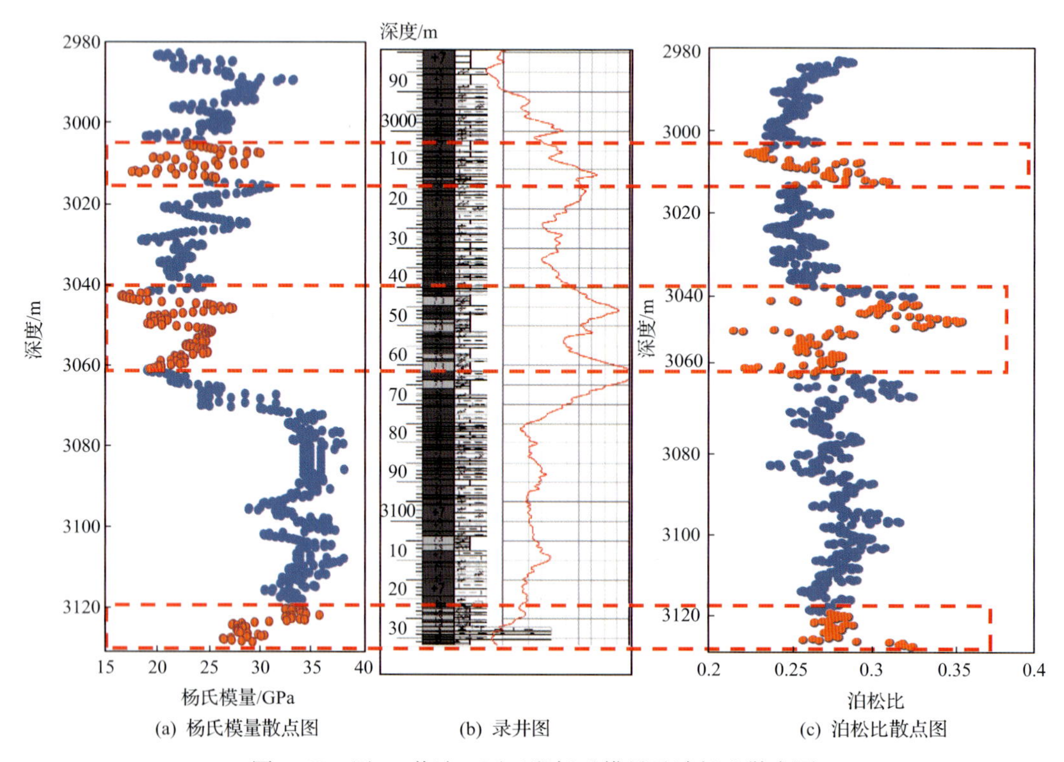

(a) 杨氏模量散点图　(b) 录井图　(c) 泊松比散点图

图 4.68　罗 69 井沙三下亚段杨氏模量及泊松比散点图

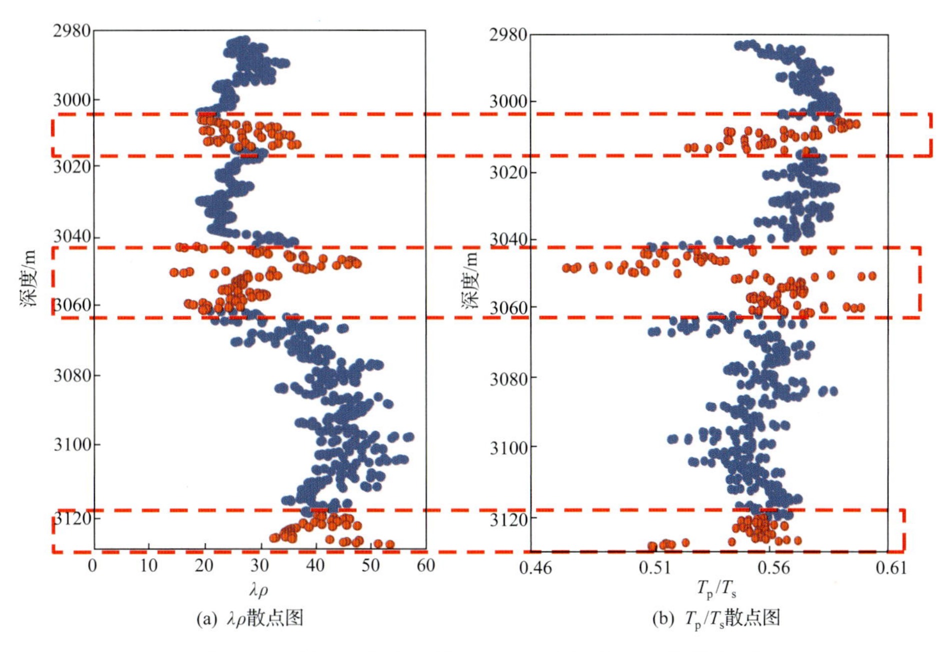

(a) λρ散点图　(b) T_p/T_s散点图

图 4.69　罗 69 井沙三段 λρ 及 T_p/T_s 弹性参数散点图

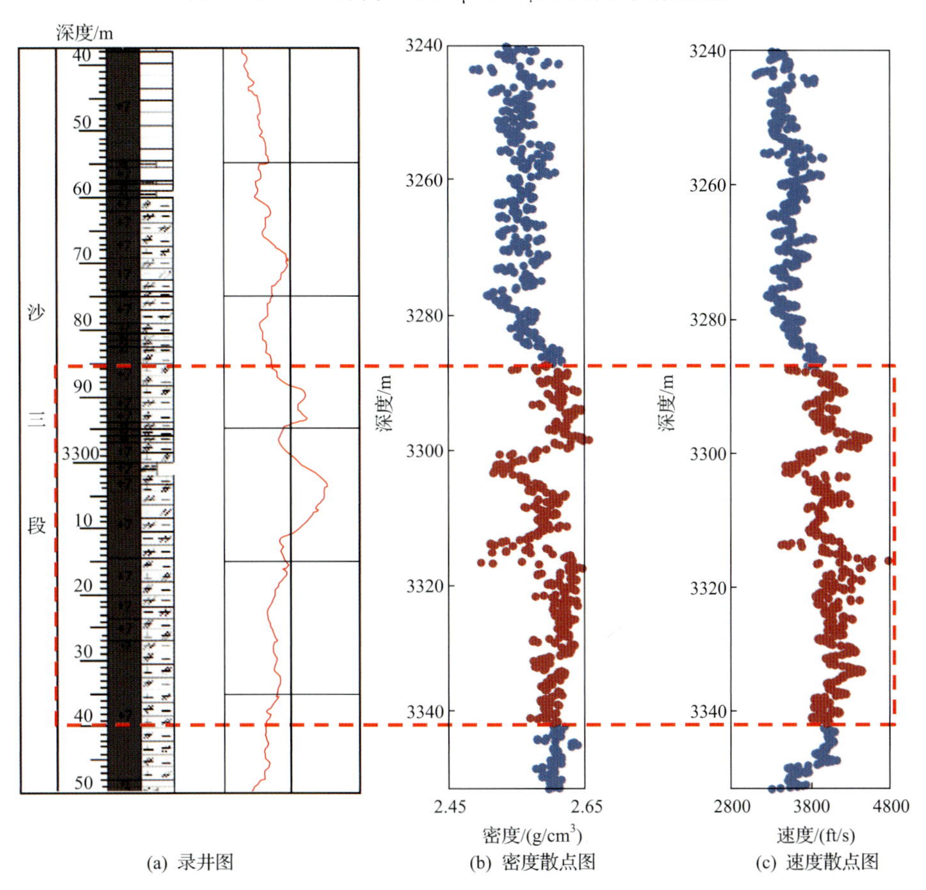

(a) 录井图　(b) 密度散点图　(c) 速度散点图

图 4.70　罗 67 井沙三段密度、速度散点图

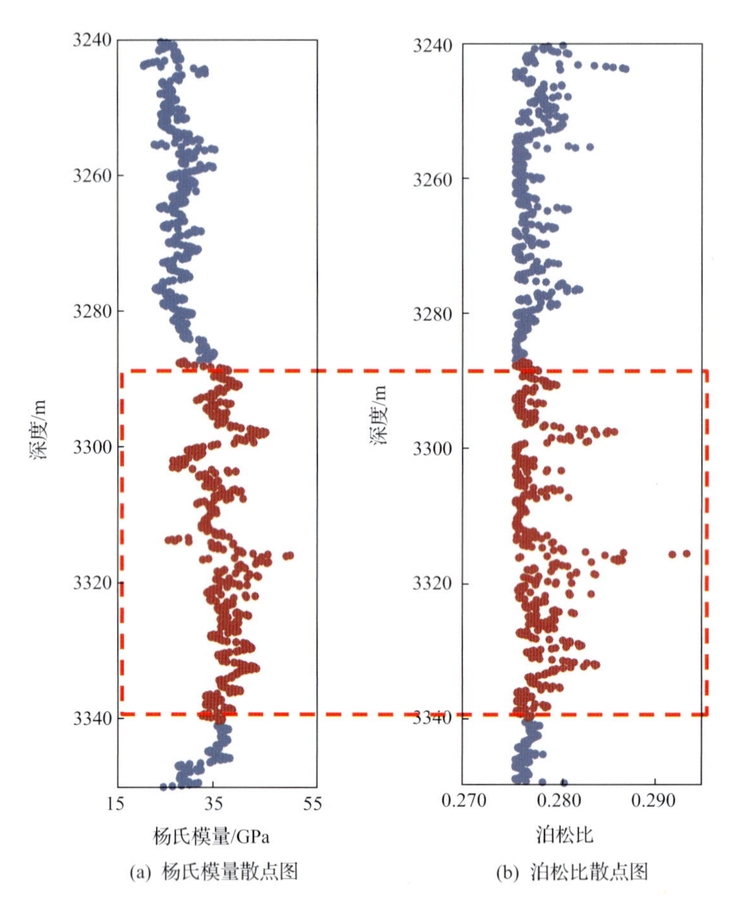

图 4.71　罗 67 井沙三段杨氏模量与泊松比散点图

罗 67 井沙三下亚段泥页岩含油段具有较高的 $\lambda\rho$ 值，明显的 T_p/T_s 低值特征（图 4.72）。沙三下亚段 $\lambda\rho$ 值一般在 22～65，含油层段在 45～65；非含油层段的 T_p/T_s 值一般在 0.55～0.558，含油层段在 0.546～0.552。

南坡另一口典型井——罗 19 井的沙三下亚段含油层段 2936～2962m 为纹层状油页岩，日产油 43.5t。该井沙三下亚段含油层段具有中高速度、中高密度的特点，局部存在低速低密度的夹层（图 4.73）。同时，沙三下亚段含油层段具有中高泊松比、中高杨氏模量的特征，但总体来说，泊松比和杨氏模量的特征不明显（图 4.74）。

罗 19 井沙三下亚段泥页岩含油层段具有高 $\lambda\rho$、低 T_p/T_s 的特点（图 4.75）。非含油层段的 $\lambda\rho$ 值一般在 20～60，而含油层段的非含油层段 $\lambda\rho$ 值一般在 58～80；非含油层段的 T_p/T_s 值在 0.545～0.56，而含油层段的 T_p/T_s 值一般在 0.535～0.545。

2）北部洼陷带

义 186 井为北部洼陷带低电阻率含油层的典型井，沙三下亚段含油层段为层状泥页岩，日产油 41.5t。该含油层段具有高速、中高密度、中高纵横波速度比（即低 T_p/T_s）、高 $\lambda\rho$ 的特征（图 4.76）；但杨氏模量和泊松比没有明显特征（图 4.77）。

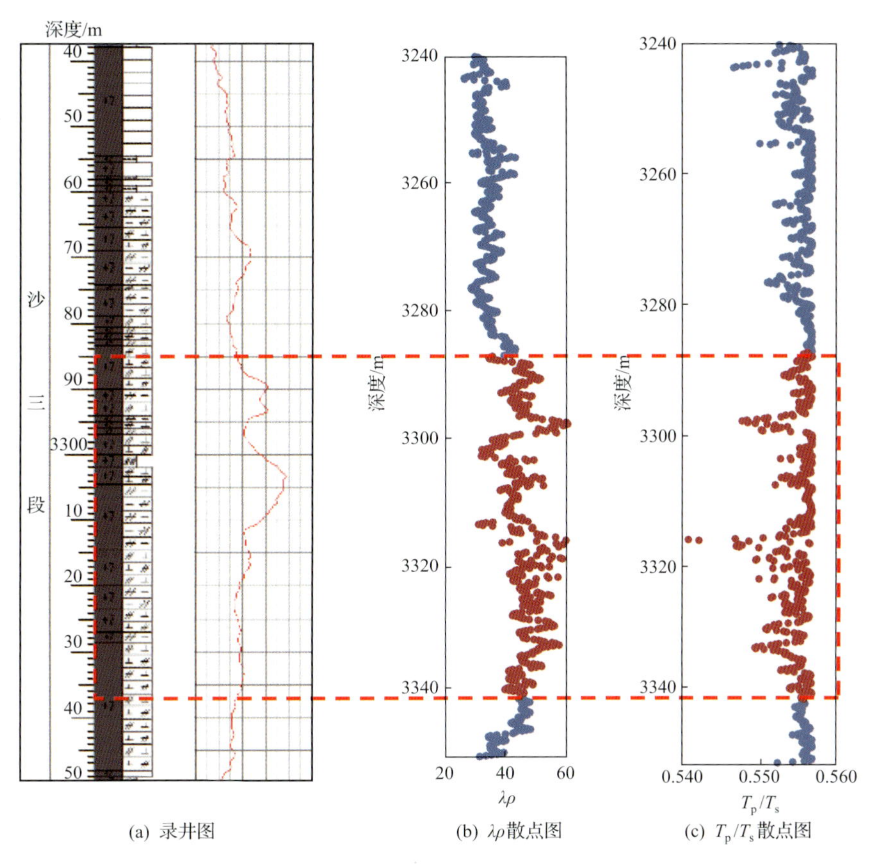

(a) 录井图　　(b) $\lambda\rho$散点图　　(c) T_p/T_s散点图

图 4.72　罗 67 井沙三段 $\lambda\rho$ 与 T_p/T_s 弹性参数散点图

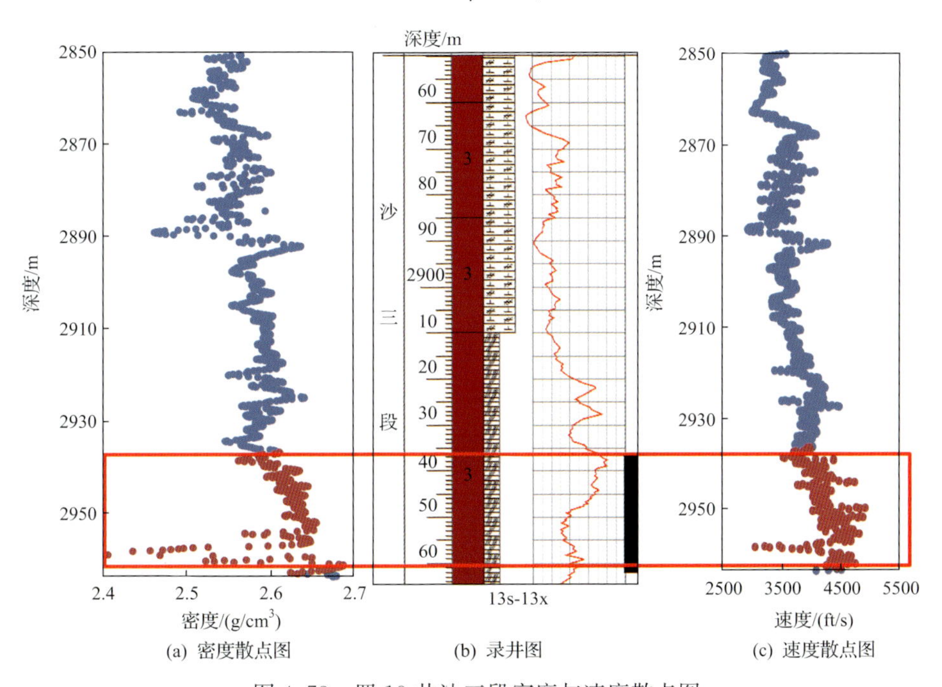

(a) 密度散点图　　(b) 录井图　　(c) 速度散点图

图 4.73　罗 19 井沙三段密度与速度散点图

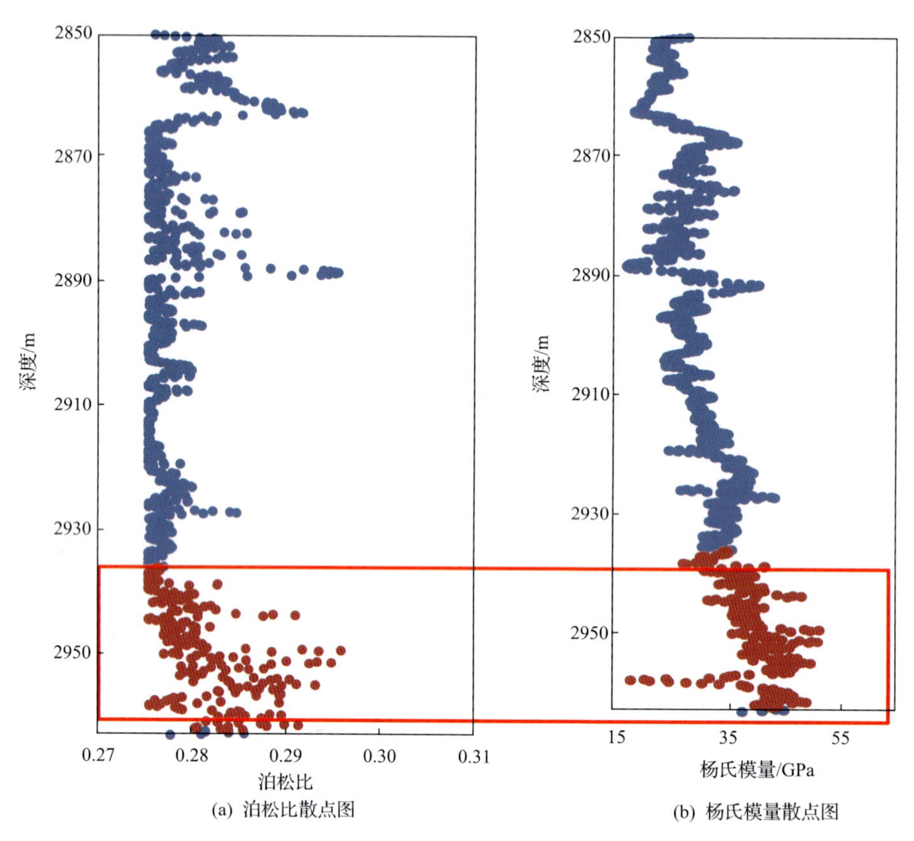

(a) 泊松比散点图　　(b) 杨氏模量散点图

图 4.74　罗 19 井沙三下亚段泊松比及杨氏模量散点图

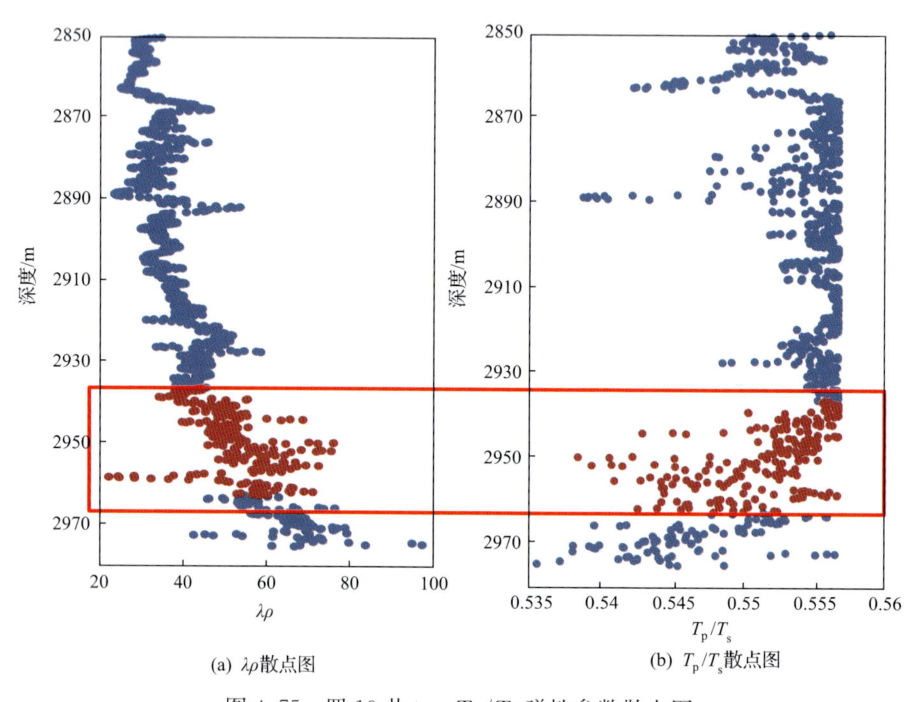

(a) $\lambda\rho$散点图　　(b) T_p/T_s散点图

图 4.75　罗 19 井 $\lambda\rho$、T_p/T_s 弹性参数散点图

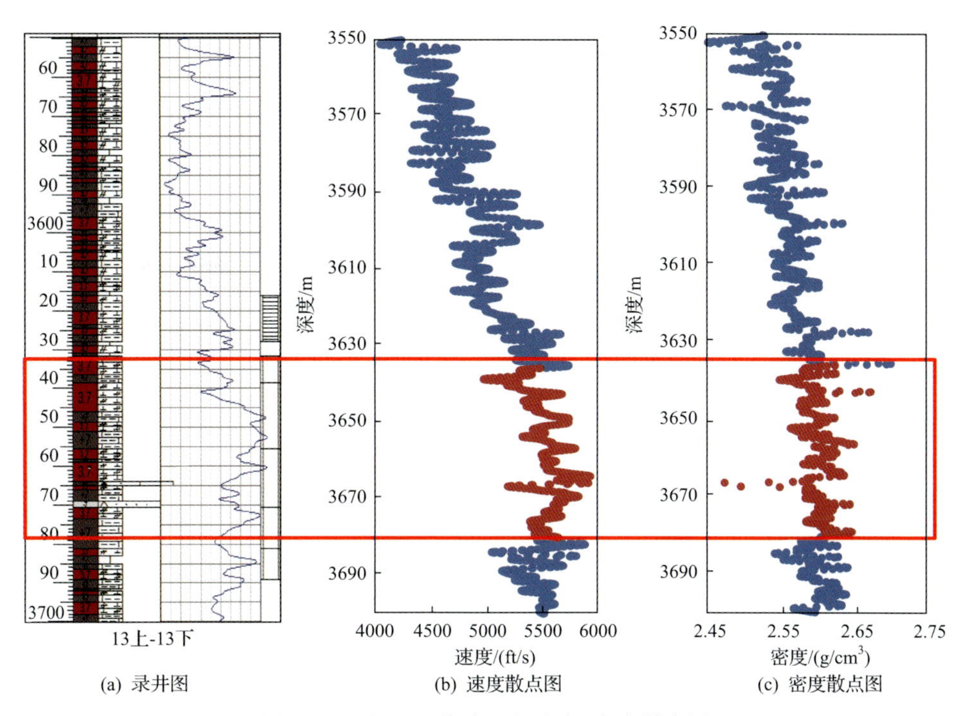

(a) 录井图　(b) 速度散点图　(c) 密度散点图

图 4.76　义 186 井沙三段速度、密度散点图

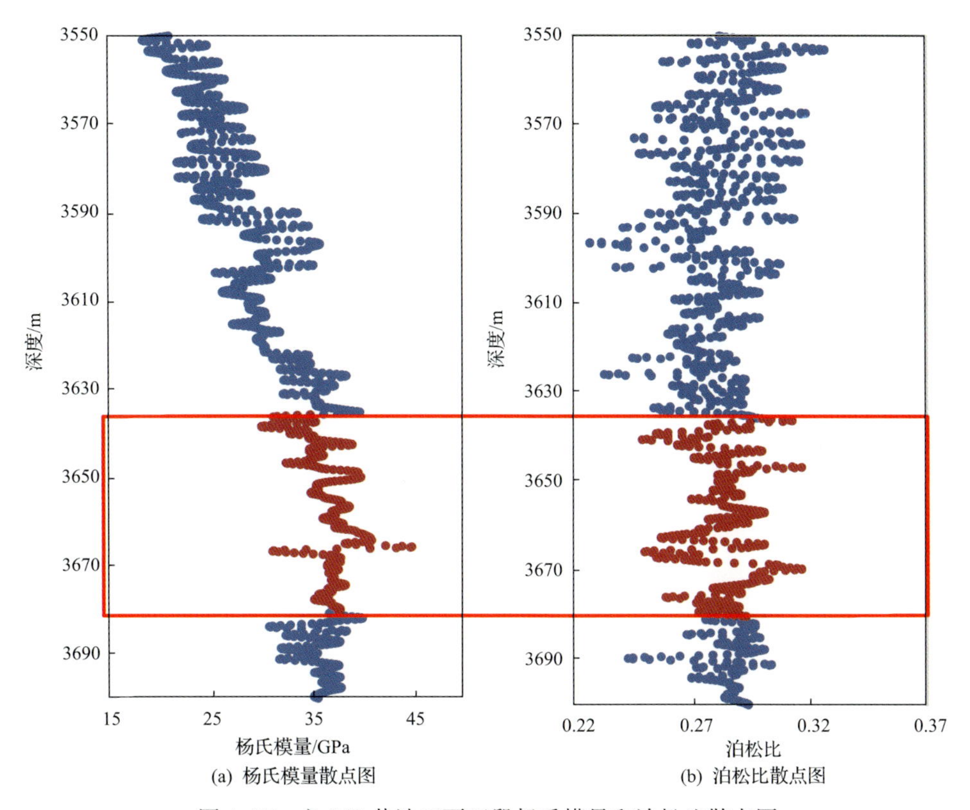

(a) 杨氏模量散点图　(b) 泊松比散点图

图 4.77　义 186 井沙三下亚段杨氏模量和泊松比散点图

北部的另外一口典型井——义 283 井含油层段为层状泥页岩，日产油 33.4t。该井的泥页岩含油层段具有高速、高密度的特征(图 4.78)。从义 283 井沙三段泥页岩泊松比、杨氏模量弹性散点图(图 4.79)可以看出，含油层段的泊松比和杨氏模量特征不明显。

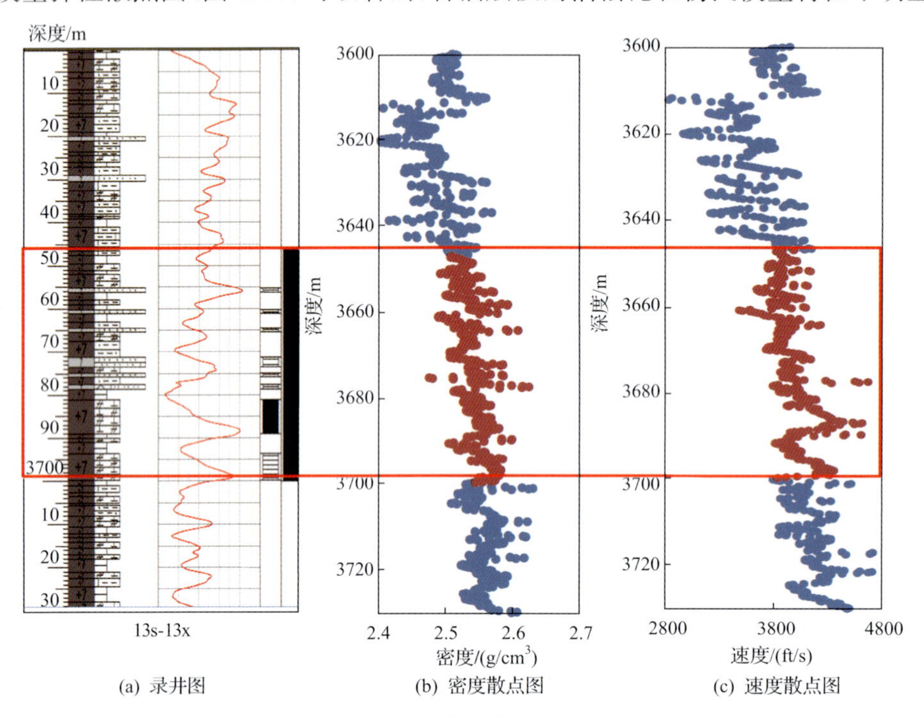

(a) 录井图　(b) 密度散点图　(c) 速度散点图

图 4.78　义 283 井沙三段速度、密度散点图

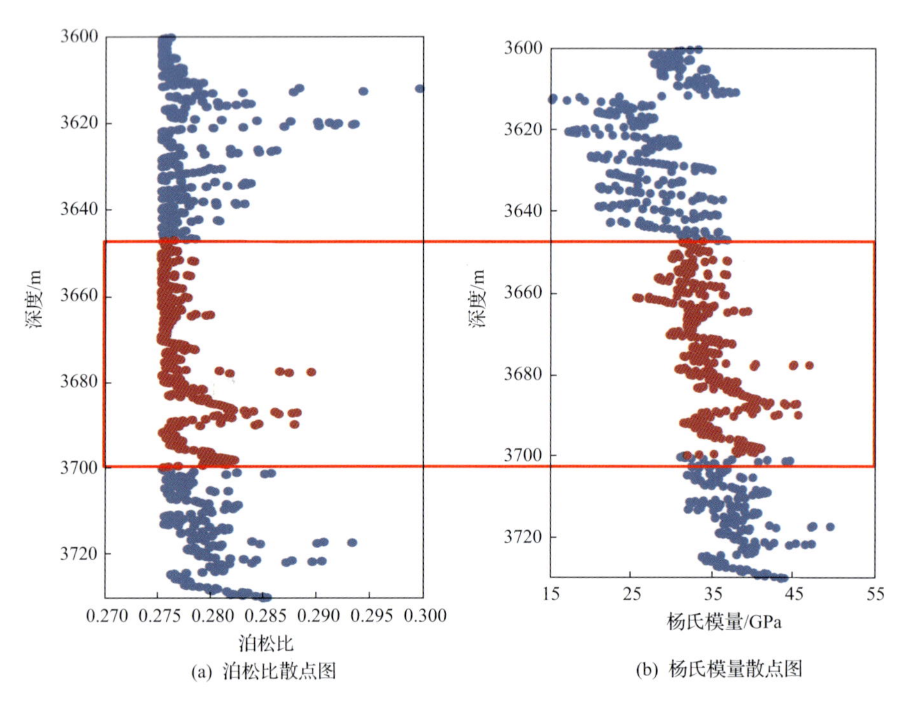

(a) 泊松比散点图　(b) 杨氏模量散点图

图 4.79　义 283 井沙三段泥页岩泊松比、杨氏模量弹性散点图

义 283 井沙三下亚段含油层段具有高 $\lambda\rho$ 和低 T_p/T_s 的特征(图 4.80)。义 283 井沙三下亚段泥页岩 $\lambda\rho$ 值一般为 20～70，含油层段一般大于 50；非含油层段 T_p/T_s 值一般为 0.546～0.56，含油层段一般为 0.54～0.55。含油层段的 $\lambda\rho$ 与 T_p/T_s 一高一低，相互对应，为下一步油气富集规律的寻找提供了有利依据。

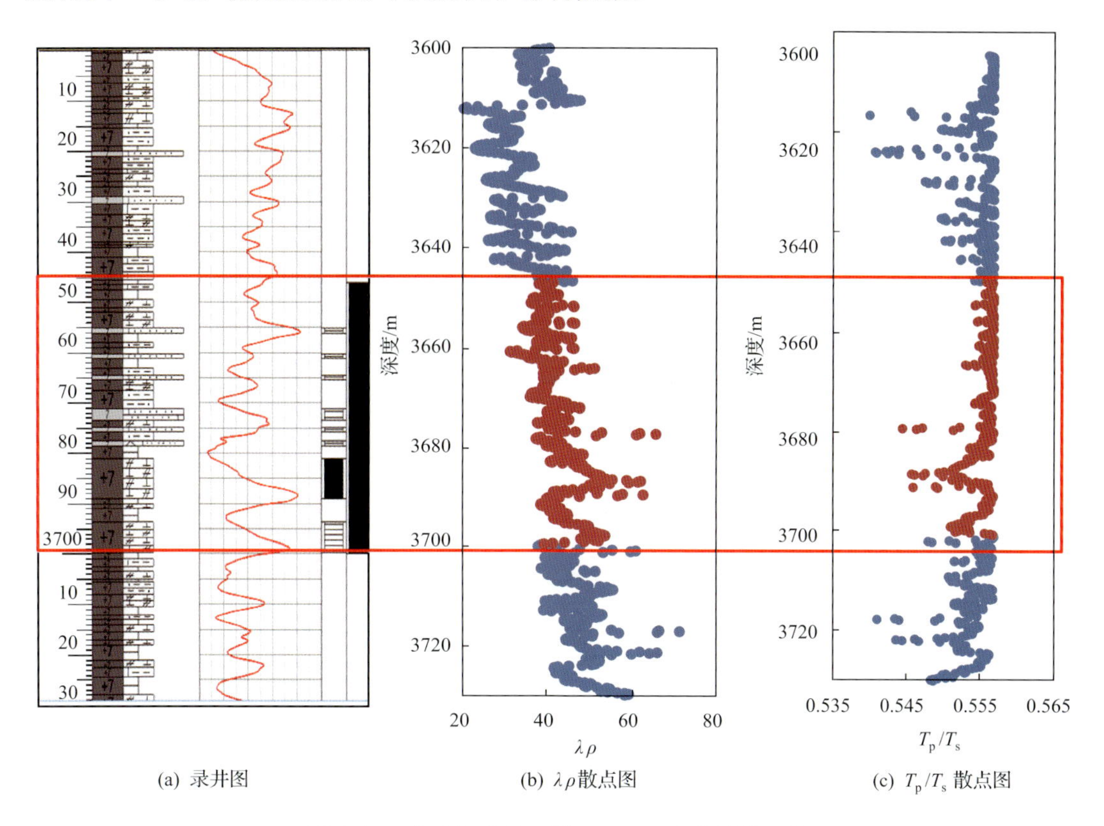

图 4.80　义 283 井沙三段 $\lambda\rho$、T_p/T_s 弹性散点图

通过以上分析认为，南部高电阻率油藏含油层段一般具有中低速、中低密度、中高泊松比、高杨氏模量、高 $\lambda\rho$ 的特征；而北部低电阻率油藏含油层段一般具有高速、高密度、高杨氏模量、高 $\lambda\rho$ 的特征，据此建立了泥页岩含油层段岩石物理参数识别量版(表 4.11)。

表 4.11　泥页岩含油层段岩石物理参数识别量版

南部斜坡带	北部洼陷带
低或中低密度	高密度
低速或中速	高速
中高泊松比	泊松比特征不明显
杨氏模量有高有低	高杨氏模量
高纵横波速度比	高纵横波速度比
高 $\lambda\rho$	高 $\lambda\rho$

通过上述的统计分析表明，研究区沙三下亚段泥页岩含油层段规律复杂，速度、密度有高有低，泊松比、杨氏模量等弹性参数在不同相带的含油层段特征不明显；但都具有高$\lambda\rho$、低T_p/T_s（即高纵横波速度比）的特点。从南部缓坡带典型井罗69井及北部洼陷带典型井义186井的$\lambda\rho$和T_p/T_s的交会图（图4.81）上可以看到，含油层段主要位于高$\lambda\rho$和低T_p/T_s的区域。因此，在以上分析的基础上确定了两个含油性敏感参数$\lambda\rho$和T_p/T_s。

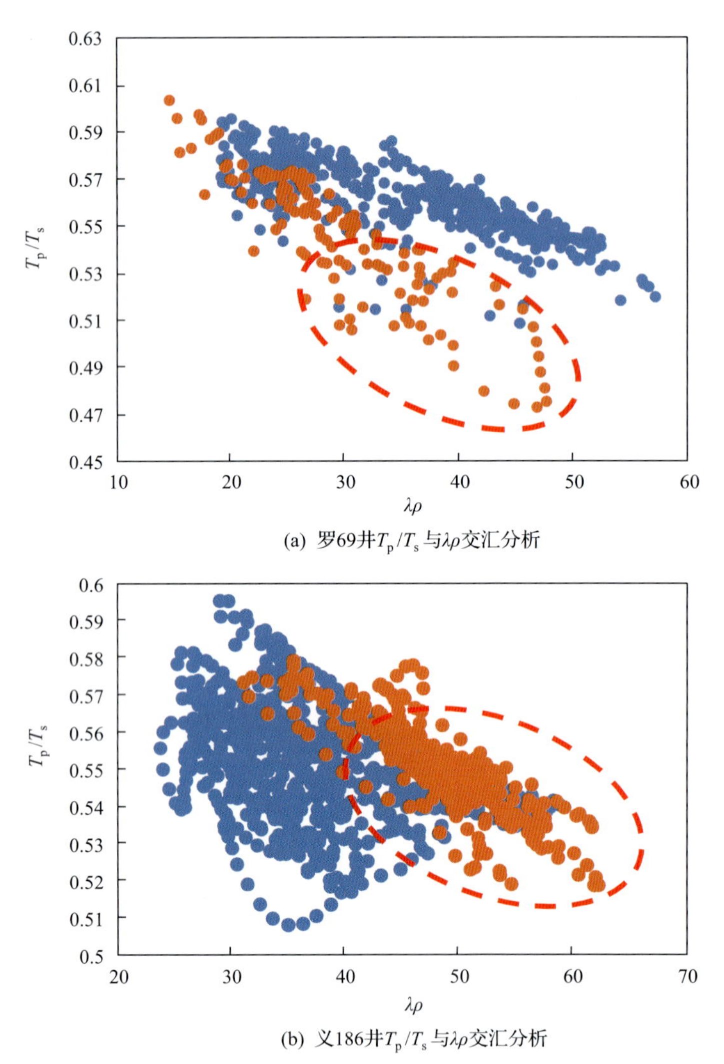

图4.81 罗69井和义186井沙三段的T_p/T_s与$\lambda\rho$交会分析图

4.4.2 基于叠前弹性参数反演的泥页岩含油性预测技术

在确定两个含油性敏感弹性参数的基础上，借鉴甜点属性中振幅与频率的比值思路，用高值反映含油性的$\lambda\rho$与低值反映含油性的T_p/T_s两者的比值来反映泥页岩的含油气性，构建了一个新的预测泥页岩含油性参数，定义为油气富集指数：

$$油气富集指数 = \frac{\lambda\rho}{T_{\mathrm{p}}/T_{\mathrm{s}}} \tag{4.87}$$

弹性波阻抗反演是获取油气富集指数的重要手段。弹性波阻抗反演是建立在地震波动理论基础上的一项地震反演技术，它将纵波反射系数随炮检距变化的理念引入叠后地震资料的反演问题，充分利用不同炮检距道集数据及纵波、横波、密度等测井资料进行波阻抗反演，用于解决地震波非垂直入射条件下纵波的反演问题，以获得反映岩性和流体成分的弹性波阻抗或弹性参数模型，从而实现岩性识别和含油气性检测。

弹性模量、体积模量、剪切模量和拉梅常数是表征介质特征的物理量，与钻井工程和油气田开发有密切的关系。影响弹性模量 E 的主要因素是岩石内部结构、岩石的矿物成分、构造和孔隙度。体积模量 K 是反映岩石刚性程度的物理参数，也可称为岩石抗压系数，K 值的大小与岩体的围压密切相关。拉梅常数 λ 在储层描述中与不可压缩性关系密切，是阻止压力变化引起体积变化的能力。剪切模量 (μ) 是固体物质具有的特性，也称为“刚性模量”，是阻止总体积没有变化而形状发生变化的能力，它表征了岩层或岩体承受剪切力的能力，μ 的大小反映了岩石的柔韧性。在地质解释中，μ 的大小可反映岩石颗粒的粗细。在同一岩体的岩石中，岩石颗粒粗时，μ 大，岩石颗粒细时，μ 小；胶结程度好的岩层，μ 大，胶结程度差的岩层，μ 小。在地震资料的储层描述中，常用刚性 $\mu\rho$ 和不可压缩性 $\lambda\rho$ 来描述岩石的岩性和岩石孔隙的流体性质。

经过研究表明，利用 $\lambda\rho$ 和 $\mu\rho$ 来区分岩性和含油气性，比单独利用 λ、μ、$\frac{V_{\mathrm{P}}}{V_{\mathrm{S}}}$、P 波阻抗和 S 波阻抗进行岩性和含油气性分析效果都明显。而 $\lambda\rho$ 和 $\mu\rho$ 剖面可通过 AVO 的联合反演实现，一般地说，砂岩的不可压缩性比页岩大，致密砂岩的不可压缩性比含气砂岩大，而页岩的刚性比砂岩小，流体的变化不影响介质的刚性。由于孔隙的类型和数量的变化，碳酸盐岩的不可压缩性和刚性之间的差异较大。也可以简单地认为，$\lambda\rho$ 是孔隙流体指示因子，而 $\mu\rho$ 是岩性指示因子，对于那些在地震叠加剖面上不易识别的岩性和流体，利用这种方法进行识别比较有效。

纵波速度是岩石密度、体积模量及剪切模量的函数；横波速度只是岩石的剪切模量和密度的函数，液体没有剪切强度，横波只通过岩石基质并不通过孔隙空间中的流体传播。

纵波是通过岩石基质和孔隙流体来传播的，当地层含气时，由于天然气比液体更容易压缩，含气岩石的纵波速度一般比同样的岩石充满液体时的速度低，而此时横波的速度变化不大。当岩性变化时，纵横波速度的变化也不一样，这样就可以联合纵横波资料来检测烃类，预测岩性。纵横波速度比是油气检测及岩性识别的重要参数。

基于以上理论分析，用 $\lambda\rho$ 与纵横波速度比的比值进行本研究区沙三段的泥页岩含油性检测是可靠和有理论依据的。在公式(4.87)的基础上，对渤南洼陷南部缓坡带和北部洼陷带的罗 69、罗 67、罗 19、义 186 和义 283 五口典型井进行了油气富集指数计算。从图 4.82 可以看到，油气富集指数可以较好地预测泥页岩的含油段。但该参数在不同的井上量纲不同，需要统一量纲。

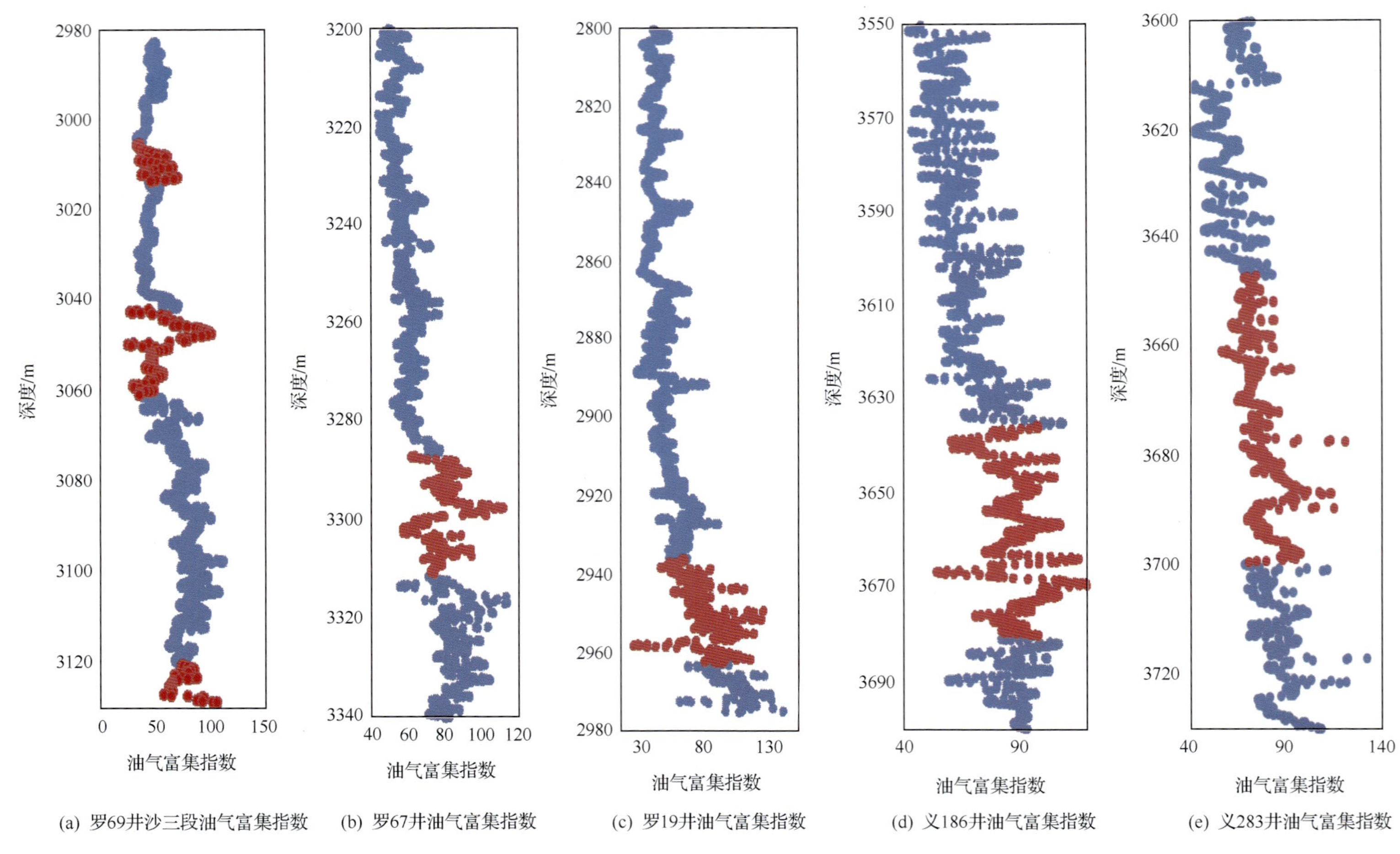

图 4.82　渤南地区典型井的沙三段油气富集指数

由于各种测井方法的地质、物理响应机制不同，造成各种测井曲线的量纲、数量级及测井仪器的测量状态存在差异，若直接使用原始数据进行计算就会突出绝对值大的变量而压低绝对值小的变量。在对泥页岩甜点进行定量识别之前，需要对测井数据进行无量纲化处理，解决数据间的可比性。设弹性参数为 x，区域归一化公式为

$$x=\frac{x_i-x_{\min}}{x_{\max}-x_{\min}} \tag{4.88}$$

式中，x 为归一化后的弹性参数值，为 0～1；x_i 为分析井段的弹性参数值；$x_{\max}$ 为分析井段的最大弹性参数值；$x_{\min}$ 为分析井段的最小弹性参数值。

经过区域归一化后(图 4.83)，将渤南地区南部缓坡带和北部洼陷带的几口井放在同一个量纲上，认为油气富集指数大于 100 的门槛值时即为含油层段(图 4.84)。

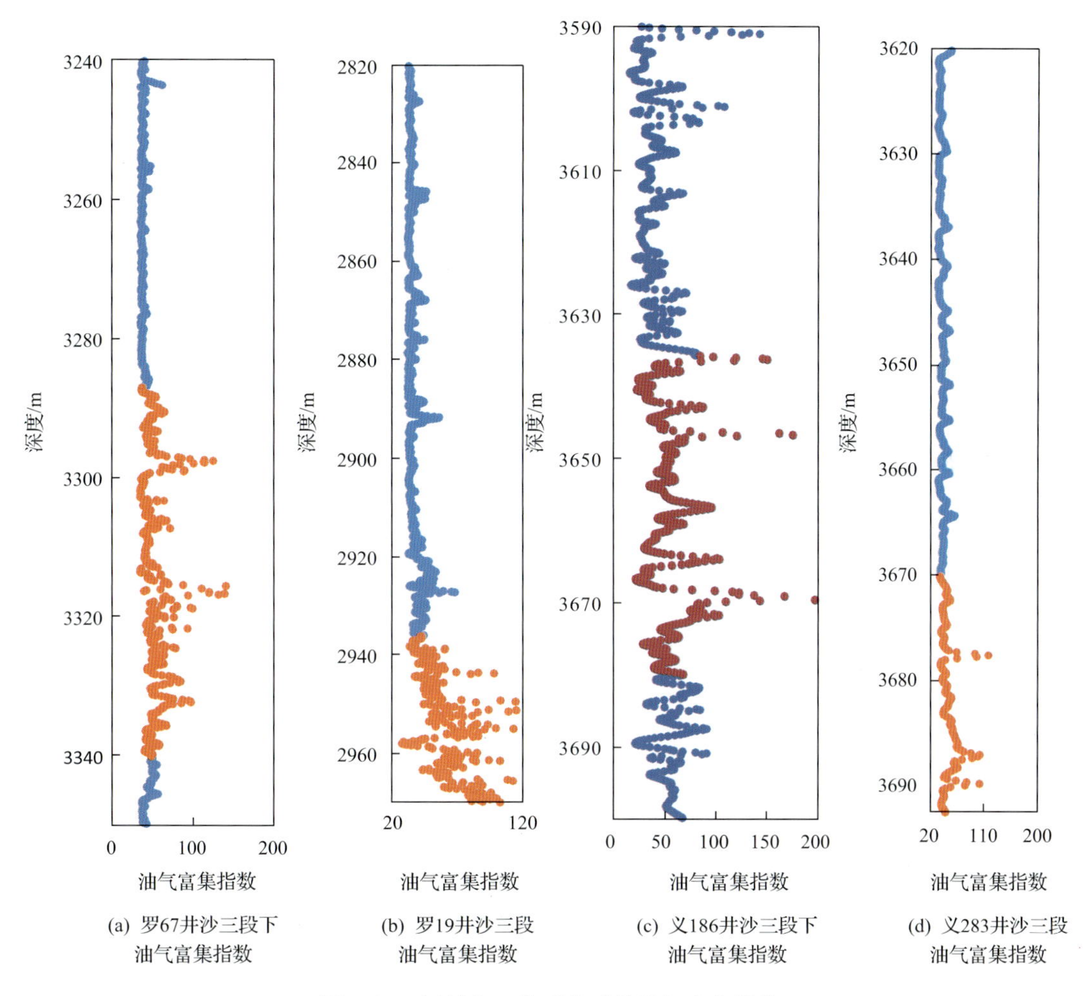

(a) 罗67井沙三段下油气富集指数　(b) 罗19井沙三段油气富集指数　(c) 义186井沙三段下油气富集指数　(d) 义283井沙三段油气富集指数

图 4.83　区域归一化后典型井油气富集指数

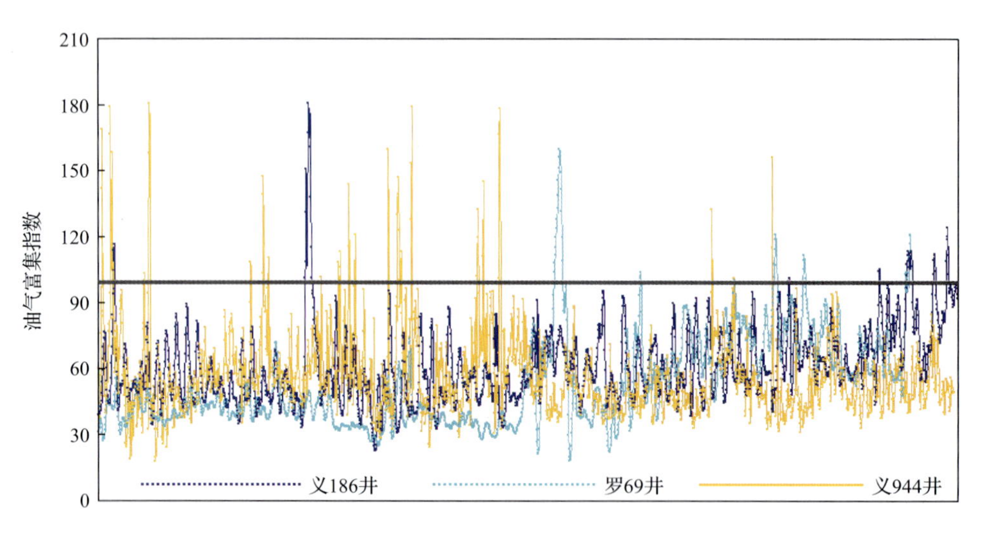

图 4.84　渤南地区典型泥页岩井油气富集指数门槛值的确定图

4.4.3　渤南地区沙三段泥页岩含油性的预测效果

从叠前反演得到的过罗 20 井的南北向油气指数剖面看(图 4.85),12 层组的油气主要位于南部,向北逐渐减弱,与工区含油情况及罗 20 井的含油性吻合较好。从叠前反演得到的过罗 20 井的东西向油气指数剖面来看(图 4.86),12 层组的油气主要位于西部,向东逐渐减弱,与实际含油气情况符合,与罗 20 井的含油性吻合也很好。

从过罗 69 井—义 186 连井油气指数剖面来看(图 4.87),南坡油气主要集中在 12 层组,向北逐渐减弱;而北部洼陷带油气主要集中在 13 层组,向南逐渐减弱。

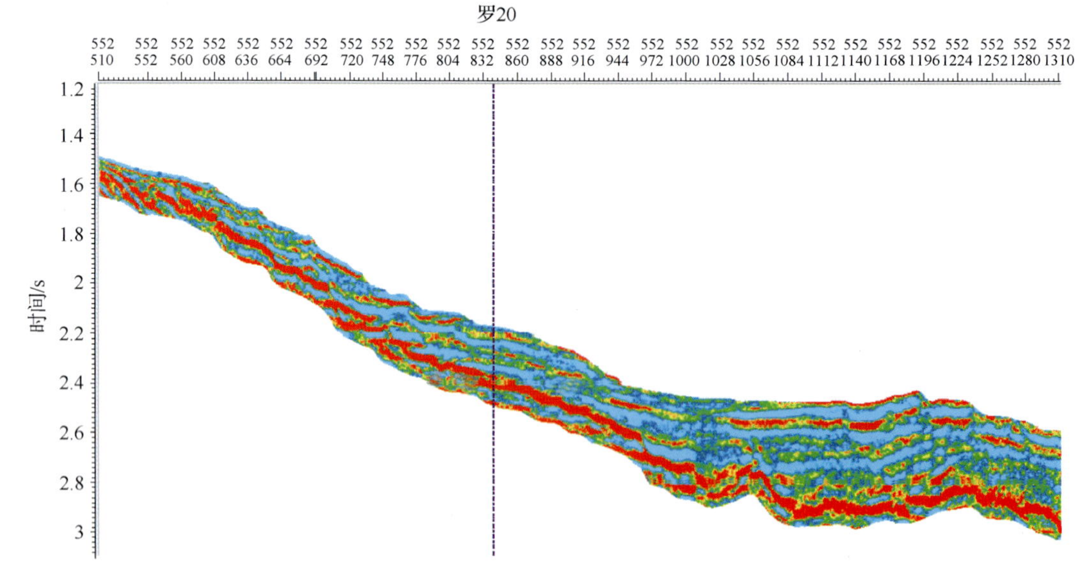

图 4.85　过罗 20 井南北向油气指数剖面

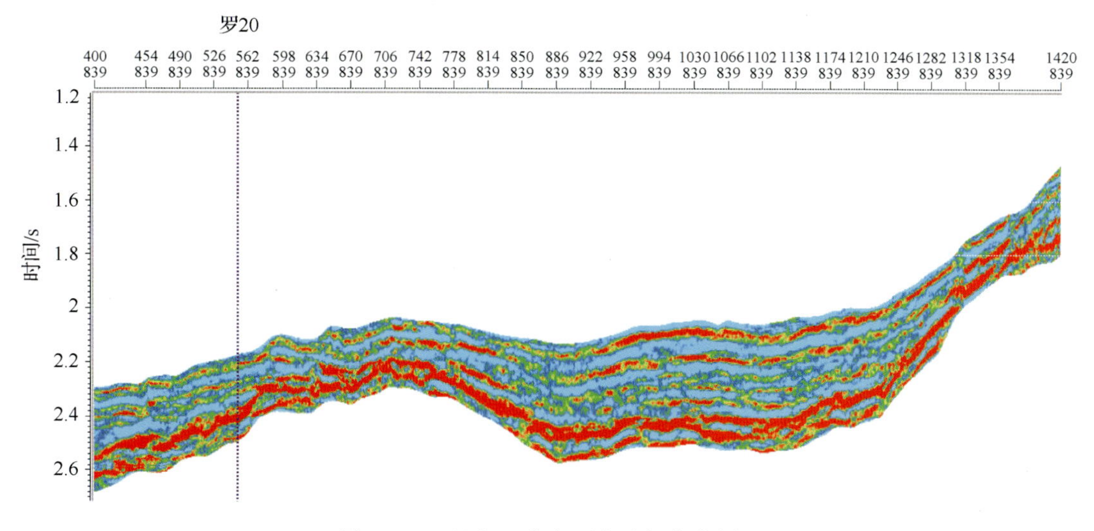

图 4.86　过罗 20 井东西向油气指数剖面

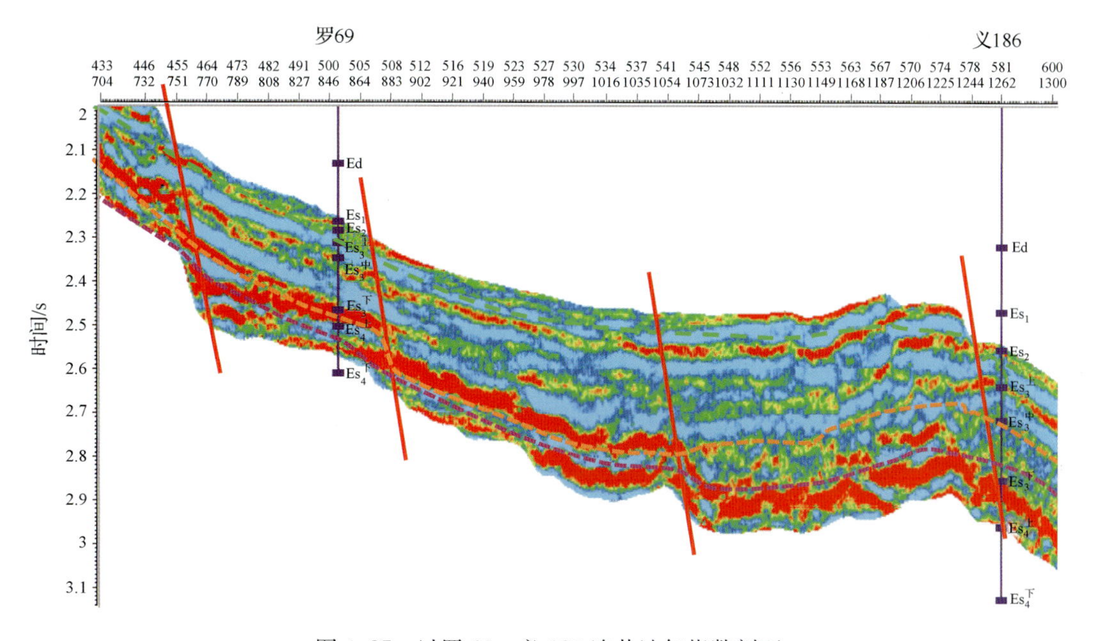

图 4.87　过罗 69—义 186 连井油气指数剖面

从渤南地区沙三下亚段 12 下-13 上泥页岩含油性预测图可以看到(图 4.88)，该层组的油气主要集中在西南斜坡带，罗 42、罗 69、罗 19、罗 67 等油井都在预测有利范围内，与实际井吻合度较高。

从渤南地区沙三下亚段 13 下泥页岩含油预测图可以看到(图 4.89)，该层组的油气主要集中在北带的新义深 9 北部地区及罗 17—罗 354 井区，而东北地区渤深 8 区带的高值区是由于页岩气引起的。总体来说，预测结果与实际井情况吻合程度较高。

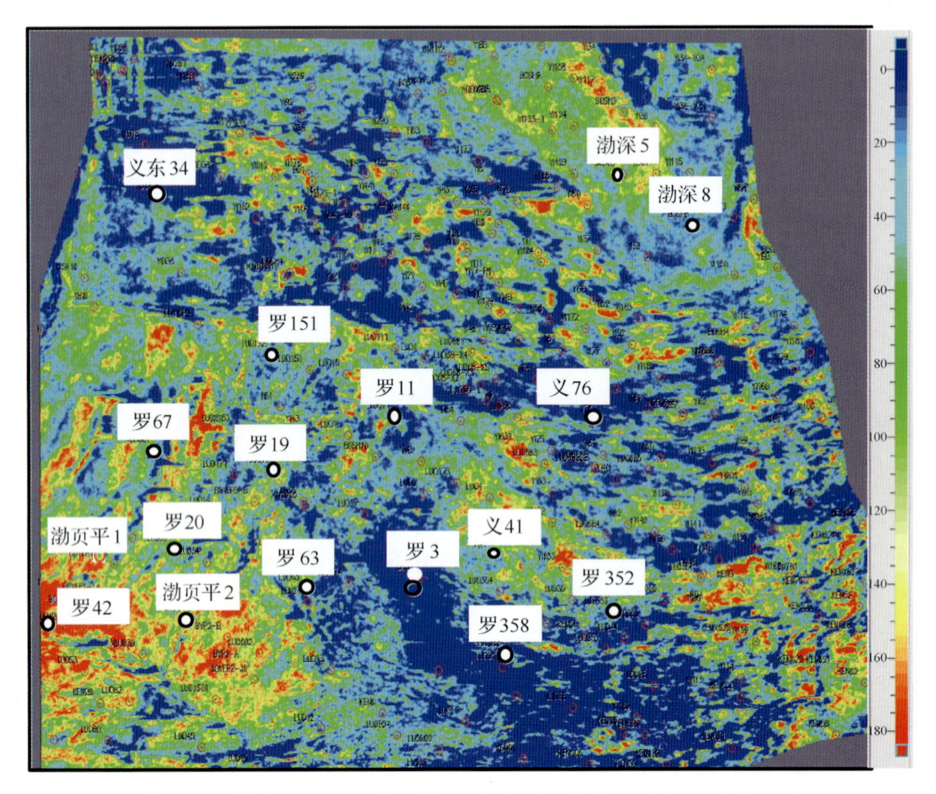

图 4.88　渤南地区沙三下亚段 12 下—13 上泥页岩含油性预测图

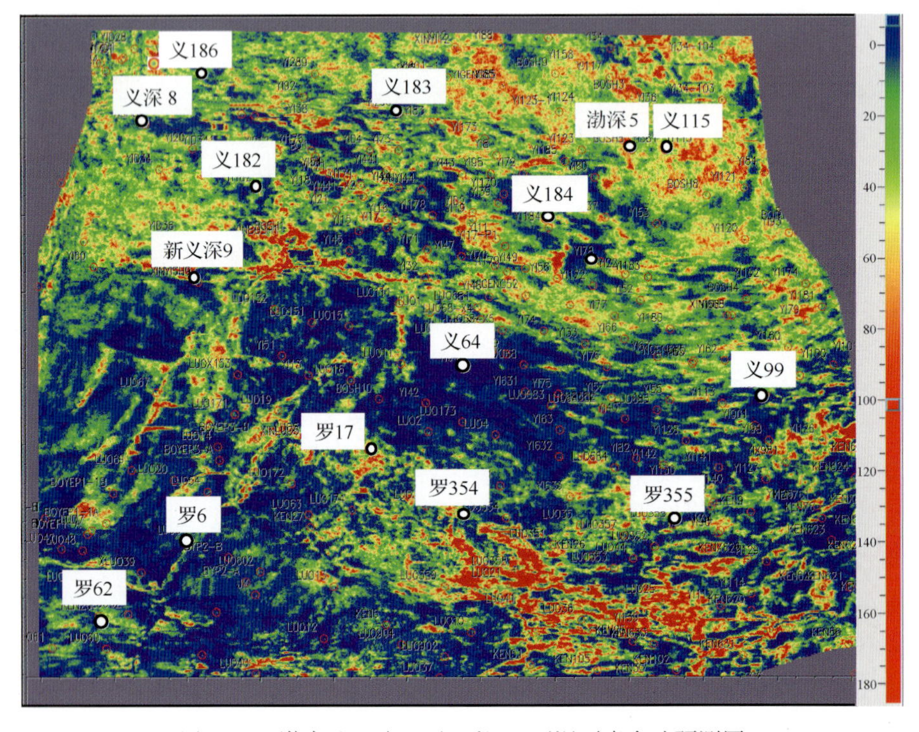

图 4.89　渤南地区沙三下亚段 13 下泥页岩含油预测图

4.5　泥页岩脆性地震预测技术

泥页岩甜点可分为工程甜点和地质甜点两类，脆性、延展性、可压性特征及地应力分布发育状态是判断泥页岩是否可压、通过压裂能否形成高产工业油流的重要参数，是泥页岩油气是否可动用的关键。一般脆性可表征泥页岩压裂后的破碎程度，地应力反应泥页岩破碎后缝的张开程度，可压性反应压裂施工的难易程度，延展性反应压裂后是否可形成具有工业价值的网状缝。以往这些参数主要是通过工程测试获得，缺少地震预测的技术及方法。利用地震信息进行攻关研究，研发了两项脆性表征技术为工程甜点评价奠定了基础。

4.5.1　基于叠前弹性参数的泥页岩脆性表征因子

1. 泥页岩脆性表征因子的建立

目前，脆性尚无明确的定义，在不同的学科有不同的说法。2012 年，李庆辉等在前人研究和观测试验的基础上，提出泥页岩脆性是泥页岩自身的一种综合特性，是在自身天然非均质性和外在特定加载条件下产生内部非均匀应力，并导致局部破坏，进而形成多维破裂面的能力。

由上述定义可知，泥页岩脆性主要有两大内涵。一方面，脆性是特定外在条件下岩石综合性质的反映，是岩性、矿物成分、储集性能、结构构造、有效应力、温度、成熟度和孔隙组合等的复合函数。这种特性并非岩石的固定属性，在外在条件，如埋深、地层压力、温度等发生改变时，泥页岩的脆性就会改变，并可能发生脆-延转化。另一方面，宏观上泥页岩的脆性破坏表现为碎裂范围和微裂缝条数两个方面。高脆性泥页岩的碎裂范围大，产生的微裂缝条数多；柔性泥页岩的碎裂范围小，产生微裂缝条数少。

本书在对以往脆性表征公式比较分析的基础上，通过泥页岩样品点的应力应变测试实验，明确了罗家地区泥页岩脆性的基本特征，进而拟合构建适合本研究区的泥页岩脆性表征因子，为下一步进行非均质叠前弹性参数反演奠定了坚实基础。

1）以往脆性表征公式的比较

统计表明，现有的脆性评价方法有 20 余种（表 4.12）。这些方法中的参数多是在室内岩石力学试验得到的，具体可分为基于强度、硬度、坚固性、全应力-应变力学特征和矿物组成等多种解释方法。目前，较为简单、常用的脆性公式有两种，均由 Richman 等于 2008 年提出，一种基于岩石弹性参数，另一种基于岩石矿物成分。

表 4.12 现有脆性指数及测试方法汇总表

公式	公式含义或变量说明	测试方法	文献来源
$B_1=(H_m-H)/K$	宏观硬度 H 和微观硬度 H_m 差异	硬度测试	Honda 和 Sanada
$B_2=q\sigma_\varepsilon$	q 为小于 0.60mm 碎屑百分比，σ_ε 为抗压强度	普氏冲击试验	Protodyakonov
$B_3=(\tau_p-\tau_t)/\tau_p$	关于峰值强度 τ_p 与残余强度 τ_t 函数式	应力-应变测试	Bishop
$B_4=\varepsilon_t/\varepsilon_4$	可恢复应变 ε_t 与总应变 ε_4 之比	应力-应变测试	Hucka 和 Das
$B_5=W_t/W_t$	可恢复应变能 W_r 与总能量 W_r 之比	应力-应变测试	Hucka 和 Das
$B_6=\sigma_c/\sigma_t$	抗压强度 σ_c 与抗拉强度 σ_t 之比	强度比值	Hucka 和 Das
$B_7=(\sigma_c-\sigma_t)/(\sigma_c+\sigma_t)$	关于抗压强度 σ_c 与抗拉强度 σ_t 函数式	强度比值	Hucka 和 Das
$B_8=\sin\varphi$	φ 为内摩擦角	莫尔圆	Hucka 和 Das
$B_9=45°+\varphi/2$	破裂角关于内摩擦角 φ 的函数	应力-应变测试	Hucka 和 Das
$B_{10}=H/K_{ic}^2$	硬度 H 与断裂韧性 K_{ic}^2 之比	硬度和韧性测试	Lawn 和 Manshall
$B_{11}=\varepsilon_{tl}\times 100\%$	ε_{tl} 为试样破坏时不可恢复轴应变	应力-应变测试	Andreev
$B_{12}=HE/K_{ic}^2$	E 为弹性模量	陶制材料的测试	Quinn 和 Quinn
$B_{13}=S_{20}$	S_{20} 为小于 11.2mm 碎屑百分比	冲击试验	Quinn 和 Quinn
$B_{14}=(\varepsilon_p-\varepsilon_t)/\varepsilon_p$	关于峰值应变 ε_p 与残余应变 ε_t 函数	应力-应变测试	Vahid 和 Peter
$B_{15}=(\sigma_c\sigma_t)/2$	关于抗压强度 σ_c 与抗拉强度 σ_t 函数	应力-应变测试	Altindag
$B_{16}=\sqrt{\sigma_c\sigma_t}/2$	关于抗压强度 σ_c 与抗拉强度 σ_t 函数	应力-应变测试	Altindag
$B_{17}=P_{inc}/P_{dec}$	荷载增量与荷载减量的比值	贯入试验	Copur 等
$B_{18}=F_{max}/P$	荷载 F_{max} 与贯入深度 P 之比	贯入试验	Yagiz
$B_{19}=(E+\bar{\nu})/2$	弹性模量 E 与泊松比 ν 归一化后均值	应力-应变测试	Rickman 等
$B_{20}=(W_{qtz}+W_{carb})/W_{total}$	脆性矿物含量 $W_{qtz}+W_{carb}$ 与总矿物含量 W_{total} 之比	矿物组成分析	Rickman 等

（1）基于岩石弹性参数的脆性公式。

根据 Richman(2008)的研究，利用泊松比和杨氏模量这两种弹性参数可以计算泥页岩的脆性：

$$B=\frac{B_E+B_\nu}{2} \tag{4.89}$$

式中，B 为脆性指数(%)；B_E 为归一化后的杨氏模量；B_ν 为归一化后的泊松比。其中，

$$B_E=\frac{100(E_c-E_{min})}{E_{max}-E_{min}} \qquad B_\nu=\frac{100(\nu_c-\nu_{max})}{\nu_{min}-\nu_{max}} \tag{4.90}$$

式中，E_c 为实测杨氏模量；E_{max} 为最大杨氏模量；E_{min} 为最小杨氏模量；ν_c 为实测泊松比；ν_{max} 为最大泊松比；ν_{min} 为最小泊松比。

这种脆性评价方法计算简单；采用泊松比和杨氏模量两种弹性参数，能够在一定程度上反映岩性、岩石结构、构造和成岩作用的差异。但该方法具有一定的缺陷，公式(4.88)

中的弹性参数仅反映了脆性地层发生破裂后的岩石力学性质，对脆性地层破裂前的特征没有描述。

（2）基于脆性矿物含量的脆性公式。

Richman(2008)认为硅土和方解石成分能够增加脆性，黏土成分会减小脆性，定义脆性评价公式为

$$B=\frac{W_q+W_{ca}}{W_q+W_{ca}+W_{cl}+W_{car}} \tag{4.91}$$

式中，B 为脆性指数(%)；W_q 为石英含量；W_{ca} 为钙质含量；W_{car} 为碳质含量；W_{cl} 为黏土含量。

这种脆性评价方法计算简单；参与计算的岩石矿物成分与地层是否破裂无关，反映了泥页岩脆性地层的基本性质。但该方法仅考虑了岩石矿物含量一种因素，忽略了岩石结构、构造和成岩作用的影响。

Sondergeld 等在 2010 年通过海相泥页岩地层比较了脆性指数的两种计算方式，如图 4.90 所示。第四列为由矿物含量得到的脆性指数曲线，第十一列为由泊松比和杨氏模量计算得到的脆性指数曲线，第六列重叠显示了两种脆性曲线。两种脆性指数的变化趋势一致，对岩石脆性的指示能力类似：中间层比上层要更脆，但相比于下层的脆性要弱，脆性最好的页岩具有最多的石英和最少的黏土。

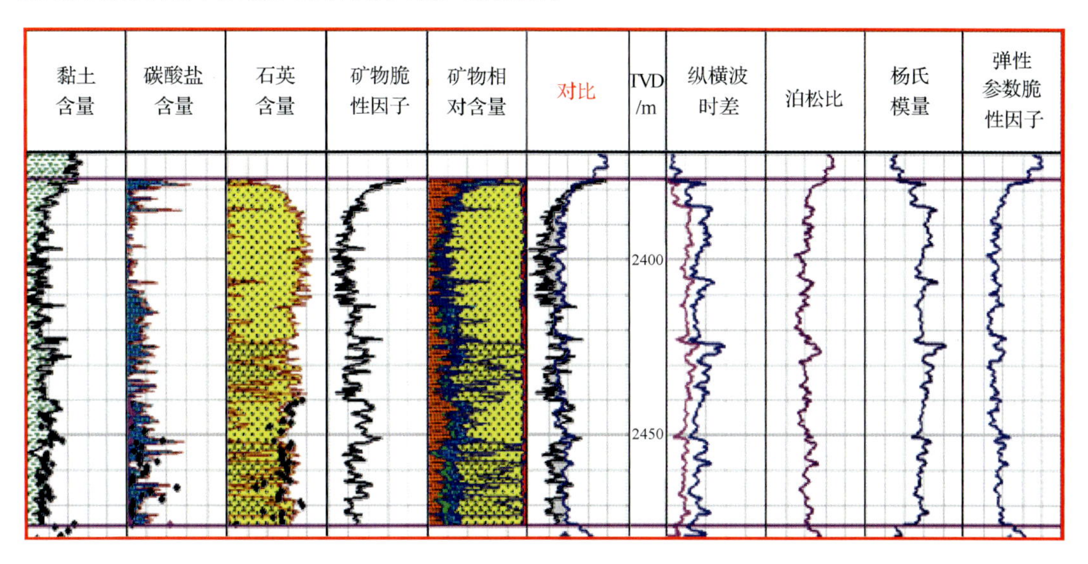

图 4.90　基于矿物和模量两种脆性指数计算方法的比较(Sondergeld 等，2010)

但当将上述两种脆性指数公式应用于研究区义 944 井 3000～3600m 井段和罗 69 井 2980～3130m 井段中可以看出(图 4.91)，两种脆性指数的形态差异较大，没有像国外泥页岩地层中的高度吻合性。其中，在以夹砂质层状泥页岩相为主的义 944 井中，基于矿物的脆性指数与泥质含量曲线呈镜像关系，曲线起伏较大，而基于模量的脆性指数的曲线起伏较为平稳；在以块状泥质灰岩和纹层状泥质灰岩相为主的罗 69 井中，基于矿物的脆性指数曲线变化不大，而基于模量的脆性指数曲线则变化明显。两口井中两种脆性指数

曲线在个别层段的判断结果有较大出入，与实际的钻探效果亦有差距，推测这是由于陆相泥页岩中岩相变化较快、岩石矿物成分较为复杂、成岩作用较弱等各类地质条件所致。

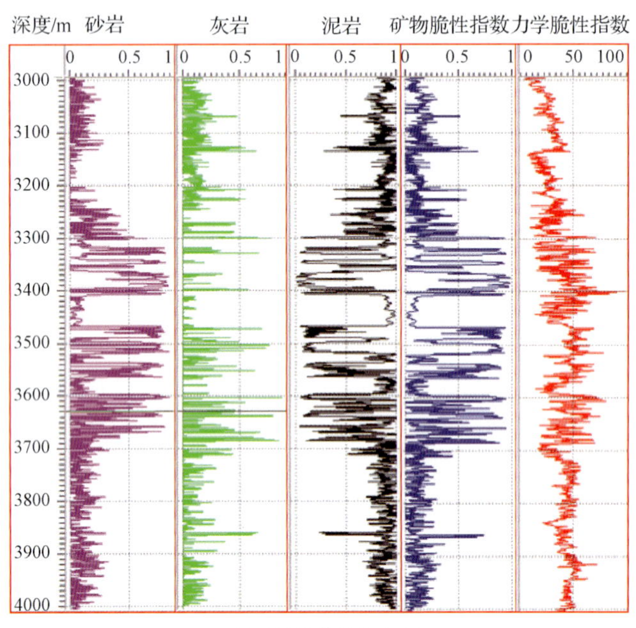

(a) 义944井3000~3600m

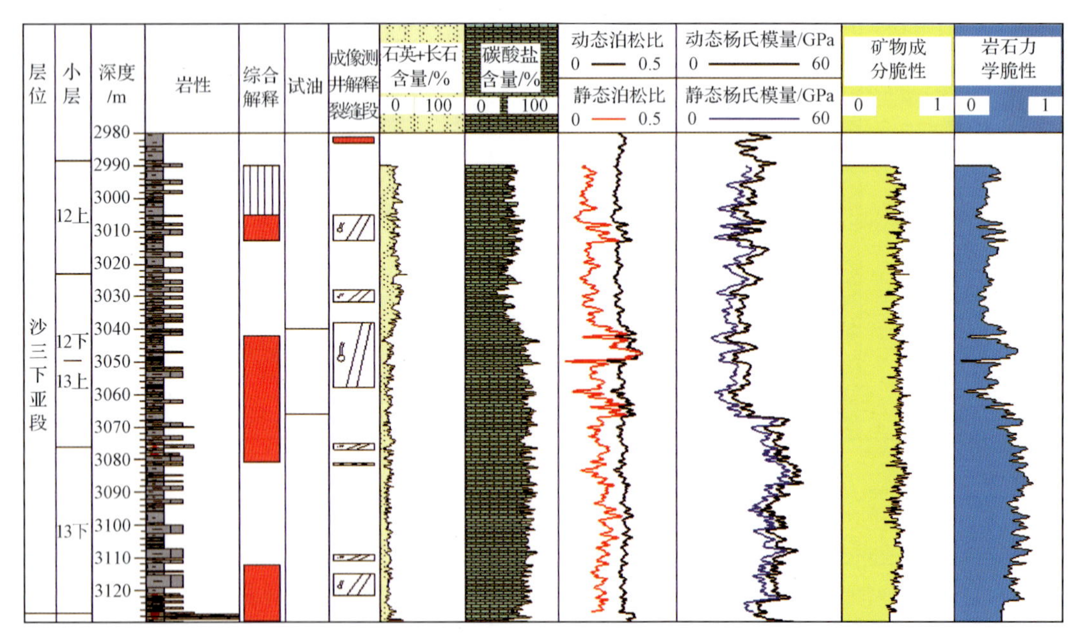

(b) 罗69井2980~3130m

图 4.91　义 944 井和罗 69 井中两种脆性指数结果的比较

2）泥页岩脆性应力应变测试

鉴于上述两种脆性指数计算方法在陆相泥页岩地层中存在不一致性和不适用性，为明确本研究区泥页岩的脆性基本特征，建立适合本研究区陆相泥页岩的脆性表征公式，在罗家地区选取了罗 62、义 117 等 8 口井 35 个泥页岩样品点进行了应力应变测试实验。

（1）应力应变测试脆性的原理。

本次应力应变测试实验中，综合前人的各类脆性指数，考虑泥页岩脆性变形过程中力学特性，提出了一种新的脆性指数：

$$BI = L_{OB}/L_{OA} \tag{4.92}$$

式中，BI 为定义的脆性指数；L_{OB} 为应力应变曲线中弹性变形阶段的长度；L_{OA} 为应力应变曲线中破裂变形阶段的长度。在应力应变曲线中，A 点为破裂点，B 点为屈服点，OB 为弹性变形阶段，OA 为破裂变形阶段(图 4.92)。

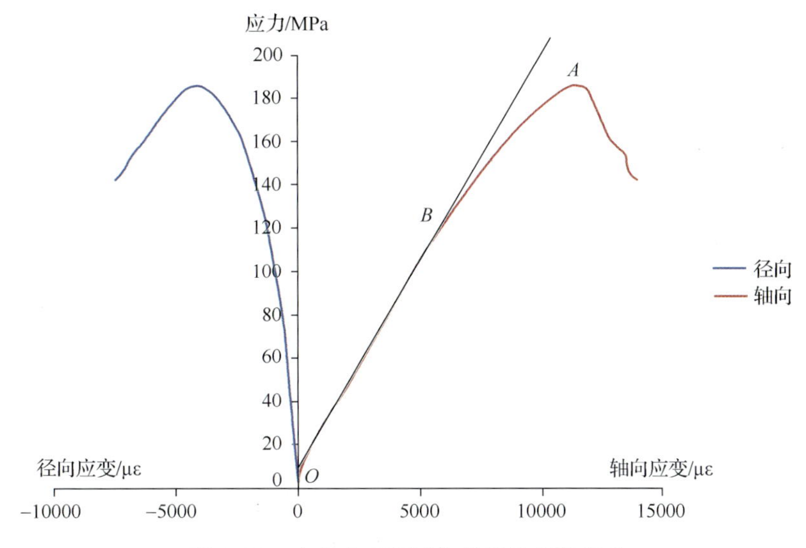

图 4.92　应力应变测试中的脆性指数定义

με 表示微应，长度的相对变化量，1με=(ΔL/L)/10^{-6}

应力应变曲线中弹性变形阶段长度与破裂变形阶段长度的两者比值，代表了泥页岩中脆性的强弱。若破裂点 A 和屈服点 B 趋于一致，则表示泥页岩的脆性越强，相应的脆性指数 BI 越接近于 1；若破裂点 A 和屈服点 B 差异越大，两阶段长度的比值越小，表示泥页岩的脆性越弱，相应的脆性指数 BI 越接近于 0。因此，可按照泥页岩脆性由强到弱依次将应力应变曲线划分为Ⅰ、Ⅱ、Ⅲ、Ⅳ、Ⅴ五类形态(图 4.93)，相应的脆性指数 BI 分别为 0.9、0.8、0.7、0.6 和 0.5，据此可定性及定量判断泥页岩的脆性强弱。

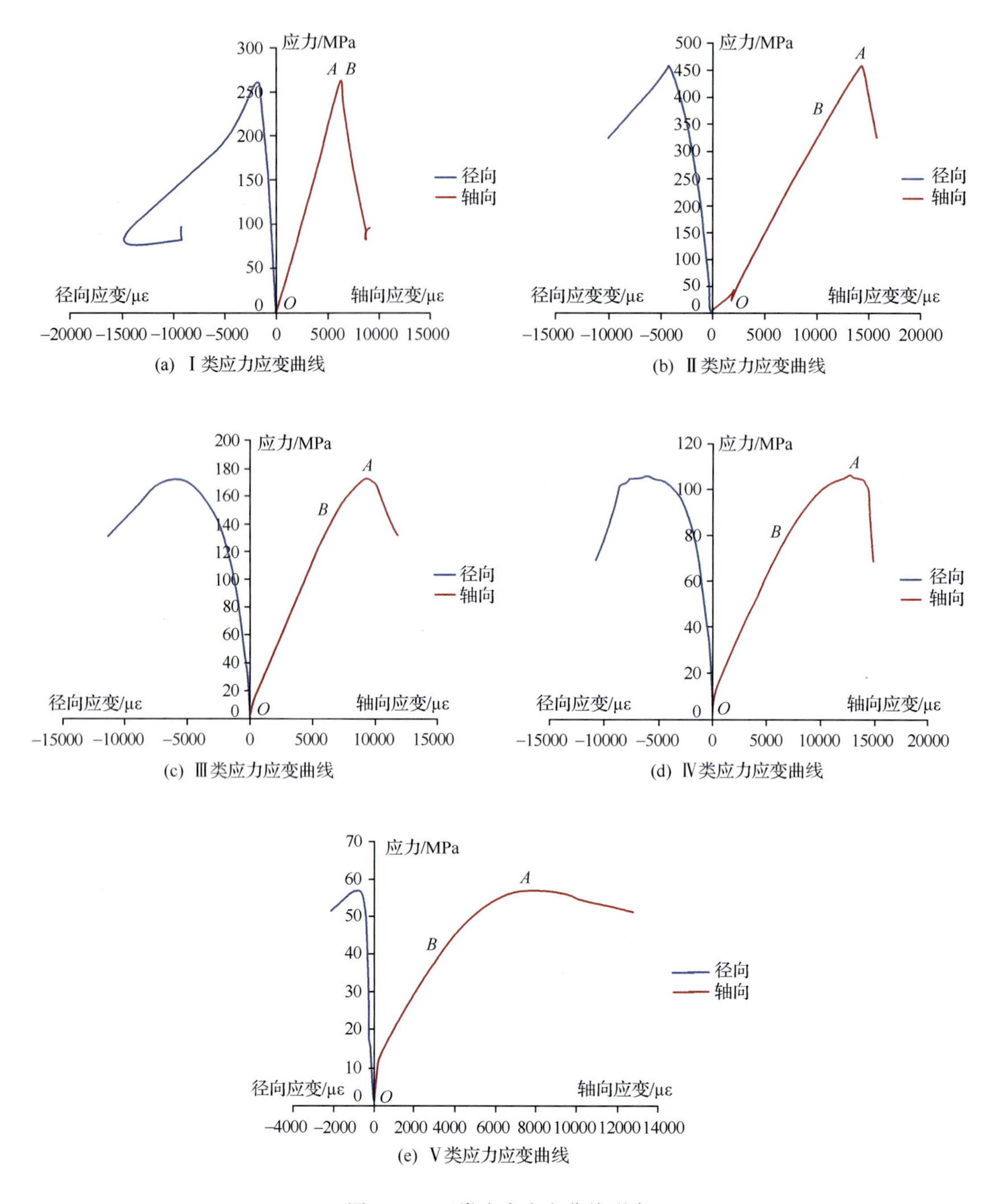

图 4.93　五类应力应变曲线形态

(2) 泥页岩脆性的基本特征。

通过对罗家地区 8 口井 35 个泥页岩样品点进行应力应变测试实验,并统计相应的脆性矿物含量和弹性力学参数(表 4.13),进一步明确了该区泥页岩脆性与矿物含量、岩石结构和抗压性等方面的基本特征。

表 4.13　罗家地区 35 个泥页岩样品点的脆性相关参数统计表

岩心号	井名	井深/m	内摩擦角(应力应变曲线计算)/(°)	内聚力(应力应变曲线计算)/MPa	单轴抗压强度/MPa	地层抗压强度/MPa	弹性模量/GPa	泊松比	实测脆性指数	经验公式脆性指数	脆性矿物含量/%	外源脆性矿物含量/%	自生脆性矿物含量/%
2H	罗 62	2243	26.68563291	12.62165939	40.93	75.99718	12.95013	0.162676	0.5	1.328229	83	19	64
3H		2245.3	65.25705155	7.217534344	65.72	342.486	41.61085	0.230472	1	3.239832	97	3	94
4H	罗 63	2284.5	45.89584471	0.423559707	2.09	84.78427	15.61542	0.2009	0.56	1.442159	72	27	45
5H		2390.3	22.39490551	70.9761537	211.98	243.6785	26.83057	0.160843	0.85	2.323355	99	4	95
6H		2391.15	48.10749764	19.81616741	103.47	217.4238	26.1939	0.240107	0.83	2.119351	91	19	72
7H	义 21	2736	46.29045939	27.84147028	138.75	236.8547	22.70833	0.187601	0.7	0.761743	91	7	84
8H		2736.5	38.51838653	8.523213041	35.34	103.2625	24.40299	0.189105	0.63	1.868079	81	28	53
9H		2755.4	36.8139185	31.57635333	126.1	189.5429	21.74789	0.201964	0.82	1.393451	86	45	41
11H		2764.04	13.7468475	51.74375463	131.84	157.7469	21.37795	0.209446	0.73	1.215564	87	22	65
13H		2768.7	39.57069604	24.86416002	105.56	177.6075	20.25903	0.223754	0.73	1.351405	87	21	66
14H		2769	35.07383263	38.3407821	147.48	206.6306	27.15202	0.220144	0.81	1.801923	91	22	69
16H	义 51	2650	17.3462697	13.79267849	37.51	65.80663	6.191706	0.204547	0.36	1.449869	61	24	37
17H		2665.1	36.51785922	25.62583332	101.68	162.2588	23.33301	0.263568	0.79	1.975393	96	8	88
18H		2681.6	35.1055201	30.71842441	118.24	175.601	22.44675	0.250279	0.83	1.878065	87	24	63
19H		2683.6	43.83528408	30.20627749	141.68	226.9178	18.9429	0.167796	0.76	1.202492	97	6	91
20H		2695	35.28195769	17.60240308	68.01	129.7383	14.81516	0.168464	0.54	1.300961	75	15	60

续表

岩心号	井名	井深/m	内摩擦角(应力应变曲线计算)/(°)	内聚力(应力应变曲线计算)/MPa	单轴抗压强度/MPa	地层抗压强度/MPa	弹性模量/GPa	泊松比	实测脆性指数	经验公式脆性指数	脆性矿物含量/%	外源脆性矿物含量/%	自生脆性矿物含量/%
22H	义 60	2930	29. 17015345	51. 0881591	174	226. 1494	29. 94907	0. 260544	0. 73	2. 738428	85	17	68
23H		2935. 5	41. 89548492	43. 89307007	196. 59	274. 7828	28. 87877	0. 241012	0. 8	2. 151699	92	12	80
24H		3014. 97	35. 6604985	22. 29453393	86. 84	147. 5806	24. 30042	0. 197908	0. 78	2. 346703	83	32	51
26H		3016. 57	5. 218554155	46. 55641739	102	121. 2269	19. 05011	0. 211863	0. 75	2. 068499	80	25	55
28H	义 117	3387. 36	44. 92364653	7. 681706886	37	141. 3525	17. 4707	0. 210156	0. 61	1. 525605	79	75	4
29H		3391. 8	34. 62433964	15. 94231213	60. 74	126. 1179	14. 71925	0. 206015	0. 7	1. 911472	67	42	25
30H		3395. 23	37. 51918415	15. 3663562	62. 32	176. 2137	29. 84993	0. 334202	0. 72	1. 556167	80	75	5
33H	义东 38	2811	53. 2768462	16. 01072685	96. 4	246. 4342	33. 71257	0. 199092	0. 86	1. 367915	94	12	82
34H		2813. 8	13. 76399638	54. 05055105	137. 76	164. 6714	27. 09497	0. 256113	0. 6	1. 157855	83	27	56
36H	义东 341	3321. 6	31. 04688015	13. 40031396	47. 4	108. 9944	19. 48447	0. 297357	0. 68	2. 192306	68	33	35

脆性指数与黏土矿物含量、总脆性矿物含量的交会图(图4.94)表明,脆性指数与黏土矿物含量呈明显的反比关系,与总脆性矿物含量呈明显的正比关系,这一规律与国外海相泥页岩地层的脆性特征基本一致。

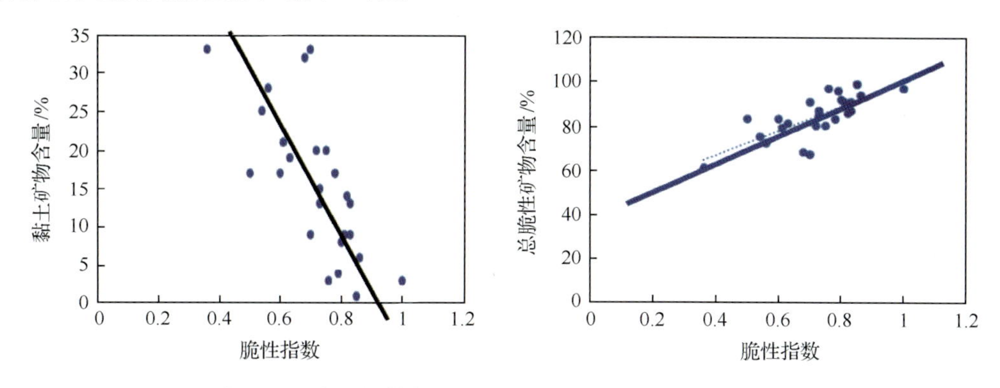

图4.94　脆性指数与黏土矿物、总脆性矿物含量的交会图

本节涉及的研究将脆性矿物细分为自生脆性矿物和外源脆性矿物两类。所谓自生脆性矿物,认为沉积时原地生成的矿物,包括方解石、文石和铁白云石等;而外源脆性矿物主要是随外部物源进入的矿物,包括石英、钾长石和斜长石等。分别做上述两类脆性矿物含量与脆性指数的交会分析图(图4.95)发现,方解石、白云石等自生脆性矿物含量在0~100%时始终与脆性指数呈近似正比关系;而石英、长石等外源脆性矿物含量在0~20%时与脆性指数呈反比关系,大于20%时两者呈正比关系。

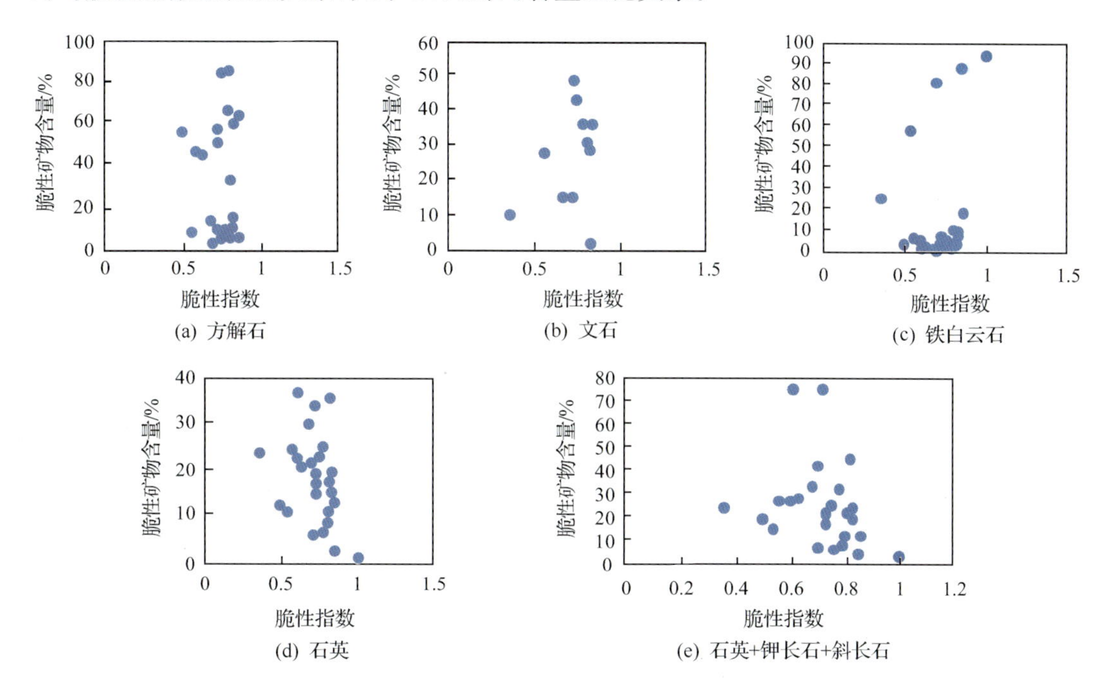

图4.95　自生、外源脆性矿物含量与脆性指数的交会图

在研究泥页岩脆性与岩石结构的关系时，主要做纹层厚度与内聚力、抗压强度、破裂压力和杨氏模量四类交会图(图 4.96)。从交会图中可以看出，随着纹层厚度的增大，内聚力、抗压强度、破裂压力增大，弹性模量略增大，脆性增强，越难压碎。

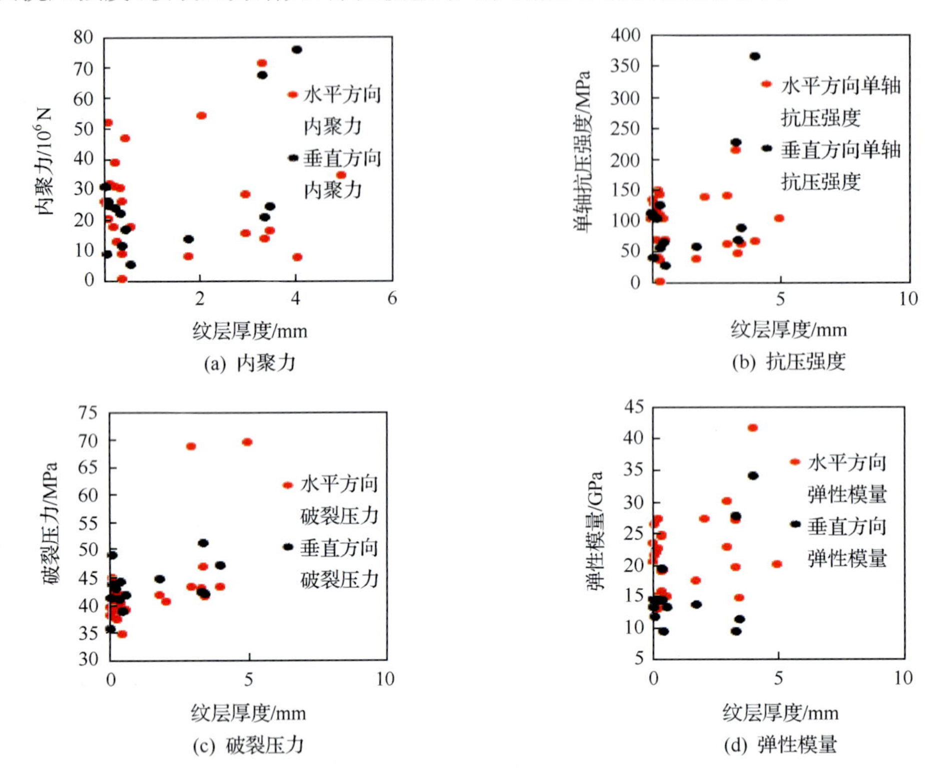

图 4.96　纹层厚度分别与内聚力、抗压强度、破裂压力和弹性模量的交会图

在研究泥页岩脆性与抗压性的关系时，主要做脆性指数与破裂压力、抗拉强度和抗压强度三类交会图(图 4.97)。从交会图中可以看出，脆性指数与破裂压力、抗拉强度和抗压强度呈近似的正比关系：脆性指数越大，破裂压力、抗拉强度和抗压强度越大，岩石越难被压碎。

分别做杨氏模量、泊松比与实测脆性指数的交会图(图 4.98)表明，杨氏模量与脆性指数呈显著的线性正比关系，而泊松比与脆性指数的交会数据点相对分散，呈双曲线关系。由此表明，在该区泥页岩脆性强弱的敏感性上，杨氏模量较泊松比更为敏感。因此，若采用经典的基于杨氏模量和泊松比的脆性评价公式，将两者的权重视为相等，则在本研究区的脆性评价中会出现一定的误差。

3) 脆性表征因子公式的建立

上述泥页岩脆性特征的分析表明，脆性矿物含量与脆性指数虽有一定的关系，但数据分布较为分散，不适合建立较为精确的脆性表征公式。而杨氏模量、泊松比与脆性指数的关系显著，数据分布相对集中，因此可选用杨氏模量和泊松比作为脆性表征的两个参数。

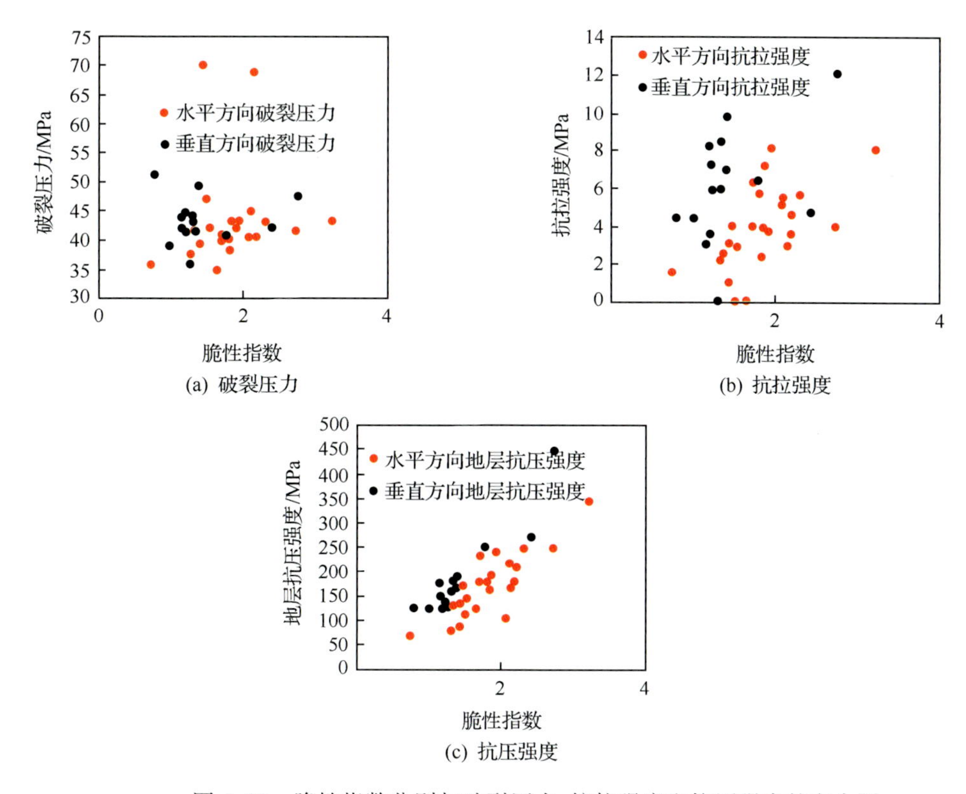

图 4.97　脆性指数分别与破裂压力、抗拉强度和抗压强度的交会图

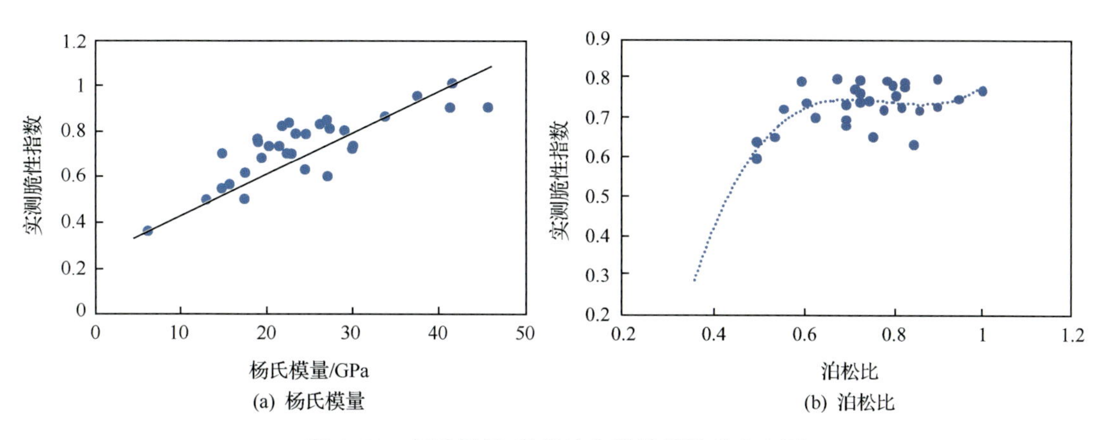

图 4.98　杨氏模量、泊松比与脆性指数的交会图

最终，通过两元多次的回归分析，建立了基于杨氏模量和泊松比的脆性表征因子公式：

$$B = k_1 E'^3 + k_2 E'^2 + k_3 E' + k_4 \nu'^2 + k_5 \nu' + c \tag{4.93}$$

式中，B 为计算脆性指数；E' 为归一化的杨氏模量，$E' = \dfrac{E - E_{\min}}{E_{\max} - E_{\min}}$，$E$ 为实测杨氏模量，$E_{\max}$ 为实测杨氏模量最大值，$E_{\min}$ 为实测杨氏模量最小值；ν' 为归一化的泊松比，

$\nu' = \dfrac{\nu - \nu_{min}}{\nu_{max} - \nu_{min}}$，$\nu$ 为实测泊松比，ν_{max} 为实测泊松比最大值，ν_{min} 为实测泊松比最小值；k_1、k_2、k_3、k_4、k_5 为拟合系数；c 为常数。

将基于杨氏模量和泊松比拟合得到的脆性指数与实测脆性指数进行交会分析表明（图 4.99），两者存在较好的一致性，近似呈正比关系，由此证实了建立的脆性表征公式的正确性。同时，将建立的脆性表征公式应用于罗 69 井 3060～3076m、3042～3076m 井段发现（图 4.100），该公式计算的脆性指数能够区分脆性岩石和柔性岩石，具有较好的应用效果。

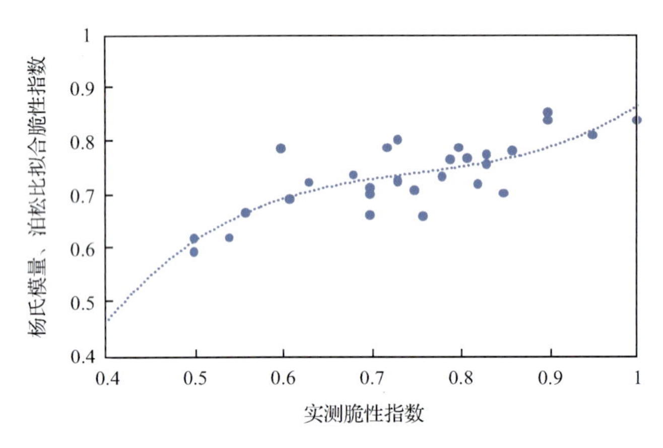

图 4.99　杨氏模量、泊松比拟合脆性指数与实测脆性指数的交会图

2. 泥页岩脆性叠前反演预测

叠前地震反演的理论基础是描述平面波在水平分界面上反射和透射的 Zoeppritz 方程。尽管该方程早在 20 世纪初就已经建立，但由于其数学上的复杂性和物理上的非直观性，一直没有得到直接的应用。为了克服由 Zoeppritz 方程导出的反射系数形式复杂及不易进行数值计算的困难，许多学者对 Zoeppritz 方程进行了简化。

在泥页岩脆性识别中，杨氏模量和泊松比是重要的岩石脆性指示因子。因此，本书提出了基于杨氏模量和泊松比的反射系数近似公式，并通过叠前地震反演实现了杨氏模量和泊松比直接反演，指导泥页岩脆性地震预测。

1）基于杨氏模量和泊松比的反射系数近似公式

Richards 和 Frasier 研究了性质相近的反射场半空间之间的反射和透射问题，给出了以速度和密度相对变化表示的反射系数近似方程。1980 年，Aki 和 Richards 在《定量地震学》经典专著中对 Richards 和 Frasier 的研究近似进行了综合整理，给出了类似的近似方程。在大多数地球物理介质中，相邻两层介质的弹性参数变化较小，因此，$\Delta\alpha/\bar{\alpha}$、$\Delta\beta/\bar{\beta}$、$\Delta\rho/\bar{\rho}$ 和其他值相比为小值。假定所有角度 θ_1、θ_2、θ_3、θ_4 均为实数，而且入射角不超过临界角，根据斯奈尔定理，能够得到速度跃变的一级近似线性化近似方程。

$$R(\bar{\theta}) \approx \frac{1}{2}\sec^2\bar{\theta}\,\frac{\Delta\alpha}{\bar{\alpha}} - 4\bar{\gamma}^2\sin^2\bar{\theta}\,\frac{\Delta\beta}{\bar{\beta}} + \frac{1}{2}(1 - 4\bar{\gamma}^2\sin^2\bar{\theta})\,\frac{\Delta\rho}{\bar{\rho}} \tag{4.94}$$

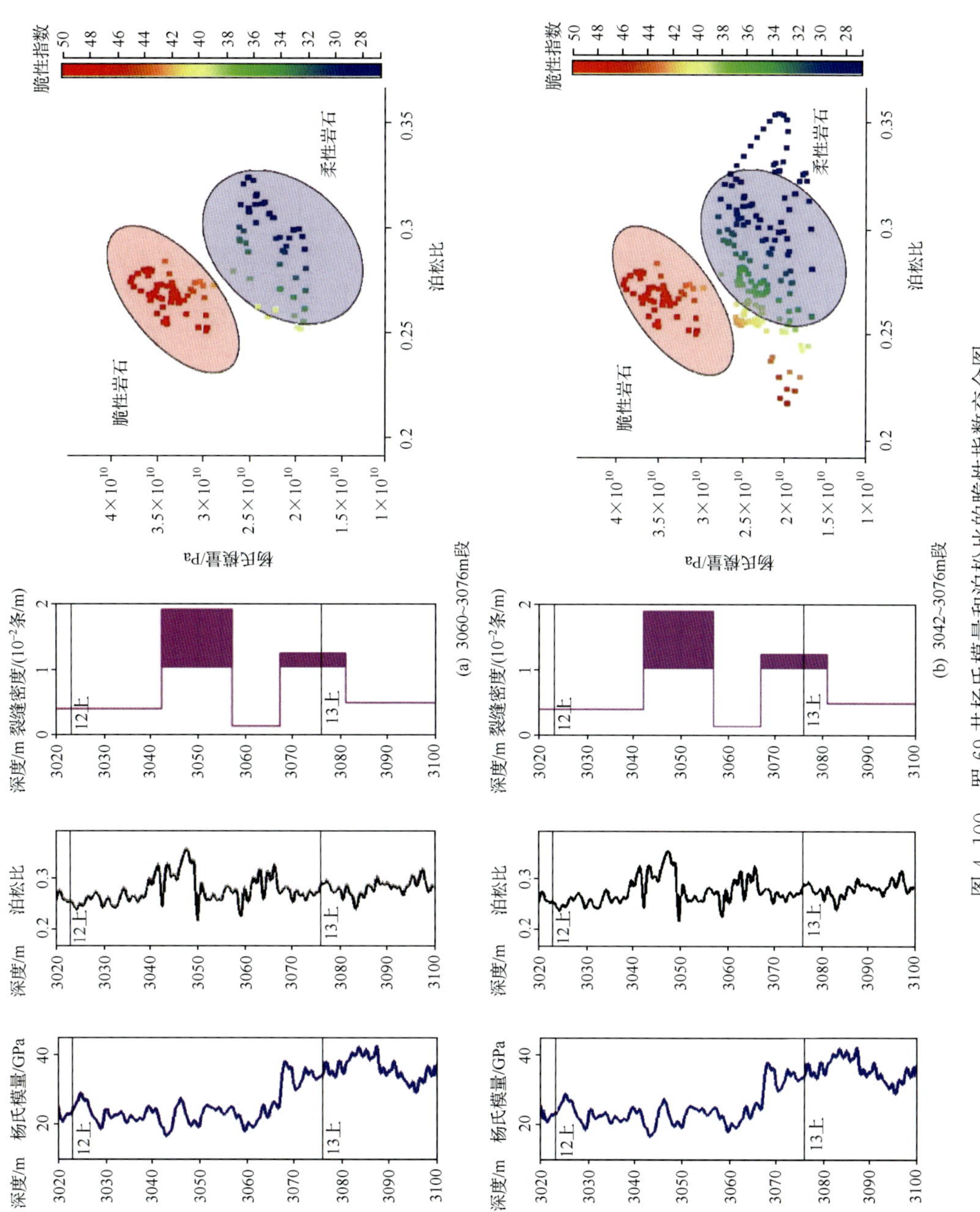

图 4.100　罗 69 井杨氏模量和泊松比的脆性指数交会图

式中，$R(\bar{\theta})$ 表示随角度变化的P-P波反射系数，$\bar{\alpha}$、$\bar{\beta}$、$\bar{\rho}$、$\bar{\gamma}$ 和 $\bar{\theta}$ 分别表示平均P波速度、平均S波速度、平均密度、$\bar{\beta}/\bar{\alpha}$ 值及分界面的入射角和透射角的平均角度。类似的，$\Delta\alpha$、$\Delta\beta$、$\Delta\rho$ 是界面两侧P波速度、S波速度及密度的变化量。以这些参数的分式变量作为反射系数[如 $1/2 \cdot (\Delta\alpha/\bar{\alpha})$ 称为P波速度反射系数]。

Aki 和 Richards 的近似方程说明了在叠前共中心点道集中，非零炮检距地震道的反射系数(或反射振幅)包含纵波、横波及密度的信息。因此，在 AVA 属性结果中包含了横波信息和泊松比信息，用 AVA 特征相当于用纵、横波联合解释，有助于提高油气检测的准确性，要比叠后检测更可靠。

泥页岩岩石脆性受泊松比和杨氏模量影响很大。杨氏模量大、泊松比低、岩石脆性高，是泥页岩油气富集区的重要地震和岩石物理特征。杨氏模量为轴向应力与轴向应变之比，应变为长度变化量与初始长度之比。在应力一定的情况下裂缝宽度主要受杨氏模量控制。因此，在 Aki 和 Richards 近似方程式的基础上，可推导得到基于杨氏模量和泊松比的地震波反射系数为

$$R(\theta)=\left(\frac{1}{4}\sec^2\theta-2k\sin^2\theta\right)\frac{\Delta E}{E}+\left(\frac{1}{4}\sec^2\theta\frac{(2k-3)(2k-1)^2}{k(4k-3)}+2k\sin^2\theta\frac{1-2k}{3-4k}\right)\frac{\Delta\nu}{\nu}\left(\frac{1}{2}-\frac{1}{4}\sec^2\theta\right)\frac{\Delta\rho}{\rho} \tag{4.95}$$

式中，k 为常数。

以式(4.95)为基础，可以通过叠前地震反演获得泥页岩地层脆性指示因子，即杨氏模量和泊松比。

利用含气砂岩模型对式(4.95)、精确 Zoeppritz 方程和 Aki-Richard 近似方程的精度进行了分析，如图 4.101 所示。由图可知，基于杨氏模量和泊松比近似方程得到的反射系数与精确 Zoeppritz 方程有较好的近似，能够满足叠前地震反演的要求。

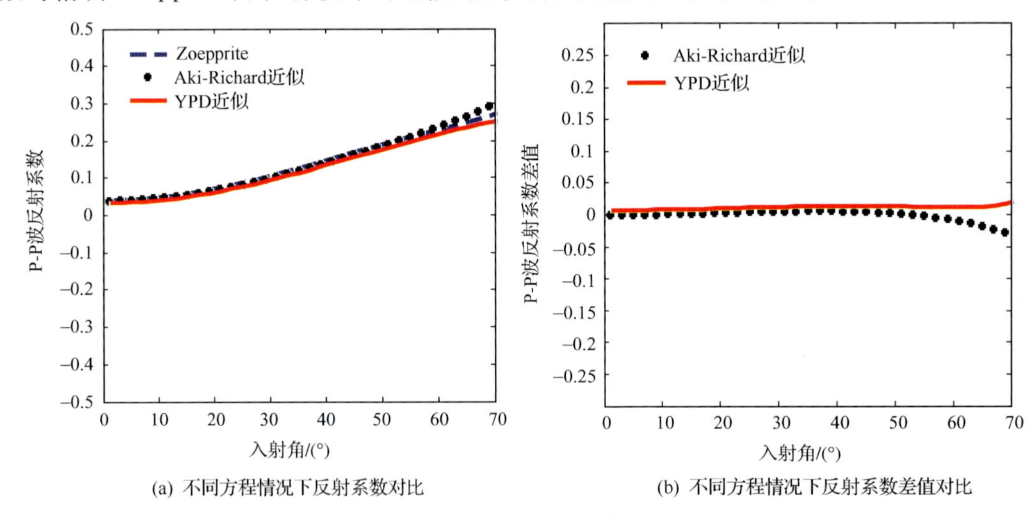

(a) 不同方程情况下反射系数对比　　(b) 不同方程情况下反射系数差值对比

图 4.101　界面反射系数对比

2) 叠前地震反演理论概述

传统的道集反演方法或只采用单一的地震数据来反演储层参数，或者利用模型参数

进行物理正演，获取合成数据，通过合成数据与观测资料的匹配，估算出该模型的参数。因此，反演的参数信息主要来自于地震数据，或约束于测井数据，没有充分考虑地震数据信噪比对参数反演的影响，易产生较大的参数估计误差。

（1）贝叶斯理论建立目标函数。

对于地球物理反演问题，模型参数（此处指杨氏模量、泊松比和密度参数）和数据是以某种方式联系起来的，数学上将它们表示为各种函数关系式。设向量函数 $\boldsymbol{F}=(f_1, f_2, \cdots, f_L)^T$，则反演问题的最一般公式为 $F=(d,x)=0$，这种泛函关系式称为模型。如果函数 f 是变量的线性函数，许多情况下可将 d 和 x 分开，可表示为 $d-g(x)=0$，若函数 g 也是线性的，则有 $d-Gx=0$。通常采用优化方法来求解，即寻求解估计 x_{es} 就是寻求下列优化问题 $\min F(d,Gx)$，其中 $F(d,Gx)$ 是优化问题的目标函数。

采用贝叶斯理论的后验概率分布函数（PPDF）建立目标函数，然后用迭代方法求解。而贝叶斯理论可根据信噪比的大小，有效地均衡地震数据及测井数据的信息采用量，准确地反演储层参数。这种方法类似于 Lortzer 和 Berkhout 所采用的方法，两者都采用了贝叶斯理论实现数据的统计约束。约束条件作为先验信息对反演过程进行约束：当数据的信噪比较高，参数信息主要来自于地震数据，可以得到可靠的参数估计；当数据的信噪比不高，约束条件控制了参数的反演结果，数据提供的信息较少，但得到的结果在地质解释上是可信的。

（2）非线性反演算法。

通过贝叶斯方法建立的叠前地震反演优化方程中似然函数采用高斯函数，先验分布采用柯西分布方式，这样在建立的反演方程中有两个非线性源——协对角矩阵和加权参数。以上两个参数在迭代过程要重新更新加权，这在计算花费上非常大。为了减少计算花费，可采用共轭梯度法实现方程的求解。通过设定共轭梯度的迭代次数，将小的特征值从解当中排除，实现反射系数的稀疏脉冲性。循环的次数往往可以作为求解稀疏性的一个条件，迭代循环次数越多，反射系数越稀疏；反之，反射系数就会呈现明显的带限特征。

共轭梯度法是一种反演和最优化问题的常用、经典算法，它不仅用于求解大的线性方程组，而且常用于求解非线性最优化问题。它有两个优点：一是可以求得非线性问题的精确解，二是具有二次截止的性质。共轭梯度法进行 n 次搜索就可求出最小解，是一种快速、高精度的解法。若目标函数高于二次并为单峰值函数时，可以在 n 次搜索的基础上，再构造一组 n 个共轭向量，继续搜索。按照这种方式反复进行，直至达到要求的精度。

3）实际井资料的模型试算

采用实际井资料进行方法模型试算结果如图 4.102 和图 4.103 所示，图中蓝色曲线为真实测井曲线，红色为反演结果。分析可知，杨氏模量和泊松比能够得到合理的反演结果，但在含噪情况下，很难反演得到合理的密度参数。

3. 实际工区脆性预测分析应用

1）叠前反演预处理

为开展叠前地震反演及方位地震道集叠前分析以指导岩石脆性、储层含流体预测，需要对叠前 CMP 道集进行预处理，形成部分角度叠加数据，在处理中主要进行叠前时间偏移速

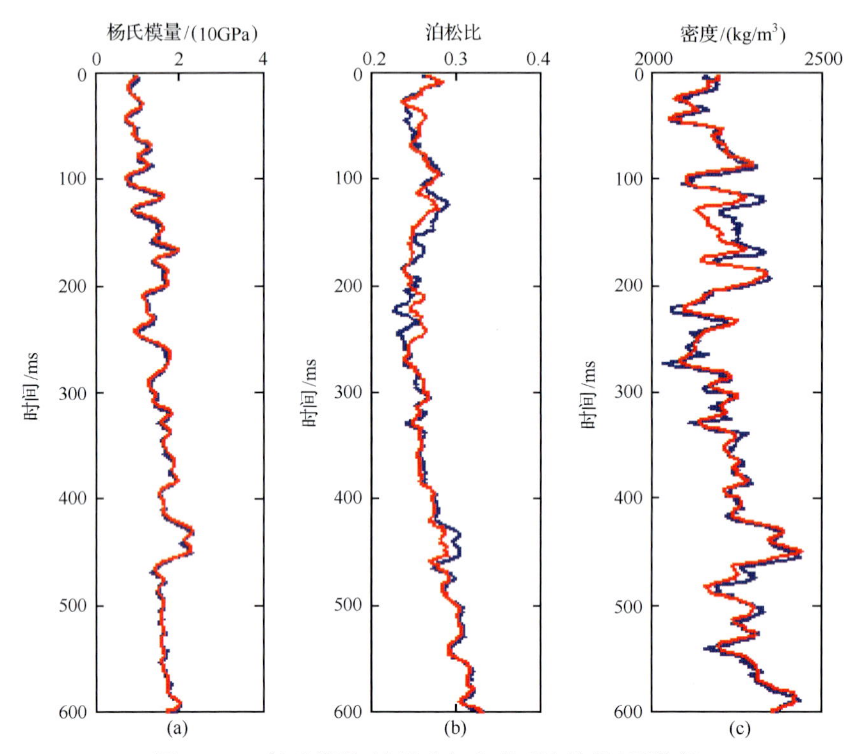

图 4.102　杨氏模量、泊松比与密度反演结果(无噪音)

红色曲线为反演结果,蓝色为实际模型

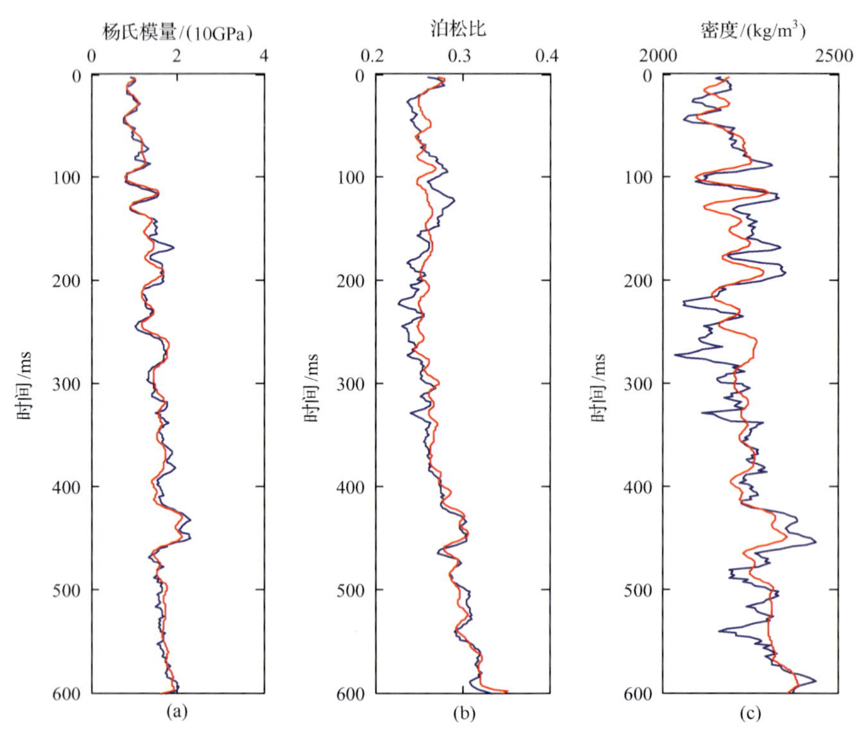

图 4.103　杨氏模量、泊松比与密度反演结果(信噪比 2∶1)

红色曲线为反演结果,蓝色为实际模型

度分析、部分角度叠加数据的抽取。图 4.104 为全数据叠前地震偏移及角度叠加处理流程。

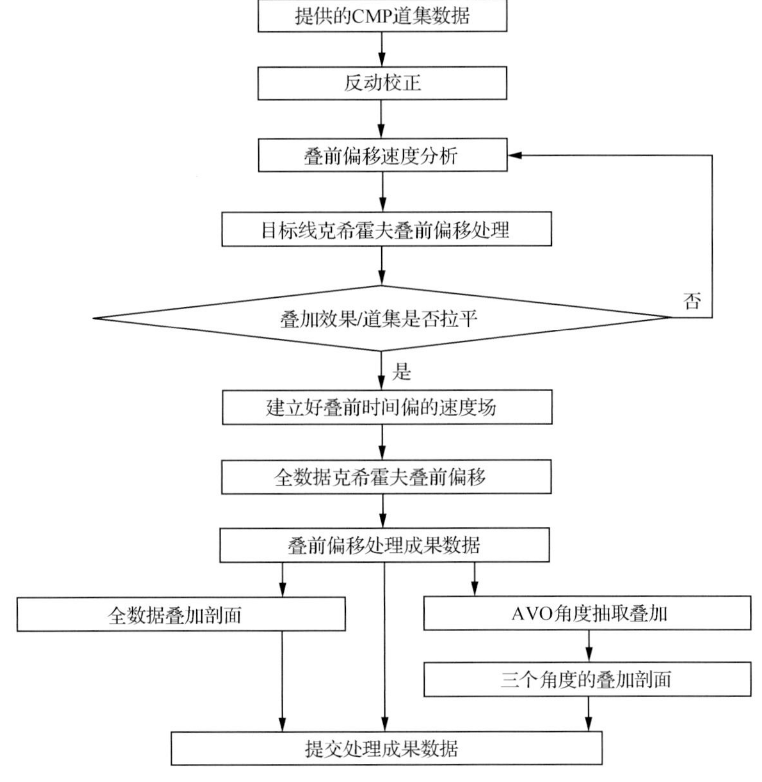

图 4.104　全数据叠前地震偏移及角度叠加处理

2）叠前反演流程

叠前地震反演处理流程如图 4.105 所示，输入各角度部分叠加地震数据，各角度地震子波，在先验柯西约束下实现了杨氏模量和泊松比叠前地震直接反演。

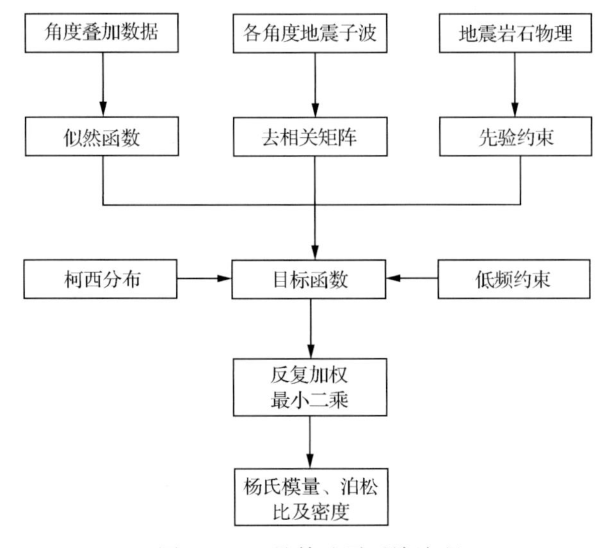

图 4.105　叠前地震反演流程

3）脆性预测实际效果

图 4.106 和图 4.107 为过罗 69 井纵测线叠后地震数据和杨氏模量反演剖面及过罗 69 井纵测线叠后地震数据和泊松比反演剖面。图 4.108 为过罗 69 井纵横测线杨氏模量和泊松比剖面。图 4.109 为罗家地区杨氏模量和泊松比 T6 层(上延 60ms)反演结果。从以上反演结果分析可得，由于罗 69 井目的层发育裂缝，导致杨氏模量呈低值显示，而井附近岩石模量为高值异常。图 4.110 为罗家地区 T6 层(上延 60ms)脆性指数沿层展布，从图中可以看出，受裂缝发育影响，过罗 69 井目的层处脆性指数较低，井附近脆性指数较高，适合压裂。

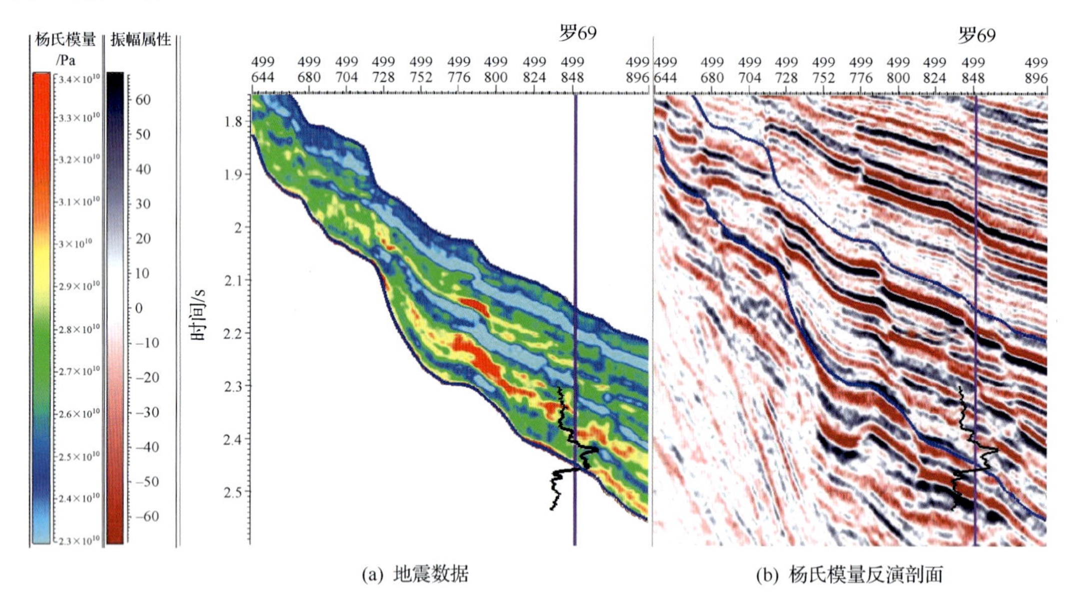

图 4.106 过罗 69 井纵测线叠后地震数据和杨氏模量反演剖面

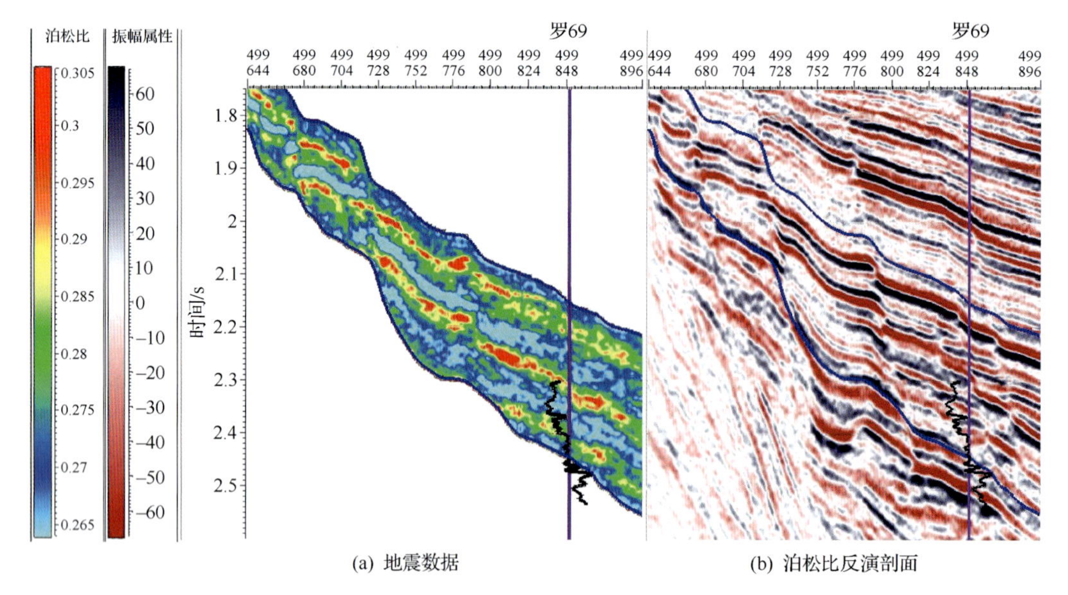

图 4.107 过罗 69 井纵测线叠后地震数据和泊松比反演剖面

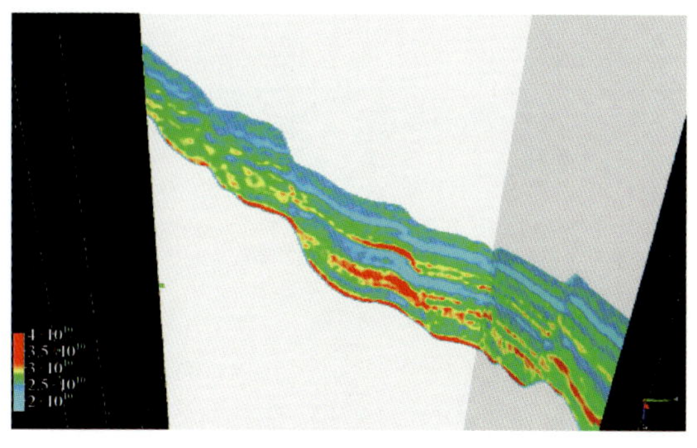

(a) 杨氏模量剖面(单位：Pa)

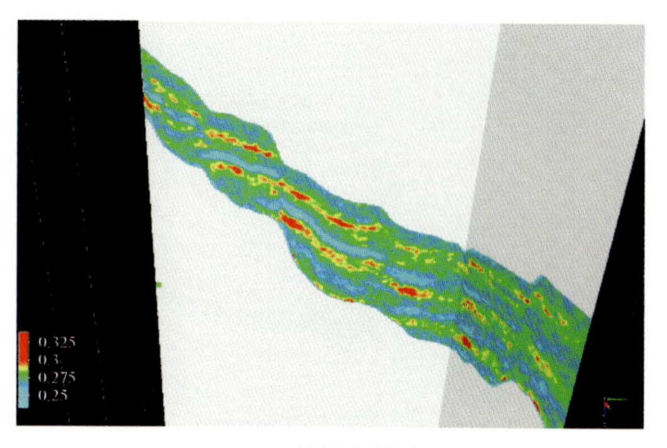

(b) 泊松比剖面

图 4.108　过罗 69 井纵横测线杨氏模量和泊松比剖面

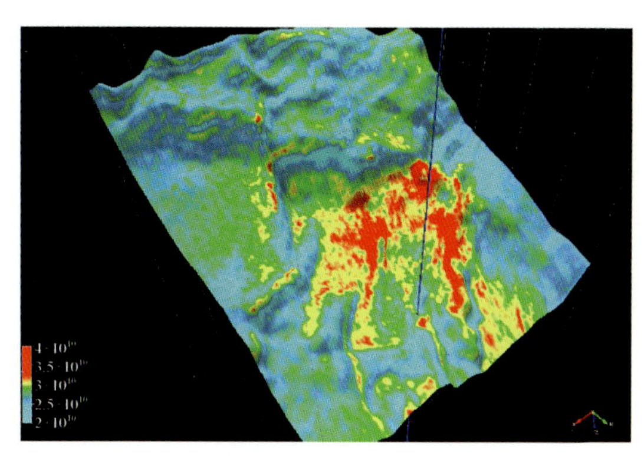

(a) 杨氏模量反演结果(单位：Pa)

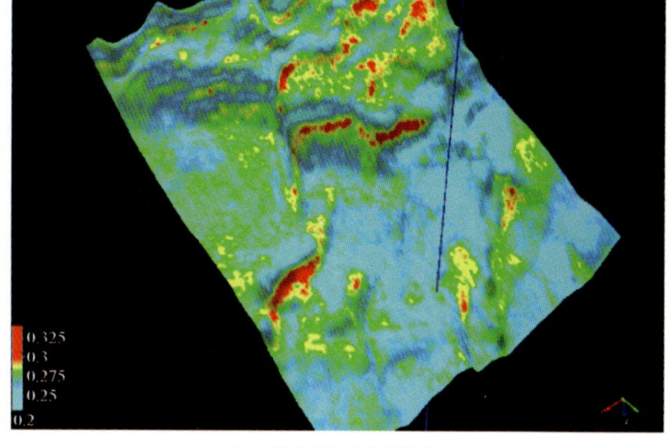

(b) 泊松比反演结果

图 4.109　罗家地区杨氏模量和泊松比 T_6 层(上延 60ms)反演结果

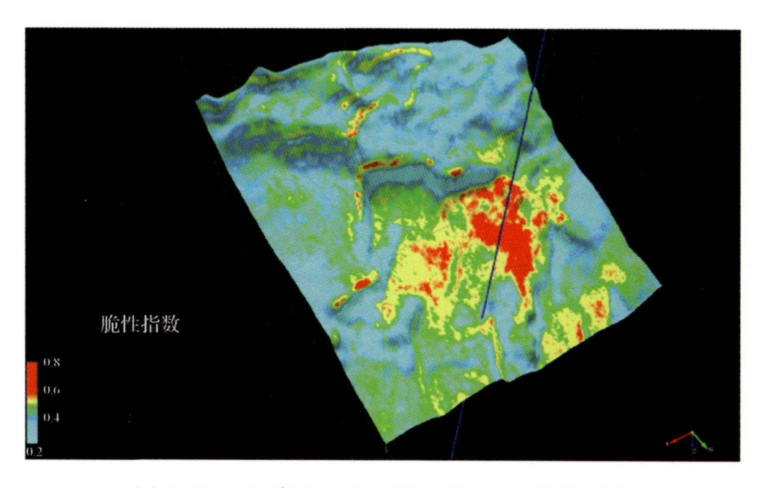

图 4.110　罗家地区 T_6 层(上延 60ms)脆性指数

图 4.111 和图 4.112 为研究区内其他过井测线叠后地震数据、杨氏模量和泊松比反演剖面及脆性因子剖面。

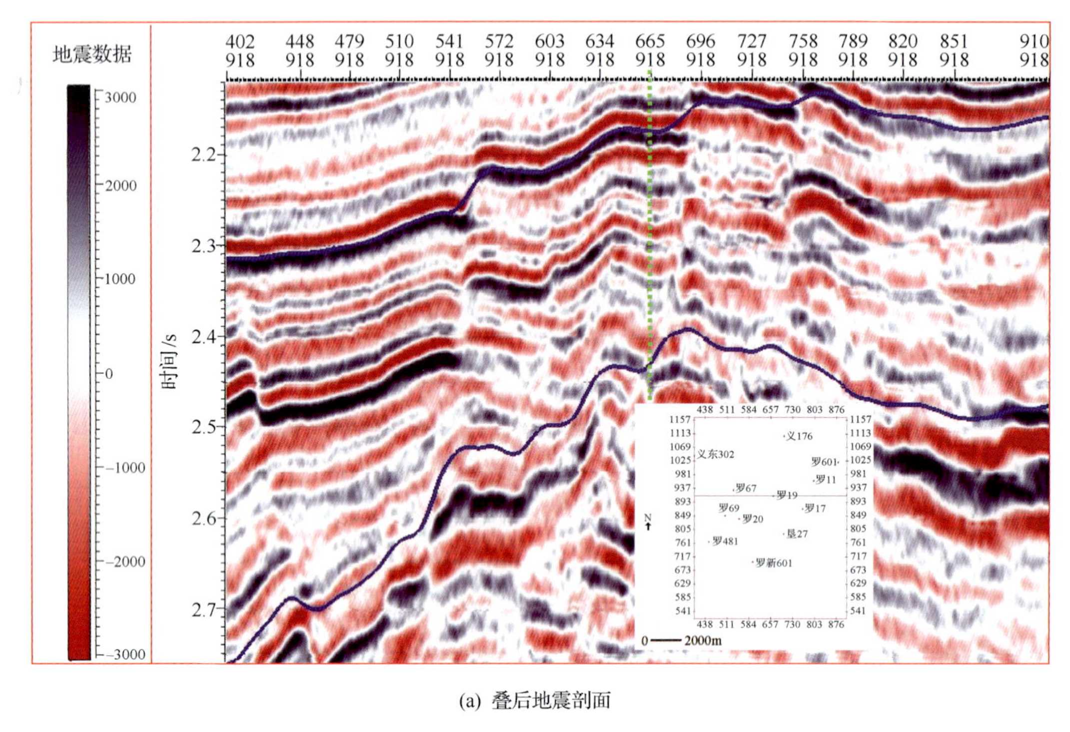

(a) 叠后地震剖面

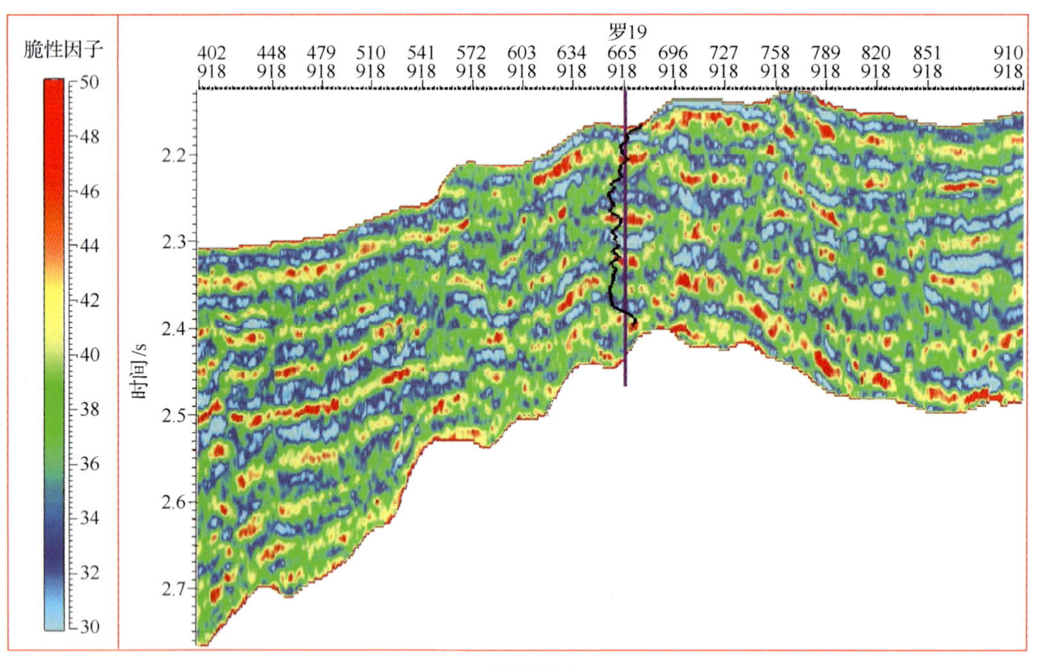

(b) 脆性因子

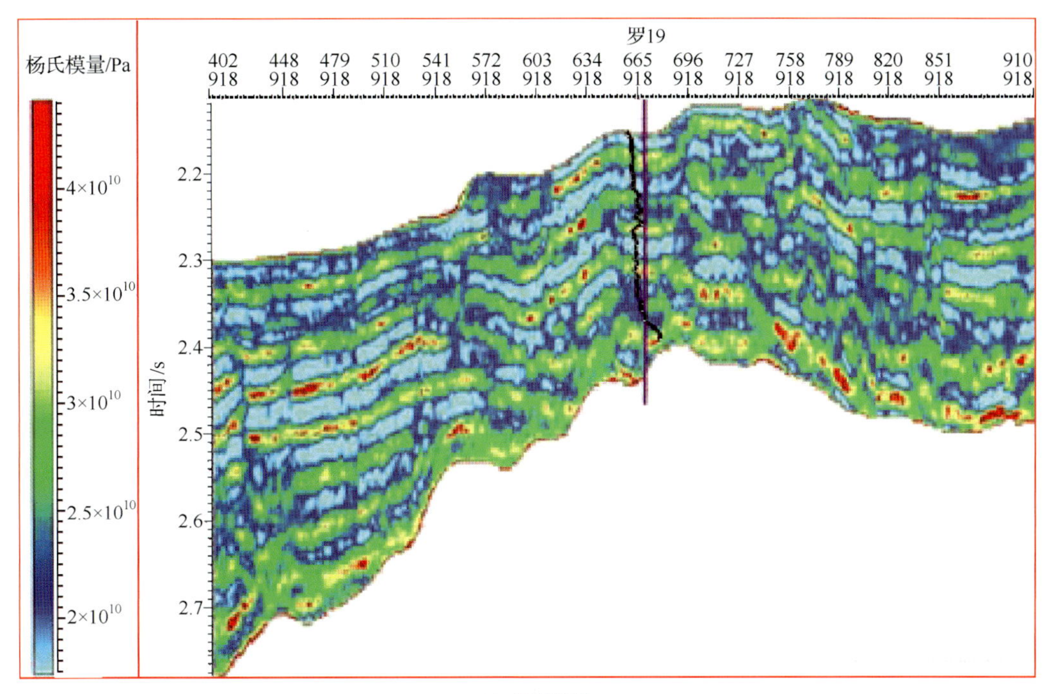

(c) 杨氏模量

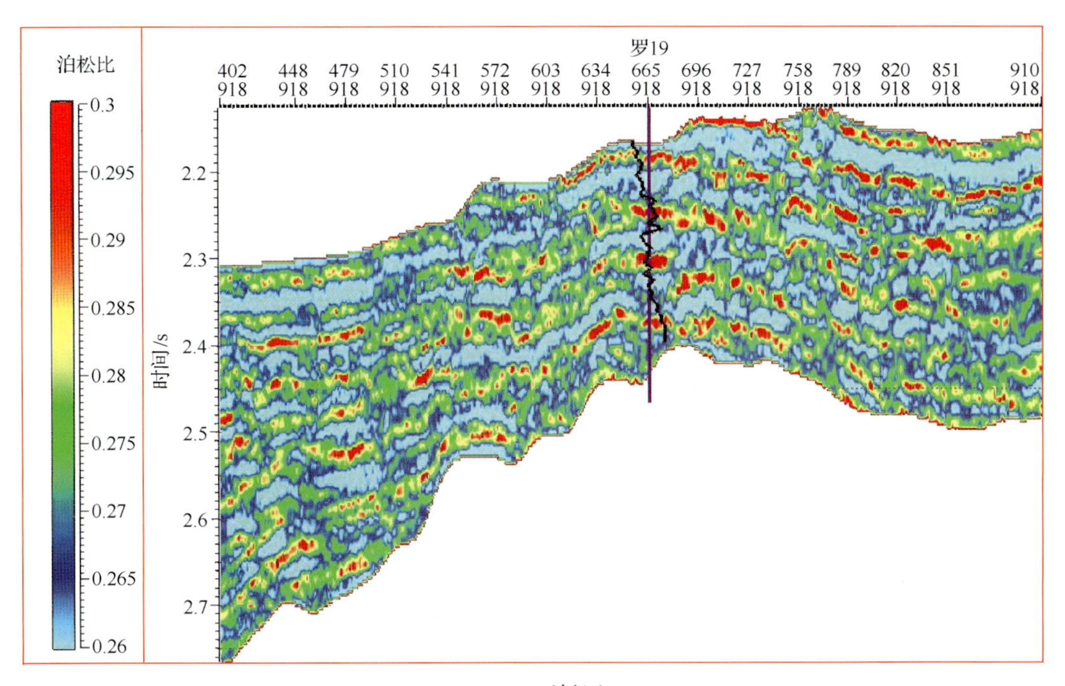

(d) 泊松比

图4.111　过罗19井横测线脆性反演剖面

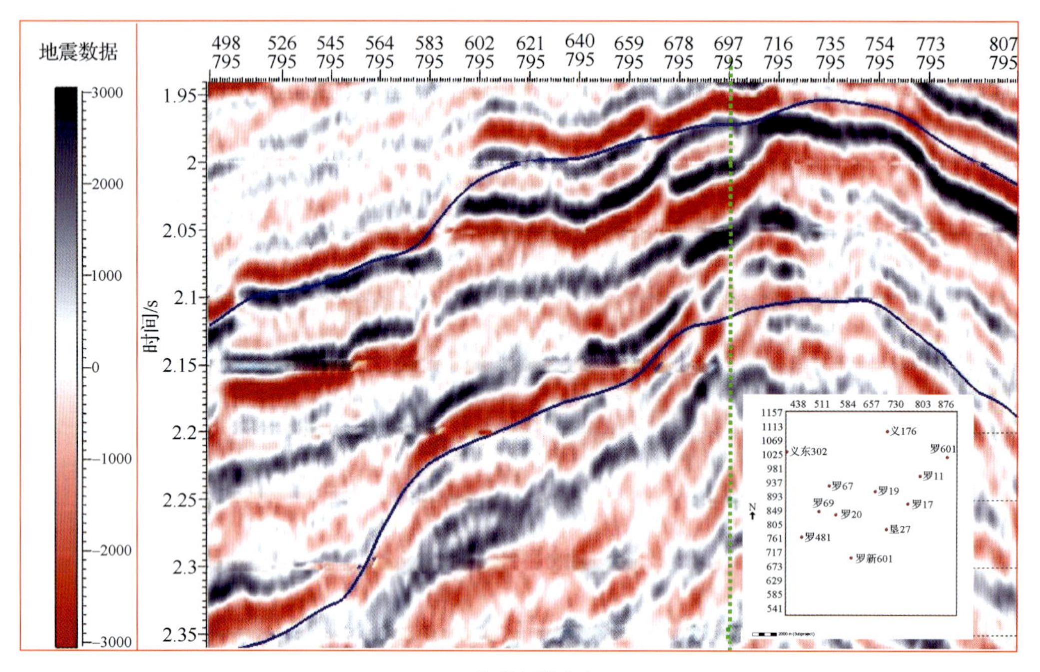

(a) 叠后地震剖面

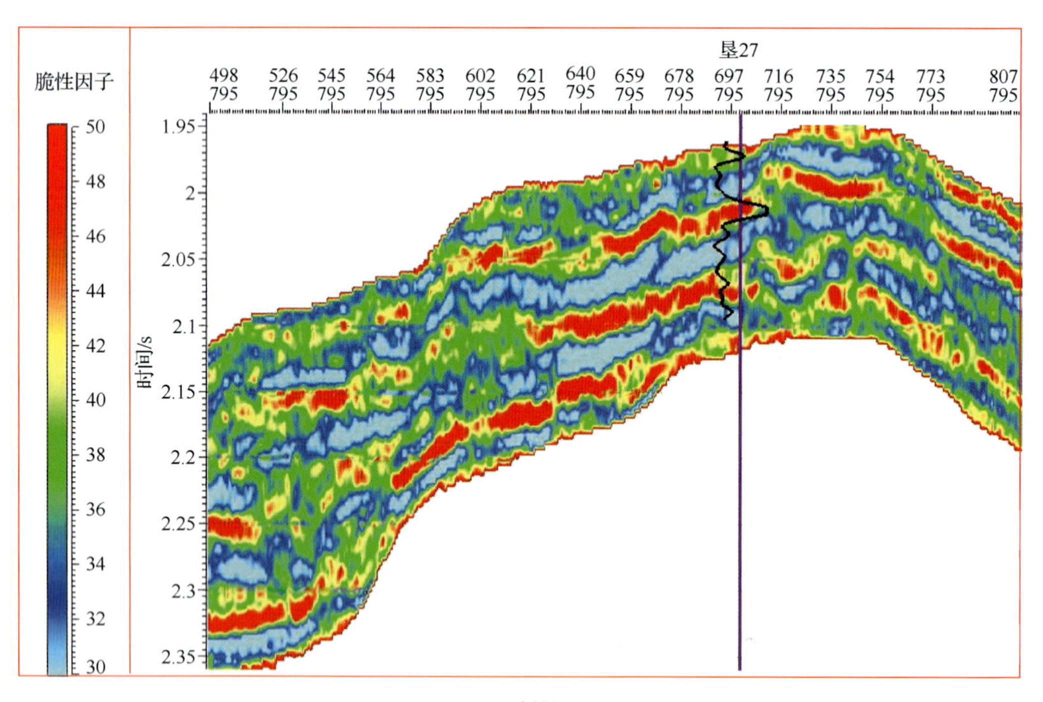

(b) 脆性因子

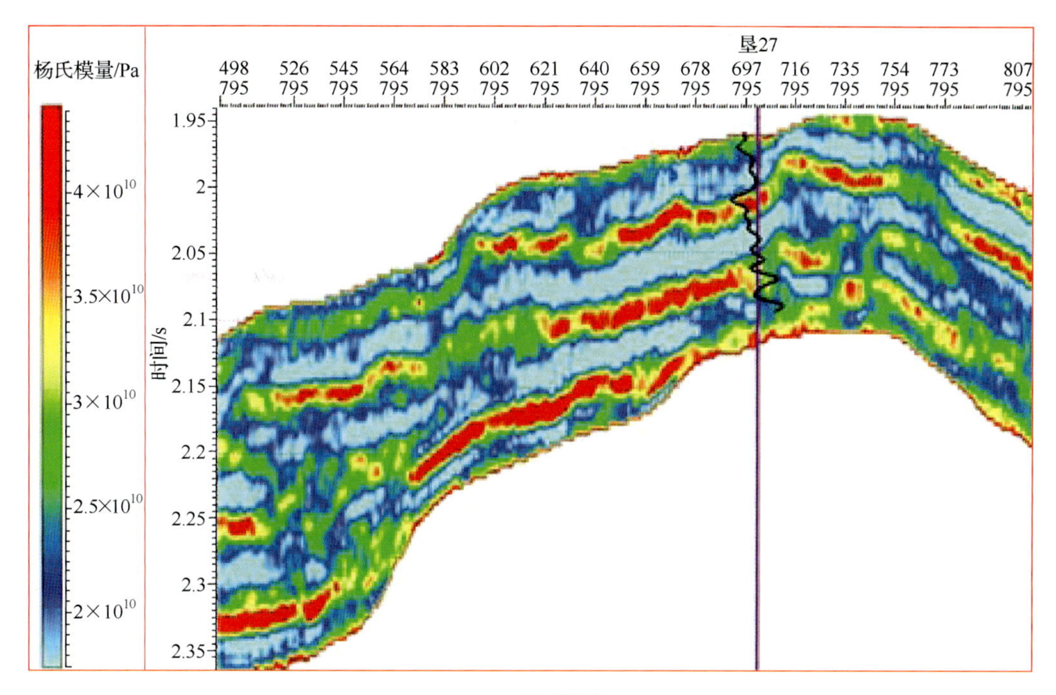

(c) 杨氏模量

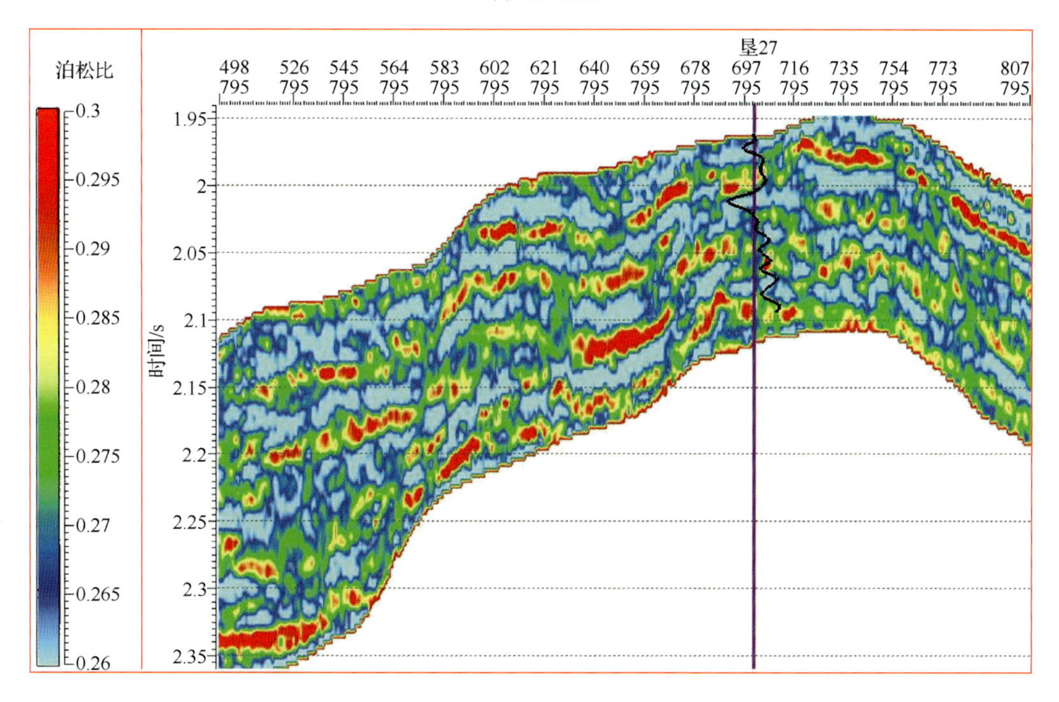

(d) 泊松比

图 4.112　过垦 27 井横测线脆性反演剖面

图 4.113～图 4.119 分别展示了研究区内 12 上层组和 13 上层组的杨氏模量、泊松比和脆性因子反演结果的切片。可以看到裂缝发育处杨氏模量较低，脆性指数较相对较

低,13 上层组杨氏模量切片和脆性指数要比 12 上层组杨氏模量和脆性指数切片值低。

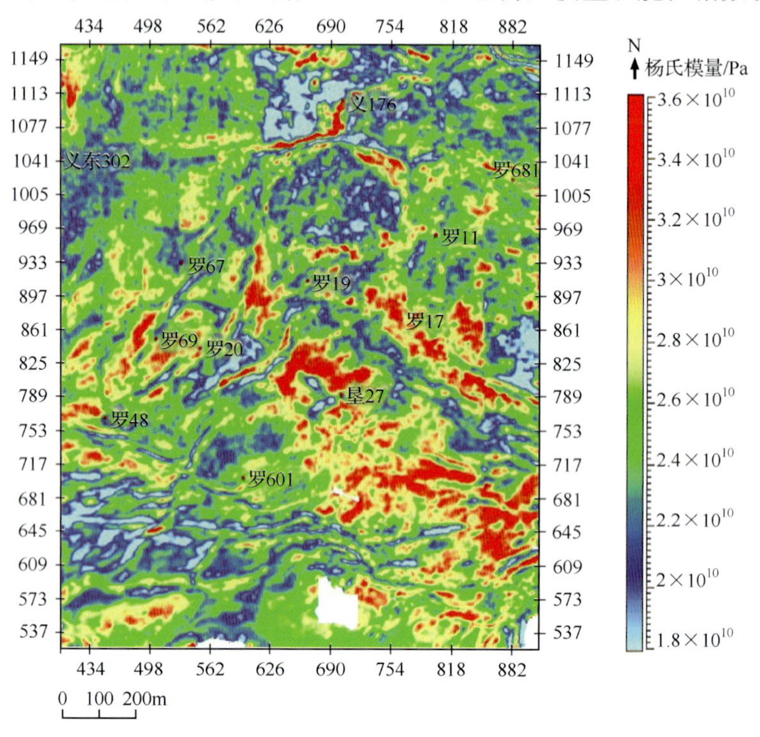

图 4.113 杨氏模量(12 上层组)反演结果

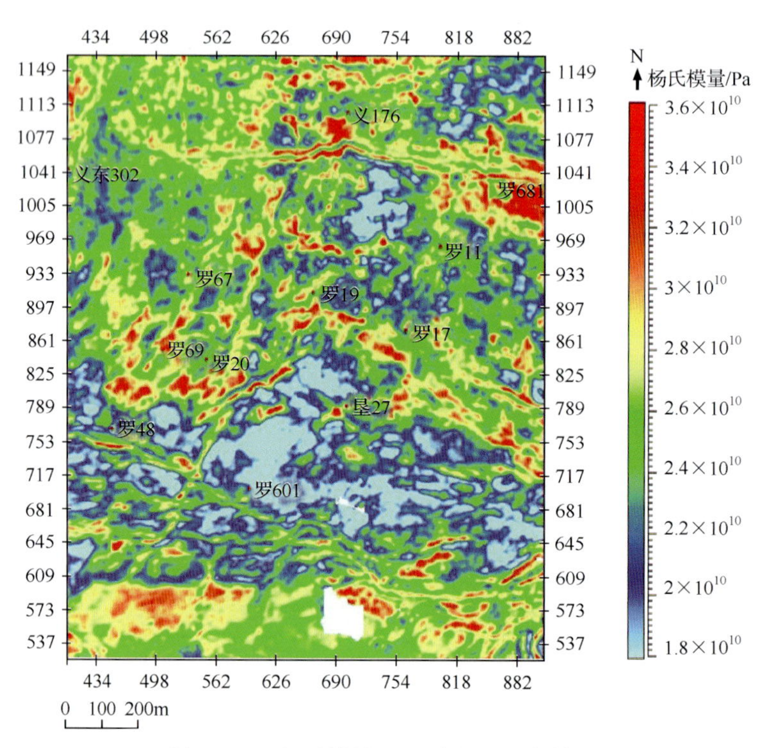

图 4.114 杨氏模量(13 上层组)反演结果

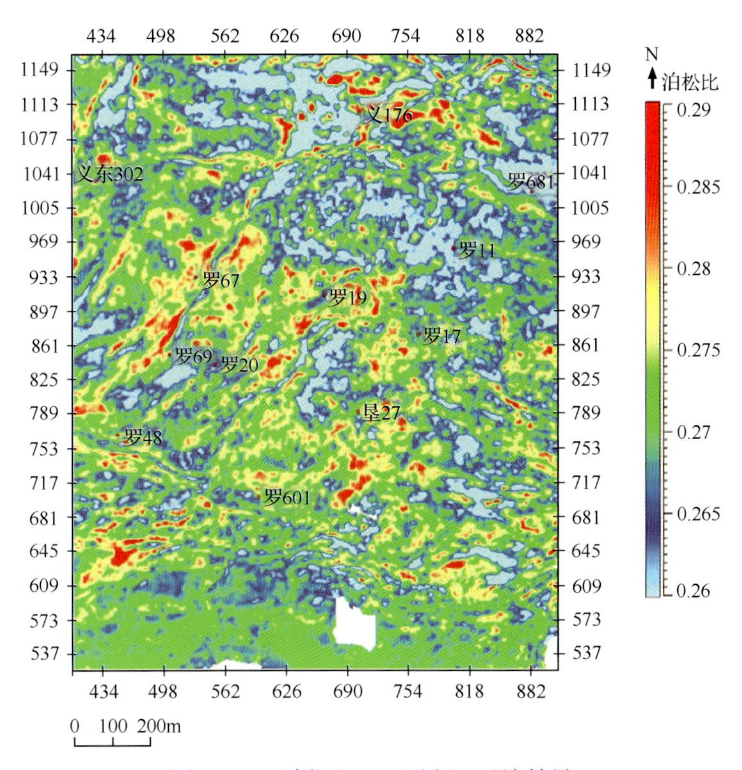

图 4.115　泊松比(12 上层组)反演结果

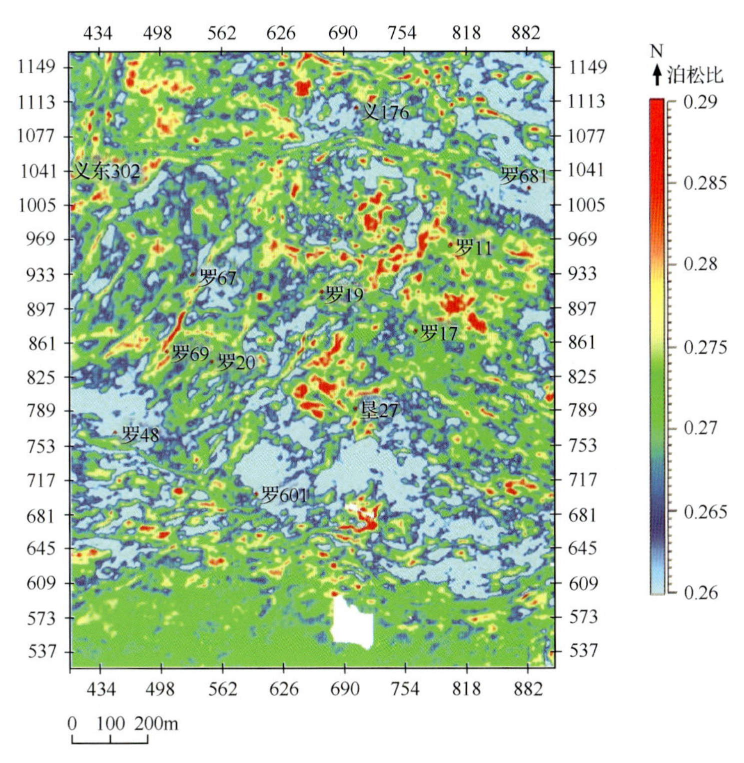

图 4.116　泊松比(13 上层组)反演结果

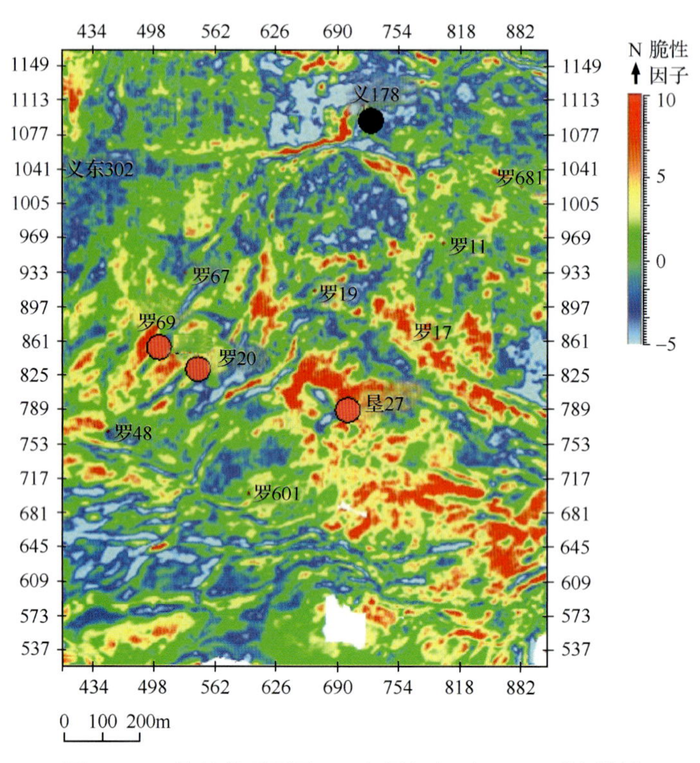

图 4.117　脆性指示因子(12 上层组上下 10ms)反演结果

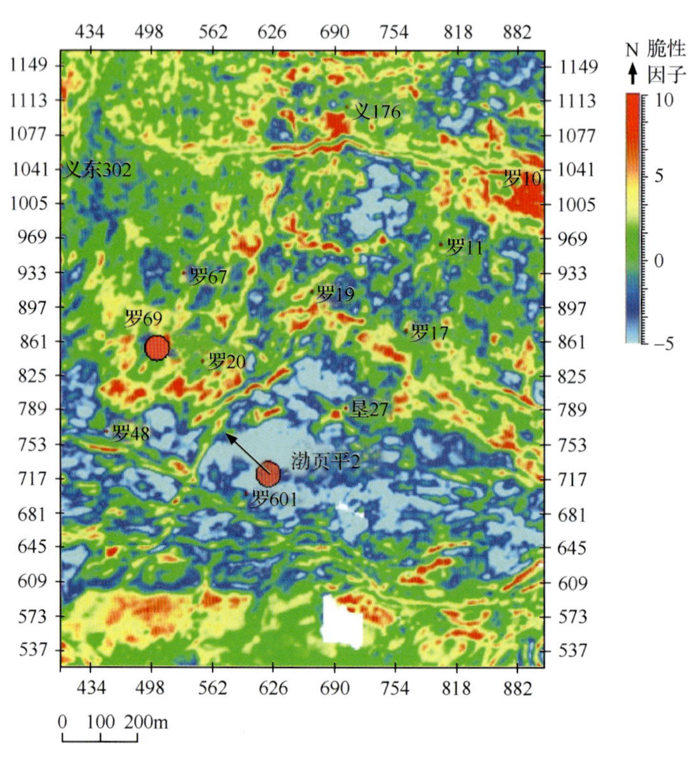

图 4.118　脆性指示因子(13 上层组上下 10ms)反演结果

页岩脆性是影响压裂性的重要因素，页岩脆性的大小对压裂产生的诱导裂缝形态产生很大影响。研究表明，杨氏模量和泊松比是表征页岩脆性的主要岩石力学参数。杨氏模量越高，泊松比越低，页岩脆性越强。泥页岩地层脆性岩石区，对应于较低裂缝密度，具有高岩石模量、低泊松比特征；柔性岩石区，对应于较高裂缝密度，低岩石模量、高泊松比特征。通过地震岩石物理分析可以明确研究脆性敏感参数，通过叠前地震反演可以获取地层脆性指示因子，杨氏模量、泊松比等并进一步获取地层脆性指示。基于地震岩石物理和叠前地震反演分析可以有效实现泥页岩地层脆性预测（图4.119、图4.120）。

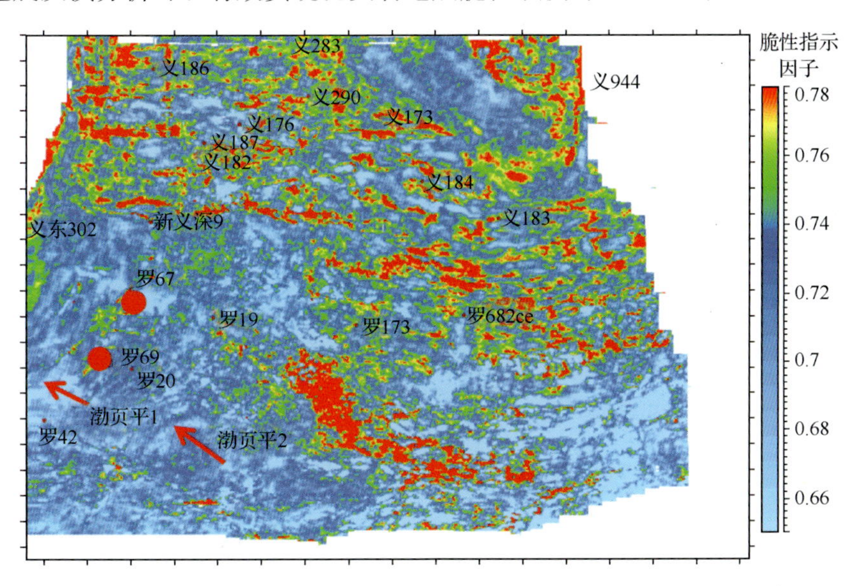

图4.119　渤南洼陷沙三段12下—13上层组脆性指示因子

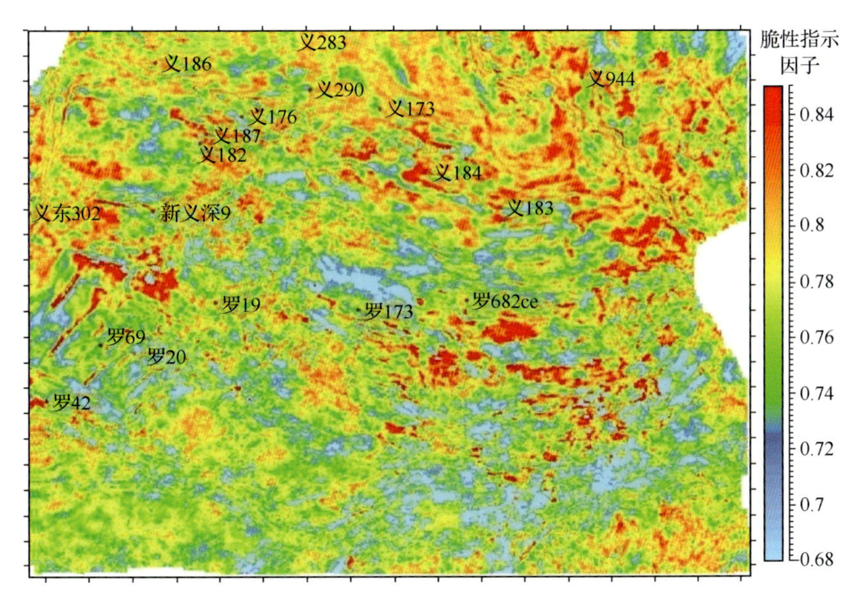

图4.120　渤南洼陷沙三段13下层组脆性指示因子

4.5.2　基于脆延性转换深度的泥页岩脆性预测

随着埋深(温度和压力)的增加,岩石本身会发生从脆性破裂、延性变形向塑性流动的转换,这种转换特性在岩石力学、地震地质学等方面得到深入研究和广泛应用。泥页岩作为地下的一种岩石,同样具有这种脆—延—塑性的转换特性。因此,泥页岩的脆性是不稳定的,具动态性。对于同类岩相的泥页岩,虽然具有相同矿物组成、成岩作用和弹性力学等特征,往往随埋深加大,地层压力和温度的升高,岩石本身的脆性会降低,延性增强,并有可能发生脆—延—塑性质的转换。

李庆辉等在2012年将泥页岩的脆性定义为"岩石的综合特性,是在自身天然非均质性和外在特定加载条件下产生内部非均匀应力,并导致局部破坏,进而形成多维破裂面的能力"。以往泥页岩脆性的评价多是基于岩石内在的非均质性参数,如弹性力学参数(泊松比、杨氏模量等)、脆性矿物组分(碳酸盐含量、石英及长石含量),是一种静态评价方法,无法全面、准确地描述泥页岩脆性在外在加载条件下的动态性质。

目前,可对泥页岩样品通过岩石力学实验模拟地下围压大小,应用强度准则和摩擦定律联合确定脆延性转换参数。但这种方法仅限于岩心样品点的计算,无法进行推广应用。借鉴前人研究思路,形成了基于不同岩相和脆性矿物含量下的泥页岩脆延性转换参数确定方法,并在罗家地区泥页岩脆性的动态评价中取得较好的应用效果。

1. 岩石脆延性和脆塑性转换的概念

1)脆延性和脆塑性转换的定义

脆延性转换是实验岩石力学中最早和最主要的研究内容之一,但对其概念却有不同的定义。最初,岩石脆延性转换(brittle-ductile transition,BDT)指从岩石的局部变形破坏(宏观破裂)到宏观均匀流动变形(包括各种变形,如碎裂流动、半脆性流动、半塑性流动和塑性流动等)的转换,这种宏观破坏形式的转换仅与力学行为的变化相关。后来认识到在上述过程中,破裂模式的变化会伴随着破裂机制的变化。Kohlstedt等在1995年按照Rutter的术语,定义脆性破裂的Moro Coulomb准则与Byerlee摩擦定律的交点为脆延转换点BDT,认为是一种破裂模式的转换;定义Moro Coulomb准则与Goetze准则(岩石材料完全蠕变)的交点为脆塑转换点BPT(brittle-plastic transition),认为是一种主导机制的转换(图4.121)。

因此,BDT特指岩石从宏观局部变形到宏观均匀变形的转化,这种转化与力学行为相关;BPT指岩石从微观脆性变形到微观塑性变形的转化,这种转化不仅与力学行为相关,而且与微观机制相关。

2)脆延性和脆塑性转换的影响因素

BDT与BPT在各种力学特性和微观构造等方面存在较多差异(表4.14)。从表中可以看出,脆性向半脆性转化(即BDT)的特征为局部化破裂和应力降消失,出现碎裂和塑性变形,强度主要受围压影响,但对温度和应变速率不敏感;半脆性向晶体塑性转化(即BPT)的标志特征为碎裂、扩容和声发射消失,出现大量晶体塑性变形,并且强度对围压不敏感而对温度和应变速率敏感。

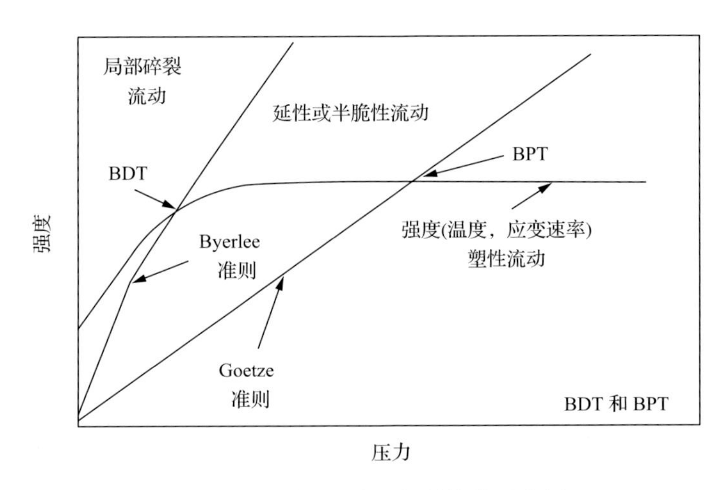

图 4.121 脆延和脆塑性转换的示意图

表 4.14 脆延性转换与脆塑性转换在力学特性和微观构造等方面的差异表

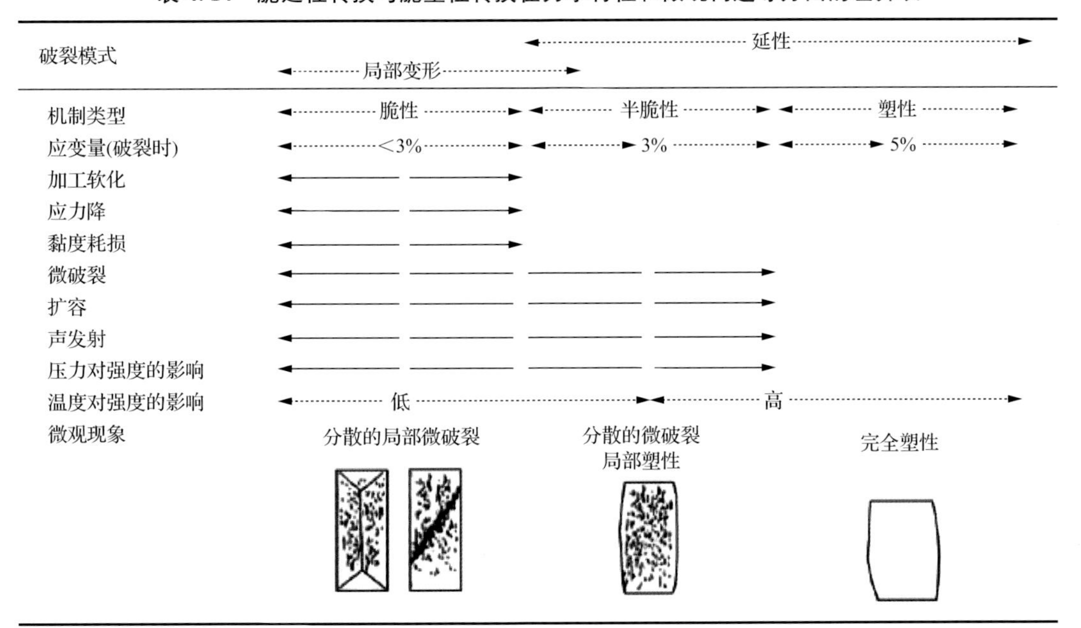

破裂模式	←局部变形→	←延性→	
机制类型	←脆性→	←半脆性→	←塑性→
应变量(破裂时)	←<3%→	←3%→	←5%→
加工软化	←——→		
应力降	←——→		
黏度耗损	←——→		
微破裂	←———	———→	
扩容	←———	———→	
声发射	←———	———→	
压力对强度的影响	←———	———→	
温度对强度的影响	←低→	←高	——→
微观现象	分散的局部微破裂	分散的微破裂 局部塑性	完全塑性

2. 泥页岩脆延性转换参数的确定

从罗家地区沙三下亚段泥页岩的埋深来看，普遍在2000～5000m。在此埋深区间内，泥页岩主要受围压影响，发生的是脆延性转换；而发生脆塑性转换的概率较小，在此不做讨论。本书提出的基于不同岩相和脆性矿物含量下的泥页岩脆延性转换参数确定方法中，主要确定的是脆延性转换的压力和深度，这两者的大小对于动态评价泥页岩的脆性和可压性大小具有重要意义。

1）基本研究思路

基于不同岩相和脆性矿物含量下的泥页岩脆延性转换参数确定方法主要是借鉴了岩心测试中的研究思路，基本思想是通过泥页岩的典型井剖析，获得理想埋深下泥页岩中不同岩相和脆性矿物含量下的强度曲线，依据 Byerlee 摩擦定律确定脆延性转换压力及深度。

对具体的井，在已知最大和最小主应力的基础上，该方法的具体实现流程如图 4.122 所示：①依据典型井解剖，合理划分泥页岩的不同岩相；②统计某类泥页岩岩相的密度，计算在理想埋深条件下的最大主应力；③拟合某类岩相中的强度曲线（最大主应力和最小主应力的关系），结合该岩相中最小主应力和脆性矿物成分的关系，确定该类岩相在不同脆性矿物含量下的最小主应力；④根据某类岩相在不同脆性矿物含量下的理想强度曲线，结合 Byerlee 摩擦定律，确定不同岩相和脆性矿物含量下的脆延性转换压力和深度。

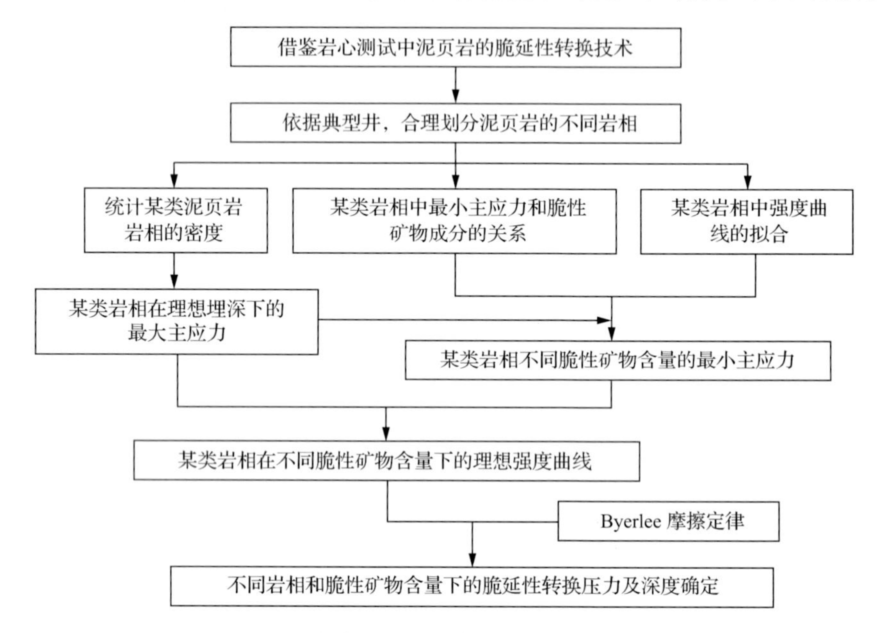

图 4.122　泥页岩脆延性转换参数确定方法的实现流程图

2）脆延性转换参数的确定

根据地理位置和内部结构的不同，罗家地区沙三下亚段的泥页岩可划分为四类岩相，分别是：南部块状泥页岩（典型井为罗 69）、中部纹层状泥页岩（典型井为罗 19）、北部夹灰质层状泥页岩（典型井为义 187）、北部夹砂质层状泥页岩（典型井为义 283）。

（1）南部块状泥页岩。

南部块状泥页岩以罗 69 井为典型代表，经统计表明，该类岩相的密度在 2.3～2.7g/cm^3，主要集中分布在 2.55g/cm^3（图 4.123）。

理想埋深下的最大主应力为垂直应力，基于单轴应力应变模型，计算了在理想埋深下南部块状泥页岩的最大主应力 $\sigma_{\max}$

$$\sigma_{\max}=\int \rho g h\,\mathrm{d}h=\int 2.55 g h\,\mathrm{d}h \tag{4.96}$$

式中，$\sigma_{\max}$ 为最大主应力（MPa）；g 为重力加速度（m/s^2）；h 为理想埋藏深度（m）。

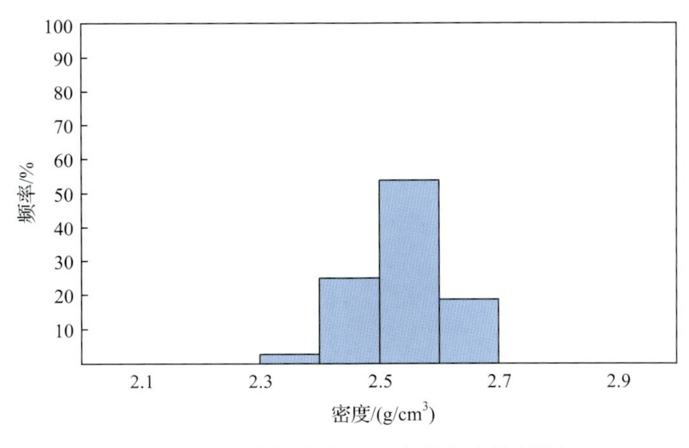

图 4.123　南部块状泥页岩的密度统计图

泥页岩的相同岩相中，不同的脆性矿物含量会导致岩石所受的应力具有差异性。在罗 69 井的沙三下亚段块状泥页岩中，随着脆性矿物含量的增减，最小主应力(水平)亦相应变化，两者的变化趋势相似(图 4.124)。为进一步明确实际埋深条件下南部块状泥页岩中脆性矿物含量和最小主应力的关系，做脆性矿物含量和最小主应力的交会图(图 4.125)，发现两者具有相对较好的对数关系：

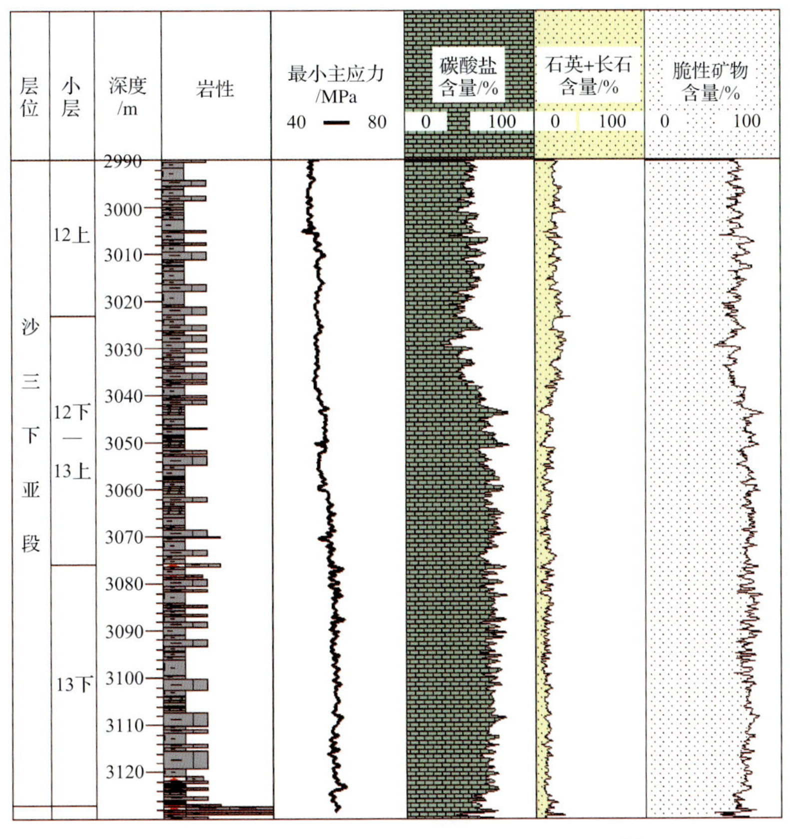

图 4.124　罗 69 井最小主应力和脆性矿物含量的剖面图

$$C = 72.91\ln\sigma_3 - 220.67 \quad R = 0.61 \tag{4.97}$$

式中，C 为脆性矿物含量(%)；σ_3 为最小主应力(MPa)。

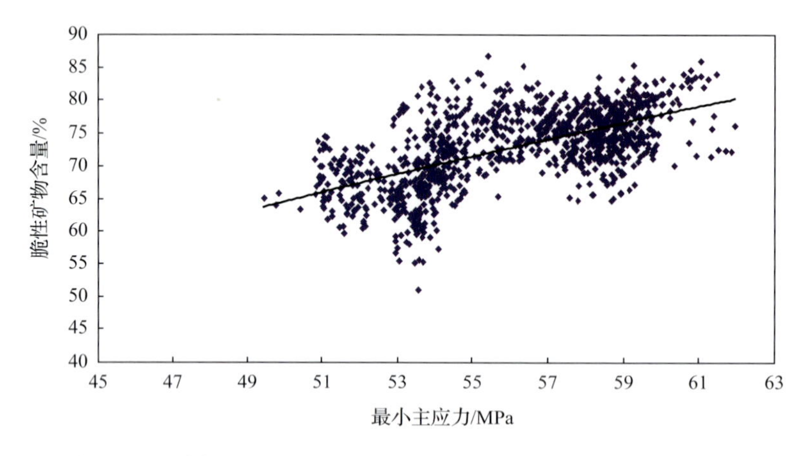

图 4.125　南部块状泥页岩中脆性矿物含量和最小主应力的交会图

同时，以罗 69 井的沙三下亚段块状泥页岩为典型代表，对实际埋深条件下最大主应力和最小主应力进行交会分析，如图 4.126 所示，可大致拟合出三条线性关系曲线。研究

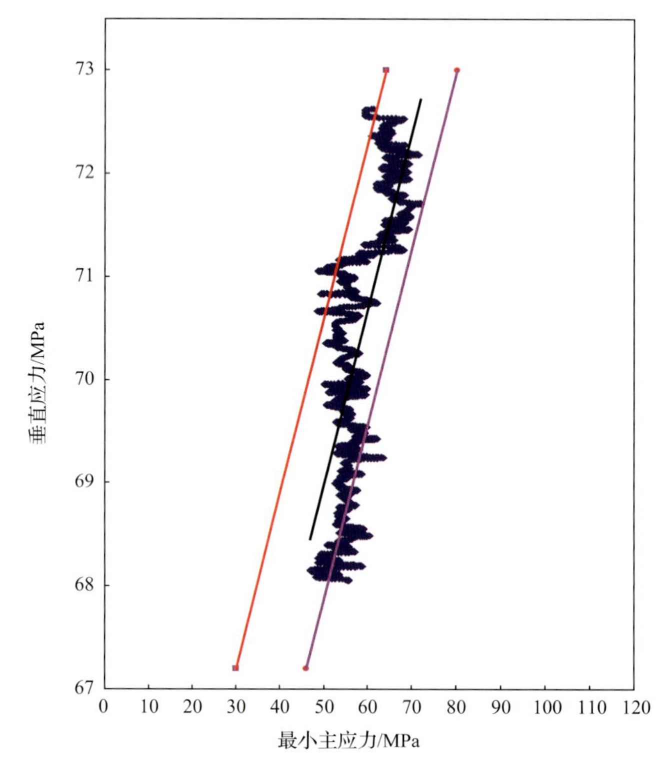

图 4.126　南部块状泥页岩不同脆性矿物含量下的垂直应力和最小主应力关系

认为，这三条线性关系曲线代表了块状泥页岩在不同脆性矿物含量下的最大主应力和最小主应力关系（强度曲线）。其中，左边的直线代表了脆性矿物含量上限时的强度曲线；右边的直线代表了脆性矿物含量下限时的强度曲线；中间的直线代表了实际脆性矿物含量（即上下限范围内）下的强度曲线。这三条强度曲线由于是同一类岩相的反映，因此三者的斜率相同，但截距不同。

依据罗 69 井的沙三下亚段泥页岩中的实际强度曲线、脆性矿物含量和最小应力关系，建立了罗家地区南部块状泥页岩在不同脆性矿物含量下的强度曲线（最大主应力和最小主应力关系）：①脆性矿物含量在上限值 58.6%时的强度曲线为

$$\sigma_1 = 0.171\sigma_3 + 62.05 \tag{4.98}$$

②脆性矿物含量在下限值 27.5%时的强度曲线为

$$\sigma_1 = 0.171\sigma_3 + 59.32 \tag{4.99}$$

③脆性矿物含量在 27.5%～58.6%之间时的强度曲线为

$$\sigma_1 = 0.171\sigma_3 + 60.42 \tag{4.100}$$

式中，σ_1 为最大主应力（MPa）；σ_3 为最小主应力（MPa）。

在某一脆性矿物含量下脆延转换参数的确定方法是：用理想埋深条件下的最大主应力代入到相应脆性矿物含量时的强度曲线中，得到理想埋深条件下相应脆性矿物含量的最小主应力；利用理想埋深条件下的强度曲线，结合 Byerlee 摩擦定律，两者交点即为相应的脆延性转换压力，进而得到相应的脆延性转换深度。

所谓的 Byerlee 摩擦定律是指岩石沿某一滑动面发生摩擦滑动的条件是该面上的正应力和剪切应力满足如下关系

$$\tau = 0.85\sigma_n \quad \sigma_n < 200\text{MPa} \tag{4.101}$$

$$\tau = 50 + 0.6\sigma_n \quad 200 < \sigma_n < 2000\text{MPa} \tag{4.102}$$

式中，τ 为正应力（MPa）；σ_n 为剪切应力（MPa）。

经过强度曲线和 Byerlee 摩擦定律的交会统计（图 4.127），罗家地区南部块状泥页岩在不同脆性矿物含量下的脆延性转换参数分别为：①脆性矿物含量在上限值 58.6%时，脆延性转换应力为 91.39MPa，相应的脆延性转换深度为 3657m[图 4.127(a)]；②脆性矿物含量在下限值 27.5%时，脆延性转换应力为 87.36MPa，相应的脆延性转换深度为 3496m[图 4.127(b)]；③脆性矿物含量在 27.5%～58.6%时，脆延性转换应力为 88.99MPa，相应的脆延性转换深度为 3561m[图 4.127(c)]。

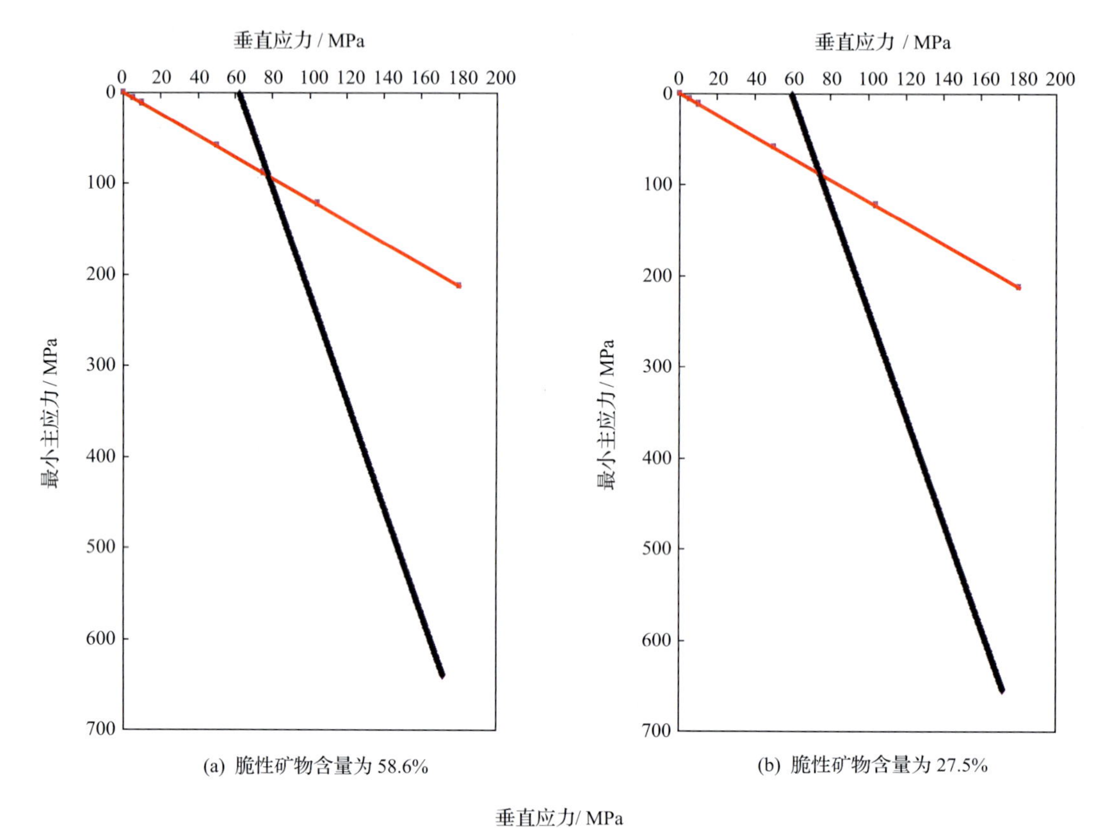

(a) 脆性矿物含量为 58.6%　　(b) 脆性矿物含量为 27.5%

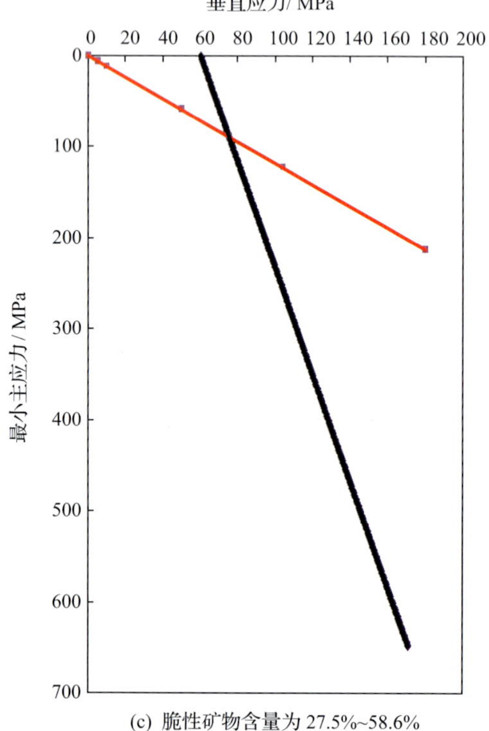

(c) 脆性矿物含量为 27.5%~58.6%

图 4.127　南部块状泥页岩在不同脆性矿物含量时脆延性转换压力的确定

(2) 中部纹层状泥页岩。

中部纹层状泥页岩以罗 19 井为典型代表，经统计表明，该类岩相的密度在 2.4～2.7g/cm^3，主要集中分布在 2.6g/cm^3(图 4.128)。

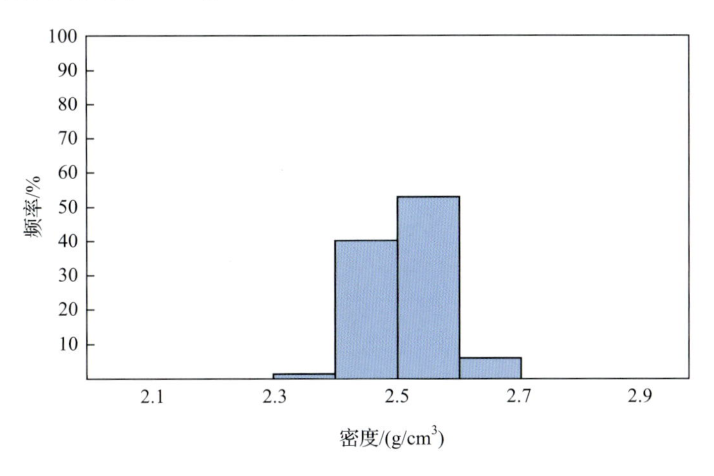

图 4.128 中部纹层状泥页岩的密度统计图

理想埋深下的最大主应力为垂直应力，基于单轴应力应变模型，计算了在理想埋深下中部纹层状泥页岩的最大主应力 $\sigma_{\max}$：

$$\sigma_{\max} = \int \rho g h \, \mathrm{d}h = \int 2.6 g h \, \mathrm{d}h \tag{4.103}$$

式中，$\sigma_{\max}$ 为最大主应力(MPa)；g 为重力加速度(m/s^2)；h 为理想埋藏深度(m)。

罗 19 井的沙三下亚段纹层状泥页岩中，由浅至深，随着脆性矿物含量的增加，最小主应力(水平)亦相应变大，两者的变化趋势一致(图 4.129)。为进一步确定纹层状泥页岩中脆性矿物含量和最小主应力的关系，做脆性矿物含量和最小主应力的交会图(图 4.130)，发现两者具有较好的对数关系：

$$C = 40.59\ln\sigma_3 - 98.32 \quad R = 0.93 \tag{4.104}$$

式中，C 为脆性矿物含量(%)；σ_3 为最小主应力(MPa)。

以罗 19 井的沙三下亚段纹层状泥页岩为典型代表，做实际埋深条件下最大主应力和最小主应力的交会分析图(图 4.131)，可大致拟合出三条线性关系曲线，作为不同脆性矿物含量下的强度曲线。建立了罗家地区中部纹层状泥页岩在不同脆性矿物含量下的强度曲线(最大主应力和最小主应力关系)：①脆性矿物含量在上限值 62.1%时的强度曲线：

$$\sigma_1 = 0.085\sigma_3 + 63.18 \tag{4.105}$$

②脆性矿物含量在下限值 43.6%时的强度曲线：

$$\sigma_1 = 0.085\sigma_3 + 61.56 \tag{4.106}$$

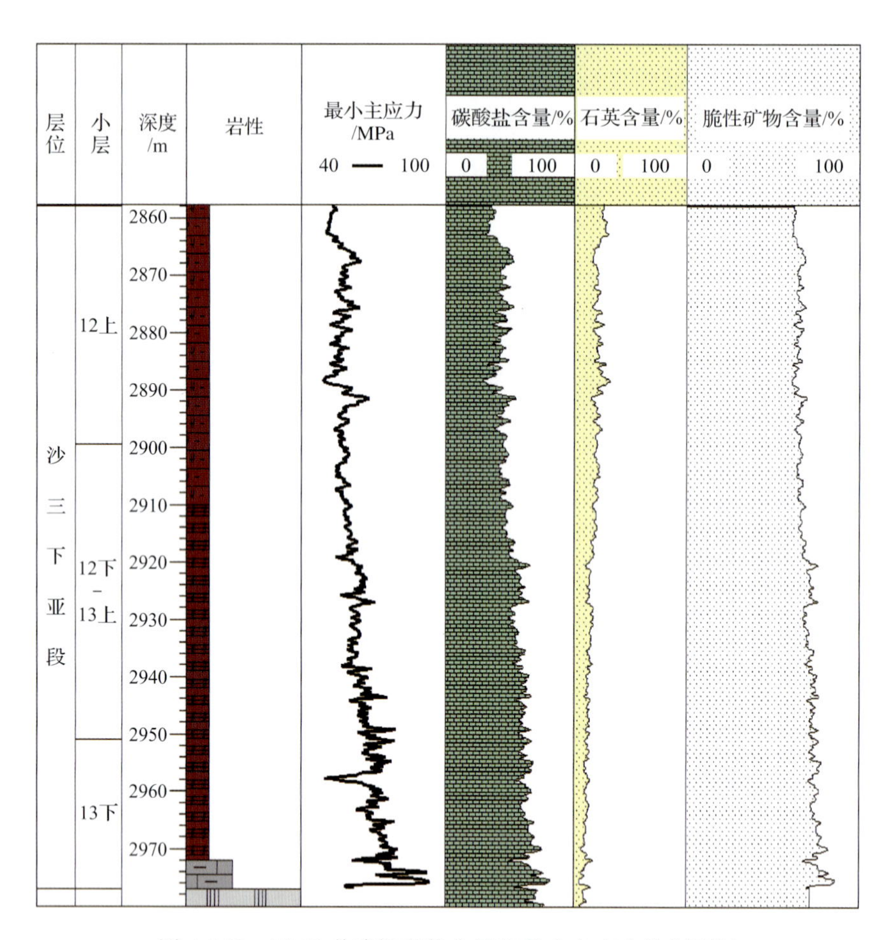

图 4.129　罗 19 井脆性矿物含量和最小主应力的剖面图

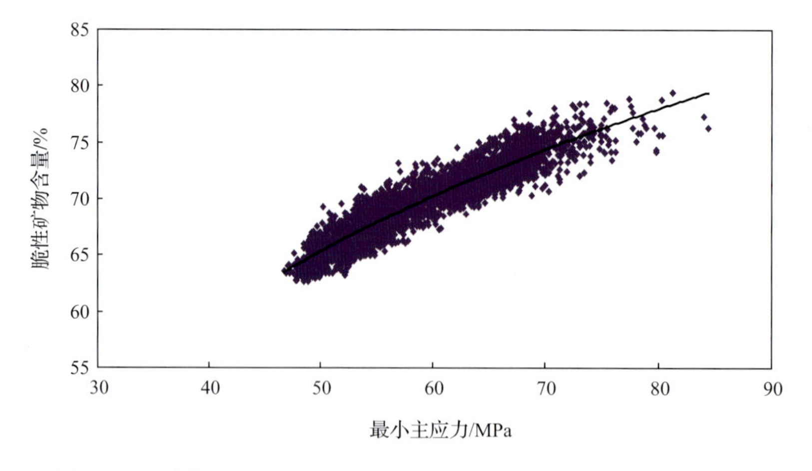

图 4.130　中部纹层状泥页岩中脆性矿物含量和最小主应力的交会图

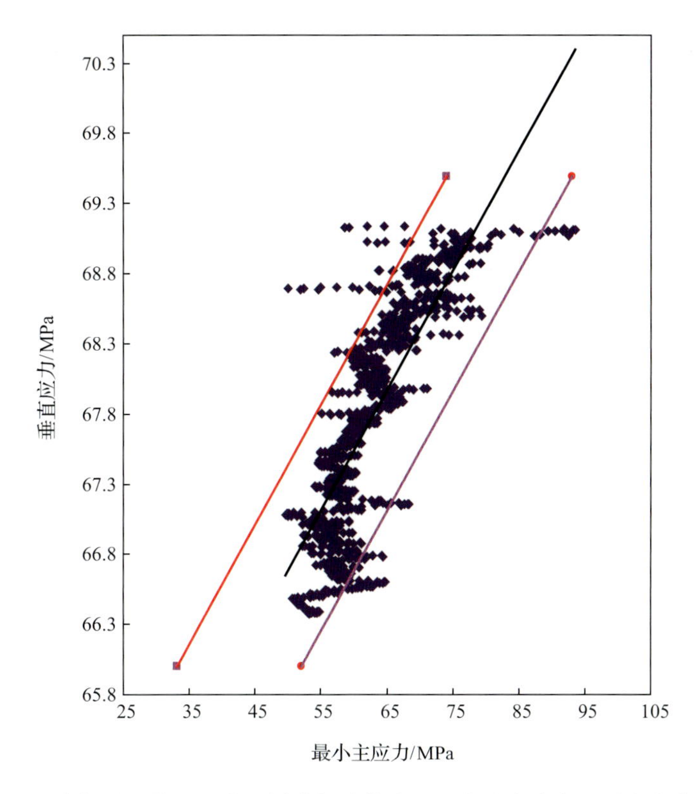

图 4.131　中部纹层状泥页岩不同脆性矿物含量下的垂直应力和最小主应力关系

③脆性矿物含量在 43.6%～62.1%时的强度曲线：

$$\sigma_1 = 0.085\sigma_3 + 62.41 \tag{4.107}$$

式中，σ_1 为垂直应力(MPa)；σ_3 为最小主应力(MPa)。

经过强度曲线和 Byerlee 摩擦定律的交会统计(图 4.132)，罗家地区中部纹层状泥页岩在不同脆性矿物含量下的脆延性转换参数分别为：①脆性矿物含量在上限值 62.1%时，脆延性转换应力为 82.63MPa，相应的脆延性转换深度为 3243m[图 4.132(a)]；②脆性矿物含量在下限值 43.6%时，脆延性转换应力为 80.51MPa，相应的脆延性转换深度为 3160m[图 4.132(b)]；③脆性矿物含量在 43.6%～62.1%时，脆延性转换应力为 81.63MPa，相应的脆延性转换深度为 3204m[图 4.132(c)]。

(3) 北部夹灰质层状泥页岩。

北部夹灰质层状泥页岩以义 187 井为典型代表，经统计表明，该类岩相的密度在 2.4～2.7g/cm^3，主要集中分布在 2.55g/cm^3(图 4.133)。

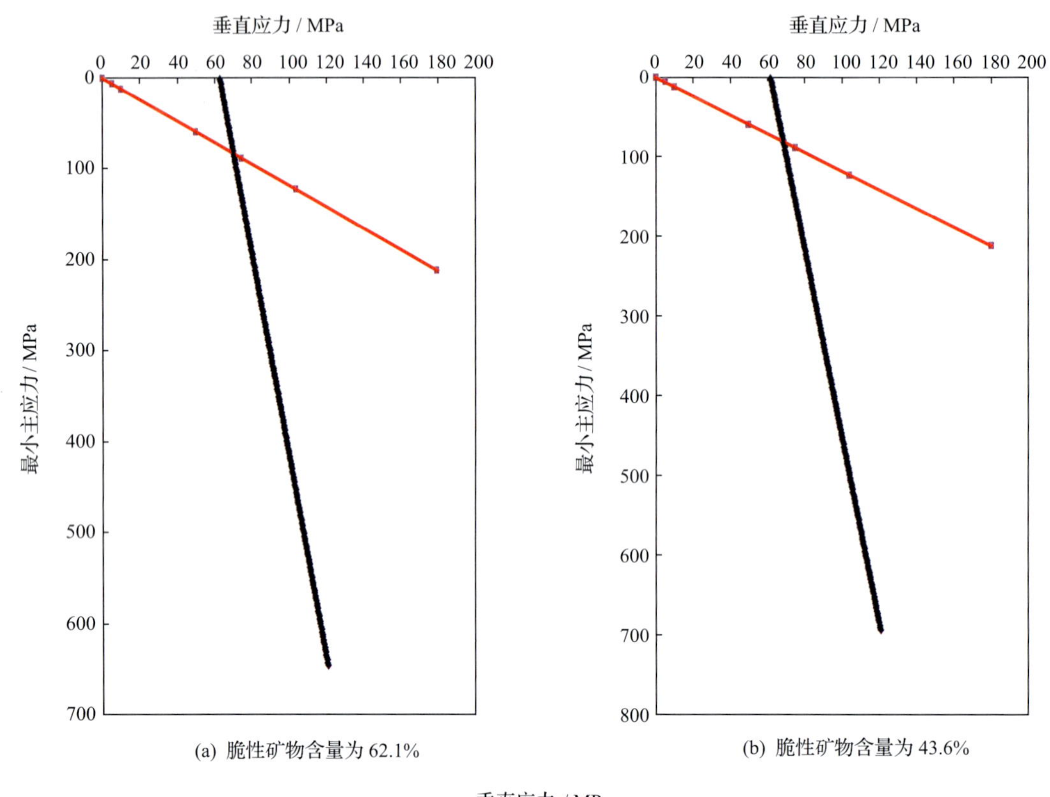

(a) 脆性矿物含量为 62.1%

(b) 脆性矿物含量为 43.6%

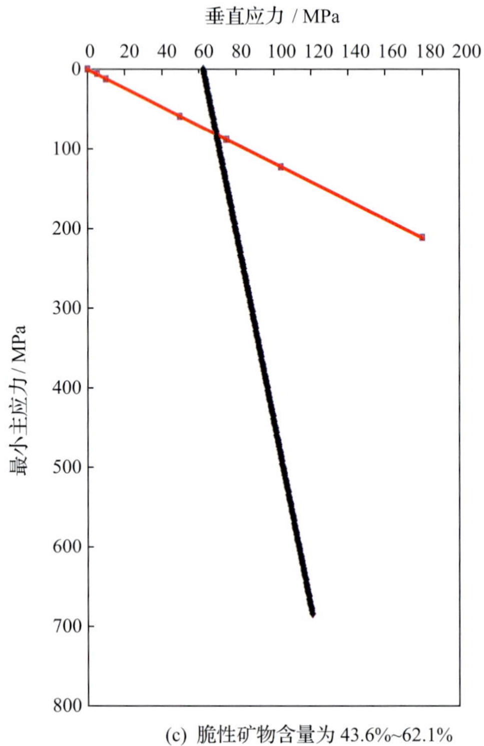

(c) 脆性矿物含量为 43.6%~62.1%

图 4.132　中部纹层状泥页岩在不同脆性矿物含量时脆延性转换压力的确定

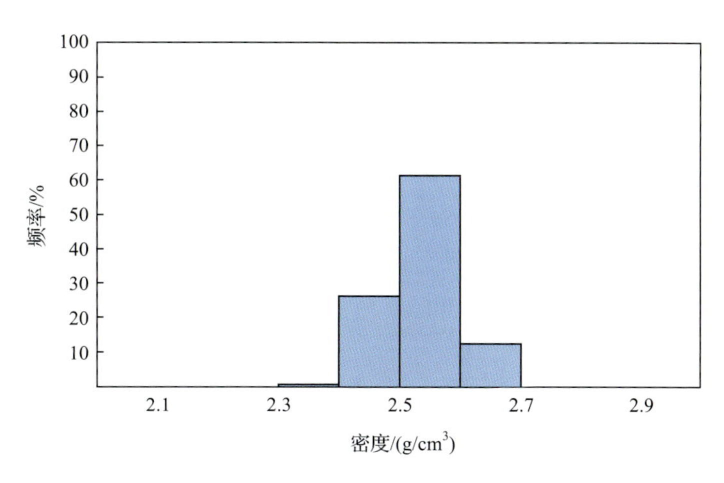

图 4.133　北部夹灰质层状泥页岩的密度统计图

理想埋深下的最大主应力为垂直应力，基于单轴应力应变模型，计算在理想埋深下北部夹灰质层状泥页岩的最大主应力：

$$\sigma_{\max} = \int 2.55 gh \, \mathrm{d}h \tag{4.108}$$

式中，$\sigma_{\max}$ 为最大主应力(MPa)；g 为重力加速度($\mathrm{m/s^2}$)；h 为理想埋藏深度(m)。

义 187 井的沙三下亚段夹灰质层状泥页岩中，由浅至深，随着脆性矿物含量的增减，最小主应力(水平)亦相应变化，两者的变化趋势一致(图 4.134)。为进一步确定夹灰质层状泥页岩中脆性矿物含量和最小主应力的关系，做脆性矿物含量和最小主应力的交会图(图 4.135)，发现两者具有相对较好的对数关系：

$$C = 28.21\ln\sigma_3 - 44.33 \quad R = 0.9 \tag{4.109}$$

式中，C 为脆性矿物含量(%)；σ_3 为最小主应力(MPa)。

以义 187 井的沙三下亚段夹灰质层状泥页岩为典型代表，做实际埋深条件下最大主应力和最小主应力的交会分析图(图 4.136)，可大致拟合出三条线性关系曲线，作为不同脆性矿物含量下的强度曲线。建立了罗家地区北部夹灰质层状泥页岩在不同脆性矿物含量下的强度曲线(最大主应力和最小主应力关系)：①脆性矿物含量在上限值 63.3%时的强度曲线：

$$\sigma_1 = 0.197\sigma_3 + 68.61 \tag{4.110}$$

②脆性矿物含量在下限值 49.0%时的强度曲线：

$$\sigma_1 = 0.197\sigma_3 + 65.06 \tag{4.111}$$

③脆性矿物含量在 43.6%～62.1%时的强度曲线：

$$\sigma_1 = 0.197\sigma_3 + 66.78 \tag{4.112}$$

式中，σ_1 为最大主应力(MPa)；σ_3 为最小主应力(MPa)。

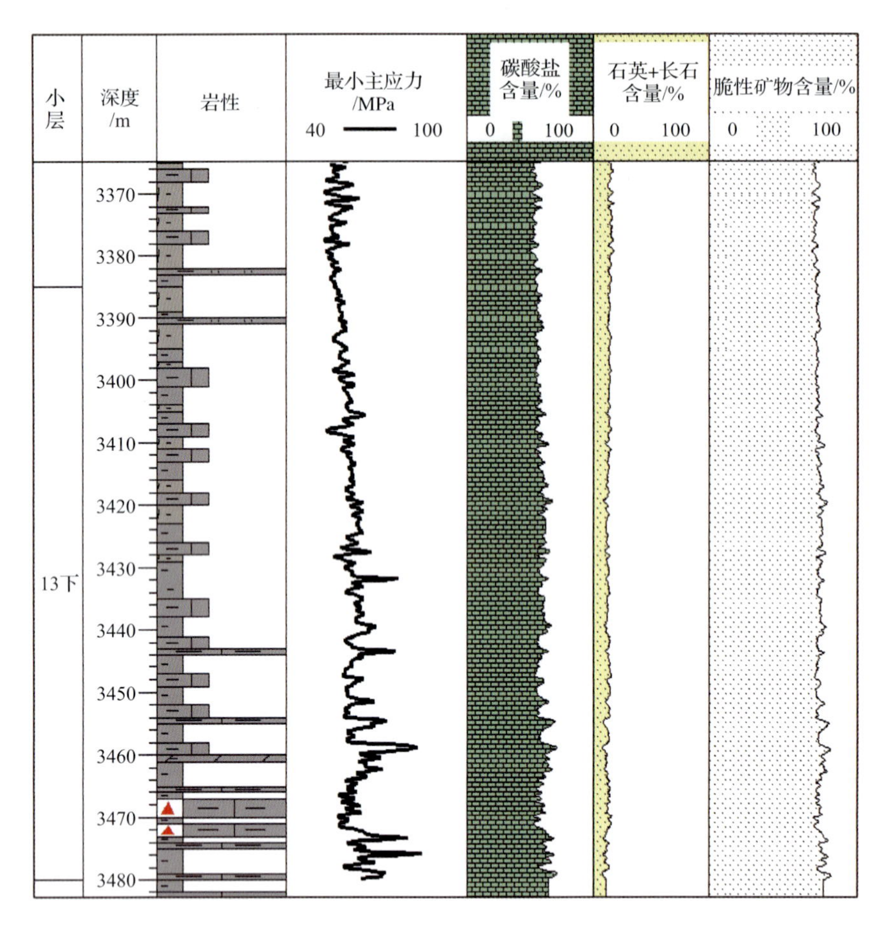

图 4.134　义 187 井脆性矿物含量和最小主应力的剖面图

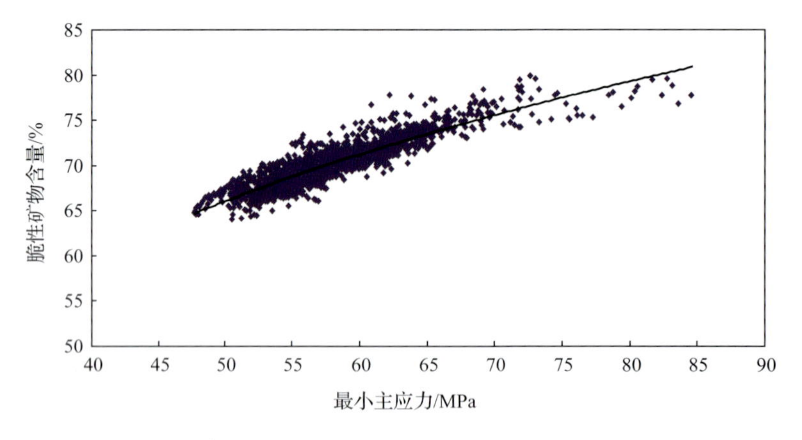

图 4.135　北部夹灰质层状泥页岩中脆性矿物含量和最小主应力的交会图

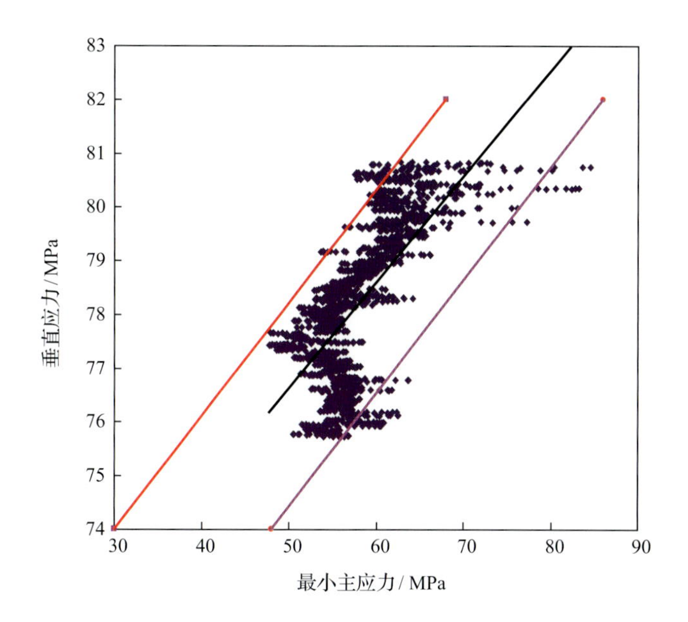

图4.136 北部夹灰质层状泥页岩在不同脆性矿物含量下的垂直应力和最小主应力关系

经过强度曲线和Byerlee摩擦定律的交会统计(图4.137),罗家地区北部夹灰质层状泥页岩在不同脆性矿物含量下的脆延性转换参数分别为:①脆性矿物含量在上限值63.3%时,脆延性转换应力为105.06MPa,相应的脆延性转换深度为4204m[图4.137(a)];②脆性矿物含量在下限值49.0%时,脆延性转换应力为99.62MPa,相应的脆延性转换深度为3986m[图4.137(b)];③脆性矿物含量在49.0%~63.3%时,脆延性转换应力为102.25MPa,相应的脆延性转换深度为4092m[图4.137(c)]。

(4) 北部夹砂质层状泥页岩。

北部夹砂质层状泥页岩以义283井为典型代表,经统计表明,该类岩相的密度在2.4~2.6g/cm³,主要集中分布在2.5g/cm³(图4.138)。

理想埋深下的最大主应力为垂直应力,基于单轴应力应变模型,计算在理想埋深下北部夹砂质层状泥页岩的最大主应力σ_{max}:

$$\sigma_{max} = \int 2.5gh\,dh \tag{4.113}$$

式中,σ_{max}为最大主应力(MPa);g为重力加速度(m/s^2);h为理想埋藏深度(m)。

义283井的沙三下亚段夹砂质层状泥页岩中,由浅至深,随着脆性矿物含量的增减,最小主应力(水平)亦相应变化,两者的变化趋势一致(图4.139)。为进一步确定夹砂质层状泥页岩中脆性矿物含量和最小主应力的关系,做脆性矿物含量和最小主应力的交会图(图4.140),发现两者具有相对较好的对数关系:

$$C = 27.01\ln\sigma_3 - 40.34 \quad R = 0.93 \tag{4.114}$$

式中,C为脆性矿物含量(%);σ_3为最小主应力(MPa)。

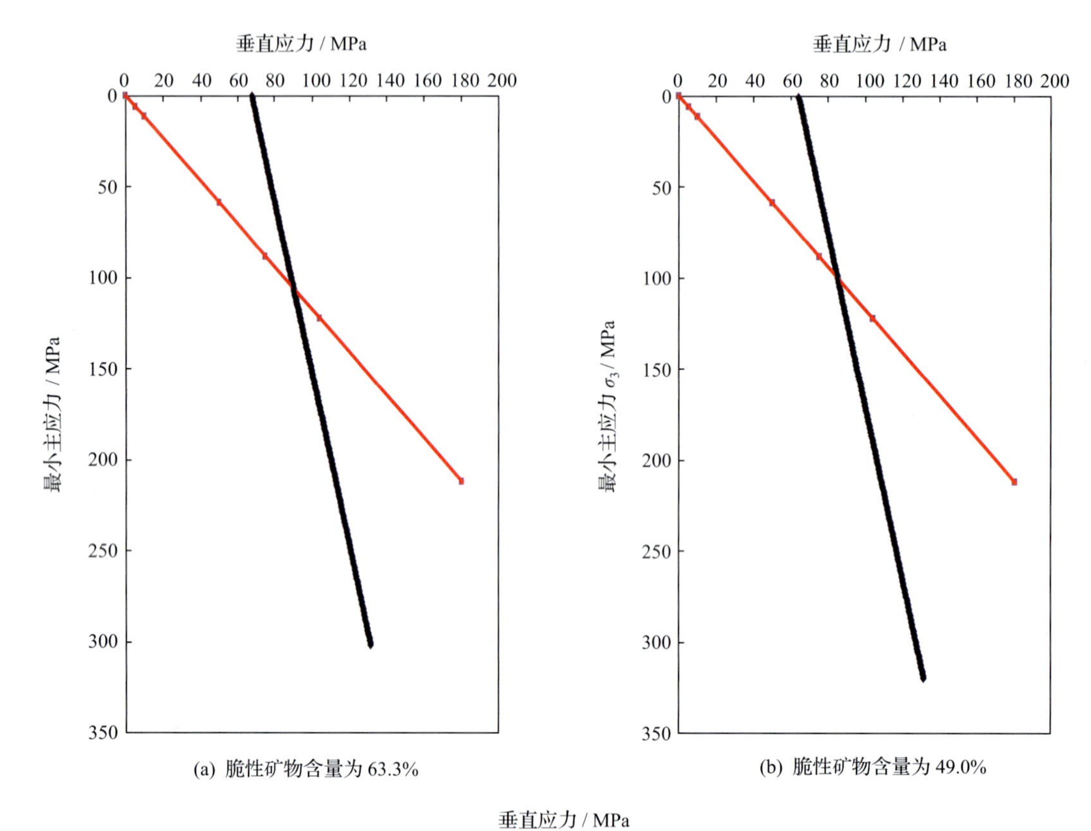

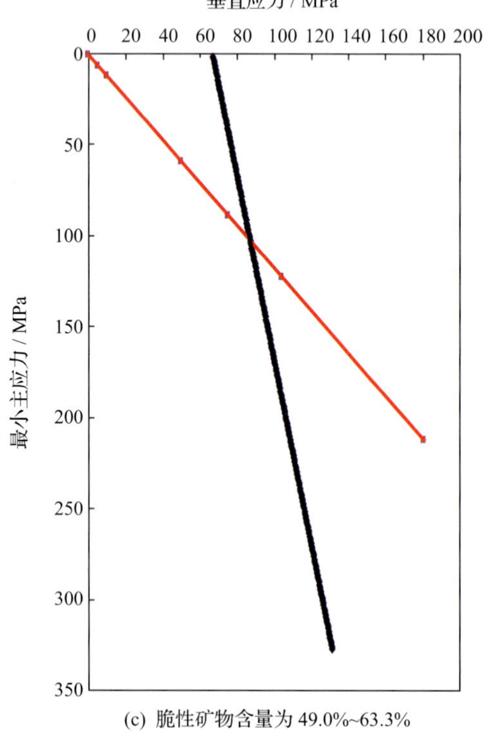

图 4.137　北部夹灰质层状泥页岩在不同脆性矿物含量时脆延性转换压力的确定

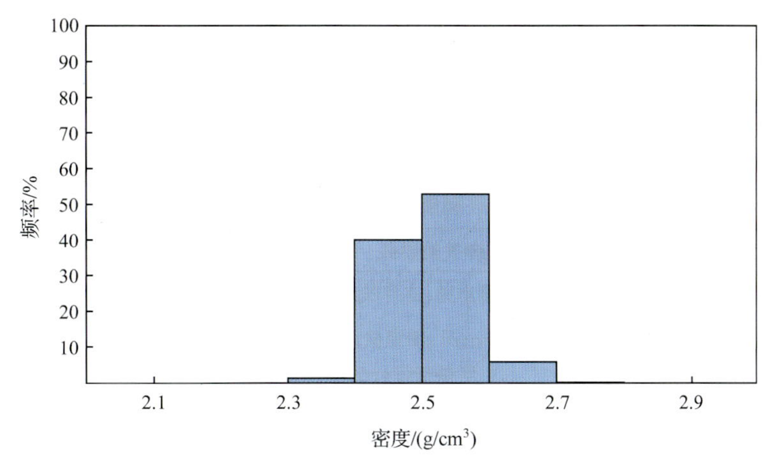

图 4.138　北部夹砂质层状泥页岩的密度统计图

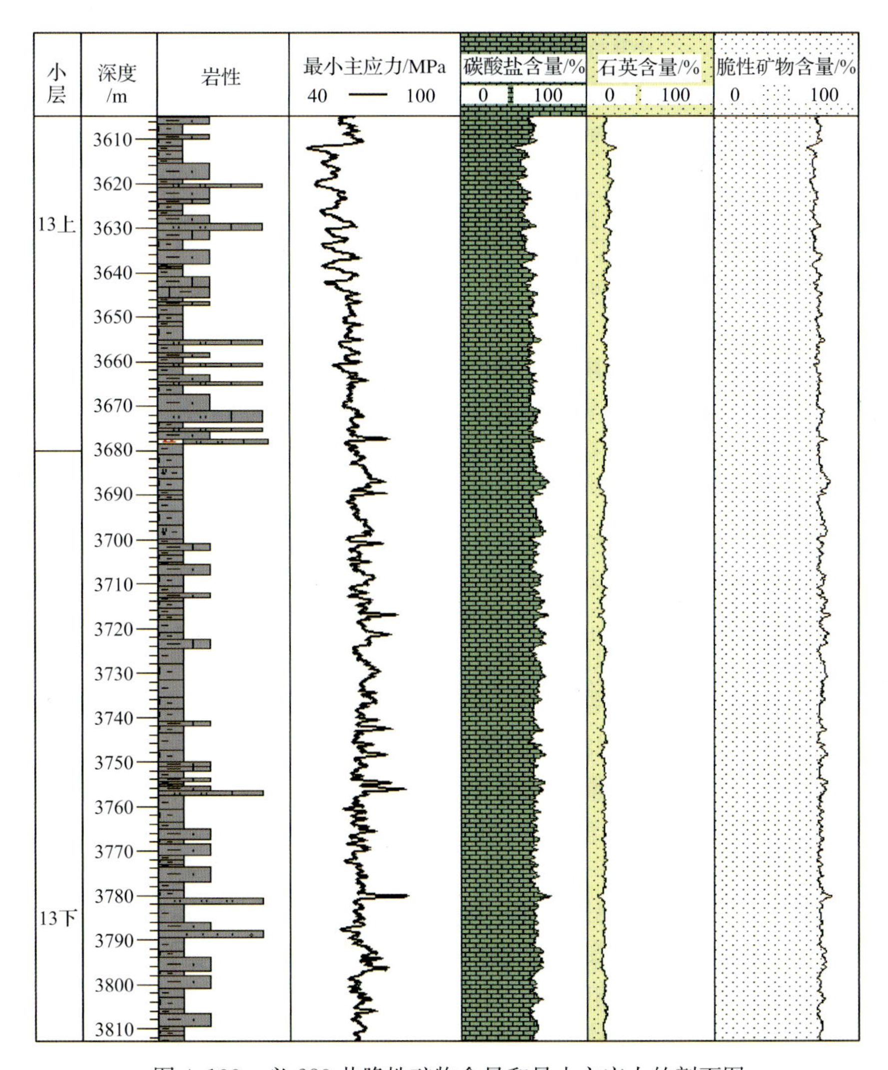

图 4.139　义 283 井脆性矿物含量和最小主应力的剖面图

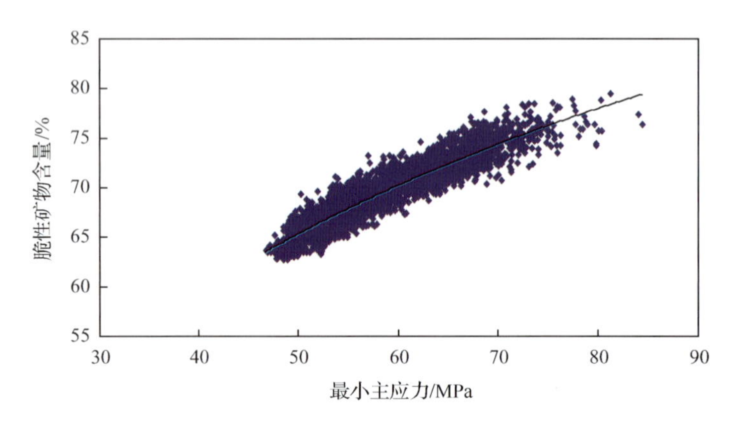

图 4.140　北部夹砂质层状泥页岩中脆性矿物含量和最小主应力的交会图

以义 283 井的沙三下亚段夹砂质层状泥页岩为典型代表，做实际埋深条件下最大主应力和最小主应力的交会分析图（图 4.141），可大致拟合出三条线性关系曲线，作为不同脆性矿物含量下的强度曲线。建立了罗家地区北部夹砂质层状泥页岩在不同脆性矿物含量下的强度曲线（最大主应力和最小主应力关系）：①脆性矿物含量在上限值 67.0%时的强度曲线：

$$\sigma_1 = 0.505\sigma_3 + 57.81 \tag{4.115}$$

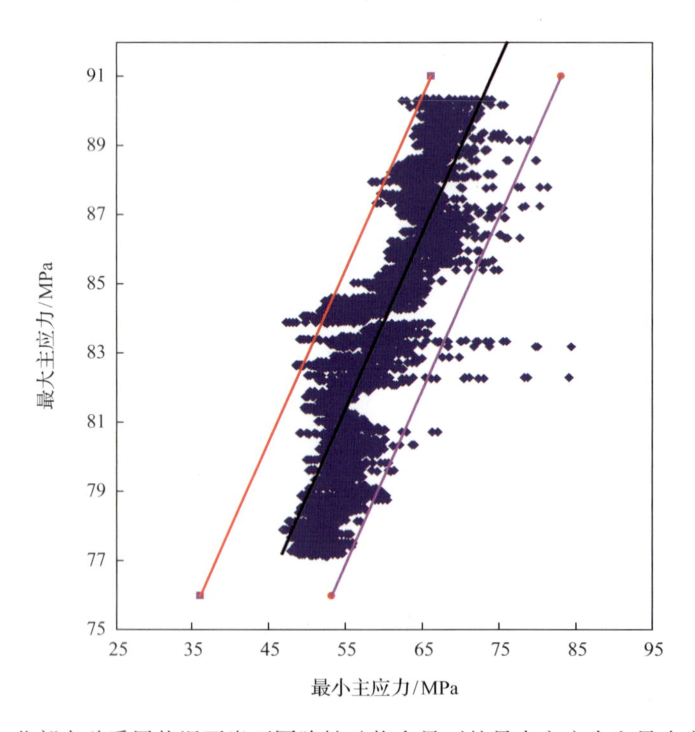

图 4.141　北部夹砂质层状泥页岩不同脆性矿物含量下的最大主应力和最小主应力关系

②脆性矿物含量在下限值 56.4%时的强度曲线：

$$\sigma_1 = 0.505\sigma_3 + 49.05 \tag{4.116}$$

③脆性矿物含量在 56.4%～67.0%时的强度曲线：

$$\sigma_1 = 0.505\sigma_3 + 53.59 \tag{4.117}$$

式中，σ_1 为垂直应力(MPa)；σ_3 为最小主应力(MPa)。

经过强度曲线和 Byerlee 摩擦定律的交会统计(图 4.142)，罗家地区北部夹砂质层状泥页岩在不同脆性矿物含量下的脆延性转换参数分别为：①脆性矿物含量在上限值 67.0%时，脆延性转换应力为 165.76MPa，相应的脆延性转换深度为 6766m[图 4.12(a)]；②脆性矿物含量在下限值 56.4%时，脆延性转换应力为 142.35MPa，相应的脆延性转换深度为 5810m[图 4.142(b)]；③脆性矿物含量在 56.4%～67.0%时，脆延性转换应力为 155.51MPa，相应的脆延性转换深度为 6347m[图 4.142(c)]。

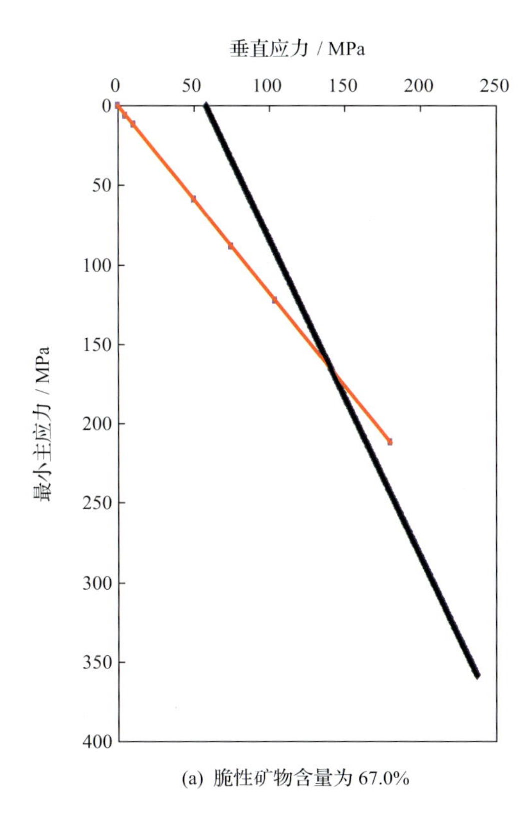

(a) 脆性矿物含量为 67.0%

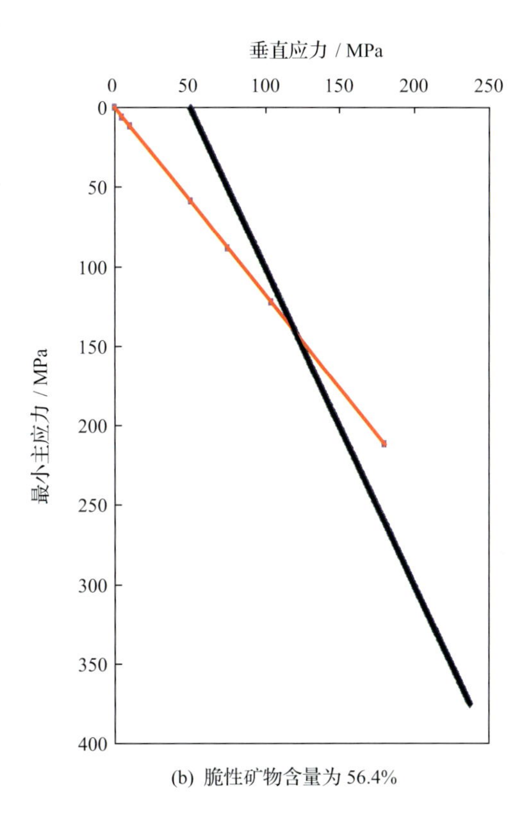

(b) 脆性矿物含量为 56.4%

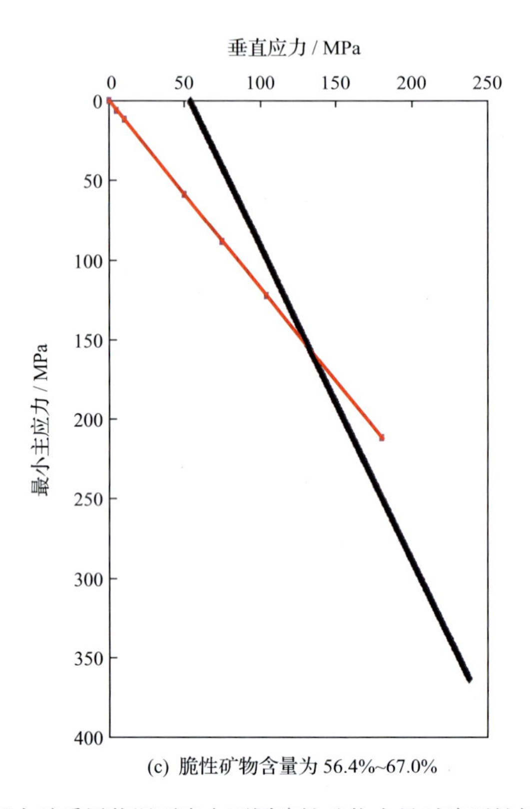

(c) 脆性矿物含量为 56.4%~67.0%

图 4.142　北部夹砂质层状泥页岩在不同脆性矿物含量时脆延性转换压力的确定

3. 泥页岩的脆延性转换特征

1) 相同泥页岩岩相的脆延性转换特征

从表 4.15～表 4.18 可知，在相同的泥页岩岩相中，随着脆性矿物含量的减少，脆延性转换压力逐渐降低，相应的脆延性转换深度也逐渐变浅。同时，相同泥页岩岩相中脆延性转换压力和深度均在一定的数值范围内变化，对应的脆性矿物含量普遍在 30%～65% 变化。脆性矿物含量与脆延性转换压力、深度呈明显的正比关系：脆性矿物含量高，相应的脆延性转换深度大，易处于脆性变形阶段；反之，易处于延性变形阶段。

表 4.15　南部块状泥页岩不同脆性矿物含量下的脆延性转换参数统计表

区域位置	岩相	平均密度 /(g/cm³)	脆性矿物含量/%			脆延性转换参数
			58.6	27.5～58.6	27.5	
罗家地区南部	块状泥页岩	2.55	91.39	88.99	87.36	脆延性转换压力
			3657	3561	3496	脆延性转换深度

表 4.16　中部纹层状泥页岩在不同脆性矿物含量下的脆延性转换参数统计表

区域位置	岩相	平均密度/(g/cm³)	脆性矿物含量/%			脆延性转换参数
			62.1	43.6～62.1	43.6	
罗家地区中部	纹层状泥页岩	2.60	82.63	81.63	80.51	脆延性转换压力
			3243	3204	3160	脆延性转换深度

表 4.17　北部夹灰质层状泥页岩在不同脆性矿物含量下的脆延性转换参数统计表

区域位置	岩相	平均密度/(g/cm³)	脆性矿物含量/%			脆延性转换参数
			63.3	49.0～63.3	49.0	
罗家地区北部	夹灰质层状泥页岩	2.55	105.06	102.25	99.62	脆延性转换压力
			4204	4092	3986	脆延性转换深度

表 4.18　北部夹砂质层状泥页岩在不同脆性矿物含量下的脆延性转换参数统计表

区域位置	岩相	平均密度/(g/cm³)	脆性矿物含量/%			脆延性转换参数
			67.0	56.4～67.0	56.4	
罗家地区北部	夹砂质层状泥页岩	2.5	165.76	155.51	142.35	脆延性转换压力
			6766	6347	5810	脆延性转换深度

2）不同泥页岩岩相的脆延性转换特征比较

通过比较不同泥页岩岩相中脆延性转换参数的大小，脆延性转换压力由小到大依次为纹层状泥页岩、块状泥页岩、夹灰质层状泥页岩、夹砂质层状泥页岩；脆延性转换深度由浅到深依次为纹层状泥页岩、块状泥页岩、夹灰质层状泥页岩、夹砂质层状泥页岩(表 4.19)。

表 4.19　罗家地区不同岩相和脆性矿物含量下的脆延性转换参数统计表

区域位置	岩相类型	脆延转换压力/MPa			脆延转换深度/m			典型井
		最大	最小	平均	最深	最浅	平均	
南部	块状泥页岩	91.39	87.36	88.99	3657	3496	3561	罗 69
中部	纹层状泥页岩	82.63	80.51	81.63	3243	3160	3204	罗 19
北部	夹灰岩层状泥页岩	105.06	99.62	102.25	4204	3986	4092	义 187
北部	夹砂岩层状泥页岩	165.76	142.35	155.51	6766	5810	6347	义 283

3）基于脆延性转换深度的泥页岩脆性预测

基于脆延性转换深度的泥页岩脆性评价基本思路是将泥页岩中不同岩相和不同脆性矿物含量的脆延性转换深度作为评价标准，比较不同层组的泥页岩埋藏深度和脆延性转换深度的大小，进行泥页岩的脆性评价。若当前的埋藏深度大于脆延性转换深度，表明此时泥页岩已处于延性阶段，不利于压裂；若当前的埋藏深度小于脆延性转换深度，表明此时泥页岩尚处于脆性阶段，有利于压裂。脆延性转换深度与当前埋深的差值可定义为脆延性判定深度，其值越大，则脆性越好，越有利于压裂。本次分别对罗家地区沙三下亚段12 下—13 上和 13 下两个层组的泥页岩进行了脆性评价(图 4.143、图 4.144)。

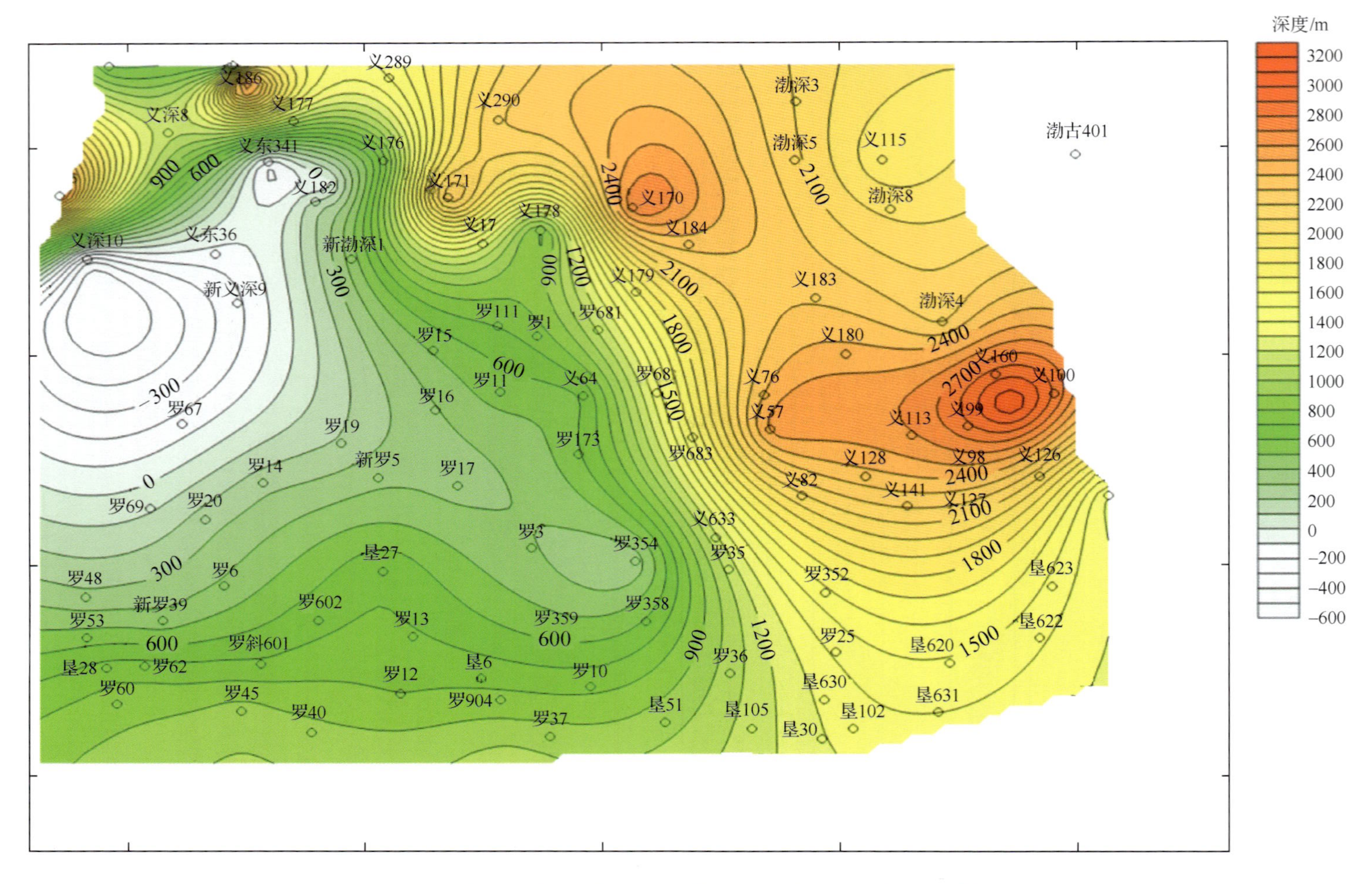

图 4.143 罗家地区沙三下亚段 12 下—13 上层组的泥页岩脆性预测

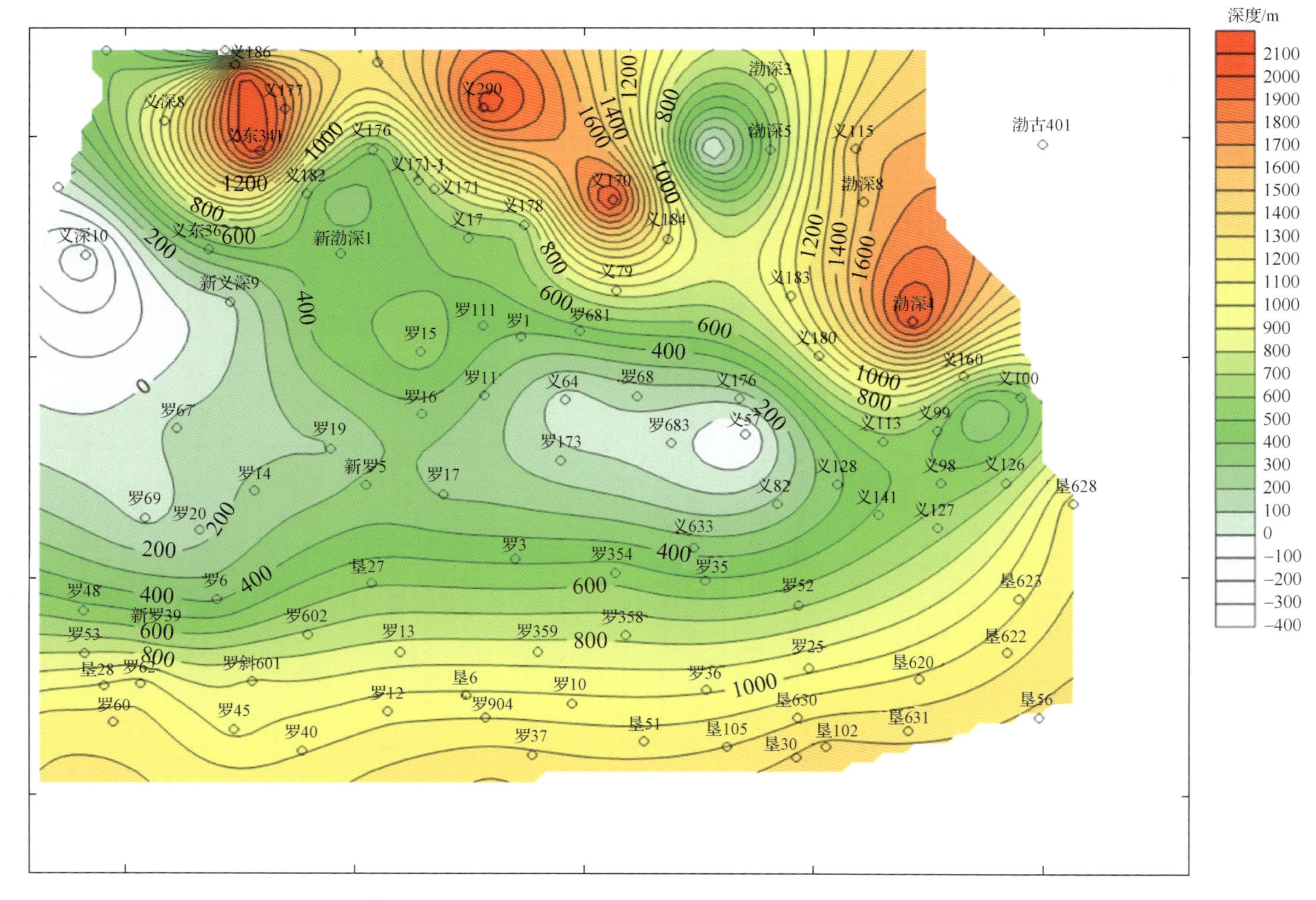

图 4.144　罗家地区沙三下亚段 13 下层组的泥页岩脆性预测

在罗家地区沙三下亚段12下—13上层组中，东部和北部脆延判定深度较大，在1000～3200m，脆性较好；在中南部，脆延判定深度中等（200～1000m），脆性一般；而在中西部，脆延判定深度为负值（－600～0m），脆性较差，处于延性阶段。这种中部、东部好—中等，中西部差的脆性分布特征与实际钻井吻合较好，该层组中虽然有罗67井、罗69井、罗42井、渤页平1井等获得油流，但除罗42井初产好、稳产时间长以外，其余井均初产低、稳产时间短。表明这些井中的泥页岩的脆性较差，延性较好，这与上述的脆性评价结果较为吻合。

在罗家地区沙三下亚段13下层组中，整体上脆性为好—中等。在北部脆延判定深度较大，在1000～2200m，脆性较好；在中部，脆延判定深度中等（0～1000m），局部有负值（－400～0m），脆性中等—差；在南部，脆延判定深度中等（0～900m），脆性中等。这种北部较好、中南部中等的脆性分布特征与实际钻井吻合较好，该层组的北部已有义182井、义186井、义187井等见工业油流，在中部有罗19井和义57井见到工业油流。

4. 泥页岩脆延性预测小结

借鉴岩心测试中的研究思路，提出一种基于不同岩相和脆性矿物含量下的泥页岩脆延性转换参数确定方法。该方法通过泥页岩的典型井剖析，获得理想埋深下泥页岩中不同岩相和脆性矿物含量下的强度曲线，依据Byerlee摩擦定律确定了脆延性转换压力及深度，取得较好的应用效果。

在相同的泥页岩岩相中，随着脆性矿物含量的增加，脆延性转换压力逐渐降低，相应的脆延性转换深度也逐渐变浅；易发生脆延性转换的岩相依次为纹层状泥页岩、块状泥页岩、夹灰质层状泥页岩、夹砂质层状泥页岩。

4.6 泥页岩地应力地震预测探索

地应力是指存在于地壳中的内应力，是由于地壳内部的垂直运动和水平运动及其他因素而引起介质内部单位面积上的作用力，主要由重力应力、构造应力、孔隙压力、热应力和残余应力等耦合而成。本节主要介绍两种泥页岩地应力地震预测，即基于三模量的地应力地震表征和基于薄板理论的地应力地震预测，并且这两种技术在应用上得到了较好的效果，如基于模量的地应力表征技术集中考虑了岩性，埋深、压力、合流体等特征，能准确反映断陷盆地泥页岩的变化特征。基于薄板理论的地应力地震预测考虑了断裂对构造应力场的限制，可以应用于复杂的、与褶皱成因有联系的任意凸形构造应力体系研究。

4.6.1 地应力特征及影响因素分析

一般来说，重力应力和构造应力是地应力的最主要来源。构造应力是因构造外力作用而产生的地质体内单位面积上的内力，其空间分布即为构造应力场。构造应力场与非常规油气田勘探开发的密切关系已越来越被重视，按地质时期的先后，可以把构造应力场划分为古构造应力场和现代应力场，其中，古（一般指第四纪中更新世之前的地质时期）构造应力场的发展演化控制了非常规储集层中天然裂缝的形成和分布，而现代（通常指中更新世以来的新构造运动期)应力场,则影响天然裂缝的保存状况及渗流规律。古构造应力场一般要通过构造变形结果来反推,现代应力场(其中的构造应力场由新构造运动期的构造力作用控制,还包括重力引起的静岩应力及其他因素引起的应力)可以用多种方法测量。

在进行地应力研究时,常用三向地应力模型来描述地应力,即垂直方向主应力 σ_1 和两个水平方向主应力,分别为最大水平主应力 σ_H 与最小水平主应力 σ_h。地层中每一个质点的地应力数值由垂直应力、最大水平主应力及最小水平主应力的大小和方向来表征。

地应力场通常受到地质构造、地貌、地形、岩性等因素的影响,其影响因素与作用效果十分复杂,定性定量分析各个因素与地应力的关系,可以为下一步地应力的准确预测和校正提供依据。

1. 应力与埋深的关系

应力场是自重应力场与构造应力场叠加的结果,随深度变化而变化:

$$\sigma = \sigma_x + \sigma_g \tag{4.118}$$

式中, σ_x 为构造应力场;σ_g 为自重应力场。

重力应力场以垂直应力为主,其大于水平应力,主要为压应力;应力随深度的增加而增加。在构造不发育地区、第四纪冲积层、裂隙发育地区、岩性较软的塑形掩体地区,其应力场基本符合重力应力场的分布规律。构造应力场中有压应力,也有拉应力;以水平应力为主,分布不均匀,常以地壳浅部为主。构造应力复杂多变的,难有定量规律。

在地壳的浅部(小于 2km),以构造应力为主,地应力的垂直分量和岩体自重应力大致相等,且垂直分量小于水平分量。根据实测地应力资料,得到侧压比(平均水平主应力与垂直应力的比值)通常为 0.8～1.5,这说明在浅部地层中,地应力的垂直分量普遍小于平均水平应力,因此,浅部最大主应力为 σ_x,是水平方向;垂直应力一般为最小主应力;在深部,随着自重应力的增大,最大主应力 σ_g 是垂直方向的。

统计研究区内三口井在不同深度段的实测应力数据表明(图 4.145),三向地应力值随着深度的增加而逐渐变大,但两个水平主应力增加速度则有所不同,各主应力深度趋势线的斜率有差别:垂直地应力随着深度增加,地应力均匀增加;水平最小主应力,随着深度增加其增加的速率有所减小;水平最大主应力随深度增加其增加的速率有变大的趋势。反映深部地层水平地应力不仅来源于垂直应力的诱导,还受到较强的区域残余构造应力的影响。

2. 应力与构造的关系

断裂构造对地应力大小与方向的影响是局部的,同一构造单元的各构造块体内的应力大小均较一致,局部有变化。在活动断层和地震区地应力释放,数值减小;最大主应力常垂直于构造线。

地形地貌和剥蚀作用对地应力有影响。在低洼处,应力值较高;构造脊处,应力值较低;在剥蚀区,原有应力可能封闭,来不及松弛。

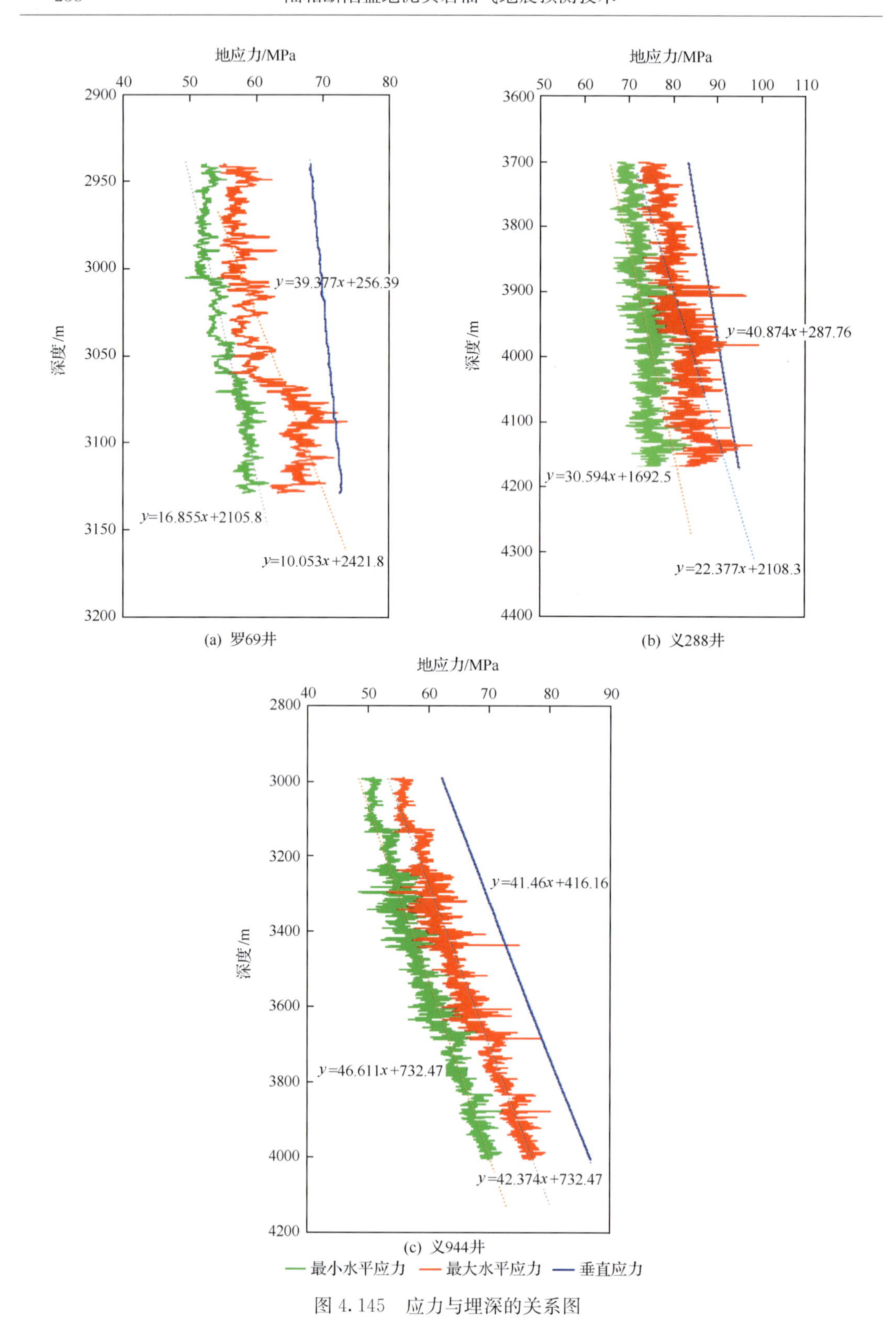

图 4.145　应力与埋深的关系图

应力场作用下，塑性变形运动形成褶曲构造，包括横向弯曲和纵向弯曲。最大剪应力集中区分布在基底断块两侧和模型顶部。从主应力轨迹线可见，模型上不以拉张为主，在宽基底的情况下底部有侧向挤压。剪应力轨迹勾画了上部裂隙可能的方向。

最大剪应力在褶皱面附近弯曲的内侧和外侧比较集中；最大主应力轨迹线在背斜处显示下凹形弯曲；在弯曲外侧，最大主应力轨迹线垂直褶皱轴线，在弯曲内侧则平行褶皱轴线（图 4.146）。

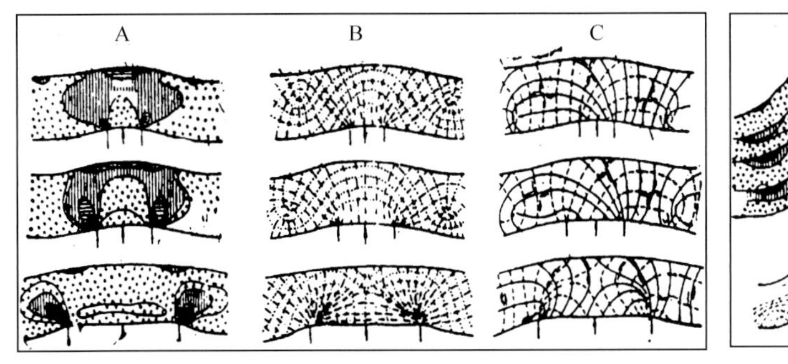

(a) 与横弯曲变形有关的应力场

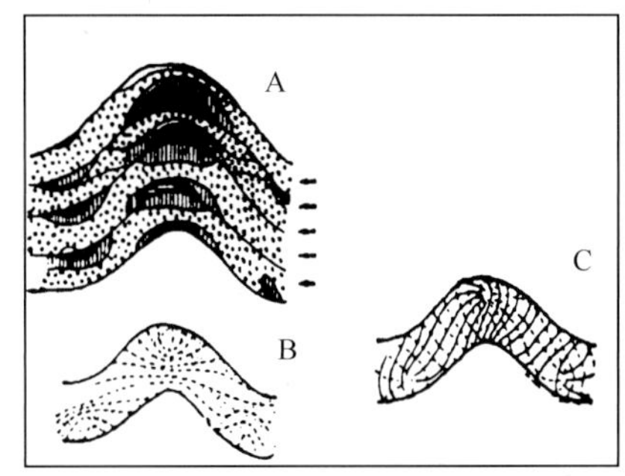

(b) 与纵弯曲变形有关的应力场

1　2　3　4　5

图 4.146　与褶皱构造相关的应力特征

A 为最大剪应力分布；B 为主应力轨迹线；C 为剪应力轨迹线；1、2、3、4、5 分别是 5～1 级干涉色

3. 应力与断层及裂缝的关系

已有断层会引起断层周围的应力场畸变（包括大小和方向）。分析认为断层附近的应力变化可分为三种区域：一种为最大剪应力增加区，主要分布在断层的端点、拐点、交会点等处；另一种为最大剪应力减小区，主要沿断层分布；还有一种区域为应力不变区，分布在远离断层的区域（图 4.147）。

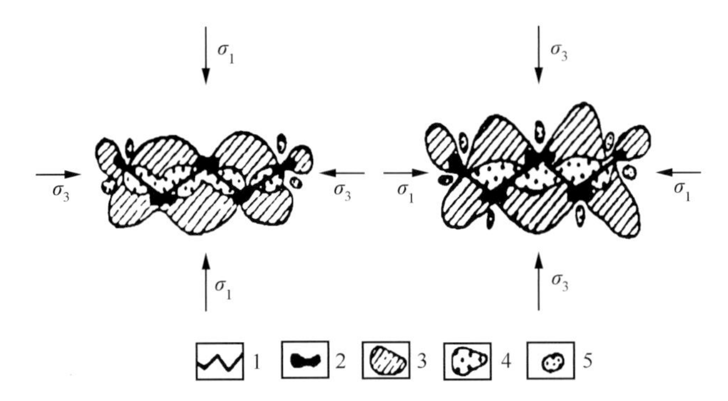

图 4.147　断层周围应力场的畸变示意图

1. 断层；2. T_{max}强增加区；3. T_{max}增加区；4. T_{max}强下降区；5. T_{max}下降区；σ_1 为最大主应力；σ_3 为最小主应力；T_{max}为最大剪应力

断层对区域应力场的分布造成了明显的影响，断层的形成和发育也是应力释放的表现形式。断裂越发育，地应力状态的变化幅度越大，方向分散，在断层的端部位置，则往往会出

现应力的集中效应。一般来说,断层的走向与最大水平应力方向平行断层封闭性越好,应力越大。而构造应力方向的转变,可以在岩体中形成网状缝,使泥页岩有效孔隙度变大。

本研究区钻井实测数据表明,地应力的大小受断层距离影响明显(图 4.148):随着与断层距离的增大,三向地应力均有明显变大的趋势。

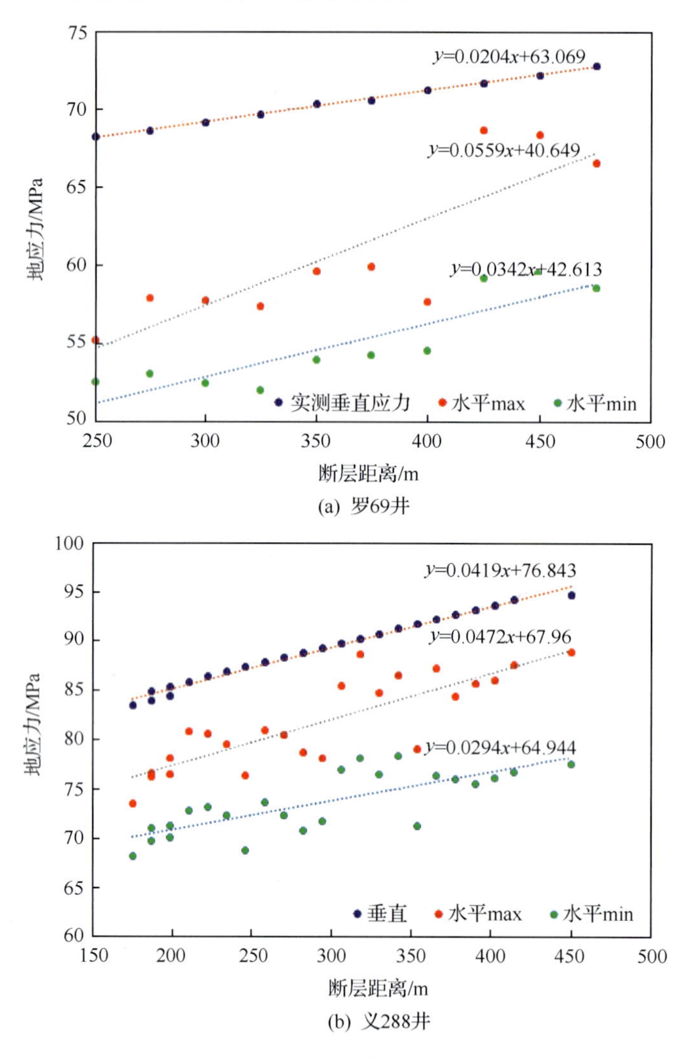

图 4.148　地应力与断层距离关系图

4. 应力与岩相及矿物成分的关系

结合实钻井实测应力数据统计,明确水平最大主应力与岩相组合的关系(图 4.149)为:同等深度下,对于水平最大主应力而言,由块状灰质泥岩、纹层状灰质泥岩、纹层状泥质灰岩、块状泥质灰岩依次增大,由此证实了泥岩塑性强,较易于释放应力。

通过研究区力学参数分析,影响泥页岩应力的重要脆性矿物成分为高碳酸盐岩(不高于 50%)、中砂岩和低泥岩。

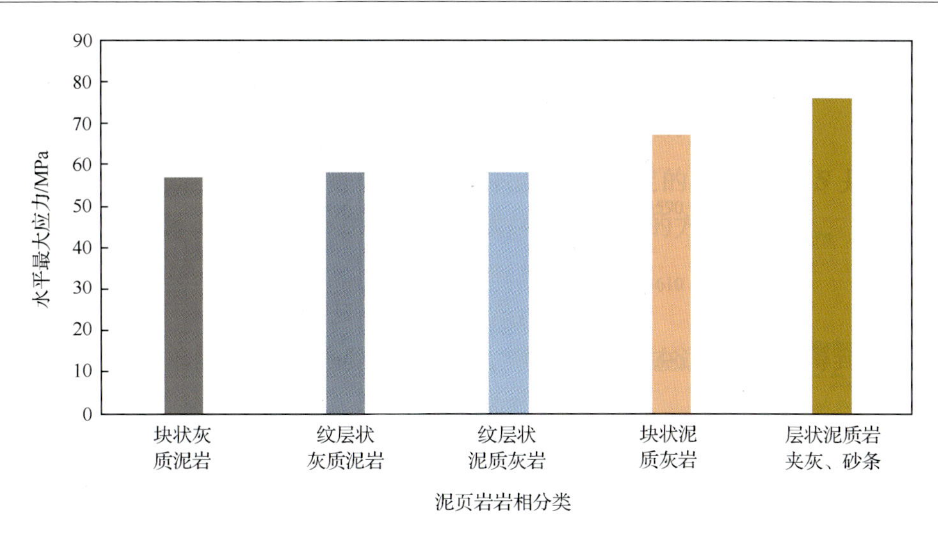

图 4.149　应力与岩相分类柱状图(罗 69 井为例)

结合实钻井分析，通过罗 69 井应力评价图(图 4.150)可以看出在 2980～3020m、3040～3070m 井段灰质含量较高，最大主应力大于破裂压力，脆性特征明显，易形成天然裂缝；

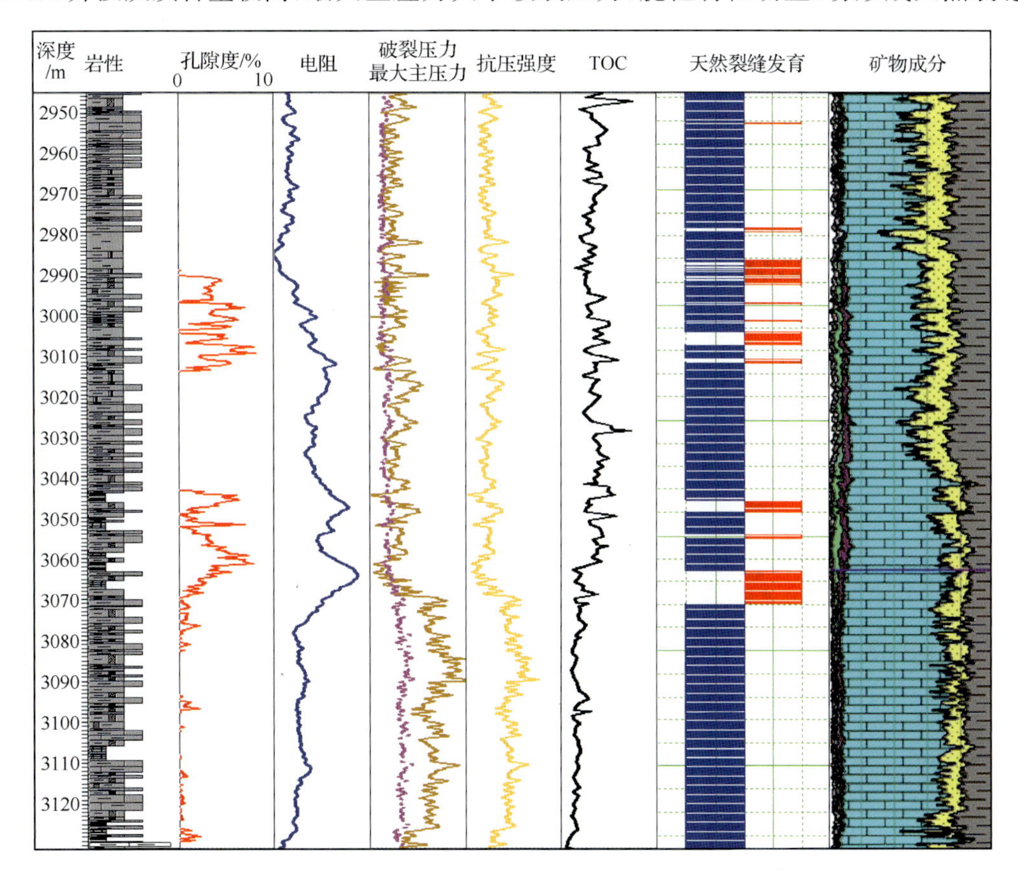

图 4.150　罗 69 井应力评价示意图

3020～3040m 井段，抗压性弱，破裂压力与最大主应力差值小，宜压裂改造；3080m 以下，灰质含量升高，达 60%以上，抗压性强，为刚性地层，破裂压力远高于最大主应力，不宜压裂改造。因此，就本研究区来说，灰质含量低于 50%，裂缝发育程度高。在 3080m 以下，灰质含量达到 60%以上时，地层显刚性，不易形成裂缝；裂缝在高泥质含量的地层内裂缝相对不发育。

5. 应力与弹性参数的关系

地层岩石是地应力的载体。岩石地应力是能量积累与释放的结果，应力上限会受到岩石强度的限制，岩石的弹性模量和强度与地应力有关。2009 年，Jaeger 认为地应力与岩石强度成正比，岩石的弹性模量相差 50 倍，地应力可能相差 10 倍，塑性岩石易变形，不利于地应力的积累。

基于泥页岩实钻井数据，分别绘制的弹性模量与应力的关系曲线图表明，最大水平主应力随着弹性模量、体积模量及剪切模量的增大而增大。

根据罗 69 井、义 288 井等的岩石力学参数对水平主应力大小的影响分析认为(图 4.151～图 4.157)：纵横波速度比与水平应力呈较好的正相关，最大水平应力随纵横波速度比增加的速率有变大的趋势，垂直地应力随纵横波速度比变化不大；密度与最大、最小水平应力拟合关系不理想，但趋势逐渐增加；泊松比和最大、最小水平应力呈较好的相关性，与最大水平应力相关的斜率较大；三向应力与流体因子呈明显的线性正相关，水平最大主应力随流体因子的增大变化最快；弹性模量、剪切模量、体积模量同样都与最大、最小主应力具有相当好的正相关趋势，但总体趋势是随着弹性参数的增加最大水平主应力及最小水平主应力值都在增大；剪切模量增大的速率最大，杨氏模量增大的速率最小，但与泊松比不同，其与最大水平主应力之间的相关关系要更好一些。

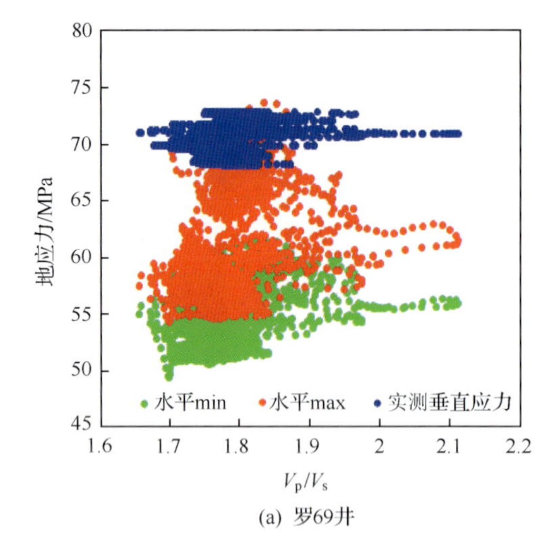

(a) 罗69井

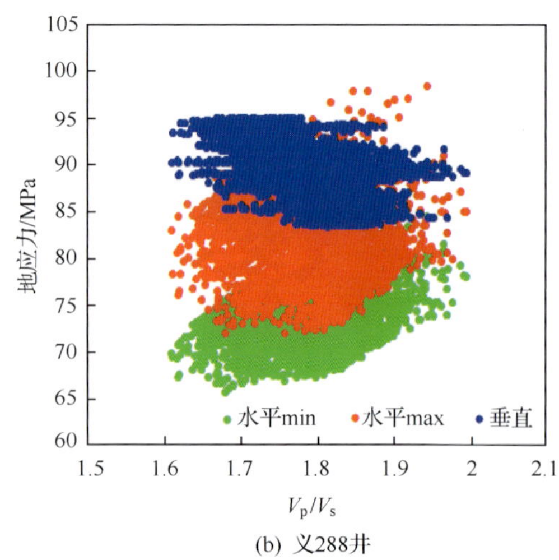

(b) 义288井

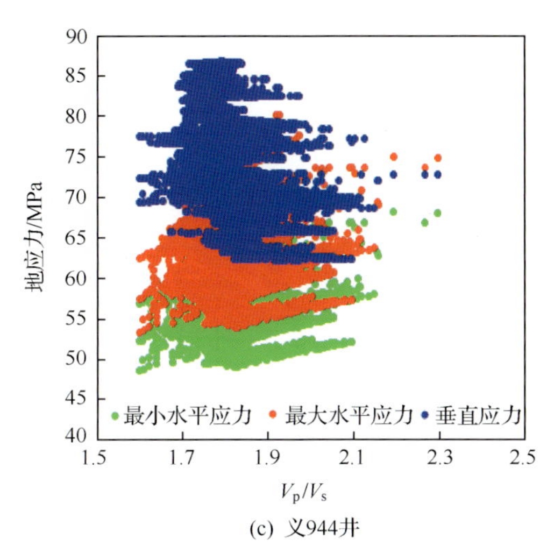

(c) 义944井

图 4.151　应力与纵横波速度比的关系图

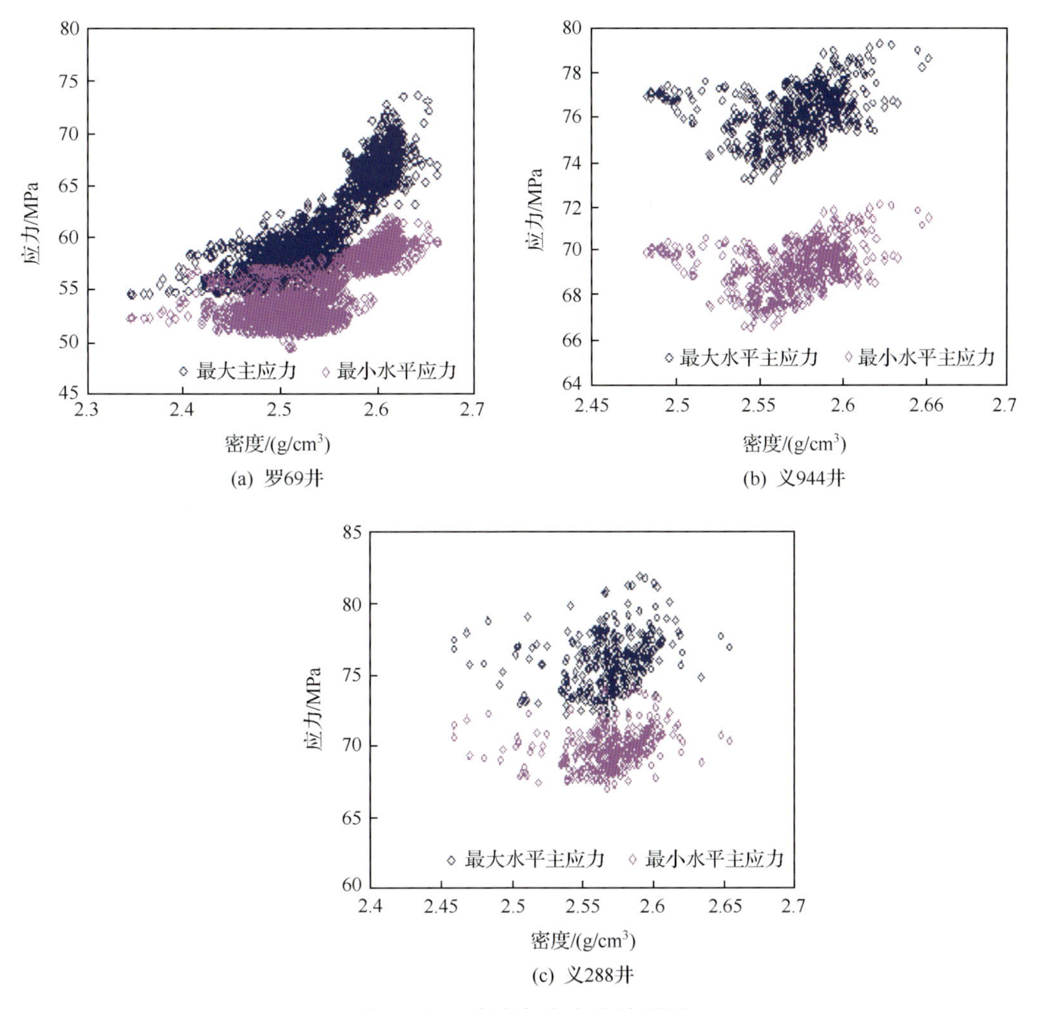

图 4.152　密度与应力的关系图

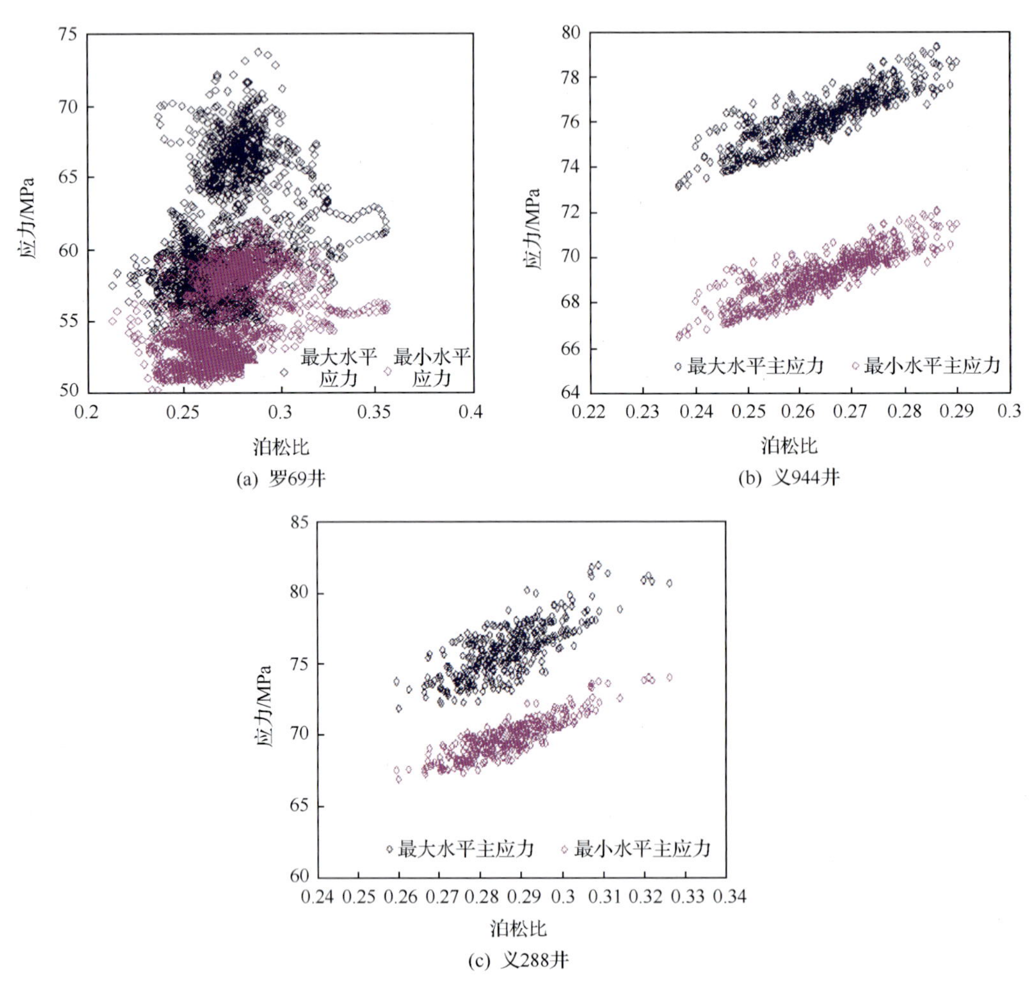

图 4.153　应力与泊松比的关系图

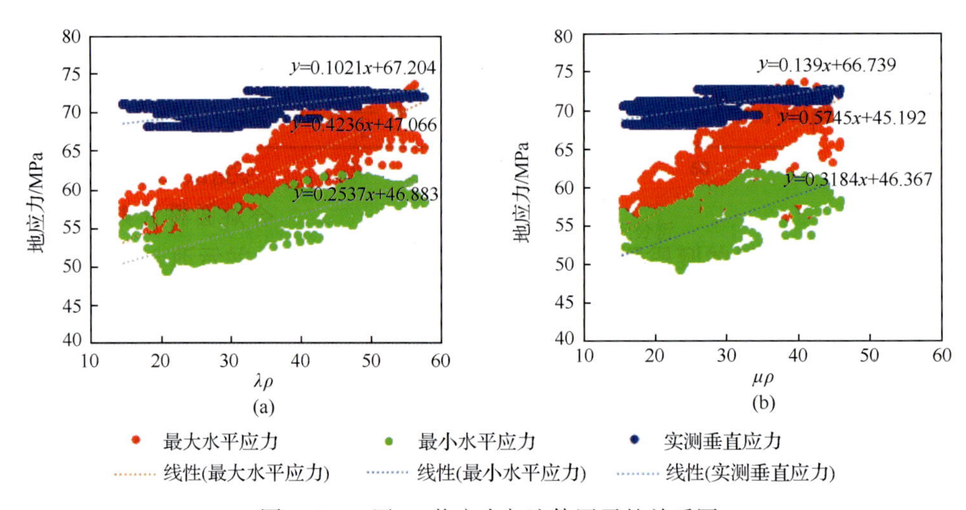

图 4.154　罗 69 井应力与流体因子的关系图

$\lambda\rho$ 为孔隙流体指标因子；$\mu\rho$ 为岩性指示因子

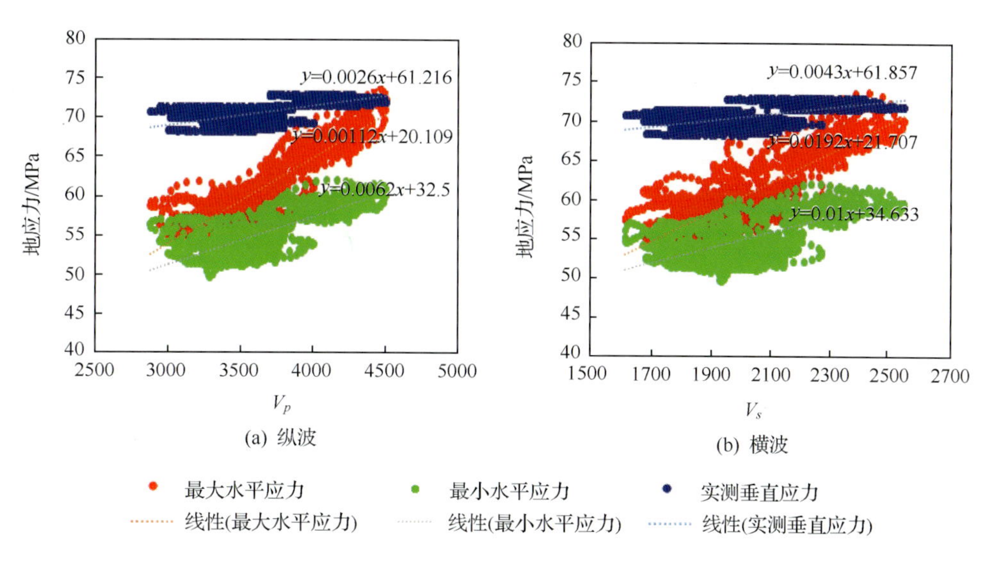

图 4.155　罗 69 井应力与纵横波速度的关系图

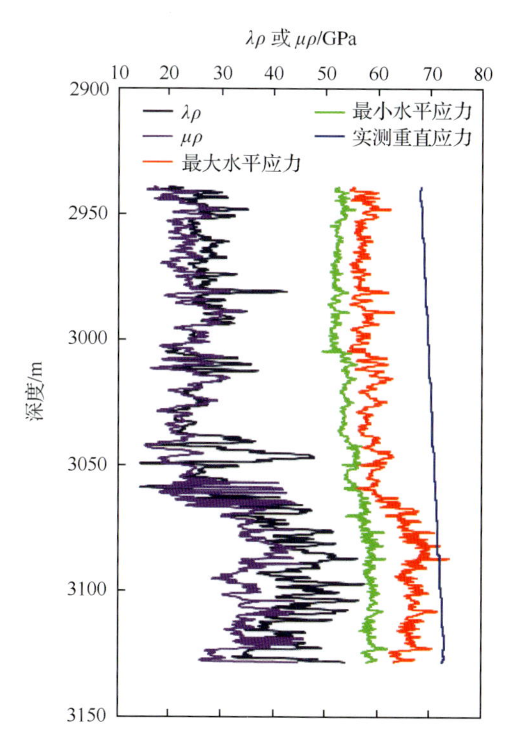

图 4.156　罗 69 井地应力、流体因子随埋深变化图

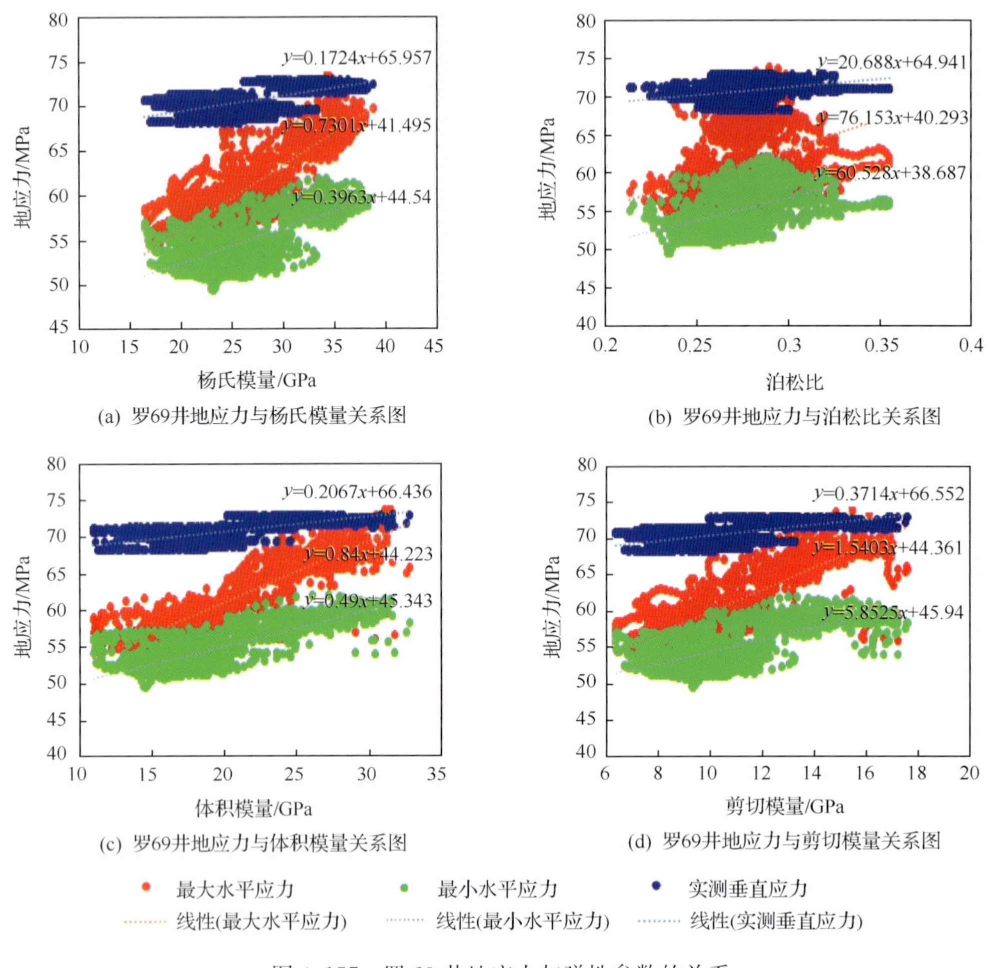

图 4.157　罗 69 井地应力与弹性参数的关系

6. 地应力与可压性的关系

应力释放有块体运动、塑性变形和脆性破坏三种方式。通过实验分析，岩石中应力应变存在以下关系：一定围压下，差应力从零开始，应变随着差应力的增大，从塑性变形到脆性破坏进行应力的释放。其中以脆性破坏最容易形成裂缝，释放应力。

地层延展性是岩石的一种力学性质，表示材料在受力而产生破裂之前，其塑性变形的能力。地层延展性越差，越容易压裂成网，且地层延展性指数与水平地应力变化呈正相关(图 4.158)。结合实钻井罗 69 井实测地应力与抗压强度关系分析(图 4.159)来看，垂直应力与抗压强度相关性较小，水平地应力与抗压强度均线性相关，随着抗压强度的增大而增大，但最大水平主应力增大速度较快。从埋深变化图上同样可以看出，水平主应力随抗压强度的变化而变化，最大水平主应力变化较快。

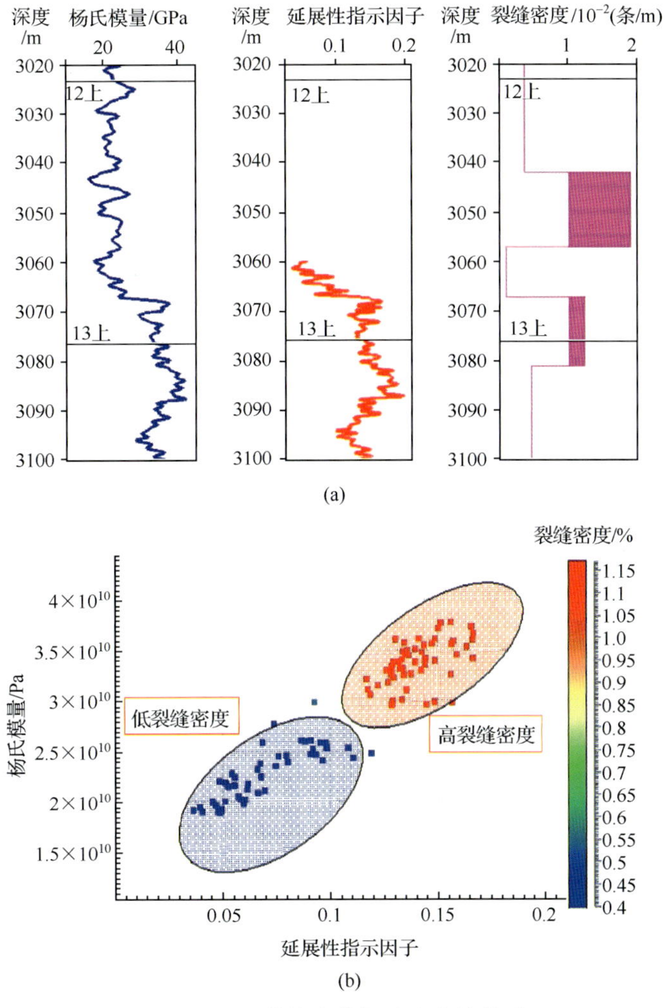

图 4.158　弹性参数与地应力的关系

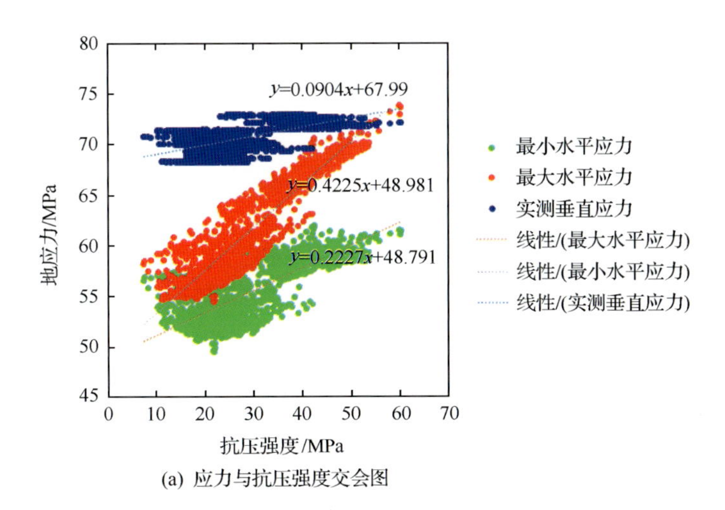

(a) 应力与抗压强度交会图

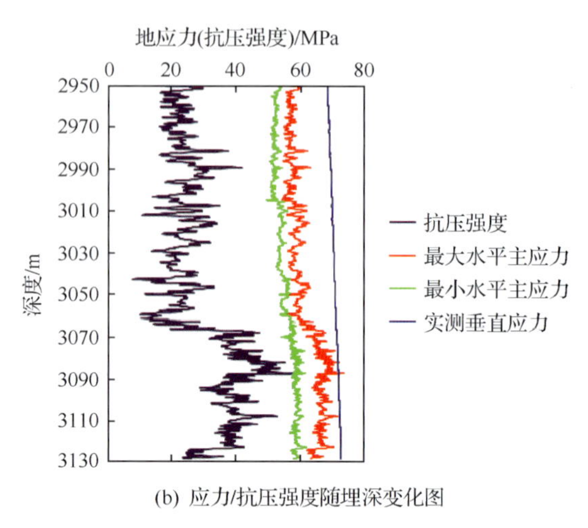

(b) 应力/抗压强度随埋深变化图

图 4.159 罗 69 井地应力与抗压强度关系图

4.6.2 地应力的计算方法概述

地应力的获取方法可以从多种途径获得，主要有以下几种方法：第一是直接测量法，可分为岩心测量和矿场实地测量；但这种方法实施不易，费用高昂，且只能获得离散点的值，因此一般只做校正之用；第二是测井资料计算，这种方法挖掘了现有资料的潜力，提高了矿场资料的利用率，且能获得连续的地应力剖面，因而已用到油气田勘探开发各个方面；第三种方法是有限元数值模拟的方法，这种方法现在越来越被重视，已取得了较多的研究成果。

地应力的计算是一个比较复杂的问题，目前尚没有一个适合所有地区和所有情况的统一模式。能反映地应力物理本质和实际规律的计算公式，大家习惯上称之为地应力模式或计算模型。到目前为止，人们已提出了一些地应力模式，普遍采用以垂向应力为主应力且等于上覆岩层重量的假设，发展了多种计算模式。其中发展最早、比较成熟的为单轴应变模式，此模式包含了金尼克模式、Mattews 模式、Keily 模式和 Anderson 模式，具有较强的实用性。

单轴应变模式意味着两水平方向的地应力大小相等，均小于垂直方向的地应力，这与大部分的地应力实测结果不符，主要是没有考虑水平方向构造应力的影响。在近些年的 SPE(Society of Petroleum Engneers)文献中，有一些学者试图通过在单轴应变模式中添加校正项来提高最小水平地应力的预测精度：

$$\sigma_H - \alpha p_p = \sigma_h - \alpha p_p = \frac{\nu}{1-\nu}(\sigma_\nu - \alpha p_p) + S_t \tag{4.119}$$

式中，α 为常数；S_t是考虑构造应力作用的附加项；ν 为泊松比；p_p 为孔隙应力。通过地应力实测值与按式(4.118)计算得出的值之差来校正，且认为在一个断块内 S_t基本上为一个常数，不随深度的变化而变化。但由实测数据来看，不同深度处 S_t不同，且一般认为在水平方向上构造应力不相等。

1）金尼克模型

这一类经验关系式发展最早，该经验关系式假设水平方向无限大，地层在沉积过程中只发生垂向变形，水平方向的变形受到限制，应变为0，水平方向的应力是由上覆岩层重量产生的。则 $\varepsilon_x=\varepsilon_y=0$，据胡克定律有如下模型：

$$\sigma_H-\sigma_h=\frac{\nu}{1-\nu}\sigma_v \tag{4.120}$$

式中，σ_H、σ_h 为水平方向最大主应力(MPa)；σ_v 为垂直方向主应力(MPa)；ν 为泊松比。此模型针对均匀、各向同性、无孔隙的地层而提出，没有考虑地层孔隙压力的影响，对绝大多数地层不适用。

2）Terzaghi 模型

$$\sigma_H-\sigma_h=\sigma_h-p_p\frac{\nu}{1-\nu}(\sigma_v-p_p) \tag{4.121}$$

式中，σ_H、σ_h 为水平方向最大主应力(MPa)；σ_v 为垂直方向主应力(MPa)；ν 为泊松比；p_p 为孔隙压力。该模型考虑了孔隙压力的影响，是比较重要的模型。

3）Anderson 模型

$$\sigma_H-\alpha p_p=\sigma_h-\alpha p_p=\frac{\nu}{1-\nu}(\sigma_1-p_p) \tag{4.122}$$

式中，$\alpha=1-\frac{C_{ma}}{C_b}$；$\sigma_H$、$\sigma_h$ 分别为水平方向最大主应力(MPa)；σ_v 为垂直方向主应力(MPa)；ν 为泊松比；p_p 为孔隙压力；C_{ma} 为岩石骨架压缩系数(1/MPa)；C_b 为岩石压缩系数(1/MPa)。该模型利用 Biot 多孔介质弹性变形理论导出。α 为 Biot 系数，该系数的加入使人们对孔隙压力对地应力影响的认识更进了一步。

4.6.3 地应力场地震预测

1. 基于三模量的地应力地震表征方法

1）基本原理与技术流程

该方法以岩石物理的弹性参数为基础，通过多元线性回归，建立了基于三弹性参数的应力计算公式，并进行了多因素校正；通过叠前反演技术得到研究区的杨氏模量、体积模量、剪切模量三种弹性参数体，利用拟合校正公式计算得到最大主应力体、最小主应力体，并取得了较好的应用效果。其主要技术流程如图4.160所示。

首先，统计工区内的地震资料、地质资料、测井资料；利用叠前道集数据进行分角度叠加，得到近中远三个分角度道集数据。其次，进行叠前参数反演，得到纵波波阻抗、横波波阻抗、密度等基础数据体，并进行泊松比、杨氏模量、体积模量等弹性参数计算，其公式分别如下。

剪切模量：

$$G=\rho V_s^2 \tag{4.123}$$

体积模量：

$$K=\rho\left(V_p^2-\frac{4}{3}V_s^2\right) \tag{4.124}$$

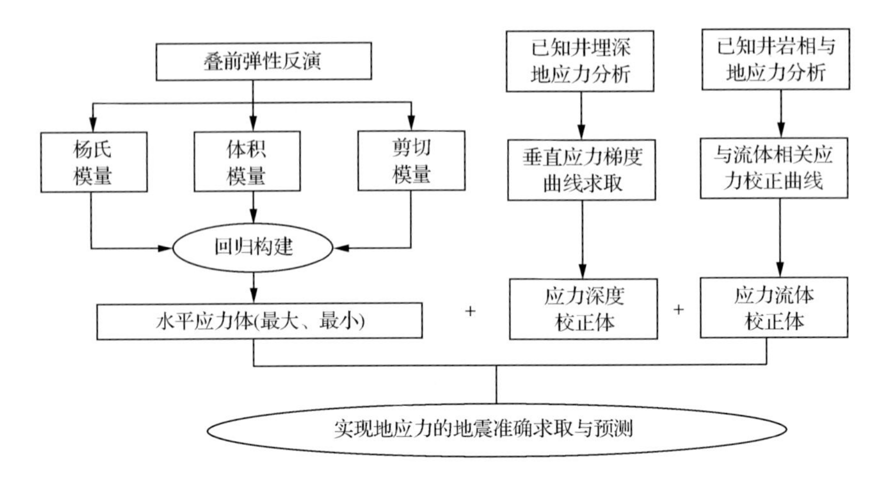

图 4.160 泥页岩地应力三维地震表征方法基本流程

泊松比：

$$\nu=\frac{V_{\mathrm{p}}^{2}-2V_{\mathrm{s}}^{2}}{2(V_{\mathrm{p}}^{2}-V_{\mathrm{s}}^{2})} \tag{4.125}$$

杨氏模量：

$$E=3K(1-\nu) \tag{4.126}$$

最终，采用多元线性回归方法拟合应力计算公式。对相关随机变量进行估计、预测和控制，确定变量之间的关系，并用数学模型来表示。其数学形式如下：

$$y=\beta_0+\beta_1x_1+\beta_2x_2+\cdots+\beta_px_p+\varepsilon \tag{4.127}$$

式中，$\beta_0,\beta_1,\beta_2,\cdots,\beta_p$ 为系数；ε 为常数。

该公式表明变量 y 由两部分变量决定：第一，由 p 个因变量 x 的变化引起的 y 的变化部分；第二，由其他随机因素引起的 y 的变化部分。

2) 地应力计算公式的拟合与校正

(1) 多元线性回归拟合地应力。

多元线性回归模型的优点在于通过多组数据，直观、快速地分析出变量相互之间的线性关系。回归分析可以衡量各个因素之间的相关程度与拟合程度，提高预测精度。

从罗 69、义 283 等五口泥页岩典型井中提取参数信息，主要包括泥页岩的物理学参数，如声波时差、密度；岩石物理弹性参数，如杨氏模量、剪切模量、体积模量、泊松比；矿物成分参数，如脆性矿物含量。测井参数较多时，需先进行参数的相关系数判定，对自变量进行检验和筛选，剔除对因变量没有影响或影响甚小的参数，以达到简化变量间关系结构、简化所求回归方程的目的(图 4.161)。

对回归系数做显著性检验，确定回归方程中的自变量。认为地层弹性参数对表征力学性质具有很好的相关性，其中杨氏模量、体积模量和剪切模量与地应力的相关程度高，可作为回归拟合的自变量参数(图 4.162)。

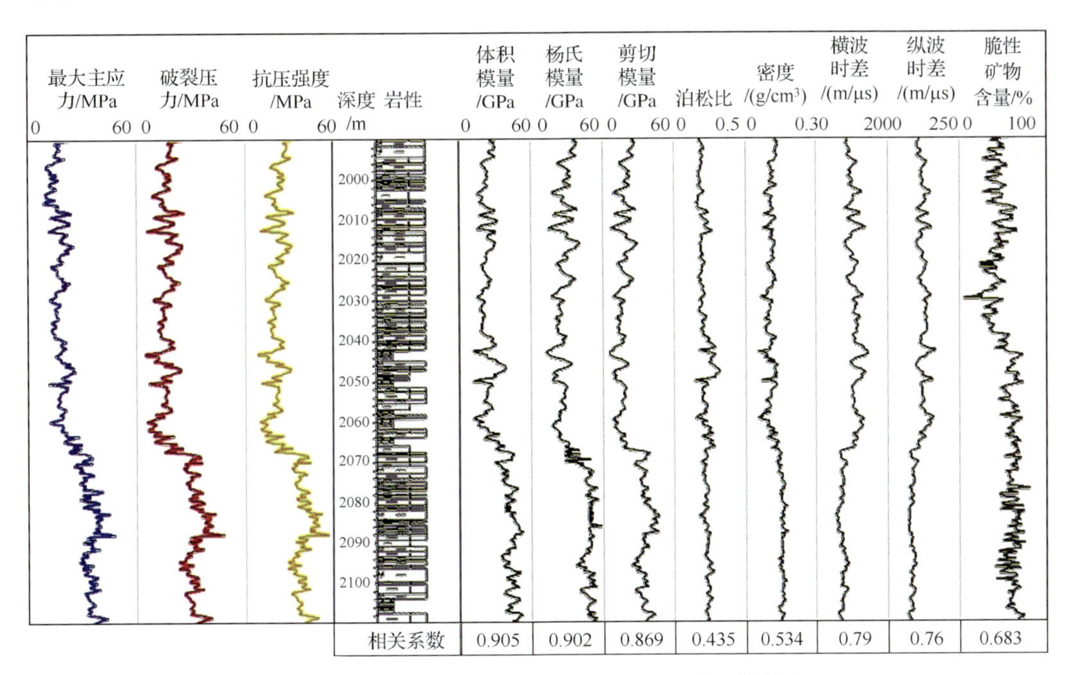

图 4.161　罗 69 井中各类参数曲线的相关系数筛选

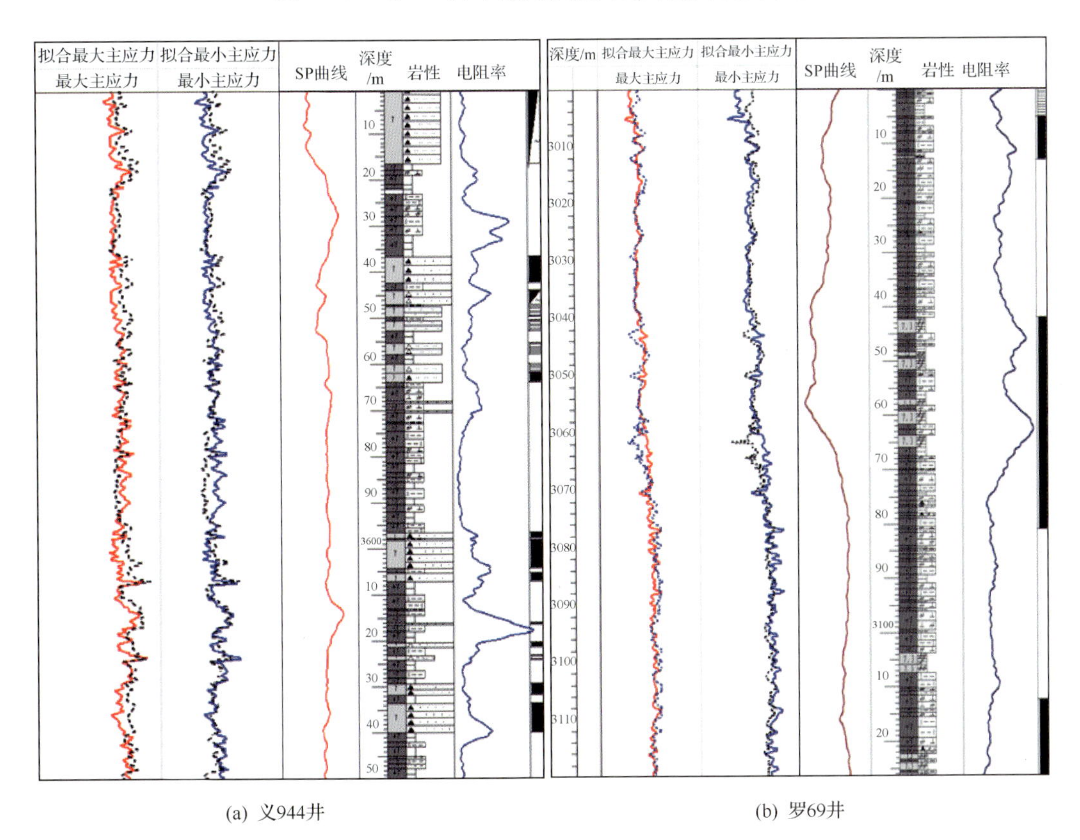

(a) 义944井　　(b) 罗69井

图 4.162　拟合地应力与实测地应力的比较

通过多元线性回归，建立了地应力的三弹性参数表征公式：

$$最小主应力=-0.02E+0.698K+0.459G+42.81 \tag{4.128}$$

$$最大主应力=0.16E-0.994K-2.759G-24.59 \tag{4.129}$$

（2）渗透性地层的地应力校正。

通过与实际应力数据进行对比发现，在具有渗透性地层的应力计算数据数值和实测数据具有一定的差异性。分析认为这种差异性是由于储层物性的变化等多方面因素引起的，通过分析储层特征，充分利用现有的其他测井资料，对声波测井曲线进行曲线校正。将能够反映物性变化的自然电位 SP 测井信息通过加权方法融入声波曲线，并重新进行多元线性回归分析，计算地应力，从而提高渗透地层的应力计算精度和改进储层应力的预测效果。

① 自然电位曲线归一化处理。通过利用归一化公式对自然电位曲线进行归一化处理：

$$\mathrm{SP\_BRIT}=\frac{\mathrm{SP}-\mathrm{SP}_{\min}}{\mathrm{SP}_{\max}-\mathrm{SP}_{\min}} \tag{4.130}$$

式中，SP_BRIT 为归一化后的 SP 曲线；SP 为实测 SP 曲线值；$\mathrm{SP}_{\min}$ 为 SP 曲线最小值；$\mathrm{SP}_{\max}$ 为 SP 曲线最大值。

② 设置单一曲线加权系数：

$$Q_i=K_j(\mathrm{SP}_i-\overline{\mathrm{SP}}) \tag{4.131}$$

式中，SP_i 为实测的任意一点 SP 曲线值；$\overline{\mathrm{SP}}$ 为实测 $\overline{\mathrm{SP}}$ 曲线值；K_i 为权重系数。

③ 对声波曲线进行加权处理：

$$\mathrm{AC}_i=\mathrm{AC}_i(1+Q_i) \tag{4.132}$$

通过以上方法对声波曲线进行加权处理之后，新得到的声波曲线包含了地层的渗透性信息，并且在该曲线量纲趋势不变的前提下，突出了渗透性地层与非渗透性地层的应力差异(图 4.163)。

利用校正声波进行泊松比、杨氏模量、体积模量等弹性参数的计算。分别对应力和弹性参数进行相关分析表明，最大主应力、最小主应力和杨氏模量、体积模量、剪切模量均具有较好的线性关系(图 4.164、图 4.165)。

通过以上分析，重新对应力数据进行多元回归拟合，得到以下应力计算公式：

$$最小主应力=0.619E+0.662K-0.767G+34.89 \tag{4.133}$$

$$最大主应力=0.674E+0.690K-0.475G+35.21 \tag{4.134}$$

（3）地应力的深度趋势校正。

通过曲线对比，多参数回归拟合的应力曲线和实际测量的应力曲线具有很强的一致性。但是在深度域上，实测的应力数据存在明显的梯度变化现象，即随着深度增大应力呈增大的趋势(图 4.166)。因此，利用渤南地区的应力梯度信息进行应力趋势的校正，能够较为准确地计算地应力。

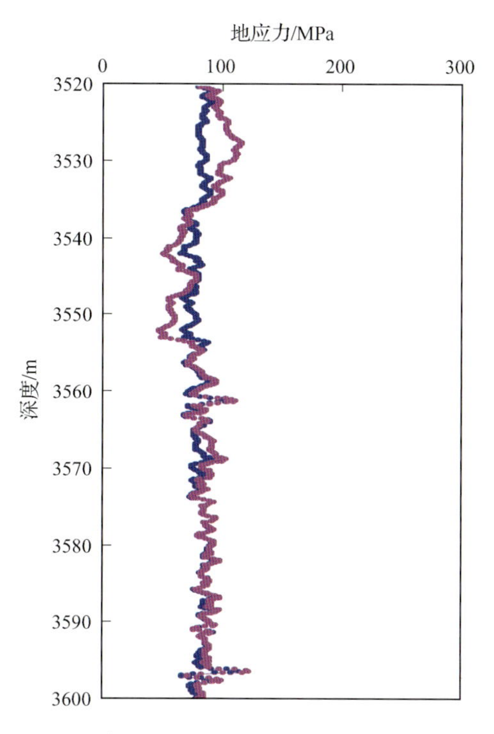

图 4.163　渗透性地层校正前后的地应力曲线对比

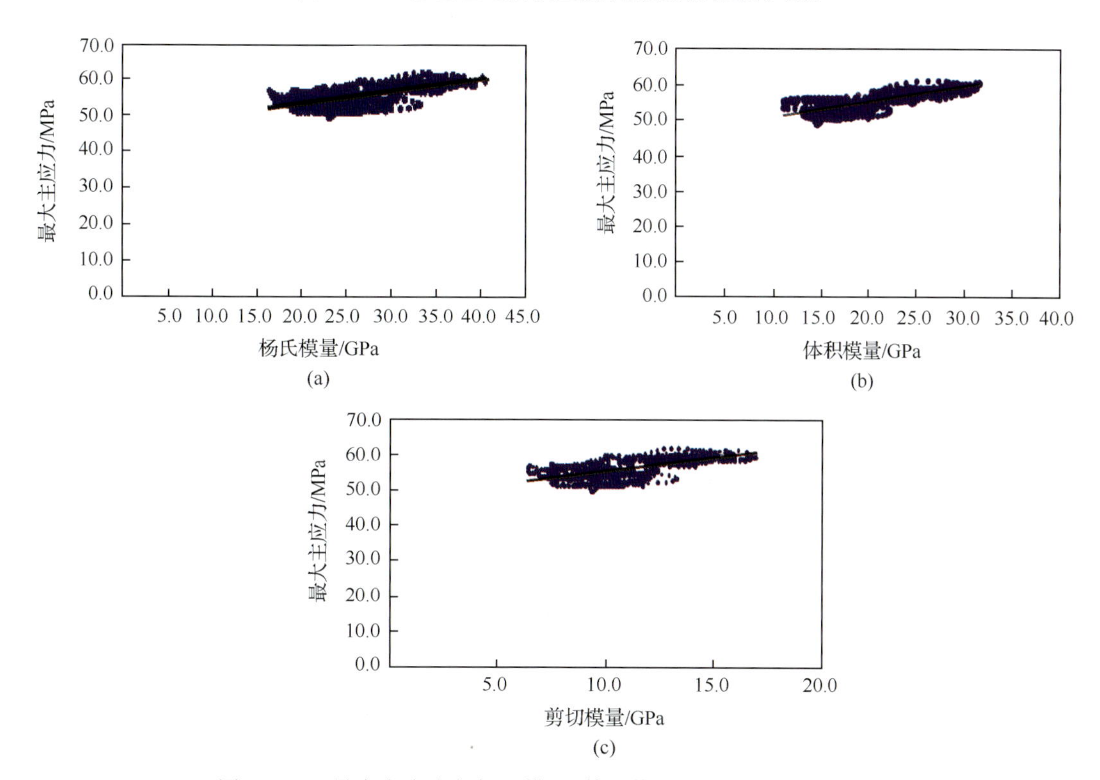

图 4.164　最大主应力与杨氏模量、体积模量和剪切模量的交会图

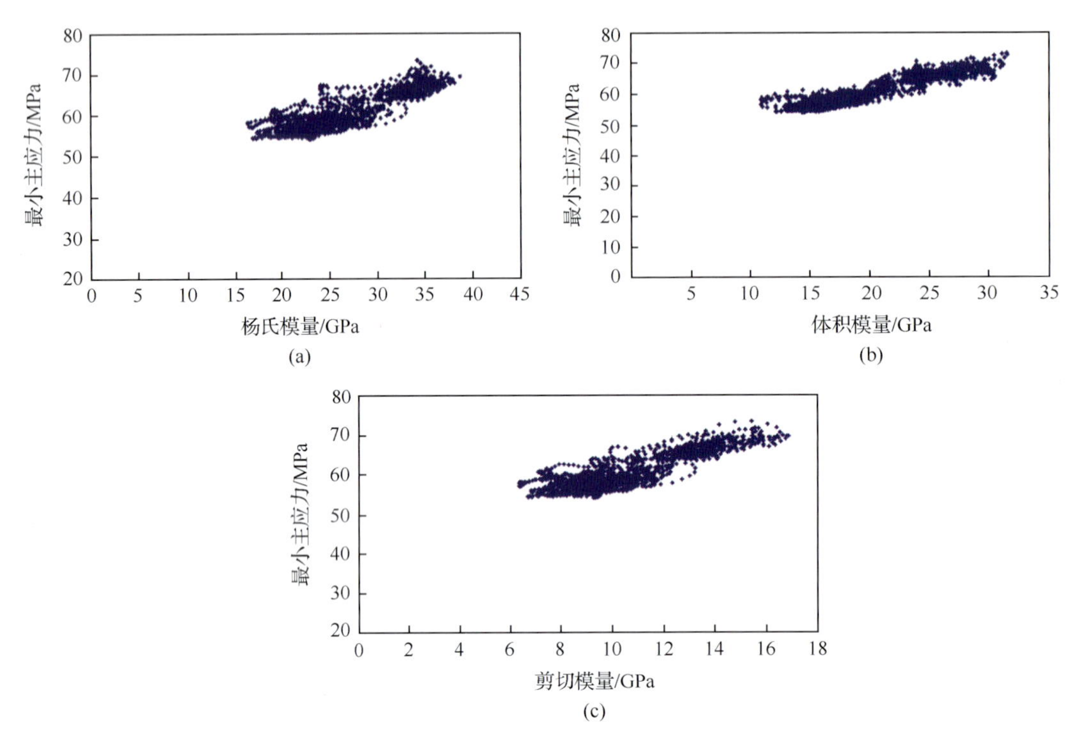

图 4.165　最小主应力与杨氏模量、体积模量和剪切模量的交会图

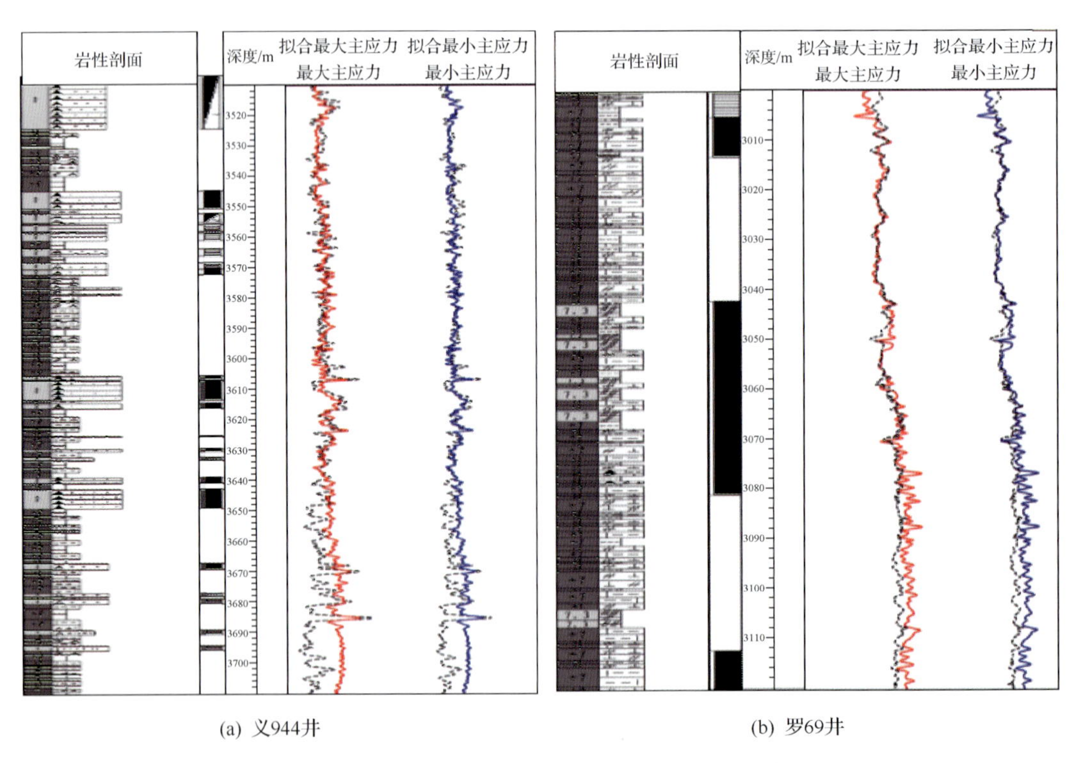

图 4.166　实测地应力在深度上的梯度变化现象

通过统计渤南地区的实测应力数据可以看出，其应力梯度具有较好的一致性，梯度系数平均为 0.04，如图 4.167 所示。因此，通过趋势加权技术将渤南地区的梯度趋势融入到拟合重构的应力曲线中，使计算得到的校正曲线与实际测量的应力曲线在同一趋势上，数值上有较高的精确度，取得了较好的校正效果(图 4.168)。

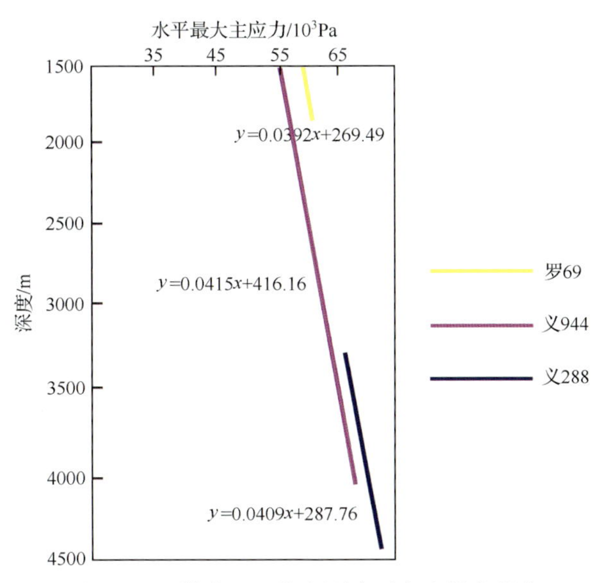

图 4.167　渤南地区的实测水平应力梯度拟合

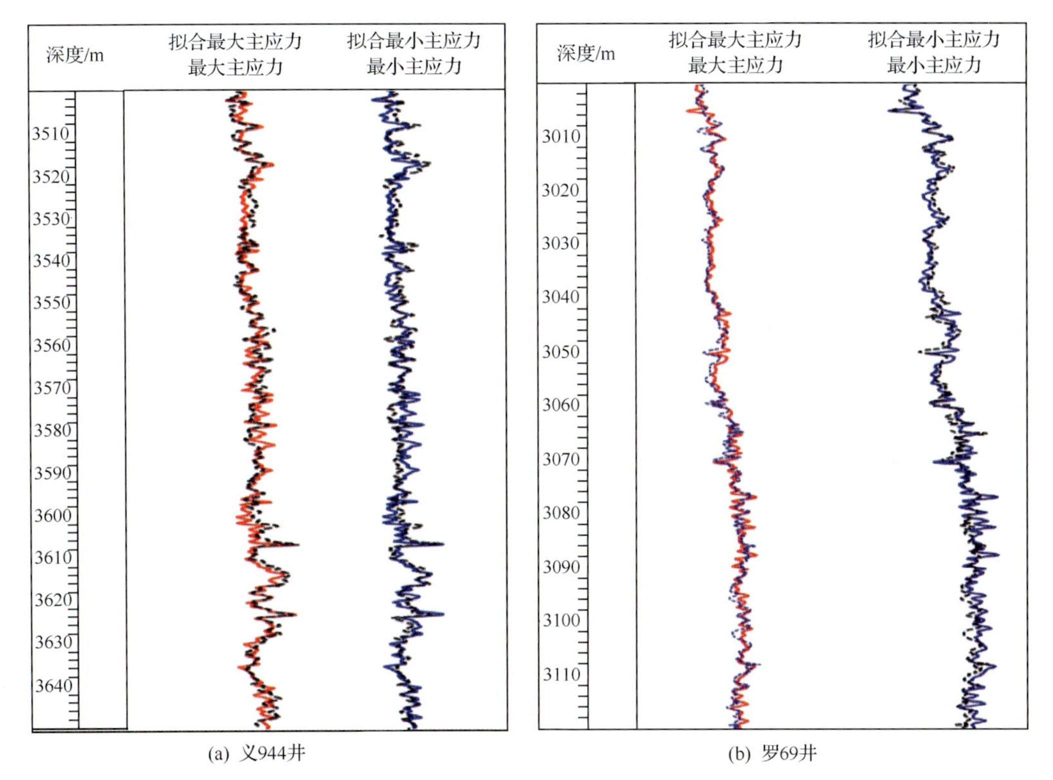

图 4.168　实测应力与校正后应力的效果对比图

3）三维地震表征地应力的效果分析

通过叠前地震反演技术能够得到杨氏模量、体积模量、剪切模量等数据体，利用应力表征公式对三地震体进行计算，转换即得最大主应力体和最小主应力体。然后进行应力校正得到应力数据体，开展平面预测。通过以上分析和方法改进，对渤南地区沙三下亚段不同层组的应力开展了地球物理预测。以罗家地区 14 口井的声波时差、密度测井数据为基础，利用渤南三维地震数据体进行反演运算，得到研究区三维波阻抗反演数据体。结合应力与弹性参数之间的关系将反演体转化为应力数据体，完成各层组应力的平面预测（图 4.169～图 4.171）。

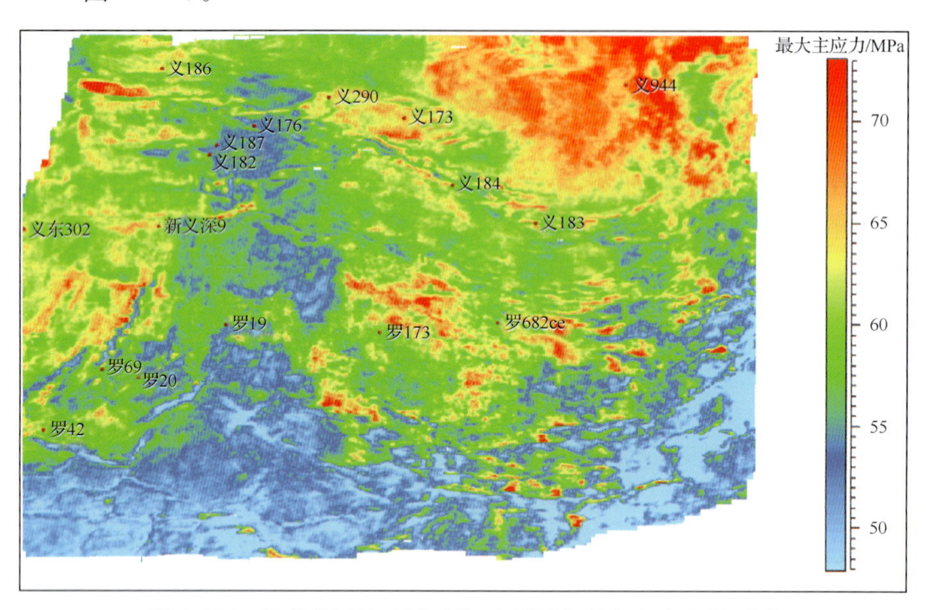

图 4.169　渤南地区沙三下亚段 12 下层组最大主应力平面图

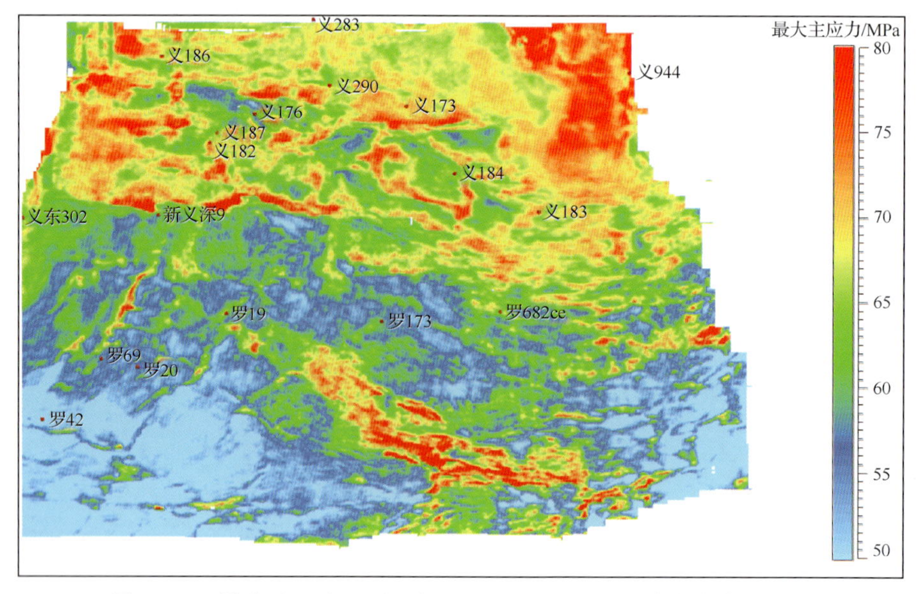

图 4.170　渤南地区沙三下亚段 12 下—13 上层组最大主应力平面图

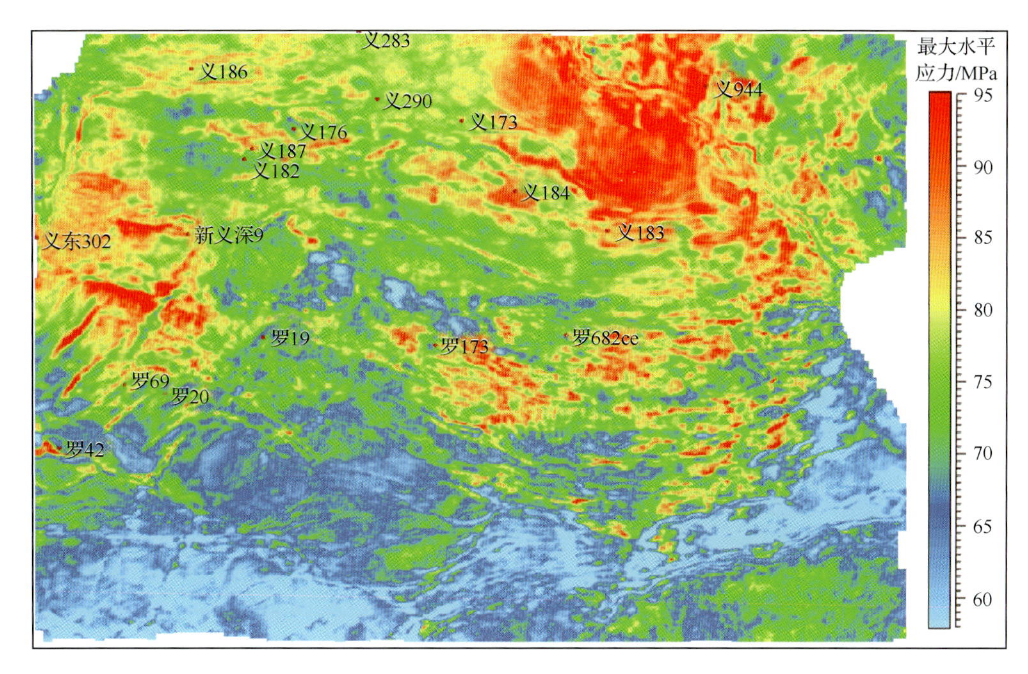

图 4.171　渤南地区沙三下亚段 13 下层组最大主应力平面图

根据预测结果分析，研究区应力值多分布在 33～55MPa，高部位最大水平应力较低，低部位最大水平应力较高，背斜部位水平应力较低，向斜部位水平应力较高，符合断陷盆地地应力的分布规律。也与泥页岩油气的分布规律相一致，处于鼻状构造背景地应力区的义 182 井、义 186 井、义 187 井均获得高产，而两翼及向斜部位高应力区的井整体含油性较差。

根据渤南地区应力预测误差相对统计表(表 4.20)，预测应力值与实测应力值大小较为相似，相对误差控制在 10%，具有较好的预测效果。

表 4.20　渤南地区沙三下亚段的应力计算误差统计表

井号及井段	最大主应力(实测)/MPa	最大主应力(计算)/MPa	相对误差/%
罗 69 井 $Es_3^{12上}$	45	42.16	6.23
罗 69 井 $Es_3^{12下—13上}$	49	47.5	4.08
罗 69 井 $Es_3^{13下}$	58	55	5.17
义 944 井 $Es_3^{13上}$	48	45	6.25
义 944 井 $Es_3^{13下}$	58	55	5.17

2. 基于薄板理论的地应力地震预测

1) 基本思路和技术流程

研究中假定区域应力场作用产生的地层构造变形为复杂的曲面几何形态，采用最小二乘法为离散数据建立连续模型。即为离散点匹配曲面，该曲面符合离散点分布的总体轮廓，但不要求曲面精确地通过给定的各离散点，即所谓“曲面拟合”，称为趋势面分析法。

趋势面只反映构造曲面的几何形态，不考虑构造成因和具体构造形式。对于复杂构造，趋势面分析法具有很大的优越性，并具有重要的实际意义。一般发生褶曲的地层，其长度和宽度比厚度大得多，用薄板弯曲模型能够较好地模拟构造面附近的应力状态，这也是在构造应力分析中主要采用的方法之一。

基于弹性薄板理论，利用薄板弯曲模型趋势面分析法，正反演结合进行地应力的预测。总体思路是在分析纵横波速度、密度、杨氏模量和泊松比等岩石弹性参数与地应力关系的基础上，优选出地应力的敏感表征参数。利用散射理论的非均质弹性参数反演，反演出纵横波速度比、泊松比、拉梅常数和剪切模量等弹性参数。用趋势面分析法拟合曲面，以断层数据为约束，在计算构造曲率分布基础之上，运用弹性薄板模型的三维有限差分数值模拟方法对应力场进行模拟，估算出地层的应力场，包括地层面的曲率张量、变形张量和应力场张量，得到主曲率、主应变和主应力，从而判断该区不同地质时期造成的应力场变化情况及裂缝发育的有利区域(图 4.172)。采用叠前地震弹性参数反演技术构建精细的非均质力学模型，把应力场数值模拟技术和地震反演技术密切结合，使应力场数值模拟更加合理的考虑了构造、断层、地层厚度、岩性等影响裂缝发育的地质因素，使模拟结果准确率大大提高。

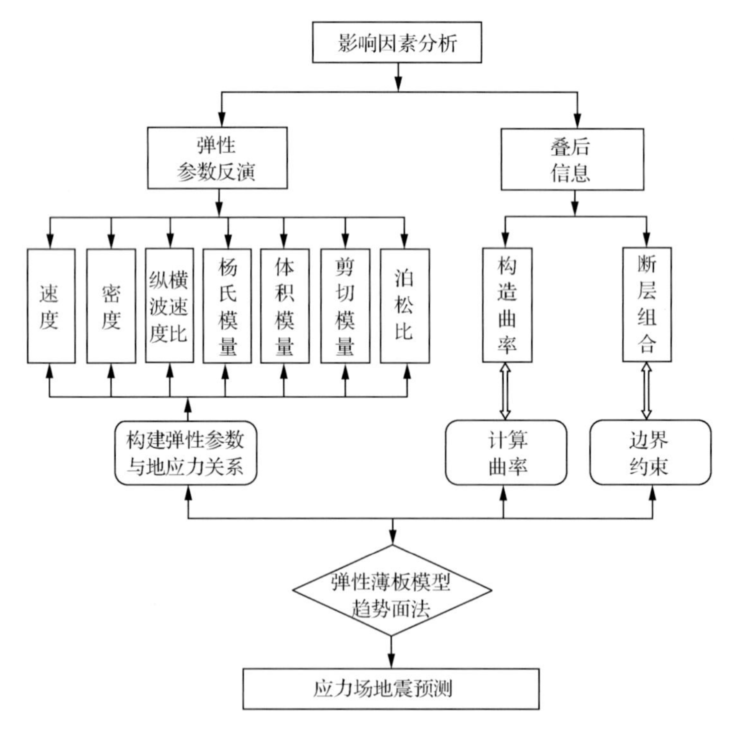

图 4.172 基于薄板理论的地应力地震预测技术路线图

2）基于薄板理论计算地应力原理

假设研究地层是均匀连续、各向同性、完全弹性的，并认为地层的形成完全由构造应力所形成。设定以薄板中面为 $Z=0$ 的坐标面，规定按右手规则，以平行于大地坐标为 X、Y 坐标，以向上为正。沿 X、Y 正方向的位移分别为 u_x、u_y，沿 Z 方向的位移为扰度 $w(x,y)$(图 4.173)。

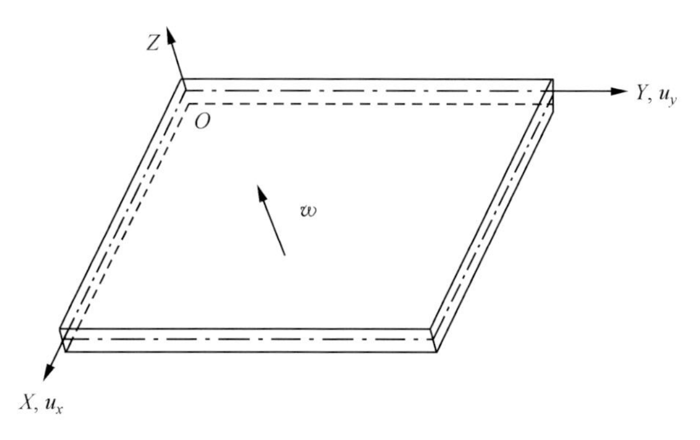

图 4.173　薄板理论中的参数示意图

在直角坐标系中,直角坐标系中的薄板弯曲变形几何方程以中面挠度 $w(x,y)$ 表示如下：

$$
\begin{aligned}
&\varepsilon_x=\frac{\partial u_x}{\partial x},\ \varepsilon_y=\frac{\partial u_y}{\partial y},\ \gamma_{xy}=\left(\frac{\partial u_x}{\partial y}+\frac{\partial u_y}{\partial x}\right),\ \varepsilon_z=\frac{\partial u_z}{\partial z}\\
&\gamma_{xz}=\left(\frac{\partial u_x}{\partial z}+\frac{\partial u_z}{\partial x}\right),\ \gamma_{yz}=\left(\frac{\partial u_z}{\partial y}+\frac{\partial u_y}{\partial z}\right)\\
&u_z=w
\end{aligned}
\tag{4.135}
$$

由薄板理论可知,有 $u_x=z\frac{\partial w}{\partial x},\ u_y=z\frac{\partial w}{\partial y}$,

且有 $\varepsilon_x=z\frac{\partial^2 u_x}{\partial x^2},\ \varepsilon_y=z\frac{\partial^2 u_y}{\partial y^2},\ \gamma_{xy}=2z\frac{\partial^2 w}{\partial x\partial y}$

定义曲率变形分量：$\kappa_x=-\frac{\partial^2 w}{\partial x^2},\ \kappa_y=-\frac{\partial^2 w}{\partial y^2},\ \kappa_{xy}=-\frac{\partial^2 w}{\partial x\partial y}$

因此,应变分量可写为 $\varepsilon_x=-z\kappa_x,\ \varepsilon_y=-z\kappa_y,\ \gamma_{xy}=-2z\kappa_{xy}$

物理本构关系(广义胡克定律)：

$$
\begin{aligned}
&\varepsilon_x=\frac{1}{E}[\sigma_x-\nu(\sigma_y+\sigma_z)],\qquad \gamma_{xy}=\frac{2(1+\nu)}{E}\tau_{xy}\\
&\varepsilon_y=\frac{1}{E}[\sigma_y-\nu(\sigma_x+\sigma_z)],\qquad \gamma_{xz}=\frac{2(1+\nu)}{E}\tau_{xz}\\
&\varepsilon_z=\frac{1}{E}[\sigma_z-\nu(\sigma_y+\sigma_x)],\qquad \gamma_{yz}=\frac{2(1+\nu)}{E}\tau_{yz}
\end{aligned}
\tag{4.136}
$$

其逆关系为

$$
\begin{aligned}
&\sigma_x=2G\varepsilon_x+\lambda\theta,\qquad \tau_{xy}=G\gamma_{xy}\\
&\sigma_y=2G\varepsilon_y+\lambda\theta,\qquad \tau_{yz}=G\gamma_{yz}\\
&\sigma_z=2G\varepsilon_z+\lambda\theta,\qquad \tau_{xz}=G\gamma_{xz}\\
&\theta=\varepsilon_{kk}
\end{aligned}
\tag{4.137}
$$

式中,λ 为拉梅常数;G 为剪切模量;E 为杨氏模量;θ 为体积应变;ν 为泊松比;τ 为剪切分量。将式(4.136)代入式(4.137),得

$$
\sigma_x=-\frac{E}{1-\nu^2}(\varepsilon_x+\nu\varepsilon_y),\quad \sigma_y=-\frac{E}{1-\nu^2}(\varepsilon_y+\nu\varepsilon_x),\quad \tau_{xy}=\frac{1}{G}\gamma_{xy}
\tag{4.138}
$$

因而有

$$\sigma_x=-\frac{Ez}{1-\nu^2}(\kappa_x+\nu\kappa_y),\quad \sigma_y=-\frac{E}{1-\nu^2}(\kappa_y+\nu\kappa_x),\quad \tau_{xy}=-\frac{2}{G}\kappa_{xy}=-\frac{Ez}{(1+\nu)}\kappa_{xy} \tag{4.139}$$

将地层厚度 $t=2z$ 代入式(4.139),得由曲率分量表示的地层面上的应力分量

$$\sigma_x=-\frac{Et}{2(1-\nu^2)}(\kappa_x+\nu\kappa_y),\quad \sigma_y=-\frac{Et}{2(1-\nu^2)}(\kappa_y+\nu\kappa_x),\quad \tau_{xy}=-\frac{Et}{2(1+\nu)}\kappa_{xy} \tag{4.140}$$

由式(4.140)可知,当地层面向上凸时,曲率大于零,正好对应上凸地层面受拉张应力,张应力为正。为了与地质力学符号相符,这里采用压应力为正,张应力为负的符号约定。曲率小于零,表示地层上凸。求出该点的沿坐标的应力后,就可求出其主应力及其方向:

$$\sigma_{\max}=\frac{\sigma_x+\sigma_y}{2}+\sqrt{\left(\frac{\sigma_x-\sigma_y}{2}\right)^2+\tau_{xy}^2},\quad \sigma_{\min}=\frac{\sigma_x+\sigma_y}{2}-\sqrt{\left(\frac{\sigma_x-\sigma_y}{2}\right)^2+\tau_{xy}^2} \tag{4.141}$$

$\sigma_{\max}$ 与 X 轴的夹角为 α,$\sigma_{\min}$ 与 X 轴的夹角为 β,有

$$\tan(\alpha)=\frac{\sigma_{\max}-\sigma_x}{\tau_{xy}},\quad \mathrm{tag}(\beta)=\frac{\tau_{xy}}{\sigma_{\min}-\sigma_y} \tag{4.142}$$

因此,若能得到地层面的扰度方程或其面上点的曲率,就可以估算其上的应力场,进而分析由此应力产生的裂缝。

3) 地应力场地震预测实现及效果

(1) 叠前参数反演。

基于流体置换模型,应用纵波声波时差、密度、泥质含量、孔隙度、含水饱和度和骨架、流体的各种弹性参数反演井中横波速度。根据井中纵波速度、横波速度和密度及弹性波阻抗,在复杂构造框架和多种储层沉积模式的约束下,采用地震分形插值技术建立可保留复杂构造和地层沉积学特征的弹性波阻抗模型,使反演结果符合研究区的构造、沉积和异常体特征。采用广义线性反演技术反演各个角度的地震子波,得到与入射角有关的地震子波。在每一个角道集上,采用宽带约束反演方法反演弹性得到与入射角有关的弹性波阻抗。最后对不同角度的弹性波阻抗反演纵横波波阻抗,进而获得泊松比等弹性参数,对储层的物性和含流体性质进行精细描述。

(2) 应力场数值模拟。

由于采用薄板弯曲趋势面法要涉及薄板厚度,根据关键层位反射层深度构造图确定各层的厚度。利用地层的构造形态,综合考虑地层的弹性参数,在计算曲率的基础上,以断层组合方式为约束条件,采用弹性薄板理论进一步计算地层的应力场及应变场,然后根据构造的应力、应变场,对储层裂缝的发育程度及展布关系进行分析。

构造曲率表示构造面梯度变化的快慢。构造曲率大值区,表示构造面梯度变化快,可指示构造裂缝发育带;最大主应变表示形变的大小,其中张应变与裂缝密度有关;最大主应力分为压应力和张应力,其中压应力平行裂缝方向,张应力平行裂缝法向方向。应力大值区,表示受力作用强,可指示构造裂缝发育。对研究区沙三下亚段 12 下—13 上层组的应力和应变进行分析,分别得到了构造曲率、最大主应变、最大主应力的预测结果。三个

预测结果具有相似性，可选取最大主应变和最大主应力方向(图 4.174)相结合来进行应力场分析和裂缝预测。

(a) 最大主应变预测图

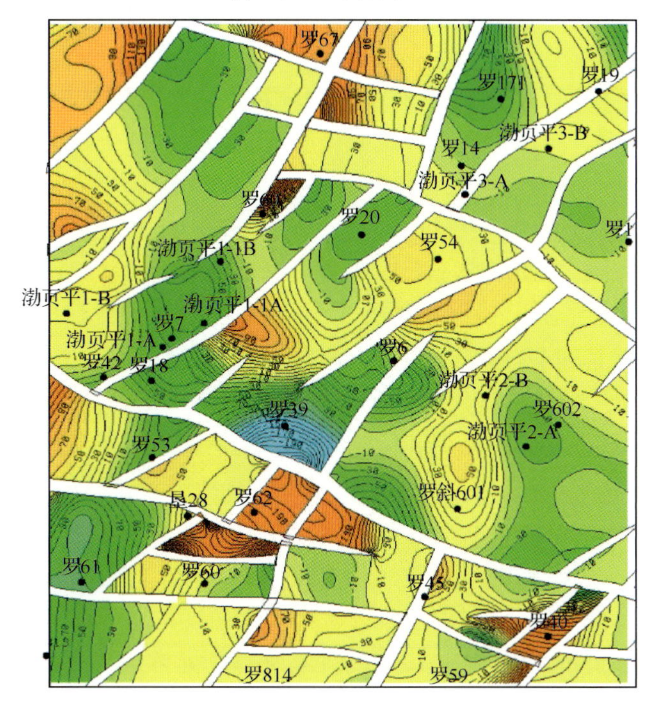

(b) 应力预测图

图 4.174 基于薄板理论的罗 42 三维 13 上层组应力、应变预测图

从图中可以看出，12 下—13 上层组的主应力、主应变异常区域与研究区断层发育带基本吻合，应力的正值（压应力）主要分布在断层两翼，方向与断层方向一致。最大水平主应力主要分布于罗 69—罗 67 井区，应力值大于 70MPa；南部受到北西-南东方向的断层影响在罗 53—罗 42 井区出现应力高值区，远离断层区域，地应力值降低。由此可见，断层对应力的分布有较明显的影响，断层附近是应力高梯度区，且断层交叉、分支、拐点处及尖灭区（端部）有较明显的等值线密集现象，表明这些区域是应力集中区。

图 4.175 是对研究区构造应力场的方向统计，从应力方向玫瑰图统计中可以看出，该区域应力场主要集中在两个方向，主应力以北北东方向为主，北西方向为辅。北西向应力反映了喜马拉雅运动早期的构造运动；整体发育了近东西向的断层；北北东方向应力主要集中于断层发育带附近，其方向与断层发育方向大体吻合，反映后期喜马拉雅挤压运动的影响。

与实钻井对比，罗 69 井区 12 下—13 上层组的主应力方向为北东东-南西西，其方向与断层发育方向大体吻合，反映后期喜马拉雅挤压运动的影响。从罗 69 井成像测井资料来看，12 下—13 上层组存在明显各向异性，表明裂缝较为发育，以北东东-南西西的高导缝为主，说明与实钻井对比吻合较好，且主应力方向与裂缝方向平行或呈锐角，有利于裂缝的开启和油气富集成藏。到南部高台阶应力方向发生改变，以北北东方向为主，北西方向为辅，主要集中在渤页平 1 井及南部的断层发育带附近。

地应力是控制裂缝发育的重要因素，构造地应力的强弱影响着裂缝发育程度。利用地应力场有限元模拟的结果，对该区 12 下—13 上层组的潜在裂缝分布做定量预测，进而为该区开发提供参考依据。

统计的全区裂缝走向如图 4.176 所示。全区裂缝走向主要以北北东和北西向两组为主，裂缝方向和主应变方向基本一致。说明该区遭受到多期的挤压应力作用，发育北北东和北西向两组断层带。裂缝方位玫瑰图（图 4.177）表明，南部的罗 39—罗 48 井区受北东向和北西向两组交错应力影响，裂缝指示因子较大，裂缝较为发育。在罗 69 井附近的断层发育带为北东向裂缝，主要反映了受后期喜马拉雅期挤压运动的影响，在研究区东北部为主应力低值区，构造活动弱，裂缝相对不发育。

在地应力预测的基础上，可综合利用方位振幅属性、衰减和频率属性来评估储层的裂缝发育程度、裂缝密度、流体饱和度等各项参数。随方位角变化得到裂缝衰减属性的各向异性裂缝密度预测结果表明（图 4.178），罗 48—渤页平 1 井区裂缝呈北北东、北西方向的网状交错展布，发育密集，且方向性强。渤页平 1 井在沙三下亚段试油日产 8.22t，预测结果与实钻井吻合较好。北部的罗 69 井区裂缝密度整体高于渤页平 2 井区，与实钻井裂缝统计结果基本吻合，为泥页岩油气藏勘探开发指明了下一步的有利目标。

通过对应力场计算结果分析，确定研究区经历了两期构造运动，这与该区构造运动地质史一致。应力场分析定性预测构造裂缝发育，应力场异常区确定的裂缝发育带与实钻井吻合较好。

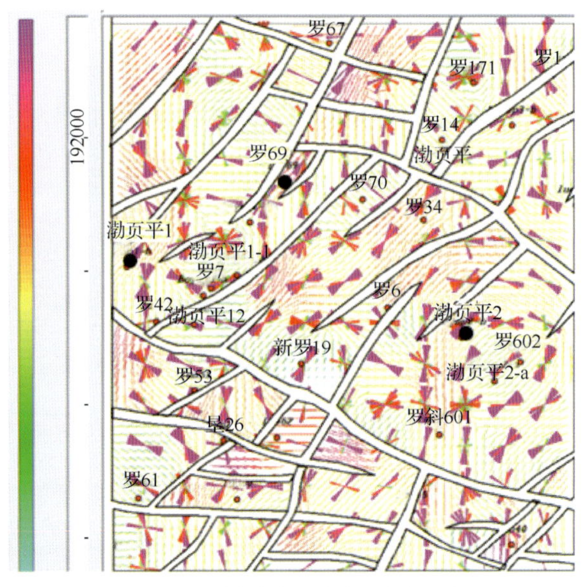

(a) 罗42三维主应变+主应力方向玫瑰图

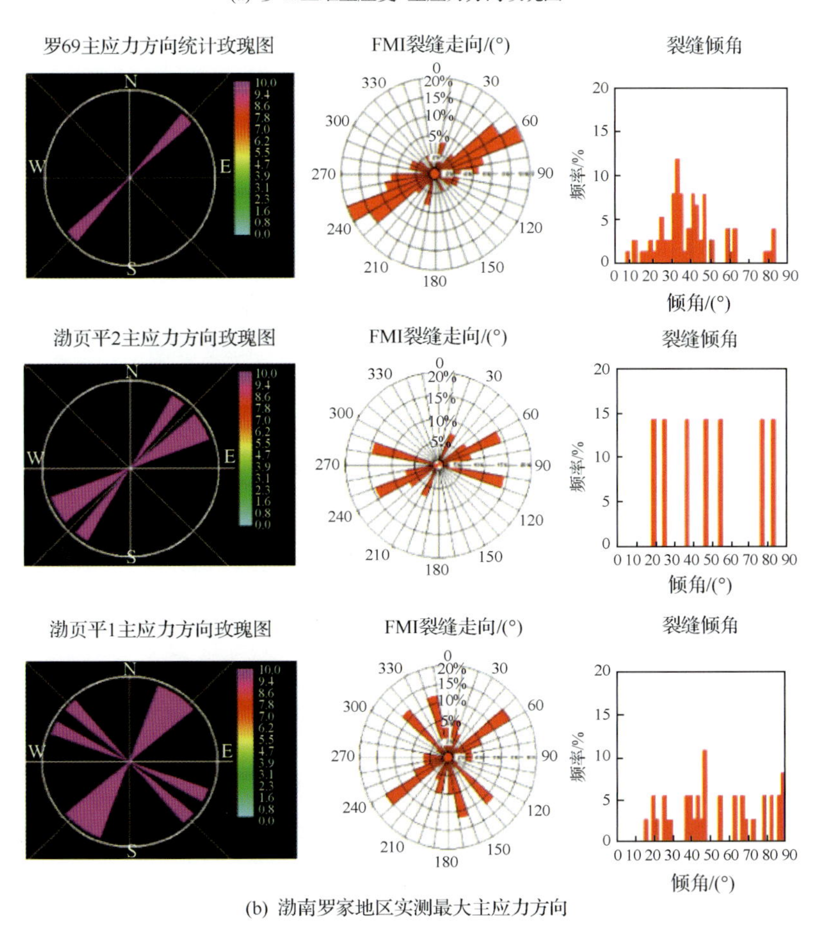

(b) 渤南罗家地区实测最大主应力方向

图 4.175　罗 42 三维 13 上层组主应变和主应力玫瑰图

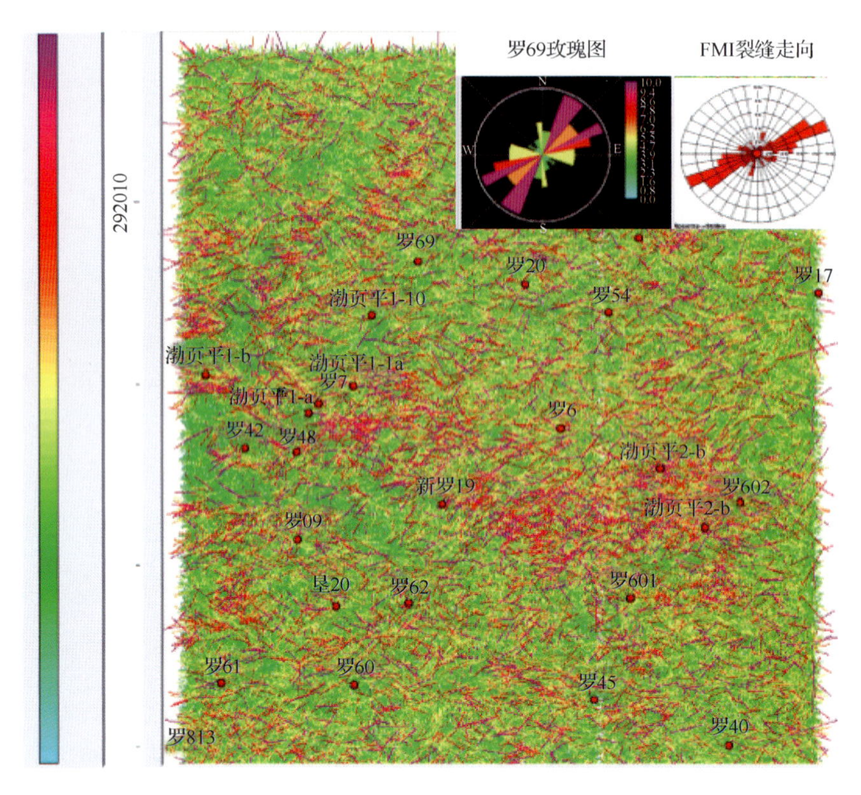

图 4.176　罗 42 三维 13 上层组裂缝走向图

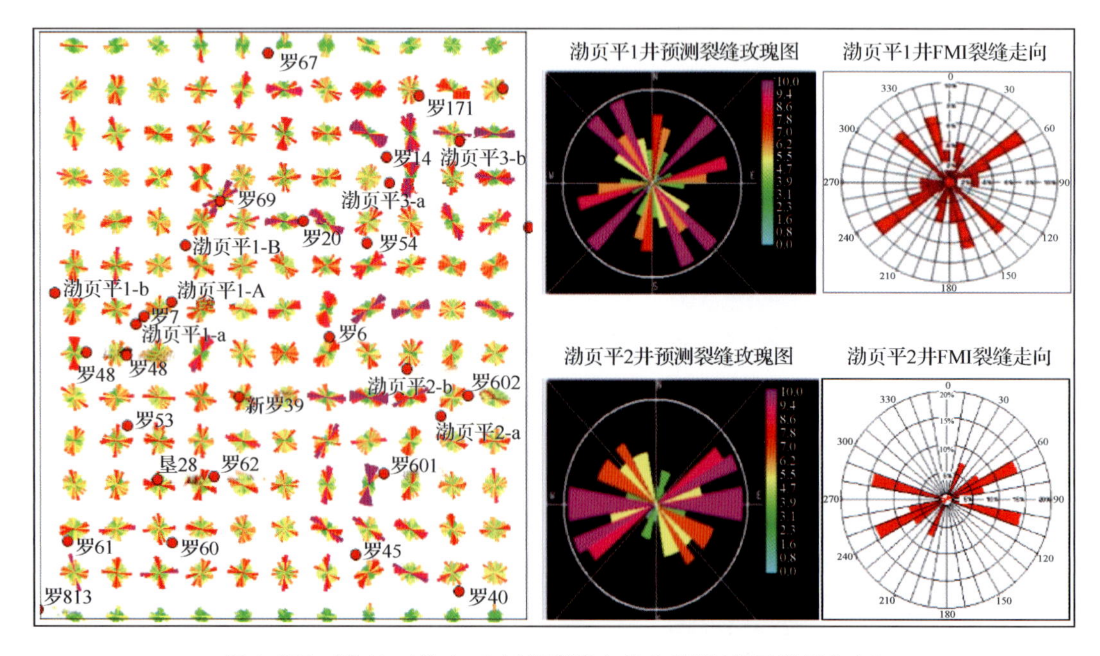

图 4.177　罗 42 三维 13 上层组裂缝方位玫瑰图(指示裂缝方向)

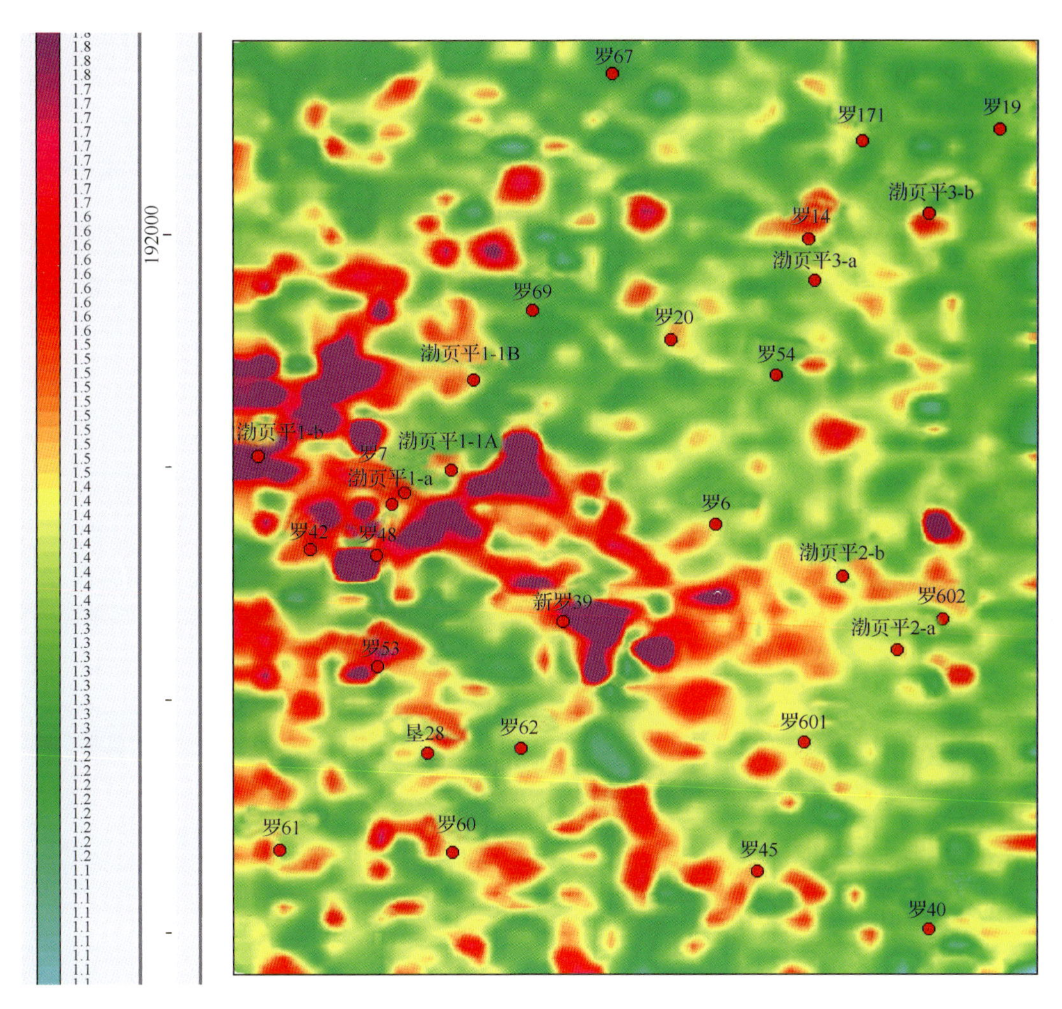

图 4.178　基于方位裂缝衰减属性的各向异性裂缝密度分布图

（3）基于薄板理论算法的优缺点。

本方法基于弹性薄板理论，利用薄板弯曲模型趋势面分析法，考虑断裂对构造应力场的限制，可以应用于复杂的、与褶皱成因有联系的任意凸形构造应力体系研究。该方法突出了构造面曲率对储集层构造应力的影响，特别是能给出古构造面边界上的侧向分布力，即区域应力场，为用其他数值模拟方法提供了边界条件。同时该方法也给出了构造面上横向总体应力分布特征。薄板弯曲模型趋势面法计算数据为构造等值线数据，可快速模拟出所需区块内的构造应力场。

该方法的最大优点是操作简单、计算快捷、成图方便，但缺点是薄板弯曲模型趋势面法模拟只考虑了构造的变化，而其他因素没有参考。模拟结果很大程度上取决于构造图的精确程度和断裂的复杂情况，构造变化大的地方有效应力大，反之有效应力小。同时，采用趋势面法时可能会平滑掉局部构造使得主应力值变化不明显。此外，由于趋势面的几何形态主要突出优势构造，所给出的应力场只描述了整体平均性质，不能反映局部细结构应力状态。特别是经历了多次构造运动叠加后的应力场，现今的地应力与古构造一致性变化较大，运用该方法预测地应力方向准确性明显变差，一般只有50%的符合率。因此需要跟其他模拟法结合起来共同研究区域应力场。

4.7　泥页岩可压性评价方法研究

岩石的可压性是泥页岩压裂所考虑的重要岩石力学特征参数之一。由于泥页岩油气储层具有低孔、低渗的特征，除自身天然裂缝外，需大规模压裂才能形成工业产能。因为泥页岩在压裂过程中只有产生各种形式的裂缝，形成裂缝网络，才能获得较高产能，本书进行了基于岩石物理和破裂脆性的泥页岩可压性定量表征研究。

4.7.1　破裂脆性特征

统计分析表明，研究区内地层破裂段力学特征较为明显。发育裂缝的地层最大主应力大于破裂压力；后期压裂改造效果不显著的地层，其破裂压力往往远大于地层的最大主应力。通过分析认为，虽然最大主应力与破裂压力都与弹性参数具有较好的相关性，但破裂压力随弹性参数增大的斜率大于主应力随弹性参数增大的斜率(图4.179)。因此，利用最大主应力和破裂压力的差值可表征地层的破裂脆性。其数学基本模型为

$$BI_{(\mathrm{Break})}=\xi(\sigma_{\max}-P_{\mathrm{f}})+\varepsilon \tag{4.143}$$

式中，$BI_{(\mathrm{Break})}$为破裂脆性指数；$\sigma_{\max}$为最大主应力；P_{f}为破裂压力；ξ、ε为校正系数。

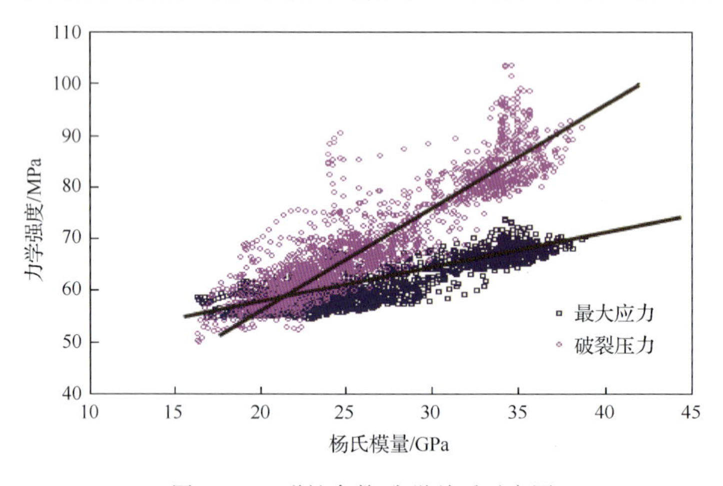

图4.179　弹性参数-力学关系示意图

4.7.2　破裂脆性表征方法

破裂压力主要有以下几种计算方法。

Hubbert和Wills模式：

$$P_{\mathrm{f}}=P_{\mathrm{p}}+\left(\frac{1}{3}\sim\frac{1}{2}\right)(P_{\mathrm{o}}-P_{\mathrm{p}}) \tag{4.144}$$

Metthews 和 Kelly 模式：

$$P_f = P_p + K_i(P_o - P_p) \tag{4.145}$$

以上两种方法主要是基于经验公式和区域经验值的计算方法，这里主要利用基于岩石物理弹性参数的有效计算法：

$$P_f = \frac{2\nu}{1-\nu}P_o + \frac{1-3\nu}{1-\nu}aP_p \tag{4.146}$$

$$P_f = P_p + \frac{\nu}{1-\nu}(P_o - P_p) \tag{4.147}$$

式中，P_o 为上覆岩层压力(MPa)；P_p 为孔隙压力(MPa)；P_f 为破裂压力(MPa)；K_i 为经验系数；ν 为泊松比；a 为 Biot 常数。

通过对比破裂压力和最大主应力，结合实际测量的孔隙度曲线，认为泥页岩地层主要分为三类。当最大主应力大于破裂压力时，裂缝产生，储层孔隙度较好，定义为一类储层；当最大主应力与破裂压力近似相等时，虽孔隙度较小，但仍为可压性好的地层，可通过后期的压裂对储层物性进行改善，定义为二类储层；当破裂压力远大于最大主应力时，地层的可压性差，定义为三类储层，如图 4.180 所示。

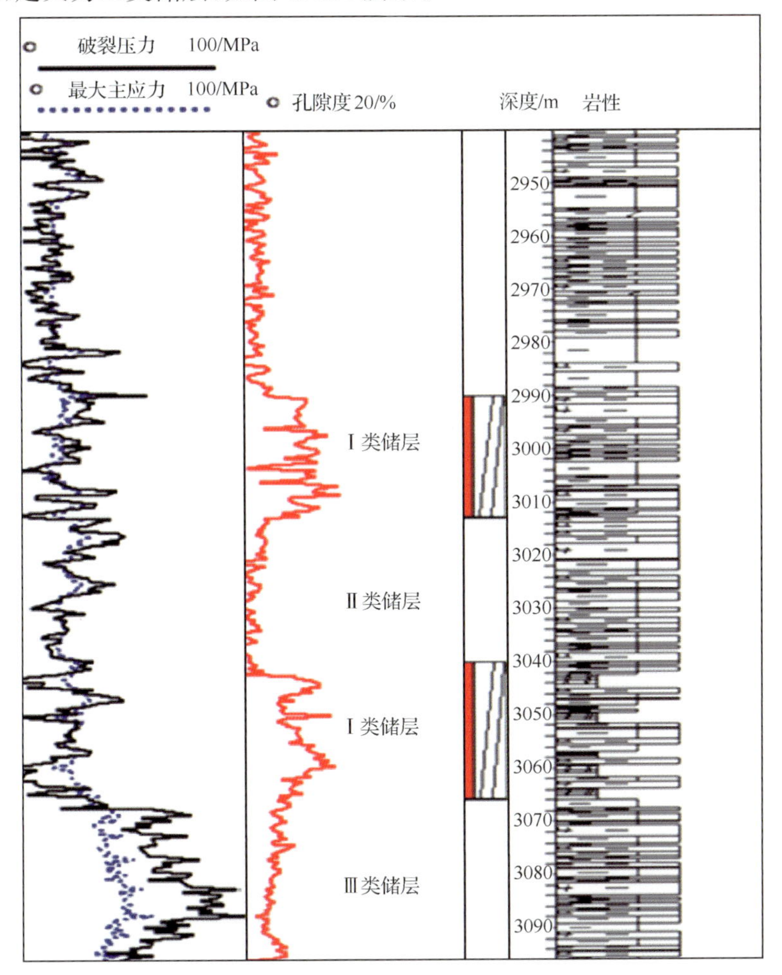

图 4.180　罗 69 井主应力-破裂压力-孔隙度图

4.7.3 优选表征因子

选取与泥页岩地层力学信息相关的参数，这些参数主要包括泥页岩的测井参数，如声波时差、密度；岩石物理弹性参数，如杨氏模量、剪切模量、体积模量；矿物成分参数，如脆性矿物含量。测井参数较多时，需先进行参数的相关系数判定，对自变量进行检验和筛选，剔除那些对因变量没有影响或影响甚小的自变量，以达到简化变量间关系结构、简化回归方程的目的。

每次观测值 y_k 的变差大小，常用该次观测值 y_k 与 n 次观测值的平均值 $\bar{y}=\frac{1}{n}\sum_{i=1}^{n}y_i$ 的差 $y_k-\bar{y}$（称为离差）来表示，而全部 n 次观测值的总变差可由总的离差平方和表示：

$$S_{yy}\sum_{k=1}^{n}(y_k-\bar{y})^2=\sum_{k=1}^{n}(y_k-\hat{y})^2+\sum_{k=1}^{n}(\hat{y}_k-\bar{y})^2=Q+U \tag{4.148}$$

式中，$U=\sum_{k=1}^{n}(\hat{y}_k-\bar{y})^2$ 称为回归平方和，是回归值 $\hat{y}_k$ 与均值 $\bar{y}$ 之差的平方和，反映了自变量 $x_1,x_2,x_3,\cdots x_m$ 的变化所引起的 y 的波动。$Q=\sum_{k=1}^{n}(y_k-\hat{y})^2$ 称为剩余平方和（或称残差平方和），是实测值 y_k 与回归值 $\hat{y}_k$ 之差的平方和，由试验误差及其他因素引起。为检验总的回归效果，常引用无量纲指标：

$$R^2=\frac{U}{S_{yy}}=\frac{S_{yy}-Q}{S_{yy}} \tag{4.149}$$

R 称为复相关系数，为 0～1。复相关系数越接近 1，回归效果就越好，因此，可作为检验总回归效果的一个指标。

对罗 69 井的各类参数与主应力、抗压强度、破裂压力的复相关系数做显著性检验，优选复相关系数大于 0.9 的参数作为有效的表征因子。通过分析认为，杨氏模量、剪切模量、体积模量对岩石力学参数（主应力、破裂压力、抗压强度）具有较好的相关性，可作为力学参数的表征因子（图 4.181）。

多元线性回归的基本思想是对相关变量进行估计、预测和控制，确定这些变量之间定量关系的可能形式，并用一个数学模型来表示，即

$$y=\beta_0+\beta_1x_1+\beta_2x_2+\cdots\beta_px_p+\varepsilon \tag{4.150}$$

该公式表明变量 y 由两部分变量决定：第一，有 p 个因变量 x 的变化引起的 y 的变化部分；第二，由其他随机因素引起的 y 的变化部分。多元线性回归模型可直观、快速分析出多变量之间的线性关系。回归分析可准确地衡量各个因素之间的相关程度与拟合程度的高低，提高预测公式的效果。

通过多元线性回归拟合了破裂压力与杨氏模量、剪切模量、体积模量的回归拟合公式（图 4.182），即

$$P_{\mathrm{f}}=-0.14E+0.994K+2.77G+24.59 \tag{4.151}$$

最后，将 P_{f}、$\sigma_{\max}$ 表达式代入破裂脆性计算模型公式中，建立泥页岩可压性指数的表征公式：

$$\mathrm{BI}_{(\mathrm{Break})}=0.12E-0.296K-2.311G+C \tag{4.152}$$

式中，C 为矫正系数；E 为杨氏模量；K 为体积模量；G 为剪切模量。

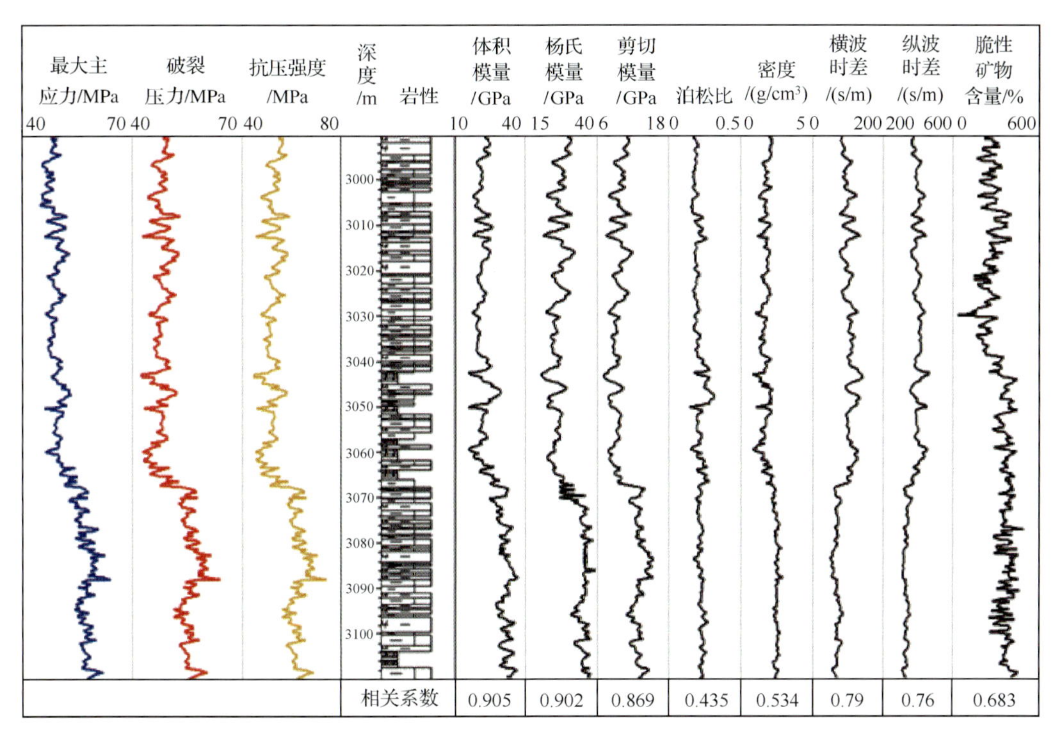

图 4.181　罗 69 井的参数信息及有效因子判别系数图

破裂压力　深度/m　杨氏模量　体积模量　剪切模量

2950 2960 2970 2980 2990 3000 3010 3020 3030 3040 3050 3060 3070 3080 3090 3100 3110

回归统计	
线性回归系数	0.94993
拟合系数	0.902368
调整后拟合系数	0.902212
标准误差	3.299994
观测值	1885

	系数	标准误差
常量	24.59551	0.395759
杨氏模量	−0.13984	0.0532
体积模量	0.993731	0.038153
剪切模量	2.770392	0.122256

图 4.182　破裂压力与弹性参数的回归分析图

对建立的泥页岩可压性指数表征公式进行判别验证，判别的标准为：当 $BI_{(Break)}$ 大于 0 时，地层破裂，对应的地层储层孔隙度有明显的提高，储层物性明显改善。通过对已钻典型泥页岩裂缝储层孔隙度、实验室分析测试成果与 $BI_{(Break)}$ 的统计表明，泥页岩可压性指数与实际井的吻合情况大于 80%(图 4.183)。

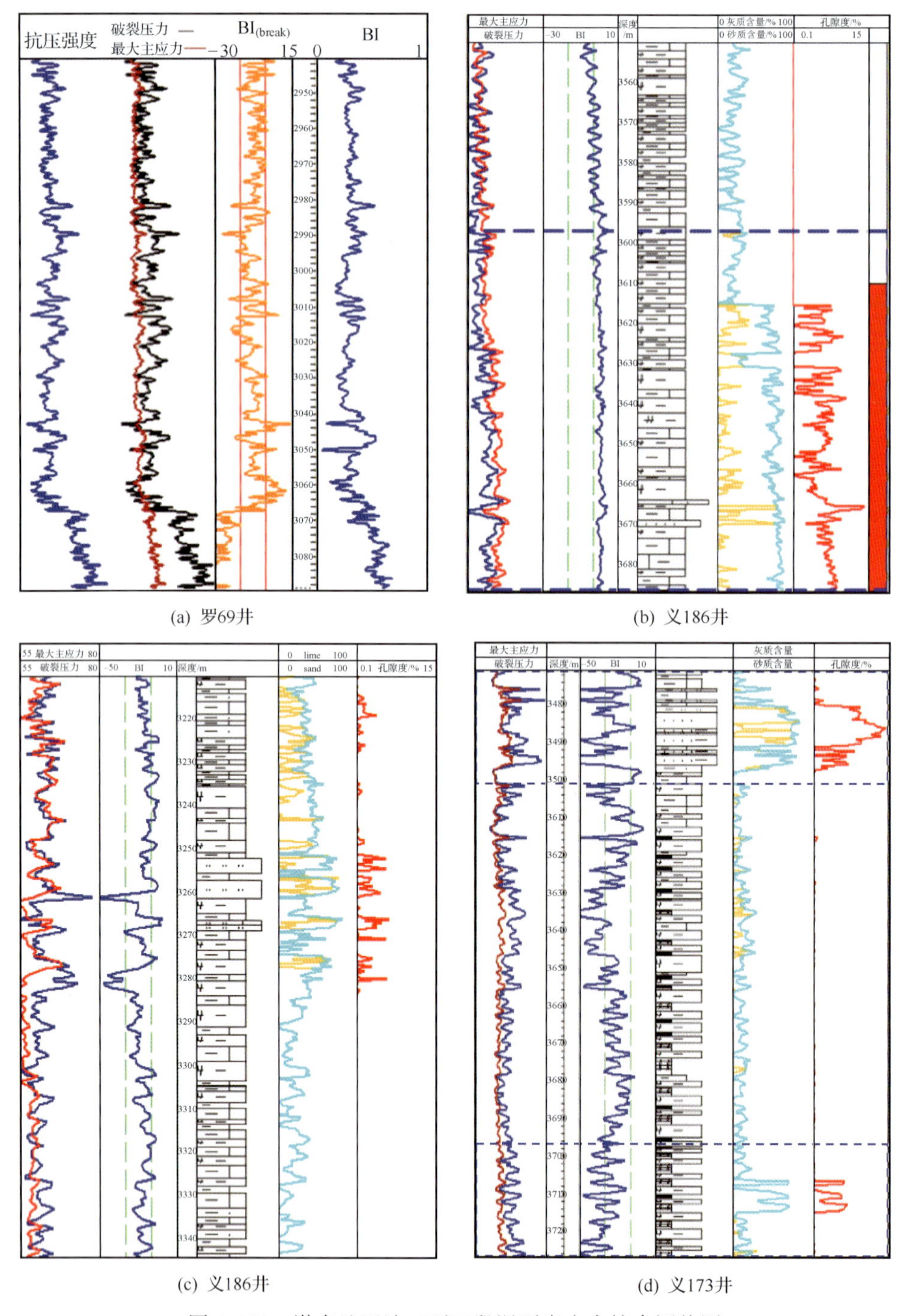

图 4.183　渤南地区沙三下亚段泥页岩应力综合评价图

对比罗69井拟合后的破裂脆性和经验脆性评价曲线，新定义的破裂脆性曲线与实际钻探井的破裂情况吻合度较高。对于沙三下亚段13层组的地层，其脆性矿物达85%，致密岩石不利于地层破裂和后期储层的压裂改造。对义186井进行了破裂脆性计算发现，在3620～3680m井段处，最大主应力大于破裂压力，破裂脆性指数大于0，推测已产生裂缝。钻探效果表明，储层孔隙度约为10%，试油日产167t，显示了该段储层较好的产能，同时验证了破裂脆性指数的有效性。

4.7.4　泥页岩破裂脆性预测

利用纵横波联合叠前地震反演得到杨氏模量体、体积模量体和剪切模量体，利用可压性定量表征公式，得到可压性地震体。

图4.184是罗69井南北向可压性剖面图，该井在实际钻探过程中沙三下亚段13下层组的高灰质地层中并没有形成有效储集层，而在沙三下亚段13上层组中形成了有效的渗透性储集层。新罗39与罗69井沙三下亚段为一个破裂系统，从实际录井剖面看(图4.185)，两口井的电性具有很强的相似性。同时，新罗39在罗69南部的高部位，有利于油气成藏。

过罗40—渤页平2—罗69可压性地震连井剖面(图4.186)表明，渤页平2井的可压性数值多小于0，表明其不具有较好的可压性。该井实际压裂的效果较差，储层改造效果较差，验证了预测结果的正确性。

地层可压性较好的区域主要集中在南部的罗53井区(图4.187)，此外，在北部新渤深1井—义186井区的地震预测地层可压性也较理想(图4.188)。上述两区域地层可压性好，展布范围较广，连通性好，是泥页岩油气的现实储量阵地。

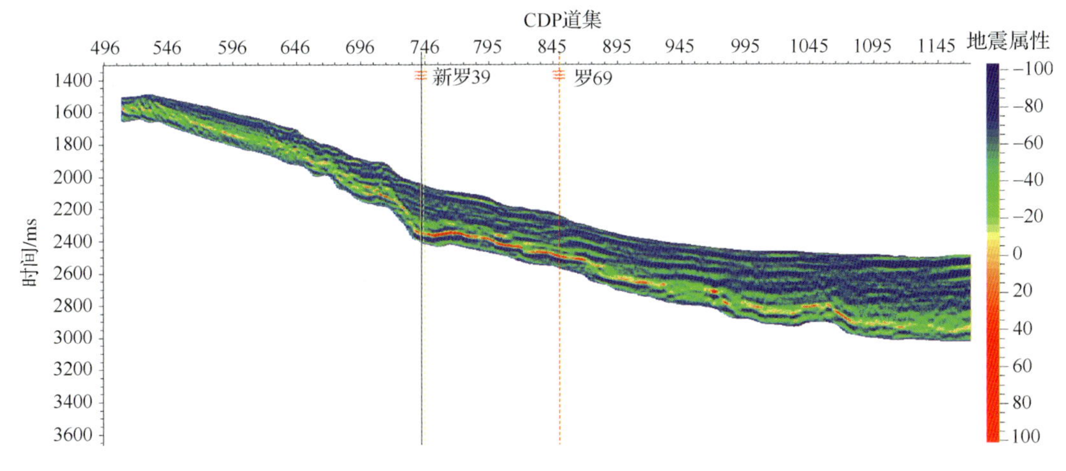

图4.184　过罗69井南北向可压性地震剖面

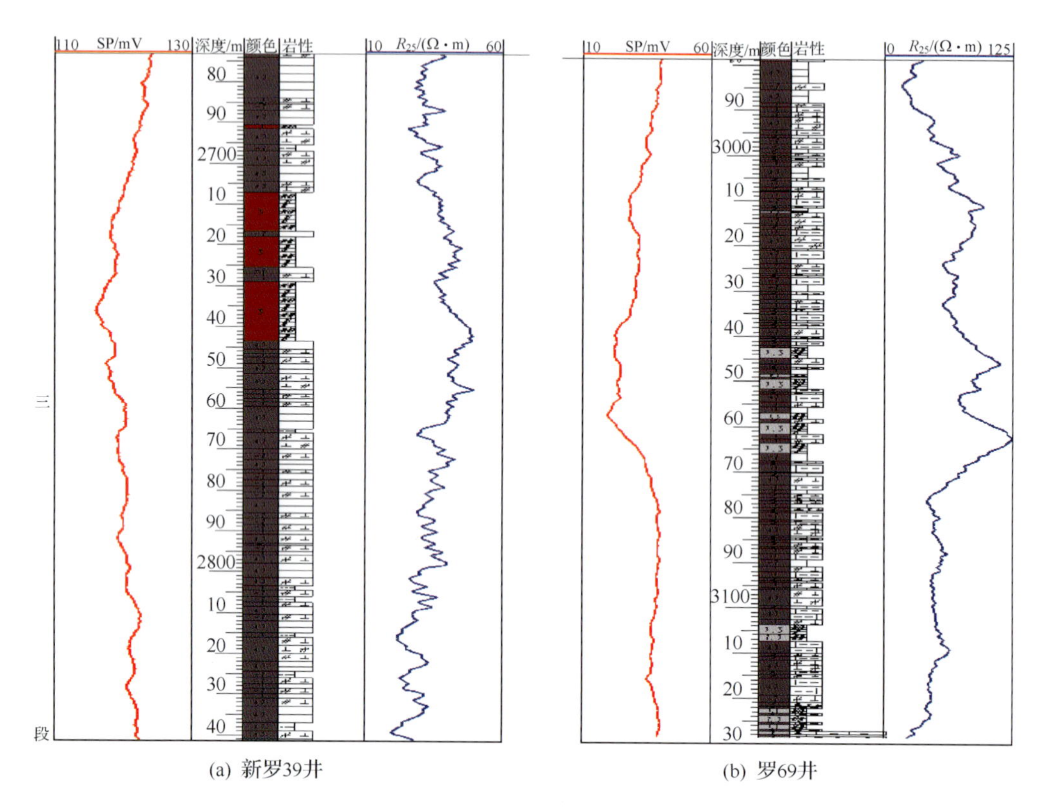

图 4.185　新罗 39 井和罗 69 井的录井剖面

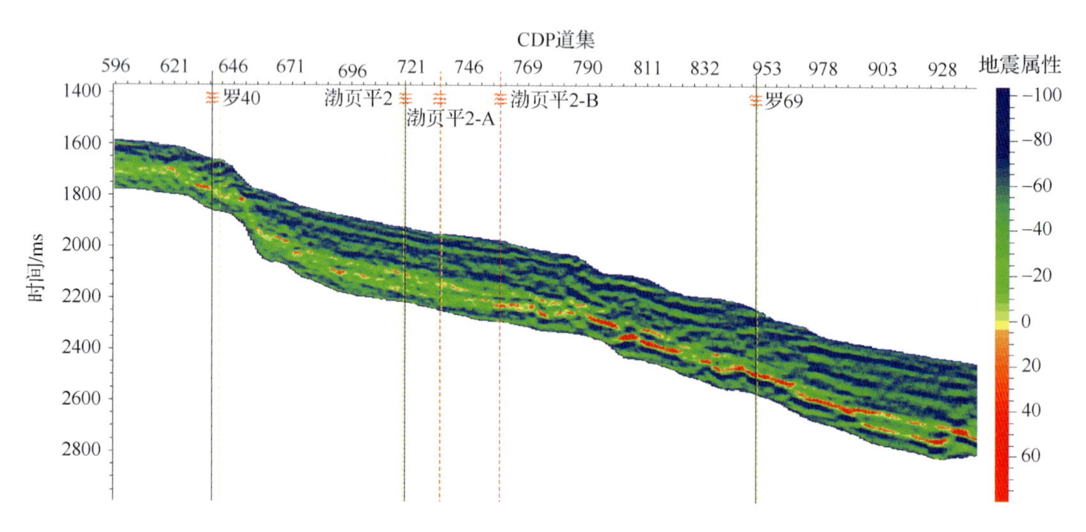

图 4.186　过罗 40—渤页平 2—罗 69 可压性地震连井剖面

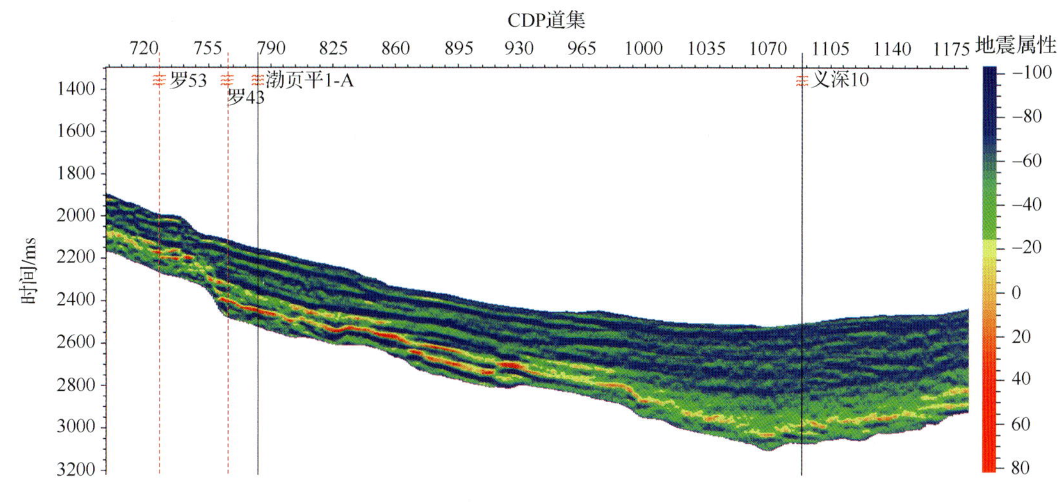

图 4.187 罗 53—罗 42—渤页平 1—义深 10 井可压性连井剖面

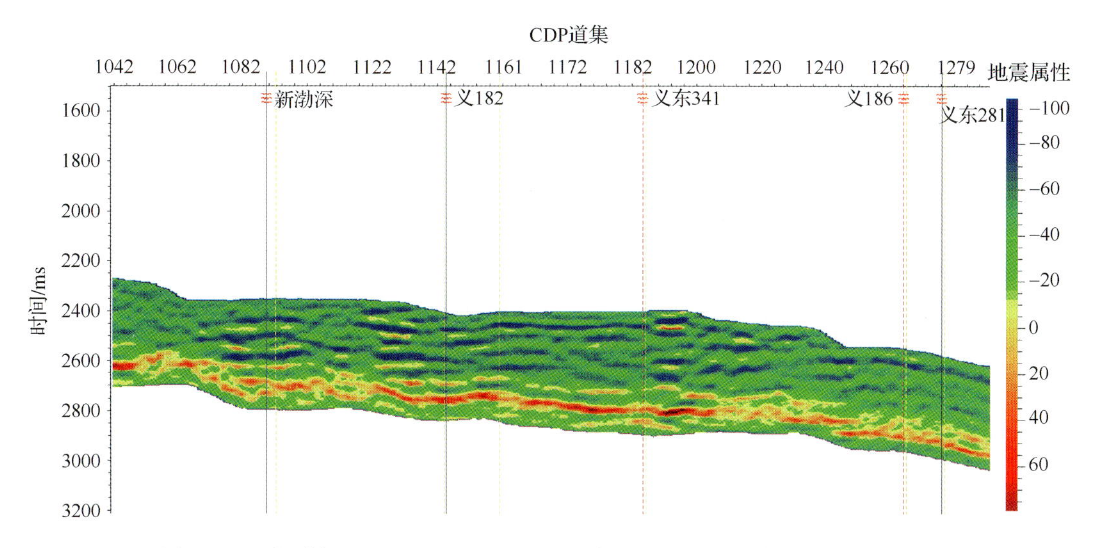

图 4.188 新渤深 1—义 182—义 187—义东 341—义 186 井可压性连井剖面

根据渤南地区可压性预测结果(图 4.189～图 4.191),该区在沙三下亚段地层的可压性主要分为三个有利区域。首先为西南部缓坡区,该区可压性评价指数大于 0,为较好的可压性改造区,罗 42 井、渤页平 1 井、渤页平 1-1 井均获得较好的油气显示和产能;其次为北部洼陷区,该区岩性组合以暗色泥岩夹灰岩条带为主,义 182 井、义 186 井均见高产油层,是泥页岩油气藏的现实储量阵地;再次为东部物源影响区,该区的砂质成分相对较高,岩性组合以泥页岩夹砂质条带岩性组合为主,也是泥页岩的勘探、储层改造和油气增储的后备阵地。

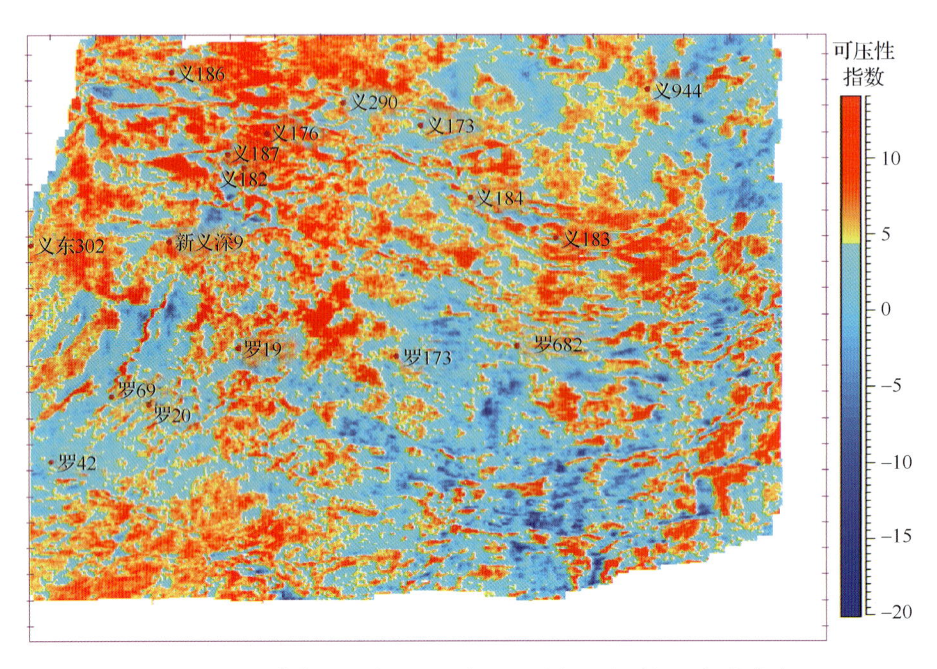

图 4.189　渤南地区沙三下亚段 12 上层组可压性地震预测图

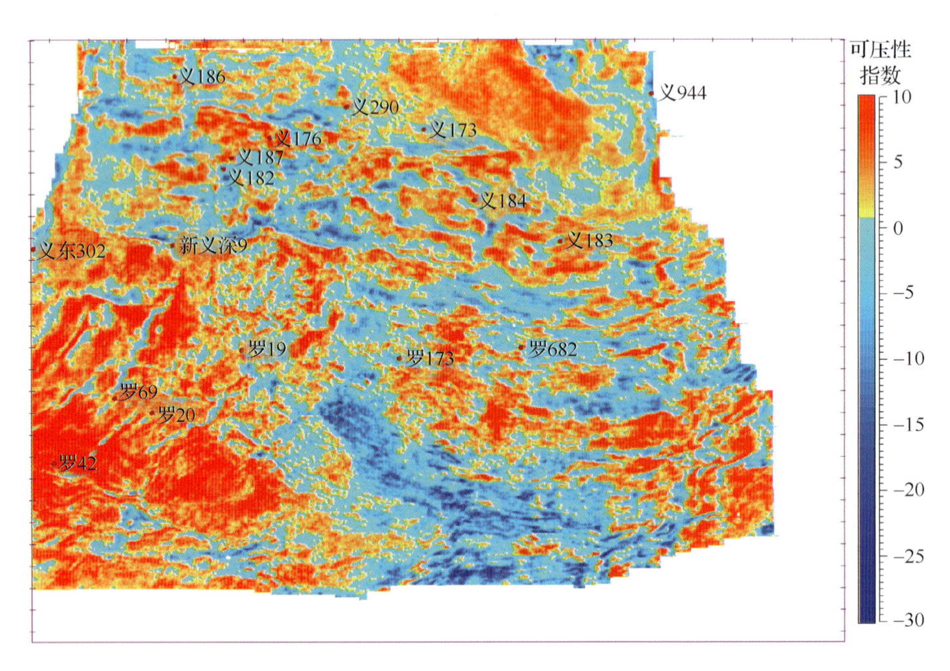

图 4.190　渤南地区沙三下亚段 12 下—13 上层组可压性地震预测图

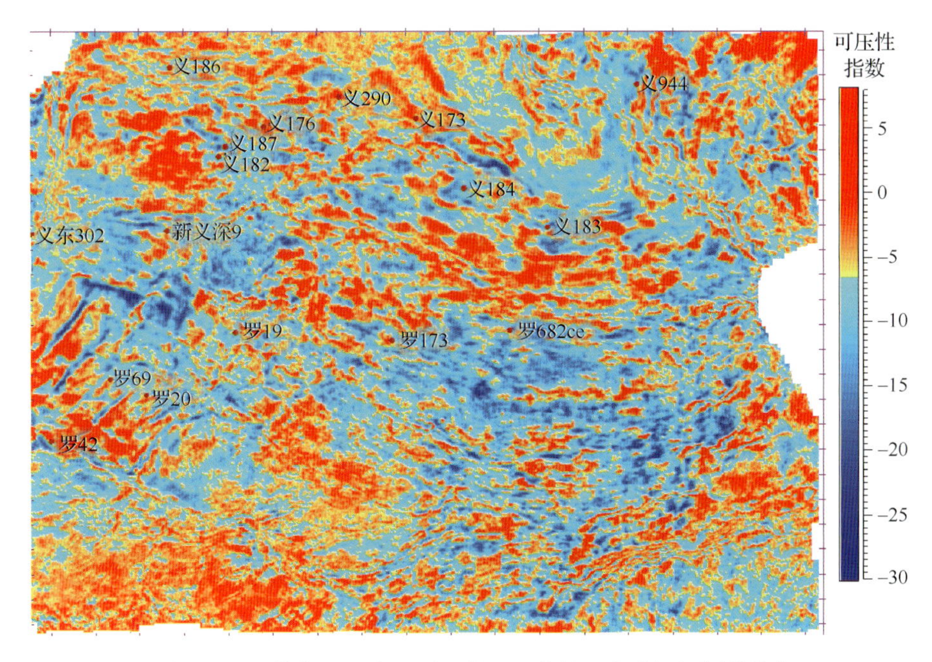

图 4.191　渤南地区沙三下亚段 13 下层组可压性地震预测图

4.8　泥页岩延展性评价方法研究

泥页岩地层延展性用来指示地层是否具有压裂成网的特征，与地应力具有直接关系。贝克休斯的GMI针对全球大概200个致密/页岩气地层建立了地质力学模型，通过地质力学模型可以分析岩石的各向应力，找出射孔的最佳位置，适于造缝。裂缝高度主要由纵向的最小主应力差控制，在应力一定的情况下裂缝宽度主要受杨氏模量控制。最小水平主应力作用在水力裂缝并使其闭合，垂直于水力裂缝。岩石力学模型中有三个互相垂直、大小不等的主应力，即垂直主应力、最大水平主应力和最小水平主应力。一般水平应力相对变化越小，越容易压裂成网。国内在页岩气藏厚度、埋深预测和多参数储层预测技术方面具有一定的基础，近两年在页岩气勘探方面取得了一定进展，但总体上仍处于起步阶段。

泥页岩储层具有的强非均质性和各向异性特征必然引起各种地震属性参数的变化，包括由岩性、裂缝、应力、流体饱和度、孔隙压力相互作用所引起的地下地震波速度及各种弹性参数的变化等。不平衡的水平应力和垂向上排列的裂缝会引起地震速度或振幅随激发-接收方位的不同而变化，从而给泥页岩地层延展性预测带来新的挑战。目前，我国泥页岩油气藏勘探方法研究起步较晚，尚没有一套系统而完整的泥页岩地层延展性预测的理论与方法。因此，有必要在开展方位地震反演理论方法研究的基础上，进一步探索各向异性参数与地应力之间的关系，通过方位叠前地震资料进行地应力反演估计，实现泥页岩地层延展性预测。

本书通过泥页岩地层延展性地震岩石物理参数定量表征研究，推导基于延展性指示因子的方位各向异性地震反射特征方程，攻关泥页岩地层延展性方位各向异性地震反演方法，实现泥页岩地层可压裂性评价。

4.8.1 地层延展性地震岩石物理参数定量表征

地层延展性是岩石的一种力学性质，表示材料在受力而产生破裂之前，其塑性变形的能力。地层延展性越差，越容易压裂成网；且地层延展性指数与水平地应力变化呈正相关。地应力是存在于地壳中的未受工程扰动的天然应力，它包括由地热、重力、地球自转速度变化及其他因素产生的应力。在油气勘探开发中一般指钻井、油气开采等活动进行之前，地层中原始地应力的大小，又可称原地应力。

在地应力的现场测量中，闭合应力诱导水力裂缝关闭时的压力被假定等于最小水平应力。最小水平应力可表示为σ_h或σ_x，最大水平应力可表示为σ_H或者σ_y，垂直应力可表示为σ_v或者σ_z。ε_x或ε_y是水平应变，ε_z是垂直应变，σ_x是水平应力，σ_z是垂直应力。

泊松比描述纵向应变与横向应变间的关系，可表示为$\nu=\dfrac{\varepsilon_x}{\varepsilon_z}=\dfrac{\varepsilon_x}{\varepsilon_y}$；杨氏模量是根据胡克定律获得的弹性形变，可表示为$E=\dfrac{\sigma_x}{\varepsilon_x}=\dfrac{\sigma_y}{\varepsilon_y}=\dfrac{\sigma_z}{\varepsilon_z}$。

用地震数据估算主应力时，必须意识到会涉及胡克定律中的地震参数，它是控制水力压裂并关于弹性应变与应力之间的一个基本的关系，即通过对岩石施加液压导致岩石变形(应变)和出现裂缝。应力与应变的关系由岩石的弹性性质决定。当力处于三维应力状态时，胡克定律的广义形式可以转化为含有应变ε随应力σ变化的形式。也就是说，地层的应变ε是其应力σ与有效弹性柔度张量$\boldsymbol{S}$乘积的一个函数：

$$\varepsilon_{i,j}=\boldsymbol{S}_{ijkl}\sigma_{kl} \tag{4.153}$$

式中，ε为缝隙性地层的应变；σ为地层所受的压力；$\boldsymbol{S}$为地层的有效柔度张量；i、j、k、l取1、2、3。

使用常规的6×6压缩矩阵符号，式(4.153)可表示为

$$\varepsilon_i=\boldsymbol{S}_{ij}\sigma_j \tag{4.154}$$

式中，11→1,22→2,33→3,23→4,13→5,12→6；i,j取1,2,…,6。

根据Schoenberg和Sayers提出的地震波通过裂缝性地层传播时受到地层各向异性影响的线性滑动理论，由于围岩中垂直裂缝和微裂缝的存在，缝隙性地层的有效柔度张量可以写成围岩的柔度张量$\boldsymbol{S}_b$和剩余柔度张量$\boldsymbol{S}_f$之和。围岩柔度张量$\boldsymbol{S}_b$是弹性围岩的柔度，剩余柔度张量$\boldsymbol{S}_f$可以研究每组平行或对齐的裂缝。根据Schoenberg和Sayers的理论，有效弹性柔度张量$\boldsymbol{S}$可以写成

$$\boldsymbol{S}=\boldsymbol{S}_b+\boldsymbol{S}_f \tag{4.155}$$

因此，运用Schoenberg和Sayers的理论就可将柔度矩阵简化为$\boldsymbol{S}_b+\boldsymbol{S}_f$，胡克定律也可以做如下简化：

$$\varepsilon_{i,j}=\{\boldsymbol{S}_b+\boldsymbol{S}_f\} \tag{4.156}$$

式中，11→1,22→2,33→3,23→4,13→5,12→6；i,j取1,2,…,6。

根据 Schoenberg 和 Sayers 的理论，剩余裂缝柔度张量 $\boldsymbol{S}_\mathrm{f}$ 可以写为

$$\boldsymbol{S}_\mathrm{f}=\begin{vmatrix} z_\mathrm{N} & 0 & 0 & 0 & 0 & 0 \\ 0 & 0 & 0 & 0 & 0 & 0 \\ 0 & 0 & 0 & 0 & 0 & 0 \\ 0 & 0 & 0 & 0 & 0 & 0 \\ 0 & 0 & 0 & 0 & z_\mathrm{T} & 0 \\ 0 & 0 & 0 & 0 & 0 & z_\mathrm{T} \end{vmatrix} \tag{4.157}$$

式中，z_N 为裂缝面的法向柔度张量；z_T 为裂缝面的切向柔度张量。

根据线性滑动理论，裂缝相对于垂直于断裂面的轴线旋转假定是不变的，且围岩是各向同性的。因此，通过由 z_N 所给的法向柔性张量和 z_T 所给的切向柔性张量可知，全部的柔性张量仅决定于两个裂缝柔性张量 z_N 和 z_T。

围岩柔度张量 $\boldsymbol{S}_\mathrm{b}$ 或弹性围岩柔度张量可以由杨氏模量和泊松比表述为

$$\boldsymbol{S}_\mathrm{b}=\begin{vmatrix} \frac{1}{E} & \frac{-\nu}{E} & \frac{-\nu}{E} & 0 & 0 & 0 \\ \frac{-\nu}{E} & \frac{1}{E} & \frac{-\nu}{E} & 0 & 0 & 0 \\ \frac{-\nu}{E} & \frac{-\nu}{E} & \frac{1}{E} & 0 & 0 & 0 \\ 0 & 0 & 0 & \frac{1}{G} & 0 & 0 \\ 0 & 0 & 0 & 0 & \frac{1}{G} & 0 \\ 0 & 0 & 0 & 0 & 0 & \frac{1}{G} \end{vmatrix} \tag{4.158}$$

式中，E 为围岩的杨氏模量；ν 为围岩的泊松比；G 为围岩的剪切模量(刚性模量)。

单组各向同性围岩介质的旋转不变的裂缝的有效柔度矩阵是围岩柔度矩阵和剩余柔度矩阵的总和。此外，围岩介质可以是垂直横向各向同性或相对低对称性。有效柔度矩阵可以写为

$$\boldsymbol{S}=\boldsymbol{S}_\mathrm{b}+\boldsymbol{S}_\mathrm{f}=\begin{vmatrix} \frac{1}{E}+z_\mathrm{N} & \frac{-\nu}{E} & \frac{-\nu}{E} & 0 & 0 & 0 \\ \frac{-\nu}{E} & \frac{1}{E} & \frac{-\nu}{E} & 0 & 0 & 0 \\ \frac{-\nu}{E} & \frac{-\nu}{E} & \frac{1}{E} & 0 & 0 & 0 \\ 0 & 0 & 0 & \frac{1}{G} & 0 & 0 \\ 0 & 0 & 0 & 0 & \frac{1}{G}+z_\mathrm{T} & 0 \\ 0 & 0 & 0 & 0 & 0 & \frac{1}{G}+z_\mathrm{T} \end{vmatrix} \tag{4.159}$$

如上所述，线性滑动理论假定“一个单组各向同性围岩介质的旋转不变的裂缝，介质为横向各向同性（TI），其对称轴垂直于裂缝”。换言之，地层被建模为具有水平对称轴的横向各向同性（HTI）介质，或方位各向异性介质。如果可获得足够且合适的可确定其弹性参数的数据，更复杂的各向异性模型也可以用来确定这些参数。换句话说，表示胡克定律的式（4.154）的矩阵可写为

$$\begin{vmatrix} \varepsilon_1 \\ \varepsilon_2 \\ \varepsilon_3 \\ \varepsilon_4 \\ \varepsilon_5 \\ \varepsilon_6 \end{vmatrix} = \begin{vmatrix} \frac{1}{E}+z_N & \frac{-\nu}{E} & \frac{-\nu}{E} & 0 & 0 & 0 \\ \frac{-\nu}{E} & \frac{1}{E} & \frac{-\nu}{E} & 0 & 0 & 0 \\ \frac{-\nu}{E} & \frac{-\nu}{E} & \frac{1}{E} & 0 & 0 & 0 \\ 0 & 0 & 0 & \frac{1}{G} & 0 & 0 \\ 0 & 0 & 0 & 0 & \frac{1}{G}+z_T & 0 \\ 0 & 0 & 0 & 0 & 0 & \frac{1}{G}+z_T \end{vmatrix} \begin{vmatrix} \sigma_1 \\ \sigma_2 \\ \sigma_3 \\ \sigma_4 \\ \sigma_5 \\ \sigma_6 \end{vmatrix} \tag{4.160}$$

当力处于三维应力状态时，刚度张量 $\boldsymbol{C}$ 必须结合应力张量 $\boldsymbol{\sigma}$ 和应变张量 $\boldsymbol{\varepsilon}$ 定义：

$$\boldsymbol{\sigma}_j = \boldsymbol{C}_{ij}\boldsymbol{\varepsilon}_i \tag{4.161}$$

式中，$\boldsymbol{\varepsilon}$ 为缝隙性地层的应变；$\boldsymbol{\sigma}$ 为地层所受的应力；$\boldsymbol{C}$ 为地层的刚性张量；i,j 取 $1,2,\cdots,6$。

此外，下面的方程表明了刚度张量 $\boldsymbol{C}$ 和柔度矩阵 $\boldsymbol{S}$ 之间的关系：

$$\boldsymbol{C} = \boldsymbol{S}^{-1} \tag{4.162}$$

因此，通过对方程（4.160）的转置，矩阵 $\boldsymbol{C}$ 可以由柔度矩阵 $\boldsymbol{S}$ 获取。根据 Schoenberg 和 Sayers 的理论，柔度矩阵的转置可以写为

$$\boldsymbol{C} = \boldsymbol{S}^{-1}\begin{vmatrix} M(1-\Delta_N) & \lambda(1-\Delta_N) & \lambda(1-\Delta_N) & 0 & 0 & 0 \\ \lambda(1-\Delta_N) & M(1-r^2\Delta_N) & \lambda(1-\Delta_N) & 0 & 0 & 0 \\ \lambda(1-\Delta_N) & \lambda(1-\Delta_N) & \lambda(1-r^2\Delta_N) & 0 & 0 & 0 \\ 0 & 0 & 0 & G & 0 & 0 \\ 0 & 0 & 0 & 0 & G(1-\Delta_T) & 0 \\ 0 & 0 & 0 & 0 & 0 & G(1-\Delta_T) \end{vmatrix} \tag{4.163}$$

式中，$M=\lambda+2G$；$r=\dfrac{\lambda}{M}$；$0\leqslant\Delta_T=\dfrac{Gz_T}{Gz_T}<1$；$0\leqslant\Delta_N=\dfrac{Mz_N}{1+Mz_N}<1$；$z_T=\dfrac{\Delta}{G(1-\Delta_T)}$；$z_N=\dfrac{\Delta_N}{G(1-\Delta_N)}$；$\Delta_N=$ 法向弱度；$\Delta_T=$ 切向弱度。

由式（4.161）所给关系，地层所受的应力可依据刚性矩阵 $\boldsymbol{C}$ 写成以下方程：

$$\begin{vmatrix}\sigma_1\\\sigma_2\\\sigma_3\\\sigma_4\\\sigma_5\\\sigma_6\end{vmatrix}=\begin{vmatrix}M(1-\Delta_N) & \lambda(1-\Delta_N) & \lambda(1-\Delta_N) & 0 & 0 & 0\\ \lambda(1-\Delta_N) & M(1-r^2\Delta_N) & \lambda(1-\Delta_N) & 0 & 0 & 0\\ \lambda(1-\Delta_N) & \lambda(1-\Delta_N) & \lambda(1-r^2\Delta_N) & 0 & 0 & 0\\ 0 & 0 & 0 & G & 0 & 0\\ 0 & 0 & 0 & 0 & G(1-\Delta_T) & 0\\ 0 & 0 & 0 & 0 & 0 & G(1-\Delta_T)\end{vmatrix}\begin{vmatrix}\varepsilon_1\\\varepsilon_2\\\varepsilon_3\\\varepsilon_4\\\varepsilon_5\\\varepsilon_6\end{vmatrix}$$

(4.164)

此外，水平应力 σ_x 与垂直应力 σ_y 相关，可表示为

$$\sigma_x=\sigma_z\frac{E_x}{E_z}\left(\frac{V_{yz}V_{xy}+V_{xz}}{1-V_{xy}V_x}\right)\tag{4.165}$$

$$\sigma_y=\sigma_z\frac{E_y}{E_z}\left(\frac{V_{xz}V_{yx}+V_{yz}}{1-V_{xy}V_x}\right)\tag{4.166}$$

式中，$V_{xy}=\varepsilon_x/\varepsilon_y$；$V_{xz}=\varepsilon_x/\varepsilon_z$；$V_{yz}=\varepsilon_y/\varepsilon_z$ 且 $V_{yx}=\varepsilon_y/\varepsilon_x$；$E_x=\sigma_x/\varepsilon_x$；$E_y=\sigma_y/\varepsilon_y$；$E_z=\sigma_z/\varepsilon_z$。应变 ε_i 可由矩阵(4.160)计算。例如，水平应变 x 方向分量可写成

$$\varepsilon_x=\varepsilon_1=\left(\frac{1}{E}+Z_N\right)\sigma_x-\frac{\nu}{E}(\sigma_y+\sigma_z)\tag{4.167}$$

$$\varepsilon_y=\varepsilon_z=\frac{1}{E}\sigma_x-\frac{\nu}{E}(\sigma_x+\sigma_z)\tag{4.168}$$

Iverson 理论表明水平应变量 x 方向分量可通过泊松关系由垂直应力 z 分量产生的 ε_1，通过泊松关系由水平应力 y 分量产生的 ε_2 和水平应力 x 分量产生的 ε_3 及胡克定律表示。水平应变的三个组分可写为

$$\varepsilon_x=\varepsilon_1+\varepsilon_2+\varepsilon_3\tag{4.169}$$

$$\varepsilon_x=\nu\frac{\sigma_z}{E}+\nu\frac{\sigma_y}{E}+\nu\frac{\sigma_x}{E}\tag{4.170}$$

通过由 Iverson 所披露的各向异性岩石性质，意味着假定水平应力不相等，且假设地下岩石是有限的，即它们是不动的，此时所有的应变 ($\varepsilon_x,\varepsilon_y,\varepsilon_z$) 等于零，式(4.169)的各向异性形式可写成

$$\varepsilon_x=\nu_{xz}\frac{\sigma_z}{E_z}+\nu_{xy}\frac{\sigma_y}{E_y}-\nu\frac{\sigma_x}{E_x}=0\tag{4.171}$$

根据 Iverson 理论，求解式(4.171)得到 σ_y 并代入等效公式中求解 y 方向的应变，得到以下方程：

$$\varepsilon_y=\nu_{yz}\frac{\sigma_z}{E_z}+\nu_{yx}\frac{\sigma_x}{E_y}-\nu\frac{\sigma_y}{E_y}=0\tag{4.172}$$

显然，式(4.167)等价于式(4.171)，式(4.168)等价于式(4.172)。因此，运用 Schoenberg 和 Sayers 及 HTI 介质假设，Iverson 理论中的泊松比与杨氏模量的关系可描述为

$$\nu_{xz}=\nu_{xy}=\nu,E_z=E\tag{4.173}$$

$$\frac{1}{E_x}=\frac{1}{E}+z_N\ \text{或}\ E_x=\frac{E}{Ez_N+1}\tag{4.174}$$

$$\nu_{yz}=\nu_{yx}=\nu, E_y=E \tag{4.175}$$

也就是说，运用 Schoenberg 和 Sayers 假设，Iverson 式(4.171)中的每个参数可以与对应式(4.167)中的参数相等价，即

$$\nu_{xz}\frac{\sigma_x}{E_x}=\frac{\nu}{E}\sigma_z \text{ 或 } \frac{\nu_{xz}}{E_z}=\frac{\nu}{E} \tag{4.176}$$

式(4.171)可写为

$$\nu\frac{\sigma_z}{E}+\nu\frac{\sigma_y}{E}-\sigma_x\left(\frac{1}{E}+z_N\right)=0 \tag{4.177}$$

所以

$$\sigma_x=\frac{\frac{\nu}{E}(\sigma_y+\sigma_z)}{\frac{1}{E}+z_N}=(\sigma_y+\sigma_z)\frac{\nu}{Ez_N+1} \tag{4.178}$$

同样，Schoenberg 和 Sayers 假设可以应用于 Iverson 式(4.172)求解 y 方向的水平应力，它可以表述为

$$\sigma_y=(\sigma_x+\sigma_z)\nu \tag{4.179}$$

式(4.178)可通过代入 σ_y 求解根据 σ_z 所得 σ_x 的式(4.179)：

$$\sigma_x=\sigma_z\frac{\nu(1+\nu)}{1+Ez_N-\nu^2} \tag{4.180}$$

同样，式(4.179)可通过代入从式(4.178)获得的 σ_x 求解根据 σ_z 所得 σ_y 的方程：

$$\sigma_y=\sigma_z\nu\left(\frac{1+Ez_N+\nu}{1+Ez_N-\nu^2}\right) \tag{4.181}$$

因为可以从地震数据或测井曲线中估算垂直应力 σ_z 或运用常规三维地震数据的方位速度和方位 AVO 反演获得其他参数，从式(4.180)和式(4.181)中可以估算出最小水平应力 σ_x 和最大水平应力 σ_y。

在垂直应力中，使单位变为 kg/m^2，然后乘以重力加速度($g\approx 9.8\text{m/s}^2$)，并将这些转化为 Pa，乘以百万转化为 MPa。因此，垂直应力可被描述为

$$\sigma_v(z)=\int_0^z g\rho h\,dh \tag{4.182}$$

式中，z 为深度；g 为重力加速度，g≈9.8m/s^2；$\rho(h)$为深度 h 处的密度；$\sigma_v(z)$为深度 z 处的垂直应力。

然后，对式(4.182)随深度近似求和

$$\bar{\rho}(i)=\bar{\rho}(i-1)z(i-1)+\frac{z(i)-z(i-1)}{z(i)}\rho(i) \tag{4.183}$$

所以有

$$\sigma_v(i)=gz(i)\bar{\rho}(i) \tag{4.184}$$

结合式(4.183)和式(4.184)并假设测井曲线或地震数据的第一密度值是表面密度，垂直应力可描述为

$$\sigma_v(i)=\sigma_v(i-1)z(i)+g[z(i)-z(i-1)]\rho(i) \tag{4.185}$$

式中，$\bar{\rho}(i)$为深度为$z(i)$处的平均密度。

还可以从时域地震数据估算垂直应力。因为地震波旅行时是双程旅行时，且地震波速度是间隔深度的平均速度，所以式(4.182)可近似于：

$$\sigma_{\mathrm{v}}(z) \approx \sum_{h=0}^{z} g\rho(h)\Delta h \tag{4.186}$$

间隔深度可近似为

$$\Delta(h) \approx \frac{V_{\mathrm{p}}\Delta t}{2} \tag{4.187}$$

式中，z为深度；g为重力加速度；$\rho(h)$为深度h处的密度；$\sigma_{\mathrm{v}}(z)$为深度z处的垂直应力；V_{p}为单位为m/s的地震波速度；Δt为单位为秒的地震波双程旅行时。

此外，可以应用式(4.180)和式(4.181)及从式(4.185)或式(4.186)中获得的垂直应力，从地震数据中计算应力差分$\sigma_x-\sigma_y$：

$$\sigma_x-\sigma_y=\sigma_z\nu\left(\frac{(1+\nu)}{1+Ez_{\mathrm{N}}-\nu^2}-\frac{1+Ez_{\mathrm{N}}+\nu}{1+Ez_{\mathrm{N}}-\nu^2}\right)=\sigma_z\frac{-\nu Ez_{\mathrm{N}}}{1+Ez_{\mathrm{N}}-\nu^2} \tag{4.188}$$

根据式(4.180)和式(4.181)所得的最大水平应力和最小水平应力的差分比或水平应力差分比DHSR可描述为

$$\mathrm{DHSR}=\frac{\sigma_{\mathrm{H}}-\sigma_{\mathrm{h}}}{\sigma_{\mathrm{H}}}=\frac{\sigma_y-\sigma_z}{\sigma_y}=\frac{Ez_{\mathrm{N}}}{1+Ez_{\mathrm{N}}+\nu} \tag{4.189}$$

该方程建立了地层水平应力相对变化与杨氏模量、泊松比及法向柔度间的直接关系。DHSR的值与地层是否可压裂成网密切相关，低DHSR值表明此区域的岩石易于出现断裂网络；同样，高杨氏模量值也表明此区域的地层更易于断裂。因此，最优水力压裂区域将有高杨氏模量值和低DHSR值。

4.8.2　地层延展性地震反演预测方法

1. 地震反演原理及流程

结合线性滑动理论、介质分解理论等，裂缝介质反射系数为

$$R(\theta,\varphi)=a(\theta)\Delta M+b(\theta)\Delta\mu+c(\theta)\Delta\rho+d(\theta,\varphi)\Delta_{\mathrm{N}}+e(\theta,\varphi)\Delta_{\mathrm{T}} \tag{4.190}$$

式中，

$$a(\theta)=\frac{1}{4M_0}\frac{1}{\cos^2\theta}$$

$$b(\theta)=-\frac{2}{M_0}\sin^2\theta$$

$$c(\theta)=\left(\frac{1}{2\rho_0}-\frac{1}{4\rho_0}\frac{1}{\cos^2\theta}\right)$$

$$d(\theta,\varphi)=-\frac{1}{4}\sec^2\theta(1-2\eta+2\eta\sin^2\theta\cos^2\varphi)^2$$

$$e(\theta,\varphi)=-\eta\tan^2\theta\cos^2\varphi(\sin^2\theta\sin^2\varphi-\cos^2\theta)$$

式中，M为纵波模量；μ为横波模量；Δ_{N}为法向弱度；Δ_{T}为切向弱度；φ为方位角。

利用式(4.190),结合方位地震反演,可得到纵波模量、横波模量、法向弱度、切向弱度等参数。基本反演流程如图 4.192 所示。

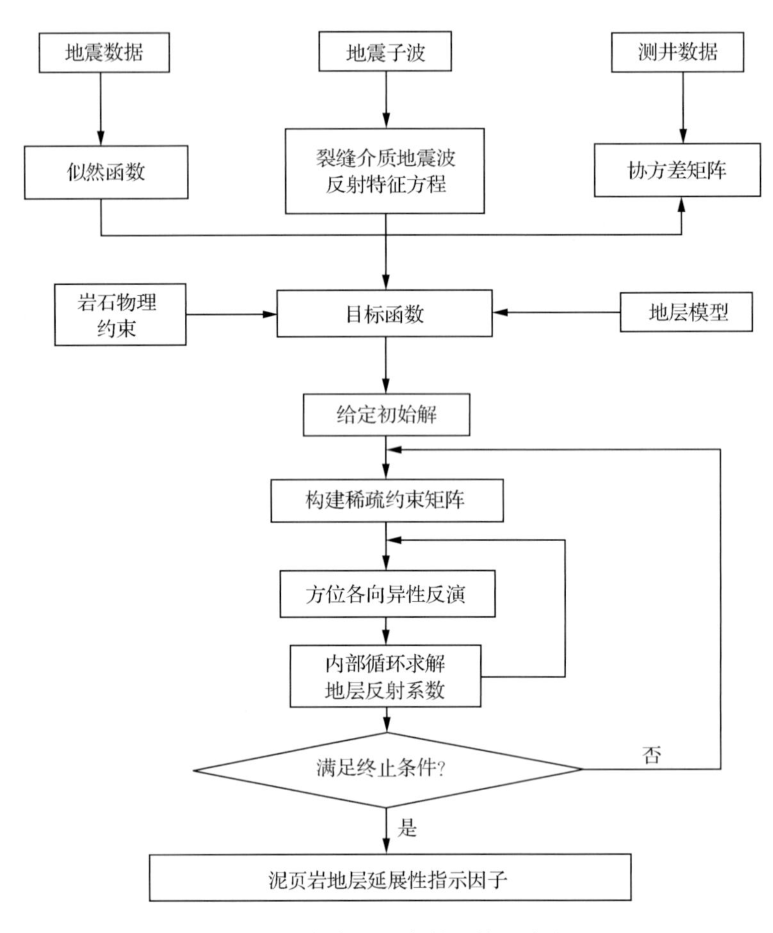

图 4.192　方位地震资料叠前反演流程

根据图 4.192 进行反演计算,图 4.193～图 4.198 展示了方位地震反演模型测试结果。图 4.193 和图 4.194 为无噪声情况下纵波模量、横波模量、密度、法向弱度和切向弱度结果(蓝色代表实际模型,绿色代表初始模型,红色代表反演结果);图 4.195 和图 4.196 为加噪声 10%情况下纵波模量、横波模量、密度、法向弱度和切向弱度结果(蓝色代表实际模型,绿色代表初始模型,红色代表反演结果);图 4.197 和图 4.198 为加噪声 20%情况下纵波模量、横波模量、密度、法向弱度和切向弱度结果(蓝色代表实际模型,绿色代表初始模型,红色代表反演结果)。图中结果表明,该反演方法具有较好的稳定性。

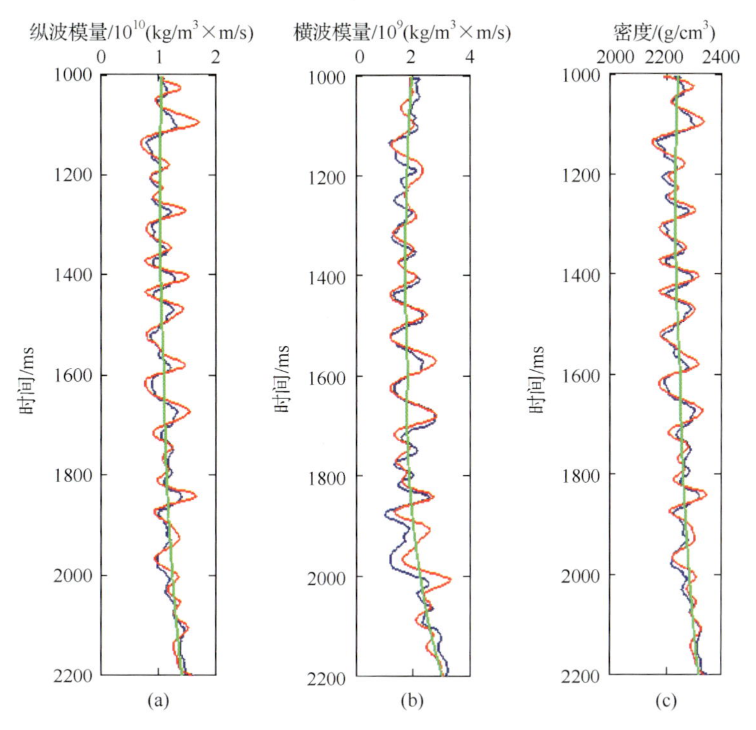

图 4.193　无噪声情况下纵波模量、横波模量及密度的反演

蓝色代表实际模型，绿色代表初始模型，红色代表反演结果

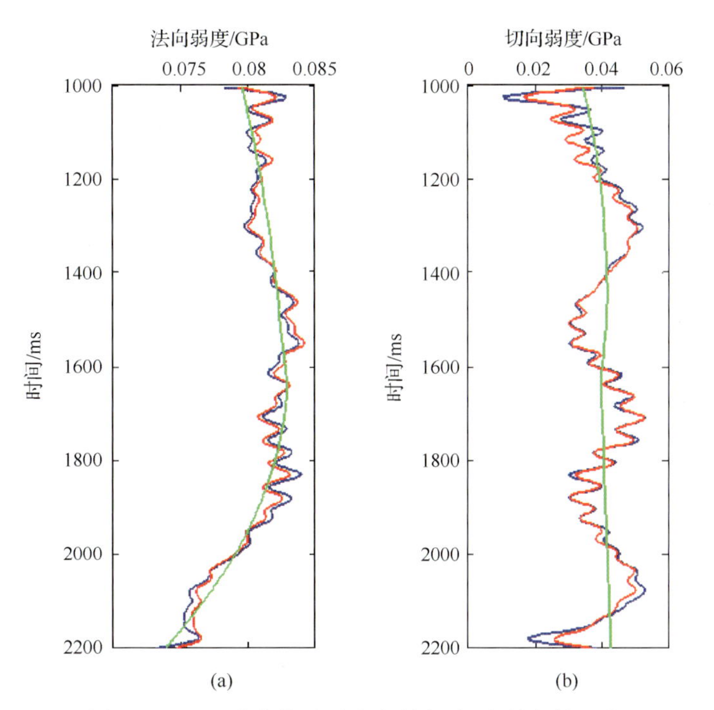

图 4.194　无噪声情况下法向弱度、切向弱度的反演

蓝色代表实际模型，绿色代表初始模型，红色代表反演结果

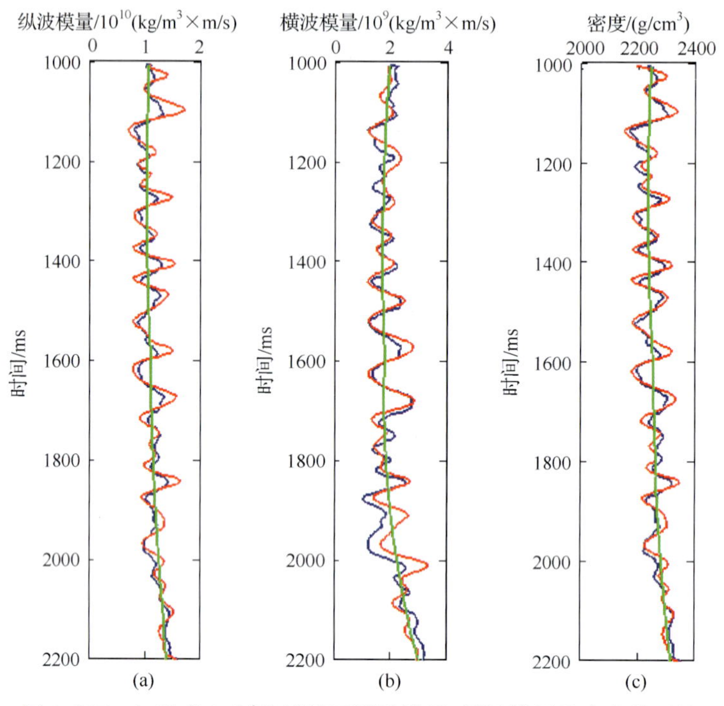

图 4.195　加噪声 10%的情况下纵波模量、横波模量及密度的反演
蓝色代表实际模型，绿色代表初始模型，红色代表反演结果

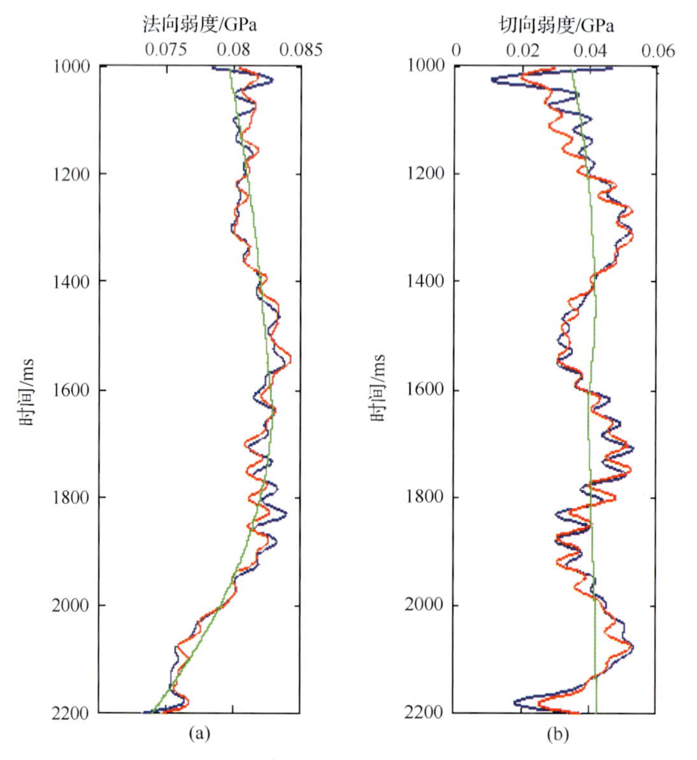

图 4.196　加噪声 10%的情况下法向弱度、切向弱度的反演
蓝色代表实际模型，绿色代表初始模型，红色代表反演结果

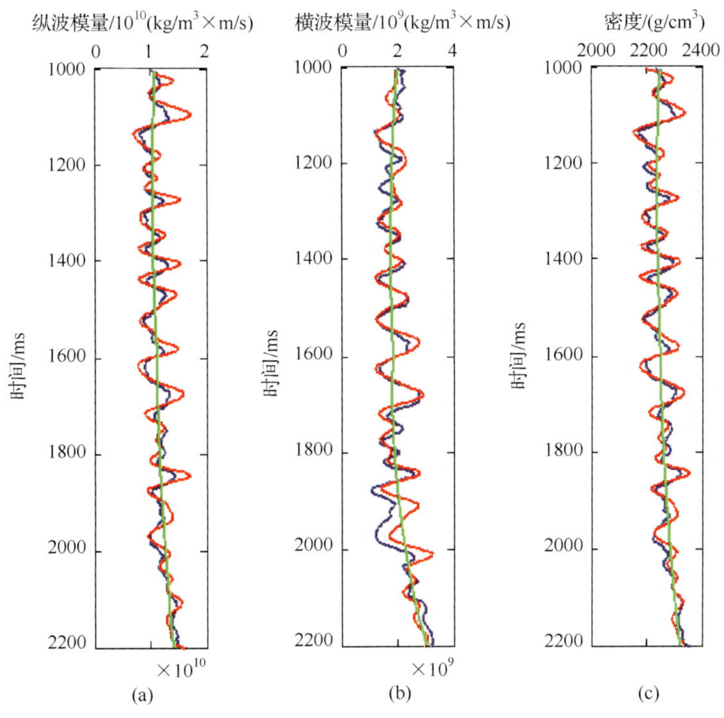

图 4.197　加噪声 20%的情况下纵波模量、横波模量及密度的反演

蓝色代表实际模型,绿色代表初始模型,红色代表反演结果

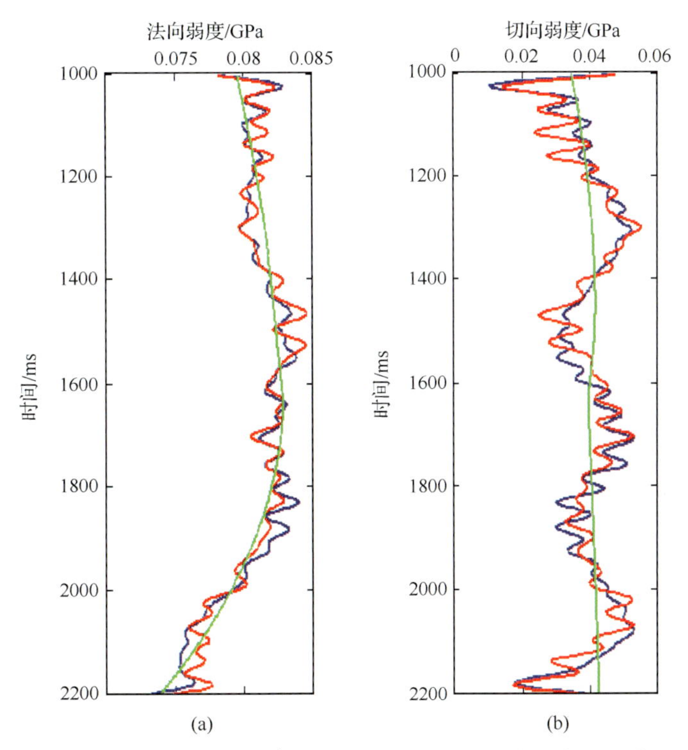

图 4.198　加噪声 20%的情况下法向弱度、切向弱度的反演

蓝色代表实际模型,绿色代表初始模型,红色代表反演结果

2. 地震反演预处理

对采集数据进行常规处理后，再进行叠前时间偏移速度分析、全方位数据的叠前时间偏移、分方位角数据的叠前时间偏移（分 6 个方位）、叠加及方位部分角度叠加数据的抽取等处理。例如对于原数据单 CMP 面元覆盖次数 64 次，分 6 个方位，各方位数据覆盖次数低，信噪比低。处理中采用扩大面元的超面元道集数据进行分方位的偏移及角度叠加，即将面元重新定位为 50×50，覆盖次数为 64×4 次，处理流程如图 4.199 所示。

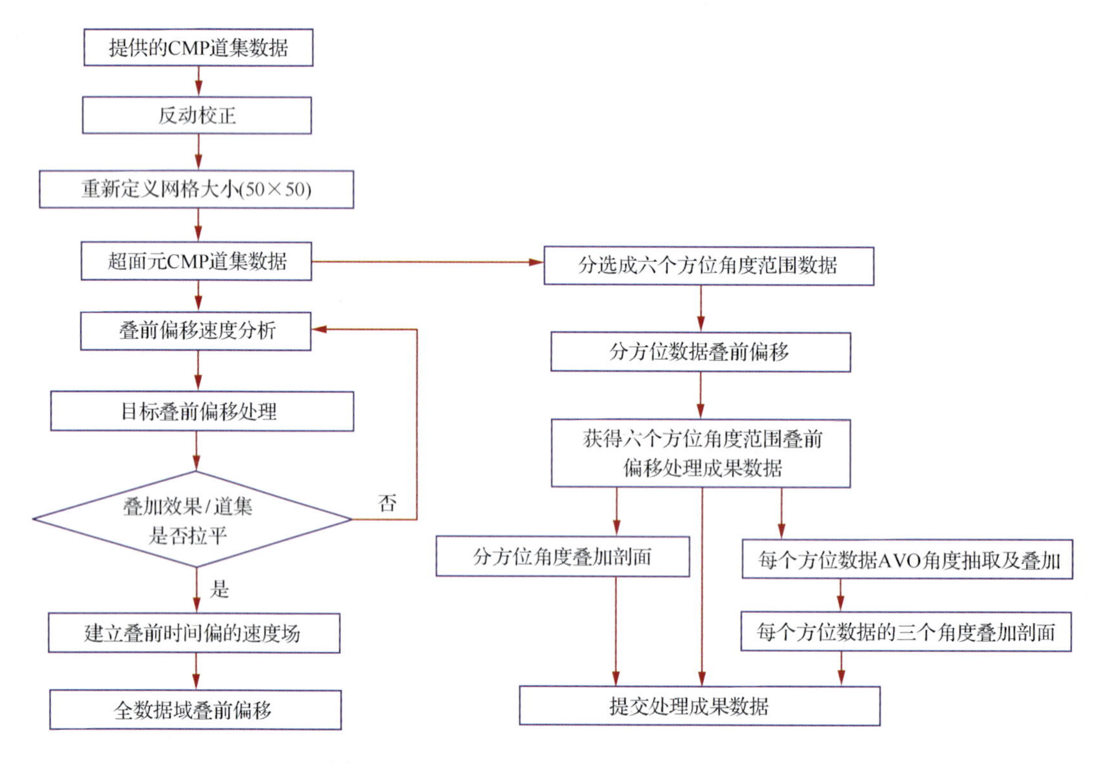

图 4.199　地层延展性反演所需的处理流程

分别对 0°～30°方位角下的全角度、小角度、中角度及大角度数据进行叠加，可以看出小角度道集的叠加基本符合解释结果，与全角度叠加趋势基本相同；而大角度叠加结果较差，中角度叠加效果居中（图 4.200～图 4.203）。

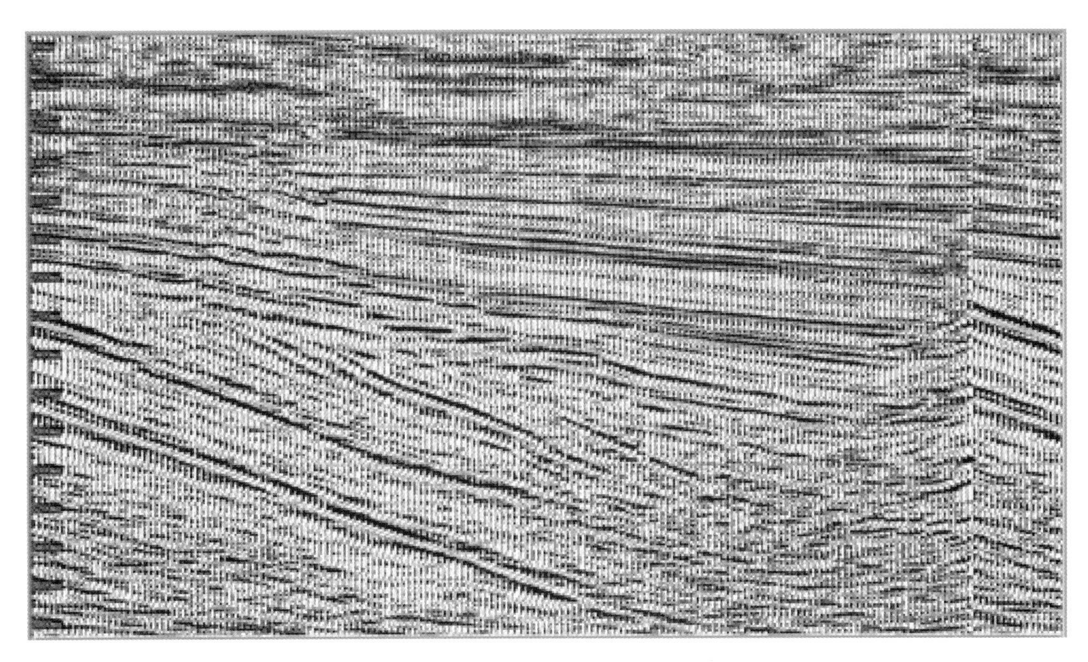

图 4.200　0°～30°方位全角度叠加剖面

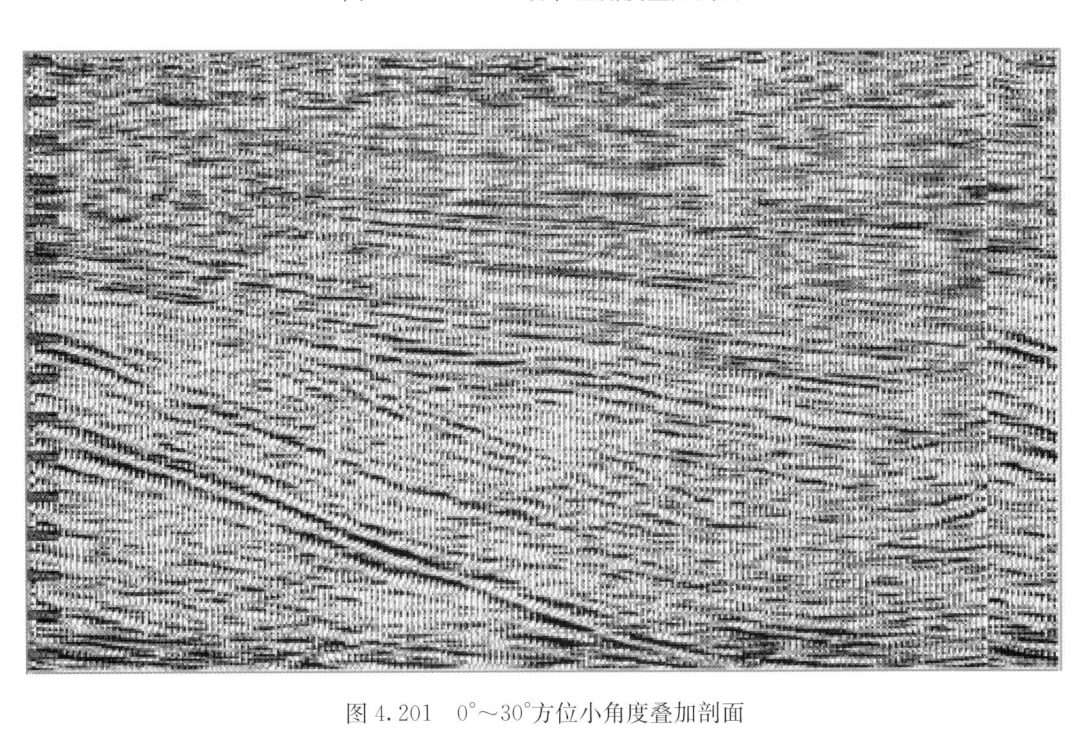

图 4.201　0°～30°方位小角度叠加剖面

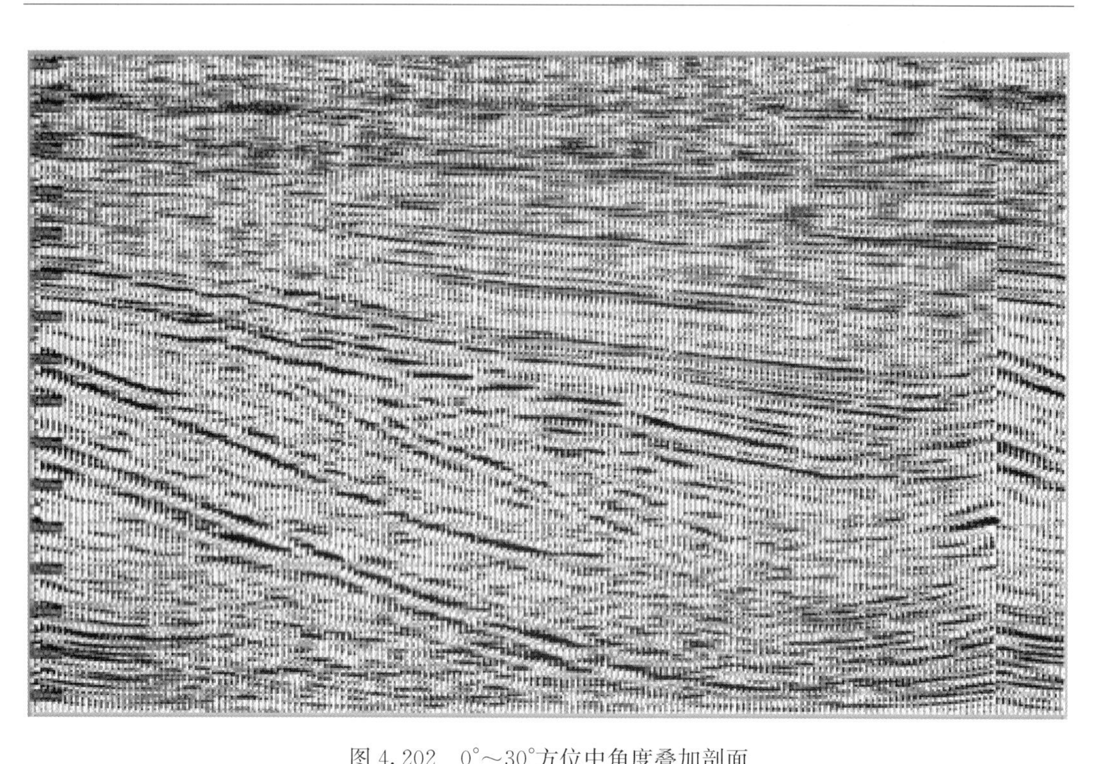

图 4.202　0°～30°方位中角度叠加剖面

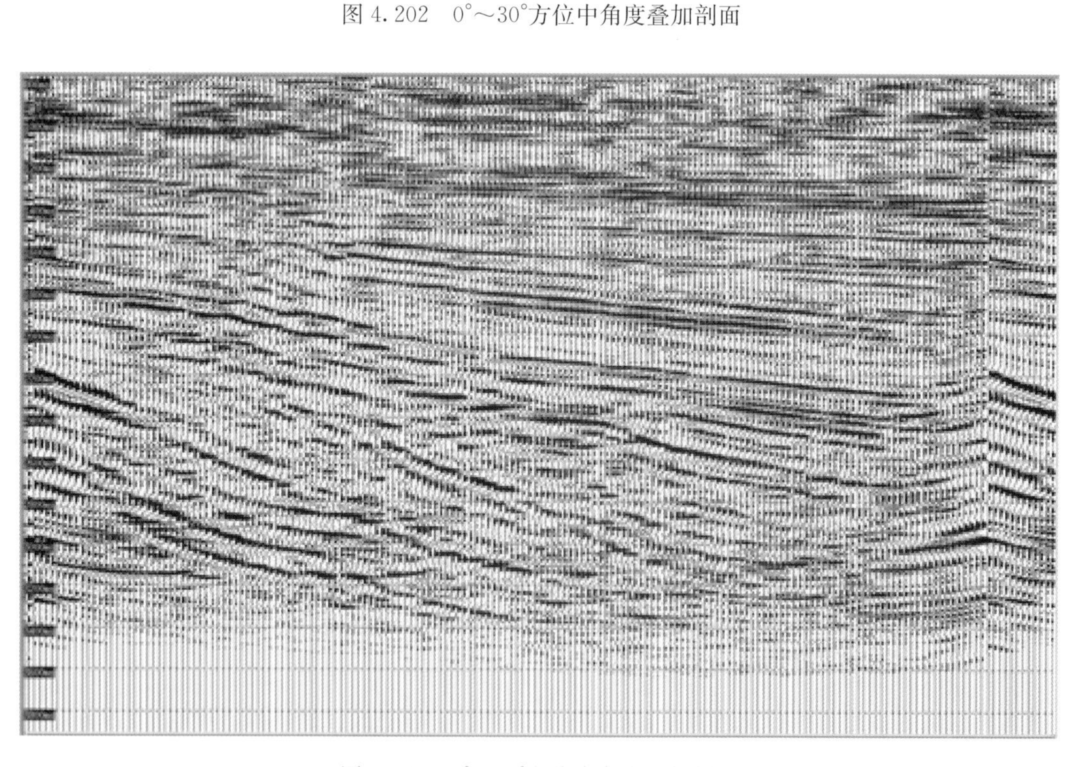

图 4.203　0°～30°方位大角度叠加剖面

对不同方位角的数据进行叠加,得到图 4.204。可以看出,目标裂缝储层处不同方位地震响应明显不同。

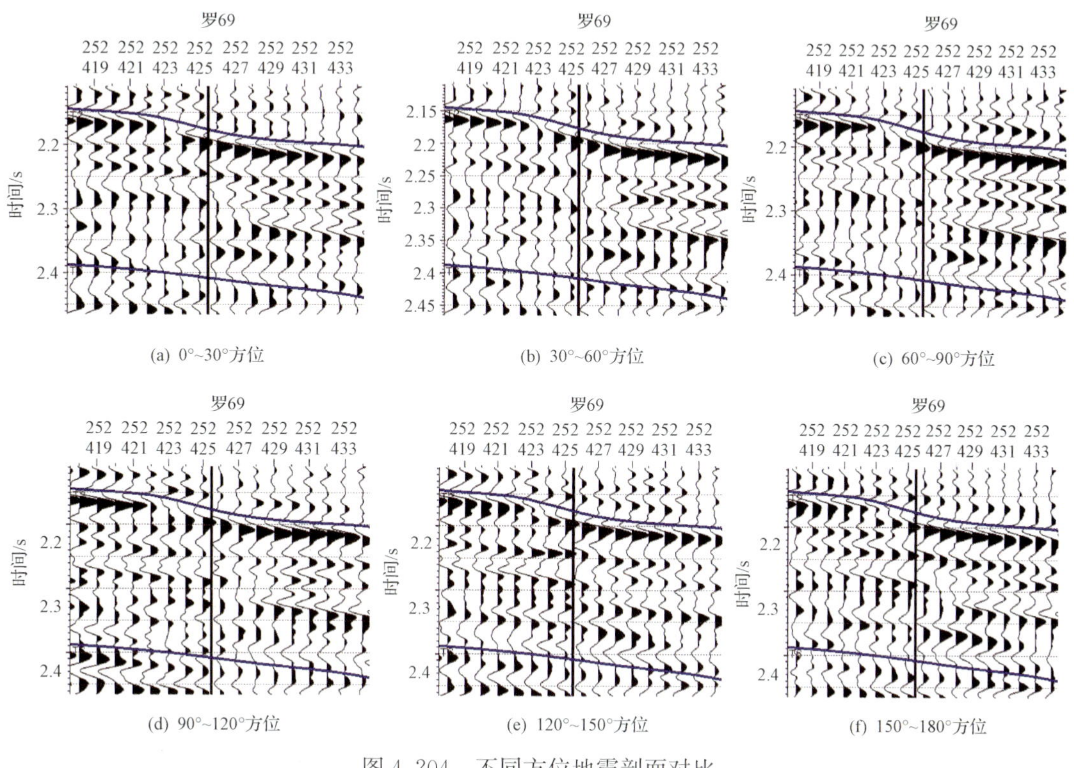

(a) 0°~30°方位　(b) 30°~60°方位　(c) 60°~90°方位

(d) 90°~120°方位　(e) 120°~150°方位　(f) 150°~180°方位

图 4.204　不同方位地震剖面对比

3. 地震资料的方位反演

图 4.205~图 4.209 为过罗 69 井纵横测线及水平切片的纵横波模量、密度、法向弱度、切向弱度反演结果,为地层延展性指示因子估算奠定了数据基础。图 4.210 为罗家地

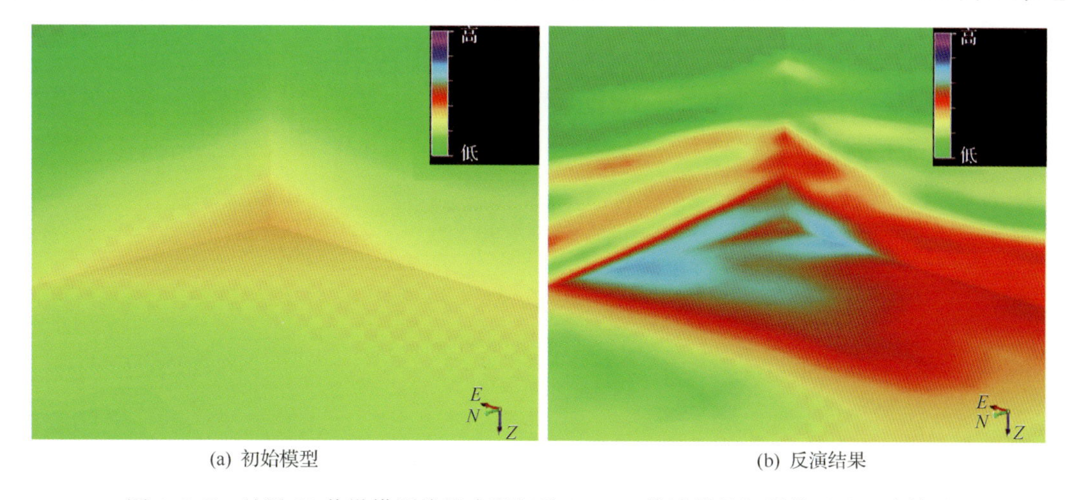

(a) 初始模型　(b) 反演结果

图 4.205　过罗 69 井纵横测线及水平切片(2.35s)横波模量初始模型及反演结果

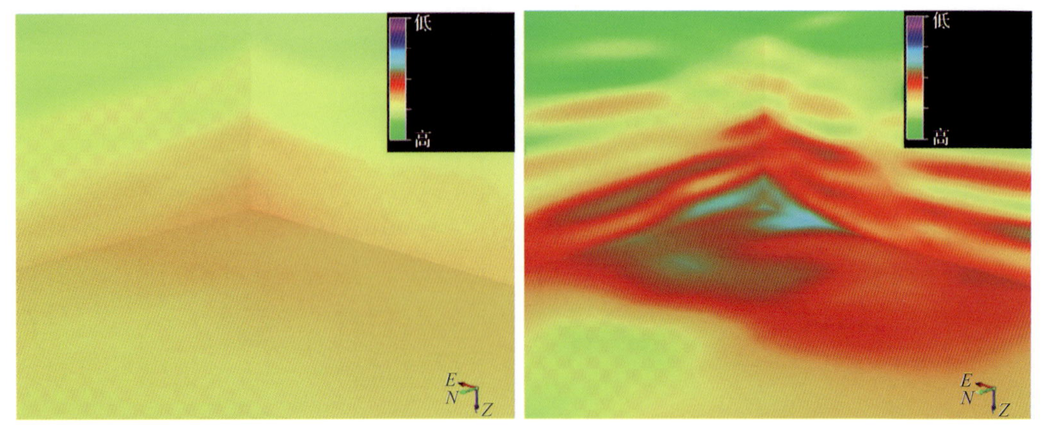

(a) 初始模型　　(b) 反演结果

图 4.206　过罗 69 井纵横测线及水平切片(2.35s)纵波模量初始模型及反演结果

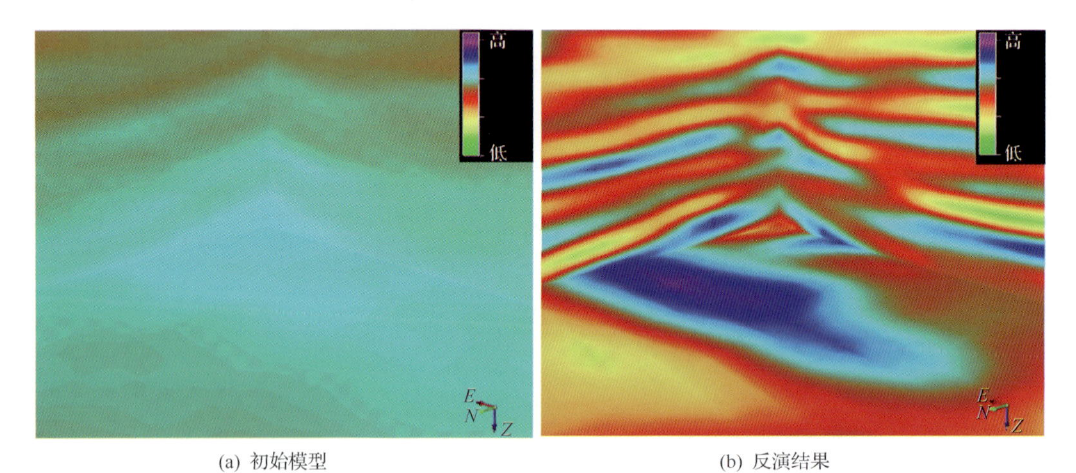

(a) 初始模型　　(b) 反演结果

图 4.207　过罗 69 井纵横测线及水平切片(2.35s)密度模量初始模型及反演结果

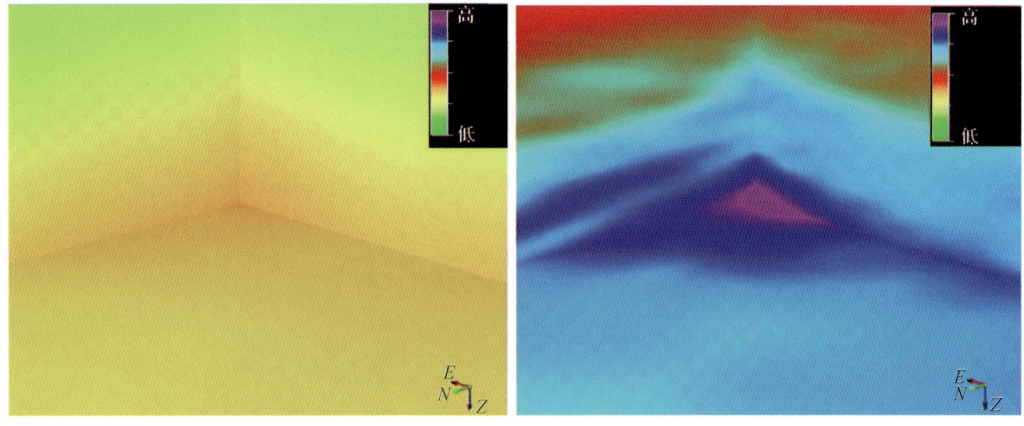

(a) 初始模型　　(b) 反演结果

图 4.208　过罗 69 井纵横测线及水平切片(2.35s)法向弱度模量初始模型及反演结果

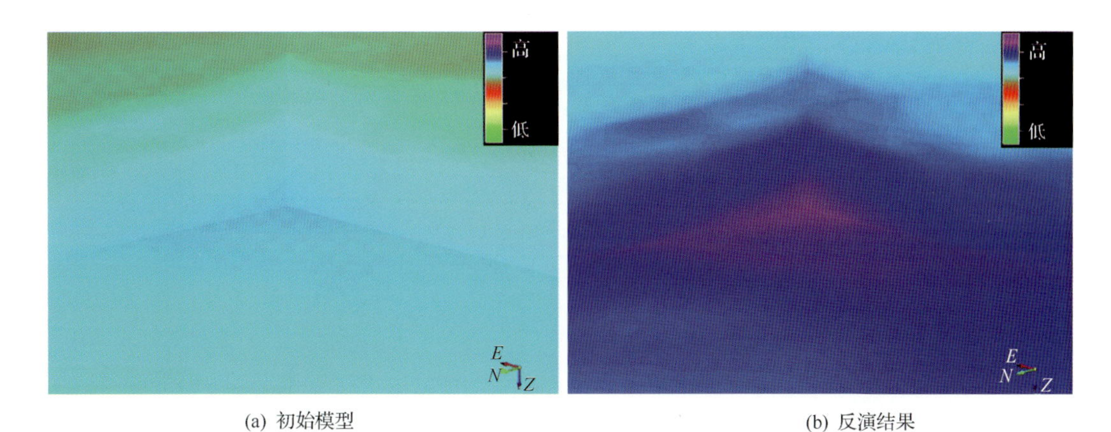

(a) 初始模型　　(b) 反演结果

图 4.209　过罗 69 井纵横测线及水平切片(2.35s)切向弱度模量初始模型及反演结果

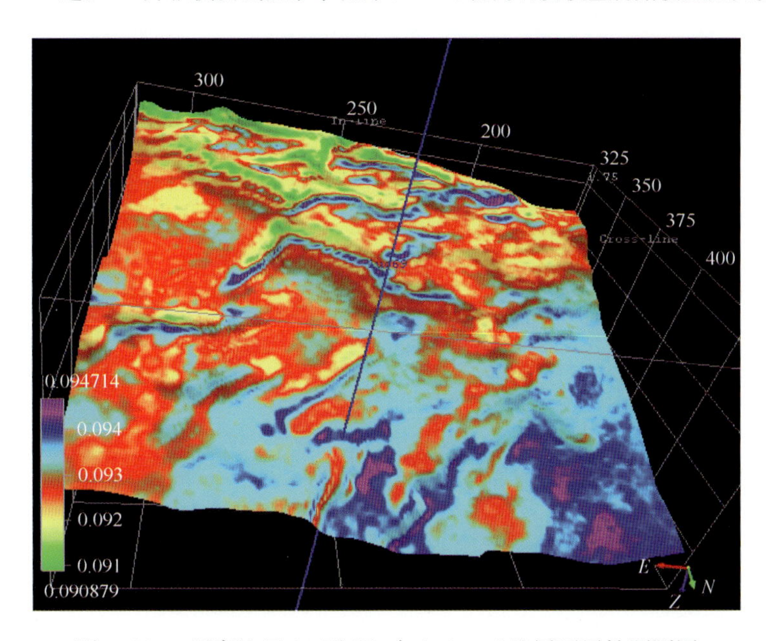

图 4.210　罗家地区 13 下(T_6 向上 60ms)地层延展性预测图

区 T_6 层(上延 60ms)延展性指数沿层切片。在储层位置,由于裂缝发育,水平应力相对变化较大,延展性指数较大,不易压裂成网;井附近水平应力相对变化较小,延展性指数较小,易压裂成网。

4.8.3　地层延展性预测效果分析

通过地球物理预测的结果来看(图 4.211、图 4.212),总体而言 12 下—13 上层组的延展性要低于 13 下层组。即从地应力场特征分析,12 下—13 上层组更容易压裂成网状缝。

12 下—13 上层组延展性低值区主要位于罗家鼻状构造及西翼的罗 42 井区,该区为纹层状泥页岩发育区,水平应力场差应力小,断裂相对发育,易于形成网状缝。其次是北部和东部靠近砂质物源区(图 4.211)。

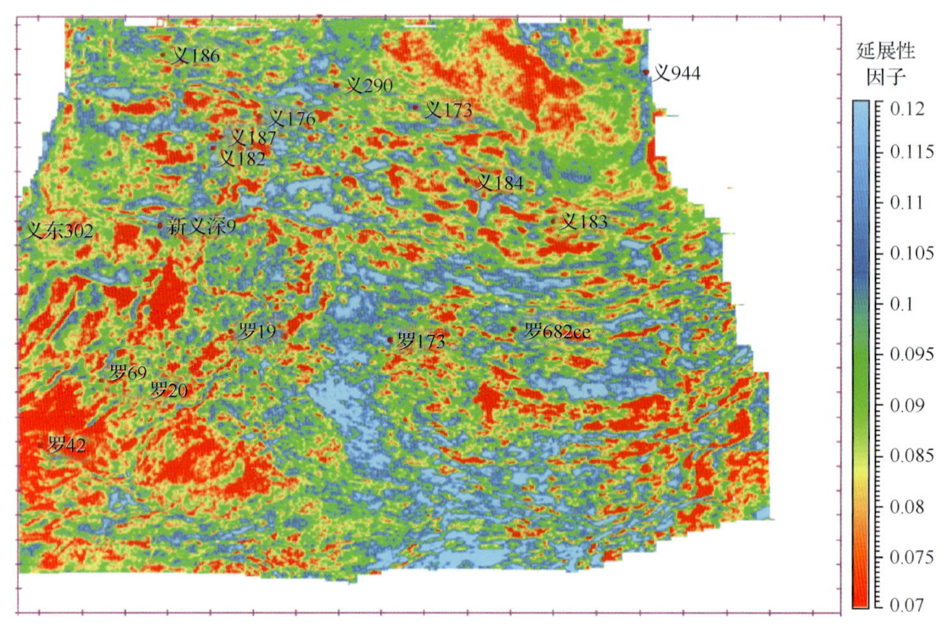

图 4.211　渤南洼陷 12 下—13 上地层延展性预测图

13 下层组延展性主要包括两个区带。一是四扣洼陷内部、北部义 182—义 186 井区和受砂质物源影响的东部地区，岩性组合以夹砂质、灰质条带泥页岩为主，可压性较好，且水平差应力小，适合于压裂改造；二是罗家鼻状构造及以东的灰质成分较高区域，而渤南洼陷深洼区，多为延展性高值区，分析认为是由脆性矿物含量相对较低造成的(图 4.212)。

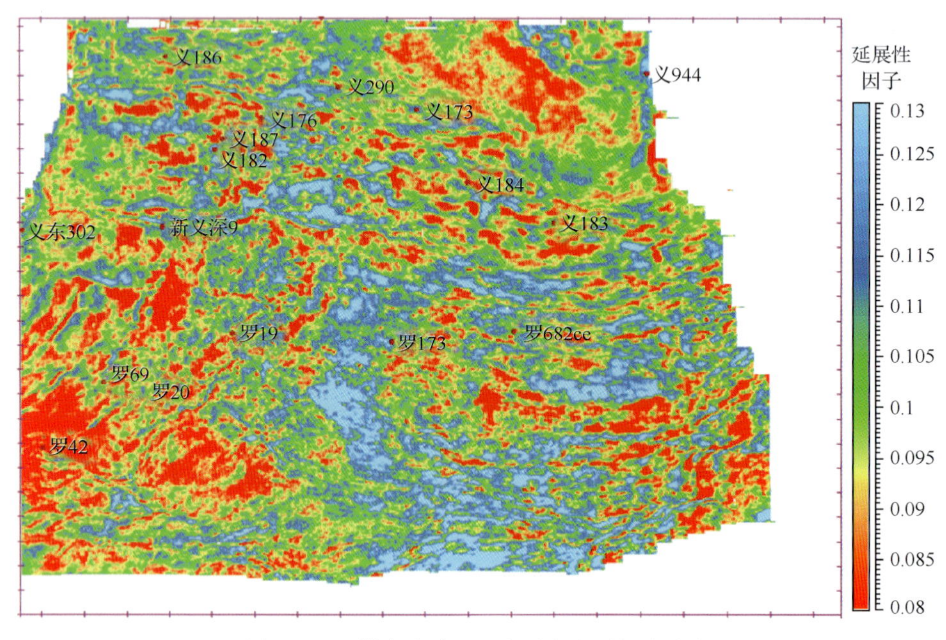

图 4.212　渤南洼陷 13 下地层延展性预测图

第 5 章　泥页岩油气富集区综合评价研究

综合评价是优选勘探开发目标最关键的一步，为下一步钻探部署工作提供指导基础。本书综合评价技术主要以“一级要素定层段、二级要素选区带、三级要素找甜点、四级要素选目标”的四步法原则为基础，运用泥页岩甜点的测井定量识别、地质要素综合评价、叠前和叠后地震预测相结合对济阳拗陷进行泥页岩油气富集区的综合评价。

5.1　泥页岩甜点识别量版的建立

泥页岩甜点识别量版是在一个盆地内优选泥页岩油气富集区或者层位的标准，它是在大量勘探实践地质数据的基础上，多因素综合考虑的结果，如埋深、岩相类型、古地形、脆性矿物、总有机质含量、裂缝发育程度及地层压力状况等。泥页岩甜点识别量版的建立对此盆地其他研究区及国内其他盆地泥页岩油气的研究有重要的借鉴意义。

5.1.1　甜点的含义及分类标准

大量的勘探实践表明，泥页岩油气藏勘探的关键是寻找甜点。所谓甜点，即是目前的经济技术条件下，最佳的泥页岩勘探开发区域，甜点区的井位具有天然的工业产能或通过压裂可获得工业油气流。本书将泥页岩甜点划分为两类：另一类是裂缝型甜点；另一类是裂缝脆性复合型甜点。

5.1.2　典型区块泥页岩甜点解剖

1. 渤南洼陷沙三段主力层段甜点要素分析

1）油气分布与各主要要素统计表

渤南洼陷沙三段油气分布及各主要要素见表 5.1 和表 5.2。

表 5.1　渤南洼陷沙三段 12 下—13 上层组甜点主控因素统计表

评价结果	井名	日产油/t	古地形	岩相组合	TOC/%	埋深/m	压力系数	脆性矿物含量/%	备注
高产井	义 283	10.20	洼中隆	层状泥页岩	2.25	3646.2	1.58	38	
	罗 151	56.00	缓坡低坡折	纹层状泥质灰岩	2.70	3036.3	1.50	39	
	罗 42	79.90	缓坡低坡折	纹层状泥质灰岩	2.60	2828.1	1.60	45	
	新义深 9	38.50	洼中隆	纹层状泥质灰岩	2.62	3355.1	1.78	43	
	罗 20	9.20	缓坡低坡折	纹层状泥质灰岩	2.25	2869.8	1.50	43	

续表

评价结果	井名	日产油/t	古地形	岩相组合	TOC/%	埋深/m	压力系数	脆性矿物含量/%	备注
低产井	渤页平 1	8.22	缓坡低坡折	纹层状泥质灰岩	2.60	3605.0	1.45	42	水平井大型压裂
	罗 67	2.09	缓坡低坡折	纹层状灰质泥岩	2.40	3287.0	1.42	50	
	渤页平 2	1.81	缓坡低坡折	纹层状泥质灰岩	2.40	3125.9	1.20	40	水平井大型压裂
	罗 69	0.85	缓坡低坡折	纹层状泥质灰岩	2.45	3040.0	1.82	44	
	垦 28	0.40	缓坡低坡折	纹层状泥质灰岩	2.70	2435.0	1.20	42	
	罗 16	0.02	缓坡低坡折	纹层状泥质灰岩	2.42	3065.0	1.35	43	
	渤页平 1-1	4.00	缓坡低坡折	纹层状泥质灰岩	2.20	3600.0	1.45	42	水平井大型压裂
	罗 63	0.02	缓坡低坡折	纹层状灰质泥岩	2.30	2502.0	1.20	46	
干井	罗 3	干层	缓坡带	纹层状泥质灰岩	2.20	2740.0	1.10	79	
	义 41	干层	缓坡带	块状泥页岩	2.20	3000.0	100.00	44	
	义深 2	干层	深洼带	纹层状灰质泥岩	2.30	3681.0	1.30	46	
	渤深 8	干层	深洼带	层状泥页岩	2.10	4491.9	1.42	39	
	渤深 5	干层	深洼带	层状泥页岩	2.10	4500.0	1.10	38	
	义 633	干层	缓坡带	块状泥页岩	2.10	2920.0	1.00	55	
	罗 52	干层	缓坡带	纹层状灰质泥岩	2.50	2739.0	1.20	46	
	罗 35	干层	缓坡带	纹层状灰质泥岩	2.20	2800.0	0.90	50	
	罗 10	干层	缓坡带	纹层状灰质泥岩	2.25	2200.0	1.00	51	
	罗 352	干层	缓坡带	块状泥岩	2.70	2720.0	1.00	60	
	罗 12	干层	洼陷带	纹层状灰质泥岩	1.90	2600.0	1.20	38	
	罗 358	干层	斜坡带	块状灰质泥岩	2.20	2500.0	1.05	70	

表 5.2 渤南洼陷沙三段 13 下层组甜点主控因素统计表

评价结果	井名	日产油/t	古地形	岩相组合	TOC/%	埋深/m	压力系数	脆性矿物含量/%
高产井	义 187	184.8	洼中隆	层状泥页岩	2.15	3456	1.62	73
	义 182	126.96	洼中隆	层状泥页岩	2.1	3429	1.6	73
	义 186	55.2	洼中隆	层状泥页岩	2.15	3635.8	1.39	77
	罗 151	56	缓坡带	纹层状泥质灰岩	1.8	3036.3	1.5	62
	罗 19	43.5	缓坡带	纹层状泥质灰岩	2.1	2936	1.51	63
	新义深 9	38.5	缓坡带	纹层状灰质泥岩	1.95	3355.1	1.78	58
	义 286		洼陷带	层状泥页岩	1.85	4090	1.6	53
	新罗 5		缓坡带	纹层状泥质灰岩	2	2760	1.45	63

续表

评价结果	井名	日产油/t	古地形	岩相组合	TOC/%	埋深/m	压力系数	脆性矿物含量/%
低产井	罗7	1.52	缓坡带	纹层状灰质泥岩	1.91	2881	1.8	74
	义100	0.9	缓坡带	纹层状泥页岩	1.95	3003	1.0	70
	罗16	0.02	缓坡带	纹层状泥质灰岩	1.8	3065	1.35	69
干井	渤深8	干层	洼陷带	层状泥页岩	1.8	4491.9	1.4	57
	义41	干层	缓坡带	块状泥页岩	1.8	3000	1.0	65
	义633	干层	缓坡带	块状泥页岩	2.1	2920	1.0	76
	罗352	干层	缓坡带	块状泥岩	1.75	2720	1.0	69
	罗62	干层	缓坡带	块状泥质灰岩	2.08	2477	1.1	65
	罗68	干层	缓坡带	块状泥质灰岩	1.7	3200	1.2	56
	罗173	干层	缓坡带	块状泥质灰岩	1.75	3030	1.12	60
	义42	干层	缓坡带	纹层状泥质灰岩	1.65	3075	1.2	58
	罗4	干层	缓坡带	纹层状泥质灰岩	1.75	3050	1.1	56
	罗2	干层	缓坡带	纹层状泥质灰岩	1.77	3020	1.1	64

2) 甜点要素分析

渤南洼陷泥页岩油气探井钻探效果差别较大(表5.1和表5.2)。古地形、岩相组合、TOC、埋深、压力系数及脆性矿物含量等因素是影响泥页岩甜点发育程度的重要因素,各层组甜点随各要素分布规律不同具有差异性。

(1) 埋深。

沙三段已发现泥页岩油气井主要集中在义283—义182—罗42井一带,以及沿深洼边缘向东到义100井一带。最浅见油气的垦28井埋深为2435m,这同渤南洼陷沙三段烃源岩生烃门限具有较好的对应。结合实钻井油气统计分析,综合确定沙三段有利含油区带的埋深上限为2500m(图5.1)。

(2) 岩相组合。

12下—13上层组多为纹层状、层状岩相组合。块状泥岩及块状泥质灰岩岩相分别在洼陷带内部、缓坡带高部位发育,钻遇探井多以干层为主;层状泥页岩虽然多为干层,仅义283获得高产;纹层状泥质灰岩发现甜点较多,但多口纹层状泥质灰岩井低产或为干层井。整体分析,纹层状泥质灰岩最佳,其次为层状泥页岩、纹层状灰质泥岩,而块状泥质灰岩和块状泥岩较差(图5.2)。

13下层组主要有纹层状泥质灰岩、纹层状灰质泥岩、层状泥页岩、块状泥质灰岩、块状泥岩及砾岩体六类岩相,沙三下亚段湖侵体系域广泛发育纹层状、层状泥页岩,纹层状灰质泥岩、纹层状泥质灰岩、层状泥页岩分布范围最广,仅在南北环凸起带发育块状泥岩、砂砾岩体。纹层状储集层其储集性能优良且有利于后期改造,该层组高、低产井均处于该类岩相发育区带(图5.3),而块状泥页岩、泥岩发育区多为干层。

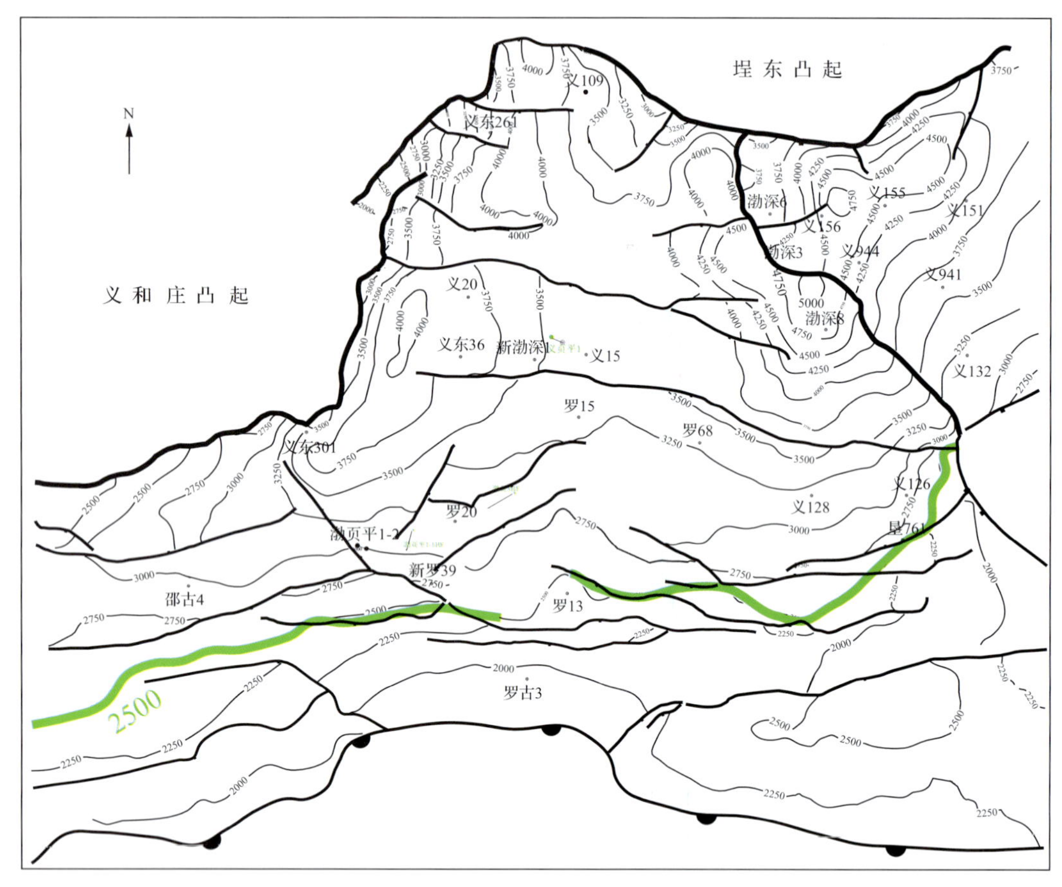

图 5.1　渤南洼陷沙三下亚段泥页岩油气井与构造深度关系图(单位:m)

结合上述研究,渤南洼陷沙三段含油性最好的为纹层状泥质灰岩,其次为层状泥页岩。纹层状泥质灰岩为方解石和富含有机质泥岩互层,有机质含量高,有利于形成大量油气;层状泥页岩自身多发育层间微裂缝,可有效沟通孔隙,形成有效的储集体。

(3) 古地形。

渤南地区沙三下亚段分为 10～13 层组,其中泥页岩解释含油层段主要集中在 12～13 层组,处于水进-高水位体系域,主力层组主要为 12 下—13 上、13 下层组。沙三下亚段沉积时期,渤南洼陷整体为相对宽缓的湖盆,受埕南断裂、孤西断裂控制,深洼区主要集中在义 189—渤深 8 与孤西断裂、埕南断裂之间,向南整体为宽缓的构造缓坡带,在物源缺乏的高水位-水进体系域下有利于层状岩相沉积。沙三下亚段 12 下—13 上层组甜点古地形以缓坡带为主,洼陷带多口井均为干层,仅义 283 井获取高产工业油流。13 下层组洼陷带、缓坡带均有高产井钻探。因此,在地势相对平缓,受外来物源影响较小的湖相环境有利于优势岩相发育(图 5.4)。

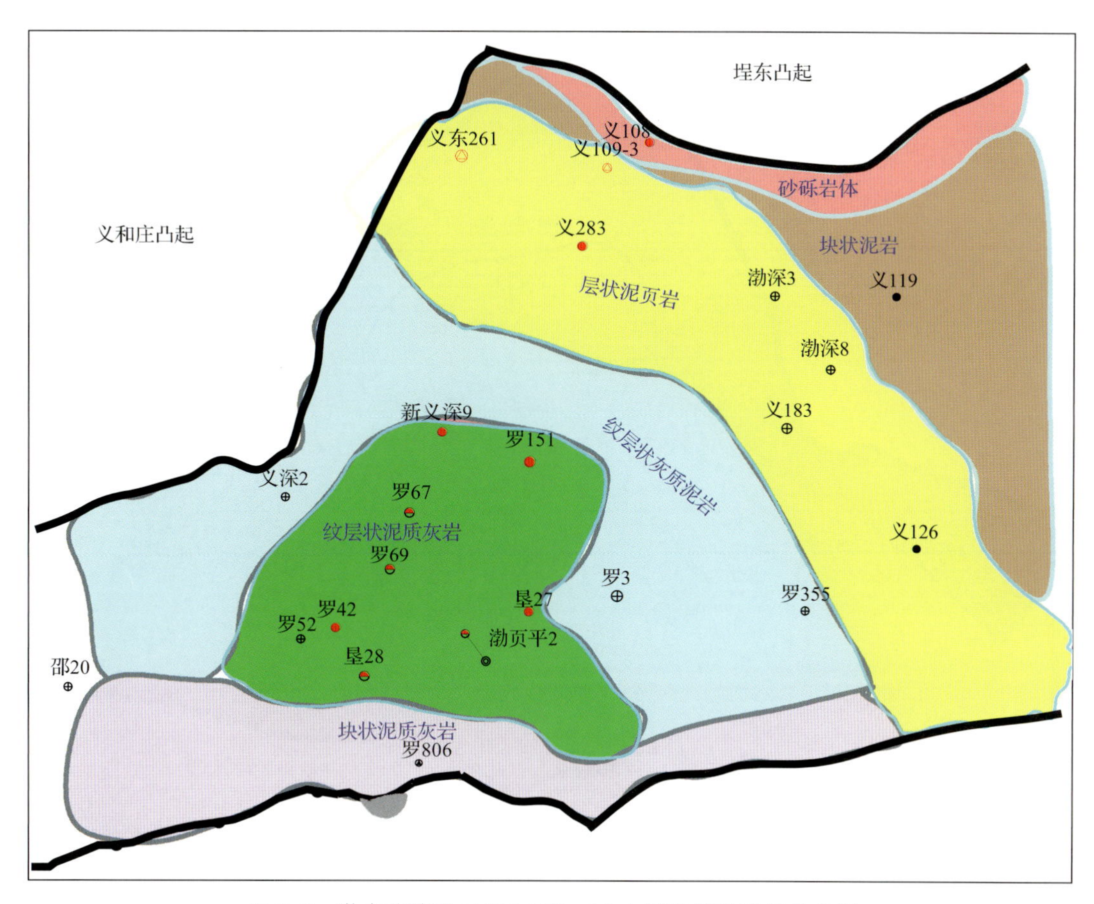

图5.2 渤南洼陷沙三段12下—13上层组优势岩相分布图

(4) 脆性矿物含量。

脆性矿物含量高低是评价地层可压裂性的重要因素。沙三下亚段12下—13上钻探成果高产井脆性矿物含量相对偏低，脆性矿物含量最高的罗42井为45%，最低的仅为38%(义283井)；低产井及干井脆性矿物含量整体偏高，最高达79%。脆性矿物含量平面上(图5.5)，油井多分布在脆性矿物含量为38%～58%。渤页平1井、渤页平1-1井和渤页平2井3口水平井在12下—13上层组进行大型压裂，效果较差(均为低产油井)，表明该层组甜点不仅与地层可压性有关，同时与原生裂缝相关，属于裂缝型甜点。

13下层组脆性矿物含量明显高于12下—13上层组，统计表明，甜点同脆性矿物含量相关性明显。高产井脆性矿物含量高于60%，属脆性甜点。平面上(图5.6)13下层组脆性普遍较好，综合分析13下层组脆性矿物大于50%，地层具有较好的可压裂性，有利于改善储层储集性能。

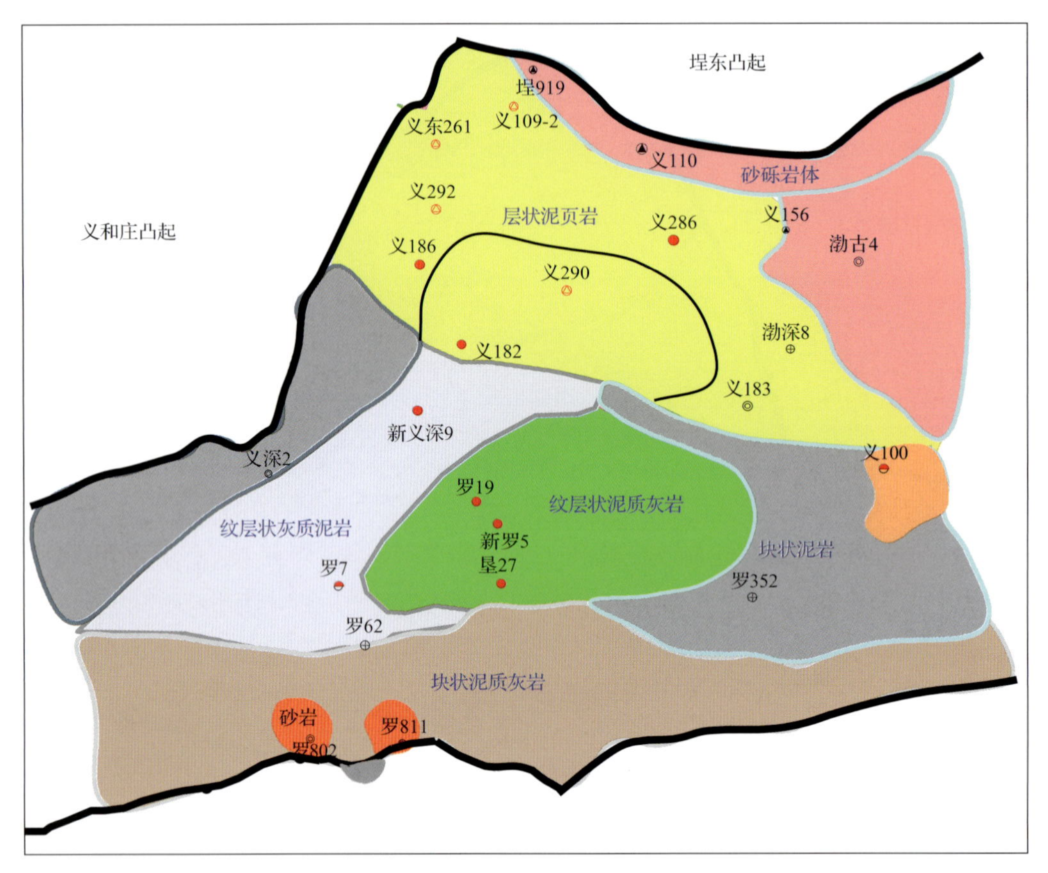

图 5.3 渤南洼陷沙三段 13 下层组优势岩相分布图

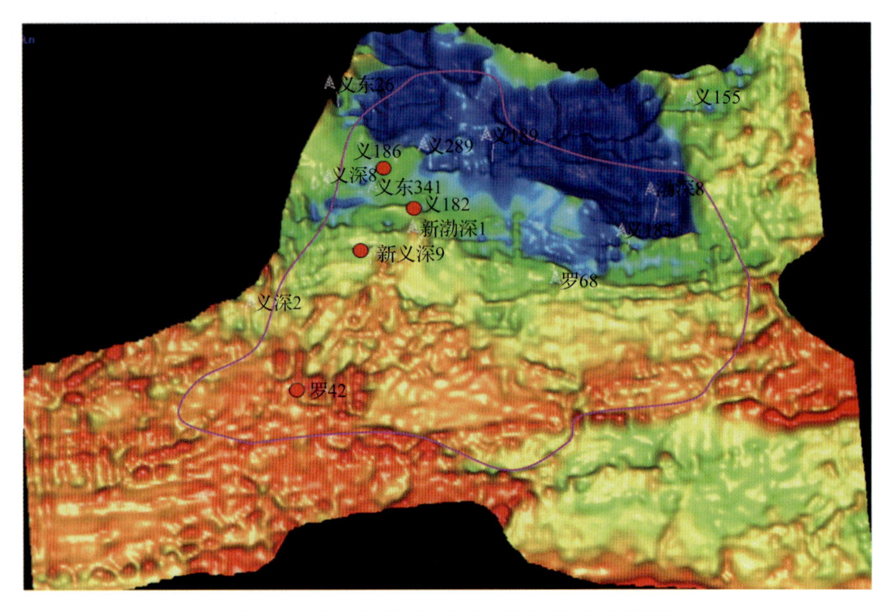

图 5.4 渤南洼陷沙三下亚段沉积古地形图

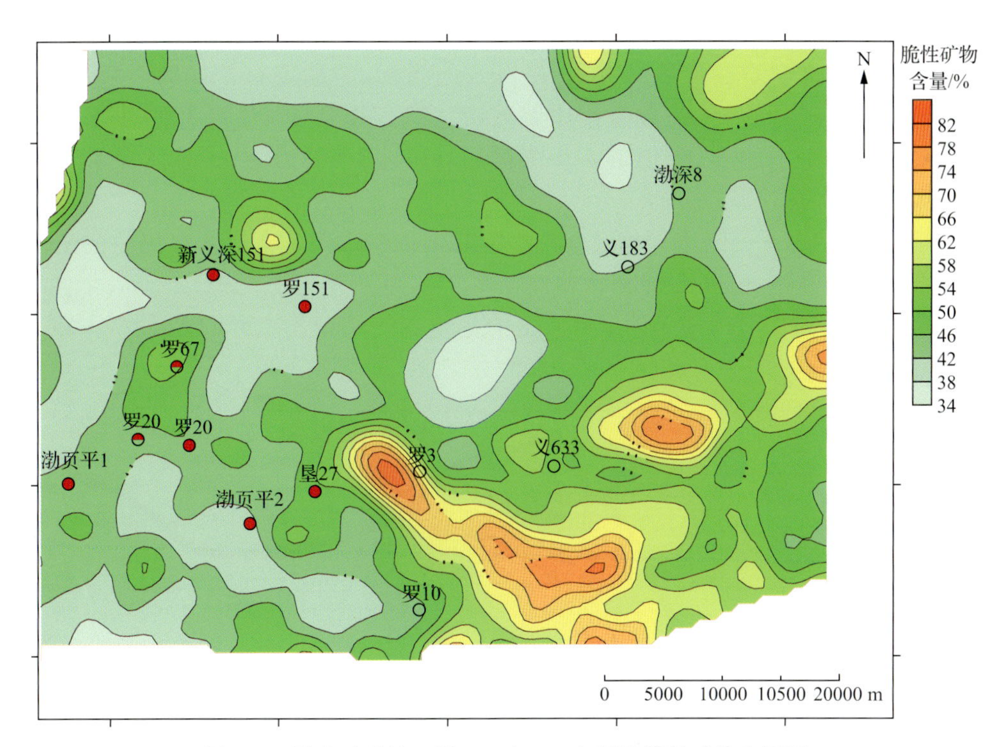

图 5.5　渤南洼陷沙三段 12 下—13 上层组脆性矿物含量图

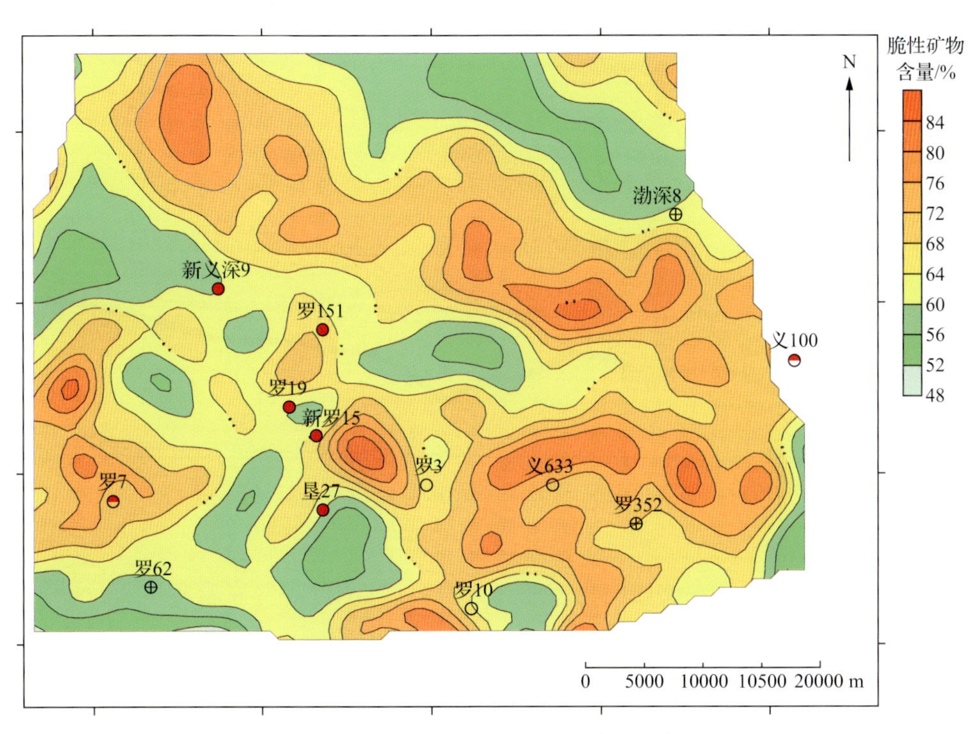

图 5.6　渤南洼陷沙三段 13 下层组脆性矿物含量图

（5）TOC。

TOC作为反映干酪根含量最直观、最有效的指标，与甜点有较好的对应关系。12下—13上层组高产井的TOC数值整体偏高（2.25%～2.7%），低产井的TOC值略低（2.2%～2.7%），干层的TOC值进一步降低（1.9%～2.5%为主）。总体来讲，该层组TOC整体较高，具有较好的生油潜力。

13下层组较12下—13上层组TOC偏小（1.9%～2.2%），高产井多集中在TOC高值区。统计表明，高产井TOC数据普遍高于1.9%，低产井为1.8%～1.9%，干井TOC整体偏低（小于1.8%）。平面上油层井多集中在垦27—义182井的TOC较高区域，综合分析TOC高于1.9%较为有利（图5.7）。

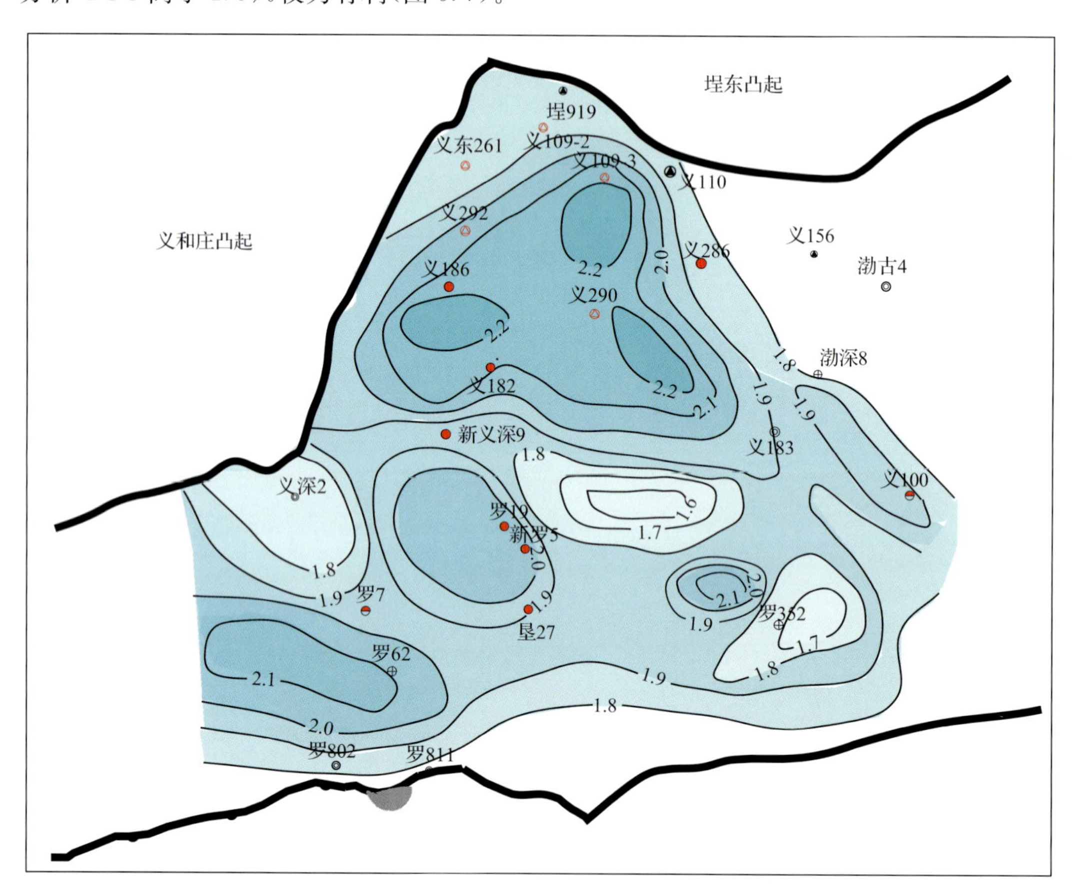

图5.7　渤南洼陷沙三段13下层组TOC分布图（单位：%）

（6）裂缝发育。

裂缝的发育有利于提高储层储集性能和获得高产，因此裂缝发育程度是反映泥页岩甜点，特别是裂缝型甜点的重要指标。对于12下—13上层组，裂缝发育是该层组储层物性好的主要标志。图5.8表明沙三下亚段裂缝发育范围主要集中在罗42—新义深9—义186井以北至洼陷带地区，以及东部的义100井区。这同13上层组油气显示井具有较好的对应关系。

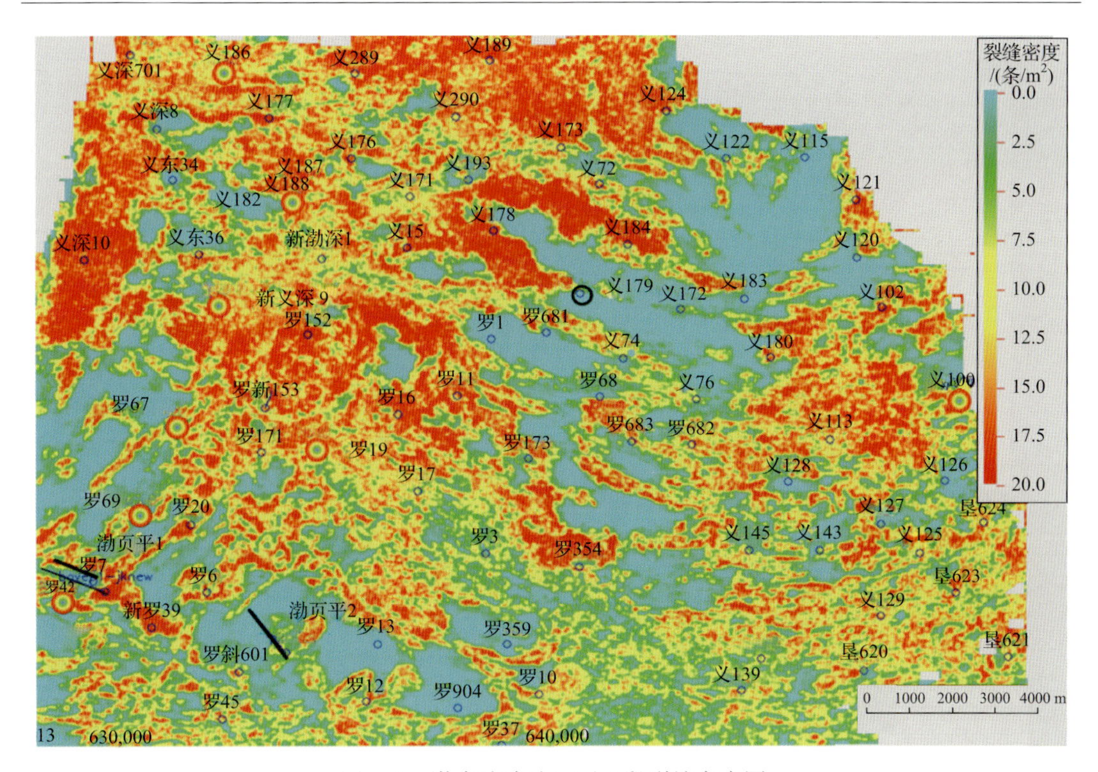

图 5.8　渤南洼陷沙三下亚段裂缝密度图

(7) 地层压力。

地层异常高压是泥页岩油气获得高产的重要因素之一。钻井统计表明，压力系数值在甜点各要素中相关性最好。12 下—13 上层组高产井整体地层压力较大，压力系数大于 1.4，油气井罗 63 井(0.02t/d)地层压力为 1.2，常压区无出油点；13 下层组高产井压力系数普遍大于 1.3，低产井压力系数在 1.0～1.8，干井压力系数低于 1.8。整体上符合泥页岩甜点对应地层异常高压的关系，落实甜点的地层压力系数下限为 1.2(图 5.9)。

渤南洼陷沙三段裂缝型甜点区主要在 12 下—13 上层组，该层组中埋深大于 2500m，发育纹层状泥质灰岩和层状泥页岩相，地层压力系数大于 1.2，TOC 大于 2.0%的区带为主要的裂缝发育区。

脆性甜点主要分布于 13 下层组，该类甜点主要特征有脆性矿物含量大于 50%，埋深超过 2500m，纹层状泥质灰岩、层状泥页岩以及纹层状灰质泥岩发育，且满足 TOC 大于 1.9%和地层压力系数大于 1.2。

2. 东营凹陷沙四段主力层段甜点要素分析

1) 油气分布与各主要要素统计表

东营凹陷沙四段泥页岩油气藏主要集中发育于沙四上纯上亚段，岩性以油页岩和碳酸盐岩薄互层为主，发育于缓坡带浅湖、滨浅湖环境。目前，在沙四段纯上泥页岩中试油井有 37 口，日产油量差异较大，从 0.002～46.5t 不等，其中日产油 5t 以上高产井 14 口，5t 以下低产油流井 17 口，试油不出井 6 口(图 5.10)。东部地区针对低产、不出油井采用

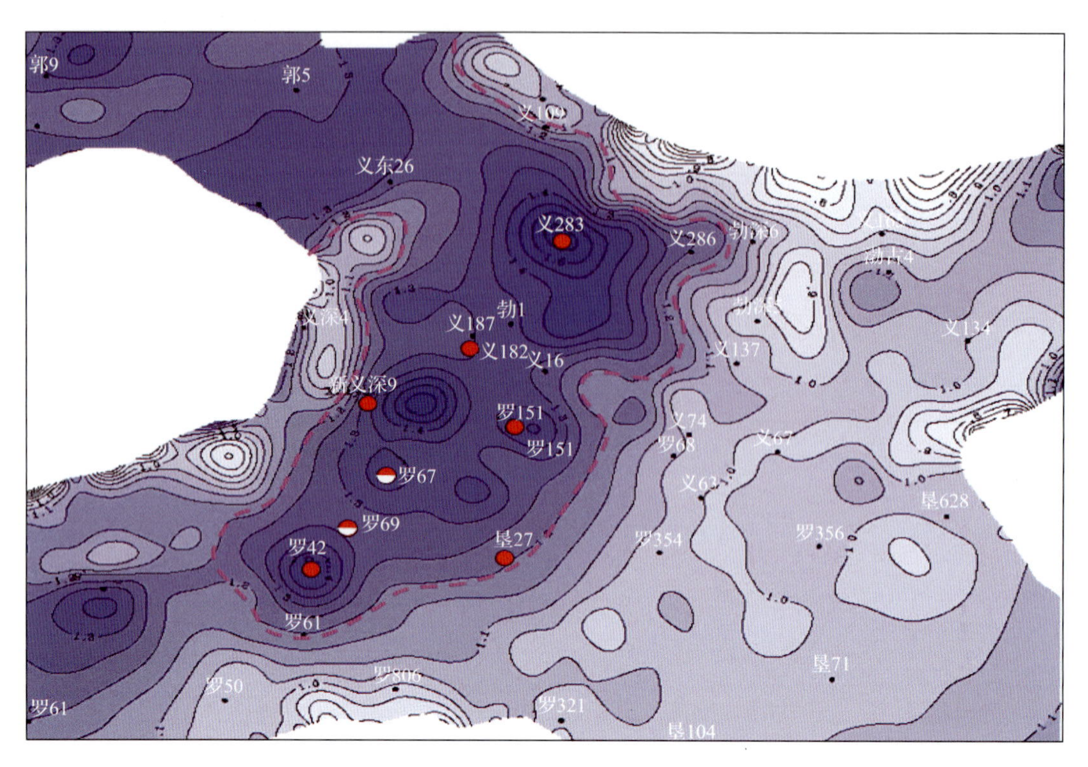

图 5.9　渤南洼陷沙三下亚段地层压力图(单位:无量纲)

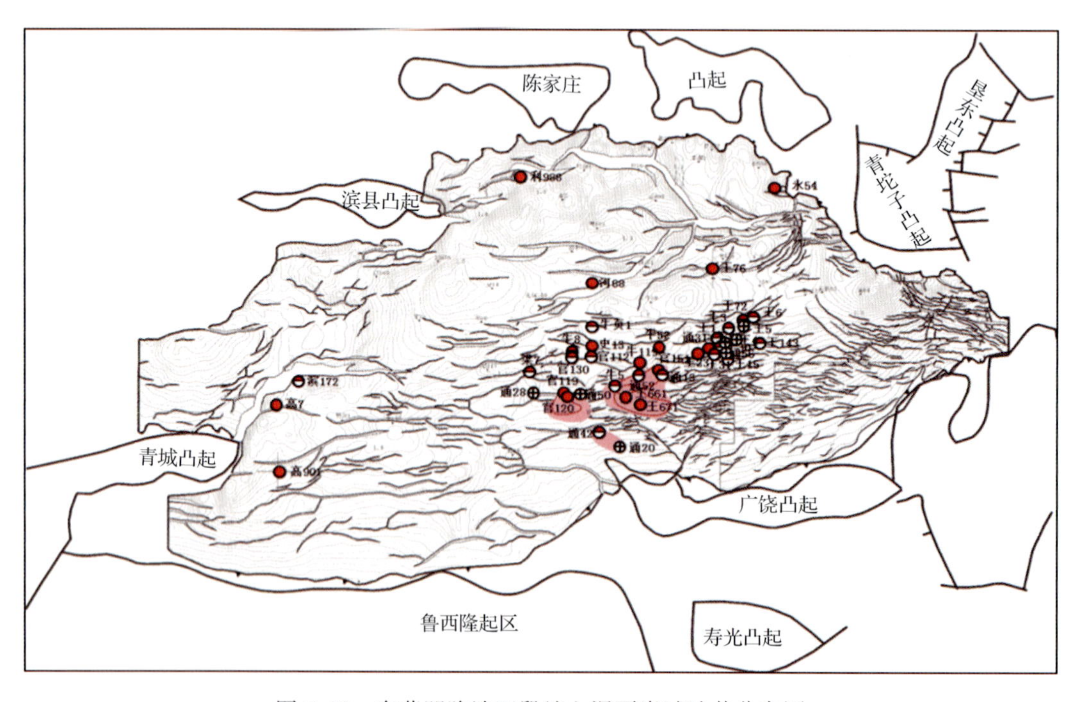

图 5.10　东营凹陷沙四段纯上泥页岩试油井分布图

酸化措施，效果普遍不显著。西部地区压裂措施井两口，其中，高 901 井初期折算日产油 7.93t，累积产油仅 1.77t，压裂之后，日产油 7.81t，到记录时间累积产油 209t；高 7 井初期试油不出，酸化后见油花，压裂之后日产油 14.4t，累积产油 47.8t，后不出，二次压裂，日产油 4.4t，到记录时间累积产油 108t。可见压裂较酸化措施效果好。

沙四段纯上泥页岩油气藏产能的高低受多方面因素的影响，源岩条件、沉积组合、物性条件等因素对泥页岩成藏均有影响，近期重点针对古地形、岩相、TOC、埋深、地层压力、脆性矿物含量等影响产能的多方面因素进行了统计（表 5.3），以寻找各参数对甜点的控制规律，进而落实沙四段纯上泥页岩甜点区。

表 5.3　东营凹陷沙四段纯上泥页岩探井甜点主控因素统计表

评价结果	井名	日产油/t	古地形	岩相	TOC/%	埋深/m	压力系数	脆性矿物含量/%	措施
高产井	通 31	21.3	缓坡	层状泥页岩相	2.30	2633.2	1.57	80	
	史 13	12.1	缓坡	纹层状灰质泥岩相	3.50	3046.4	1.96	74	中途测试
	官 120	13.7	缓坡	纹层状泥质灰岩相	3.00	2745.6	1.24	60	
	永 54	46.5	洼陷	纹层状灰质泥岩相	1.50	2892	1.44	28	
	王 76	21.5	断阶带	层状泥页岩相	3.60	3262	1.82	62	
	河 88	5.89	断阶带	纹层状灰质泥岩相	2.75	3203.6	1.96	50	
	牛 119	29.1	缓坡	层状泥页岩相	2.80	3000.65	1.05	68	中途测试
	官 151	9.7	缓坡	层状泥页岩相	2.50	2798.78	1.41	70	中途测试
	官 119	12.5	缓坡	纹层状泥质灰岩相	3.00	2896.3	1.33	52	中途测试
	王 231	9.7	缓坡	层状泥页岩相	2.25	2675.4	1.46	82	中途测试
	利 988	25.3	陡坡带	纹层状灰质泥岩	2.74	3382	1.85	60	中途测试
	高 7	14.4	洼陷带	纹层状泥质灰岩	1.9	3312	1.61	57	压裂
	高 901	7.81	洼陷带	层状泥页岩	3.01	3241	1.65	63	压裂
	牛 52	12.6	缓坡	层状泥页岩相	2.50	3141.95	1.39	60	中途测试
低产井	牛页 1	0.002	缓坡	纹层状灰质泥岩相	3.25	3403.18	1.59	76	中途测试
	通 13	0.05	缓坡	层状泥页岩相	2.40	2750	1.20	76	酸化
	牛 5	0.02	缓坡	层状泥页岩相	3.30	2691.4	1.23	72	酸化
	通 52	0.31	缓坡	层状泥页岩相	2.90	2989.8	1.47	70	酸化
	王 72	2.55	断裂带	块状灰质泥岩相	3.00	2841.3	1.34	48	中途测试
	王 1	0.107	断裂带	层状泥页岩相	2.60	2849.8	1.40	84	二次酸化
	王 143	0.84	断裂带	块状灰质泥岩相	2.00	2650.6	1.00	60	中途测试
	王 15	0.56	断裂带	块状灰质泥岩相	1.90	2536.2	1.30	42	二次酸化
	王 3	0.39	断裂带	层状泥页岩相	2.80	2809.6	1.38	76	酸化
	王 30	3.5	断裂带	层状泥页岩相	2.30	2500.8	1.23	80	酸化
	王 31	0.02	断裂带	块状灰质泥岩相	2.20	2582	1.27	64	酸化

续表

评价结果	井名	日产油/t	古地形	岩相	TOC/%	埋深/m	压力系数	脆性矿物含量/%	措施
低产井	王6	0.56	断裂带	层状泥页岩相	3.00	2873.2	1.41	40	酸化
	官112	0.002	缓坡	纹层状灰质泥岩相	3.60	2917.25	1.43	64	
	官130	0.35	缓坡	纹层状灰质泥岩相	3.65	3257.8	1.80	56	
	滨172	3.18	缓坡带	纹层状泥质灰岩	1.72	3120	1.76	58	
	梁7	0.02	缓坡带	纹层状灰质泥岩	2.8	2872	1.3	48	酸化
	牛8	0.44	缓坡	纹层状灰质泥岩相	3.60	3115.2	1.54	60	
干井	通56	0	断裂带	块状灰质泥岩相	2.20	2519.2	1.24	42	二次酸化
	通28	0	缓坡	层状泥页岩相	2.40	2748.4	1.23	66	酸化
	王29	0	断裂带	块状灰质泥岩相	2.40	2568.4	1.26	76	酸化
	王4	0	断裂带	块状灰质泥岩相	2.30	2610	1.28	60	酸化
	王5	0	断裂带	块状灰质泥岩相	2.75	2821	1.39	52	二次酸化
	通50	0	缓坡	纹层状泥质灰岩相	3.20	2902.2	1.43	72	

2）甜点要素分析

东营凹陷沙四段纯上泥页岩甜点区的确定是在统计已钻井的相关参数及产能的基础上，分析影响泥页岩油气富集的埋深、岩相及古地形、脆性矿物含量、TOC、裂缝发育程度以及地层压力等多方面因素的分布规律及其控藏下限，进而落实各因素的有利范围，开展多元评价，最终分类型落实甜点区。

（1）埋深。

实际钻井表明，东营凹陷成熟烃源岩埋深下限为2600m，沙四段纯上泥页岩显示段绝大多数埋深大于2600m。因此，埋深大于2600m为沙四段纯上泥页岩油气藏最基本的有利条件（图5.11）。

（2）岩相及古地形。

沙四段沉积早期，气候干旱，以浅水氧化条件下的间歇性盐湖为主要沉积特征，在东营南坡，由于重力分异和湖盆水体补给作用，盐湖外围水体逐渐淡化，形成咸化浅湖和滨浅湖沉积。受沉积环境影响，沙四段纯上泥页岩岩相种类主要有五种，分别为：块状灰质泥岩、块状泥质灰岩、纹层状灰质泥岩、纹层状泥质灰岩、层状泥页岩。其中，层状泥页岩、纹层状泥质灰岩成藏最有利，为Ⅰ类岩相，纹层状灰质泥岩相次之（图5.12）。

沙四段纯上泥页岩岩相主要受古地形控制。古地形洼陷及周缘主要发育层状泥页岩；缓坡带主要发育纹层状泥质灰岩；缓坡-洼陷过渡带常沉积纹层状灰质泥岩；块状泥页岩主要分布于凸起边缘即盆地周缘（图5.13）。分析认为，泥页岩沉积地层厚度大的区带，有机质丰度相对高。对于岩相而言，层状泥页岩最好，其次是裂缝发育的纹层状泥页岩，块状泥页岩发育区带油气丰度最低。

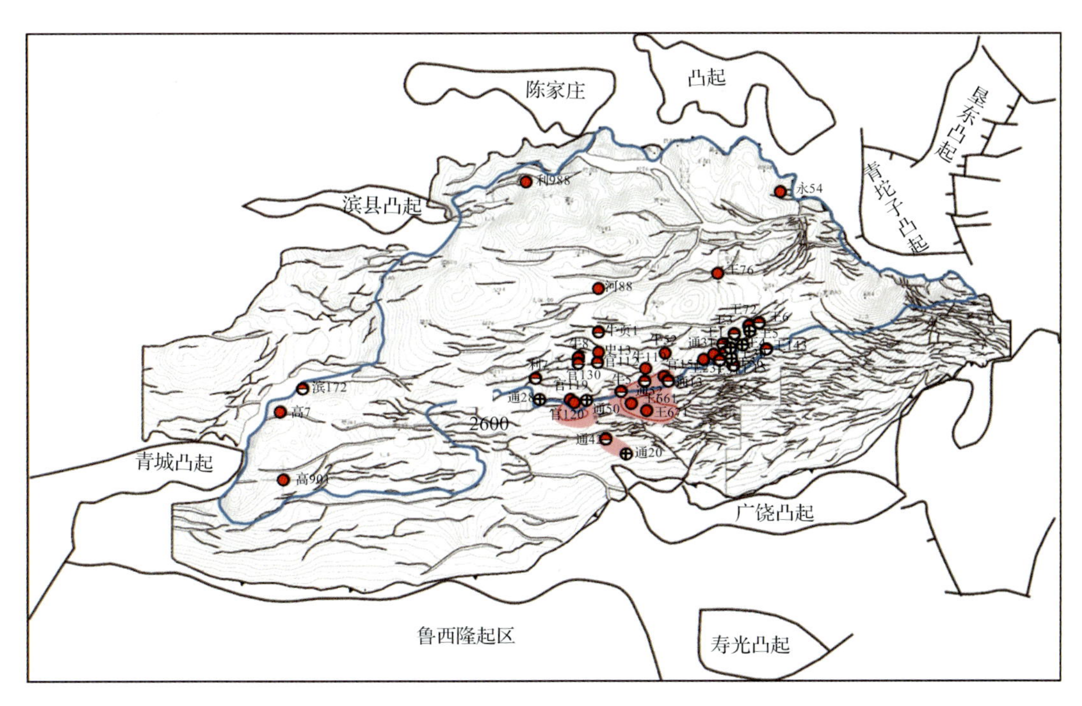

图 5.11　东营凹陷沙四段纯上泥页岩油气显示井与构造深度关系图(单位:m)

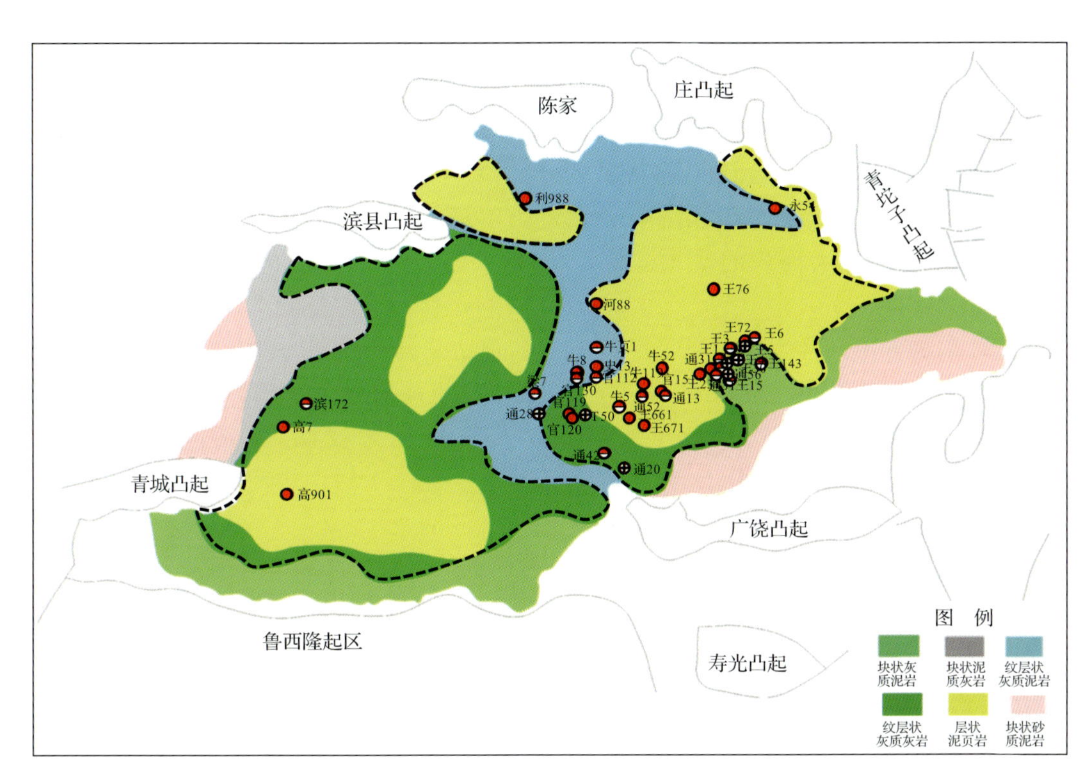

图 5.12　东营凹陷沙四纯上亚段岩相分布图

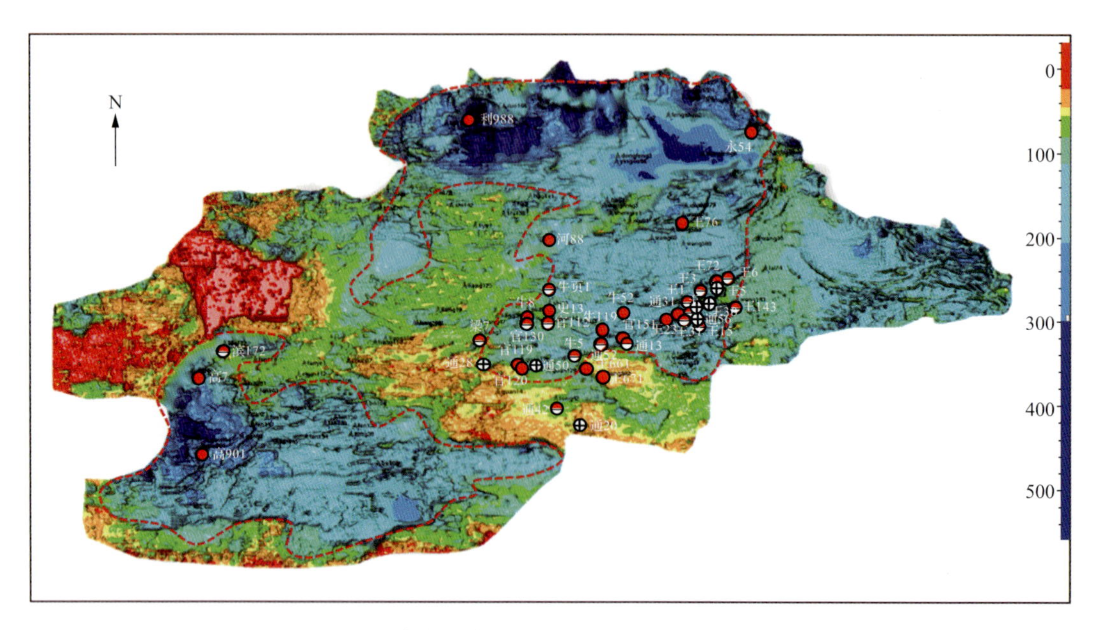

图 5.13　东营凹陷沙四纯上亚段古地形(单位:m)

(3) 脆性矿物含量。

实际钻井统计表明,研究区沙四纯上亚段主要矿物为泥质、白云石、方解石、砂质。其中白云石、方解石、砂质含量的增大都会改善泥页岩物性。脆性矿物含量与孔隙度近似呈线性正相关关系,脆性矿物含量直接关系到泥页岩油气藏的可压性。

东营凹陷沙四段纯上时期为典型的盐湖沉积环境,脆性矿物分布广泛,具有“前砂后盐”的沉积特征。南部湖盆边缘为主河道发育区,来自周缘凸起的碎屑物质被源源不断地带入滨浅湖地区形成砂质沉积,由于河道水动力不足,阻止了碎屑物质继续向前沉积,而在王家岗、陈官庄等大面积的浅水、半深水地区(缓坡带)形成以化学作用为主的灰质沉积。

脆性矿物含量同样影响泥页岩的产能。结合钻井分析确定脆性矿物含量的下限为48%,高于48%的为脆性有利区(图 5.14),主要产能井均分布于此。洼陷带异常高压区,局部地区发育超压缝,因此尽管脆性矿物含量相对较低,但是仍然能见产能(图 5.15)。

(4) TOC。

文献表明,美国页岩气藏 TOC 范围在 1%～25%,R_o范围在 0.4～1.9;加拿大页岩气藏 TOC 范围在 0.8%～11.9%。通过统计分析,东营凹陷沙四段作为主要的烃源岩发育层系,TOC 整体较高,最高可达 4.2%以上,R_o范围为 0.35～1.8,具备生成泥页岩油气的物质基础。钻井地化指数与油气富集情况表明,TOC 小于 4%时,TOC 与氢指数之间近似为正相关线性关系;TOC 大于 4%时,氢指数逐渐转平稳定。结合钻井情况,研究确定了东营凹陷沙四段纯上 TOC 大于 2%为好的源岩,大于 4%为优质源岩。同时,TOC

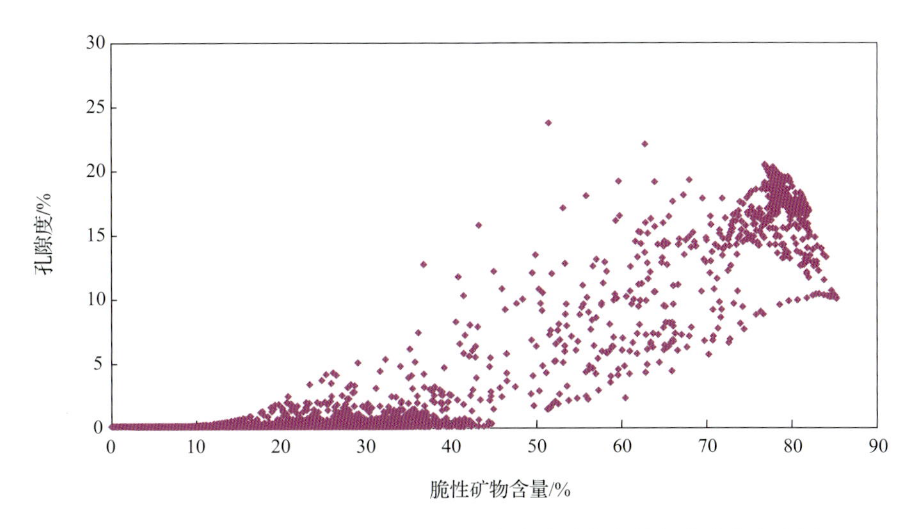

图5.14　东营凹陷沙四纯上亚段泥页岩脆性矿物含量与孔隙度交会图

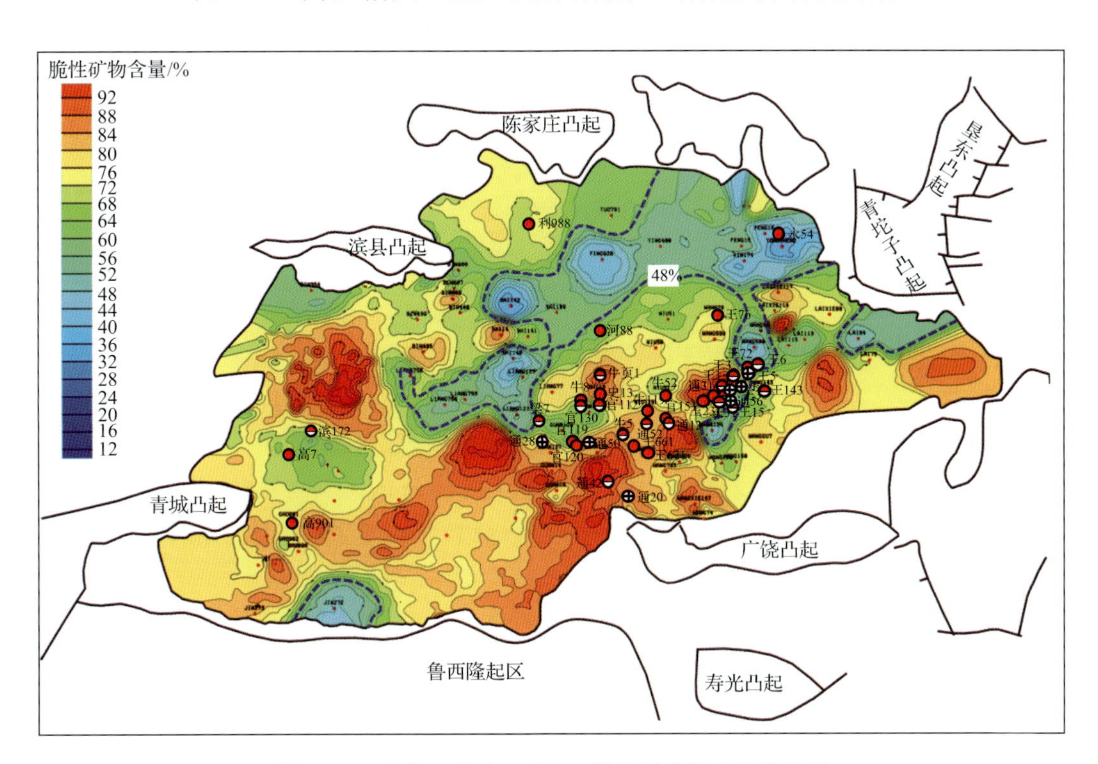

图5.15　东营凹陷沙四纯上亚段脆性矿物含量分布图

的分布与古地貌的形态具有较大的关系，TOC高值区集中于古地貌的洼陷周缘，在几个生油洼陷周缘的斜坡带上形成TOC的分布中心，而缓坡带及洼陷带的TOC相对较低。结合实钻井确定了东营凹陷沙四纯上亚段泥页岩甜点的TOC下限为2%(图5.16)。

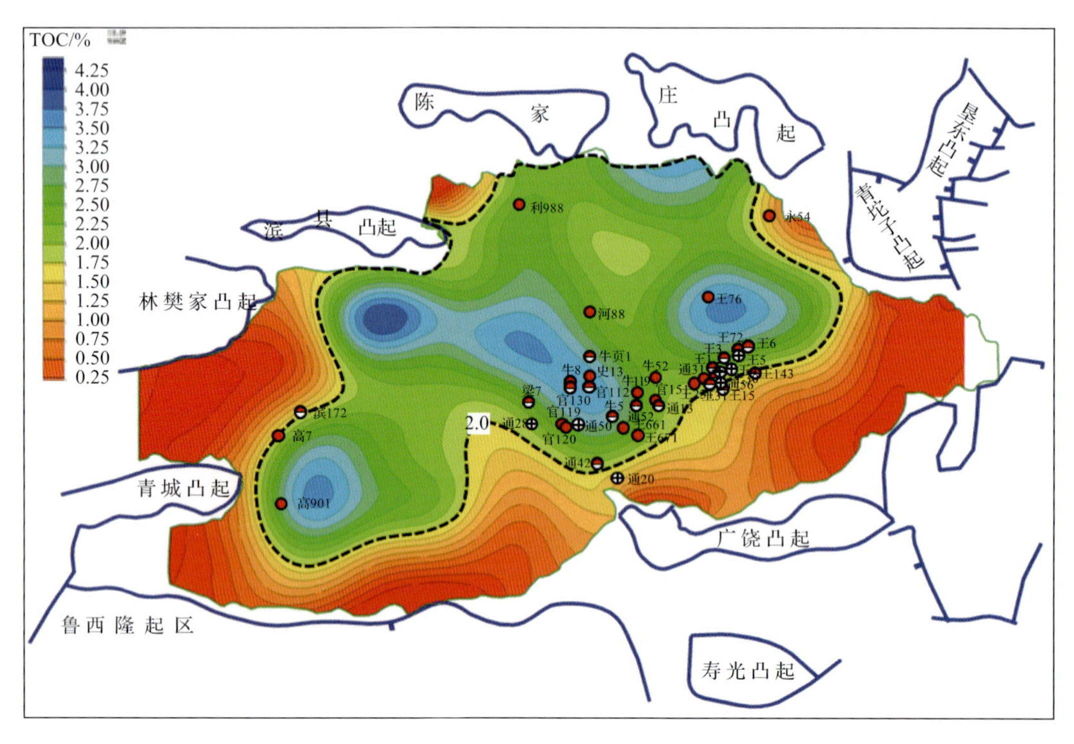

图 5.16　东营凹陷沙四纯上亚段 TOC 分布图

(5) 裂缝发育程度。

裂缝发育程度是影响泥页岩油气富集的重要因素之一。济阳拗陷的泥页岩钻井情况表明,裂缝发育的钻井一般可以获得较高的初产,因此,裂缝也是反映泥页岩甜点的重要指标。裂缝的发育程度主要以断裂的分布来表征,为此提取了沙四纯上亚段的相干属性图(图 5.17)。从相干图上可以看出,现今构造的中央隆起带、缓坡断阶带、八面河-王家岗-纯化构造带、陡坡带附近裂缝更为集中发育,且含油气的泥页岩钻井也更为集中。目前,中央隆起带王 76 等井、缓坡断阶带王 671 井、陡坡带的利 988 井均获得较好的产能。

(6) 地层压力。

地层压力是油气充注的关键要素,是泥页岩油气藏获得高产的重要条件。从钻井统计的沙四段纯上地层压力系数来看(图 5.18),洼陷带及洼陷周缘均具有较为普遍的高压特征,初步落实压力系数下限为 1.2。

东营凹陷沙四纯上亚段裂缝脆性复合型甜点区为埋深大于 2600m,层状泥页岩、纹层状泥质灰岩发育,且 TOC 大于 2%,脆性矿物含量大于 48%的地区(图 5.19)。

东营凹陷沙四纯上亚段裂缝型甜点区为埋深大于 2600m,地层压力大于系数 1.2,并且断裂发育的地区(图 5.20)。

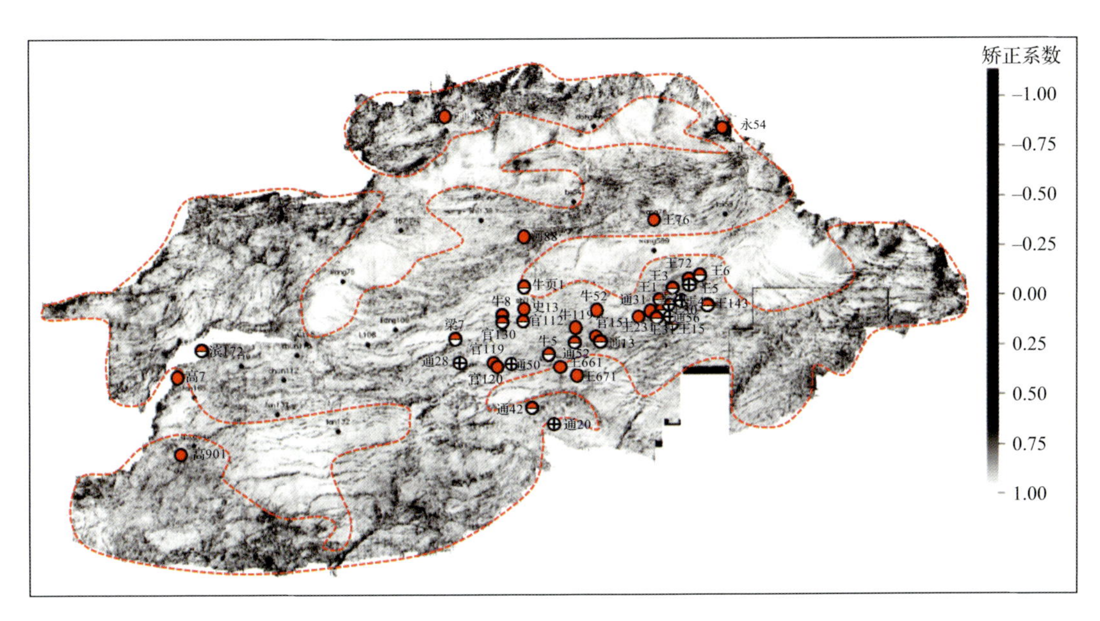

图 5.17　东营凹陷沙四上亚段相干分析图

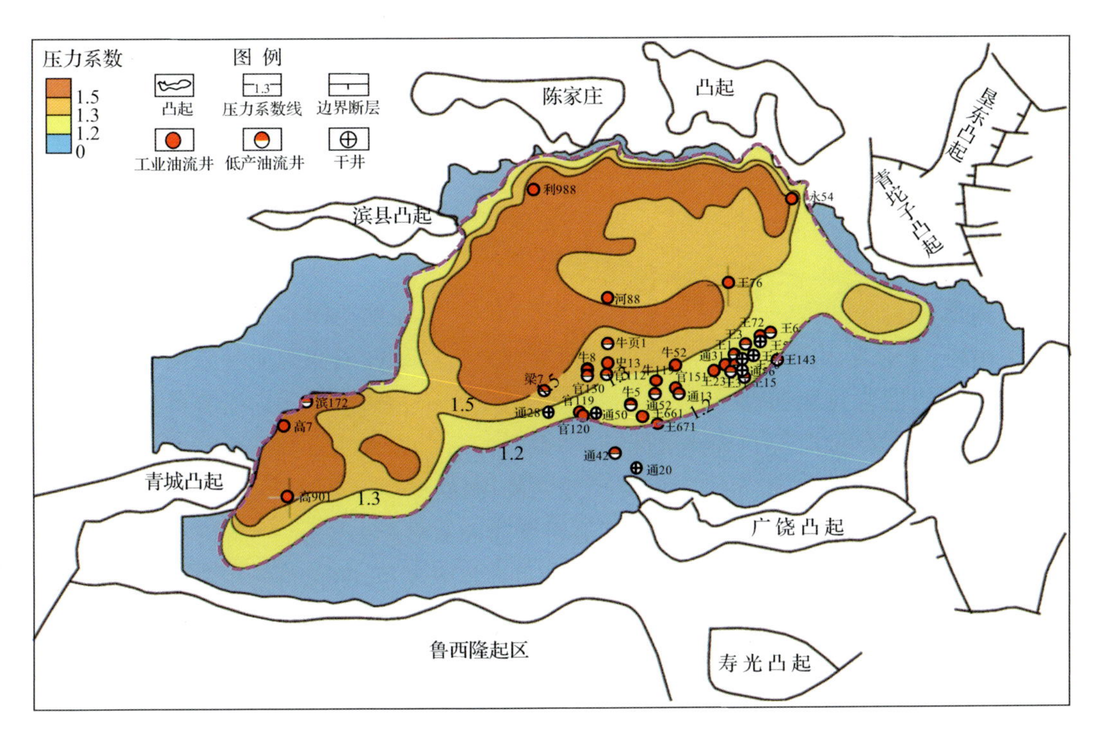

图 5.18　东营凹陷沙四纯上亚段地层压力系数分布图

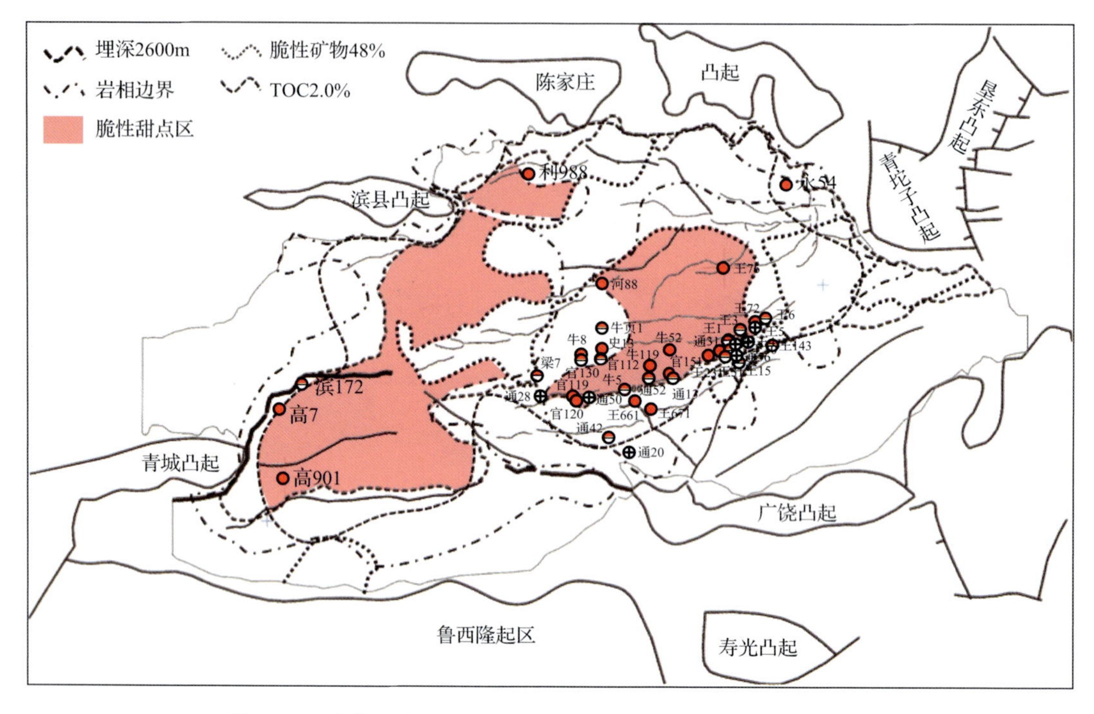

图 5.19　东营凹陷沙四纯上亚段裂缝脆性复合型甜点区分布图

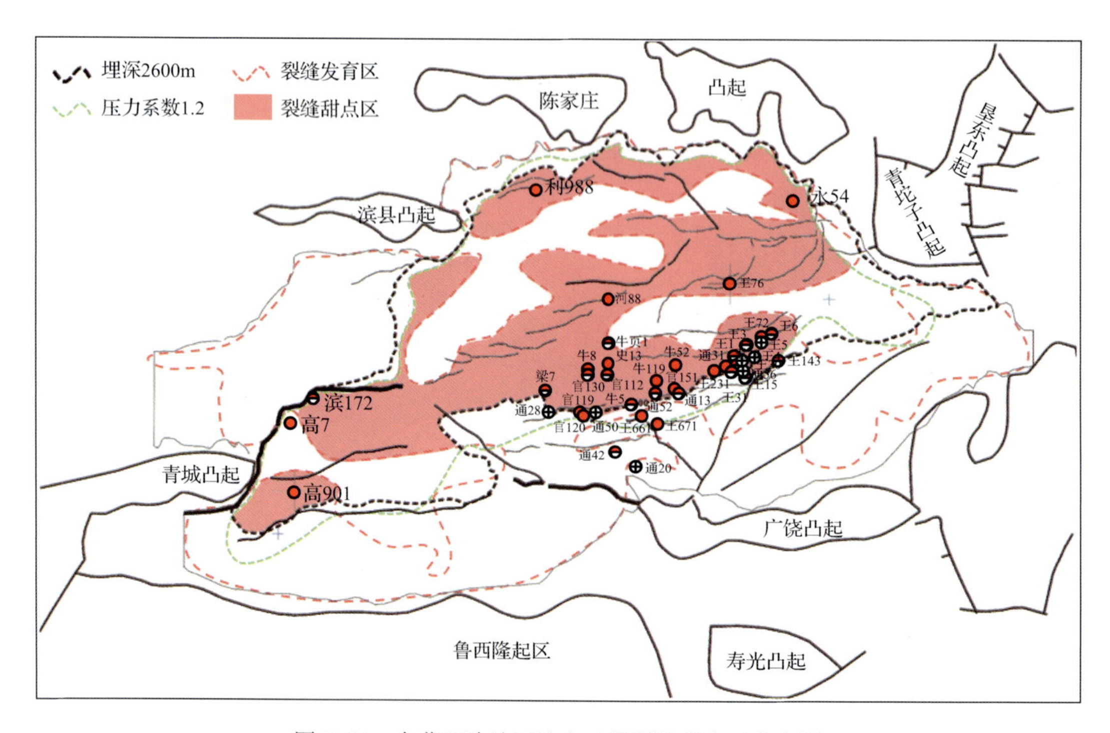

图 5.20　东营凹陷沙四纯上亚段裂缝甜点区分布图

5.1.3 济阳拗陷泥页岩甜点识别量版的建立

在明确泥页岩甜点地质特征的基础上，结合2012～2014年泥页岩新井综合评价、泥页岩主控因素的地质参数和地震预测参数分析(表5.4～表5.7)，建立了裂缝型、裂缝脆性复合型甜点识别综合量版(表5.8、表5.9)。

表5.4 2012～2014年新钻井泥页岩综合评价表

井名	层位	日产油/t	古地形	岩相	TOC/%	埋深/m	压力系数	脆性矿物含量/%	孔隙度/%	压裂措施
渤页平1	沙三段	8.22	缓坡带	纹层状泥质灰岩	2.2	2870	1.45	42	5	水平井大型压裂
渤页平2	沙三段	1.81	缓坡带	纹层状泥质灰岩	2.4	3125.9	1.2	40	4	水平井大型压裂
渤页平1-2	沙三段	4	缓坡带	纹层状泥质灰岩	2.2	3600	1.45	42	5	水平井大型压裂
义187	沙三段	184.8	鼻状构造	层状泥页岩	2.15	3456	1.25	73	5.5	
义182	沙三段	126.96	鼻状构造	层状泥页岩	2.1	3429	1.25	73	5	
义186	沙三段	55.2	洼陷带	层状泥页岩	2.15	3635.8	1.3	77	7	
义194	沙一段	84.1	洼陷带	层状泥页岩	2.64	2918	1.16	60	12	
梁页1-HF	沙三段	1.95	斜坡带	纹层状泥质灰岩	2.9	2942.8	1.34	41	0.67	水平井大型压裂
樊页1	沙三段	8.8	洼陷带	层状泥页岩	3.3	3199	1.36	48	4	压裂
樊页1	沙四段		洼陷带	层状泥页岩	2.7	3249	1.42	62	3.8	
牛页1	沙三段		缓坡带	纹层状泥质灰岩	3.4	3300	1.42	50	3.6	
牛页1	沙四段		缓坡带	纹层状泥质灰岩	3.25	3403	1.59	50	6	
利页1	沙三段	0.29	斜坡带	纹层状泥质灰岩	3.2	2844	1.4	48	5.5	射孔
利页1	沙四段		斜坡带	纹层状泥质灰岩	3.3	3872.6	1.55	60	3.1	
利988	沙四段纯下	油87.5t/气8861m^3	洼陷带	层状泥页岩		4220	1.96	80	5	压裂
利988	沙四段纯上	25.3	洼陷带	层状泥页岩	2.74	3382	1.85	60	15	

表 5.5　济阳坳陷泥页岩甜点识别地质参数量版

区带	层系	埋深/m	岩相	古地形	压力系数	TOC/%	脆性矿物含量/%	孔隙度/%
渤南洼陷	沙三段12下—13上层组	>2500	纹层状泥页岩	低坡折	>1.2	>2.2	>35	>3
	沙三段13下层组	>2500（局部2300）	层状泥页岩	低坡折、洼中隆	>1.2（层内相对高压区）	>1.9	>55	>1.9
	沙一段	>2500	层状泥页岩	低坡折、洼中隆	>1.06	>2.2	>50	>1.9
车镇凹陷	沙三下亚段	>2300	层状泥页岩	低坡折、陡坡扇体前端	>1.1	>1.9	>50	>1.9
东营凹陷	沙三下亚段	>2500	纹层状泥页岩	低坡折、中央隆起区	>1.2	>2.4	>35	>3
	沙四段纯上	>2500	层状泥页岩	缓坡低坡折	>1.2	>2.0	>48	>1.9

表 5.6　裂缝型泥页岩识别地震参数统计表

评价结果	井名	日产油/t	古地形	岩相	脆性指数	弹性参数		脆延性	延展性	破裂脆性	含油气指数	综合评价指数
						泊松比	杨氏模量/GPa					
高产井	义283	10.2	洼陷带	层状泥页岩				2048	0.088	22.35	126	2.86
	罗151	56	缓坡带	纹层状泥质灰岩	0.40	0.231	23	202	0.085	17.86	148	0.33
	罗42	79.9	缓坡带	纹层状泥质灰岩	0.38	0.22	15	346	0.086	19.75	160	2.64
	新义深9	38.5	缓坡带	纹层状灰质泥岩	0.42	0.23	26	235	0.089	20.43	110	3.72
	罗20	9.2	缓坡带	纹层状泥质灰岩	0.43	0.218	25.5	250	0.085	8.16	172	4.01
低产井	渤页平1	8.22	缓坡带	纹层状泥质灰岩	0.30	0.287	15.8	238	0.087	5.30	132	2.84
	罗67	2.09	缓坡带	纹层状灰质泥岩	0.33	0.3	24.1	155	0.092	9.41	128	3.83
	渤页平2	1.81	缓坡带	纹层状泥质灰岩	0.34	0.264	21.5	569	0.097	2.13	89	2.36
	罗69	0.85	缓坡带	纹层状泥质灰岩	0.36	0.31	27.092	86	0.098	5.98	117	4.64
	垦28	0.4	缓坡带	纹层状泥质灰岩	0.40	0.26	27	737	0.095	2.60	92	2.18
	罗16	0.02	缓坡带	纹层状泥质灰岩	0.35	0.25	21	211	0.088	3.10	113	3.1
	渤页平1-1	4	缓坡带	纹层状泥质灰岩	0.31	0.25	16	139	0.091	9.40	104	4.2
	罗63	0.02	缓坡带	纹层状灰质泥岩	0.40	0.26	27	633	0.099	6.10	98	3.14

续表

评价结果	井名	日产油/t	古地形	岩相	脆性指数	弹性参数		脆延性	延展性	破裂脆性	含油气指数	综合评价指数
						泊松比	杨氏模量/GPa					
干井	罗3	干层	缓坡带	纹层状泥质灰岩	0.79	0.19	45	355	0.092	−9.72	38	1.96
	义41	干层	缓坡带	块状泥页岩	0.44	0.23	28	438	0.097	2.30	45	2.34
	义深2	干层	洼陷带	纹层状灰质泥岩				196	0.094	−12.01	28	3.02
	渤深8	干层	洼陷带	层状泥页岩	0.40	0.27	26	1969	0.094	−2.54	21	2.13
	渤深5	干层	洼陷带	层状泥页岩	0.36	0.27	23.9	2127	0.094	−4.00	35	0.71
	义633	干层	缓坡带	块状泥页岩	0.30	0.33	20	1079	0.098	1.20	26	2.95
	罗52	干层	缓坡带	纹层状灰质泥岩				418	0.095	−6.42	39	2.34
	罗35	干层	缓坡带	纹层状灰质泥岩	0.36	0.3	24.7	1137	0.094	1.34	29	3.32
	罗10	干层	缓坡带	纹层状灰质泥岩	0.48	0.24	31.8	783	0.110	−17.80	42	3.33
	罗352	干层	缓坡带	块状泥岩	0.51	0.24	35.8	1580	0.106	−6.32	27	4.06
	罗12	干层	洼陷带	纹层状灰质泥岩	0.43	0.26	30.4	803	0.112	2.57	16	1.39
	罗358	干层	斜坡带	块状灰质泥岩	0.42	0.33	35.5	626	0.104	−4.64	12	0.93

表5.7 裂缝脆性复合型泥页岩识别地震预测参数统计表

评价结果	井名	日产油/t	古地形	岩相	脆性指数	弹性参数		脆延性	延展性	破裂脆性	含油气指数	综合评价指数
						泊松比	杨氏模量/GPa					
高产井	义187	184.8	洼陷带	层状泥页岩	0.77	0.21	45	571	0.092	19.42	162	2.29
	义182	126.96	洼陷带	层状泥页岩	0.62	0.286	35.3	545	0.098	12.71	171	2.92
	义186	55.2	洼陷带	层状泥页岩	0.46	0.278	35.7	1436	0.096	14.57	143	2.66
	罗151	56	缓坡带	纹层状泥质灰岩	0.53	0.25	39.6	98	0.097	8.01	138	3.71
	罗19	43.5	缓坡带	纹层状泥质灰岩	0.55	0.27	35	187	0.093	6.32	125	1.68
	新义深9	38.5	缓坡带	纹层状灰质泥岩	0.46	0.34	39	85	0.092	6.21	137	2.94
	义286		洼陷带	层状泥页岩	0.53	0.25	40	1031	0.095	8.17	116	2.78
	新罗5		缓坡带	纹层状泥质灰岩	0.47	0.3	35	320	0.089	6.15	153	0.069
低产井	罗7	1.52	缓坡带	纹层状灰质泥岩	0.42	0.288	33	469	0.091	2.51	104	1.39
	义100	0.9	缓坡带	纹层状泥页岩	0.67	0.286	52	500	0.092	0.86	97	1.19
	罗16	0.02	缓坡带	纹层状泥质灰岩	0.56	0.26	44	142	0.090	1.58	89	1.06

续表

评价结果	井名	日产油/t	古地形	岩相	脆性指数	弹性参数		脆延性	延展性	破裂脆性	含油气指数	综合评价指数
						泊松比	杨氏模量/GPa					
干井	渤深 8	干层	洼陷带	层状泥页岩	0.57	0.26	45	1528	0.094	0.67	32	2.24
	义 41	干层	缓坡带	块状泥页岩	0.50	0.32	44	379	0.097	-5.61	32	2.21
	义 633	干层	缓坡带	块状泥页岩	0.75	0.24	47	366	0.093	-1.01	25	0.72
	罗 352	干层	缓坡带	块状泥岩	0.34	0.32	28	694	0.095	0.31	46	0.62
	罗 62	干层	缓坡带	块状泥质灰岩	0.55	0.26	39	1017	0.109	-5.31	33	1.52
	罗 68	干层	缓坡带	块状泥质灰岩	0.30	0.34	21	154	0.107	-6.01	19	2.45
	罗 173	干层	缓坡带	块状泥质灰岩	0.46	0.29	32	130	0.093	-8.51	56	1.09
	义 42	干层	缓坡带	纹层状泥质灰岩	0.51	0.35	49	118	0.097	-6.61	21	2.37
	罗 4	干层	缓坡带	纹层状泥质灰岩	0.50	0.33	44	157	0.100	0.30	16	2.62
	罗 2	干层	缓坡带	纹层状泥质灰岩	0.45	0.31	39.6	187	0.105	-8.10	52	2.18

表 5.8　济阳坳陷泥页岩裂缝型甜点识别综合量版

地质参数						
埋深/m	岩相	古地形	压力系数	TOC/%	脆性矿物含量/%	孔隙度/%
>2500	纹层状泥页岩	缓坡低坡折、洼中隆	>1.2	>2.2	>35	>4

典型预测参数						
脆性指数	弹性参数/GPa	脆延性	延展性	可压指数	油气富集指数	综合评价指数
>0.3	15<杨氏模量<35	>200	<0.08	>0	>100	>2

有效叠后属性			
属性类别	甜点属性	相干曲率属性	典型反射
特征	高值区	高值区	丘状反射

表 5.9　济阳坳陷泥页岩裂缝脆性复合型甜点识别综合量版

地质参数						
埋深/m	岩相	古地形	压力系数	TOC/%	脆性矿物含量/%	孔隙度/%
>2300	层状泥页岩	低坡折、坡折、洼中隆	>1.0	>1.9	>50	>5

续表

典型预测参数						
脆性指数	弹性参数/GPa	脆延性	延展性	可压指数	油气富集指数	综合评价指数
＞0.45	杨氏模量＞35	＞300	＜0.09	＞6	＞110	＞2
有效叠后属性						
属性类别	弧长属性		半时能量属性		甜心属性	
特征	高值区		高值区		高值区	

济阳拗陷发育的泥页岩裂缝型甜点具有以下特征：埋深门限值大于2500m，岩相以纹层状泥页岩为主，压力系数大于1.2，TOC大于2.2%，脆性矿物含量大于35%，孔隙度总体偏低，一般大于4%，脆性指数大于0.3，延展性小于0.08，可压指数大于0，含油气指数大于100，综合评价指数大于2，在地震剖面上呈丘状反射特征，叠后甜点和相干曲率属性上为高值。

裂缝脆性复合型甜点中脆性矿物含量高，且裂缝发育，不同层系、不同地区因岩性差异导致甜点的识别参数不尽相同。总体而言具有以下特征：埋深门限大于2300m，岩相以层状泥页岩为主，古地形为低坡折、坡折、洼中隆，压力系数大于1.0，TOC大于1.9%，脆性矿物含量大于50%，孔隙度相对于裂缝型泥页岩要高，一般可达5%～12%，脆性指数大于0.6，延展性小于0.09，可压指数大于6，含油气指数大于100，综合评价指数大于2，叠后弧长、半时能量和甜心属性为高值。

5.2　泥页岩甜点地震综合评价技术流程

济阳拗陷泥页岩沉积类型多样，分布广泛，但成藏特征差异较大，如何快速识别出有利的泥页岩甜点是地震勘探的重点。从研究情况来看，泥页岩影响因素较多，但由于古近系构造运动具有很大的继承性，不同因素之间的相关性较大，使泥页岩甜点识别相对容易。综合第2章至第4章泥页岩甜点的地质特征、测井响应特征、地震预测关键技术的成果，对泥页岩影响因素进行系统分类，明确控制泥页岩宏观区带、有利区带到局部富集高产区块的关键要素，并建立这些要素的地震特征及预测方法。通过影响因素的相对大小，逐级选取配套技术评价解剖，可实现富集区块落实及有利勘探方向优选，为井位设计和工程压裂提供依据。

为此研究提出了泥页岩综合评价四步法（图5.21），即“一级要素定层段、二级要素选区带、三级要素找甜点、四级要素选目标”。研究认为时频特征反映泥页岩的沉积环境变化和层序等变化，是控制泥页岩空间发育的一级要素；构造埋深反映泥页岩的压力、温度的变化和成熟度特征，是泥页岩平面分布的重要控制因素，是二级控制要素；泥页岩的众多要素，如裂缝、异常高压、TOC、脆性、优势岩相等控制着泥页岩富集、产能差异等情况，决定了泥页岩油气藏的生产方式，是三级控制要素；泥页岩的岩石物理特征，如延展性、各向异性等决定压裂时网状缝的发育和形成，是控制泥页岩油气产能的四级要素。

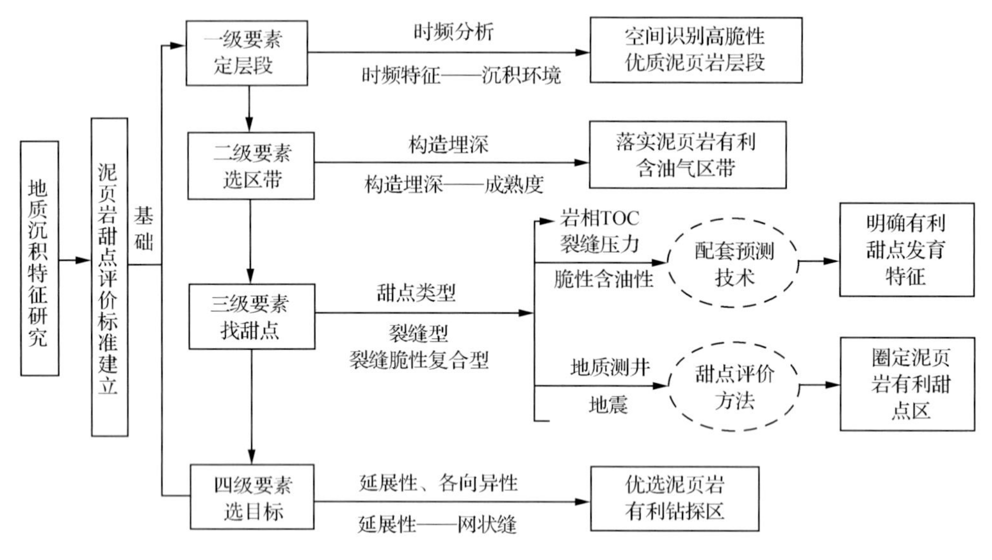

图 5.21　泥页岩甜点四步法地震综合评价技术流程

1. 一级要素定层段

即通过时频特征分析，优选有利的泥页岩发育段。时频特征反映泥页岩的沉积特征，包括矿物含量、沉积结构等方面，是泥页岩综合评价的基本要素。

以往对湖相泥岩的沉积层序特征研究较少，本书通过分析泥页岩发育的层序特征，结合实钻井分析，明确了泥页岩油气富集层段的层序时频特征。研究区砂岩沉积的时频特征表现为随着湖平面上升，沉积粒度逐渐变细、厚度变小，沉积互层增加，地震反射频率增高，呈现为正韵律的特征；湖平面下降时，沉积粒度逐渐变粗、厚度变大，互层减少，地震反射频率降低，呈现为反韵律的特征。钙质泥页岩沉积的时频特征与砂岩正好相反，伴随着湖平面上升，沉积的钙质含量降低、互层减少，地震反射频率降低，表现为反韵律的特征；湖平面下降时，沉积的钙质含量增加、互层增多，地震反射频率增高，表现为正韵律的特征。有利泥页岩主要位于湖平面上升的早期，该时期以发育层状泥页岩为主，脆性相对较高，伴随着湖平面不断上升，泥页岩互层减少、钙质含量降低，泥页岩逐步相变为块状泥页岩(图 5.22～图 5.24)。在地震剖面则表现为频率逐步降低的特征。因此，可利用井震联合分析层序特征，明确泥页岩发育的有利时期，从而确定评价的主要目标层系。

对济阳拗陷沙三段而言，泥页岩以厚层层状、块状为主，二级层序反映了韵律、成分的变化，随着频率的降低，钙质含量逐渐减少。三级层序反映了层组变化和岩相物性等的相对差异。

对于济阳拗陷沙一段而言,泥页岩主要以层状泥页岩,油页岩夹白云岩条带为主,二级层序反映了泥页岩韵律和岩相组合样式的变化。随着频率的降低,白云岩条带逐渐减少,白云岩条带厚度逐渐减薄。

因此,通过时频分析研究认为,济阳拗陷沙三下亚段、沙一下亚段和沙四上亚段是泥页岩发育的主要层段。

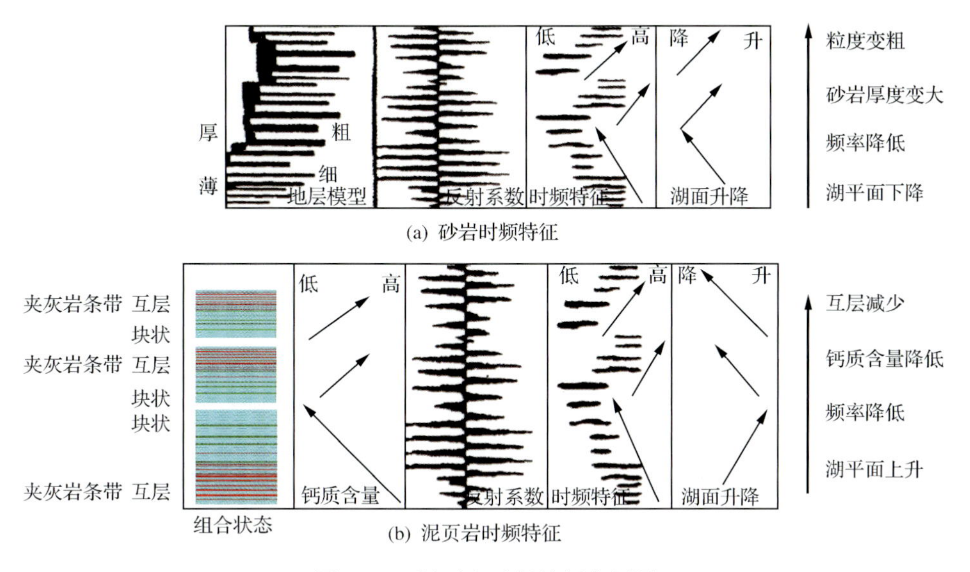

图 5.22　泥页岩时频特征分析图

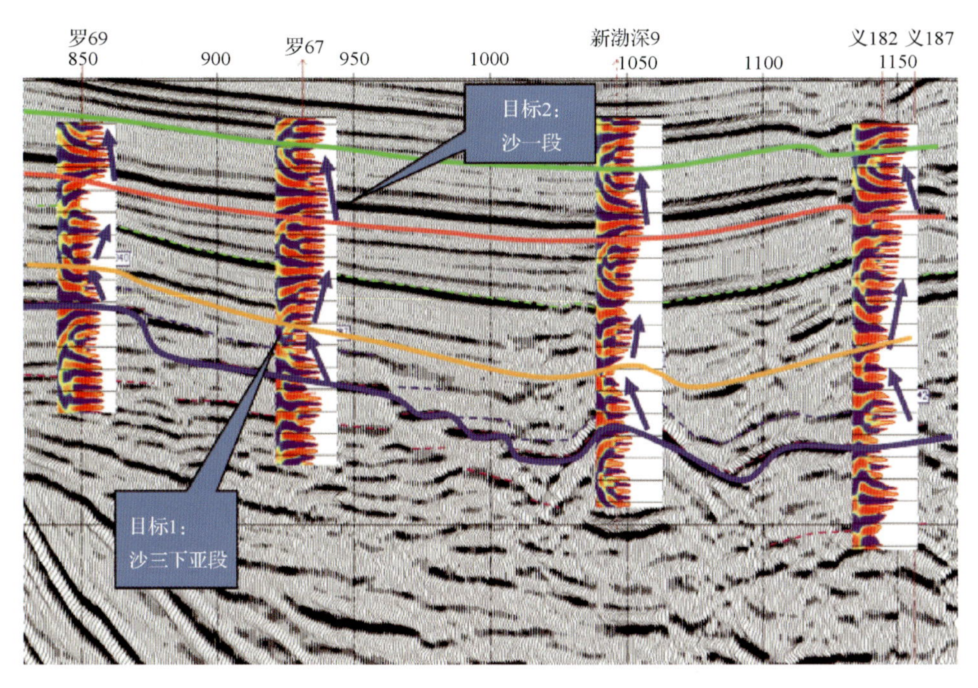

图 5.23　渤南洼陷泥页岩时频特征分析图

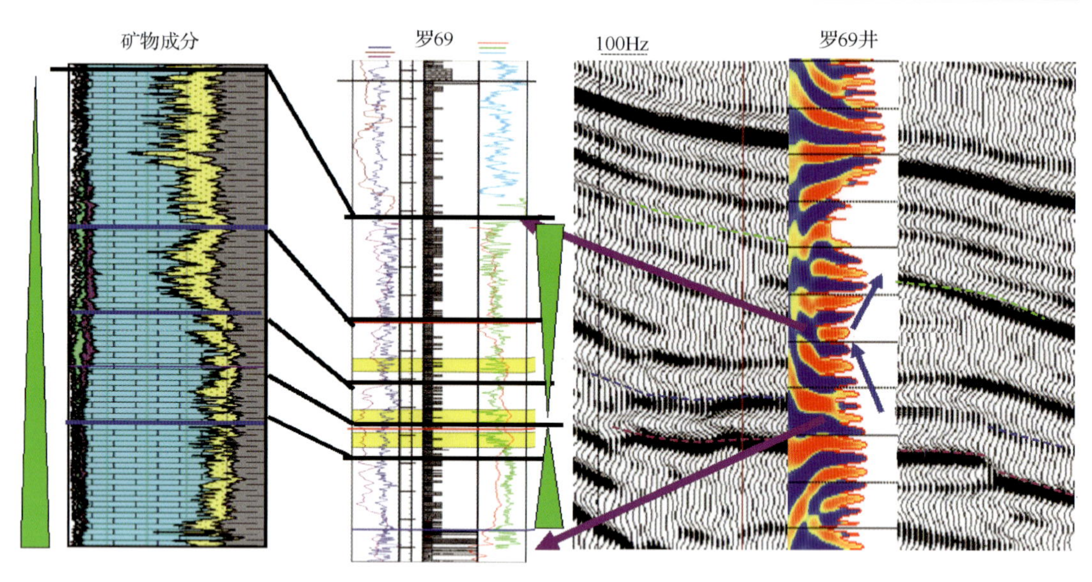

图 5.24　泥页岩时频特征分析剖面

2. 二级要素选区带

济阳拗陷为继承性的新生代盆地，现今构造与地温梯度、地层压力密切相关，除局部火成岩发育区外，泥页岩的成熟度与构造埋深密切相关。渤南洼陷的沙三段和沙一段及车镇凹陷沙三段，泥页岩的成熟埋深基本都在 2500m 左右，在 2500m 以上以常规构造、岩性油藏为主；在 2500m 以下，泥页岩层段油气显示活跃，具有连片成藏的特征，为非常规泥页岩油气藏的有利区。东营洼陷沙三段、沙四段泥页岩的成熟埋深基本都在 2600m 左右，在 2600m 以上，以常规构造、岩性油藏为主；在 2600m 以下，泥页岩层段油气显示活跃，具有连片成藏的特征，是泥页岩的有利成藏区。

3. 三级要素找甜点

泥页岩甜点包括裂缝型甜点和裂缝脆性复合型甜点两类。裂缝型甜点取决于裂缝的发育程度和地层压力的大小，在泥页岩有利成藏区内裂缝发育的相对高压区油气相对比较富集，易于高产。因此，结合裂缝预测技术、压力预测技术可识别裂缝型泥页岩甜点。裂缝脆性复合型甜点与泥页岩的岩相特征、脆性矿物含量、脆性特征、TOC 及古地形的变化密切相关，通过研究的各种配套甜点识别关键技术（基于地质的评价技术、测井评价技术、地震融合预测技术等）的应用，结合古地形、岩相等可圈定出有利甜点区。

4. 四级要素选目标

泥页岩油气藏作为非常规资源的典型代表，在目前的工艺技术条件下，还不能全部有效动用。因此，有必要依据影响产能的关键要素，对该类资源进行分类，以逐步实施钻探。

泥页岩具备了油气富集的裂缝、脆性等因素也不一定能高产，主要取决于压裂后网状缝的发育程度。延展性及各向异性是评价地层是否可压裂并形成网状缝的技术指标，通过研究相应的地震预测技术可实现地层可压性及形成网状缝能力的评价。

5.3　泥页岩甜点综合评价关键技术

泥页岩油气不同于常规油气藏，具有整体含油、局部富集的特点。因此，综合评价的关键是利用地质、地震、测井等综合研究成果，对泥页岩发育区带进行分类，明确油气富集区带。为此，在上述研究的基础上，对多种测井、地震技术进行优化整合，形成了适合济阳拗陷泥页岩油气富集区（即甜点）的综合评价方法。

按照由点及面、由定性到定量的研究思路，泥页岩甜点综合评价方法中的关键技术依次包括泥页岩甜点的测井定量识别、地质要素综合评价和叠前、叠后地震预测四个核心方法。

5.3.1　泥页岩甜点测井定量识别评价

勘探实践表明，泥页岩甜点中既包含裂缝因素，又涵盖各种非裂缝成因导致的油气聚集。目前，在测井定量识别裂缝方面研究较为深入，已建立起单一或多条测井曲线融合定量识别裂缝的技术和方法。但在将泥页岩甜点作为整体进行测井定量识别方面的分析和研究还较为缺乏。泥页岩甜点在测井响应特征上与裂缝有所不同，因此，决定了两者在测井定量识别方法上也有差异，不能单纯借鉴测井定量识别裂缝方面的研究和成果。同时，泥页岩在空间分布上具有较强的非均质性，不同岩相中发育的甜点测井响应特征也有差异，需要进行相控约束下的泥页岩甜点测井定量识别评价方法研究。

本次研究通过岩心和成像测井资料刻度多种常规测井曲线，重构建立泥页岩甜点指示曲线，从而克服单独应用某一种曲线识别甜点的不足与缺陷，实现泥页岩甜点的定量识别。该方法的流程如图5.25所示，主要包括三方面的内容：在精细划分泥页岩不同岩相的基础上，明确各类岩相甜点的测井响应特征；在相控约束下，多种测井参数重构降维，构

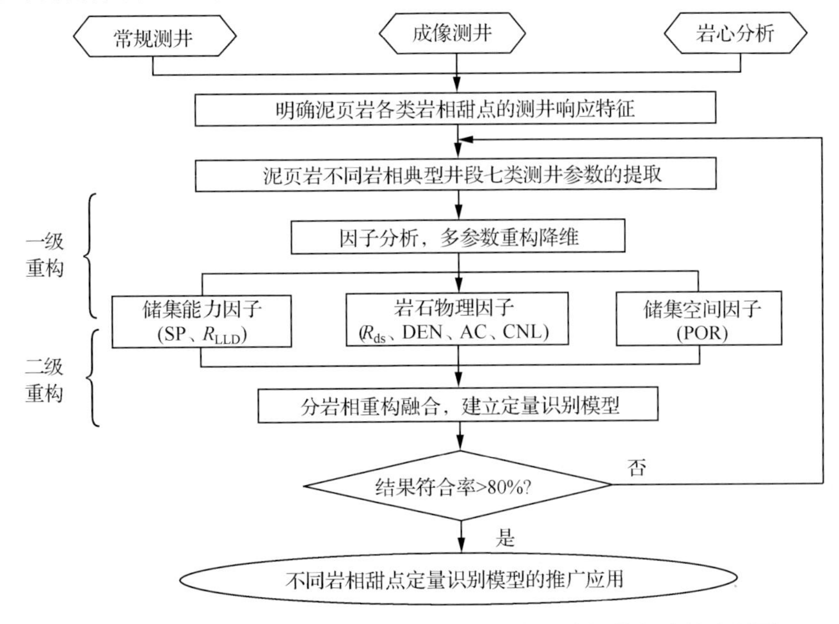

图5.25　相控多级重构测井定量识别泥页岩甜点评价方法的流程图

建相关性低、数量较少的因子参数;分岩相进行测井多级重构融合,建立泥页岩不同岩相中的甜点识别模型。

1. 泥页岩不同岩相甜点的测井响应特征

以岩心、薄片观察、成像测井与扫描电镜资料为基础,按泥页岩中碳酸盐矿物含量50%为界及具有纹层状、块状和层状三种结构构造的特点,泥页岩可划分为五类岩相:纹层状灰质泥岩、纹层状泥质灰岩、块状灰质泥岩、块状泥质灰岩、层状泥页岩。

不同岩相中甜点的测井响应特征类似,但仍有较为明显的差异。其中,对于纹层状灰质泥岩,甜点具有高电阻率、中高声波时差、中高中子、低密度、自然电位负异常不明显的特征;对于纹层状泥质灰岩,甜点具有高电阻率、高声波时差、高中子、低密度、自然电位负异常明显的特征;对于块状灰质泥岩,甜点具有中高电阻率、中高声波时差、中高中子、低密度、自然电位负异常不明显的特征;对于块状泥质灰岩,甜点具有高电阻率、中高声波时差、中高中子、中低密度、自然电位负异常明显的特征;对于层状泥页岩,甜点具有中高电阻率、中等声波时差、中等中子、中等密度、自然电位负异常不明显的特征。此外,泥页岩五类岩相中深浅侧向差异和次生孔隙的大小与甜点的发育程度均成正比。

2. 相控约束下,多测井参数重构降维

根据泥页岩不同岩相的测井响应特征,在曲线归一化的基础上,选取电阻率(R_{LLD})、声波时差、补偿中子、密度、自然电位、深浅侧向差异(R_{ds})和次生孔隙(POR_f)七个测井参数,从罗69、罗67、新义深9等五口泥页岩典型井中共提取了41个样本,其中甜点段13个,非甜点段28个。

由于测井参数达到7个,为避免出现数据冗余,采用因子分析技术进行参数降维。因子分析是通过寻找众多变量的公共因素来简化变量中存在的复杂关系的一种统计方法,它将多个变量综合为少数几个“因子”以再现原始变量与“因子”之间的相关关系。其基本思想是:根据相关性大小将可观测变量进行分组,使得同组内的变量之间相关性较高,但不同组的变量之间相关性较低;每一组变量可以表示为一个公共因子,以反映影响泥页岩甜点发育的某一方面的因素;通过几个公共因子的方差贡献率来构造一个综合指示函数,从而简化原始变量并有效处理各个变量之间的重复信息。

因子分析的核心问题有两个:一是如何构造因子变量;二是如何对因子变量进行命名解释。通常主要有以下四个步骤:确认待分析的原变量是否适合作因子分析;构造因子变量;利用方差最大化正交旋转方法使因子变量具有可解释性;计算因子变量得分。在此结合罗家地区泥页岩甜点测井参数降维的实际例子,介绍因子分析的主要过程。

表5.10　KMO抽样适度测定值与Bartlett的球形度检验

取样足够度的 Kaiser-Meyer-Olkin 度量	Bartlett 的球形度检验		
	近似卡方	自由度	显著性
0.647	219.083	21.000	0.000

在进行因子分析前，采用KMO和Bartlett的球形度检验法对变量之间的相关性进行检验。KMO越大，表示变量间的共同因素越多，越适合进行因子分析。表5.10表明，本次选取的样本数据KMO的值为0.647(值大于0.5)。根据统计学家Kaiser给出的标准，认为选取的样本数据适合作因子分析。同时，Bartlett球形检验的相伴概率为0.000，小于显著水平0.05，因此拒绝球形检验的零假设，认为适合于因子分析。

通过主成分分析方法，计算原始样本相关系数矩阵的特征值，并求得特征值的方差贡献率和累加方差贡献率，得到总方差解释表(表5.11)。其中，因子的方差贡献率表示该因子成分反映原指标的信息量，累计方差贡献率表示相应几个因子成分累计反映原指标的信息量。从表5.11中可知，前三个因子的特征值大于1，且其累计方差贡献率为86.278%，说明原始数据信息总量的86%已经被提取，所以这三个因子能够综合反映罗家地区泥页岩甜点的发育情况。

表5.11　总方差解释

成分	初始特征值			提取平方和载入			旋转平方和载入		
	合计	方差的贡献率/%	累积方差的贡献率/%	合计	方差的贡献率/%	累积贡献率/%	合计	方差的贡献率/%	累积贡献率/%
1	3.417	48.814	48.814	3.417	48.814	48.814	3.388	48.402	48.402
2	1.516	21.662	70.476	1.516	21.662	70.476	1.523	21.756	70.158
3	1.106	15.802	86.278	1.106	15.802	86.278	1.128	16.120	86.278
4	0.538	7.682	93.960						
5	0.304	4.348	98.308						
6	0.086	1.230	99.538						
7	0.032	0.462	100.000						

注：提取方法为主成分分析。

表5.11中的特征值在某种程度上可以看作表示因子成分影响力度大小的指标，如果特征值小于1，说明该因子成分的解释力度还不如直接引入一个原变量的平均解释力度大，因此用特征值大于1作为因子提取标准。为了清晰地看出特征值的分布特征，图5.26给出了特征值的碎石图。在第二、三、四个特征值处，图形都出现了明显的折点，考虑上述的提取标准，选取前三个因子成分。

由于采用主成分分析法计算的初始因子载荷矩阵中各主因子的典型代表变量不突出，容易使因子的意义含糊不清，不便于对实际问题进行分析。因此用Kaiser标准化的正交旋转法对因子进行旋转，得到表5.15的旋转成分矩阵。

从表5.12中可以看出，因子1在AC、DEN、CNL、R_{ds}四种测井参数上的载荷较大，反映了甜点段的速度、密度、裂缝角度等，定义为泥页岩甜点的岩石物理因子f_1；因子2在R_{LLD}和SSP两种测井参数上的载荷较大，反映了甜点段的电性和渗透性，定义为泥页岩甜点的储集能力因子f_2；因子3只在POR_f测井参数上载荷较大，反映了甜点段次生孔隙的大小，定义为泥页岩甜点的储集空间因子f_3。

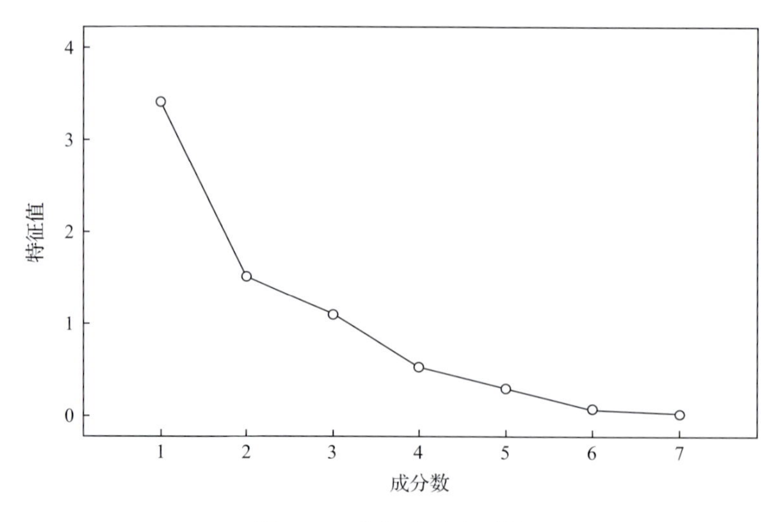

图 5.26 特征值的碎石图

表 5.12 旋转成分矩阵

测井参数	成分		
	1	2	3
AC	0.929	0.061	−0.114
DEN	0.958	0.021	0.107
CNL	0.963	0.088	−0.118
R_{LLD}	0.179	0.890	−0.228
R_{ds}	0.766	0.041	0.025
SSP	−0.244	0.847	0.273
POR_f	0.001	0.004	0.981

同时，根据旋转后的因子分布图(图 5.27)可以直观看出，AC、DEN、CNL、R_{ds}等组成的岩石物理因子，R_{LLD}和 SSP 组成的储集能力因子和 POR_f 组成的储集空间因子在三维

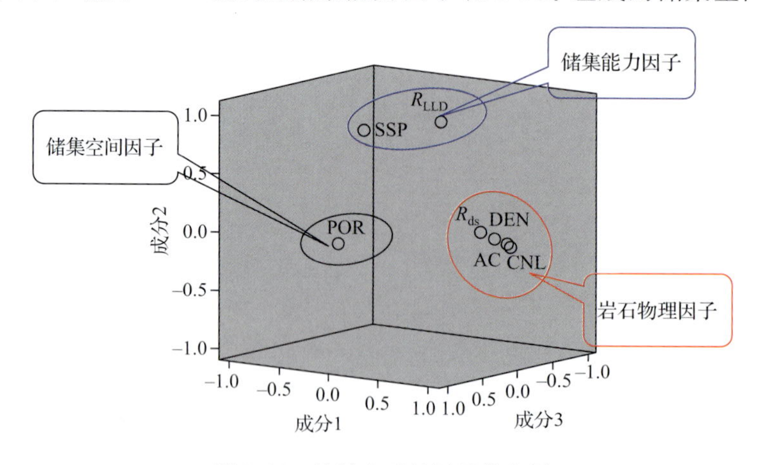

图 5.27 旋转之后的因子分布图

空间中分布明显不同，而因子内部的各变量载荷分布类似，具有集聚性。由此，将七个测井参数（AC、DEN、CNL、R_{LLD}、R_{ds}、SSP、POR_f）降维减少到只有三个因子参数。

最后，通过几个公共因子的方差贡献率来构造一个综合指示函数，从而简化原始测井参数并有效处理各个参数之间的重复信息，即因子得分函数：

$$\begin{cases} f_1 = \mu_{11}w_1 + \mu_{12}w_2 + \cdots + \mu_{1p}w_p \\ f_2 = \mu_{21}w_1 + \mu_{22}w_2 + \cdots + \mu_{2p}w_p \\ \cdots \\ f_n = \mu_{n1}w_1 + \mu_{n2}w_2 + \cdots + \mu_{np}w_p \end{cases} \tag{5.1}$$

式中，f_n 为降维后重构的因子参数；w_p 为原始的测井参数；μ_{np} 为各个因子的待定系数（不同岩相的系数有所差异）；n 为重构后的因子参数个数；p 为原始的测井参数个数，且 $n < p$。其中，n 取 3，p 取 7。

根据以上三个因子得分函数，实现了原有七个测井参数与提取的因子变量的定量关系，重新降维构建了三个量化指标：岩石物理因子 f_1、储集能力因子 f_2 和储集空间因子 f_3。

3. 分岩相重构融合，建立定量识别评价模型

在相控约束下，根据重新降维的三个量化指标，采用判别分析技术对各类岩相进行重构融合，建立甜点的定量识别评价模型。判别分析是一种进行统计鉴别和分组的技术手段，其基本思想是：根据已知类别的样本所提供的信息，总结出分类的规律性，建立判别公式和判别准则，判别新的样本点所属类型。

假定应用 m 个变量对样品进行判别分析，每个样品测得 m 个观测数据，可以将其看作 m 维欧式空间中的一个向量，$x = (x_1, x_2, \cdots, x_m)'$ 所求得线性判别函数为

$$y = c_1x_1 + c_2x_2 + \cdots + c_mx_m = c'x = x'c \tag{5.2}$$

该函数可以看作是向量 $\boldsymbol{x}$ 在向量 $\boldsymbol{c}$ 方向上的“投影”。用一个投影值 y 代替原来的 m 个变量，这就把多指标的问题转化成了单指标的问题。其实质是一种降维的方法，将 m 维的问题简化为一维问题。

以因子分析得到的三个因子为分析变量，通过对泥页岩的五类岩相进行判别分析，建立了泥页岩不同岩相甜点的定量识别评价模型：

$$S = af_1 + bf_2 + cf_3 + d \tag{5.3}$$

式中，S 为泥页岩甜点指数；f_1 为岩石物理因子；f_2 为储集能力因子；f_3 为储集空间因子；a、b、c 为待定系数，不同岩相的取值不同；d 为常数误差项，不同岩相的取值不同。

4. 泥页岩测井定量识别应用效果

采用交叉验证法对已知 41 个样本进行验证表明，上述评价模型的判别正确率较高，达到了 85.7%以上（表 5.13）。

表 5.13　回代和交叉验证结果

		类别	预测组成员		合计
			0	1	
交叉验证	计数	0	24	4	28
		1	1	12	13
	判别正确率/%	0	85.7	14.3	100.0
		1	7.7	92.3	100.0

注：类别 0 表示非甜点段；类别 1 为甜点段。

同时，将其应用于罗 69 井等泥页岩典型井中(图 5.28)，泥页岩甜点指数 S 反映的信息与岩性描述和成像测井反映的甜点发育特征具有一致性。例如，在罗 69 井 2933.5～2936.5m 井段，成像测井表明裂缝不发育，试油结果未见显示，相应的泥页岩甜点指数 S 为 0；而在 3042.5～3044.5m 井段，成像测井显示裂缝较为发育，试油结果见油流，相应的

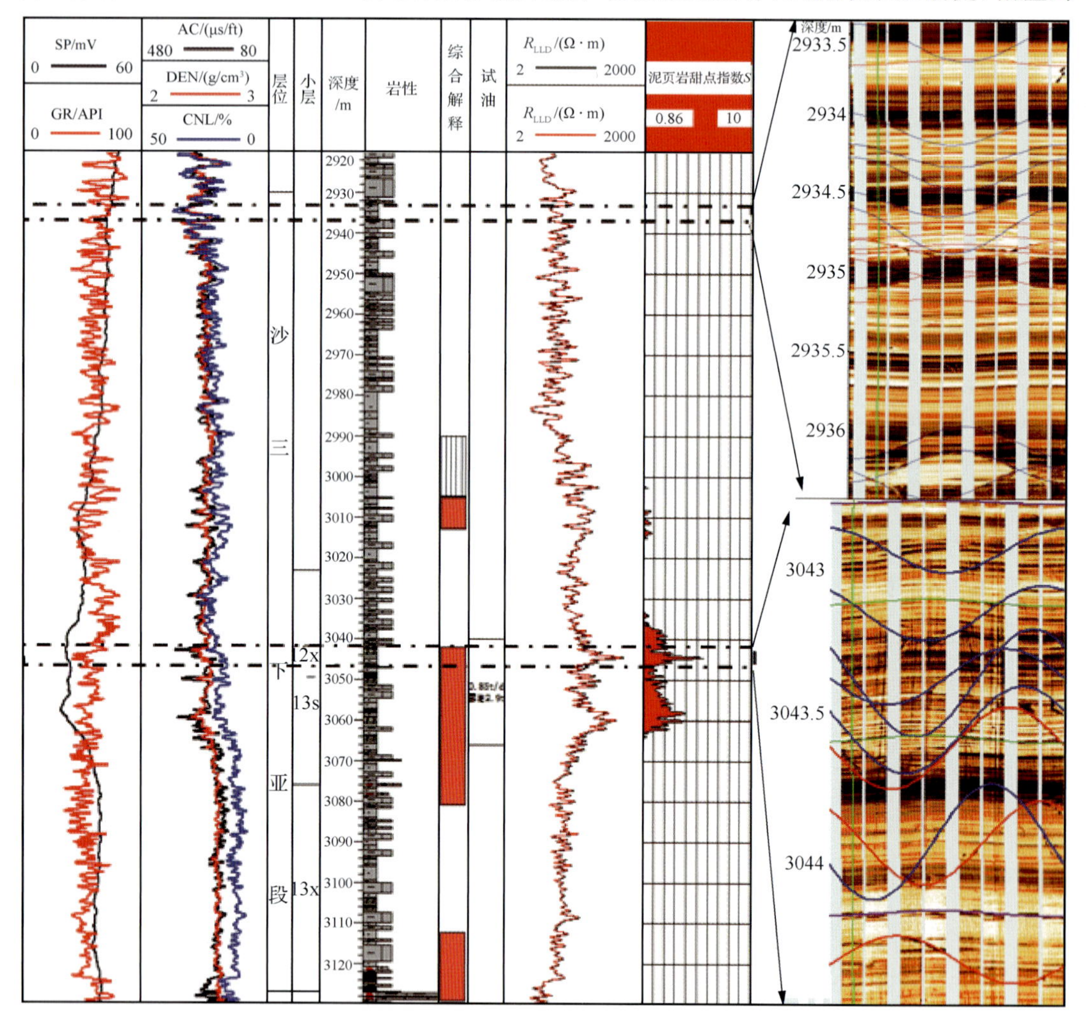

图 5.28　罗家地区罗 69 井的泥页岩甜点定量识别与成像测井的对比效果图

泥页岩甜点指数为2.85。泥页岩甜点的发育程度与甜点指数S具有正比关系，表明该判别模型较为准确、合理可用。相较之前单独利用某条测井曲线进行甜点定性判别，这种方法融合了多条曲线的信息，减少了多解性，提高了判别精度，实现了对泥页岩甜点发育程度的定量化描述。

5.3.2　泥页岩甜点地质要素综合评价

对于泥页岩甜点勘探评价，若单纯采用传统的基于地球化学分析指标的烃源岩评价方法，往往具有采样点少、精度不高、费时费力等局限性。目前，已有国内外学者对页岩气藏的勘探目标评价方法进行了大量研究和论述，对页岩油藏方面的研究具有较大的参考价值。但多数文献考虑的成藏因素众多，研究并不深入，仅停留在定性的分析阶段。近年来，也有学者对页岩气藏的勘探目标评价方法进行了多指标、综合定量分析的尝试。但这些方法中各个影响参数的定量评价标准需人为定义，不同参数的权重赋值较为随意，受人为因素影响较大，仍属于半定量的分析。

本书综合考虑影响泥页岩油气藏发育的多种地质因素，在构建油气富集(甜点)指数的基础上，通过与多种地质因素的定性、定量分析，建立了较为客观的、基于多因素非线性的泥页岩油气藏定量表征公式，为高成熟勘探区中泥页岩甜点地质要素综合评价提供了一种新的思路和方法。该方法的流程如图5.29所示，主要包括两方面的内容：首先是单维地质因素与油气富集指数的定量分析；其次为建立多维地质因素下的非线性表征公式。

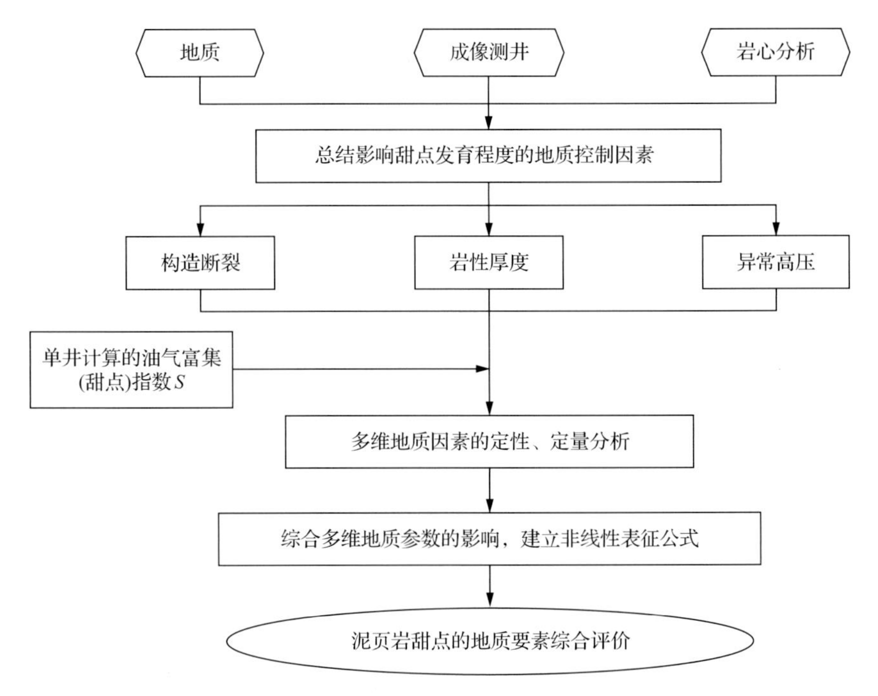

图5.29　基于多因素非线性回归的页岩油气富集指数定量评价方法的流程图

1. 单维地质因素与油气富集指数的定量分析

油气富集指数的求取主要以泥页岩甜点测井定量识别结果为基础，认为定量化的甜点发育程度即代表了某井区的油气富集程度，两者呈近似的正比关系。

影响泥页岩甜点发育的因素众多，归纳起来主要包括构造、岩性和压力三大地质因素。其中，构造因素是泥页岩甜点发育的外因，断层和构造部位的影响显著，可用距离断层远近 d、断层拉张量 e 和地层曲率 c 三个参数进行表征；岩性因素是泥页岩甜点发育的内因，岩石中的矿物成分和厚度大小是两个主导因素，可用脆性矿物成分 v 和单层厚度 h 两个参数表征；压力因素主要是指异常高压，用压力系数 p 表征。

1）构造因素与油气富集指数的定量关系

（1）距离断层远近。

通过对分布于罗西断层附近的罗 52、罗 42、罗 48、新罗 39 和罗斜 601 五口井对比分析发现，甜点的发育程度与距离断层远近大致呈反比关系，呈现距断层越远，含油性越差的现象。提取罗家地区多口泥页岩井的油气富集指数 S，并与距断层远近 d 进行统计分析（图 5.30），两者呈较好的指数关系：

$$S = 4.08e^{-0.0017d} \qquad 相关系数\ R^2 = 0.66 \tag{5.4}$$

式中，S 为泥页岩油气富集指数；d 为距断层的距离（m）。

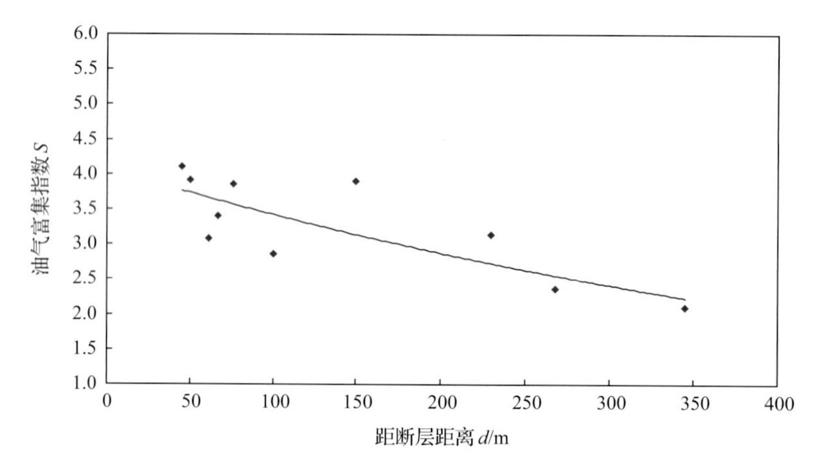

图 5.30　泥页岩油气富集指数与距断层距离的统计交会图

（2）断层拉张量。

泥页岩甜点的发育程度与断层的作用强度密切相关，断层强度的大小控制了泥页岩中裂缝的多少，进而影响到泥页岩甜点的发育程度。断层强度的大小可用断层拉张量定量表示，其计算公式为

$$e = b\cos\theta \tag{5.5}$$

式中，e 为断层拉张量（m）；b 为断层位移（m）；θ 为断层倾角（°）。

通过统计罗家地区多口泥页岩井中油气富集指数 S 和断层拉张量 e，发现两者呈较好的对数关系（图 5.31），定量公式为

$$S = -1.79\ln e - 4.97 \qquad 相关系数\ R^2 = 0.66 \tag{5.6}$$

式中，S 为泥页岩油气富集指数。

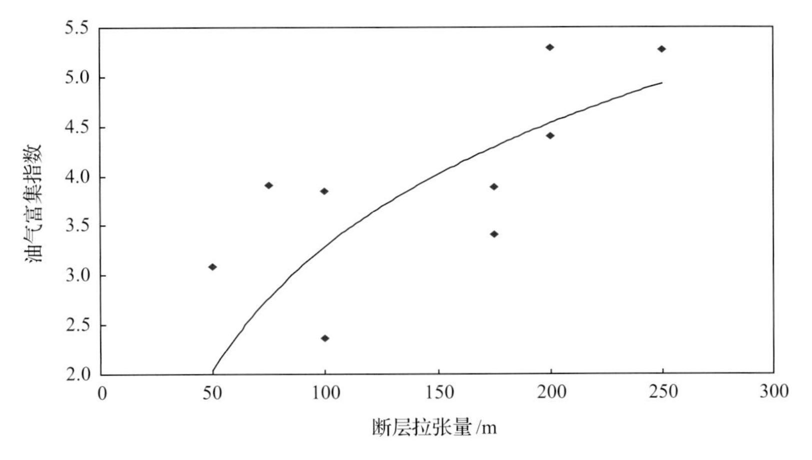

图 5.31　泥页岩油气富集指数与断层拉张量的统计交会图

(3) 地层曲率。

不同的构造部位，如背斜、向斜等，由于地层的曲率大小不同，造成裂缝的数量也有所不同，进而影响泥页岩甜点的发育程度。如在背斜部位的新义深 9 井和向斜部位的新罗 39 井，地层曲率较大，两口井中发育的裂缝条数较多，均见到了较好的油气显示；而处于平缓构造部位的罗 69 井，地层曲率较小，虽然有少量裂缝发育，但甜点的发育程度较差。通过统计罗家地区多口泥页岩井中油气富集指数和地层曲率，发现总体上两者呈正比关系(图 5.32)，定量公式为

$$S = -1.82\ln c + 0.85 \qquad 相关系数\ R^2 = 0.67 \tag{5.7}$$

式中，S 为泥页岩油气富集指数；c 为地层曲率。

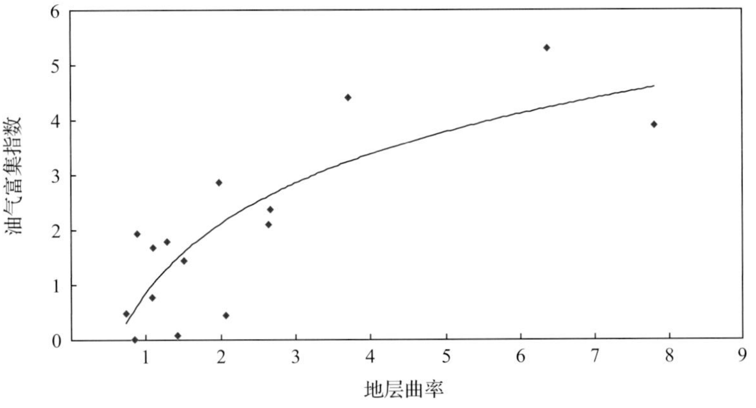

图 5.32　泥页岩油气富集指数与地层曲率的统计交会图

2) 岩性因素与油气富集指数的定量关系

(1) 脆性矿物含量。

泥页岩中的矿物成分复杂，其中由碳酸盐、石英、长石等组成的脆性矿物是导致泥页

岩发生脆性断裂，形成裂缝的重要因素，与泥页岩甜点的发育程度密切相关。从罗 69 井中 3007～3066m 井段的脆性矿物含量和泥页岩油气富集指数来看，两者变化趋势相似，呈较好的线性正比关系(图 5.33)：

$$S = -0.11v - 5.76 \qquad 相关系数\ R^2 = 0.55 \tag{5.8}$$

式中，S 为泥页岩油气富集指数；v 为脆性矿物含量(%)。

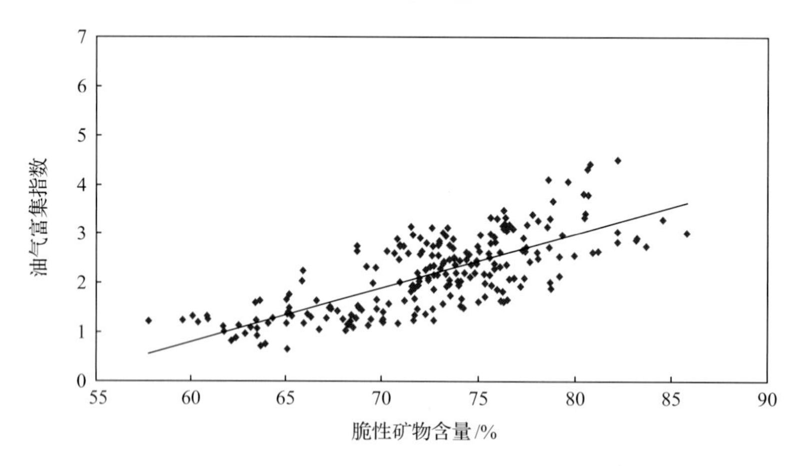

图 5.33　泥页岩油气富集指数与脆性矿物含量的统计交会图

(2) 单层厚度。

泥页岩单层厚度的大小会对天然裂缝的发育产生影响，单层厚度大的不易产生天然裂缝，而单层厚度小的易产生天然裂缝。因此，在假设油源充足、油气运移通畅的条件下，泥页岩单层厚度与甜点的发育情况呈反比关系。通过统计多口井油气显示段中的单层厚度和油气富集指数，证实了两者存在线性反比关系(图 5.34)：

$$S = -0.033h + 4.45 \qquad 相关系数\ R^2 = 0.53 \tag{5.9}$$

式中，S 为泥页岩油气富集指数；h 为泥页岩单层厚度(m)。

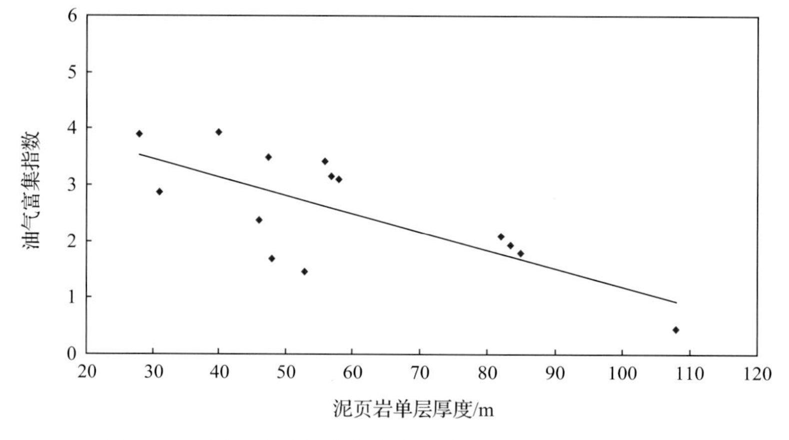

图 5.34　泥页岩油气富集指数与单层厚度的统计交会图

(3) 压力因素与油气富集指数的定量关系。

压力因素主要是指异常高压的影响。泥页岩在封闭状态下，由于黏土矿物转化、脱水烃类生成、水热增压等综合因素的控制形成了异常高的孔隙流体压力。当大于静水柱压力的部分流体压力(超压值)等于基质压力的1/2或1/3时，泥页岩层可产生裂缝，形成超压裂缝。异常高压可用压力系数来表征，同样的高压环境下，裂缝的发育程度与压力系数成正比。如罗69井的2933～2937m和3042.5～3044.5m的井段，压力系数相差仅0.1，裂缝的发育程度和有效性相差迥异。通过统计罗家地区多口井油气显示段中的油气富集指数和地层压力系数，发现两者呈较好的乘幂关系(图5.35)：

$$S = 2.30p^{1.75} \qquad 相关系数\ R^2 = 0.62 \tag{5.10}$$

式中，S 为泥页岩油气富集指数；p 为地层压力系数。

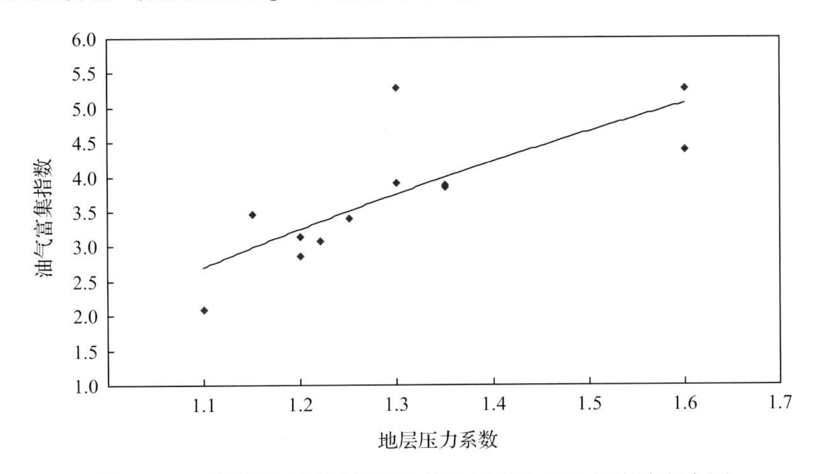

图5.35　泥页岩油气富集指数与地层压力系数的统计交会图

2. 建立多维地质因素下的非线性表征公式

综合考虑上述三大主控地质因素、六类表征参数，根据拟线性的思想，采用多维自变量的加法模型，建立了基于主控地质因素的泥页岩甜点定量评价公式：

$$S = f_1(e,d,c) + f_2(v,h) + f_3(p) + \varepsilon \tag{5.11}$$

式中，S 为单井的油气富集指数；$f_1(e,d,c)$ 为构造因素造成的油气富集指数变化函数；$f_2(v,h)$ 为岩性因素造成的油气富集指数变化函数；$f_3(p)$ 为压力因素造成的油气富集指数变化函数。其中，e 为断层拉张量，d 为距离断层远近，c 为地层曲率，v 为脆性矿物含量，h 为单层厚度，p 为地层压力系数，ε 为常数。

为确定非线性回归中的各项待定参数，应用最小二乘法原理，将单井中已知甜点参数 S_i' 与计算的 S_i 的离差平方和 $\sum_{i=1}^{n}(S_i - S_i')^2$ 达到最小作为数据拟合的最终目标。此时，各项待定参数的取值即为最优参数值。

为验证甜点定量评价公式的可靠性，在罗家地区选取了罗19、罗20、罗42、罗67和新义深9等多口出油井进行验证。从上述多口井中提取断层拉张量、距离断层远近、地层曲率、脆性矿物含量、单层厚度和地层压力系数六类地质参数，代入建立的甜点定量评价公式中，通过与单井构建的甜点参数进行比较（表 5.14），发现两者的相对误差最大为 20.88%，最小为 1.78%，平均为 12.45%。

表 5.14 泥页岩甜点定量评价公式的钻井结果验证表（部分）

井号	日产油量/t	距断层距离 d/m	断层拉张量 e/m	地层曲率 c	脆性矿物 v/%	单层厚度 h/m	压力系数 c	公式计算 S	单井构建 S	相对误差/%
罗 19	43.5	50	200	0.862	77	51	1.505	3	2.48	20.88
罗 20	9.2	110	200	2.284	41	30.5	1.295	2.71	2.43	11.32
罗 42	79.9	170	150	3.706	79	52.5	1.598	3.14	3.09	1.78
罗 67	2.09	100	125	3.004	65	38	1.42	2.89	2.41	19.97
新义深 9	38.5	280	200	2.657	68	46	1.781	3.28	3.58	8.31

同时，将泥页岩甜点非线性表征公式计算的 S 与多口井的日产油量作交会分析（图 5.36），发现两者呈近似的指数关系。因此，可将建立的基于多因素非线性回归的泥页岩甜点定量评价公式推广应用于泥页岩甜点地质要素综合评价中。

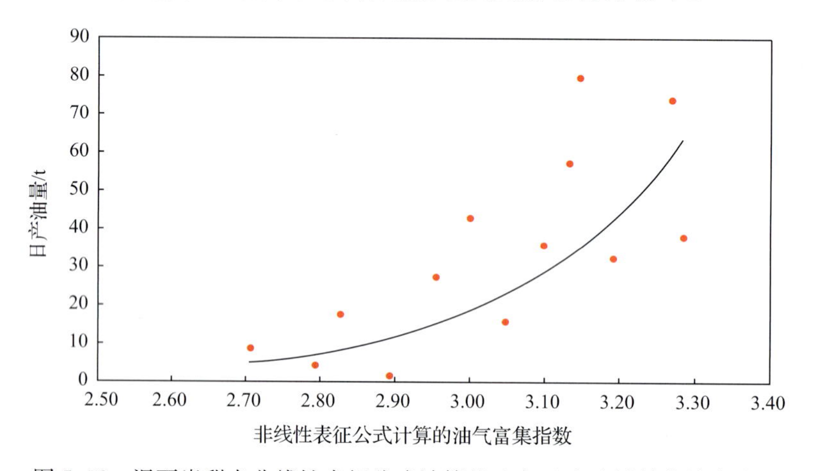

图 5.36 泥页岩甜点非线性表征公式计算的 S 与日产油量的统计交会图

5.3.3 泥页岩甜点叠后属性井震融合评价

以往济阳拗陷罗家地区沙三下亚段泥页岩油气藏是伴随着常规油气藏的勘探而偶然发现的，还没有形成专门针对泥页岩甜点的地震评价技术。单独利用常规地震属性预测泥页岩甜点时，存在地震属性选取主观性强、地质意义模糊等缺陷，导致应用效果不理想，严重制约了罗家地区沙三下亚段泥页岩油气藏的勘探进程。本书提出了一种针对泥页岩甜点的叠后属性井震融合评价技术，以解决常规地震属性分析技术中属性选取难及地质意义不明确的难题，为泥页岩甜点的评价提供一种行之有效的方法。该方法的流程如图 5.37 所示，所谓的井震融合主要体现在两方面：首先是地震信息的融合，以单井信息为指导，采用井震相关分析和 K-L 变换技术进行敏感属性的确定和优化；其次是井震信息的融合，通过单井甜点指数和敏感属性的统计关系，进行泥页岩甜点的叠后地震评价。

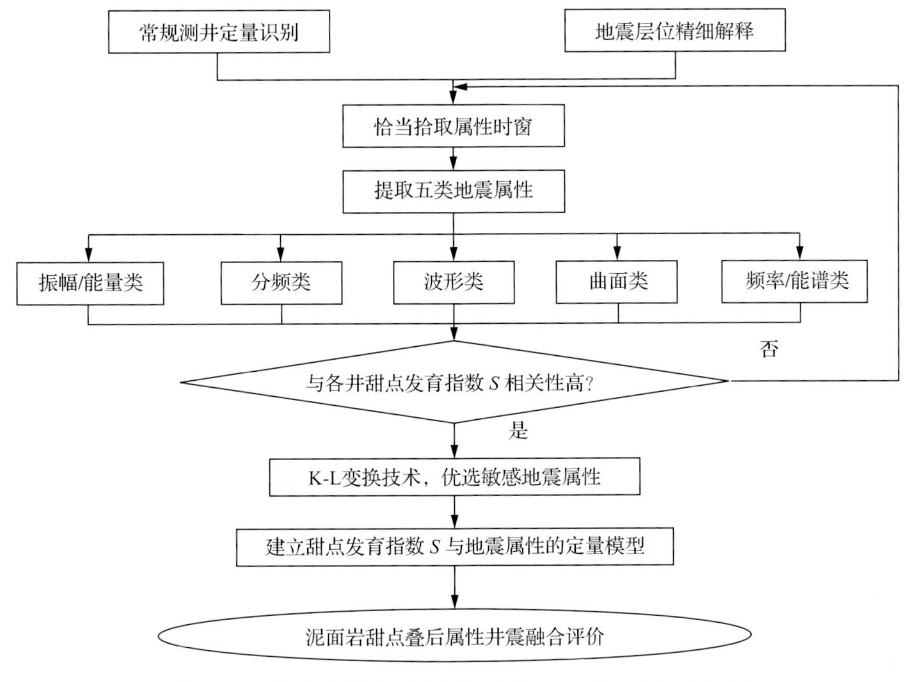

图 5.37　泥页岩甜点叠后属性井震融合评价方法流程图

1. 泥页岩甜点叠后地震响应特征及属性提取

罗家地区沙三下亚段泥页岩中甜点发育时，会引起岩石、流体性质的空间变化，在负极性地震剖面上表现为透镜状中弱断续反射特征，进而影响到地震反射波形、振幅、频率、能量和相位等一系列地震属性的变化。这些变化是利用地震属性预测泥页岩甜点发育的主要依据。本书在精细追踪解释沙三下亚段 12 上、12 下—13 上和 13 下三个层位的基础上，合理拾取属性时窗，共提取了振幅/能量、分频、波形、曲面和频率/能谱五大类 58 种地震属性。

2. 井震相关分析确定敏感属性

地震属性与储层参数相关分析的具体做法为：若工区内 n 口井的泥页岩甜点发育指数为 $S=(s_1,s_2,\cdots,s_n)$，对应的 n 个井旁道地震属性参数的第 i 项为 $Z_i=(z_1,z_2,\cdots,z_n)$，二者的相关系数为

$$r_i=(SZ_i)/(|S||Z_i|) \tag{5.12}$$

最终，优选出相关系数 r_i 较大的地震属性参数用于泥页岩甜点预测。

在单井泥页岩甜点指数 S 与各个地震属性的相关分析时，应注意剔除个别异常井点的干扰，同时遵循拟合误差尽量小的原则。本次拟合的相关系数均在 0.6 以上，保证了井震相关分析的可靠性，降低了后续甜点预测的多解性。

井震相关分析表明，罗家地区沙三下亚段 12 上、12 下—13 上和 13 下三个层组的泥页岩甜点指数 S 对应的敏感属性各不相同(图 5.38)。其中，12 上层组泥页岩甜点的发育主要与振幅类和波形类的地震属性相关性较好；12 下—13 上层组中曲面类和频谱类的地

震属性能够较好地反映泥页岩甜点的发育;13 下层组泥页岩甜点的发育情况在振幅类和频谱类的地震属性上反映较为敏感。

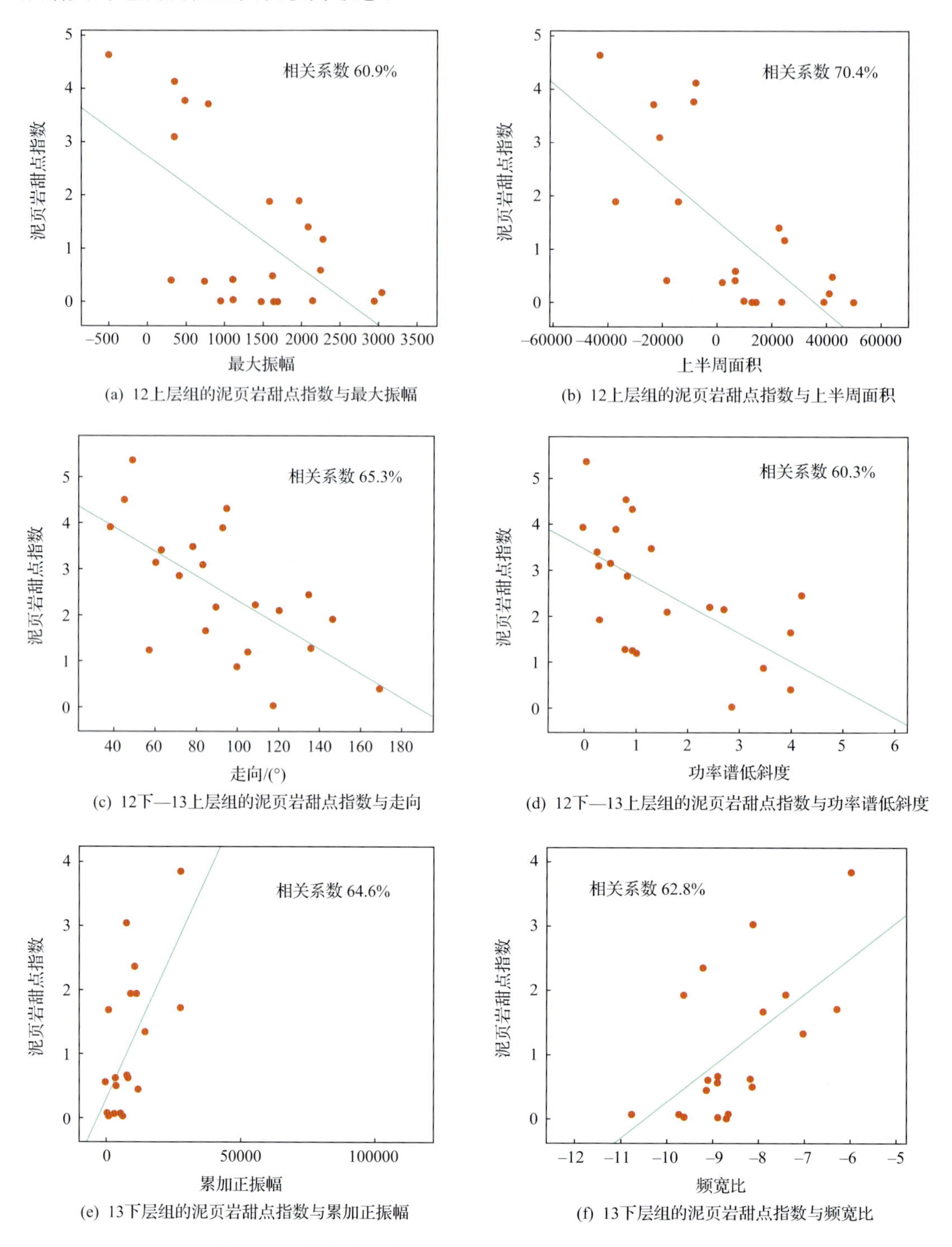

图 5.38　罗家地区沙三下亚段泥页岩甜点的井震相关分析

3. K-L 变换优选敏感属性

K-L 变换，又称霍特林变换(Hotelling)或主分量分析(principal component analysis，PCA)，是一种基于目标统计特性的最佳正交变换，且变换后的新分量正交或不相关，广泛应用于图像压缩、模式识别等领域。K-L 变换应用于地震属性优选时，能够从多种地震属性集中，挑选最好的地震属性子集以降低多解性，去除相关属性，重构新的地震属性。

对于给定属性向量 $\boldsymbol{X}=(x_1,x_2,\cdots,x_n)^{\mathrm{T}}$，经 K-L 变换后使各分量之间完全除去相关性，且是原来所有数据 $x_i(i=1,2,\cdots,n)$ 的线性组合。在用方差作为衡量标准时，K-L 变换是压缩特征空间维数的最佳标准正交变换，该正交变换对应的向量是由样本 $\boldsymbol{X}$ 的协方差矩阵 $\boldsymbol{C}_z$ 所对应的特征向量 $\boldsymbol{A}$ 组成，即

$$\boldsymbol{Y}=\boldsymbol{A}^{\mathrm{T}}\boldsymbol{X}=\sum_{i=1}^{n}x_iA_i \tag{5.13}$$

称 $\boldsymbol{Y}$ 为 $\boldsymbol{X}$ 的 K-L 变换，同时 $\boldsymbol{X}=\boldsymbol{AY}=\sum_{i=1}^{n}y_iA_i$ 为 $\boldsymbol{Y}$ 的 K-L 展开。

以罗家地区沙三下亚段 12 下—13 上层组为例，井震相关分析后确定了走向、功率谱低斜度、相干、频宽比和频带宽度五种敏感属性。对这五种属性进行 K-L 变换后发现，属性间的互相关性高，存在数据冗余。K-L 变换的分析结果表明(表 5.15)，特征值大于 1 且累计贡献率大于 90%时，仅用两个主成分变量即可代替原有的五种敏感属性。其中，两个主成分中最大的贡献属性分别是走向和功率谱低斜度。据此，可由井震相关分析确定的五种敏感属性降维优选出走向、功率谱低斜度两种曲面、频谱类属性。

表 5.15 罗家地区沙三下亚段 12 下—13 上层组 K-L 变换分析结果

成分	特征值	贡献率/%	累计贡献率/%	最大贡献属性
PCA1	16.02	74.53	74.53	走向
PCA2	4.23	19.67	94.20	功率谱低斜度
PCA3	0.75	3.49	97.69	相干
PCA4	0.49	2.29	99.98	频宽比
PCA5	0.01	0.02	100.00	频带宽度

类似地，通过 K-L 变换在 12 上层组优选了最大振幅、上半周面积等五种振幅、波形类属性；在 13 下层组优选了累加正振幅、频宽比等五种振幅、频谱类属性。

4. 泥页岩甜点井震融合评价模型及应用效果

井震融合预测模型的建立是通过选取多口井的页岩油甜点指数 S 与优选的敏感属性进行训练分析，得到统计关系。这种关系可以是线性的(多参数拟合回归)，也可以是非线性的(神经网络)。本书以 30 余口井的泥页岩甜点指数和优选出的敏感属性为基础，建立了泥页岩甜点井震融合评价模型，完成了罗家地区沙三下亚段 12 上、12 下—13 上和 13 下三个层组的泥页岩甜点的平面评价。

1) 沙三下亚段 12 上层组

罗家地区沙三下亚段 12 上层组泥页岩甜点的井震融合评价所优选的地震属性主要

有:平均振幅、下半周面积、最大振幅、累加振幅和上半周面积五种振幅、波形类属性。通过对罗 20、罗 42、罗 6 等 8 口井的误差分析表明,相对误差最大为 20.49%,最小为 2.33%,平均为 8.39%,具有一定的准确性(表 5.16)。

表 5.16 罗家地区沙三下亚段 12 上层组井震融合评价甜点误差分析

井名	测井重构 S	井震评价 S	相对误差/%
罗 20	4.11	3.892	5.30
罗 42	3.09	3.196	3.43
罗 6	3.70	3.838	3.73
罗 69	0.37	0.408	10.27
罗斜 601	1.16	1.187	2.33
新罗 5	0.41	0.494	20.49
渤深 4	1.88	1.710	9.04
义 170	4.62	4.043	12.49

2) 沙三下亚段 12 下—13 上层组

罗家地区沙三下亚段 12 下—13 上层组泥页岩甜点的井震融合评价所优选的地震属性主要有:走向和功率谱低斜度两种曲面、频谱类属性。通过对垦 28、罗 14、罗 20 等 15 口井的误差分析表明,相对误差最大为 9.37%,最小为 0.03%,平均仅为 2.48%,具有较高的准确性(表 5.17)。

表 5.17 罗家地区沙三下亚段 12 下—13 上层组井震融合评价甜点误差分析

井名	测井重构 S	井震融合 S	相对误差/%
垦 28	3.09	3.089	0.03
罗 14	3.91	3.849	1.56
罗 20	5.37	5.203	3.11
罗 42	4.32	4.362	0.97
罗 6	3.40	3.622	6.53
罗 62	1.64	1.620	1.22
罗 63	2.86	2.758	3.57
新罗 5	3.89	3.922	0.82
新罗 39	2.09	2.083	0.33
义 57	1.18	1.218	3.22
垦 27	3.48	3.521	1.18
义东 341	2.16	2.142	0.83
罗 17	1.26	1.142	9.37
罗 354	1.24	1.254	1.13
渤深 4	4.50	4.649	3.31

从 12 下—13 上层组泥页岩甜点的井震融合评价图上可以看出(图 5.39),12 下—13

上沉积时期泥页岩甜点主要发育在西部的罗 67—罗 48—罗 19 一带，呈北东向展布。其中，以罗 69—罗 20 井区最为发育，目前都已获钻井证实并取得工业油流。东部的义 121—义 100—垦 627 一带，具有近南北向展布的异常，为甜点假象。主要是由孤岛低凸起上的物源注入，导致地层中混杂厚度不等的砂岩引起，需要剔除。

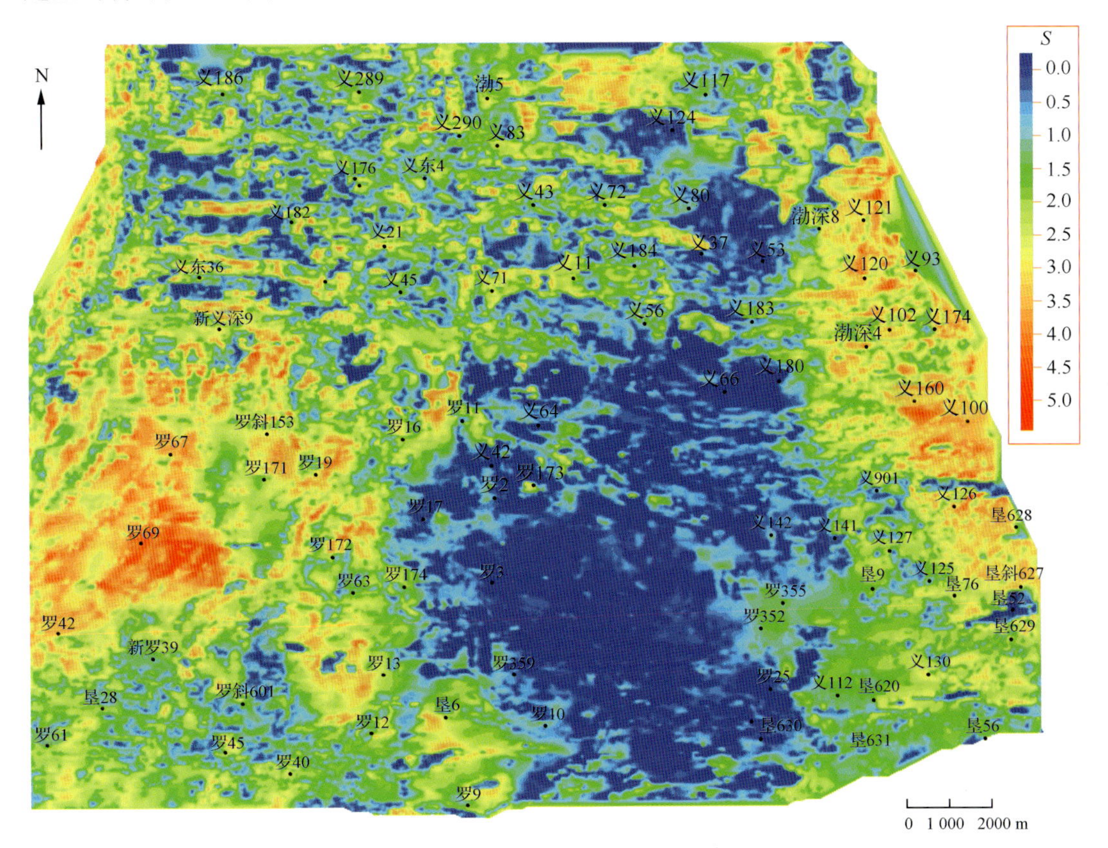

图 5.39　罗家地区沙三下亚段 12 下—13 上层组泥页岩甜点的井震融合评价

3）沙三下亚段 13 下层组

罗家地区沙三下亚段 13 下层组泥页岩甜点的井震融合评价所优选的地震属性主要有：最大振幅、累加正振幅、平均正振幅、功率谱低斜度和频宽比五种振幅、频谱类属性。通过对罗 20、罗斜 601、新罗 39 等 8 口井的误差分析表明，相对误差最大为 21%，最小为 0.95%，平均为 8.12%，具有一定的准确性（表 5.18）。

表 5.18　罗家地区沙三下亚段 13 下层组井震融合评价甜点误差分析

井名	测井重构 S	井震融合 S	相对误差/%
罗 20	0.50	0.395	21.00
罗斜 601	1.93	1.882	2.49
新罗 39	0.44	0.468	6.36
新义深 9	2.36	2.454	3.98

续表

井名	测井重构 S	井震融合 S	相对误差/%
罗 19	1.67	1.505	9.88
义东 341	3.03	2.779	8.28
罗 354	3.84	3.380	11.98
渤深 4	0.63	0.636	0.95

从 13 下层组泥页岩甜点的井震融合评价图上可以看出(图 5.40),13 下沉积时期泥页岩甜点主要发育在该区西北部的新义深 9—罗 151 以北地区,在中、东部零星发育,西南部不发育。同时,近期在西北部完钻的义 182、义 186 和义 187 井相继在沙三下亚段 13 下层组获得高产工业油流,进一步验证了预测结果的准确性。

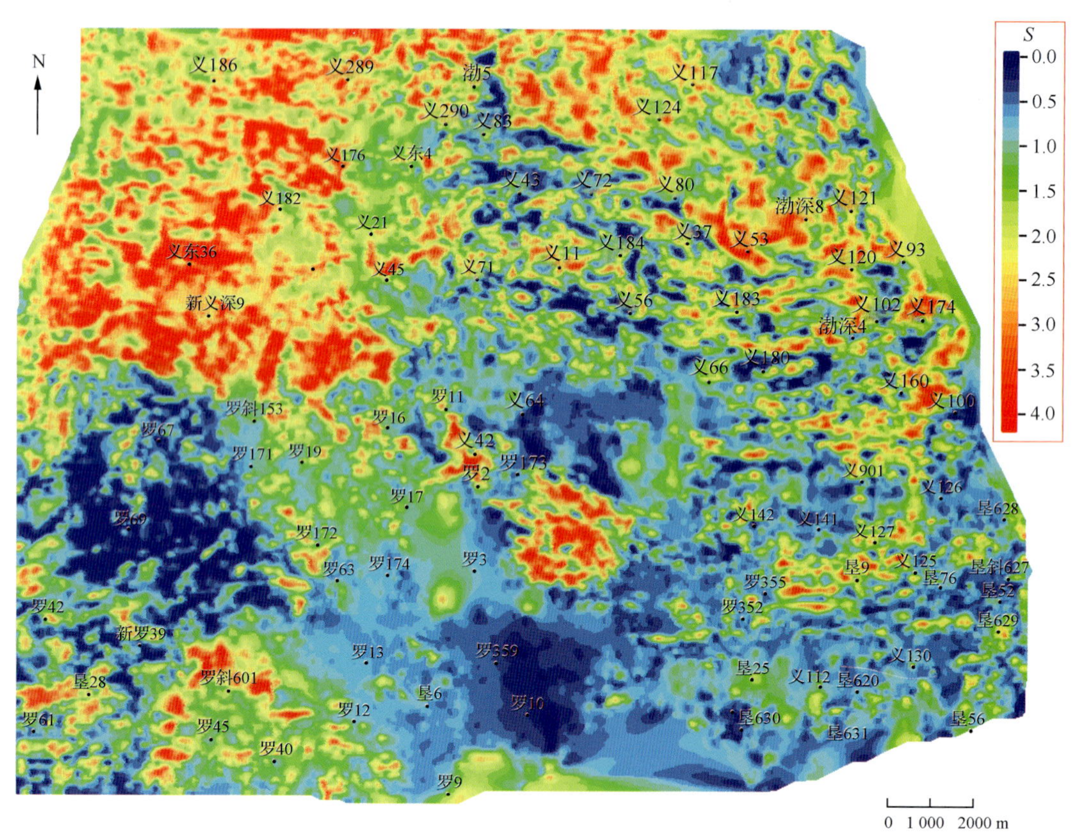

图 5.40 罗家地区沙三下亚段 13 下层组泥页岩甜点的井震融合评价

5.3.4 泥页岩甜点的叠前属性融合评价

上述基于叠后属性的泥页岩甜点评价应用效果较好,但叠后属性与甜点之间的关系仅建立在统计分析的基础上,没有明确的岩石物理意义。叠前地震数据比叠后地震含有更多的岩石弹性参数信息,因此本书在明确敏感叠前属性的基础上,根据实钻井钻探效果建立了泥页岩甜点的叠前属性融合公式,取得了较好的应用效果。

1. 叠前属性融合公式的建立

泥页岩甜点受岩相、裂缝、TOC、含油性、脆性指数、可压性等众多因素控制，按照叠前地震属性可表征的因素及对甜点的敏感性大小，优选了 TOC、脆性指数、可压性、延展性和含油气指数五个参数建立叠前属性融合公式。

研究表明，TOC、脆性指数、可压性、含油气指数与甜点发育程度呈正比关系，TOC、脆性指数、可压性、含油气指数越高，甜点越发育；延展性与甜点发育程度成反比，延展性越小，甜点越发育。以济阳坳陷 40 余口泥页岩探井的五个参数统计为依据，采用多元判别分析技术，对泥页岩甜点的发育程度实现了叠前参数的定量表征：

$$F = k_1 T + k_2 B + k_3 K - k_4 Y + k_5 H + C \tag{5.14}$$

式中，F 为叠前地震甜点指数；T 为归一化的 TOC；B 为归一化的脆性指数；K 为归一化的可压性指数；Y 为归一化的延展性指数；H 为归一化的含油气指数；k_1、k_2、k_3、k_4、k_5 为待定系数；C 为常数误差项。

以罗家地区裂缝脆性复合型甜点为例，统计 21 口井中甜点的日产油、脆性指数、TOC、延展性、可压性、含油气指数等基础数据(表 5.19)。将建立的叠前属性融合公式应用后得到相应的叠前地震甜点指数，通过其与日产油量的交会统计分析(图 5.41)表明，两者呈较好的线性正比关系，相关系数达 0.89。由此，验证了叠前属性融合公式的合理性，可以进一步推广应用。

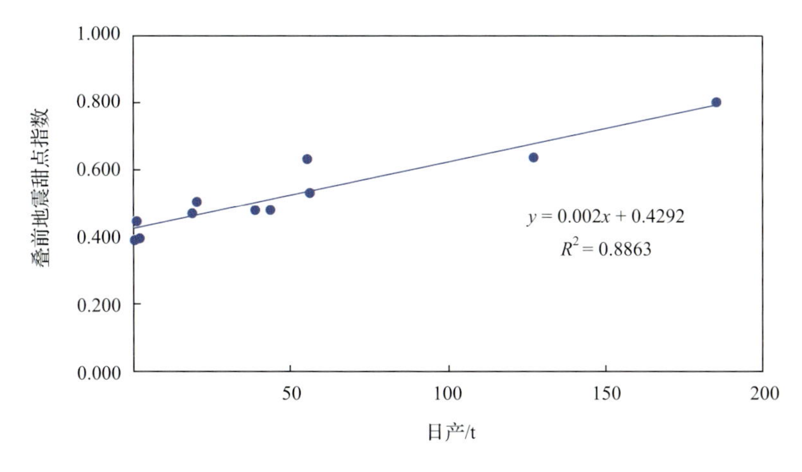

图 5.41　叠前地震甜点指数与日产油量的交会统计图

表 5.19　罗家地区裂缝脆性复合型甜点的叠前属性融合评价效果

评价结果	井名	日产油/(t/d)	古地形	岩相	脆性指数	TOC/%	延展性	可压性	含油气指数	叠前地震甜点指数
高产井	义 187	184.8	洼陷带	层状泥页岩	0.772	1.91	0.092	19.42	162	0.804
	义 182	126.96	洼陷带	层状泥页岩	0.778	1.89	0.098	12.71	171	0.638
	义 186	55.2	洼陷带	层状泥页岩	0.783	2.03	0.096	14.57	143	0.635
	罗 151	56	缓坡带	纹层状泥质灰岩	0.798	1.93	0.097	8.01	138	0.535

续表

评价结果	井名	日产油/(t/d)	古地形	岩相	脆性指数	TOC/%	延展性	可压性	含油气指数	叠前地震甜点指数
高产井	罗 19	43.5	缓坡带	纹层状泥质灰岩	0.777	1.7	0.093	6.32	125	0.484
	新义深 9	38.5	缓坡带	纹层状灰质泥岩	0.743	1.92	0.092	6.21	137	0.482
	义 286	/	洼陷带	层状泥页岩	0.800	1.7	0.095	8.17	116	0.508
	新罗 5	/	缓坡带	纹层状泥质灰岩	0.769	1.82	0.089	6.15	153	0.472
低产井	罗 7	1.52	缓坡带	纹层状灰质泥岩	0.759	1.85	0.091	2.51	104	0.398
	义 100	0.9	缓坡带	纹层状泥页岩	0.876	1.81	0.092	0.86	97	0.448
	罗 16	0.02	缓坡带	纹层状泥质灰岩	0.828	1.6	0.09	1.58	89	0.396
干井	渤深 8	干层	洼陷带	层状泥页岩	0.833	1.7	0.094	0.67	32	0.397
	义 41	干层	缓坡带	块状泥页岩	0.802	1.75	0.097	−5.61	32	0.274
	义 633	干层	缓坡带	块状泥页岩	0.828	2	0.093	−1.01	25	0.469
	罗 352	干层	缓坡带	块状泥岩	0.680	1.8	0.095	0.31	46	0.327
	罗 62	干层	缓坡带	块状泥质灰岩	0.801	1.9	0.109	−5.31	33	0.312
干井	罗 68	干层	缓坡带	块状泥质灰岩	0.534	1.38	0.107	−6.01	19	0.148
	罗 173	干层	缓坡带	块状泥质灰岩	0.749	1.6	0.093	−8.51	56	0.194
	义 42	干层	缓坡带	纹层状泥质灰岩	0.776	1.6	0.097	−6.61	21	0.241
	罗 4	干层	缓坡带	纹层状泥质灰岩	0.788	1.58	0.1	0.3	16	0.349
	罗 2	干层	缓坡带	纹层状泥质灰岩	0.790	1.62	0.105	−8.1	52	0.196

2. 叠前属性融合的效果分析

在完成 TOC、脆性指数、可压性、延展性和含油气指数五个因素的叠前属性预测的基础上，采用建立的叠前属性融合公式，完成了罗家地区沙三下亚段 12 下—13 上和 13 下两个层组的泥页岩甜点评价。

罗家地区沙三下亚段 12 下—13 上层组泥页岩甜点的叠前属性融合评价图(图 5.42)表明，该沉积时期泥页岩甜点主要发育在西南部的新义深 9—罗 69—罗 42 井区，目前已有罗 42、罗 67、罗 69 等多口井见油气显示和获得工业油流；东北部的义 173 井以北地区由于砂岩的影响引起异常，需要剔除；西北和东南地区甜点指数呈零星异常，已有多口干井，成藏不利。

罗家地区沙三下亚段 13 下层组泥页岩甜点的叠前属性融合评价图(图 5.43)表明，该沉积时期泥页岩甜点普遍发育，主要集中于中北部的罗 19—义 186 井区，目前已有义 182、义 186 和义 187 等多口井获得高产工业油流；在南部的盆缘地区，甜点指数异常，推测是由于受沙四段上灰岩影响，需要剔除；在中西部和中东部地区，甜点指数呈零星异常，成藏不利。

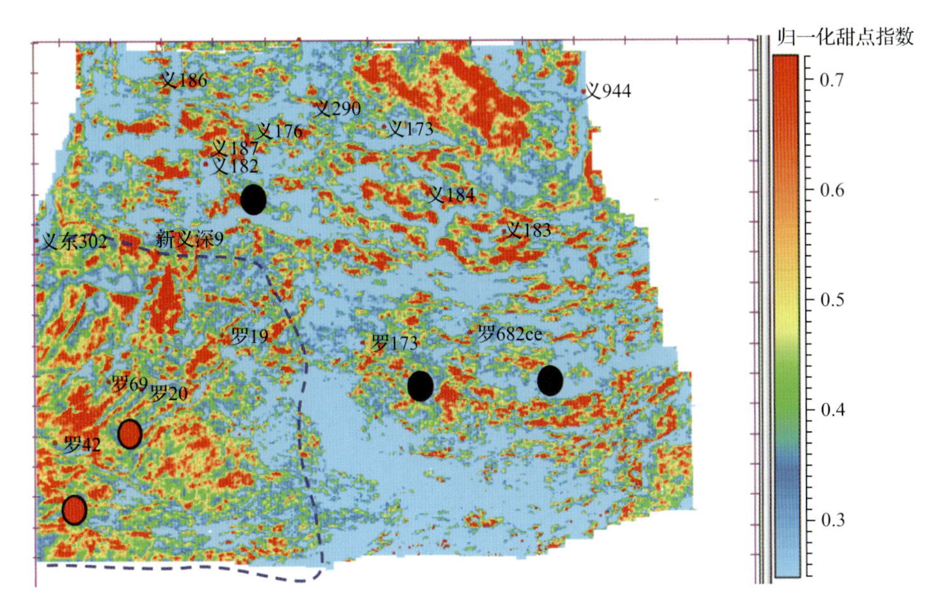

图5.42　罗家地区沙三下亚段12下—13上层组泥页岩甜点的叠前属性融合评价图

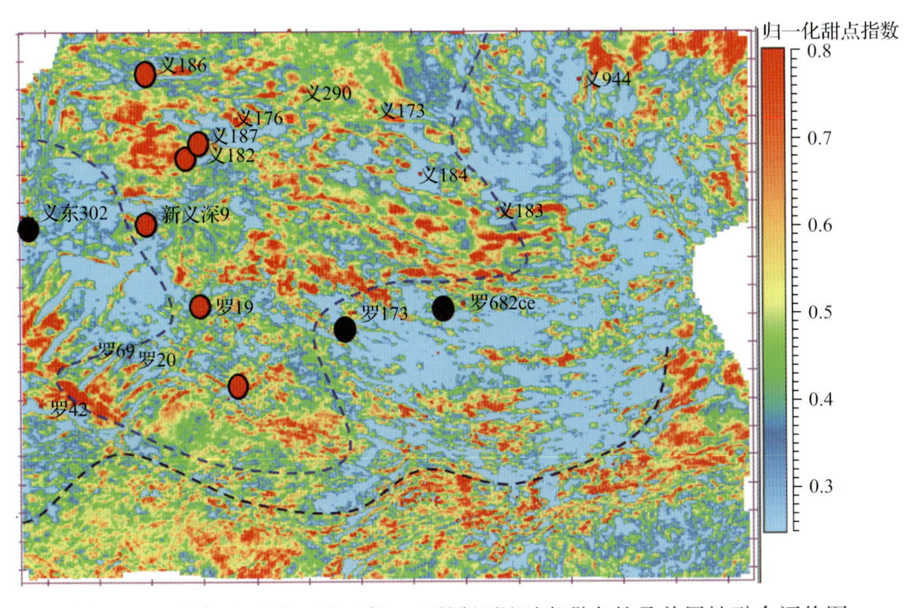

图5.43　罗家地区沙三下亚段13下层组泥页岩甜点的叠前属性融合评价图

5.4　泥页岩典型油气富集区综合评价

本节将该研究的综合评价方法应用于济阳拗陷泥页岩典型的油气富集区中，尤其在渤南洼陷沙三下亚段和沙一下亚段、东营凹陷沙三下亚段、车镇凹陷沙三段共三大凹陷四个泥页岩主要发育层段中取得了较好的评价效果，为今后济阳拗陷泥页岩的油气勘探指明了方向。

5.4.1 渤南洼陷沙三下亚段

通过渤南洼陷沙三段主力层组泥页岩甜点(油气富集区)各要素分析,结合各要素的地震预测以及甜点预测分析。渤南洼陷沙三段油气富集区总体上均受层序、沉积古地形和现今埋深的控制。在埋深大于2500m条件下,具体按甜点类型开展多甜点要素综合评价。

1. 裂缝型甜点综合评价

沙三段12下—13上层组甜点要素关系最明显的特点是地层脆性矿物含量整体偏低和TOC普遍较高。这说明该层组烃源岩生烃能力较好,甜点分布受脆性矿物含量影响小,受裂缝发育程度影响大。

评价指标以纹层状泥质灰岩和层状泥页岩、TOC大于2.0%、压力系数大于1.4、裂缝发育区带为Ⅰ类(图5.44)。

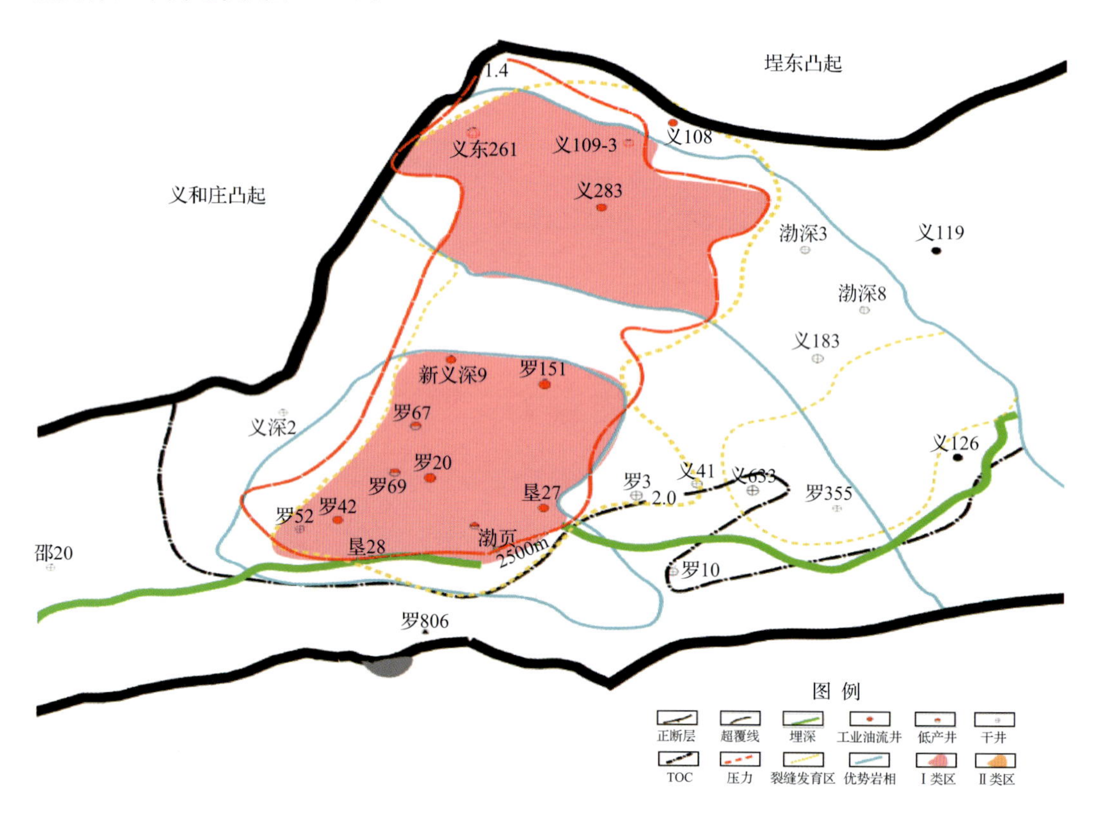

图5.44 渤南洼陷沙三下亚段12下—13上层组综合评价图

综合叠置以上各类甜点要素,重叠最大的区带为Ⅰ类甜点区。裂缝型甜点主要受裂缝发育区、优势岩相展布控制,南北分带:南区缓坡带的新义深9-罗42井区,钻探效果最佳,区内5口高产油流井,最高达79.9t/d,初步实现探明面积$47km^2$;北区以义283井为中心东西展布,目前仅有义283获得10.2t/d的工业油流,该区以层状泥页岩为主,地层压力系数高于1.4，裂缝发育，具有较高潜力，有利面积$60km^2$，是泥页岩勘探部署重点区带。

2. 裂缝脆性复合型甜点综合评价

沙三下亚段13下层组主要为裂缝脆性复合型甜点，其特点是优势岩相分布较广，地层脆性矿物含量全区普遍较高。该层组甜点主要受控于地层压力与TOC。评价指标以纹层状泥质灰岩、纹层状灰质泥岩、层状泥页岩发育，地层压力系数大于1.2，TOC大于1.9%为Ⅰ类(图5.45)。

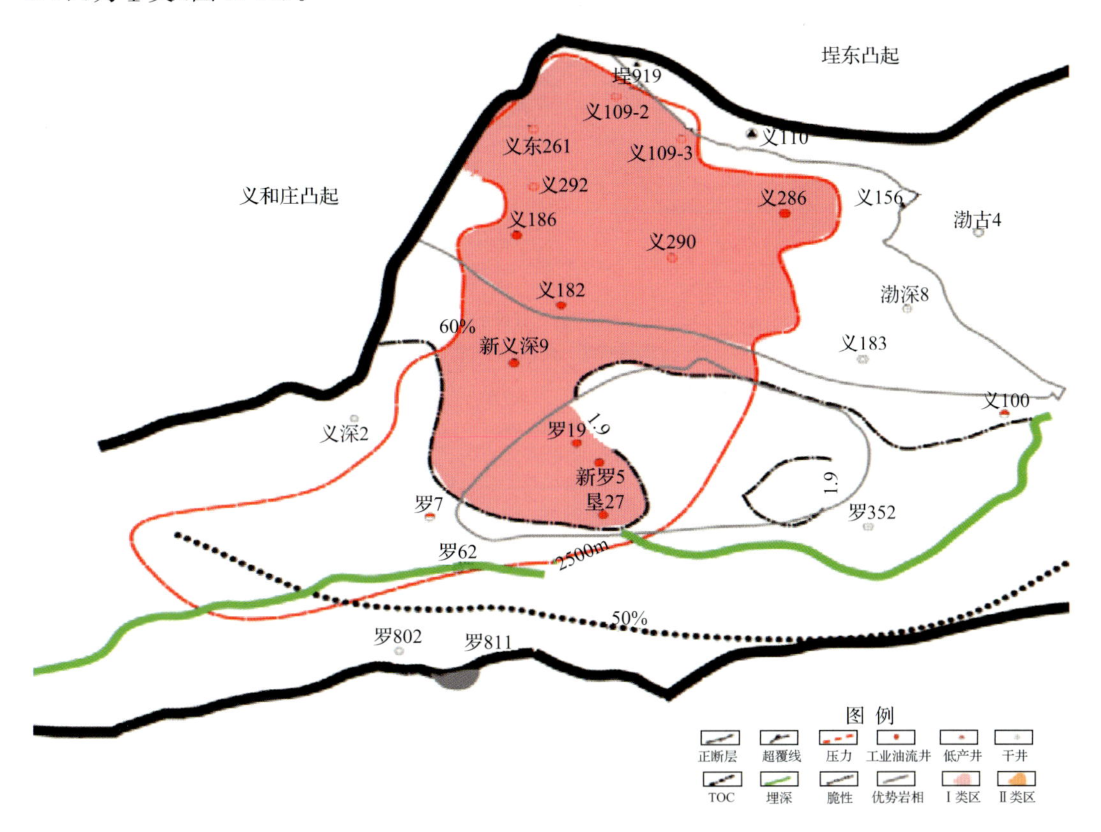

图5.45　渤南洼陷沙三段13下层组综合评价图

叠合各甜点要素，渤南洼陷沙三下亚段裂缝脆性复合型甜点在垦27—新义深9—义286井区评价为Ⅰ类甜点区，有利面积$120km^2$，该区目前已获7口工业油流井，2口井日产油过百吨。该区脆性矿物含量高，地层可压性好，通过提高采油工艺手段可获得更高产能，潜力较大。

5.4.2　东营凹陷沙四纯上亚段

在埋深条件控制下，综合以上的岩相、脆性矿物含量、TOC、裂缝、压力五大控藏要素下限确定有利区，对东营凹陷沙四段纯上开展多元综合评价。岩相中以层状泥页岩、纹层状泥质灰岩相为Ⅰ类，脆性矿物含量大于48%，TOC大于2%，压力系数大于1.2，裂缝集中发育的为Ⅰ类。

评价结果中五大要素均为Ⅰ类的，成藏最为有利，综合判定为Ⅰ类成藏区；而满足3～4个Ⅰ类条件的为Ⅱ类成藏区，也具有一定成藏的潜力；其余为Ⅲ类成藏区，成藏风险较大。

通过对东营凹陷沙四纯上泥页岩成藏条件的综合评价，共落实出陡坡带利988井区、中央隆起带河88—王76井区、缓坡带官120—王72井区、高7—高901井区等五个Ⅰ类成藏有利区，有利面积400km^2；落实Ⅱ类成藏区有利面积700km^2(图5.46)。

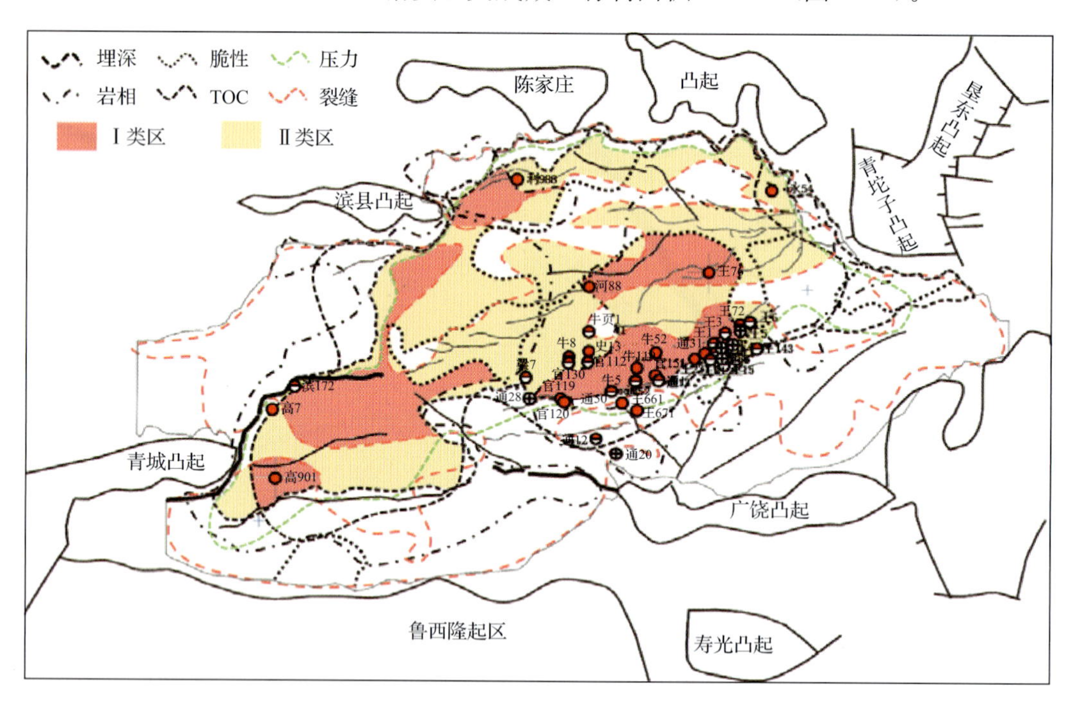

图5.46　东营凹陷沙四纯上亚段泥页岩综合评价图

官120—王72井区位于缓坡带，有利面积170km^2，为裂缝型甜点及裂缝脆性复合型甜点区，主要为油页岩夹碳酸盐条带岩性组合，位于裂缝发育区，是目前沙四纯上亚段泥页岩油藏中油气显示最集中的地区。继2012年牛52、牛119井获得油流后，2013年在预测储量区内完钻的王671井钻遇沙四纯上油层8.8m/6层，试油峰值日产19.3t，累积产油192t，试采后产能稳定在5t左右，累积产油742t，累积产水127m^3，显示该层系具有较大的勘探潜力。

综上所述，济阳坳陷泥页岩有利勘探面积2600余km^2，油气储量规模达数亿吨，是今后油气勘探的重要领域。

结　束　语

本书是泥页岩油气攻关项目组大批专家的集体智慧和汗水的结晶，前期项目研究和后期书稿编写过程历时三年多。在研究期间，胜利油田物探院和中国石油大学（华东）的大批专家学者付出了很多的努力。项目组通过两年左右的艰苦攻关，在大量的统计分析、岩心测试、模型正演、方法技术研发及实际资料的综合应用基础上，注重地质分析、岩石物理研究与地震预测紧密结合，明确济阳拗陷泥页岩油气的分布规律，研发集地质与工程一体的两类八项针对陆相泥页岩甜点的地震预测技术，建立了泥页岩油气“三位一体”的综合评价方法，落实有利发育区带。

本书介绍的针对沾化凹陷渤南洼陷沙三下亚段和沙一段、东营凹陷沙三下亚段和沙四上亚段泥页岩油气富集区开展了系统解剖及综合研究，分析了岩相、脆性、裂缝、TOC、压力等成藏要素的有利范围，通过关键要素的叠合，开展了油气富集区的综合评价，取得了较好的评价效果，为济阳拗陷泥页岩油气勘探指明了方向。

这些研究方法构成了一套适用于我国独特地质条件的页岩油气勘探技术，已在济阳拗陷的孤北洼陷、孤南-富林洼陷、车镇凹陷、埕北凹陷，惠民凹陷临南洼陷等区块推广应用，对东部陆相断陷盆地类似区带泥页岩油气的勘探具有较好的指导作用，对我国鄂尔多斯、塔里木及南方等页岩气勘探新区也具有一定的借鉴意义。通过对济阳拗陷典型陆相断陷盆地页岩油气的勘探技术的全面剖析，真诚地希望能为国内的物探、地质等工作者提供帮助和指导，同时也希望更多的读者了解国内页岩油气的地震勘探新技术，让更多的人加入到页岩油气的勘探队伍中，共同谋略国内页岩油气的发展。

主要参考文献

毕俊凤. 2008. 地震多属性加权融合显示技术在宣汉——达县地区的应用. 油气地质与采收率，15(2)：76-78.

丁次乾. 1992. 矿场地球物理. 东营：石油大学出版社，235-254.

杜金虎，杨华，徐春春，等. 2011. 关于中国页岩气勘探开发工作的思考. 天然气工业. 31(5)：6-8.

范祯祥，郑仙种，范书蕊，等. 1998. 利用地震、测井资料联合反演储层物性参数. 石油地球物理勘探，33(1)：38-53.

甘其刚，杨振武，彭大钧. 2004. 振幅随方位角变化裂缝检测技术及其应用. 石油物探，43(4)：373-376.

耿生臣. 2013. 罗家地区泥页岩矿物组分含量解释模型构建方法. 油气地质与采收率，20(1)：24-27.

郭龙，陈践发，苗忠英. 2009. 一种新的 TOC 含量拟合方法研究与应用. 天然气地球科学，20(6)：951-956.

郭瑞超，李延钧，王廷栋，等. 2009. 胜利油田渤南洼陷古近系油气源与成藏特征. 新疆石油地质，30(6)：674-676.

郭泽清，孙平，刘卫红. 2012. 利用 $\Delta \log R$ 技术计算柴达木盆地三湖地区第四系有机碳. 地球物理学进展. 27(2)：626-633.

何希鹏，张青. 2010. 测井资料在江陵凹陷烃源岩评价中的应用. 断块油气田. 2010，16(5)：637-641.

黄超，董良国. 2009. 可变网格与局部时间步长的交错网格高阶差分弹性波模拟. 地球物理学报，52(11)：2870-2878.

蒋裕强，董大忠，漆麟，等. 2010. 页岩气储层的基本特征及其评价. 天然气工业，30(10)：7-15.

蒋志文. 2010. 页岩气简介. 云南地质. 29(1)：109-110.

赖生华，刘文碧，李德发，等. 1998. 泥质岩裂缝油藏特征及控制裂缝发育的因素. 矿物岩石，18(2)：47-51.

李昶，臧绍先. 2010. 岩石层流变学的研究现状及存在问题. 地球物理学进展，16(2)：99-108.

李留中，李新宁，雷振. 2007. 地震属性分析技术在储层预测中的应用. 吐哈油气，12(2)：127-131.

李庆辉，陈勉，金衍，等. 2012. 页岩脆性的室内评价方法及改进. 岩石力学与工程学报，31(8)：1680-1685.

李庆忠. 1998 . 论地震约束反演的策略. 石油地球物理勘探，33(4)：423-438.

李师涛，张晋言，陆巧焕，等. 2012. 济阳坳陷泥页岩油气层测井响应特征研究. 油气藏评价与开发，2(3)：66-69.

李师涛，张晋言，陆巧焕，等. 2012. 济阳坳陷泥页岩油气层测井响应特征研究. 油气藏评价与开发，2(3)：66-68.

李显贵，甘其刚. 2004. 川西拗陷致密非均质储层地震识别技术. 特种油气藏，11(5)：12-34.

李阳，蔡进功，刘建民. 2002 . 东营凹陷下第三系高分辨率层序地层研究. 沉积学报，20(2)：210-216.

李勇，钟建华，温志峰，等. 2006. 济阳拗陷泥质岩油气藏类型及分布特征. 地质科学，41(4)：586-600.

刘承民. 2012. 页岩气测井评价方法及应用. 中国煤炭地质. 24(8)：77-79.

刘海良. 2012. 页岩气、油页岩资源的电阻率法勘查. 物探与化探. 36(3)：503-506.

刘惠民，张守鹏，王朴，等. 2012. 沾化凹陷罗家地区沙三段下亚段页岩岩石学特征. 油气地质与采收率，19(6)：11-15.

刘军，汪瑞良，舒誉，等. 烃源岩 TOC 地球物理定量预测新技术及在珠江口盆地的应用. 成都理工大学学报，2012，39(4)：415-419.

刘立峰，孙赞东，杨海军，等. 2011. 缝洞型碳酸盐岩储层地震综合预测——以塔里木盆地中古 21 井区为例. 中南大学学报(自然科学版)，42(6)：1733-1736.

刘雯林. 1996. 气田开发地震技术. 北京：石油工业出版社.

刘喜武，年静波，吴海波，等. 2005. 几种地震波阻抗反演方法的比较分析与综合应用. 世界地质，24(3)：270-275.

刘曾勤，王英民，白广臣，等. 2010. 甜点及其融合属性在深水储层研究中的应用. 石油地球物理勘探，45(增刊)：158-162.

龙鹏宇，张金川，唐玄，等. 2011. 泥页岩裂缝发育特征及其对页岩气勘探和开发的影响. 天然气地球科学. 22(3)：525-532.

罗红梅，朱毅秀，穆星，等. 2011. 渤海湾渤南洼陷深层湖相滩坝储集层沉积微相预测. 石油勘探与开发，38(2)：

182-190.
马行陟，庞雄奇，孟庆洋，等. 2011. 辽东湾地区深层烃源岩排烃特征及资源潜力. 石油与天然气地质. 32(2)：251-258.
孟庆峰，侯贵廷. 2012. 页岩气成藏地质条件及中国上扬子区页岩气潜力. 油气地质与采收率，19(1)：11-14.
孟宪军，金翔龙，钮学民，等. 2004 . 地震反演中的三维复杂约束模型. 石油大学学报，28(6)：21-26.
孟元林，王粤川，牛嘉玉，等. 2007. 储层孔隙度预测与有效天然气储层确定：以渤海湾盆地鸳鸯沟地区为例. 天然气工业，27(6)：42-44.
莫修文，李舟波，潘保芝，等. 2011. 页岩气测井地层评价的方法与进展. 地质通报，30(2-3)：400-405.
秦月霜，陈显森，王彦辉. 2000. 用优选后的地震属性参数进行储层预测. 大庆石油地质与开发，19(6)：44-45.
曲彦胜，钟宁宁，刘岩，等. 烃源岩有机质丰度的测井计算方法及影响因素探讨. 岩性油气藏. 2011，23(2)：80-84.
宋梅远，张善文，王永诗，等. 2011. 沾化凹陷沙三段下亚段泥岩裂缝储层岩性分类及测井识别. 油气地质与采收率，18(6)：21-22.
宋维琪，赵万金，冯磊，等. 2005. 地震高分辨率反演和地质模拟联合预测薄储层. 石油学报，26(1)：50-54.
苏朝光，刘传虎，高秋菊. 2001. 胜利油田罗家地区泥岩裂缝油气藏地震识别与描述技术. 石油地球物理勘探，36(3)：371-377.
隋风贵. 2007. 济阳断陷盆地烃源岩成岩演化及其排烃意义. 石油学报. 28(6)：12-16.
孙成禹，李胜军，倪长宽，等. 2008. 波动方程变网格步长有限差分数值模拟. 石油物探，47(2)：123-127.
汤丽娜. 烃源岩测井识别在渤海湾石油开发中的应用. 科技导报. 2011，29(21)：51-54.
唐金炎，杜品，陈智雍. 2011. 地震几何属性参数在地震相识别中的应用. 油气地球物理，9(1)：34-35.
王红，李红梅，魏文，等. 2010. 阳信地区沙一段生物灰岩储层地震预测方法. 油气地球物理，1(3)：5-11.
王桐，姜在兴，张元福，等. 2008. 罗家地区古近系沙河街组水进型扇三角洲沉积特征. 油气地质与采收率，15(1)：47-48.
王贤，杨永生，陈家琪，等. 2007. 地震正演模型在预测薄储层中的应用. 新疆地质，25(4)：432-434.
王祥，刘玉华，张敏，等. 2010. 页岩气形成条件及成藏影响因素研究. 天然气地球科学，21(2)：350-353.
王晓阳，桂志先，高刚，等. 2008. K-L 变换地震属性优化及其在储层预测中的应用. 石油天然气学报(江汉石油学院学报)，30(3)：96-98.
王晓，周文，王洋，等. 2011. 新场深层致密碎屑岩储层裂缝常规测井识别. 石油物探，50(6)：635-636.
王新征，王萍. 2002 . 王斜 119 地区沙四段储层预测方法及应用. 石油地球物理勘探，37(2)：185-190.
王鑫. 2007. 地震属性技术在王 73 地区储层预测中的应用. 石油物探，46(3)：276.
王 怡. 2011. 含裂缝的硬脆性泥页岩理化及力学特性研究. 石油天然气学报. 33(6)：104-108.
王毅，李弼程. 2010. 一种基于 K-L 变换和聚类的视频摘要方法. 计算机应用研究，27(9)：3585-3586.
吴国忱. 2006. 各向异性介质地震波传播与成像. 东营：中国石油大学出版社，13-21.
吴国忱，王华忠. 2005. 波场模拟中的数值频散分析与校正策略. 地球物理学进展，20(1)：58-65.
肖朝晖，王招明，吴金才，等. 塔里木盆地石炭系层序地层划分及演化. 石油实验地质. 2011，33(3)：244-248.
肖开宇，胡祥云. 2009. 正演模拟技术在地震解释中的应用. 工程地球物理学报，6(4)：460-462.
辛可锋，李振春，王永刚，等. 2001. 地层等效吸收系数反演. 石油物探，40(4)：14-20.
许晓宏，黄海平，卢松年. 1998. 测井资料与烃源岩有机碳含量的定量关系研究. 江汉石油学院学报. 20(3)：8-12.
闫蓓，王斌，李媛. 2008. 基于最小二乘法的椭圆拟合改进算法. 北京航空航天大学学报，34(3)：295-298.
杨光海，王必金，郭建伟. 2005. 利用地震多波 NMO 速度信息预测裂缝的方法. 天然气地球科学，16(5)：647-649.
杨勤勇，赵群，王世星，等. 2006. 纵波方位各向异性及其在裂缝检测中应用. 石油物探，45(2)：177-181.
杨玉峰，王占国，张维琴，等. 松辽盆地湖相泥岩地层有机碳分布特征及层序分析. 沉积学报. 2003，21(2)：340-344.
印兴耀. 2005. 地震属性优化方法综述. 石油地球物理勘探，40(4)：482-489.

于建国，路慎强，王金铎. 2001. 测井约束反演技术在史南浊积砂体描述中的应用. 石油物探，40(2)：102-107.

余振，王彦春，何静，等. 2012. 富含油储层地震响应特征分析. 现代地质，26(6)：1251-1252.

俞寿朋. 1993. 高分辨率地震勘探. 北京：石油工业出版社.

袁野，刘洋. 2010. 地震属性优化与预测新进展. 勘探地球物理进展，33(4)：229-238.

苑书金，于常青. 2005. 地震弹性属性的解释和应用. 勘探地球物理进展，28(4)：234-239.

张安霞，张红岩，陈彦召，等. 2011. 基于 SPSS 因子分析法的企业绿色供应链绩效评价. 物流技术，30(5)：175-176.

张建宁. 2005. 牛庄洼陷浊积岩砂体储层物性地震预测. 石油地球物理勘探，40(6)：716-720.

张金川，金之钧，袁明生. 2004. 页岩气成藏机理和分布. 天然气工业，24(7)：15-18.

张金川，薛会，张德明，等. 2003. 页岩气及其成藏机理. 现代地质，17(4)：446.

张金功，袁政文. 2002. 泥质岩裂缝油气藏的成藏条件及资源潜力. 石油与天然气地质，23(4)：336-338.

张晋言. 利用测井资料评价泥页岩油气"五性"指标. 测井技术. 2012. 36(2)：146-153.

张善文，王永诗，张林晔，等. 2012. 济阳拗陷渤南洼陷页岩油气形成条件研究. 中国工程科学，14(6)：49-55.

张善文，张林晔，李政，等. 2012. 济阳拗陷古近系页岩油气形成条件. 油气地质与采收率，19(6)：1-5.

张士奇，纪友亮. 2006. 油气田地下地质学. 东营：中国石油大学出版社，137-147.

张新建，王婧韫，李运振. 2001. ΔlgR 法在生油岩评价中的应用. 断块油气田，8(2)：6-8.

张永刚. 2003. 地震波场数值模拟方法. 石油物探，42(2)：143-148.

张媛媛，周永胜. 2012. 断层脆塑性转化带的强度与变形机制及其流体和应变速率的影响. 地震地质，34(1)：172-194.

张泽湘. 1981. 二次曲线，上海：上海教育出版社.

张枝焕，曾艳涛，张学军，等. 2006. 渤海湾盆地沾化凹陷渤南洼陷原油地球化学特征及成藏期分析. 石油实验地质，28(1)：54-58.

赵加凡，陈小宏. 2005. 基于主成分分析与 K-L 变换的双重属性优化方法. 物探与化探，29(3)：254-256.

赵靖舟，方朝强，张洁，等. 2011. 由北美页岩气勘探开发看我国页岩气选区评价. 西安石油大学学报：自然科学版，26(2)：2-7.

赵亮东. 2011. 层序级别划分的两种途径：具有重要科学意义的难题. 西北地质. 44(2)：8-14.

赵铭海，傅爱兵，关丽，等. 2012. 罗家地区页岩油气测井评价方法. 油气地质与采收率，19(6)：20-24.

周永胜，何昌荣. 2000. 地壳岩石变形行为的转变及其温压条件. 地震地质，22(2)：167-178.

朱定伟，丁文龙，邓礼华，等. 2012. 中扬子及江汉盆地泥页岩发育特征与页岩气形成条件分析. 特种油气藏，19(1)：34-37.

朱多林，白超英. 2011. 基于波动方程理论的地震波场数值模拟方法综述. 地球物理学进展，26(5)：1588-1599.

朱光有，金强，张善文，等. 2004. 渤南洼陷盐湖-咸水湖沉积组合及其油气聚集. 矿物学报，24(1)：25-29.

朱培民，王家映，转文辉，等. 2001. 用纵波 AVO 数据反演储层裂隙密度参数. 石油物探，40(2)：1-12.

朱生旺，曲寿利，魏修成，等. 2007. 变网格有限差分弹性波方程数值模拟方法. 石油地球物理勘探，42(6)：634-639.

Berryman J G. 1992. Effective Stress for Transport Properties of Inhomogeneous Porous Rock. Journal of Geophysical Research，97(B12)：17409-17424.

Biot M A. 1956a. Theory of propagation of elastic waves in a fluid-saturated porous solid. II. Higher frequency range. The Journal of the Acoustical Society of America，28(2)：179-191.

Biot M A. 1956b. Theory of propagation of elastic waves in a fluid-saturated porous solid. I. Low-frequency range. The Journal of the Acoustical Society of America，28(2)：168-178.

Byerlee J D. 1968. Brittle-ductile transition in rocks. Journal of Geophysical Research，73：4741-4750.

Carter N L，Tsenn M C. 1987. Flow properties of continental lithosphere. Tectonophysics，136：27-63.

Cleary M P, Lee S M,Chen I W. 1980. Self-consistent techniques for heterogeneous media. Journal of the Engineering Mechanics Division,106(5): 861-887.

Crampin S. 1981. A review of wave motion in anisotmpic and cracked elastic media. Wave Motion, 3(4): 343-391.

Dini M, Tunis G, Venturini S. 1998. Continental, brackish and marine carbonates from the lower cretaceous of Kolone - Barbariga(Istria, Croatia): Stratigraphy, sedimentary and geochemistry. Palaeogeography, Paleoclimatology, Paleoecology, 140: 245-269.

Eyles N, Eyles C H, Miall A D. 1983. Lithofacies types and vertical profile models: An alternative approach to the description and environmental interpretation of glacial diamict and diamictite sequences. Sedimentology, 30: 393-410.

Fitzgibbon A, Pilu M, Fisher R B. et al. 1999. Direct least square fitting of ellipses. The analysis machine intelligence. 21(5): 476-480.

Goodway B, Perez M, Varsek J, et al. 2010. Seismic petrophysics and isotropic-anisotropic AVO methods for unconventional gas exploration. The Leading Edge, 29(12): 1500-1508.

Han D,Nur A, Morgan D. 1986. Effects of porosity and clay content on wave velocities in sandstones. Geophysics, 51 (11): 2093-2107.

Hart B S. 2008a. Channel detection in 3-D seismic data using sweetness. AAPG Bulletin, 92(6): 733-742.

Hart B S. 2008b. Stratigraphically significant attributes. The Leading Edge, 27(3): 320-324.

Hirth G, Tullis J. 1994. The brittle-plastic transition in experimentally deformed quartz aggregates. Journal of Geophysical Research, 99: 11731-11747.

Jaeger J C, Cook N G W, Zimmerman R. 2009. Fundamentals of Rock Mechanics. New York: John Wiley & Sons.

Kohlstedt D L, Evans B, Mackwell S 1995. Strength of the lithosphere: Constraints imposed by laboratory experiments. Journal of Geophysical Research, 100(B9): 17587-17602.

Kumar M, Han D H. 2005. Pore shape effect on elastic properties of carbonate rocks. SEG 2005 Annual Meeting. Society of Exploration Geophysicists, Houston, 1477-1480.

Kuster G T, Toksöz M N. 1974. Velocity and attenuation of seismic waves in two—phase media: Part I& Part II. Geophysics,1974, 39(5): 587-618.

Norris A N. 1985. A differential scheme for the effective moduli of composites. Mechanics of Materials, 4(1): 1-16.

Passey Q R A. 1990. Practical model for organic richness from porosity and resistivity logs. AAPG Bulleitn, 74(12): 1777-1794.

Radovich B J, Oliveros R B. 1998. 3-D sequence interpretation of seismic instantaneous attributes from the Gorgon field. The Leading Edge, 17(9): 1286-1293.

Rutter E H. 1986. On the nomenclature of mode of failure transition in rocks. Tectonophysics, 122(3-4): 381-387.

Spencer T W. 1977. Seismic wave attenuation in nonresolvable cyclic stratification. Geophysics, 42(5): 939-949.

Thomsen L. 1986. Weak elastic anisotropy. Geophysics, 51(10): 1954-1966.

Xu S, White R E. 1995. A new velocity model for clay-sand mixtures. Geophysical prospecting, 43(1): 91-118

Zimmerman R W. 1991. Compressibility of Sandstones. Amsterdam: Elsevier.